第二輯

內行人才知道的系統設計面試指南

System Design Interview – An Insider's Guide: Volume 2

Copyright © 2022 by ByteByteGo Inc.
Authorized Traditional Chinese language edition of the English original: "System Design Interview – An Insider's Guide: Volume 2", ISBN 9781736049112 © 2022.
This translation is published and sold with the permission of ByteByteGo Inc, who owns and controls all rights to publish and sell the original title.

謹獻給 *Julia*。
——ALEX XU

謹獻給 *Esther*，她總喜歡大聲談論我的程式碼。
另外我也想把本書獻給 *Lam Fam Jam* 樂團。
——SAHN LAM

CONTENTS

譯序 vi

前言 xii

致謝 xv

Chapter 1　附近的場所 1

Chapter 2　人在附近的朋友 41

Chapter 3　Google 地圖 73

Chapter 4　分散式訊息佇列 113

Chapter 5　指標監控警報系統 161

Chapter 6　廣告點擊事件彙整 193

Chapter 7　飯店預訂系統 233

Chapter 8　分散式 Email 服務 269

Chapter 9　類似 S3 的物件儲存系統 303

Chapter 10　即時遊戲排行榜 349

Chapter 11　支付系統 381

Chapter 12　數位錢包 413

Chapter 13　證券交易所 457

後記 505

索引 507

譯序

身為《內行人才知道的系統設計面試指南》第一輯的譯者，其實我和許多讀者一樣，都很期待這本續作問世。這段期間透過出版社與各方不為人知的辛勤努力，這本令人引領期盼的續作才終於完整來到台灣讀者面前，這實在太讓人開心了。

在翻譯本書的過程中，我一直懷抱著雀躍的心情，因為本書飽含各種微觀巨觀的思考過程，讓人在開闊的視野中不失細膩，在幽微的細節中不忘全局。而我身為譯者兼讀者，仿佛就像手持超級變焦鏡頭的攝影師，既能看到廣角鏡頭下的壯闊風景，也能察覺長焦鏡頭下的姿態萬千，翻譯閱讀之餘不免讚歎作者的功力，更滿心期待這樣的作品，能給讀者帶來更多的啟發。

面對這樣一本涵蓋面相當廣的著作，依照慣例，我還是藉此一隅，稍微說明一下翻譯用語的一些想法，目的還是希望可以拋磚引玉，讓各種用語的翻譯更貼近原意，能帶給讀者一些閱讀上的幫助。以下就是我在本書遇到的一些常見、重要或有趣的用語，以及我個人的翻譯建議與想法：

integrity（完璧性）

這個詞經常被翻譯成「完整性」，但中文世界裡的「完整性」，通常是指「沒有缺少」的那種完整性（completeness），而 integrity 實際上更像是「沒被篡改過」的意思。問題是，我們在讀到中文的「完整性」這三個字時，實在很難聯想到「沒被篡改過」的意思，因為在中文世界裡，大家對「完整性」這三個字的理解實在太強烈了。除非我們重新建立一種信念，用很大的力氣去扭曲力場，硬是給「完整性」這三個字賦予新的意義，否則讀者閱讀理解起來真的會很錯亂。

話說回來，如果不翻譯成「完整性」，那應該翻譯成什麼呢？我原本想，既然是「沒被篡改過」，也許可以翻譯成「沒被篡改性」，不過這其實是很繞彎的反向譯法。如果非要從正面的角度來看，「沒被篡改過」感覺就

有一種「完璧歸趙」的意思。因此，我覺得「完璧性」似乎是個不錯的譯法。不過，這樣的譯法大家應該都沒看過；換句話說，如果我這樣做，就等於創造了一個新的譯法，某種程度上還是要做一點「扭曲力場」的事，需要大家去理解與適應。

話雖如此，但相較之下，與其強迫大家接受「完整性」就是「沒被篡改過」，也許請大家試著接受「完璧性」的譯法，或許還是合情合理多了。當然，如果我不想引起太多爭議，也可以在提到 integrity 的地方，添加一些「沒被篡改過」的相關說明，協助讀者明白其真正的用意，不過 integrity 這個詞實在是太常見了，如果不幫它找個合適的譯法，翻譯過程肯定會經常出現內心糾結的情況。這就是我選擇把它翻譯成「完璧性」的緣由。說到底，這樣終究還是要「扭曲力場」，所以我在這裡先跟大家說聲「辛苦了！^_^」，還望各位讀者能稍微花點力氣適應一下；當然，如果您有更好的想法，也請不吝指教囉。

transaction（完整交易；交易）

這個單字經常被翻譯成「交易」或「事務」，其實各有它的道理。這個單字經常在資料庫領域出現，在金融交易領域也經常看到。其實它是泛指「需要好幾個動作才能完成的一件事；而那幾個動作要不就是全做，要不就是全部不做」的意思。舉例來說，「一手交錢，一手交貨」這個最簡單的交易，其中就包含了「交錢」和「交貨」這兩個動作。這兩個動作一定要全做好，才叫做交易完成，要不然就是全都不做，絕對不應該有「只做其中一個動作」的情況（不然就不叫交易，而是搶劫了 ^_^）。

我想大概是因為這樣的一件事會牽涉到好幾個動作，所以有人就把它翻譯成「事務」。另一方面，或許是因為這好幾個動作往往會牽涉到多方，所以有人就把它翻譯成「交易」。但不管是「事務」或「交易」，其實都沒有表達出「要不就全做，要不就全部不做」的意思，所以我才選擇用「完整交易」這樣的譯法，來表現出「多個動作必須視為完整的一體」這樣的意思。

不過同樣的，這個譯法也算是見仁見智，比如在金融交易的領域，有時只需要翻譯成「交易」也就可以了。要注意的是，其實 trading 這個單字才是更符合「交易」的譯法，所以翻譯時還是要考慮前後文的情境，來決定應該怎麼翻譯比較好。有必要的話，還是應該用括號把（transaction）這個原文標識出來，比較有利於讀者自行判斷囉。

Choreography（分散式編排；編舞）& Orchestration（中心式編排；編曲）

這兩個單字很有意思。Choreography 的原意是編舞，Orchestration 的原意則是編曲。本書在介紹微服務架構下各個服務協調合作的方式時，把相應的做法用這兩個單字區分成兩大類。之所以說這樣的區分方式很有意思，是因為它所要表達的涵義非常讓人有感覺。一般在編舞的時候，許多舞者會互相溝通，各自表達，然後在創意發揮與溝通的過程中，編排出令人賞心悅目的舞蹈。編曲的過程則多半會有一個中心指揮者，調度各種樂音協調搭配、相輔相成，最後編寫出動人的樂章。這兩種協調方式，若不是對於編舞和編曲過程稍有認識，不一定能領會其中的區別，因此我選擇把 Choreography（編舞）翻譯成「分散式編排」，Orchestration（編曲）則翻譯成「中心式編排」。如此一來，從字面上就能看懂其中的差別，同時我也把「編舞/編曲」的原意標識出來，希望讀者也能領會其中用字的趣味之處。

idempotency（冪等性）

這個單字的翻譯方式，可以稍微說明一下。idempotency 的意思就是「不管做了多少次，都跟只做一次的結果是一樣的」。如果去探究 idempotency 這個字的語源，它其實是源自拉丁語，其中 idem 是「相同」的意思，potency 則是「作用」的意思。當我看到「冪等」這樣的翻譯方式時，比較感興趣的是「冪」這個字的用意為何？後來經過一番探究，才明白它原來是用來表達「一次又一次操作」的意思。如此一來，「冪等」就有了「一次又一次操作依然是相等」的意思了。

variance（方差）

variance 在數學上就是「偏差」（bias）的平方和，翻譯成「方差」似乎比較精準，其用意就是要撇除「偏差」會正負抵消的問題。這個單字也有人翻譯成「變異」，但我覺得這樣很不明確，實在不太建議使用。

順帶一提，variance 開根號就是「標準差」（Standard Deviation），效果就是讓「偏差」與「標準差」來到相同的階次（order），不但撇除了「偏差」正負抵消的問題，也消除掉平方所帶來的「偏差值被平方放大」的效果。這就是「偏差、方差、標準差」三者的關係，在字面上都保留了「差」這個字，我認為是還不錯的翻譯方式。

至於均方差（Mean Square Error），雖然它大概就相當於標準差（其實仔細說來還是有一點點差別），但這兩個用語在中文世界裡都存在，就像英文世界裡的 Mean Square Error 和 Standard Deviation 同時存在一樣。關於這點，也請各位讀者鑒察。

row & column（橫行 & 縱列）

老實說，這兩個單字的翻譯真的蠻煩的。簡單說，台灣會把 row 翻成「列」，column 翻成「行」，大陸則相反，會把 row 翻成「行」，column 翻成「列」。光是台灣與大陸習慣上的差異，就足以讓許多人戰翻，更多人則會選擇迴避這個話題。但身為譯者，終究還是要做出選擇。身為台灣的譯者，直接選擇台灣的習慣譯法，絕對是不惹事、不會被質疑的安全做法，但是對於一個希望協助讀者閱讀理解的譯者來說，這絕不是「管他的，這樣做就對了」這麼簡單的問題。

之所以會這麼說，請容我稍作解釋。首先，row 這個單字指的是左右的水平橫向，column 則是上下的縱向，這點應該沒有什麼疑義。至於哪個叫做「行」、哪個叫做「列」，我們不妨來看幾個常見的使用情境：

- 我們通常會說是一「行」一「行」的程式碼，而程式碼一定是水平橫向的方向。

- 排隊時，通常會說排成一「列」。排隊的人通常是前後的關係，應該屬於縱向的方向。
- 中文書的排版，在台灣有直排橫排兩種，在大陸則沒有直排的做法。英文的話，也只有橫排的做法。我們在談到文字內容時，通常都是說第幾「行」，就算是直排，也會用第幾「行」來說明。這種情況下，「行」就可以用來指直排或橫排，但目前直排書比較常出現在文學、社會學方面的書籍，理工科技相關書籍或許是考慮到程式碼、方程式之類的內容，幾乎都是採用橫排的做法，所以在理工領域中，一「行」一「行」的文字幾乎都是指水平橫排的文字。

從以上幾個情境來看，即使是在台灣，「行」還是常被用來指水平橫向的方向，「列」則用來表示縱向的方向。回頭看「行」與「列」最常出現的表格 & 矩陣，倒比較像是強制定義下來的結果，背後原因我也不太清楚，但我不免想起小時候的橫排中文，都是由右而左的走向。在當初兩岸「不共戴天」的背景下，兩岸許多不同的習慣用法，總讓人感覺很像是「我就是非要與你不同」，比如由右至左的文字走向，比如台灣早期的羅馬拼音，甚至如今的繁體簡體中文之爭。我們身在台灣，確實特別能夠領會繁體中文的優美，但由右至左的文字走向如今已成過去，也算是順應了世界的潮流，而如今漢語拼音也逐漸脫離意識形態之爭，逐漸被台灣官方所接受。關於「行列 / 列行」之爭，我同樣也抱著期待，希望大家可以放開心中成見，理性思考哪一種對應關係，對於文字意義的傳遞與理解更加順暢、沒有障礙，如果真的有很大的好處，在這件事情上就不需要再硬分成兩種相反的用法了。

話雖如此，我相信還是有許多人好不容易才建立起「行」就是縱向，「列」就是橫向的認知，要做認知上的改變絕非易事。因此，我在翻譯 row & column 這兩個單字的時候，通常都會用「橫行 & 縱列」來提供更充足的提示，希望不管是哪一種讀者，都能夠明白字面上的意義。這樣的做法也許稍顯累贅，但現階段還是有許多人堅持原本的認知，不一定理解這其中的緣由與麻煩之處，恐怕也只有這樣才能滿足各方的閱讀需求了。

不過我相信，語言文字就像一種生命體，終究會自己找出一條生路。希望到最後，更合理的、更優美的、更達意的文字，都能夠在市場機制下順利存活下來。如果將來有一天，我們可以不用再標識出「橫、縱」就能明確分辨「行、列」的走向，那就太好了！^_^

metadata（詮釋資料）

這個單字經常被翻譯成「元資料」，就像 metaverse 被翻譯成「元宇宙」一樣。其實 meta 這個字首很有趣，它本身有一種「提升到另一個檔次，用更超然的角度來看一個東西」的意思，比如 metacognition 一般翻譯為「後設認知」，它指的就是對於整個認知過程的一種認知；metatheory 叫做「後設理論」，它是一種可用來解釋、描述理論的一種理論；metascience 叫做「後設科學」，它則是一種研究科學本身的一種科學。metadata 其實也是一樣，它是一種可用來詮釋資料的一種資料。所以，我們其實也可以把它稱之為「後設資料」。

不過，一般人對於「後設」這樣的說法相對比較陌生。回頭來思考一下，既然 metadata 是一種可用來詮釋資料的一種資料，我們不妨就把它稱之為「詮釋資料」，這樣會顯得更加直白一點。當然，這樣的翻譯方式，也許不見得一定適用於每個地方，但至少就本書的情況來說，或是以我在許多其他書中見過的情況而言，這個翻譯方式似乎都算是相當貼切。因此，我選擇了「詮釋資料」來作為 metadata 的翻譯方式，取代掉「元資料」這個有點讓人摸不著頭緒的譯法。

然而，由於「元宇宙」（metaverse）這樣的翻譯方式也算是廣為人知，也許將來大家會逐漸把 meta- 與「元」這個譯法綁定起來，屆時可能會有不同的局面也說不定。

以上簡單說明我在本書遇到的一些有趣的用語翻譯思考過程，希望對各位的閱讀理解略有幫助，最後也希望各位能從本書中獲益。

前言

我們很高興看到你加入，一起來為系統設計面試做出更完善的準備。在所有技術類面試中，系統設計面試可說是最有挑戰性。這類面試的題目主要是想測試出應試者有沒有足夠的能力，設計出具有擴展性（scalable）的軟體系統。題目可能會要求你設計出一套新聞推送系統、Google 搜索系統、聊天應用程式，或是任何其他類型的系統。這類題目通常都很棘手，而且解法也沒有固定的模式可循。題目所涵蓋的範圍通常都很廣泛又很模糊。問題往往是開放式的，你可以從許多不同的角度來切入，而且通常不會有什麼標準的答案。

許多公司都會要求進行系統設計面試，因為面試過程所測試出來的溝通能力與解題技巧，確實很接近軟體工程師日常工作中會用到的技能。我們可以觀察應試者如何分析這些看似模糊的問題，看看他如何按部就班解決問題，進而對他做出一番評價。

系統設計的題目都是開放式的。和現實世界一樣，設計本身可以有很多不同的變化。一般的預期就是希望能設計出一個架構，以滿足既定的設計目標。在討論的過程中，重點經常會往不同的方向發展。有些面試官可能比較偏向高階的架構，希望能涵蓋各方面的挑戰；有些面試官則比較在意某一個或是某幾個特定的領域。一般來說，應試者應該先充分瞭解系統的需求，並理解有哪些限制與瓶頸，進而決定面試的取向。

本書的目的就是提供一些可靠的策略和知識基礎，讓你可以應對範圍廣泛的各種系統設計問題。正確的策略和知識，對於面試成功與否至關重要。

本書還提供了一個可逐步依循的多步驟框架，以解決各種系統設計的問題。書中的許多範例都是採用這種系統性的做法，提供一些你可以照著做的詳細步驟。只要規律練習，你就能建立充分的能力，獨立解決各種系統設計面試問題了。

本書是《內行人才知道的系統設計面試指南》（碁峰資訊出版，2021 年）的續作，有讀過前一本當然很好，但那並不是閱讀本書的必要條件。讀者只要對分散式系統有基本的瞭解，就應該有能力閱讀本書。那麼，就讓我們開始吧！

額外的資源

本書每一章的最後都會提供一些參考資料。在下面的 Github 程式碼儲存庫裡，彙集了所有可點擊的相關連結。

https://bit.ly/systemDesignLinks

你可以透過社群媒體，與 Alex 取得聯繫；他每個禮拜都會分享一些系統設計面試相關的實用技巧。

 twitter.com/alexxubyte

 bit.ly/linkedinaxu

系統設計最新資訊

訂閱我們的每週最新資訊： blog.bytebytego.com

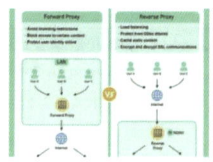

EP26: Proxy vs reverse proxy

In this issue, we will cover: Why is Nginx called a "reverse" proxy? CAP theorem How Does Live Streaming Platform Work? CDN Postman the API platform for...

ALEX XU OCT 1 ♡ 225 💬 6

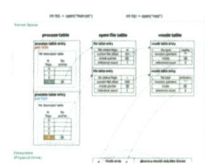

EP17: Design patterns cheat sheet. Also...

For this week's newsletter, we will cover: Design patterns cheat sheet 6 ways to turn code into beautiful architecture diagrams What is a File...

ALEX XU JUL 30 ♡ 166 💬 7

xiii

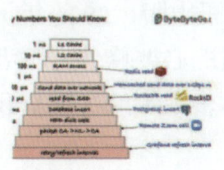

EP22: Latency numbers you should know. Also…

In this newsletter, we'll cover the following topics: Latency numbers you should know Microservice architecture Handling hotspot accounts E-commerce…

ALEX XU   SEP 3   ♡ 153   ◯ 9

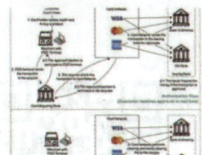

EP15: What happens when you swipe a credit card? Also…

For this week's newsletter, we will cover: How does VISA work when we swipe a credit card at a merchant's shop? What are the differences between bare…

ALEX XU   JUL 16   ♡ 141   ◯ 8

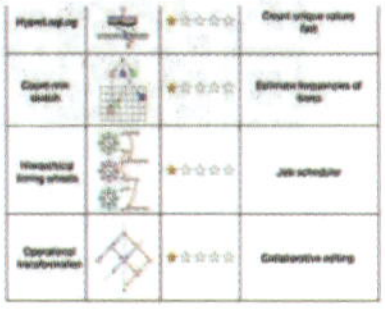

EP14: Algorithms you should know for System Design. Also…

In this newsletter, we'll cover the following topics: Algorithms you should know before taking System Design Interviews How to store passwords safely in…

ALEX XU   JUL 9   ♡ 185   ◯ 2

YouTube 頻道

在 YouTube 查看我們的影片：https://www.youtube.com/@ByteByteGo

致謝

我們很希望可以大聲地說，本書所有的設計都是我們的原創。但其實這裡所討論的大多數概念，都可以在其他地方找到（例如一些工程部落格、研究論文、程式碼、YouTube 影片等等）。我們收集了許多優雅的想法，並做了相當程度的思考，再加入個人的經驗，最後以一種很容易理解的方式呈現在本書之中。此外，本書還有十多位工程師和管理人員大力投入審閱，其中還有一些人對各章的寫作做出了大量的貢獻。真是太感謝各位了！

- 附近的場所，Meng Duan（騰訊；Tencent）
- 人在附近的朋友，Yan Guo（亞馬遜；Amazon）
- Google 地圖，Ali Aminian（Adobe，Google）
- 分散式訊息佇列，Lionel Liu（eBay）
- 分散式訊息佇列，Tanmay Deshpande（Schlumberger）
- 指標監控警報系統，Neeraj Gupta
- 廣告點擊事件彙整，Xinda Bian（Ant 螞蟻集團）
- 即時遊戲排行榜，Jossie Haines（Tile）
- 分散式 email 服務，Kevin Henrikson（Instacart）
- 分散式 email 服務，JJ Zhuang（Instacart）
- 類似 S3 的物件儲存系統，Zhiteng Huang（eBay）

我要特別感謝那些對本書早期的草稿提供詳細回饋意見的人：

- Darshit Dave（Bloomberg）
- Diego Ballona（Spotify, Meta）
- Dwaraknath Bakshi（推特；Twitter）
- Fei Nan（Gusto, Airbnb）

- Richard Hsu（亞馬遜；Amazon）

- Simon Gao（Google）

- Stanly Mathew Thomas（微軟；Microsoft）

- Wenhan Wang（抖音；Tiktok）

- Shiwakant Bharti（亞馬遜；Amazon）

非常感謝我們的編輯 Dominic Gover 和 Doug Warren。你們的回饋意見非常寶貴。

我還要特別感謝 Elvis Ren 和 Hua Li，你們給出了超級多精彩的回饋意見。如果少了這些意見，本書就不會是現在這個樣子了。

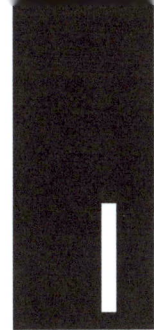

附近的場所

本章設計了一個「附近的場所」（Proximity）服務。這個服務可用來找出你所在位置附近的一些場所地點，例如餐廳、飯店、電影院、博物館之類的；這就是你在 Yelp 網站查詢附近最好的餐廳、或是在 Google 地圖上尋找 k 家最靠近的加油站時，會用到的一個核心組件。圖 1.1 顯示的就是使用者介面，你可以透過這個介面，在 Yelp 網站搜尋附近的餐廳 [1]。請注意，本章所使用到的地圖圖塊（map tile）全都是取自 Stamen Design [2]，資料則是取自 OpenStreetMap [3]。

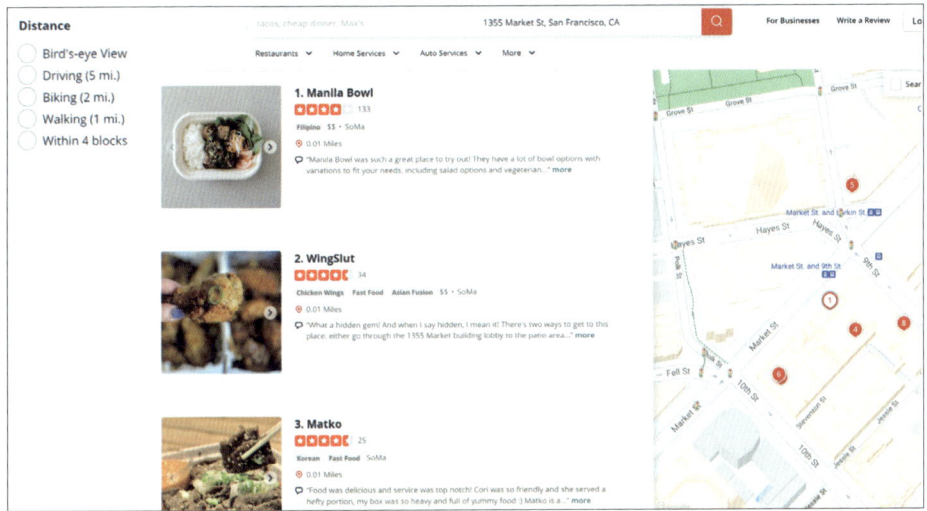

圖 1.1：Yelp 網站的附近場所搜尋功能（資料來源：[1]）

第 1 步 —— 瞭解問題並確立設計範圍

Yelp 網站支援許多的功能，不過在短短的面試過程中，不可能設計出所有的功能，因此先用提問來縮小範圍是一件很重要的事。面試官和應試者之間的互動，或許就像下面這樣：

應試者：使用者可以指定搜尋半徑嗎？如果搜尋半徑內沒有足夠的店家，系統能不能擴大搜尋的範圍？

面試官：這是個很好的問題。假設我們只關心指定半徑內的店家。如果時間允許的話，我們可以再進一步探討，如果半徑內沒有足夠的店家，該如何擴大搜尋的範圍。

應試者：可接受的最大半徑是多少呢？我可以假設為 20 公里（12.5 英里）嗎？

面試官：這是個合理的假設。

應試者：使用者可以透過使用者介面來改變搜尋的半徑嗎？

面試官：沒問題，這裡可接受以下幾個選項：0.5 公里（0.31 英里）、1 公里（0.62 英里）、2 公里（1.24 英里）、5 公里（3.1 英里）和 20 公里（12.42 英里）。

應試者：店家的資訊該如何進行新增、刪除、更新？我們一定要即時反映出這些操作的結果嗎？

面試官：我們可以讓企業主新增、刪除、更新自家的店家資訊。假設我們已經與店家簽署過協議，新增或更新過的店家資訊可以等到第二天才生效。

應試者：在使用 App 或網站時，使用者自己也可能會移動所在的位置，因此過了一段時間之後，搜尋的結果或許會略有不同。我們需不需要持續刷新頁面，讓搜尋結果持續保持在最新的狀態？

面試官：我們可以假設，使用者只會以很慢的速度移動，所以並不需要持續刷新頁面。

功能性需求

根據以上的對話,我們會把重點放在 3 個關鍵功能:

- 根據使用者所在的位置(經緯度)與一個半徑值,送回範圍內所有的店家。
- 企業主可以新增、刪除、更新自家的店家資訊,但這些資訊並不需要即時反映給其他使用者查看。
- 一般使用者可以自由查看店家相關的詳細資訊。

非功能性需求

我們也可以從店家的需求裡,推導出一系列的非功能性需求。針對這類的需求,你也應該與面試官逐一進行確認。

- 低延遲:使用者應該可以快速看到附近的店家。
- 資料隱私:位置資訊屬於比較敏感的資料。我們在設計位置相關服務(LBS;location-based service)時,一定要把使用者的隱私列為重要考量。我們必須遵守一般資料保護規範(GDPR)[4],以及加州消費者隱私保護法(CCPA)[5] 之類的資料隱私相關法規。
- 高可用性和可擴展性需求:我們應該要確保系統有能力因應人口稠密地區在尖峰時段流量激增的情況。

粗略的估算

接著來做個粗略的估算,判斷一下我們所要解決的問題潛在的規模大小與挑戰。假設我們有 1 億個每日活躍使用者和 2 億個店家。

|| QPS(每秒查詢次數)的計算 ||

- 一天的秒數 = 24×60×60 = 86,400。為了方便計算,我們會用 10^5 來代表相應的數量級。事實上,**本書全篇都會用** 10^5 **來代表一整天的秒數**。
- 假設使用者每天平均都會進行 5 次的搜尋。
- 每秒搜尋次數 QPS = 1 億 ×5 / 10^5 = 5,000

3

第 1 章　附近的場所

第 2 步 —— 提出高階設計並獲得認可

本節會討論以下幾個主題：

- API 設計
- 資料模型
- 高階設計
- 搜尋附近店家的演算法

API 設計

我們會採用 RESTful API 設計約定，設計出一個簡化版的 API。

GET /v1/search/nearby

這個端點可根據搜尋的判斷條件，把符合條件的店家全都送回來。在實際應用中，通常會以分頁（Pagination）的方式送回搜尋的結果。分頁 [6] 並不是本章的重點，不過在面試時倒是值得一提。

請求的參數：

表 1.1：請求的參數

欄位	說明	型別
latitude	給定位置的緯度	十進位小數
longitude	給定位置的經度	十進位小數
radius	半徑。可有可無。預設值為 5000 公尺（約 3 英里）	整數

回應的主體內容：

```
{
  "total":10,
  "businesses":[{ 店家物件 }]
}
```

店家物件其中包含了可用來呈現搜尋結果頁面所需的所有內容，但我們可能還是需要其他的屬性（例如圖片、評論、星級評等之類的）來呈現店家

詳細資訊頁面。因此,當使用者點擊店家詳細資訊頁面時,通常需要調用另一個新的端點,來取得店家的詳細資訊。

店家 API

與店家物件相關的 API 如下表所示。

表 1.2:店家 API

API	詳細說明
GET /v1/businesses/{:id}	傳回店家相關的詳細資訊
POST /v1/businesses	新增店家
PUT /v1/businesses/{:id}	更新店家詳細資訊
DELETE /v1/businesses/{:id}	刪除店家

如果你對現實世界真正在使用的各種地點 / 店家搜尋 API 很感興趣,Google Places API [7] 和 Yelp 店家端點 [8] 就是兩個很好的範例。

資料模型

本節所要討論的是讀 / 寫比率(read/write ratio)和資料架構設計(schema design)。隨後的「第 3 步 —— 深入設計」一節則會探討資料庫的可擴展性。

讀 / 寫比率

這個系統的讀取量比較高,主要是因為下面這兩個功能很常用到:

- 搜尋附近的店家。
- 查看店家的詳細資訊。

另一方面,由於新增、刪除和編輯店家資訊屬於比較不那麼頻繁的操作,因此寫入量通常會比較低一點。

對於讀取量比較大的系統來說,MySQL 之類的關聯式資料庫可能就是個不錯的選擇。我們就來仔細看看資料架構的設計吧。

資料架構

資料庫裡最關鍵的資料表，應該就是店家（business）資料表和地理空間（geo；geospatial）索引表。

店家資料表

店家資料表包含了店家相關的各種詳細資訊。如表 1.3 所示，其中的主鍵（primary key）為 business_id。

表 1.3：店家資料表

business	
business_id	主鍵
address	
city	
state	
country	
latitude	
longtitude	

地理空間索引表

地理空間索引表主要是讓我們能用比較高的效率來處理地理空間相關操作。由於這個資料表需要用到一些「地理雜湊」（geohash）相關的知識，因此我們會在「第 3 步 —— 深入設計」的「資料庫的擴展」一節中再進行詳細的討論。

高階設計

高階設計如圖 1.2 所示。這個系統包括了兩個部分：位置相關服務（LBS）和店家相關服務。我們就來看看這個系統的每個組件吧。

>> 第 2 步 — 提出高階設計並獲得認可

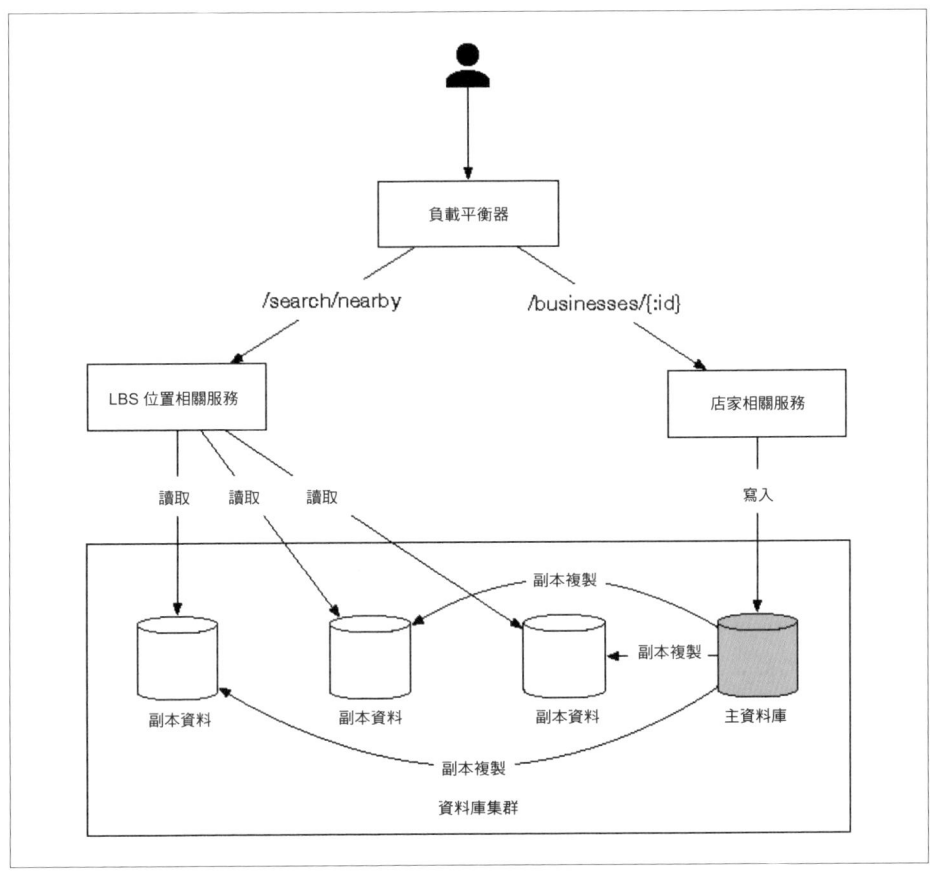

圖 1.2：高階設計

負載平衡器

負載平衡器會自動在多個服務之間分配送進來的流量。一般公司通常都會提供單獨的一個 DNS 入口點，然後內部再根據 URL 路徑，透過路由把各種不同的 API 調用指向相應的服務。

位置相關服務（LBS）

LBS 服務就是這個系統最核心的部分，它可以根據位置與給定的半徑，找出附近所有的店家。LBS 具有以下幾個特點：

- 它是一個讀取量很大的服務，完全沒有寫入的請求。
- QPS 比較高，尤其是在人口稠密地區的尖峰時段。
- 這個服務是無狀態的（stateless），因此很容易進行水平擴展。

店家相關服務

店家相關服務主要負責處理兩類的請求：

- 企業主需要建立、更新或刪除店家資訊。這類的請求主要是寫入操作，QPS 並不會很高。
- 一般使用者會去查看店家相關的詳細資訊。尖峰時段的 QPS 比較高。

資料庫集群

資料庫集群可以採用「主要 / 次要」（primary-secondary）的設定方式。在這樣的設定下，主資料庫負責處理所有的寫入操作，另外再用多個副本資料庫來負責讀取操作。資料會先保存到主資料庫，然後再複製到副本資料庫。由於複製操作會有延遲的情況，因此 LBS 所讀取到的資料，與寫入主資料庫的資料之間，可能會有一定的落差。這種不一致的情況，通常不會是什麼大問題，因為店家資訊通常並不需要即時提供最新的資訊。

店家相關服務與 LBS 位置相關服務的可擴展性

店家相關服務和 LBS 位置相關服務都屬於無狀態的服務，因此很容易就可以添加更多的伺服器，自動適應尖峰流量（例如用餐時間），也可以在非尖峰時段（例如睡眠時間）輕鬆移除掉一些伺服器。如果系統是在雲端運行，我們也可以設定不同的地區（region）和可用區（availability zone），進一步提高可用性 [9]。我們會在「第 3 步 —— 深入設計」一節對此進行更多的討論。

搜尋附近店家的演算法

在現實世界中,一般公司可能會使用現成的地理空間資料庫,例如 Redis 中的 Geohash [10],或是搭配 PostGIS 擴充功能的 Postgres [11]。在面試過程中,你並不需要非常清楚這些地理空間資料庫的內部結構。不過你最好可以解釋一下地理空間索引的工作原理,藉此展示你解決問題的能力、技術和知識,而不光只是簡單說出一些資料庫的名稱而已。

接著我們來探索一下,搜尋附近店家的幾種不同做法。我們會列出好幾個不同的選項,說明一下思考的過程,並討論其中的權衡取捨。

選項 1:二維搜尋

搜尋附近店家最直觀但也最幼稚的做法,就是用預先定義好的半徑畫一個圓,然後再找出圓圈內所有的店家,如圖 1.3 所示。

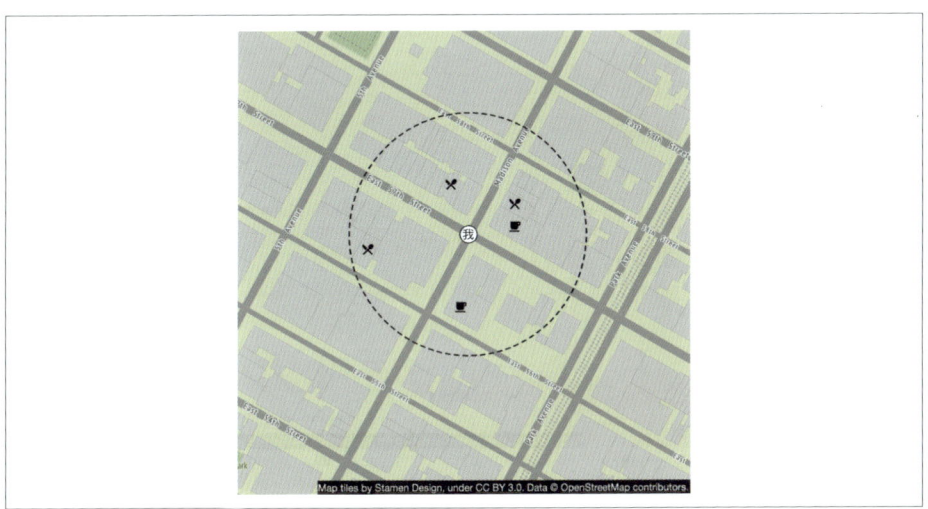

圖 1.3:二維搜尋

這整個過程可以轉化成下面這段虛擬的 SQL 查詢語句:

```
SELECT business_id, latitude, longitude,
FROM business
WHERE (latitude BETWEEN {:my_lat} - radius AND {:my_lat} + radius) AND
  (longitude BETWEEN {:my_long} - radius AND {:my_long} + radius)
```

這段查詢的效率並不高,因為我們需要掃描整個資料表。如果我們特別針對 longitude(經度)和 latitude(緯度)這兩個欄位建立索引,這樣就能提高效率嗎?答案恐怕是效果有限。因為主要的問題在於我們的資料是二維的,各個維度送回來的資料量還是很大。舉例來說,如圖 1.4 所示,只要利用經度和緯度這兩個欄位的索引,我們很快就能檢索出「資料集 1」和「資料集 2」這兩組資料集。但如果要取得半徑範圍內的店家,我們就必須針對這兩組資料集執行交集(intersect)操作。這個操作的效率肯定不會太好,因為這兩組資料集裡都有非常大量的資料。

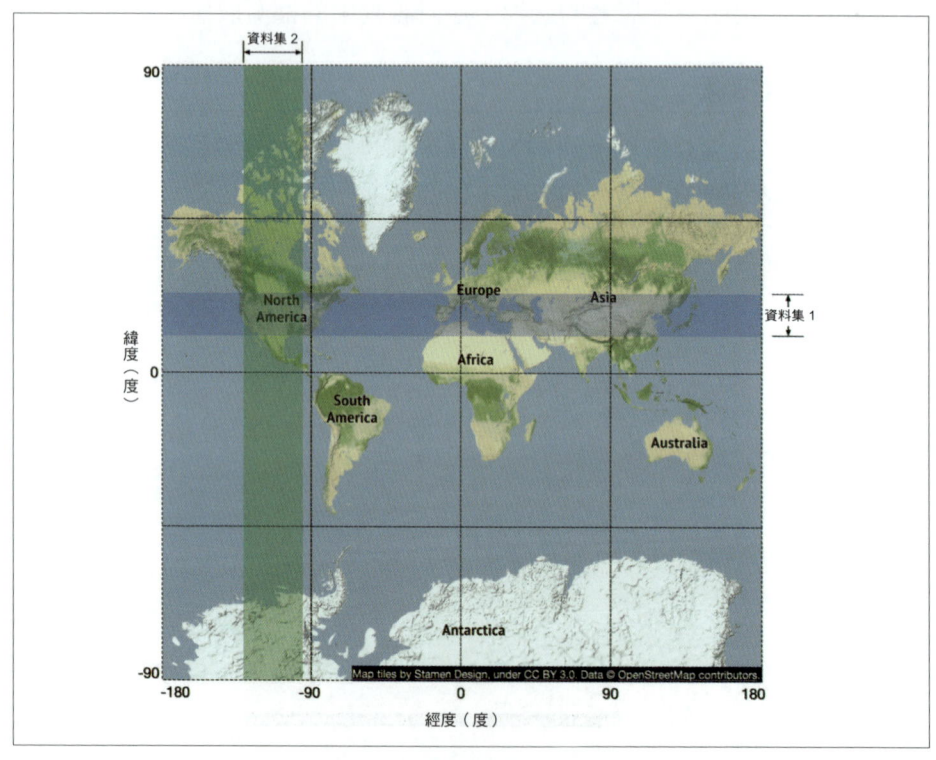

圖 1.4:兩組資料集的交集

前面的做法問題在於,資料庫的索引只能提高一個維度的搜尋速度。所以我們很自然就想要問,能不能把二維資料對應到一維呢?答案是可以的。

在進一步深入探討之前,我們先來看看不同類型的索引方法。廣義上來說,地理空間索引的做法有兩類,如圖 1.5 所示。在圖中有特別標示出來的就是我們打算詳細討論的演算法,因為這些演算法在業界經常被採用。

- 雜湊:均勻小格子(even grid)、地理雜湊(geohash)、笛卡爾層(cartesian tiers)[12] 等等。
- 樹狀結構:四叉樹(quadtree)、Google S2、R 樹(RTree)[13] 等等。

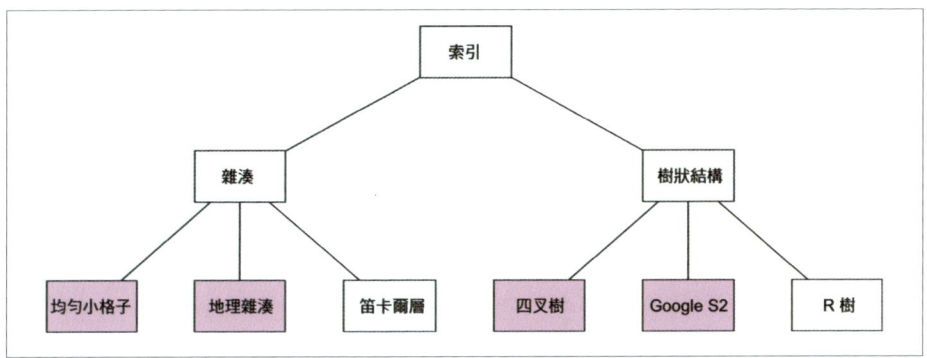

圖 1.5:各種不同類型的地理空間索引方法

雖然這些做法的實作方式各不相同,不過其高階的構想都是一樣的,那就是**把地圖劃分成比較小的區域,並建立相應的索引,以進行快速的搜尋**。在實際應用中,地理雜湊、四叉樹和 Google S2 這幾種做法被運用得最為廣泛。我們就來逐一看看吧。

‖ 小提醒 ‖

在真正的面試過程中,你通常並不需要解釋各個索引選項的實作細節。不過比較重要的是,你對於為何需要用到地理空間索引,以及相應的高階工作原理和限制,至少都應該具備一些基本的理解才行。

選項 2:均勻劃分的小格子

其中一個簡單的做法,就是把整個世界均勻劃分成許多的小格子(圖 1.6)。如此一來,每個小格子都會包含許多的店家,而地圖中的每個店家,也都屬於其中的一個小格子。

第 1 章　附近的場所

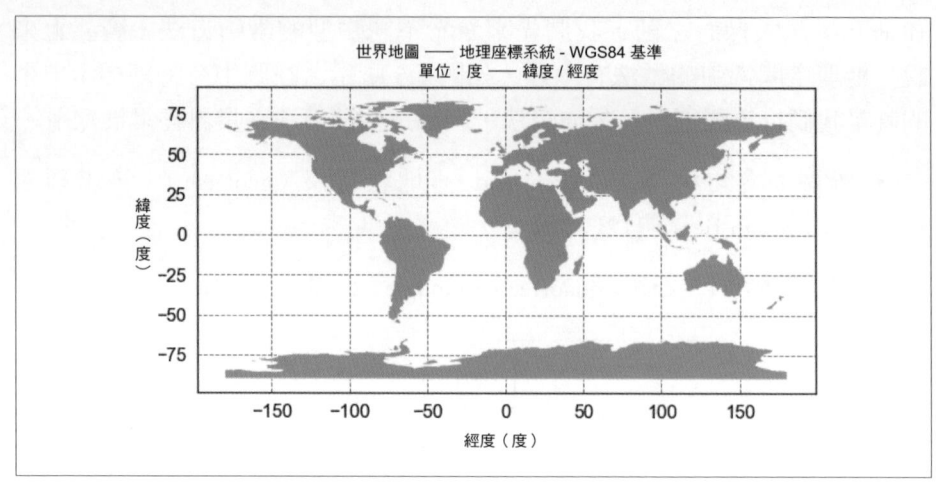

圖 1.6：世界地圖（圖片來源：[14]）

這種做法有一定的效果，不過還是有個重大的問題：店家的分佈很不均勻。紐約市中心可能會有很多的店家，而其他在沙漠或海洋中的小格子，根本就不會有任何店家。由於把世界劃分成均勻的小格子，很自然就會造成非常不均勻的資料分佈。理想情況下，我們更希望可以在人口密集的地區，使用比較細粒度的小格子，在人口稀疏的區域，則使用比較大的小格子。另一個潛在的挑戰，則是要找出與某個固定小格子相鄰的其他小格子。

選項 3：地理雜湊

地理雜湊（Geohash）的做法比均勻劃分的小格子更好一點。它的工作原理就是把二維的經緯度資料，簡化成由字母和數字所組成的一維字串。地理雜湊演算法的工作原理，就是以遞迴的方式，用額外增加的位元來把世界逐步劃分成越來越小的小格子。我們可以先從比較高的角度，來看一下地理雜湊的工作原理。

首先，我們可以沿著本初子午線和赤道，把整個地球劃分成四個象限。

>> 第 2 步 — 提出高階設計並獲得認可

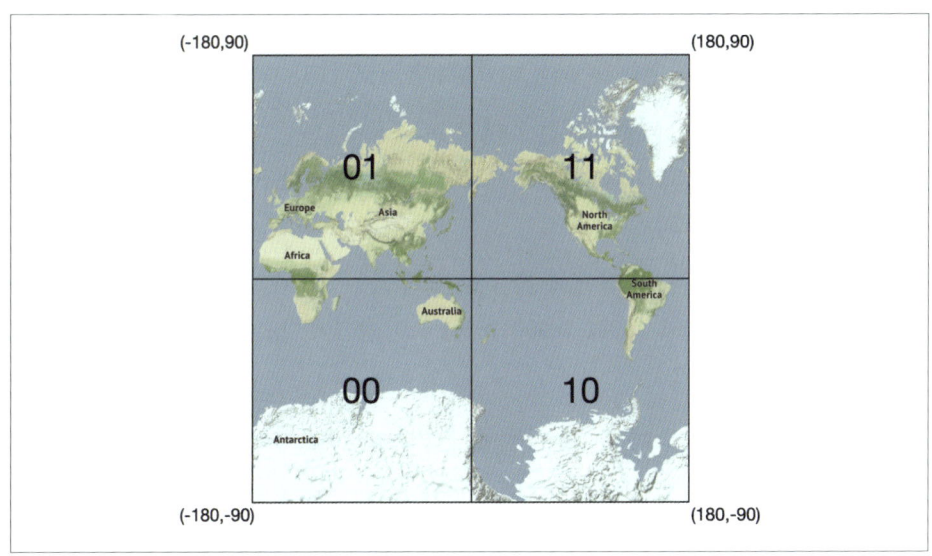

圖 1.7：地理雜湊

- 緯度範圍 [-90, 0] 用 0 來表示
- 緯度範圍 [0, 90] 用 1 來表示
- 經度範圍 [-180, 0] 用 0 來表示
- 經度範圍 [0, 180] 用 1 來表示

接著，再把每個小格子劃分成四個更小的小格子。每個小格子都可以再利用額外的經緯度位元來表示。

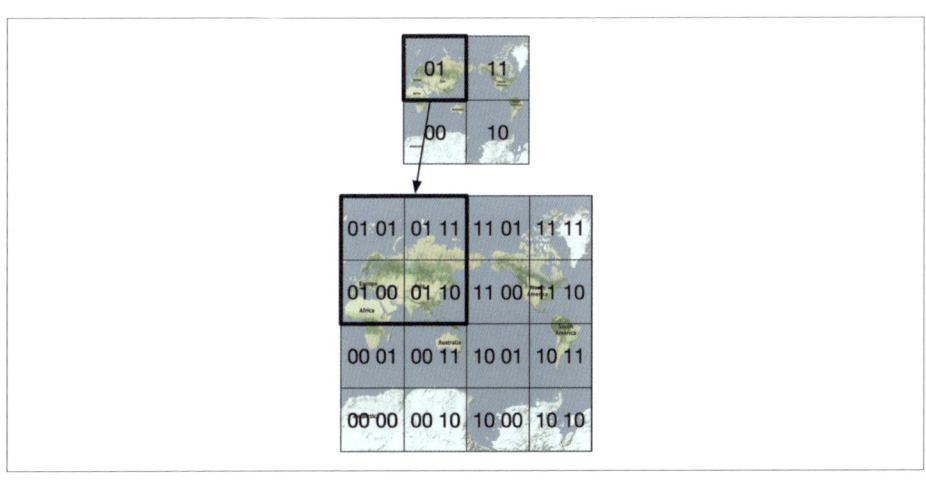

圖 1.8：劃分小格子

13

我們可以重複這樣的劃分方式，直到小格子的尺寸達到所需要的精度為止。地理雜湊通常都是採用 base32 的表達方式 [15]。下面就是兩個例子。

- Google 總部的地理雜湊為（精度等級 = 6）：
  1001 10110 01001 10000 11011 11010（二進位的 base32）→
  9q9hvu（**base32**）

- Facebook 總部的地理雜湊為（精度等級 = 6）：
  1001 10110 01001 10001 10000 10111（二進位的 base32）→
  9q9jhr（**base32**）

地理雜湊的精度可分成 12 級，如表 1.4 所示。精度的等級就決定了小格子的尺寸大小。我們只對 4 到 6 級之間的地理雜湊感興趣。因為大於 6 級的小格子已經太小了；但如果小於 4 級，小格子又太大了（見表 1.4）。

表 1.4：地理雜湊等級與小格子尺寸的對應關係（資料來源：[16]）

地理雜湊等級	小格子的寬度 × 高度
1	5,009.4km × 4,992.6km（我們這個星球的大小）
2	1,252.3km × 624.1km
3	156.5km × 156km
4	39.1km × 19.5km
5	4.9km × 4.9km
6	1.2km × 609.4m
7	152.9m × 152.4m
8	38.2m × 19m
9	4.8m × 4.8m
10	1.2m × 59.5cm
11	14.9cm × 14.9cm
12	3.7cm × 1.9cm

該如何選擇合適的精度呢？我們可以根據使用者所指定的半徑畫出一個圓，然後再找出能覆蓋這整個圓的最小地理雜湊精度等級。地理雜湊的精度等級與半徑的對應關係，如下表所示。

表 1.5：半徑與地理雜湊精度等級的對應關係

半徑（公里）	地理雜湊等級
0.5 公里（0.31 英里）	6
1 公里（0.62 英里）	5
2 公里（1.24 英里）	5
5 公里（3.1 英里）	4
20 公里（12.42 英里）	4

這種做法在大多數情況下都沒什麼問題，不過還是有一些特殊考量，例如該如何處理地理雜湊的邊界問題，這個部分我們也應該與面試官稍作討論。

邊界問題

在地理雜湊的做法下，兩個地理雜湊的前綴（prefix）相同的部分越長，就表示這兩個地點越靠近。如圖 1.9 所示，所有的小格子都具有一段相同的前綴：9q8zn。

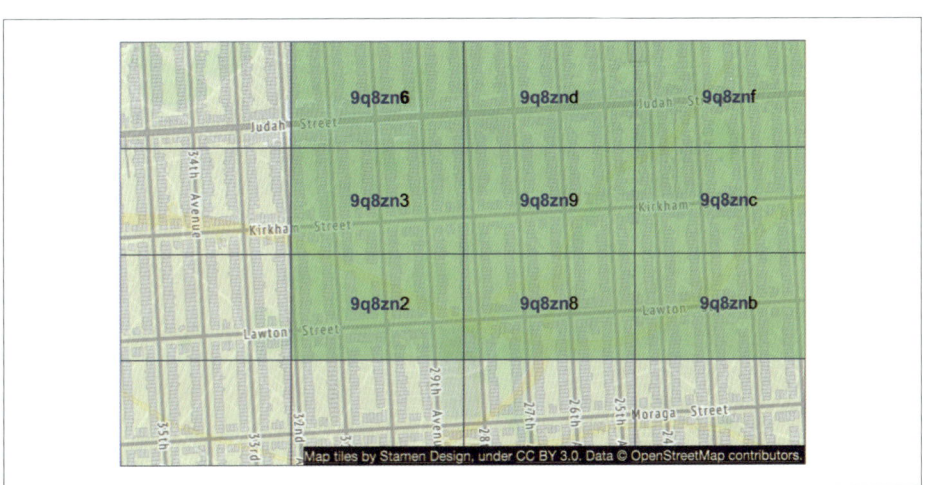

圖 1.9：相同的前綴

邊界問題 1

不過，反過來就不一定是如此了：比如兩個位置非常靠近，卻有可能根本沒有相同的前綴。這是因為用赤道或本初子午線劃分開來之後，邊界兩邊的小格子雖然在位置上很靠近，但卻屬於不同「半邊」的世界。舉例來說，在法國，La Roche-Chalais（地理雜湊：u000）和 Pomerol（地理雜湊：ezzz）的距離只有 30 公里，但這兩個地方的地理雜湊卻完全沒有相同的前綴 [17]。

圖 1.10：沒有相同的前綴

由於存在這種邊界問題，因此下面這段簡單的前綴 SQL 查詢語句，就有可能無法取得附近所有的店家。

```
SELECT * FROM geohash_index WHERE geohash LIKE `9q8zn%`
```

邊界問題 2

邊界問題的另一種情況，就是兩個地點非常靠近，地理雜湊也有很長的一段相同前綴，但終究還是分別屬於不同的地理雜湊，如圖 1.11 所示。

圖 1.11：邊界問題的另一種情況

像這樣的情況，其中一種比較常見的解法就是，不只要取得中央小格子內所有的店家，還要取得周圍相鄰小格子的所有店家。周圍小格子的地理雜湊，在常數的時間內就可以計算出來了；更多細節請參見 [17]。

店家不夠多

現在我們來嘗試解決加分題吧。如果中央和周圍的小格子全都加起來，送回來的店家數量還是不夠怎麼辦？

方案一：只送回指定半徑內的店家。這個選項很容易進行實作，但缺點也很明顯。它送回來的結果數量有可能並不足夠，無法滿足使用者的需求。

方案二：增加搜尋的半徑。我們可以嘗試移除掉地理雜湊的最後一位數字，再用這個新的地理雜湊來取得附近的店家。如果店家的數量還是不夠，我們就繼續擴大範圍，再移除掉一位數字。這樣一來，小格子的尺寸就會逐漸變大，直到結果的數量大於所需的數量為止。圖 1.12 顯示的就是這種逐步擴展搜尋範圍的概念圖。

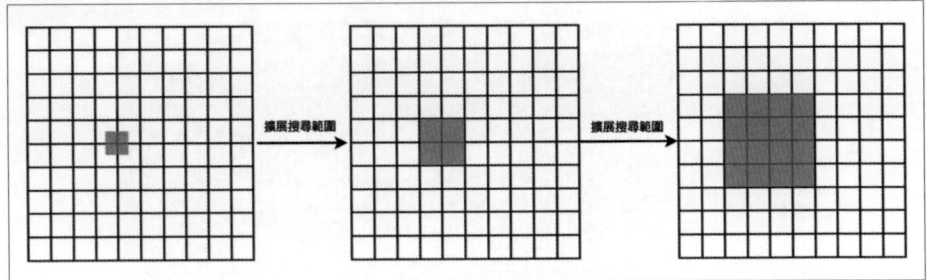

圖 1.12：逐步擴展搜尋範圍的過程

選項 4：四叉樹

另一種蠻流行的解法，就是所謂的四叉樹（quadtree）。四叉樹 [18] 是一種資料結構，通常是用來劃分二維空間；它會以遞迴的方式把二維空間劃分成四個象限（也就是四個小格子），直到小格子的內容滿足特定的判斷條件為止。舉例來說，我們可以把判斷條件設定成持續進行劃分，直到小格子裡的店家數量不超過 100 家為止。這個數字可以隨意設定，可根據實際需要來決定。在四叉樹的做法下，我們會在記憶體內建立一個樹狀結構，以回應各種查詢。請注意，四叉樹是一種存放在記憶體內的資料結構，而不是採用資料庫的解法。這個資料結構會存放在每個 LBS 伺服器中，而且在伺服器啟動時就建構起來了。

下圖就是以視覺化的方式，展示如何把全世界劃分成四叉樹的概念過程。假設全世界有 2 億個店家。

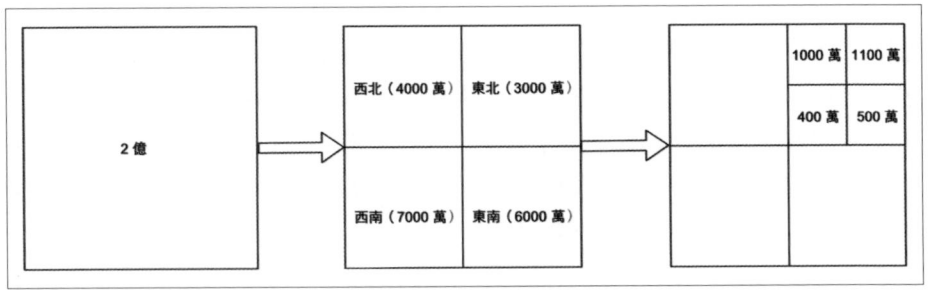

圖 1.13：四叉樹

圖 1.14 更詳細解釋了四叉樹建構的過程。根節點代表的就是全世界的地圖。我們會從根節點開始，以遞迴的方式劃分出 4 個象限，直到沒有任何節點擁有超過 100 個店家為止。

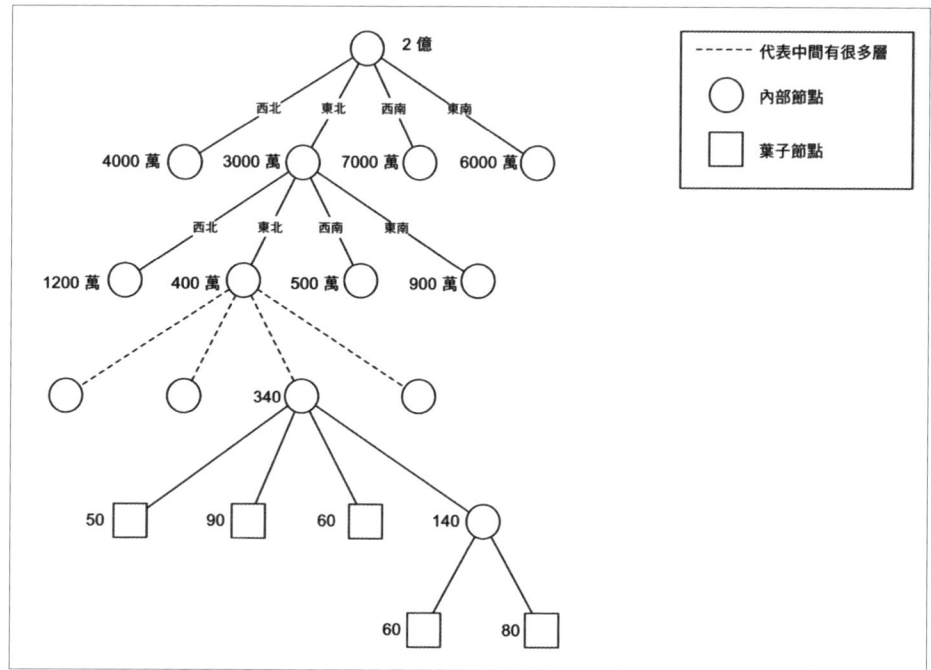

圖 1.14：建構四叉樹

可用來建構四叉樹的虛擬程式碼如下所示：

```
public void buildQuadtree(TreeNode node) {
  if (countNumberOfBusinessesInCurrentGrid(node) > 100) {
    node.subdivide();
    for (TreeNode child : node.getChildren()) {
      buildQuadtree(child);
    }
  }
}
```

需要多少記憶體，才能把整個四叉樹保存起來？

如果要回答這個問題，我們就要知道儲存的是什麼類型的資料。

葉子節點的資料

表 1.6：葉子節點

名稱	大小
小格子左上角和右下角的座標	32 Byte（8 Byte x 4）
小格子裡的店家 ID 列表	每個 ID 8 Byte x 100（每個小格子裡的店家最大數量）
總計	832 Byte

內部節點的資料

表 1.7：內部節點

名稱	大小
小格子左上角和右下角的座標	32 Byte（8 Byte x 4）
指向 4 個子節點的指標	32 Byte（8 Byte x 4）
總計	64 Byte

雖然樹狀結構的建構過程，是以小格子內店家的數量為依據，但店家數量並不需要儲存在四叉樹的節點中，因為只要根據資料庫裡的紀錄就能推斷出來了。

現在我們已經知道每一種節點的資料結構，接著就來看看記憶體用量吧。

- 每個小格子最多可儲存 100 個店家
- 葉子節點的數量 $=\sim \frac{2\ 億}{100}=\sim 2\ 百萬$
- 內部節點的數量 $= 200\ 萬 \times \frac{1}{3} = \sim 67\ 萬$。如果你不懂為什麼內部節點的數量是葉子節點的三分之一，請參見參考資料 [19]。
- 總記憶體需求 $= 200\ 萬 \times 832\ Byte + 67\ 萬 \times 64\ Byte = \sim 1.71\ GB$。就算我們必須增加一些額外的記憶體，來存放這個樹狀結構，建構出這個樹狀結構所需的記憶體也不算太大。

在真正的面試過程中，我們應該不需要進行如此詳細的計算。這裡的關鍵要點其實是，四叉樹索引並不會佔用太多的記憶體，完全可以輕鬆放進一台伺服器中。這是否也就表示，我們應該只需要用一台伺服器來保存四叉樹索引就行了？答案是不行。從讀取量來看，單獨一台四叉樹伺服器可

能沒有足夠的 CPU 或網路頻寬,來服務所有的讀取請求。在這樣的考量下,就有必要使用多台四叉樹伺服器,來分擔讀取的負載。

建構出整個四叉樹,需要多長的時間?

每一個葉子節點都包含了大約 100 個店家 ID。建構出整個樹狀結構的時間複雜度為 $\frac{n}{100} \log \frac{n}{100}$,其中 n 就是店家的總數量。要建構出有 2 億個店家的整個四叉樹,可能需要花好幾分鐘的時間。

如何運用四叉樹來搜尋附近的店家?

1. 在記憶體內建構出四叉樹。
2. 四叉樹建構完成之後,就從根節點開始進行搜尋,遍歷整個樹狀結構,直到找出搜尋位置所在的葉子節點為止。如果這個葉子節點裡有 100 個店家,只要送回這個節點即可。否則的話,就把相鄰節點的店家添加進來,直到送回足夠數量的店家為止。

四叉樹的操作注意事項

前面有提到,在伺服器剛啟動的時候,就要建構出內含 2 億個店家的四叉樹,這或許需要花好幾分鐘的時間。這麼長的伺服器啟動時間,對於操作的影響非常重要。在建構四叉樹時,伺服器是無法提供服務的。因此,如果我們要推出新版本的伺服器,就應該以逐步處理的方式,一次只更新一小部分的伺服器。這樣才能避免整個伺服器集群同時離線,導致服務中斷的問題。我們也可以採用藍 / 綠部署(blue / green deployment)[20] 的做法,但是新的伺服器集群一下子就要從資料庫裡同時取得 2 億個店家的資訊,這樣一定會對系統造成很大的壓力。這雖然是可行的做法,但在設計上或許會變得比較複雜,你在面試過程中應該要稍微提一下比較好。

另一個操作上的考慮因素,就是隨著時間的推移,店家有可能新增或刪除,這時應該如何更新四叉樹呢?最簡單的做法就是以逐步的方式重建四叉樹,一次只更新一小部分的伺服器,直到整個集群全部更新為止。不過這也就表示,在某段時間內,有些伺服器送回來的可能是過時的資料。不過,從需求上來看,這通常是個可接受的折衷方案。我們可以先與店家達

成協議，只要是新增或更新的店家資訊，都要等到第二天才會生效，這樣就可以進一步緩解此類問題了。另一方面，我們也可以利用夜間作業的方式，來更新快取資料。這樣的做法有一個潛在的問題，那就是會有大量的索引鍵（key）同時失效，導致快取伺服器出現負載過重的問題。

如果在新增或刪除店家時，想用即時的方式來對四叉樹進行更新，這樣也不是不行。不過這一定會讓設計變得更複雜，尤其是四叉樹資料結構如果可以被多個執行緒同時進行存取，在這種情況下一定會用到某種鎖定的機制，因此四叉樹的實作就會變得更加複雜。

現實世界裡的四叉樹範例

Yext [21] 提供了一張圖（圖 1.15），顯示的就是在丹佛 [21] 附近所構建出來的四叉樹。我們要的就是可以在人口比較密集的地區，採用比較小、比較細粒度的小格子，至於人口比較稀疏的區域，則可採用比較大的小格子。

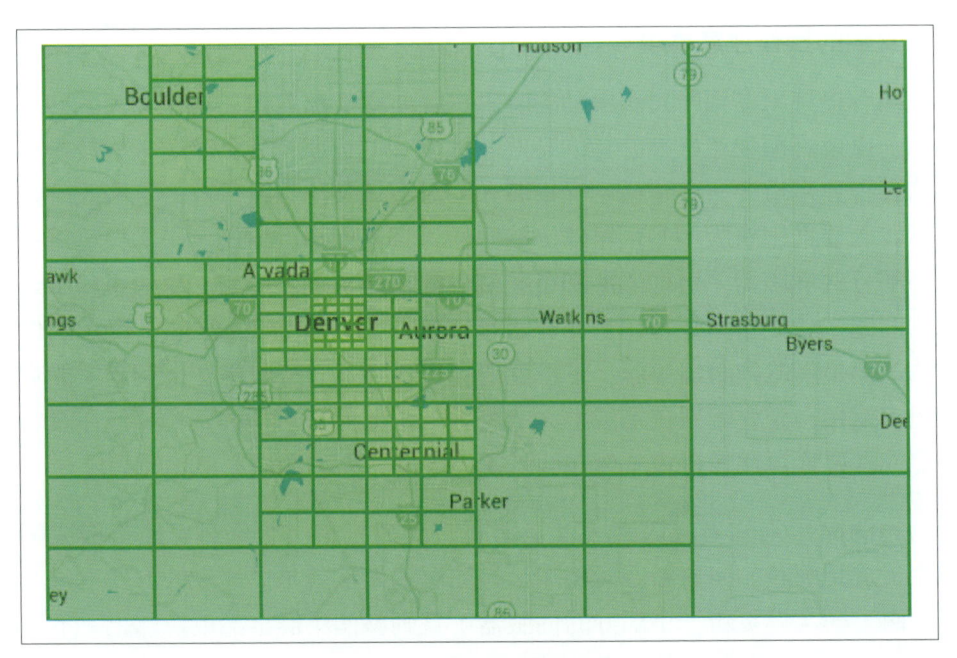

圖 1.15：四叉樹的真實範例

選項 5：Google S2

Google S2 幾何函式庫 [22] 也是這個領域另一種重要的做法。與四叉樹很類似的是，它也是一種運用記憶體來解決問題的做法。它會根據 Hilbert 曲線（這是一種空間填充曲線；space-filling curve），把一整個球體對應到一個一維的索引 [23]。Hilbert 曲線有一個非常重要的特性：Hilbert 曲線上彼此很靠近的兩個點，在一維空間裡也會很靠近（圖 1.16）。在一維空間進行搜尋，一定比在二維空間進行搜尋的效率高得多。有興趣的讀者，可以去玩一下 Hilbert 曲線的線上工具 [24]。

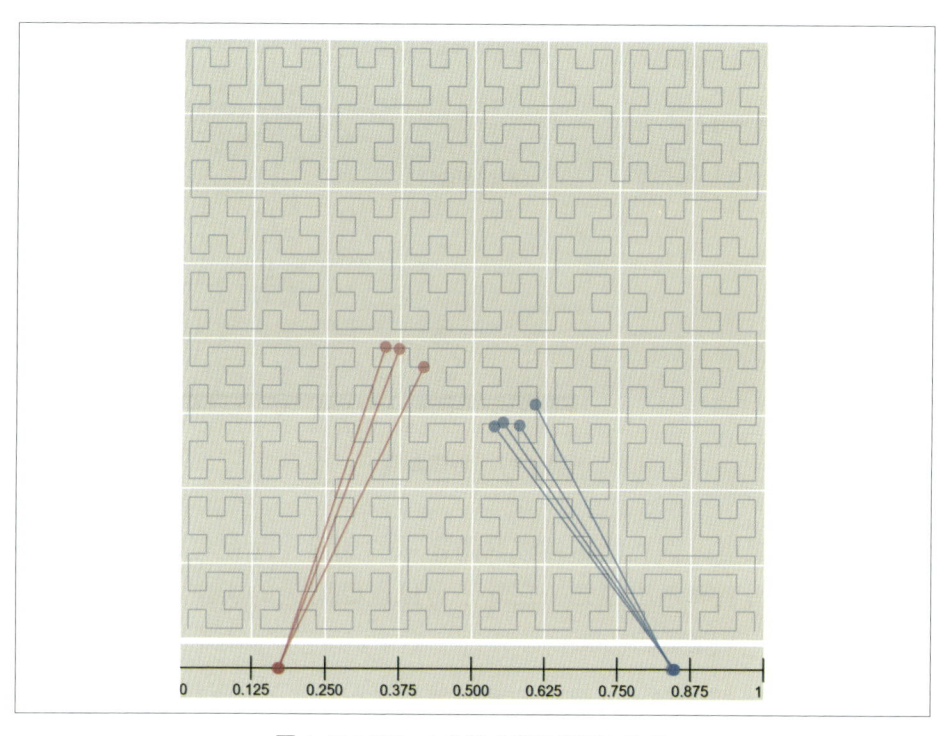

圖 1.16：Hilbert 曲線（資料來源：[24]）

S2 是一個蠻複雜的函式庫，你在面試過程中並不需要去解釋它的內部結構。但由於它在 Google、Tinder 之類的公司裡受到廣泛的運用，因此這裡會簡要介紹其優點。

- 對於所謂的地理圍欄（geofencing）來說，S2 是個很棒的東西，因為它可以用來覆蓋不同等級的任意區域（圖 1.17）。根據維基百科的說法，「地理圍欄（geofence）就是現實世界地理區域的一種虛擬周界（virtual perimeter）。地理圍欄可以動態生成（比如圍繞著某地點的某個半徑範圍）；地理圍欄也可以是一組預先定義好的邊界（例如某個學校或社區的邊界）」[25]。

圖 1.17：地理圍欄

地理圍欄可以讓我們定義感興趣區域的周界，而且可以向脫離該區域的使用者發送出通知。它除了可以送回附近的店家之外，還可以提供許多更豐富的功能。

- S2 的另一個優勢，就是它的地區覆蓋（Region Cover）演算法 [26]。我們在 S2 的做法中，可以指定最小的等級、最大的等級和最大的單元格（cell），而不是像地理雜湊那樣，只能採用固定的等級（精度）。S2 送回來的結果更加精細，因為單元格的大小是很靈活的。如果你想瞭解更多的相關資訊，可以查看一下 S2 工具 [26]。

推薦的做法

為了有效尋找出附近的店家，我們討論了好幾個選項：地理雜湊、四叉樹和 S2。從表 1.8 可以看出，不同的公司或不同的技術，各自採用了不同的選項。

表 1.8：各種不同類型的地理索引方式

地理索引方式	公司
地理雜湊	Bing map [27], Redis [10], MongoDB [28], Lyft [29]
四叉樹	Yext [21]
同時採用地理雜湊和四叉樹	Elasticsearch [30]
S2	Google 地圖, Tinder [31]

在面試時，我們建議選擇採用**地理雜湊或四叉樹**的做法，因為 S2 的做法比較複雜，在面試時很難解釋清楚。

地理雜湊 vs. 四叉樹

在結束本節之前，我們就來快速比較一下地理雜湊和四叉樹。

地理雜湊

- 很容易使用，也很容易進行實作。不需要建構出一個樹狀結構。
- 可支援半徑的設定方式，送出半徑內的店家。
- 如果固定了地理雜湊的精度（等級），小格子的尺寸也會跟著固定下來。它無法根據人口的密度，以動態方式調整小格子的尺寸。如果想支援這樣的調整，就需要更複雜的邏輯。
- 索引的更新是很容易的。舉例來說，如果要從索引中刪除掉某個店家，只需要把具有相同 `geohash` 和 `business_id` 的相應資料行刪除掉即可。具體範例請參見圖 1.18。

geohash	business_id
9q8zn	3
~~9q8zn~~	~~8~~
9q9bd	4

圖 1.18：刪除店家

四叉樹

- 實作出起來稍微困難一些，因為它需要建構出一個樹狀結構。

- 可支援「取得 k 家距離最近的店家」。有時我們只想送回 k 家距離最近的店家，而不在意店家是否位於所設定的半徑內。舉例來說，當你在外面旅行時，如果汽車的油量不足，你一定只想找到距離最近的 k 個加油站。這些加油站有可能並不在你的附近，但 App 確實有必要送回距離最近的 k 個結果。對於這種類型的查詢，四叉樹就是一個蠻好的選擇，因為它的細分過程是以數字 k 為基礎，而且它可以自動調整查詢範圍，直到送回 k 個結果為止。

- 它可以根據人口的密度，以動態方式調整小格子的尺寸（請參見圖 1.15 丹佛的範例）。

- 索引的更新比地理雜湊更複雜。四叉樹是一種樹狀結構。如果要刪除掉某個店家，我們就必須從根節點遍歷到相應的葉子節點，才能刪除掉那個店家。舉例來說，如果我們要刪除 ID = 2 的店家，我們就必須從根節點開始，一路往下找出相應的葉子節點，如圖 1.19 所示。更新索引的時間複雜度為 $O(\log n)$，但如果是用多執行緒的程式來存取這個資料結構，實作上就會很複雜，因為另外還需要搭配鎖定的機制。此外，如果要重新調整樹狀結構，可能也會很複雜。舉例來說，如果某個葉子節點已經沒有足夠的空間可以容納新的店家，就需要重新進行調整。其中一種可能的解決方法，就是採用超額配置（over-allocate）的做法。

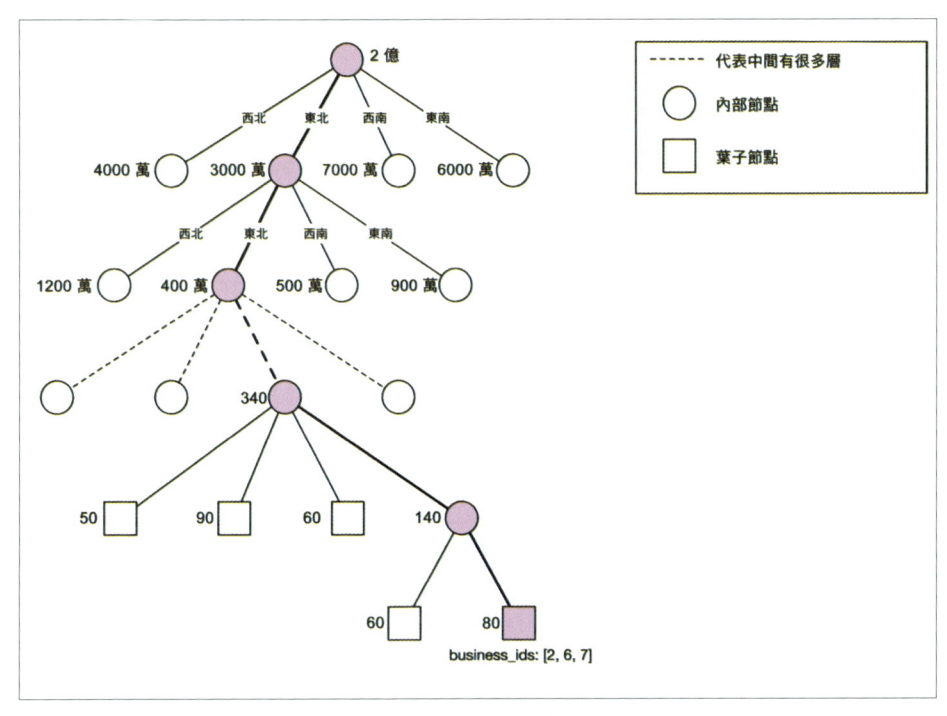

圖 1.19：四叉樹的更新方式

第 3 步 —— 深入設計

現在你應該已經對整個系統有了很好的理解。接著我們就來深入探討下面這幾個東西吧。

- 資料庫的擴展
- 快取
- 地區和可用區
- 用時間或店家類型來篩選結果
- 最終架構圖

資料庫的擴展

我們打算討論如何擴展兩個最重要的資料表：店家資料表和地理空間索引表。

店家資料表

店家資料表的資料，有可能無法全部放入同一台伺服器中，因此可以考慮採用分片（sharding）的做法。最簡單的做法，就是根據店家 ID 來進行分片。這樣的分片方案可以確保資料均勻分散到各個分片，而且在操作上也比較容易維護。

地理空間索引表

地理雜湊和四叉樹這兩種做法，都受到廣泛的運用。由於地理雜湊比較簡單，因此我們會以它為例。其中資料表的結構，有兩種不同的做法。

做法 1：每一橫行都有一個 geohash 鍵，以及由多個店家 ID 所組成的一個 JSON 陣列。這也就表示，每一個地理雜湊裡所有的店家 ID，全都保存在同一行紀錄中。

表 1.9：list_of_business_ids 是一個 JSON 陣列

geospatial_index
geohash
list_of_business_ids

做法 2：如果同一個地理雜湊裡有很多個店家，那就用很多行紀錄來表示，讓每一個店家對應一行紀錄。這也就表示在同一個地理雜湊裡，不同的店家 ID 會分別保存在不同行的紀錄中。

表 1.10：business_id 是單獨的一個 ID

geospatial_index
geohash
business_id

下面就是第 2 種做法其中一些資料行的範例。

表 1.11：地理空間索引表裡的一些資料行樣本範例

geohash（地理雜湊）	business_id（店家 ID）
32feac	343
32feac	347
f3lcad	112
f3lcad	113

推薦：我們推薦第 2 種做法，原因如下：

以第 1 種做法來說，如果我們要更新店家資料，就必須取得 business_ids 陣列，並掃描整個陣列以找出所要更新的店家。如果要添加新的店家，也必須先掃描整個陣列，以確保沒有重複的項目。而且，我們還要先把該資料行鎖定起來，以防止多方同時進行更新。總之，有很多特殊情況需要進行處理。

以第 2 種做法來說，如果我們把兩個欄位組成一個複合鍵（geohash，business_id），新增和刪除店家就會變得很簡單。根本不需要鎖定任何東西。

地理空間索引的擴展

在考慮地理空間索引的擴展時，其中一個很常見的錯誤，就是太快決定採用分片的做法，而沒有去考慮資料表實際的資料量大小。以我們的例子來說，地理空間索引表整個資料集的量並不大（四叉樹索引只會佔用 1.71G 的記憶體，而地理雜湊索引的儲存量需求也很類似）。整個地理空間索引完全可以輕鬆放進任何現代的資料庫伺服器中。不過，如果從讀取量來看，單獨一台資料庫伺服器可能沒有足夠的 CPU 或網路頻寬，來處理所有的讀取請求。我們其實是因為這樣，才會考慮用多個資料庫伺服器來分擔讀取的負載。

如果想分散關聯式資料庫伺服器的負載，一般來說有兩種通用的做法。除了採用資料庫分片的做法之外，也可以考慮添加一些唯讀的副本資料庫。

許多工程師在面試時很喜歡採用分片的做法。不過，對於地理雜湊資料表來說，分片的做法可能不太適合，因為這樣會變得比較複雜。舉例來說，我們必須把分片的邏輯添加到應用層中。有時候，分片確實是唯一的選擇。不過以這裡的例子來說，既然所有的東西全都可以放進同一台資料庫伺服器，這樣就沒有強而有力的技術理由，非要把資料分片到許多伺服器了。

以這裡的情況來說，比較好的做法其實是採用一系列的唯讀副本資料庫，來協助分擔讀取的負載。這種做法在開發與維護上簡單多了。因此，我們推薦採用副本資料庫的做法，來對地理空間索引表進行擴展。

快取

在引入快取層之前，我們應該先問自己，真的需要快取層嗎？

快取究竟是不是個好做法，這問題並沒有那麼明顯到很快就能做出判斷：

- 這裡的讀取工作量比較大，而且資料集相對比較小。所有資料完全可以放進任何一台現代的資料庫伺服器。因此，查詢並不至於受到 I/O 的限制，而且運行的速度幾乎可以與記憶體快取一樣快。
- 如果讀取的效能表現確實是瓶頸，我們也可以添加唯讀的副本資料庫，來提高讀取的吞吐量。

與面試官討論快取時要多留意，因為這其實需要進行仔細的基準測試和成本分析，才能做出正確的判斷。如果你發現快取確實符合你的業務需求，你就可以繼續討論你的快取策略了。

快取鍵

在選擇快取鍵（cache key）時，一般人最直接的想法就是採用使用者的位置座標（經緯度）。不過，這個選擇有幾個問題：

- 從手機送回來的位置座標並不準確，因為那通常只是一個最佳估計結果 [32]。就算你沒有移動位置，每次從手機取得的座標還是有可能略有不同。

- 使用者可能會從某個位置移動到另一個位置，導致位置的座標略有改變。可是對於大多數應用程式來說，這樣的改變並沒有什麼意義。

因此，位置座標並不是一個很好的快取鍵。理想情況下，位置的微小變化還是應該對應到相同的快取鍵。前面所提過的地理雜湊，則可以妥善處理掉這個問題，因為同一個小格子裡的所有店家，全都對應到同一個地理雜湊。

要快取的資料類型

如表 1.12 所示，有兩類資料很適合進行快取，可提高系統整體的效能：

表 1.12：適合快取的鍵值對

鍵	值
geohash	小格子裡的店家 ID 列表
business_id	店家物件

小格子裡的店家 ID 列表

由於店家資料相對穩定，我們可以針對給定的地理雜湊，預先計算出相應的店家 ID 列表，並把它保存在 Redis 之類的鍵值儲存系統中。這裡就來看個具體的範例 —— 如何透過快取找出附近的店家。

1. 下面的 SQL 語句可根據給定的地理雜湊，取得店家 ID 的列表。

    ```
    SELECT business_id FROM geohash_index WHERE geohash LIKE `{:
    geohash }%`
    ```

2. 如果在 Redis 快取裡找不到，就把 SQL 語句的查詢結果保存到快取中。

    ```
    public List<String> getNearbyBusinessIds(String geohash) {
      String cacheKey = hash(geohash);
      List<string> listOfBusinessIds = Redis.get(cacheKey);
      if (listOfBusinessIDs == null) {
        listOfBusinessIds = 執行前面的 select SQL 查詢語句 ;
        Cache.set(cacheKey, listOfBusinessIds, "1d");
      }
      return listOfBusinessIds;
    }
    ```

在新增、編輯或刪除店家時，資料庫就會被更新，快取也會跟著失效。由於這類操作的次數相對比較少，而且地理雜湊的做法並不需要用到鎖定機制，因此更新操作處理起來很輕鬆。

根據需求，使用者可以在客戶端選擇以下 4 種半徑：500m、1km、2km、5km。這幾個半徑分別對應到 4、5、5、6 的地理雜湊等級。為了能夠快速取得不同半徑內的附近店家列表，我們會在 Redis 裡針對所有這三種精度（geohash_4、geohash_5 和 geohash_6）建立相應的快取資料。

之前曾提到我們有 2 億個店家，而且在給定的精度下，每個店家都只會屬於其中的一個小格子。因此所需的總記憶體就是：

- Redis 值的儲存量：8 Byte×2 億 ×3 種精度＝～ 5 GB
- Redis 鍵的儲存量：可以忽略不計
- 所需的記憶體總量：～ 5 GB

從記憶體使用量的角度來看，就算只用一台現代的 Redis 伺服器也沒問題，但為了確保高可用性，並降低地理距離所造成的延遲，因此我們會在全球各地部署 Redis 集群。根據我們所估計的資料量，我們會在全球部署多個相同的快取資料副本。在我們的最終架構圖（圖 1.21）中，圖中的「地理雜湊」就是用 Redis 來實現快取功能的。

在客戶端呈現店家相關頁面所需的店家資料

這類資料很容易進行快取。鍵是 business_id，值則是店家物件，其中包含了店家名稱、地址、圖片 URL 等資訊。在我們的最終架構圖（圖 1.21）中，圖中的「店家資訊」也是用 Redis 來實現快取功能的。

地區和可用區

我們會把位置相關服務部署到多個地區（region）和可用區（AZ；availability zone），如圖 1.20 所示。這樣的做法有幾個優點：

- 可以讓使用者在物理空間上與系統「更靠近」。來自美國西部的使用者，可以連接到該地區的資料中心，來自歐洲的使用者，也可以連接到歐洲的資料中心。
- 可以讓我們很靈活地在不同人群之間均勻分散流量。日本、韓國之類的地區人口密度比較高。把它們放置在不同的地區，甚至同時在多個可用區裡部署位置相關服務，這種分散負載的做法應該是很明智的。
- 隱私相關法規。有些國家可能會要求使用者資料必須保存在當地，而且只能在當地使用。在這樣的情況下，我們可以在該國家 / 該地區設定一個地區（region），並使用 DNS 路由來限制該國家 / 該地區的所有請求，全都只會在該地區內傳送。

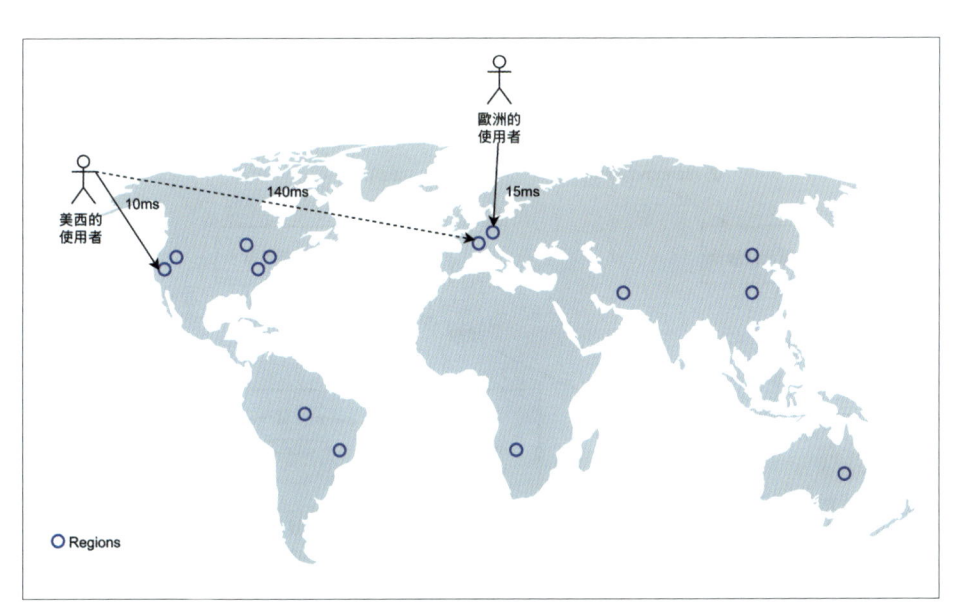

圖 1.20：部署一些「更靠近」使用者的 LBS

後續問題：用時間或店家類型來篩選結果

面試官可能會問一個後續的問題：如何只送回營業中的店家，或是只送回餐廳類的店家？

應試者：如果是用地理雜湊或四叉樹的做法，把世界劃分成很多的小格子，搜尋結果送回來的店家數量相對會比較少一點。因此，一開始可以多送一些店家 ID 回來，然後再根據開業時間或店家類型，對店家物件進行篩選。這個解法的假設前提是，營業時間和店家類型的資訊，都有保存在店家資料表中。

最終設計圖

把所有的東西放在一起，就得到了下面的設計圖。

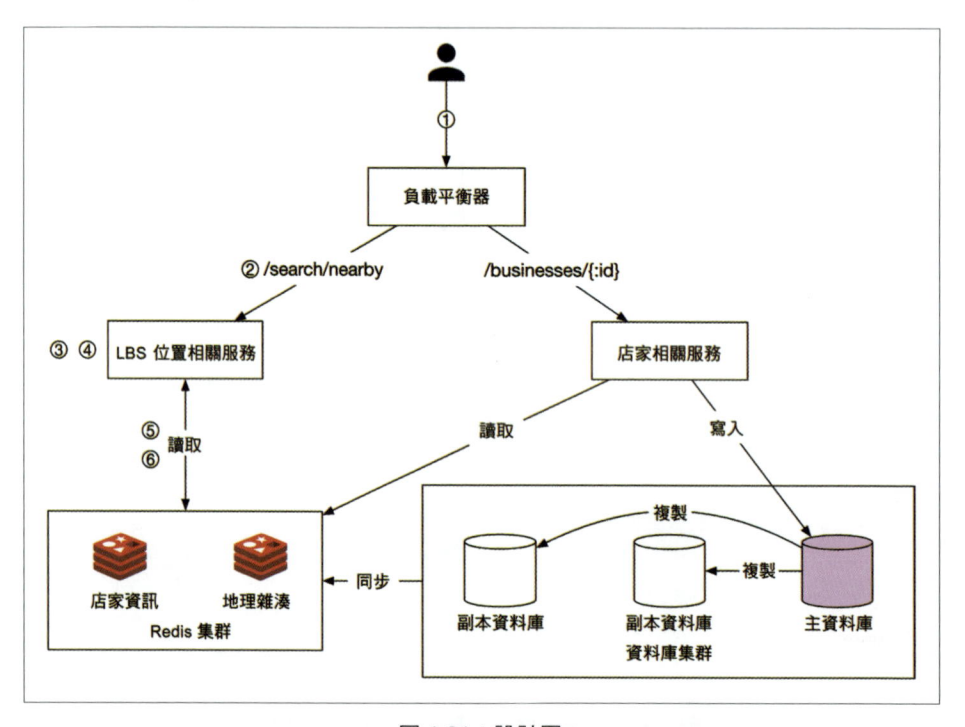

圖 1.21：設計圖

搜尋附近店家

1. 你嘗試在 Yelp 網站搜尋 500 公尺範圍內的餐廳。客戶端會把使用者的位置（緯度 = 37.776720，經度 = -122.416730）和半徑（500m）傳送到負載平衡器。

2. 負載平衡器會把請求轉發給 LBS 位置相關服務。

3. LBS 會根據使用者位置和半徑的資訊，找出與搜尋範圍相符的地理雜湊等級。根據表 1.5 的資訊，500m 對應到地理雜湊等級 = 6。

4. LBS 也會計算出相鄰的一些地理雜湊，並添加到列表中。結果如下：

    list_of_geohashes = [my_geohash, neighbor1_geohash, neighbor2_geohash, …, neighbor8_geohash]

5. LBS 會針對 list_of_geohashes 裡的每一個地理雜湊，調用「地理雜湊」Redis 伺服器，以取得相應的店家 ID 列表。在取得每個地理雜湊相應的店家 ID 列表時，可以用平行方式來進行調用，以減少延遲的問題。

6. LBS 會根據送回來的店家 ID 列表，從「店家資訊」Redis 伺服器裡取得相應的店家資訊，然後計算出使用者與店家之間的距離並進行排名，再把結果送回給客戶端。

店家資訊的查看、更新、新增、刪除

所有店家相關的 API，都是與 LBS 分開的。如果要查看某個店家的詳細資訊，店家相關服務會先檢查資料有沒有保存在「店家資訊」Redis 快取中。如果有的話，就會直接把快取資料送回給客戶端。如果沒有的話，就會從資料庫集群取得資料，然後再保存到 Redis 快取中，以便後續請求可以從快取直接取得結果。

由於我們已經預先與店家取得協議，新增 / 更新的店家資訊可以等到第二天才生效，因此店家的快取資料可以透過夜間作業的方式來進行更新。

第 4 步 —— 匯整總結

我們在本章介紹了「附近的場所」服務的設計。這個系統是一個典型的 LBS 位置相關服務，其中會用到地理空間索引的技術。我們討論了下面這幾種建立索引的做法：

- 二維搜尋
- 均勻劃分的小格子
- 地理雜湊
- 四叉樹
- Google S2

地理雜湊、四叉樹和 S2 這幾種做法，都有許多不同的科技公司廣泛使用。我們選擇了地理雜湊來作為範例，並展示了地理空間索引的工作原理。

在「第 3 步 —— 深入設計」一節中，我們討論了快取為何能有效降低延遲、有哪些東西應該進行快取、以及該如何運用快取來快速檢索出附近的店家。我們也討論了如何透過副本資料庫和分片的做法，來對資料庫進行擴展。

然後，我們也考慮在不同的地區和可用區部署 LBS，以提高可用性，讓使用者在物理空間上更靠近伺服器，而且更能夠遵守當地的隱私相關法規。

恭喜你跟我們走到了這裡！現在你可以給自己一點鼓勵。你真是太棒了！

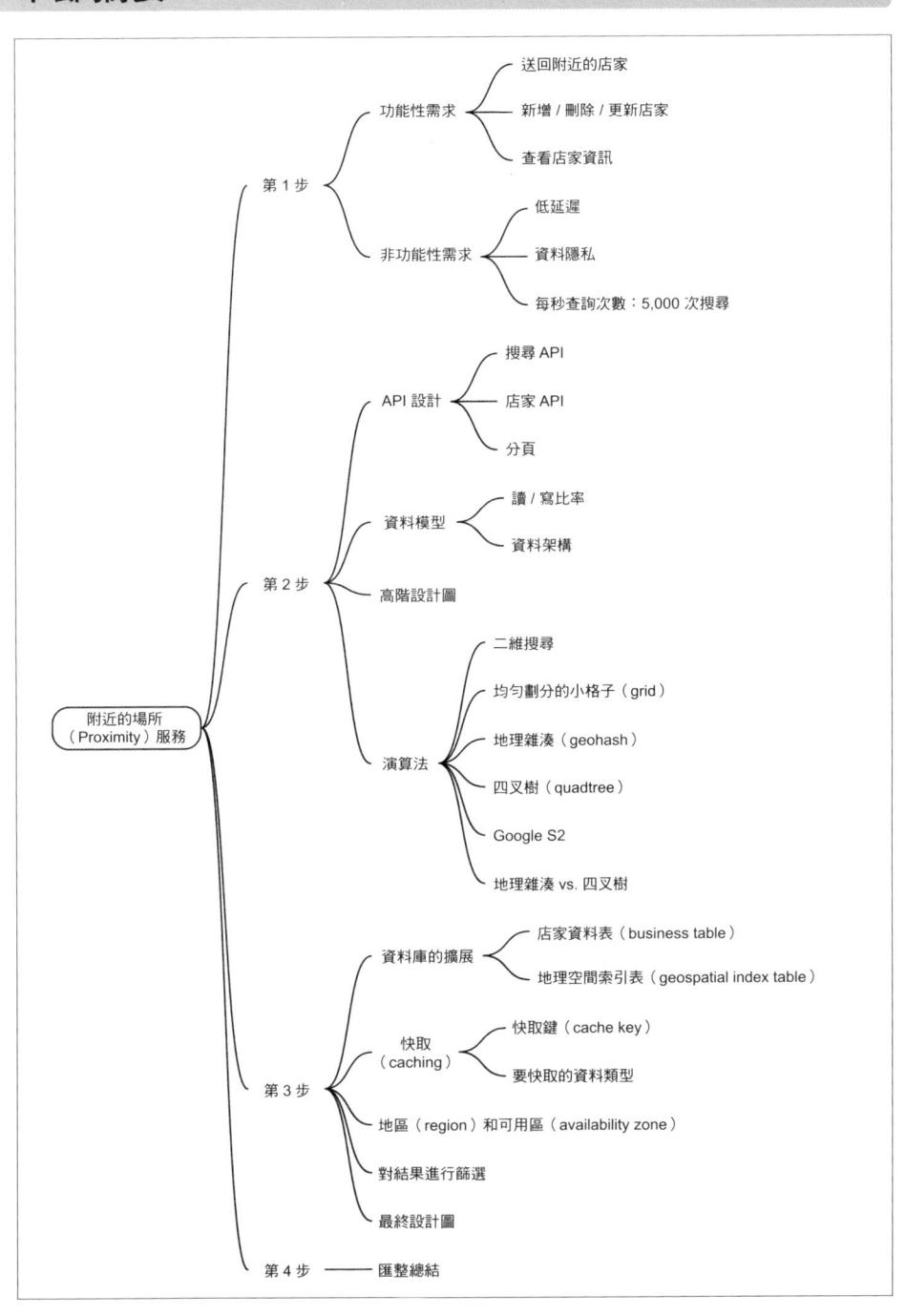

>> 章節摘要

章節摘要

- 附近的場所（Proximity）服務
  - 第 1 步
    - 功能性需求
      - 送回附近的店家
      - 新增 / 刪除 / 更新店家
      - 查看店家資訊
    - 非功能性需求
      - 低延遲
      - 資料隱私
      - 每秒查詢次數：5,000 次搜尋
  - 第 2 步
    - API 設計
      - 搜尋 API
      - 店家 API
      - 分頁
    - 資料模型
      - 讀 / 寫比率
      - 資料架構
    - 高階設計圖
    - 演算法
      - 二維搜尋
      - 均勻劃分的小格子（grid）
      - 地理雜湊（geohash）
      - 四叉樹（quadtree）
      - Google S2
      - 地理雜湊 vs. 四叉樹
  - 第 3 步
    - 資料庫的擴展
      - 店家資料表（business table）
      - 地理空間索引表（geospatial index table）
    - 快取（caching）
      - 快取鍵（cache key）
      - 要快取的資料類型
    - 地區（region）和可用區（availability zone）
    - 對結果進行篩選
    - 最終設計圖
  - 第 4 步 — 匯整總結

參考資料

[1] Yelp 網站：https://www.yelp.com/

[2] Stamen Design 的地圖圖塊（map tiles）：http://maps.stamen.com/

[3] 開放街道地圖（OpenStreetMap）：https://www.openstreetmap.org

[4] 一般資料保護規範（GDPR）：https://en.wikipedia.org/wiki/General_Data_Protection_Regulation

[5] 加州消費者隱私保護法（CCPA）：https://en.wikipedia.org/wiki/California_Consumer_Privacy_Act

[6] REST API 裡的分頁（Pagination）功能：https://developer.atlassian.com/server/confluence/pagination-in-the-rest-api/

[7] Google Places API：https://developers.google.com/maps/documentation/places/web-service/search

[8] Yelp 網站的店家端點：https://www.yelp.com/developers/documentation/v3/business_search

[9] 地區（Region）和區域（Zone）：https://docs.aws.amazon.com/AWSEC2/latest/UserGuide/using-regions-availability-zones.html

[10] Redis GEOHASH：https://redis.io/commands/GEOHASH

[11] POSTGIS：https://postgis.net/

[12] 笛卡兒層（Cartesian tiers）：http://www.nsshutdown.com/projects/lucene/whitepaper/locallucene_v2.html

[13] R 樹（R-tree）：https://en.wikipedia.org/wiki/R-tree

[14] 地理座標參考系統裡的全球地圖：https://bit.ly/3DsjAwg

[15] Base32：https://en.wikipedia.org/wiki/Base32

[16] 地理雜湊小格子彙整：https://bit.ly/3kKl4e6

[17] 地理雜湊（Geohash）：https://www.movable-type.co.uk/scripts/geohash.html

[18] 四叉樹（Quadtree）：https://en.wikipedia.org/wiki/Quadtree

[19] 四叉樹有多少葉子節點：https://stackoverflow.com/questions/35976444/how-many-leaves-has-a-quadtree

[20] 藍綠部署：https://martinfowler.com/bliki/BlueGreenDeployment.html

[21] 用四叉樹來改善地點快取：https://engblog.yext.com/post/geolocation-caching

[22] S2：https://s2geometry.io/

[23] Hilbert 曲線：https://en.wikipedia.org/wiki/Hilbert_curve

[24] Hilbert 映射（mapping）：http://bit-player.org/extras/hilbert/hilbert-mapping.html

[25] 地理圍欄（Geo-fence）：https://en.wikipedia.org/wiki/Geo-fence

[26] 地區覆蓋（Region Cover）：https://s2.sidewalklabs.com/regioncoverer/

[27] Bing 必應地圖：https://bit.ly/30ytSfG

[28] MongoDB：https://docs.mongodb.com/manual/tutorial/build-a-2d-index/

[29] 地理空間索引：為 Lyft 提供支援 1,000 萬 QPS 的 Redis 架構：https://www.youtube.com/watch?v=cSFWlF96Sds&t=2155s

[30] 地理形狀類型（Geo Shape Type）：https://www.elastic.co/guide/en/elasticsearch/reference/1.6/mapping-geo-shape-type.html

[31] Geosharded 推薦第 1 部分：分片的做法：https://medium.com/tinder-engineering/geosharded-recommendations-part-1-sharding-approach-d5d54e0ec77a

[32] 取得最後已知地點：https://developer.android.com/training/location/retrieve-current#Challenges

2

人在附近的朋友

本章針對「人在附近的朋友」這個行動 App 功能,設計了一個可擴展的後端系統。選擇加入的使用者只要授予權限,讓系統能存取其位置,行動客戶端就可以顯示出人在附近的朋友列表。如果你想看現實世界裡的範例,請參見這篇文章 [1],即可瞭解 Facebook App 裡類似的功能。

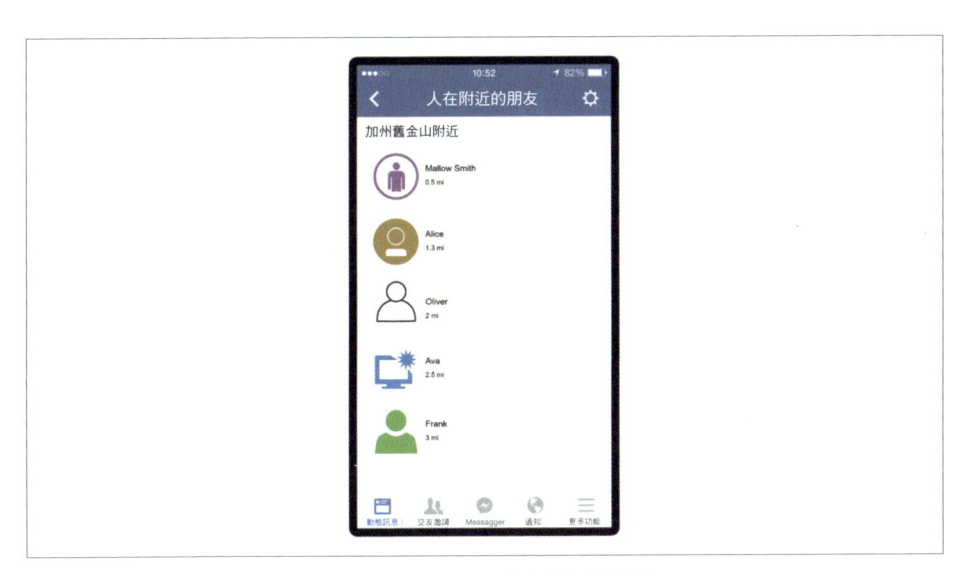

圖 2.1:Facebook 人在附近的朋友

如果你已經讀過第 1 章「附近的場所」,或許你會覺得很奇怪,為什麼我們要再用單獨一章來設計「人在附近的朋友」這個功能,因為乍看之下,這個功能好像與「附近的場所」蠻類似的。但你只要仔細想想,就會發現這兩者有重大的差異。「附近的場所」裡的店家地址都是固定的,因為店家的位置並不會經常改變,但是「人在附近的朋友」資料會變來變去,因為使用者的位置經常都在改變。

第 2 章　人在附近的朋友

第 1 步 —— 瞭解問題並確立設計範圍

只要規模大到 Facebook 這樣的程度，其後端系統一定很複雜。在開始進行設計之前，我們應該先提出一些可釐清狀況的問題，以縮小設計的範圍。

應試者：地理位置上多靠近才算是「附近」？

面試官：5 英里。這個數字應該是可以設定的。

應試者：我能否假設，距離是根據兩個使用者之間的直線距離來計算？在現實世界中，不同使用者之間有可能間隔著像是河流之類的障礙，導致相隔的距離實際上更長一點。

面試官：可以，這是個合理的假設。

應試者：這個 App 有多少使用者？我能否假設，10 億個使用者其中有 10% 會來使用這個「人在附近的朋友」功能？

面試官：可以，這是個合理的假設。

應試者：我們需要保存位置的歷史紀錄嗎？

面試官：需要。位置的歷史紀錄對於機器學習之類的目的來說，是很有價值的資料。

應試者：我們能否假設，如果朋友沒有進行任何活動的時間超過 10 分鐘，這個朋友就會從「人在附近的朋友」列表中消失？或者我們應該可以把他最後出現的位置顯示出來？

面試官：我們可以假設，已經沒有任何活動的朋友，就不必再顯示了。

應試者：我們需不需要在意 GDPR（一般資料保護規範）或 CCPA（加州消費者隱私保護法）之類的隱私資料相關法規？

面試官：好問題。為了簡單起見，你可以暫時不必去管這方面的考量。

功能性需求

- 使用者應該可以在他們的行動 App 裡,看到人在附近的其他朋友。「人在附近的朋友」這個列表裡的每一個項目,應該都有一個距離值,以及這個距離值前一次進行更新的相應時間戳。
- 「人在附近的朋友」這個列表應該每隔幾秒鐘更新一次。

非功能性需求

- 低延遲:在接收朋友所在位置的更新時,不能有太嚴重的延遲,這點蠻重要的。
- 可靠性:系統整體上必須足夠可靠,但偶爾漏掉一些資料點是可以接受的。
- 終究一致性(Eventual Consistency):用來儲存位置資料的儲存系統,並不需要做到「強一致性」(strong consistency)。如果從不同的副本資料庫接收位置資料,在資料一致性方面會有幾秒鐘的延遲,這是可以接受的。

粗略的估算

接著來做個粗略的估算,判斷一下我們所要解決的問題潛在的規模大小與挑戰。下面列出了一些限制和假設:

- 「人在附近」的定義,就是指朋友的位置在 5 英里的半徑範圍內。
- 重新刷新位置的間隔時間為 30 秒。原因就是人類步行的速度比較慢(平均每小時 3-4 英里)。30 秒內移動的距離,對於「人在附近的朋友」這個功能並沒有太大的影響。
- 平均每天都有 1 億個使用者,會使用「人在附近的朋友」這個功能。
- 假設同時間在使用這個系統的使用者數量,佔了每日活躍使用者數量的 10%,所以同時在使用的使用者,數量大約就是 1,000 萬左右。

- 每個使用者平均有 400 個朋友。假設這些人都有在使用「人在附近的朋友」這個功能。

- 這個 App 每一頁可顯示 20 個「人在附近的朋友」,而且可根據請求載入更多「人在附近的朋友」。

‖ QPS(每秒查詢次數)的計算 ‖
- 1 億個每日活躍使用者
- 同時在使用這個系統的使用者:10%×1 億 = 1,000 萬
- 使用者每 30 秒回報一次他們自己的位置。
- 位置更新的 QPS = 1,000 萬 / 30 = ~ 334,000

第 2 步 —— 提出高階設計並獲得認可

本節會討論以下幾個主題:

- 高階設計
- API 設計
- 資料模型

我們在其他章節通常會先討論 API 設計和資料模型,然後才討論高階設計。不過,以本章的問題來說,由於我們必須把位置資料推送給所有的朋友,因此客戶端和伺服器之間的通訊協定,應該不是採用簡單的 HTTP 協定。如果不先瞭解一下高階設計,就很難理解 API 應該是什麼樣子。因此,我們會先討論一下高階設計。

高階設計

從比較高的層面來看,這個問題需要一種能夠高效率傳遞訊息的設計。概念上來說,使用者希望能接收到附近每個活躍朋友的位置更新。這件事理論上可以純粹靠點對點(peer-to-peer)的做法來完成。也就是說,使用者可以跟附近所有其他活躍的朋友持續保持連線(圖 2.2)。

>> 第 2 步 — 提出高階設計並獲得認可

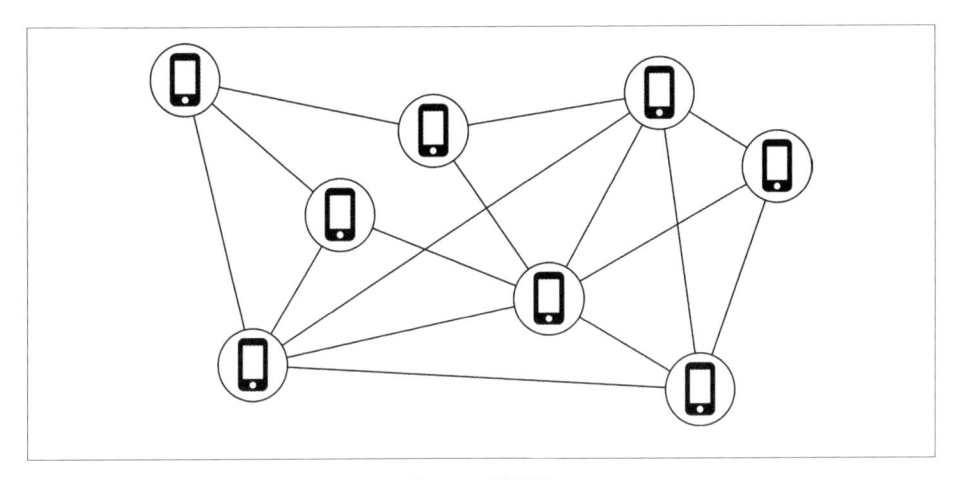

圖 2.2：點對點

但由於行動設備的連線有時比較不穩定、而且行動設備通常很在意耗電量，因此這個解法並不實際，不過這個想法還是可以為整體的設計方向提供一些啟示。

更實際的設計，應該有個共用的後端（backend），看起來就像下面這樣：

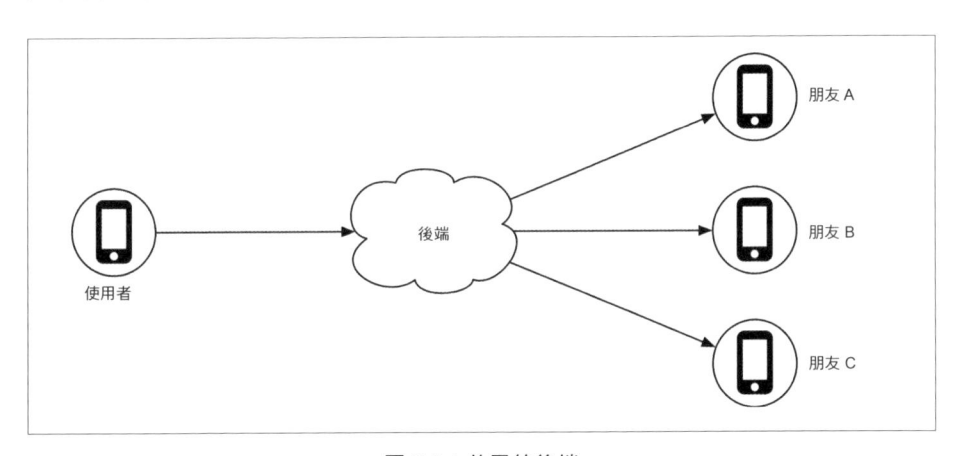

圖 2.3：共用的後端

45

圖 2.3 裡的後端，負責什麼工作呢？

- 接收所有活躍使用者的位置更新。
- 針對每一個位置更新，找出應該要接收此更新的所有活躍朋友，並把位置更新轉發到這些使用者的設備中。
- 如果兩個使用者之間的距離超過了特定的門檻值，就不要再轉送到接收者的設備了。

這聽起來好像很簡單。有什麼問題嗎？呃，規模很大的情況下，這件事做起來可就沒那麼容易了。我們有 1,000 萬個活躍使用者。每位使用者每 30 秒更新一次位置訊息，每秒就有 33.4 萬次的更新。如果每個使用者平均有 400 個朋友，然後我們再進一步假設，其中有大約 10% 的朋友正在線上而且人就在附近，這樣一來，後端每秒就要轉發 33.4 萬 ×400×10% = 1,300 萬次的位置更新。這可是很大的更新轉發數量呀。

所提出的設計

我們會先針對比較小的規模，提出一個後端的高階設計。稍後在「第 3 步 ── 深入設計」一節，我們還會針對更大的規模來優化設計。

圖 2.4 顯示的就是應該可以滿足功能性需求的基本設計。接著就來檢視一下這個設計裡的每個組件吧。

負載平衡器

負載平衡器的後面，就是 RESTful API 伺服器，以及有狀態的（stateful）雙向 WebSocket 伺服器。它可以在多個伺服器之間分配流量，均勻分散伺服器的負載。

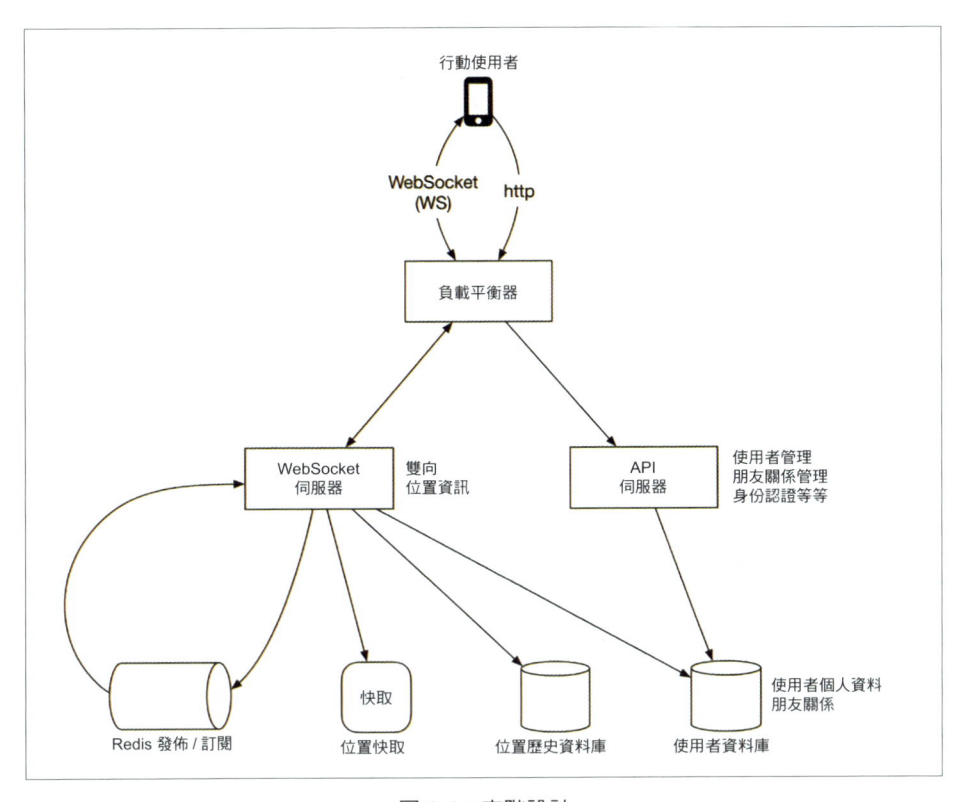

圖 2.4：高階設計

RESTful API 伺服器

這是一個無狀態的 HTTP 伺服器集群，用來處理一些典型的請求 / 回應。API 請求的流程如圖 2.5 所示。這個 API 層負責處理的都是一些輔助型任務，例如新增 / 刪除朋友、更新使用者個人資料等等。這些全都是很常見的操作，這裡就不再詳細說明了。

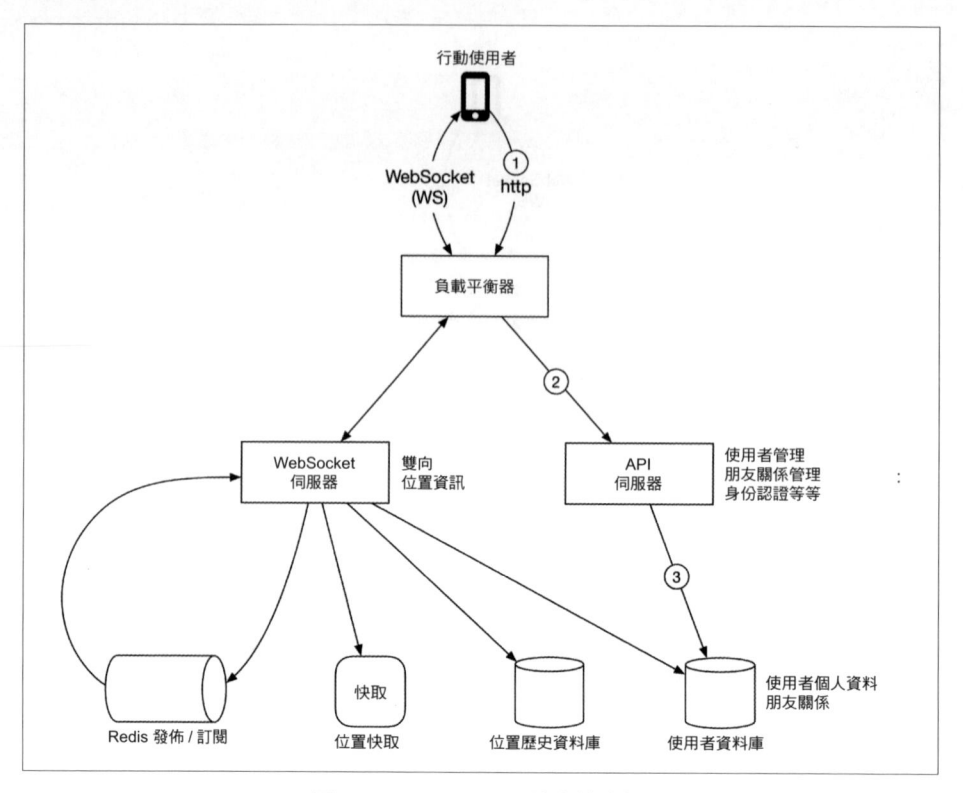

圖 2.5：RESTful API 請求的流程

Websocket 伺服器

這是一個有狀態的伺服器集群，專門用來處理朋友位置的更新（以近乎即時的速度）。每個客戶端都會與集群裡的其中一個伺服器，持續維持持久型 WebSocket 連線。每當搜尋半徑內的朋友發出位置更新時，這個更新資訊就會透過此連線，傳送到其他的客戶端。

WebSocket 伺服器另一個主要的職責，就是針對「人在附近的朋友」這個功能，處理客戶端的初始化。它會把附近所有在線朋友的位置，播送給行動客戶端。稍後我們就會更詳細討論這是怎麼做到的。

請注意，在本章裡「WebSocket 連線」和「WebSocket 連線處理程序」這兩個概念是可以互換的。

Redis 位置快取

Redis 可用來儲存每個活躍使用者的最新位置資料。這個快取系統裡的每一個項目，都會設定存續時間（TTL；Time to Live）。TTL 過期之後，就表示使用者已經不再處於活躍狀態，他的位置資料也會從快取中被刪除。每一次更新位置，都會重新刷新 TTL 的值。其實只要有支援 TTL 的鍵值儲存系統，都可以用來作為位置快取系統。

使用者資料庫

使用者資料庫儲存的是使用者資料，以及使用者朋友關係的資料。像這樣的資料，可以採用關聯式資料庫，也可以採用 NoSQL 資料庫。

位置歷史資料庫

這個資料庫儲存的是使用者的位置歷史資料。它與「人在附近的朋友」這個功能並沒有直接的關係。

Redis 發佈 / 訂閱伺服器

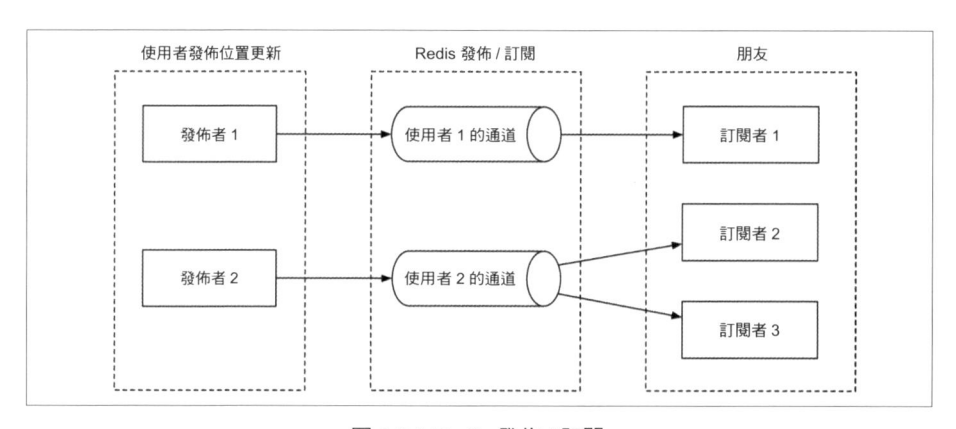

Redis 發佈 / 訂閱（Pub/Sub）[2] 是個非常輕量級的訊息匯流排（message bus）。在 Redis 發佈 / 訂閱的做法中，要建立通道（channel）是非常容易的。只要是擁有好幾 GB 記憶體的現代 Redis 伺服器，都可以容納好幾百萬個通道（也就是所謂的「主題」；topic）。圖 2.6 顯示的就是 Redis 發佈 / 訂閱的工作原理。

圖 2.6：Redis 發佈 / 訂閱

在這個設計裡，WebSocket 伺服器所接收到的位置更新，都會被發佈到使用者自己的通道，而這些通道全都是使用者自己在 Redis 發佈 / 訂閱伺服器裡建立起來的。每一個活躍的朋友，都會透過 WebSocket 連線處理程序來訂閱這個通道。只要位置一有更新，WebSocket 處理函式就會被調用，然後這個函式就會重新計算每一個活躍的朋友相應的距離。如果計算出來的新距離依然落在搜尋半徑內，新的位置和時間戳就會透過 WebSocket 連線，傳送到朋友的客戶端。這裡其實也可以採用其他具有輕量級通道的訊息匯流排。

現在我們已經瞭解每個組件的作用，接著可以再從系統的角度來檢視一下，使用者位置改變時會發生什麼事。

定期位置更新

行動客戶端會透過持久型 WebSocket 連線，定期發送位置更新。整個流程如圖 2.7 所示。

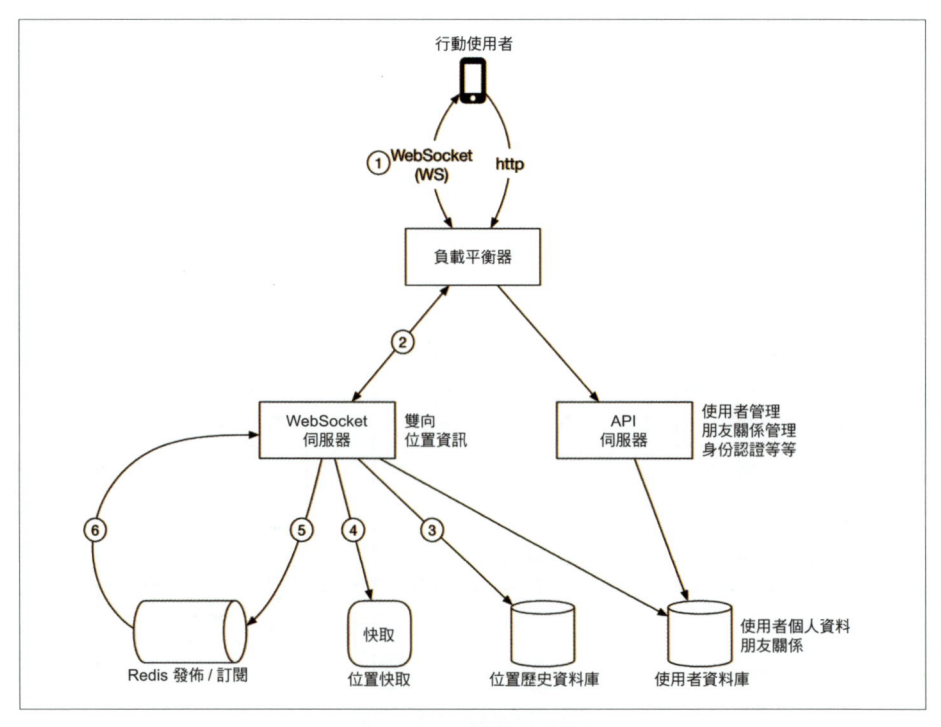

圖 2.7：定期位置更新

>> 第 2 步 ─ 提出高階設計並獲得認可

1. 行動客戶端會向負載平衡器發送位置更新。

2. 負載平衡器會透過客戶端與 WebSocket 伺服器的持久型連線,把位置更新傳送給 WebSocket 伺服器。

3. WebSocket 伺服器會把位置資料儲存到位置歷史資料庫。

4. WebSocket 伺服器會把位置快取更新為新的位置。這份更新資料也會重新刷新 TTL。WebSocket 伺服器還會把新位置保存在使用者 WebSocket 連線處理程序的變數中,以供後續進行距離的計算。

5. WebSocket 伺服器會把新的位置發佈到 Redis 發佈 / 訂閱伺服器裡相應的使用者通道。步驟 3 到 5 可以用平行的方式同時執行。

6. Redis 發佈 / 訂閱裡的通道一收到位置更新,就會把更新廣播給所有的訂閱者(WebSocket 連線處理程序)。以這裡的情況來說,訂閱者就是發送此更新的使用者所有在線上的朋友。對於每個訂閱者(也就是使用者的每一個朋友)來說,他們的 WebSocket 連線處理程序全都會接收到這個使用者的位置更新。

7. 接收到更新的訊息之後,WebSocket 伺服器(裡的連線處理程序)就會重新計算這個發送新位置的使用者(位置資料就放在訊息中)和訂閱者(位置資料一直保存在訂閱者 WebSocket 連線處理程序的某個變數中)兩者之間的距離。

8. 這個步驟在圖中並沒有畫出來。如果距離並沒有超過搜尋半徑,新的位置和最後更新的時間戳就會被發送到訂閱者的客戶端。要不然的話,這個更新就會被捨棄掉。

由於理解此流程非常重要,因此我們再用一個具體的範例來檢視一下,如圖 2.8 所示。在開始之前,我們先做一些假設。

- 使用者 1 的朋友:使用者 2、使用者 3、使用者 4。
- 使用者 5 的朋友:使用者 4 和使用者 6。

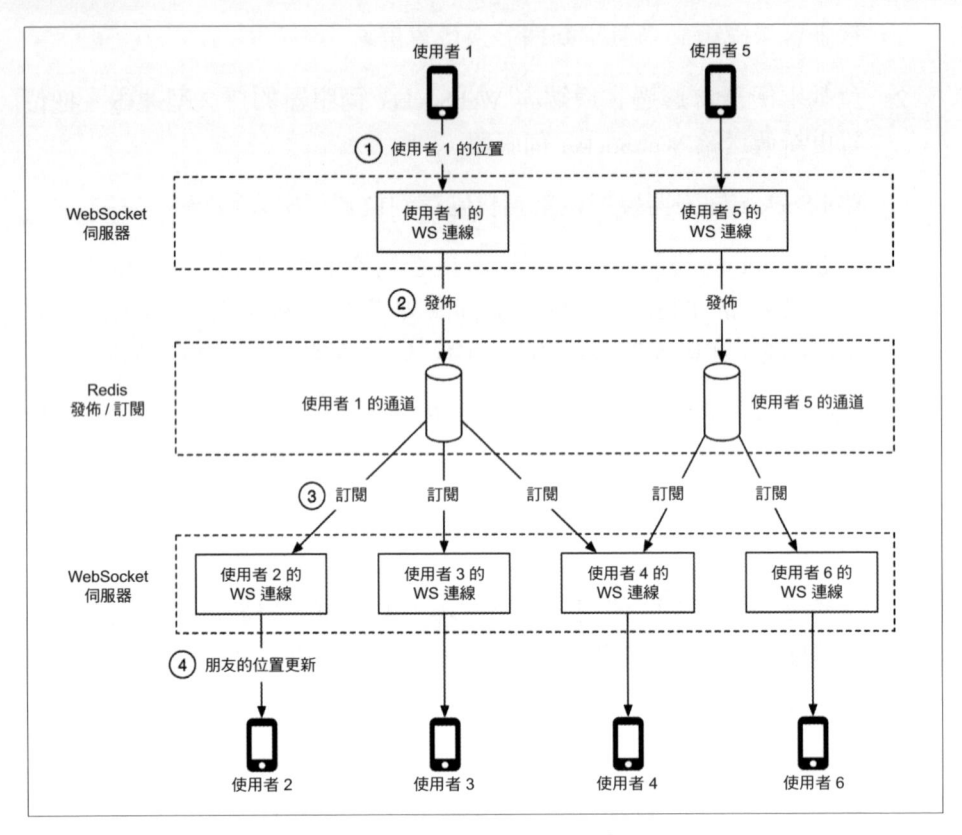

圖 2.8：向朋友發送位置更新

1. 當使用者 1 的位置改變時，其位置更新就會被傳送到使用者 1 持續保持連線的 WebSocket 伺服器。

2. 這個位置會被發佈到 Redis 發佈 / 訂閱伺服器裡的使用者 1 通道。

3. Redis 發佈 / 訂閱伺服器會向所有訂閱者廣播位置更新。以這裡的例子來說，訂閱者就是（使用者 1 朋友們的）一些 WebSocket 連線處理程序。

4. 如果發送位置的使用者（使用者 1）和訂閱者（使用者 2）之間的距離，並沒有超過搜尋的半徑，新的位置就會被傳送到（使用者 2 的）客戶端。

這個通道的每一個訂閱者，都會重複進行這個計算。由於每個人平均都有 400 個朋友，而且我們假設其中有 10% 確實在線上而且人就在附近，所以每次使用者更新位置，大概都要轉發 40 次位置更新。

API 設計

現在我們已經做出高階設計，接著就來列出所需的 API 吧。

WebSocket：使用者會透過 WebSocket 協定來發送與接收位置更新。我們至少需要以下這幾個 API。

1. 定期位置更新

請求：客戶端發送經緯度和時間戳。
回應：無。

2. 客戶端接收位置更新

送過來的資料：朋友的位置資料和時間戳。

3. WebSocket 初始化

請求：客戶端發送經緯度和時間戳。
回應：客戶端接收朋友們的位置資料。

4. 訂閱新朋友

請求：WebSocket 伺服器（向 Redis 發佈 / 訂閱）發送朋友 ID。
回應：朋友的最新經緯度和時間戳。

5. 取消訂閱朋友

請求：WebSocket 伺服器（向 Redis 發佈 / 訂閱）發送朋友 ID。
回應：無。

HTTP 請求：這個 API 伺服器負責處理朋友的新增 / 刪除、更新使用者個人資料之類的任務。這些全都是很常見的操作，這裡就不再詳細說明了。

資料模型

另一個需要討論的重要元素，就是資料模型。我們已經在高階設計中討論過使用者資料庫，這裡就來重點討論一下位置快取和位置歷史資料庫吧。

位置快取

位置快取儲存的是所有已開啟「人在附近的朋友」功能的活躍使用者，這些人目前最新的位置。我們是用 Redis 來進行快取。快取的鍵/值如表 2.1 所示。

表 2.1：位置快取

鍵	值
user_id	{緯度,經度,時間戳}

為什麼不用資料庫來保存位置資料？

「人在附近的朋友」這個功能只關心使用者**目前的位置**。因此，每個使用者都只需要儲存一個位置。Redis 是個絕佳的選擇，因為它可以提供超快速的讀寫操作。而且它有支援 TTL，我們可以用它來自動清除掉快取裡不再活躍的使用者。目前的位置並沒有持久化保存的必要。如果 Redis 實例出問題，隨時都可以用另一個空的新實例來取而代之，然後在新的位置更新被送進來時，再進行快取即可。如果新的快取還在預熱（warm）階段，活躍使用者可能會在最近一、兩個更新週期內，暫時錯過朋友的位置更新。這其實是一個可以接受的取捨結果。在「第 3 步 —— 深入設計」一節中，我們也會討論快取在進行替換時，如何降低對使用者的影響。

位置歷史資料庫

位置歷史資料庫儲存的是使用者的位置歷史資料，其資料架構如下：

user_id	latitude（緯度）	longitude（經度）	時間戳

我們需要的是一個能妥善處理繁重的寫入操作、而且具有水平擴展能力的資料庫。Cassandra 就是個很好的選擇。我們也可以使用關聯式資料庫。

不過，歷史資料的資料量通常比較大，單一個關聯式資料庫有可能放不下，因此可能需要對資料進行分片。最基本的做法，就是按照使用者 ID 來進行分片。這種分片方案可以保證資料被均勻分散到各個分片，而且在操作上是很容易進行維護的。

第 3 步 —— 深入設計

我們在前一節所做出的高階設計，在大多數情況下都是有效的，不過在比較大的規模下，卻有可能出問題。本節會嘗試找出規模擴大時的瓶頸，並在過程中探討如何消除這些瓶頸的解法。

各組件的擴展能力

API 伺服器

RESTful API 層的擴展方式，大家都很清楚。由於全都是無狀態的伺服器，因此有很多擴展方式，可根據 CPU 使用情況、負載或 I/O，對集群自動進行擴展。這裡就不再詳細說明了。

WebSocket 伺服器

對於 WebSocket 集群來說，根據使用情況進行自動擴展並不困難。不過，WebSocket 伺服器是有狀態的，因此在刪除現有節點時一定要小心一點。在刪除節點之前，應該先清空現有的所有連線。為了實現這一點，我們可以在負載平衡器上，把節點標記為「正在清空中」（draining），這樣就不會再把新的 WebSocket 連線送入這個正在清空的伺服器了。一旦現有的所有連線全都被關閉（或是經過了相當長時間的等待），這個伺服器就會被刪除了。

如果想在 WebSocket 伺服器上發佈新版本的應用程式軟體，也需要進行相同程度的處理。

值得注意的是，針對有狀態的伺服器，要能夠很有效率進行自動擴展，這其實是一個良好的負載平衡器應該要做到的事。大多數的雲端負載平衡器，都可以把這件事做得很好。

客戶端初始化

行動客戶端在剛啟動時,就會與其中一台 WebSocket 伺服器建立持久型的 WebSocket 連線。每一個連線都會持續運行很長一段時間。大多數現代的程式語言都只需要佔用相當少的記憶體,就可以持續維持許多長時間運行的連線。

WebSocket 連線在進行初始化時,客戶端會先發送使用者自己的初始位置,然後伺服器就會在 WebSocket 連線處理程序中執行下面幾個任務。

1. 它會更新位置快取裡的使用者位置。

2. 它會把位置保存在連線處理程序的變數中,以供後續進行計算。

3. 它會從使用者資料庫裡,載入使用者所有的朋友。

4. 它會向位置快取發出批量處理請求,以取得所有朋友的位置。請注意,由於我們在位置快取裡的每個項目都有設定 TTL,以作為使用者不再活躍的逾時期限,因此朋友只要不再是活躍的,他們的位置就不會保存在位置快取中了。

5. 伺服器會針對快取所送回的每個位置,計算出使用者與該位置之間的距離。如果距離確實落在搜尋半徑內,朋友的個人資料、位置和上次更新的時間戳,都會透過 WebSocket 連線送回給客戶端。

6. WebSocket 伺服器會去訂閱每一個朋友在 Redis 發佈 / 訂閱伺服器裡相應的通道。我們很快就會說明 Redis 發佈 / 訂閱的使用方式。由於建立新通道的成本很低,所以不管是活躍或不活躍的朋友,使用者全都會進行訂閱。即使是不活躍的朋友,在 Redis 發佈 / 訂閱伺服器也只會佔用少量的記憶體,而且在他們上線之前,完全不會用到任何 CPU 或 I/O 資源(因為根本不會發佈更新)。

7. 把使用者自己當前的位置,發送到 Redis 發佈 / 訂閱伺服器裡自己專屬的使用者通道。

>> 第 3 步 — 深入設計

使用者資料庫

使用者資料庫會保存兩組不同的資料；使用者個人資料（使用者 ID、使用者名稱、個人資料 URL 等等）以及朋友關係（friendship）資料。我們的設計所用到的資料集，其規模大小有可能放不進單獨一個關聯式資料庫。好消息是，可以根據使用者 ID 來進行分片，以水平擴展的方式來存放資料。關聯式資料庫的分片做法，是一種非常常見的技術。

順便說一句，根據我們所設計的規模，使用者個人資料以及朋友關係資料有可能是分別由不同的專屬團隊來進行管理，然後再透過內部的 API 來提供資料。在這樣的情況下，WebSocket 伺服器就必須使用內部 API，而不是直接查詢資料庫，來取得使用者個人與朋友關係的資料。雖然如此，但無論是透過 API 存取，還是直接進行資料庫查詢，在功能或效能表現方面都不會有太大的差異。

位置快取

我們會選擇 Redis 來快取所有活躍使用者的最新位置。如前所述，我們還會針對每個鍵設定一個 TTL。每次位置更新時，TTL 都會隨之更新。我們可以來計算一下記憶體的最大使用量。假設尖峰期有 1,000 萬的活躍使用者，每個位置所佔用的空間都不會超過 100 Byte，因此只要是擁有幾 GB 記憶體的單獨一台現代 Redis 伺服器，應該都能輕鬆保存所有使用者的位置資訊。

不過，由於 1,000 萬個活躍使用者大約每 30 秒都會更新一次，因此 Redis 伺服器每秒都必須處理 33.4 萬次更新。就算是現代的高階伺服器，這要求也有點太高了。幸運的是，這些快取資料很容易進行分片。每個使用者的位置資料都是獨立的，因此我們可以根據使用者 ID 來對位置資料進行分片，把資料均勻分散到多個 Redis 伺服器中。

為了提高可用性，我們也可以把每個分片的位置資料，複製到備用的節點。如果主要節點發生了故障，就可以讓備用節點快速接手，最大程度減少停機的時間。

Redis 發佈 / 訂閱伺服器

發佈 / 訂閱伺服器作為一個路由層（routing layer），可以把訊息（位置更新）從某個使用者轉送給所有在線上的其他朋友。如同前面所提過的，我們之所以選擇 Redis 發佈 / 訂閱的做法，是因為它在建立新通道方面，可說是非常輕量級的做法。通道一定要有人訂閱，才會被建立起來。如果訊息被發佈到沒有任何訂閱者的通道，這個訊息就會被捨棄，因此對於伺服器來說，只會造成很小的負擔。Redis 在建立通道時，會使用少量記憶體來維護一個雜湊表（hash table）和鏈結列表（linked list）[3]，藉此追蹤訂閱者的變化。使用者離線之後，就算通道還在，只要沒有更新，就不會佔用任何 CPU 資源。我們可以利用這個優勢，用以下的方式來做出我們的設計：

1. 我們會針對每一個使用「人在附近的朋友」功能的使用者，指定一個專屬的通道。使用者在 App 初始化時，就會去訂閱每個朋友的通道，而不去管這個朋友有沒有在線上。這樣可以簡化設計，因為這樣一來後端就不需要在朋友轉為活躍時，特別去訂閱朋友的通道，也不需要在朋友轉為不活躍時，還要記得去取消訂閱。

2. 這種設計方式的代價，就是會使用到比較多的記憶體。不過正如我們稍後就會看到的，記憶體的使用量不太可能成為瓶頸。以這裡的情況來說，用比較多的記憶體來換取更簡單的架構，確實是很值得的。

需要多少台 Redis 發佈 / 訂閱伺服器？

我們就來計算一下記憶體和 CPU 的使用量吧。

記憶體使用量

假設有在用「人在附近的朋友」這個功能的每個使用者都配置了一個通道，就表示總共需要 1 億個通道（10 億 ×10%）。假設使用者平均有 100 個活躍的朋友使用此功能（包括在附近或不在附近的朋友），而且內部的雜湊表和鏈結列表需要大約 20 Byte 的指標來追蹤每個訂閱者，這樣總共就需要大約 200 GB（1 億 ×20 Byte× 100 個朋友 / 10^9 = 200 GB）才能容納所有的通道。對於一台擁有 100 GB 記憶體的現代伺服器來說，我們大概需要 2 台 Redis 發佈 / 訂閱伺服器，才能容納所有的通道。

CPU 使用量

根據先前的計算，發佈 / 訂閱伺服器平均每秒都會向訂閱者推送約 1300 萬次的更新。雖然在沒有實際基準測試的情況下，要準確估計出現代 Redis 伺服器每秒可以推送多少訊息並不容易，但我們可以保守假設，單獨一台 Redis 伺服器應該無法處理這樣的負載。我們姑且挑一個保守的數字好了；假設擁有 Gb 級網路的現代伺服器，每秒可以向訂閱者推送大約 10 萬次的更新。考慮到我們的位置更新訊息量非常小，這個數字應該還算是保守的估計。根據這個保守估計，我們就需要 1,300 萬 / 10 萬 = 130 台 Redis 伺服器，才能處理所有的負載。同樣的道理，由於這個數字有可能太保守，因此實際上伺服器的數量或許並不用那麼多。

從數學上來看，我們可以得出結論：

- Redis 發佈 / 訂閱伺服器的瓶頸在於 CPU 的使用量，而不是記憶體的使用量。
- 為了支援我們所要處理的規模，我們需要一個分散式 Redis 發佈 / 訂閱伺服器集群。

分散式 Redis 發佈 / 訂閱伺服器集群

我們該如何把通道分配到好幾百台的 Redis 伺服器呢？好消息是，這些通道全都是相互獨立的。因此只要根據發佈者的使用者 ID 來進行分片，把通道分散到很多台發佈 / 訂閱伺服器，這件事相對來說還算簡單。但實際上畢竟有好幾百台的發佈 / 訂閱伺服器，這些伺服器時不時就會出現故障，因此我們確實應該更詳細瞭解一下如何處理這些狀況，讓我們在操作上更容易進行管理。

我們在這裡的設計中，引入了「服務探索」（service discovery）組件。市面上有許多可供運用的服務探索套件，其中最受歡迎的就是 etcd [4] 和 Zookeeper [5]。我們對於服務探索組件的需求還蠻基本的，需要的就是以下這兩個功能：

1. 能夠用這個服務探索組件來維護一份伺服器列表，而且可以透過一個簡單的使用者介面或 API 來進行更新。從根本上來說，服務探索

就是一個用來維護配置資料的小型鍵值儲存系統。以圖 2.9 為例，圖中雜湊環（hash ring）的鍵和值或許就像下面這樣：

鍵：/config/pub_sub_ring

值：["p_1", "p_2", "p_3", "p_4"]

2. 客戶端（以這裡的例子來說，就是 WebSocket 伺服器）可以訂閱「值」（這裡指的是「哪一台」Redis 發佈 / 訂閱伺服器）的任何更新。

在服務探索組件中，我們在第 1 點所提到的「鍵」底下，保存了一個雜湊環（可參見《內行人才知道的系統設計面試指南》第一輯中關於「具有一致性的雜湊做法」的章節，或是 [6] 裡關於雜湊環的內容），這個雜湊環裡包含了所有使用中的 Redis 發佈 / 訂閱伺服器。Redis 發佈 / 訂閱伺服器的發佈者和訂閱者，都是用這個雜湊環來進行判斷，才知道哪一個通道應該放在哪一台發佈 / 訂閱伺服器中。舉例來說，圖 2.9 裡的通道 2 就放在 p_1 這台 Redis 發佈 / 訂閱伺服器 1 之中。

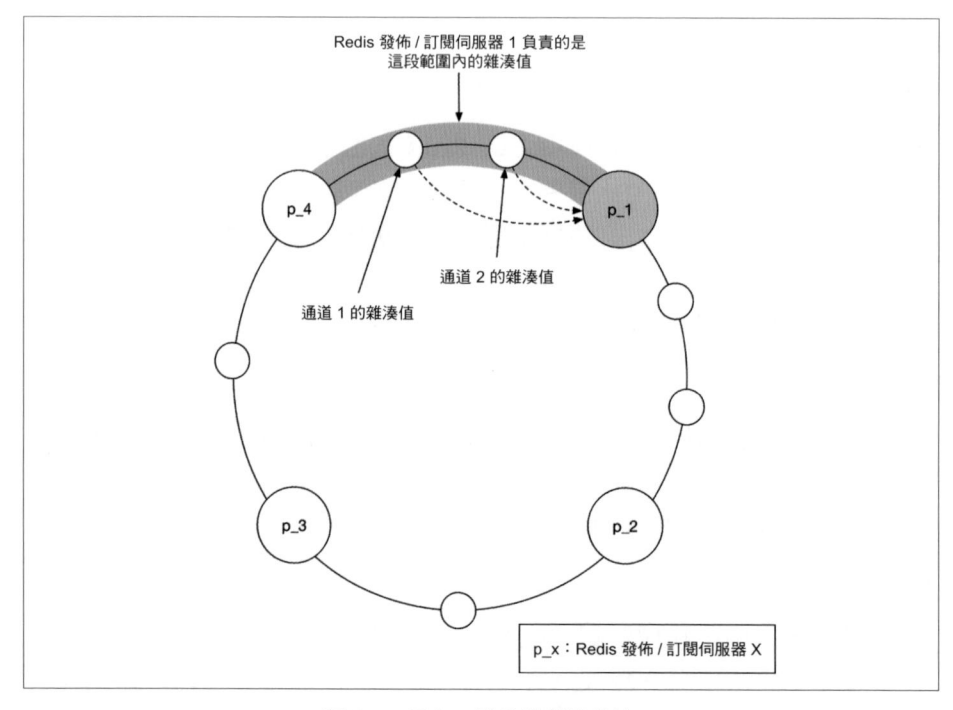

圖 2.9：具有一致性的雜湊做法

當 WebSocket 伺服器向使用者通道發佈位置更新時，圖 2.10 顯示的就是雜湊環裡所發生的事。

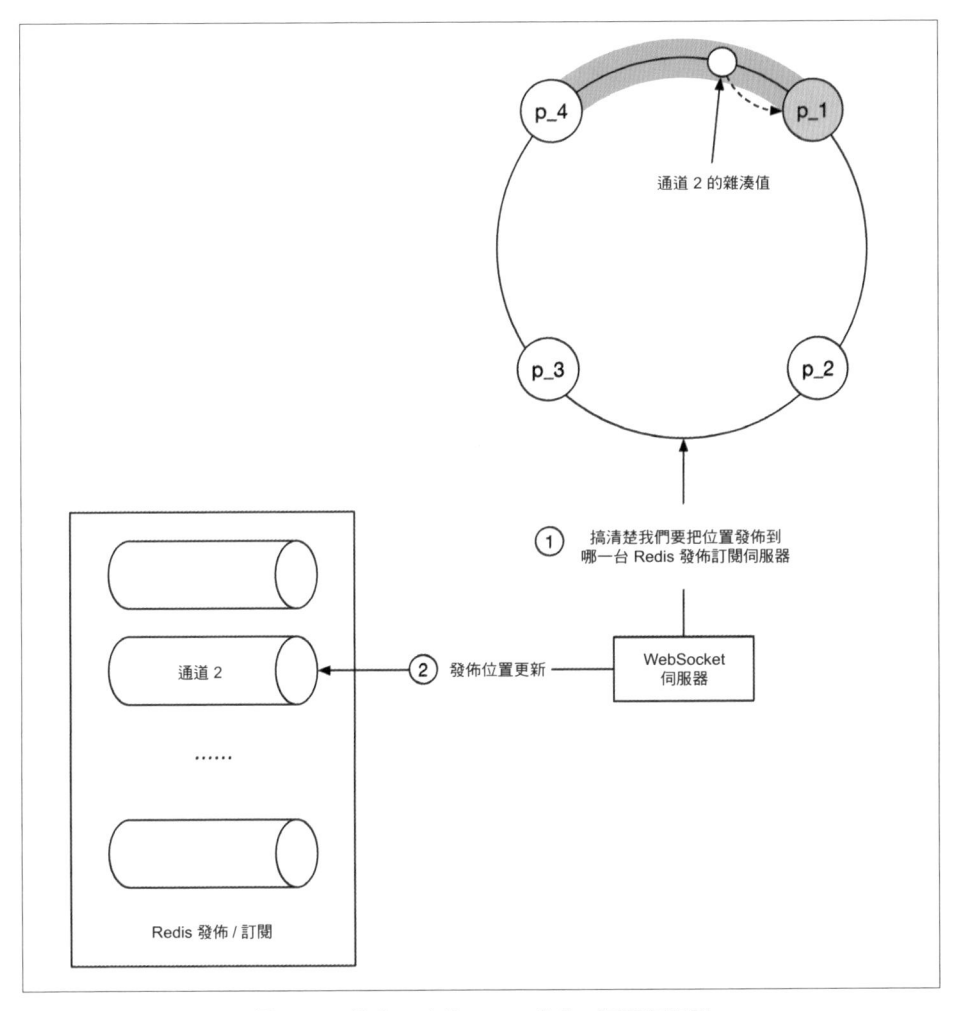

圖 2.10：找出正確的 Redis 發佈 / 訂閱伺服器

1. WebSocket 伺服器會去查詢雜湊環，以判斷要寫入哪一台 Redis 發佈 / 訂閱伺服器。這個資訊保存在服務探索中，不過為了提高效率，可以在每一台 WebSocket 伺服器中快取一份雜湊環的副本。WebSocket 伺服器會去訂閱雜湊環上的任何更新，讓本機記憶體內的副本隨時可以保持在最新的狀態。

2. WebSocket 伺服器會把位置更新發佈到前面所找到那台 Redis 發佈 / 訂閱伺服器裡的使用者通道。

如果要訂閱一個位置更新的通道，也是採用相同的機制。

Redis 發佈 / 訂閱伺服器的擴展注意事項

我們該如何對 Redis 發佈 / 訂閱伺服器集群進行擴展？我們該不該根據流量的模式，每天進行調整？對於無狀態的伺服器來說，這是個很常見的做法，因為它的風險很低，而且可以節省成本。為了回答上面這些問題，我們就來檢視一下 Redis 發佈 / 訂閱伺服器集群的一些特性。

1. 在發佈 / 訂閱通道上發送的訊息，並不會持久化保存在記憶體或磁碟中。這些訊息發送給通道的所有訂閱者之後，就會立刻被刪除。如果根本沒有訂閱者，訊息就會直接被捨棄。從這個意義上說，通過發佈 / 訂閱通道的資料是無狀態的。

2. 不過，通道的發佈 / 訂閱伺服器裡確實還是保存了一些狀態。具體來說，每個通道的訂閱者列表，就是發佈 / 訂閱伺服器所追蹤的一種很重要的狀態。如果通道被移動了（比如通道的發佈 / 訂閱伺服器被換掉了，或是雜湊環裡添加了新的伺服器，或是舊的伺服器被刪除掉了），這個通道的每個訂閱者都一定要知道這件事，這樣他們才能把自己在舊伺服器裡所訂閱的通道取消掉，然後再重新訂閱新伺服器裡的新通道。從這個意義上來說，發佈 / 訂閱伺服器就是有狀態的（stateful），伺服器與所有訂閱者之間的協調工作一定要做好精心的安排，才能最大程度減少服務中斷的情況。

基於這些理由，所以我們應該把 Redis 發佈 / 訂閱集群視為有狀態的集群。對一個有狀態的集群來說，擴大或縮小規模一定會在營運上產生一些額外的成本與風險，因此一定要仔細規劃。集群通常會採用超額配置的做法，以確保能夠處理每天的尖峰流量，並保留一點舒適的彈性空間，以免集群的規模經常需要進行不必要的重新調整。

如果我們實在無法避免，一定要進行擴展，請注意以下幾個潛在的問題：

>> 第 3 步 — 深入設計

- 在重新調整集群時，許多通道都會被移動到雜湊環上的不同伺服器。服務探索組件會把雜湊環更新的資訊，通知所有 WebSocket 伺服器，這時候就會出現大量的重新訂閱請求。

- 在出現大量重新訂閱事件的這段期間，客戶端有可能會漏掉一些位置更新。雖然偶爾的遺漏對我們的設計來說是可以接受的，但我們還是應該盡量減少這種情況的發生。

- 由於可能會有中斷的問題，因此重新調整應該盡量在一整天使用量最低的時候進行。

重新調整實際上是怎麼完成的呢？其實很簡單。它會循著這些步驟來進行：

- 判斷新雜湊環的大小；如果要擴展規模，就要配置足夠多的新伺服器。

- 用新的雜湊環來更新鍵值。

- 用你的資訊面板（dashboard）來進行監控。WebSocket 集群裡的 CPU 使用量應該會出現一些峰值。

以之前圖 2.9 的雜湊環為例，如果要新增 2 個新節點（例如 p_5 和 p_6），雜湊環的更新結果如下：

更新前：["p_1", "p_2", "p_3", "p_4"]

更新後：["p_1", "p_2", "p_3", "p_4", "p_5", "p_6"]

Redis 發佈 / 訂閱伺服器的操作注意事項

如果只是要替換掉原有的 Redis 發佈 / 訂閱伺服器，操作上的風險就會低很多。因為這個操作並不會造成「大量通道需要被移動」的情況。只要針對那個要被替換掉的伺服器，處理好它所負責的通道即可。這樣其實還不錯，因為伺服器難免會故障，經常都需要定期進行替換。

如果發佈 / 訂閱伺服器發生了故障，監控軟體就應該向值班的操作員發出警報。監控軟體如何精確監控發佈 / 訂閱伺服器的運作狀況，這部分已超

出本章的範圍，這裡就不多做介紹了。實際上值班的操作員會去更新服務探索裡雜湊環的鍵，用新的備用節點來替換掉故障的節點。WebSocket 伺服器只要一收到更新的通知，就會進一步去通知每個連線處理程序，重新去訂閱新的發佈 / 訂閱伺服器裡的通道。每個 WebSocket 處理程序本來就會持續維護著自己所訂閱的通道列表，現在一收到伺服器的通知之後，就會根據雜湊環逐一去檢查每個通道，判斷是否需要重新訂閱新伺服器裡的通道。

同樣以之前圖 2.9 的雜湊環為例，如果 p_1 發生了故障，我們就會用 p1_new 來進行替換，然後雜湊環就會更新成下面這樣：

更新前：["p_1", "p_2", "p_3", "p_4"]

更新後：["p_1_new", "p_2", "p_3", "p_4"]

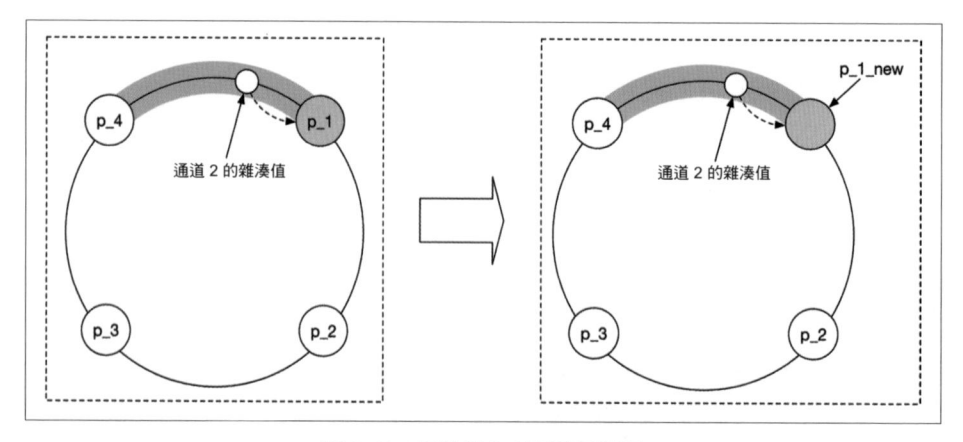

圖 2.11：更換發佈 / 訂閱伺服器

朋友的新增 / 刪除

如果使用者新增或刪除掉某個朋友，客戶端這邊需要做什麼呢？如果是新增朋友，就要通知客戶端在伺服器上的 WebSocket 連線處理程序，這樣它才會去訂閱這個新朋友的發佈 / 訂閱通道。

由於「人在附近的朋友」這個功能只是整個大型 App 裡的一個小功能，因此我們假設，「人在附近的朋友」這個功能可以在行動客戶端註冊一個回

調函式（callback），只要一有新增的朋友，就會去調用這個回調函式。這個回調函式一旦被調用，就會向 WebSocket 伺服器發送一個訊息，去訂閱這個新朋友的發佈 / 訂閱通道。WebSocket 伺服器也會送回一個訊息，其中包含新朋友的最新位置和時間戳（如果這個朋友處於活躍狀態的話）。

同樣地，客戶端也可以在應用程式裡註冊另一個回調函式，每當有朋友被刪除時，就會去調用這個回調函式。這個回調函式會向 WebSocket 伺服器發送一個訊息，以取消訂閱這個朋友的發佈 / 訂閱通道。

每當有朋友選擇加入或退出位置更新時，也可以使用這些訂閱 / 取消訂閱的回調函式。

朋友很多的使用者

值得討論的是，朋友很多的使用者會不會導致我們的設計出現效能上的熱點（hotspot）。我們可以在這裡假設，朋友的數量有個硬性規定的上限（例如 Facebook 的朋友數量上限就是 5,000）。朋友關係是雙向的。這裡討論的並不是那種「可擁有好幾百萬粉絲的名人」那種追隨者（follower）模型。

在擁有好幾千個朋友的情境下，發佈 / 訂閱通道的訂閱者通常都會分散在集群裡好幾個不同的 WebSocket 伺服器中。更新所造成的負載，很自然就會分散到不同的伺服器，因此不太可能出現熱點的問題。

使用者在他自己的通道所在的發佈 / 訂閱伺服器上，可能會有更多的負載。由於我們有好幾十台的發佈 / 訂閱伺服器，因此像這種「鯨魚級」的使用者同樣會被分散到許多不同的發佈 / 訂閱伺服器，因此所增加的負載應該不至於壓垮任何一台伺服器才對。

在附近隨機出現的人

你可以把這部分的討論視為額外的加分題，因為這個功能並不在一開始的功能性需求中。如果面試官想要變更設計，希望能顯示出那種隨機選擇加入位置共享的人，我們應該怎麼做呢？

第 2 章　人在附近的朋友

如果要繼續利用我們的設計，同時又要做到這個功能，其中一種做法就是以地理雜湊（geohash）做為依據，添加一個發佈 / 訂閱通道池（pool of pub / sub channels）。關於地理雜湊的詳細介紹，請參見第 1 章「附近的場所」。如圖 2.12 所示，一個區域可以被劃分成四個地理雜湊小格子，然後我們可以針對每個小格子建立一個相應的通道。

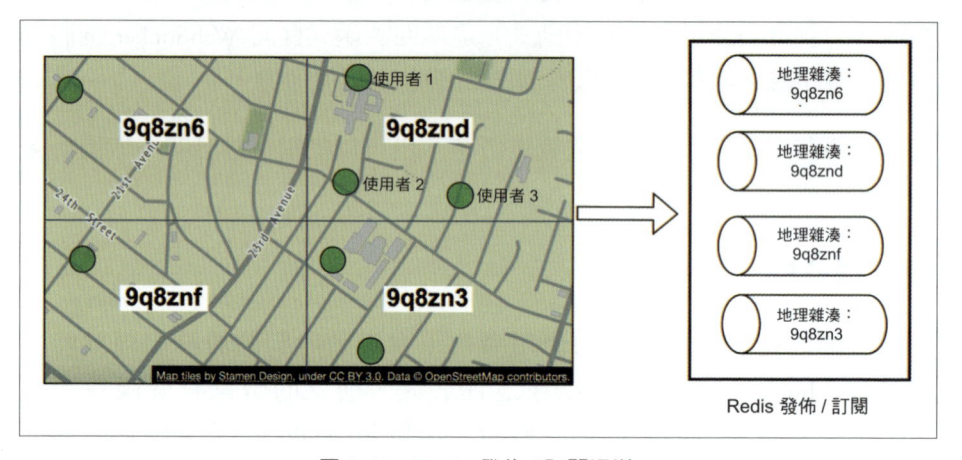

圖 2.12：Redis 發佈 / 訂閱通道

同一個小格子裡的人，全都會訂閱同一個通道。我們就以 9q8znd 這個小格子為例，如圖 2.13 所示。

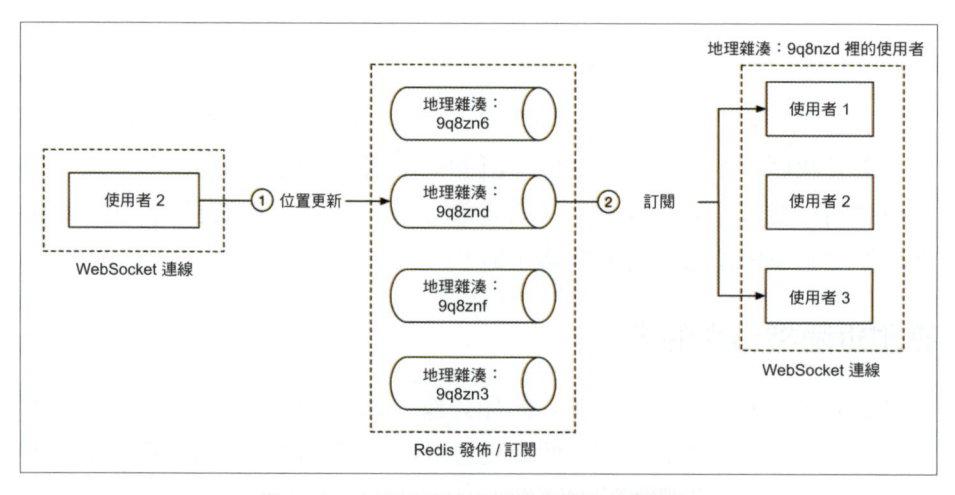

圖 2.13：向附近隨機出現的人發佈位置更新

>> 第 3 步 — 深入設計

1. 這裡的使用者 2 只要一更新他的位置，WebSocket 連線處理程序就會計算出這個使用者的地理雜湊 ID，然後把位置傳送到這個地理雜湊相應的通道。
2. 附近有訂閱這個通道的人（不包括發送者）都會收到位置更新的訊息。

為了能夠妥善處理一些比較靠近小格子邊界的人，每個客戶端除了訂閱使用者自己所在的地理雜湊小格子之外，還可以訂閱周圍的八個地理雜湊小格子。圖 2.14 顯示的就是把九個地理雜湊小格子全都標示出來的一個例子。

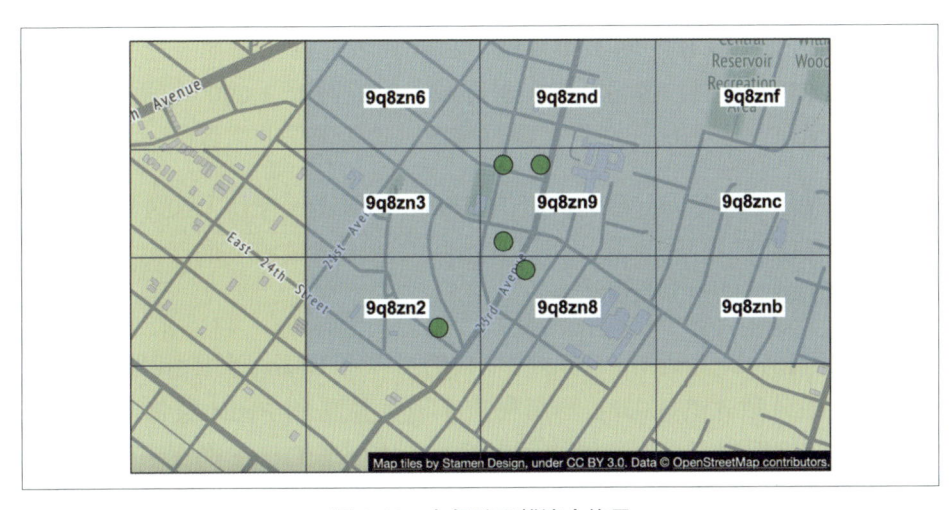

圖 2.14：九個地理雜湊小格子

Redis 發佈 / 訂閱的替代方案

除了使用 Redis 發佈 / 訂閱來作為路由層之外，還有什麼好的替代方案嗎？答案是肯定的。Erlang [7] 就是解決這個特殊問題的一個很好的解法。我們認為 Erlang 是比前面所提出的 Redis 發佈 / 訂閱更好的解法。不過，Erlang 相當小眾，如果想要聘請到優秀的 Erlang 程式設計師，其實還蠻困難的。但如果你的團隊正好有 Erlang 的專業知識，那它就是個不錯的選擇。

第 2 章　人在附近的朋友

為什麼要特別提一下 Erlang 呢？Erlang 是一種通用程式語言兼 runtime 環境，它是專門針對高度分散式和多方並行（concurrent）的應用程式而創建出來的。我們在這裡提到 Erlang 時，其實指的是 Erlang 本身的整個生態系統。它包括程式語言組件（Erlang 或 Elixir [8]）以及 runtime 環境和函式庫（叫做 BEAM [9] 的 Erlang 虛擬機器，以及叫做 OTP [10] 的 Erlang runtime 函式庫）。

Erlang 的強大之處在於它的輕量級進程（process）。一個 Erlang 進程就是運作在 BEAM VM 上的一個實體（entity）。建立它的成本比建立一個 Linux 進程便宜好幾個數量級。一個最小的 Erlang 進程大約只需要 300 Byte，因此我們可以在一台現代的伺服器中擁有好幾百萬個這樣的進程。如果 Erlang 進程沒有任何工作要做，它就會乖乖待在那裡，完全不會使用到任何 CPU 資源。換句話說，針對我們的設計裡 1,000 萬個活躍使用者，全都用單獨的 Erlang 進程來建立模型，其成本是非常低的。

Erlang 也很容易就可以分散到許多的 Erlang 伺服器。操作上額外的成本非常低，而且還有很好的工具，可以支援我們在正式環境下很安全地進行除錯。它的部署工具也非常強大。

我們該如何在設計中使用 Erlang 呢？我們可以用 Erlang 來實作 WebSocket 服務，並用分散式的 Erlang 應用程式來取代掉整個 Redis 發佈 / 訂閱集群。在這個應用程式中，每個使用者都可以用一個 Erlang 進程來建立其模型。當客戶端更新使用者的位置時，使用者的進程就會從 WebSocket 伺服器接收到更新。使用者的進程也會訂閱每個朋友的 Erlang 進程，只要一有更新，使用者就會被通知到。訂閱是 Erlang/OTP 原生的功能，而且很容易進行建構。這樣就形成了一個連線網（mesh of connections），可以很有效率地把某個使用者的位置更新，傳遞給許多其他的朋友。

第 4 步 —— 匯整總結

我們在本章提出了一個可支援「人在附近的朋友」這個功能的設計。從概念上來說，我們希望設計出一個系統，可以很有效率地把某個使用者的位置更新傳遞給他們的朋友。

第 4 步 ─ 匯整總結

其中的一些核心組件，包括：

- WebSocket：客戶端和伺服器之間的即時通訊。
- Redis：位置資料的快速讀寫。
- Redis 發佈 / 訂閱：這是一個路由層，可以把某個使用者的位置更新，傳遞給所有在線上的朋友。

我們先提出了一個比較小規模的高階設計，然後又討論了隨著規模增加而出現的挑戰。我們探索了以下幾個東西的擴展方式：

- Restful API 伺服器
- WebSocket 伺服器
- 資料層
- Redis 發佈 / 訂閱伺服器
- Redis 發佈 / 訂閱的替代方案

最後我們討論了使用者朋友很多的情況下可能遭遇的瓶頸，並提出了一個「在附近隨機出現的人」這個功能的相應設計。

恭喜你跟我們走到了這裡！現在你可以給自己一點鼓勵。你真是太棒了！

第 2 章　人在附近的朋友

章節摘要

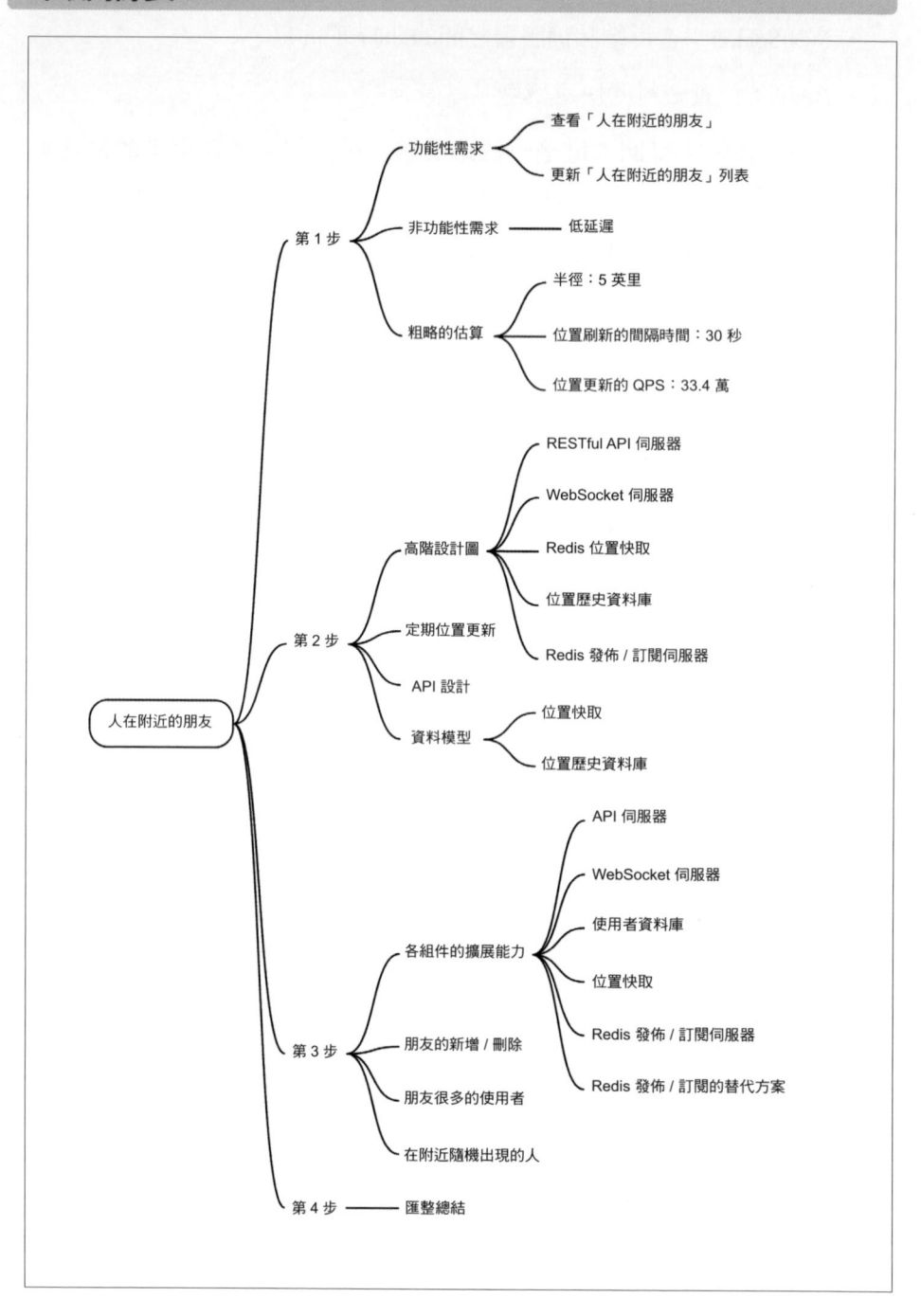

- 人在附近的朋友
  - 第 1 步
    - 功能性需求
      - 查看「人在附近的朋友」
      - 更新「人在附近的朋友」列表
    - 非功能性需求 ── 低延遲
    - 粗略的估算
      - 半徑：5 英里
      - 位置刷新的間隔時間：30 秒
      - 位置更新的 QPS：33.4 萬
  - 第 2 步
    - 高階設計圖
      - RESTful API 伺服器
      - WebSocket 伺服器
      - Redis 位置快取
      - 位置歷史資料庫
      - Redis 發佈 / 訂閱伺服器
    - 定期位置更新
    - API 設計
    - 資料模型
      - 位置快取
      - 位置歷史資料庫
  - 第 3 步
    - 各組件的擴展能力
      - API 伺服器
      - WebSocket 伺服器
      - 使用者資料庫
      - 位置快取
      - Redis 發佈 / 訂閱伺服器
      - Redis 發佈 / 訂閱的替代方案
    - 朋友的新增 / 刪除
    - 朋友很多的使用者
    - 在附近隨機出現的人
  - 第 4 步 ── 匯整總結

參考資料

[1]　Facebook 推出「人在附近的朋友」：
https://techcrunch.com/2014/04/17/facebook-nearby-friends/

[2]　Redis 發佈 / 訂閱：https://redis.io/topics/pubsub

[3]　Redis 發佈 / 訂閱的核心技術：https://making.pusher.com/redis-pubsub-under-the-hood/

[4]　etcd：https://etcd.io/

[5]　Zookeeper：https://zookeeper.apache.org/

[6]　具有一致性的雜湊做法：https://www.toptal.com/big-data/consistent-hashing

[7]　Erlang：https://www.erlang.org/

[8]　Elixir：https://elixir-lang.org/

[9]　BEAM 簡介：https://www.erlang.org/blog/a-brief-beam-primer/

[10]　OTP：https://www.erlang.org/doc/design_principles/des_princ.html

3

Google 地圖

本章設計了一個簡單版的 Google 地圖。在進行系統設計之前，我們先來瞭解一下 Google 地圖。Google 於 2005 年啟動了 Google 地圖專案，並開發出網路地圖服務。它可以提供衛星圖像、街道地圖、即時交通狀況和路線規劃之類的許多服務 [1]。

Google 地圖可協助使用者找到方向，並導航到他們的目的地。截至 2021 年 3 月為止，Google 地圖擁有 10 億個每日活躍使用者，覆蓋全球 99%，每天都要更新 2,500 萬筆準確且即時的位置資訊 [2]。有鑑於 Google 地圖龐大的複雜性，先確認一下我們的版本需要支援哪些功能，是非常重要的。

第 1 步 —— 瞭解問題並確立設計範圍

面試官和應試者之間的互動或許就像下面這樣：

> **應試者**：我們預計會有多少個每日活躍使用者？
> **面試官**：10 億個每日活躍使用者。
>
> **應試者**：我們應該關注哪些功能？方向、導航、預計抵達時間（ETA；Estimated Time of Arrival）？
> **面試官**：我們先把重點聚焦在位置更新、導航、預計抵達時間和地圖渲染（map rendering）。
>
> **應試者**：道路的資料量有多大？我們能否假設已擁有相應的存取權限？
> **面試官**：很好的問題。好的，假設我們已經從不同來源取得了道路資料。原始資料大概有好幾 TB。

第 3 章　Google 地圖

應試者：我們的系統應該要考慮道路的交通狀況嗎？
面試官：要的，交通狀況對於準確估計時間非常重要。

應試者：開車、走路、搭公車之類的不同出行方式呢？
面試官：我們應該要支援不同的出行方式。

應試者：應該要支援多個停靠點嗎？
面試官：可以讓使用者定義多個停靠點是件好事，但這裡不必提供此功能。

應試者：店家的地點與照片呢？預期會有多少照片？我們需不需要在設計時先估計出會有多少店家？
面試官：我很高興你提出了這些考量點。不過這裡並不需要設計那些功能。

本章其餘的部分，我們會把重點放在三個關鍵功能。我們所要支援的主要設備就是手機。

- 使用者位置更新。
- 導航服務，包括「預計抵達時間」服務。
- 地圖渲染。

非功能性需求與限制

- 正確性：不應該給使用者提供錯誤的指示。
- 流暢的導航：使用者在客戶端應該可以體驗到非常流暢的地圖渲染效果。
- 資料和電池的使用量：客戶端應該盡可能少用一些資料和電量。這對於行動設備來說非常重要。
- 一般的可用性和可擴展性要求。

在開始進行設計之前，我們會簡要介紹一些有助於設計 Google 地圖的基本概念和術語。

>> 第 1 步 — 瞭解問題並確立設計範圍

地圖入門課

定位系統

我們這個世界是一個繞軸旋轉的球體。最上面是北極，最下面是南極。

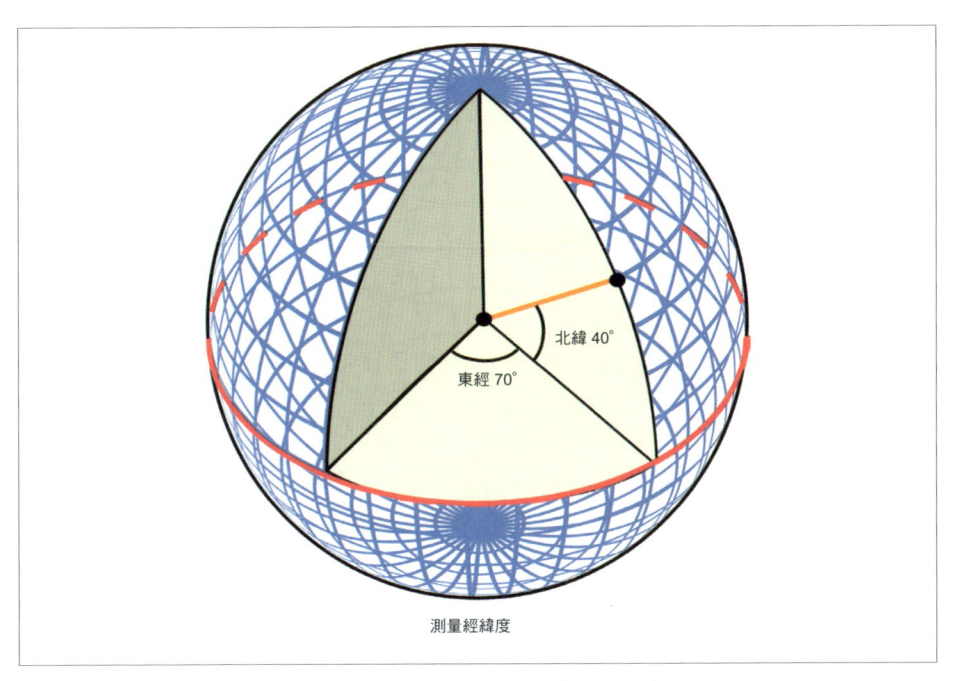

圖 3.1：緯度與經度（資料來源：[3]）

Lat（緯度）：代表的是我們向北或向南走了多遠

Long（經度）：代表的是我們向東或向西走了多遠

從 3D 到 2D

把點從三維的地球轉換到二維的平面，這個過程就稱為「地圖投影」（Map Projection）。

地圖投影的做法有很多種，每一種都有其優點和限制。幾乎所有的做法都會扭曲實際的幾何形狀。下面我們可以看到一些例子。

第 3 章　Google 地圖

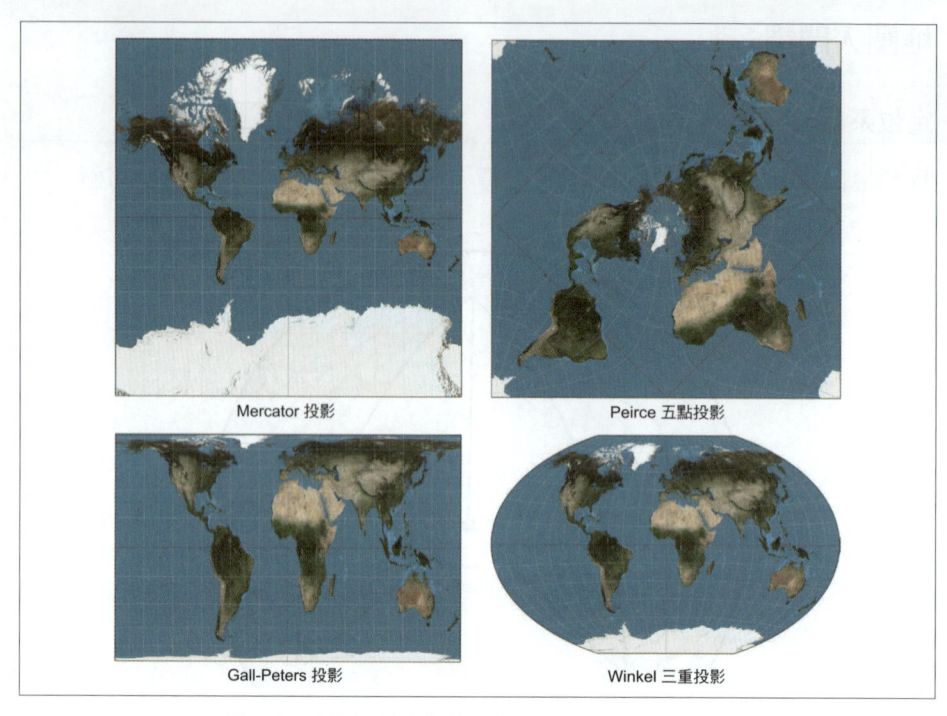

圖 3.2：地圖投影（來源：維基百科 [4] [5] [6] [7]）

Google 地圖選擇的是 Mercator 投影的一個修改版本，稱為 Web Mercator。有關定位系統和投影的更多詳細資訊，請參見 [3]。

地理編碼

地理編碼（Geocoding）就是把地址轉換成地理座標的一個程序。舉個例子來說，「1600 Amphitheatre Parkway, Mountain View, CA」（加州山景城露天劇場公園大道 1600 號）這個住址經過地理編碼之後，就會變成（緯度 37.423021，經度 -122.083739）這樣的成對經緯度資訊。

反過來說，如果是把成對的經緯度轉換成人類看得懂的地址，那就是所謂的反向地理編碼（reverse geocoding）。

地理編碼的其中一種做法就是插值（interpolation）[8]。這個做法會利用不同來源的資料（例如地理資訊系統；GIS），把其中的路網資訊對應到地理座標空間。

地理雜湊

地理雜湊（Geohashing）是一種編碼系統，它可以把某個地理區域編碼成一串由字母和數字組成的短字串。其核心就是把地球描繪成一個平坦的表面，並以遞迴的方式把每個小格子劃分成更小的小格子（grid），這些小格子可以是正方形，也可以是長方形。我們會以遞迴的方式，用一連串 0 到 3 之間的數字來表示每一個小格子。

假設最初始的平坦表面，大小為 20,000 公里 ×10,000 公里。經過第一次的劃分之後，就會變成 4 個大小為 10,000 公里 ×5,000 公里的小格子。我們會用 00、01、10 和 11 來表示這幾個小格子，如圖 3.3 所示。接著我們再把每個小格子進一步劃分成 4 個小格子，然後套用相同的命名策略。這樣一來每個小格子的大小就會變成 5,000 公里 ×2,500 公里。我們會以遞迴的方式持續細分小格子，直到每個小格子的大小低於某個門檻值為止。

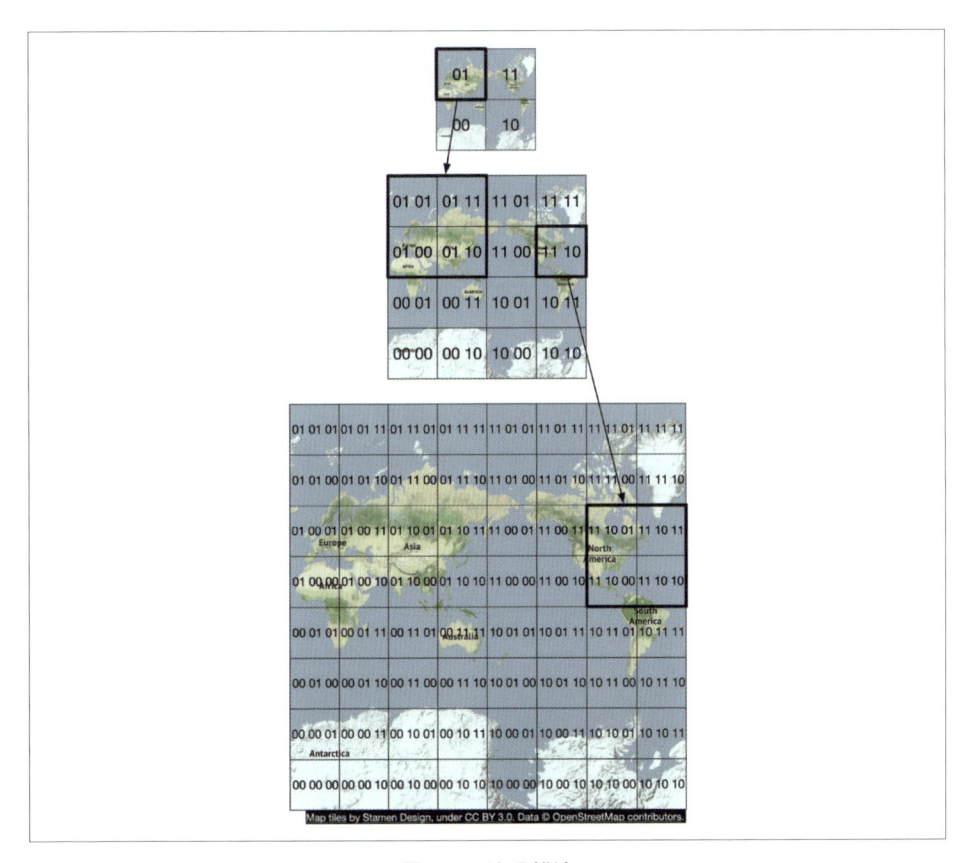

圖 3.3：地理雜湊

地理雜湊有很多的用途。在這裡的設計中，我們會用地理雜湊的做法來切分地圖圖塊（map tiling）。關於地理雜湊及其優點，更多的詳細資訊請參見 [9]。

地圖渲染

我們並不打算在這裡詳細討論地圖渲染（Map Rendering），不過基礎知識還是值得一提。地圖渲染其中的一個基本概念，就是所謂的圖塊（tile）。我們並不是把整個地圖渲染成一張超大型的圖片，而是把整個世界切分成許多小小的圖塊。客戶端只會下載使用者所在區域的相關圖塊，並把這些圖塊像瓷磚一樣拼接起來以進行顯示。

不同的縮放等級，各自都有不同的一組圖塊集合。客戶端會根據客戶端地圖視窗的視野範圍，選擇適當縮放等級的圖塊集合。這樣就可以提供適當的地圖細節，而不會消耗掉過多的頻寬。用一個極端的例子來說明，如果客戶端把地圖縮放到可以看見全世界，我們可不想在這樣的縮放等級下，還去下載好幾十萬個圖塊。在這樣的情況下，所有的細節資訊全都會被浪費掉。其實客戶端只需要用最小的縮放等級去下載一個 256×256 像素的圖塊，然後再用這個圖塊來呈現整個世界就行了。

導航演算法處理道路資料的方式

大多數的路線相關（routing）演算法，都是 Dijkstra 演算法或 A* 尋路（pathfinding）演算法的變體。究竟該選擇哪一種確切的演算法，是一個很複雜的主題，本章並不打算詳細討論。值得注意的是，所有這些演算法全都是利用圖譜（Graph）資料結構來進行操作，其中每一個路口交叉點都用節點（node）來表示，而道路則是用圖譜裡的連線（edge）來表示。請參見圖 3.4 的範例：

>> 第 1 步 — 瞭解問題並確立設計範圍

圖 3.4：圖譜

大多數這些演算法的尋路表現，都與圖譜的大小很有關係。如果用單一圖譜來表示全世界的路網，只會消耗掉太多的記憶體，而且對任何演算法來說，這樣的資料量可能都太大了，根本無法以很有效率的方式執行。這樣的圖譜有需要進一步分解成更容易管理的多個單元，這樣才能讓演算法順利因應我們的設計規模。

分解全世界各地路網的其中一種做法，其實與我們之前談過的地圖渲染圖塊概念非常相似。只要採用與地理雜湊類似的切分技術，就可以把整個世界切分成許多小小的小格子。我們會針對每個小格子，把其中的道路轉換成一個小小的圖譜資料結構，其中包含相應地理區域範圍內的各個節點（交叉點）和連線（道路）。我們把這些小格子稱為路線圖塊（routing tile）。每一個路線圖塊也會保存著自己與其他圖塊相連的參考資訊。這就是路線相關演算法逐一處理許多互連的路線圖塊時，把它們縫合成更大的道路圖譜的方式。

只要把路網分解成許多路線圖塊，路線相關演算法就可以按照實際的需要，載入相應的路線圖塊。由於每次都只會用到一小部分的路線圖塊，而且改變位置時只需要載入額外的圖塊，因此可以顯著減少記憶體的需求，同時也能提高尋路的表現。

圖 3.5：路線圖塊

‖ 小提醒 ‖

在圖 3.5 中,我們把這些小格子稱為「路線圖塊」(routing tiles)。路線圖塊與地圖圖塊很類似,都是覆蓋特定地理區域的小格子。地圖圖塊全都是 PNG 圖片,而路線圖塊則是圖塊所涵蓋區域內所有道路資料的二進位檔案。

階層式架構的路線圖塊

如果想要很有效率地算出導航路線,道路資料的細節等級(level of detail)一定要是正確的。以跨國路線為例,在執行路線相關演算法時,如果採用超詳細的街道級路線圖塊,執行起來一定很耗時。把那些詳細的路線圖塊全都拼接起來之後,整個圖譜可能就會過大,而且還會消耗掉太多的記憶體。

一般來說通常會有三組不同細節等級的路線圖塊。在最詳細的細節等級下,每個路線圖塊都很小,而且只包含區域內的一般道路。下一個等級的圖塊會比較大一點,通常都會包含各地區相連的主幹道。在最粗略的細節等級下,圖塊通常會覆蓋很大一塊區域,而且只包含城市和州之間相連的主要公路。在每個等級的圖塊中,還是會有不同縮放等級圖塊相連的連線。舉例來說,在高速公路入口處,為了讓一般道路 A 能夠連接到高速

公路 F，小圖塊裡的節點（一般道路 A）就會有一條參考連線，連接到大圖塊裡的節點（高速公路 F）。請參見圖 3.6，就可以看到不同縮放比例的路線圖塊範例。

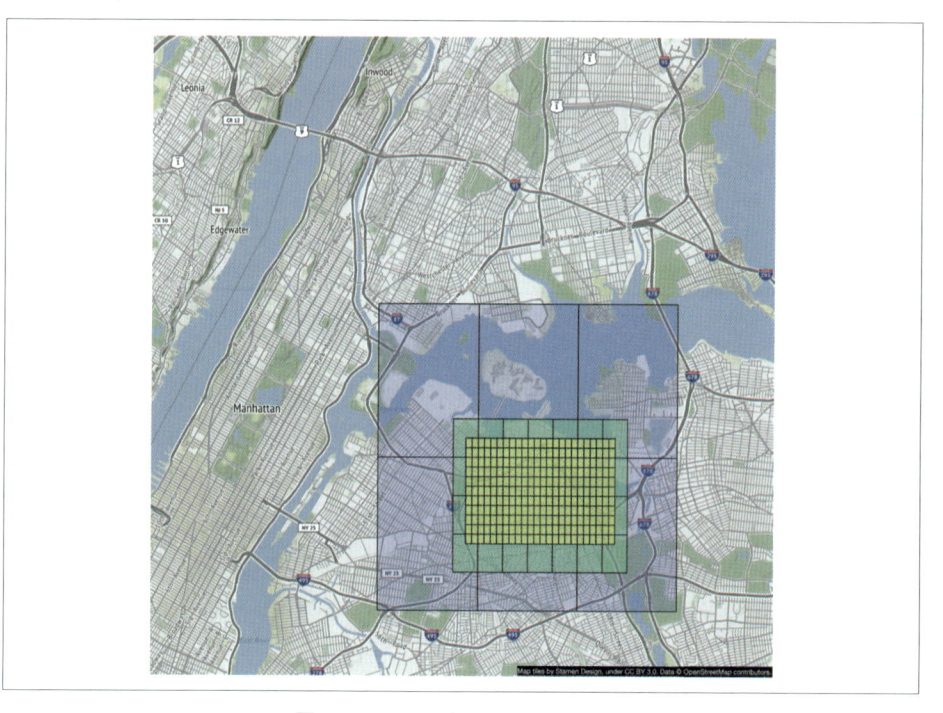

圖 3.6：不同縮放比例的路線圖塊

粗略的估算

現在我們已經瞭解基礎的知識，接著來進行一些粗略的估算吧。由於設計的重點在於移動上的需求，因此資料的使用和電池的消耗，都是需要考慮的兩個重要因素。

在深入進行估算之前，這裡列出了一些英制 / 公制轉換的參考。

- 1 英尺 = 0.3048 公尺
- 1 公里（km）= 0.6214 英里
- 1 公里 = 1,000 公尺

81

第 3 章　Google 地圖

儲存空間的需求

我們需要儲存三種類型的資料。

- 世界地圖：詳細的計算參見後述。

- 詮釋資料（Metadata）：每個地圖圖塊的詮釋資料，大小幾乎都可以忽略不計，因此我們可以在計算中略過詮釋資料的部分。

- 道路資訊：面試官有提到，我們有好幾 TB 來自外部來源的道路資料。我們會把這些資料集轉換成路線圖塊，其大小也是好幾 TB 左右。

世界地圖

我們在「地圖入門課」一節討論過地圖圖塊的概念。我們有好幾組不同縮放等級的地圖圖塊。為了瞭解地圖圖塊的圖片需要佔用多少儲存空間，我們可以先針對最高的縮放等級，估計一下最大的這一組圖塊集合究竟有多大，以建立一些粗略的概念。21 這個縮放等級，大約有 4.4 兆個圖塊（表 3.1）。假設每個圖塊都是 256×256 像素的 PNG 壓縮圖片，圖片的大小就是 100 KB 左右。在這個最高的縮放等級下，整組資料集大約就需要 4.4 兆 ×100KB ＝ 440 PB。

表 3.1 顯示的就是每個縮放等級下，相應圖塊數量漸增的情況。

表 3.1：不同的縮放等級

縮放等級	圖塊數量
0	1
1	4
2	16
3	64
4	256
5	1,024
6	4,096
7	16,384
8	65,536
9	262,144

>> 第 1 步 — 瞭解問題並確立設計範圍

縮放等級	圖塊數量
10	1,048,576
11	4,194,304
12	16,777,216
13	67,108,864
14	268,435,456
15	1,073,741,824
16	4,294,967,296
17	17,179,869,184
18	68,719,476,736
19	274,877,906,944
20	1,099,511,627,776
21	4,398,046,511,104

不過也請不要忘了，全世界大約有 90% 屬於大自然區域，多半是無人居住的地區（例如海洋、沙漠、湖泊和山脈）。由於這些區域的圖片應該可以進行高度壓縮，因此我們可以保守估計，儲存空間或許可以減少 80-90%。這樣就可以把儲存空間減少到 44 到 88 PB 的範圍。我們姑且選擇 50 PB 這個簡單的整數好了。

接著我們再來估計其它每一組縮放等級較低的圖片，分別會佔用多少的儲存空間。縮放等級每降一級，東西方向和南北方向的圖塊數量都會少掉一半。因此圖塊的數量總共就會少 4 倍，儲存空間也會跟著少 4 倍。既然縮放等級每降一級，儲存空間都會少 4 倍，因此總大小計算起來就是一個等比級數：$50 + \frac{50}{4} + \frac{50}{16} + \frac{50}{64} + \ldots\ldots = \sim 67$ PB。這只是一個粗略的估計而已。但這樣我們就知道大概只要 100 PB 左右的空間，就足以保存不同細節等級的所有地圖圖塊了。

伺服器吞吐量

為了估計出伺服器的吞吐量，我們先來回顧一下所需支援的請求類型。請求主要有兩種類型。第一種是導航請求。這是由客戶端所發出的請求，可用來啟動導航程序。第二種是位置更新請求。這是使用者在導航期間持續移動時，由客戶端所發出的請求。下游的服務會以很多種不同的方式，來

83

第 3 章　Google 地圖

使用這些位置資料。舉例來說，位置資料其實是交通狀況即時資料的其中一種輸入。我們會在「第 3 步 —— 深入設計」一節中，介紹位置資料的一些使用情境。

現在我們可以先來分析一下導航請求的伺服器吞吐量。假設我們有 10 億個每日活躍使用者，每位使用者平均每週使用 5 次導航功能，每週總共使用 35 分鐘。這些數字也可以換算成每週 350 億分鐘，或是每天 50 億分鐘。導航的每秒查詢次數 QPS：10 億 ×5 / 7 / 10^5 = ~ 7,200。假設 QPS 峰值是平均值的五倍。導航 QPS 的峰值：7200×5 = 36,000。

接著我們來估計一下位置更新請求的吞吐量。其中一個簡單的做法就是每秒發送一次 GPS 座標，這樣會導致每天 3000 億（50 億分鐘 ×60）個請求，或是 300 萬的 QPS（3,000 億個請求 / 10^5 = 300 萬）。不過，客戶端或許並不需要每秒發送一次 GPS 更新。我們可以讓客戶端採用批量處理做法，用低很多的頻率（例如每 15 或 30 秒一次）來發送更新，以降低寫入 QPS。實際的頻率可能取決於使用者移動速度之類的因素。如果遇到交通堵塞，客戶端也可以降低 GPS 更新的頻率。在我們的設計中，我們假設 GPS 更新是採用批量處理的做法，然後每 15 秒發送到伺服器一次。透過這種批量處理的做法，QPS 就可以降低到 200,000（300 萬 / 15）了。

假設 QPS 的峰值是平均值的五倍。位置更新的 QPS 峰值＝ 200,000×5 = 100 萬。

第 2 步 —— 提出高階設計並獲得認可

現在我們對 Google 地圖有了更多的瞭解，接下來我們準備提出一個高階設計（圖 3.7）。

高階設計

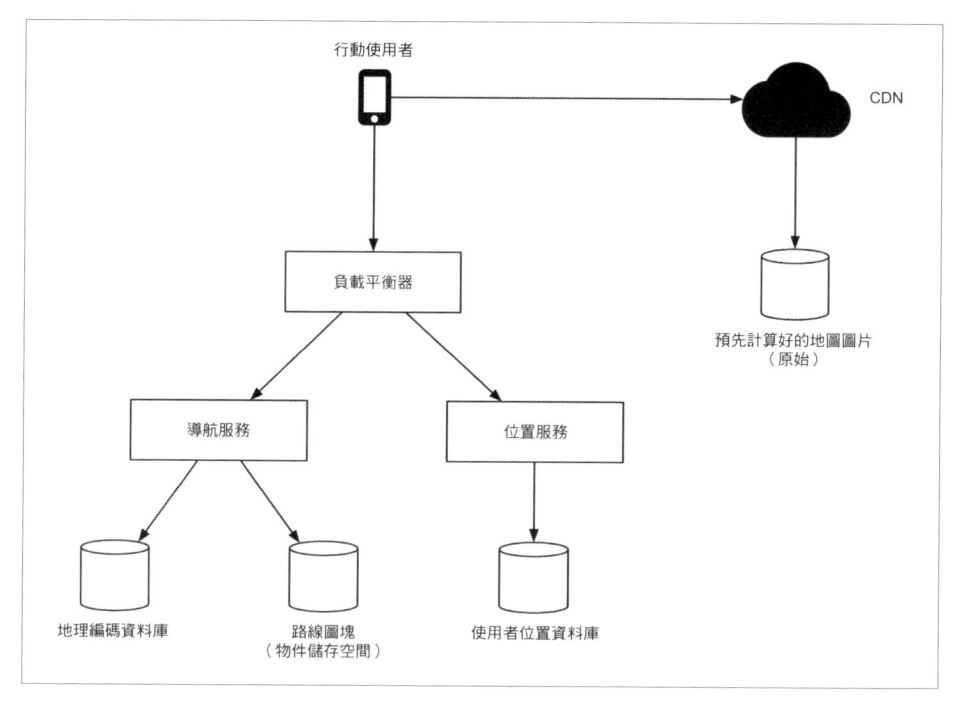

圖 3.7：高階設計

我們的高階設計可支援三個功能。接著就來逐一進行檢視。

- 位置服務（Location service）
- 導航服務（Navigation service）
- 地圖渲染（Map rendering）

位置服務

位置服務負責紀錄使用者的位置更新。其架構如圖 3.8 所示。

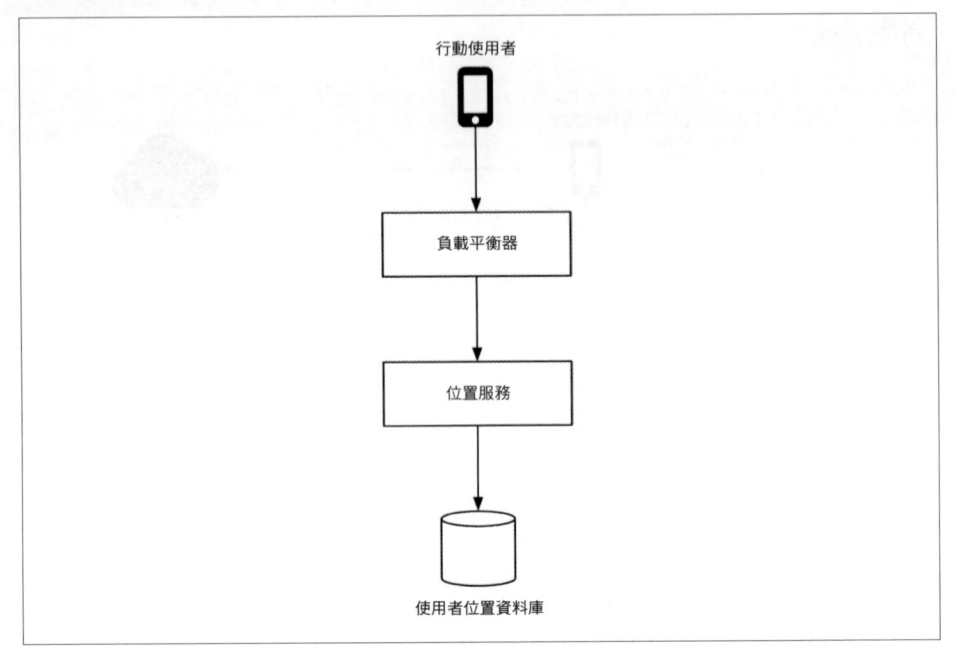

圖 3.8：位置服務

基本設計要求客戶端每 t 秒發送一次位置更新，其中 t 是一個可設定的間隔時間。定期更新的做法有幾個好處。首先，我們可以利用這些以串流方式持續更新的位置資料，隨時間逐步改善我們的系統。舉例來說，我們可以利用這些資料來監控即時交通狀況、偵測出新的道路或封閉的道路，或是去分析使用者行為，以實現個人化服務。其次，我們可以利用這些近乎即時的位置資料，為使用者提供更準確的預計抵達時間（ETA），並在必要時根據交通狀況重新規劃出新的路線。

但我們真的需要立刻把每個位置更新發送給伺服器嗎？答案或許是否定的。我們可以把位置歷史紀錄先暫存在客戶端，然後再用比較低的頻率，以批量處理方式發送給伺服器。舉例來說，如圖 3.9 所示，雖然位置更新每秒都會紀錄一次，但每 15 秒才把整批資料傳送給伺服器。這樣就可以顯著降低所有客戶端發送更新的總次數。

>> 第 2 步 — 提出高階設計並獲得認可

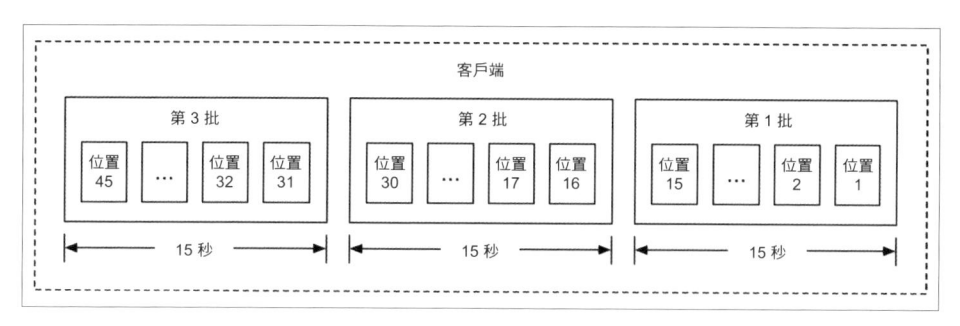

圖 3.9：以批量處理方式發出請求

對於像 Google 地圖這樣的系統來說，就算以批量的方式更新位置，寫入量還是非常高。我們需要一個針對高寫入量進行過優化，而且具有高度可擴展性的資料庫（例如 Cassandra）。我們或許還需要用 Kafka 之類的串流處理引擎來紀錄位置資料，以進行後續的處理。我們會在「第 3 步 —— 深入設計」一節詳細討論這些做法。

什麼樣的通訊協定，比較適合這裡的使用情境呢？帶有 keep-alive 選項的 HTTP [10] 就是個不錯的選擇，因為它非常有效率。這類的 HTTP 請求大概就像下面這樣：

```
POST /v1/locations
參數：
locs：JSON 編碼過的陣列，其中包含許多（緯度，經度，時間戳）這樣的元組資料。
```

導航服務

這個組件負責找出從 A 點到 B 點相對比較快的路線。我們其實也可以接受稍微慢一點點的路線。計算出來的路線不一定是最快的，但正確性非常重要。

如圖 3.8 所示，使用者所發送的 HTTP 請求，會被負載平衡器轉往導航服務。這個請求的參數包含了出發地和目的地的位置。API 大概就像下面這樣：

```
GET /v1/nav?origin=1355+market+street,SF&destination=Disneyland
```

第 3 章　Google 地圖

以下則是導航結果的範例：

```
{
  'distance' : { 'text' : '0.2 mi' , 'value' : 259 },
  'duration' : { 'text' : '1 min' , 'value' : 83 },
  'end_location' : { 'lat': 37.4038943, 'lng': -121.9410454},
  'html_instructions': 'Head <b>northeast</b> on <b>Brandon St</b> toward
  <b>Lumin Way</b><div style="font-size:0.9em">Restricted usage road</div>',
  'polyline': {'points': '_fhcFjbhgVuAwDsCal'},
  'start_location': {'lat': 37.4027165, 'lng': -121.9435809},
  'geocoded_waypoints': [
  {
     "geocoder_status" : "OK",
     "partial_match" : true,
     "place_id" : "ChIJwZNMti1fawwRO2aVVVX2yKg",
     "types" : [ "locality", "political" ]
  },
  {
     "geocoder_status" : "OK",
     "partial_match" : true,
     "place_id" : "ChIJ3aPgQGtXawwRLYeiBMUi7bM",
     "types" : [ "locality", "political" ]
  }
  ],
  'travel_mode': 'DRIVING'
}
```

關於 Google 地圖官方 API 更多詳細的資訊，請參見 [11]。

到目前為止，我們還沒有考慮過重新規劃路線的問題，以及交通狀況變化的情況。我們會在「第 3 步 —— 深入設計」一節中，運用一個具有自動調整能力的預計抵達時間（Adaptive ETA）服務，來解決這些問題。

地圖渲染

正如我們在粗略的估算所得出的結果，包含不同縮放等級的整個地圖圖塊集合，其大小約為 100 PB。把整個資料集全都保存在客戶端，是很不切實際的做法。我們還是應該根據客戶端的位置，以及客戶端視窗不同的視野範圍縮放等級，從伺服器取得相應的地圖圖塊。

>> 第 2 步 — 提出高階設計並獲得認可

客戶端應該在什麼情況下，才去伺服器取出新的地圖圖塊？以下就是一些可能的情境：

- 使用者正在客戶端探索周遭的環境，對地圖視野範圍進行縮放或平移。
- 使用者在導航期間移出目前的地圖圖塊範圍，移到了相鄰的其他圖塊。

這裡會牽涉到大量的資料。我們就來看看，如何讓伺服器很有效率地提供這些地圖圖塊。

選項 1

伺服器可根據客戶端的位置，以及客戶端視窗的視野範圍縮放等級，以即時的方式建立相應的地圖圖塊。考慮到存在無限數量的位置和縮放等級組合，以這種動態方式生成地圖圖塊的做法，會有幾個嚴重的缺點：

- 以動態方式生成一堆地圖圖塊，可能會給伺服器集群帶來龐大的負載。
- 由於地圖圖塊都是以動態的方式生成，因此快取很難發揮作用。

選項 2

另一種選擇則是針對每一個縮放等級，提供一組預先生成的地圖圖塊。這樣一來，地圖圖塊就會變成是靜態的，而覆蓋固定矩形範圍的每一個圖塊，全都是用地理雜湊（geohashing）之類的方式切分出來的。因此，每個圖塊都可以用相應的地理雜湊來表示。換句話說，每個小格子都有一個獨一無二的地理雜湊。當客戶端需要某個地圖圖塊時，它就會先根據其縮放等級，判斷所要使用的地圖圖塊集合。然後，它會再以適當的縮放等級，把位置轉換成相應的地理雜湊，計算出地圖圖塊的 URL。

這些預先生成的靜態圖片，全都是由 CDN 來提供服務，如圖 3.10 所示。

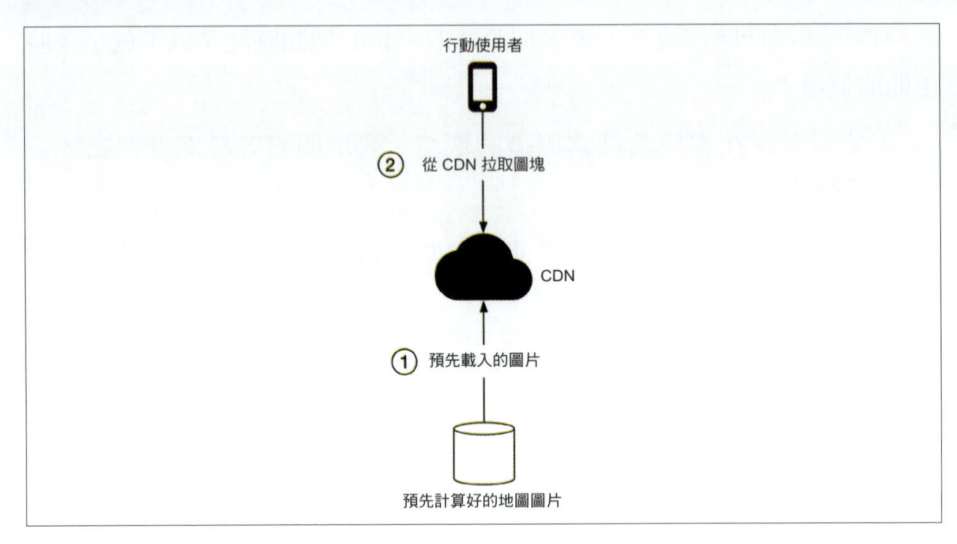

圖 3.10：CDN

這種做法更具有可擴展性，效能也比較好，因為地圖圖塊都是從距離上最靠近的存放點（POP；point of presence）提供給客戶端，如圖 3.11 所示。地圖圖塊的靜態屬性，也特別適合搭配快取的做法。

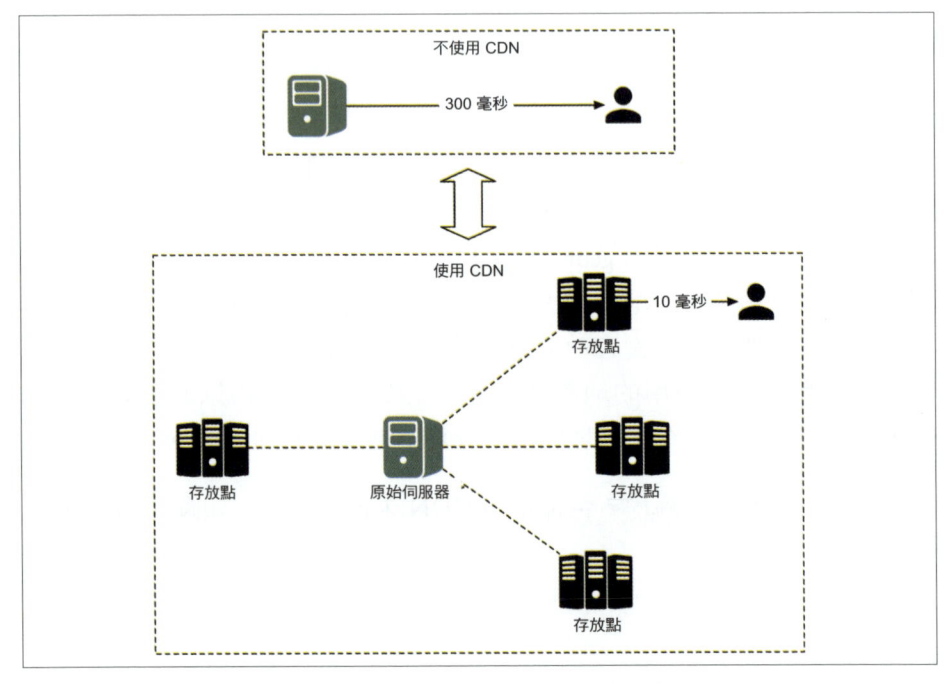

圖 3.11：不使用 CDN vs. 使用 CDN 的做法

持續保持比較低的行動資料使用量,是非常重要的。我們可以來計算一下,客戶端在一般典型的導航期間,需要載入多少的資料量。請注意,以下計算並未考慮客戶端的快取效果。使用者每天都會用到的路線,其實蠻有可能都很類似,因此如果使用者端有快取,資料的使用量或許就會低很多。

|| 資料使用量 ||

> 假設使用者移動的速度為每小時 30 公里,而在相應的縮放等級下,每張圖片所覆蓋的區域為 200 公尺×200 公尺(一個區塊可以用一張 256×256 像素的圖片來表示,圖片的平均大小為 100KB)。以 1 公里×1 公里的區域來說,我們就需要 25 張的圖片,或是 2.5 MB(25×100KB)的資料量。因此,如果速度是每小時 30 公里,我們每小時就需要用到 75MB(30×2.5MB)的資料,或是每分鐘 1.25MB 的資料。

接著我們來估算一下 CDN 的資料使用量。以我們的資料規模來看,成本確實是一個需要考慮的重要因素。

|| CDN 的資料流量 ||

> 如前所述,我們每天都要為使用者提供大約 50 億分鐘的導航服務。轉換之後就是 50 億×1.25 MB = 每天 62.5 億 MB。因此,我們每秒都要提供 62,500 MB($\frac{6.25 \text{億}}{\text{每天 } 10^5 \text{秒}}$)的地圖資料。只要透過 CDN,就可以利用全球各地的存取點來提供這些地圖圖片。假設有 200 個存取點,每個存取點每秒就只需要提供幾百 MB($\frac{62,500}{200}$)的資料。

最後我們只會簡單談一下地圖渲染設計的其中一個細節。客戶端怎麼知道該使用哪些 URL,從 CDN 取得所需的地圖圖塊呢?別忘了,我們採用的是前面提過的選項 2。由於使用的是這個選項,因此地圖圖塊都是靜態的,而且是根據固定的一組小格子預先生成的(每一個縮放等級,都有相應的一組小格子)。

由於我們是用地理雜湊來對小格子進行編碼,每個小格子都有一個獨一無二的地理雜湊,因此對於地圖圖塊來說,要根據客戶端的位置(緯度和經

第 3 章　Google 地圖

度）和縮放等級來計算出地理雜湊，計算效率是很高的。這個計算可以在客戶端完成，然後我們就可以從 CDN 取得任何圖塊相應的靜態圖片。舉例來說，Google 總部所在的圖塊相應的圖片 URL 或許就是：`https://cdn.map-provider.com/tiles/9q9heb.png`。

關於地理雜湊編碼更詳細的討論，請參見第 1 章「附近的場所」的內容。

在客戶端計算地理雜湊，應該沒什麼問題。不過要記得的是，這個演算法在所有不同平台的所有客戶端中，全都是寫死在程式碼裡的。如果有所改變，隨後要把改變傳送到行動 App，這絕對是一個既耗時又有一定風險的過程。我們必須確保地理雜湊的算法，確實是我們打算長期用來對地圖圖塊進行編碼的做法，而且不太可能會改變。如果我們因為某些理由，而需要切換到另一種編碼方式，那一定需要花費很大的精力，而且風險也不容小覷。

這裡再提供另一個值得考慮的選擇。我們可以在中間引入一個伺服器，其任務就是根據成對的經緯度和縮放等級，建構出相應的圖塊 URL，這樣就不必用寫死在客戶端程式碼裡的演算法來進行轉換了。這是個非常簡單的服務。它所增加的操作靈活性，或許是很值得的。這是一個非常有趣的取捨考量，我們可以與面試官進行一番討論。這種地圖渲染流程的另一種做法，如圖 3.12 所示。

每當使用者移動到新的位置，或是改成新的縮放等級時，地圖圖塊服務就會判斷需要哪些圖塊，並把這些資訊轉化成一組圖塊 URL 以進行檢索。

>> 第 3 步 — 深入設計

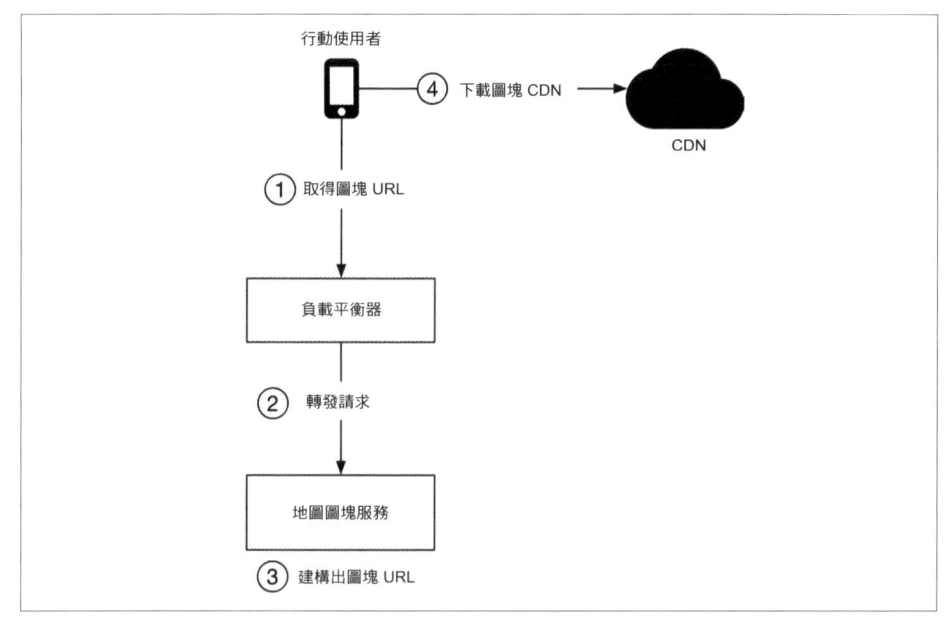

圖 3.12：地圖渲染

1. 行動使用者會去調用地圖圖塊服務來取得圖塊的 URL。這個請求會被送入負載平衡器。

2. 負載平衡器會把請求轉送給地圖圖塊服務。

3. 地圖圖塊服務會把客戶端的位置和縮放等級當成輸入，然後給客戶端送回 9 個圖塊 URL。這些圖塊其中包括真正要進行渲染的圖塊，以及周圍的 8 個圖塊。

4. 行動客戶端可以從 CDN 下載圖塊。

我們會在「第 3 步 —— 深入設計」一節中，詳細介紹這些預先計算好的地圖圖塊。

第 3 步 —— 深入設計

本節會先討論一下資料模型。然後我們會更詳細討論位置服務、地圖渲染和導航服務。

資料模型

我們會用到四種類型的資料：路線圖塊、使用者位置資料、地理編碼資料和預先計算好的世界地圖圖塊。

路線圖塊

如前所述，一開始的道路資料集都是從各種不同的來源和機構取得的。全部總共有好幾 TB 的資料。使用者在使用應用程式時，應用程式也會不斷收集使用者的位置資料，因此隨著時間的推移，資料集就會逐漸得到改善。

這個資料集其中包含了大量的道路資料和相關的詮釋資料（例如道路名稱、所在縣市、經緯度資訊等等）。這些資料原本並不是圖譜資料結構，大多數的路線相關演算法都無法直接使用這些資料。我們會執行一個叫做「路線圖塊處理服務」（routing tile processing service）的定期離線處理管道，把資料集轉換成我們所要導入的路線圖塊。這個服務會定期執行，以擷取道路資料的最新變化。

路線圖塊處理服務會輸出一堆路線圖塊。像這樣的圖塊總共有三組，分別對應不同的解析度，如「地圖入門課」一節所述。每一個圖塊都包含許多節點與連線所構成的圖譜，這些連線與節點分別代表圖塊所覆蓋區域內的每條道路與交叉口。另外它也包含了可連接到其他圖塊的道路參考資訊。這些圖塊可以合併成一個互連的路網，然後路線相關演算法就可以運用這些路網，來進行相應的處理。

路線圖塊處理服務應該要把這些圖塊儲存在什麼地方呢？大部分的圖譜資料在記憶體中都是用鄰接列表（adjacency list）來表示 [12]。由於圖塊的數量實在太多，根本無法將所有的鄰接列表全都保存在記憶體中。如果可以把所有東西全都保存在記憶體，一開始就不需要採用圖塊的做法了。我們也可以把節點和連線當成一行一行的資料保存在資料庫，但這樣只是把資料庫當成儲存空間而已，感覺上是一種成本蠻高的資料儲存方式。以路線圖塊來說，我們根本用不到資料庫相關的任何功能。

儲存這些圖塊更有效的方式，就是使用類似 S3 這類的物件儲存系統，並且在那些會用到圖塊的路線相關服務中，積極採用快取的做法。有很多效能很好的軟體套件，可以把這些鄰接列表序列化（serialize）成一個二元檔案。在物件儲存系統裡，我們可以透過地理雜湊（geohash）來組織這些圖塊。這樣提供了一個快速的查找機制，只要用經緯度就能找到相應的圖塊了。

我們很快就會討論到最短路徑服務，看它如何去運用這些路線圖塊。

使用者位置資料

使用者位置資料很有價值。我們可以用它來更新道路資料和路線圖塊。我們也會用它來建立交通狀況的即時資料和歷史資料，存入相應的資料庫。還有很多資料串流處理服務，也可以運用這些位置資料來進一步更新地圖資料。

對於使用者位置資料來說，我們需要的是一個能夠妥善處理大量寫入負載，而且可以進行水平擴展的資料庫。Cassandra 或許就是個還不錯的選擇。

下面是使用者位置資料的一個例子：

表 3.4：位置資料表

user_id （使用者 ID）	timestamp （時間戳）	user_mode （使用者模式）	driving_mode （駕駛模式）	location （位置）
101	1635740977	active	driving	(20.0, 30.5)

地理編碼資料庫

這個資料庫儲存的是地點及其相應的經緯度資料。我們可以採用 Redis 之類的鍵值資料庫來實現快速讀取，因為我們會有很頻繁的讀取，但不會有很頻繁的寫入操作。我們會利用這個資料庫，把出發地或目的地轉換成相應的經緯度資料，然後再傳遞給路線規劃服務。

預先計算好的世界地圖圖片

行動設備在請求特定區域的地圖時，真正需要取得的是附近的道路資訊，並計算出能夠代表該區域的圖片，以及所有道路相關的細節。這些計算通常都很繁重，而且經常是重複的計算，因此，算過一次之後就把圖片快取起來，或許是個蠻有用的做法。我們會預先計算出一些不同縮放等級的圖片，並把它儲存在 Amazon S3 之類的雲端儲存系統所支援的 CDN 之中。下面就是這類圖片的一個例子：

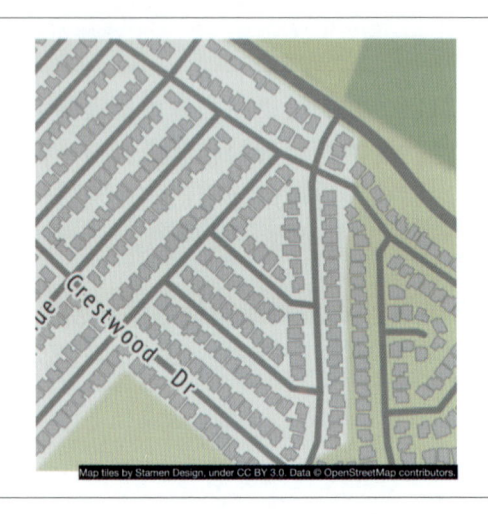

圖 3.13：預先計算好的圖塊

服務

現在我們已經討論過資料模型，接著就來仔細看看其中一些最重要的服務：位置服務、地圖渲染和導航服務。

位置服務

我們在高階設計中，討論過位置服務的工作原理。本節打算重點介紹這個服務的資料庫設計，並詳細介紹使用者位置的各種運用方式。

在圖 3.14 中，我們會用一個鍵值儲存系統來儲存使用者位置資料。接著就來仔細看一下吧。

>> 第 3 步 — 深入設計

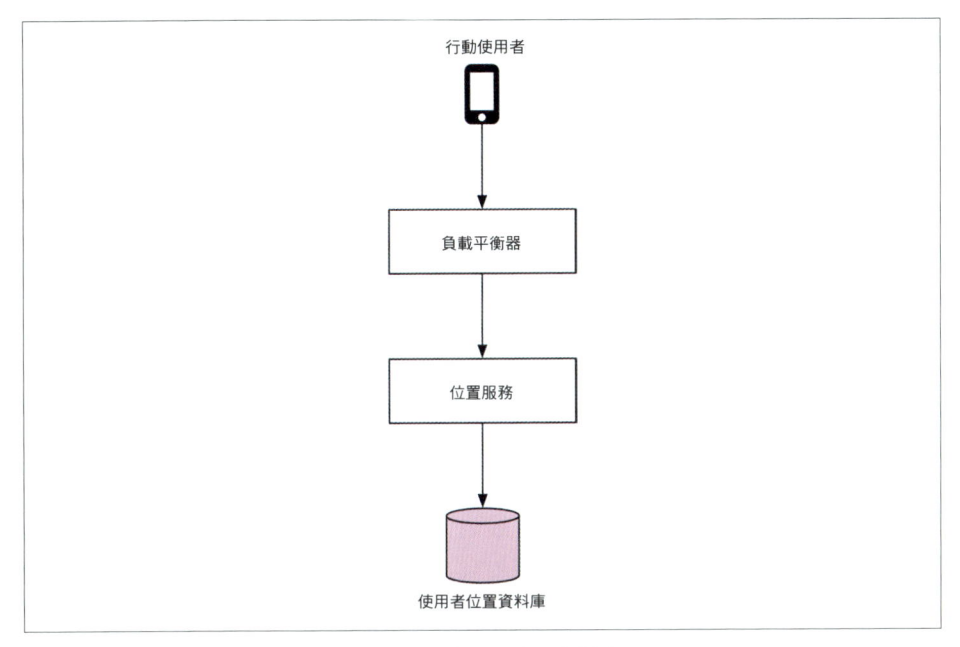

圖 3.14：使用者位置資料庫

由於每秒有 100 萬次的位置更新，因此我們需要一個可支援快速寫入的資料庫。No-SQL 鍵值資料庫或縱列型（column-oriented）資料庫，在這裡都是不錯的選擇。此外，由於使用者的位置會不斷變化，一旦有了新的更新資料，舊的資料就過時了。因此，我們可以優先考慮可用性，而不是資料的一致性。CAP 定理 [13] 指出，我們可以在一致性（Consistency）、可用性（Availability）和分區容錯性（Partition Tolerance）之間，選擇其中的兩個屬性。考慮到我們的限制，這裡會選擇可用性和分區容錯性。在這樣的情況下，Cassandra 就是一個非常適合採用的資料庫。它有能力可以處理我們的資料規模，還可以提供強大的可用性保證。

我們會把（`user_id`，`timestamp`）組合起來作為鍵，而值則是成對的經緯度資料。在這樣的設定下，`user_id` 就是主鍵（primary key），`timestamp`（時間戳）則是集群鍵（clustering key）。使用 `user_id` 作為分區鍵（partition key）的好處是，我們可以快速讀取到特定使用者的最新位置。所有具有相同分區鍵的資料，全都會被保存在同一個分區，並按照 `timestamp` 排

97

序。在這樣的安排下，如果要檢索出特定使用者在某段時間範圍內的位置資料，就會非常有效率。

下面就是這個資料表裡的其中一個例子。

表 3.5：位置資料

鍵 （user_id）	timestamp （時間戳）	lat （緯度）	long （經度）	user_mode （使用者模式）	navigation_mode （導航模式）
51	132053000	21.9	89.8	active	driving

我們該如何運用使用者位置資料？

使用者位置資料是非常重要的。它可以支援許多的使用情境。我們可以用這些資料來偵測出新的道路，以及最近才剛被封閉的道路。我們也可以利用這個持續在更新的資料，隨時間推移逐步提高地圖的正確性。另外，它也可以用來作為即時交通狀況的參考資料。

為了支援這些使用情境，我們除了把目前的使用者位置寫入資料庫之外，還會把這些資訊紀錄到訊息佇列（例如 Kafka）中。Kafka 是一個低延遲、高吞吐量的統一資料串流平台，專為傳遞即時資料而設計。圖 3.15 顯示的就是如何在改進的設計中運用 Kafka 的做法。

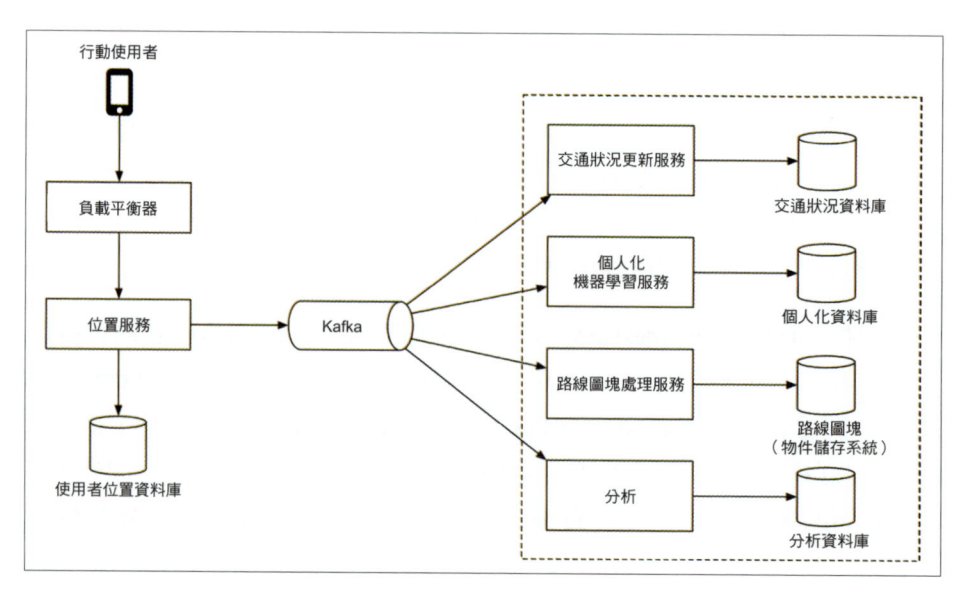

圖 3.15：位置資料可供其他服務使用

其他服務可針對各式各樣的使用情境，去使用 Kafka 裡的位置資料。舉例來說，即時交通狀況服務就可以根據輸出的資料，更新即時交通狀況資料庫。路線圖塊處理服務也可以靠它來偵測出新的道路或封閉的道路，進而更新物件儲存系統裡的路線圖塊，藉此改善世界地圖。其他的服務也可以基於不同的目的，去利用 Kafka 所送出來的串流資料。

地圖渲染

本節會深入研究預先計算好的地圖圖塊，以及地圖渲染的一個最佳化做法。此處的內容主要是受到 Google Design 相關工作的啟發 [3]。

預先計算好的圖塊

如前所述，各種不同的縮放等級，都會預先計算好不同組的地圖圖塊，這樣才能根據客戶端視窗的視野範圍縮放等級，向使用者提供適當的地圖細節。Google 地圖使用 21 個縮放等級（表 3.1）。我們也是使用相同的設定。

等級 0 就是縮到最小的等級。整個世界的地圖只用了一個大小為 256×256 像素的單一圖塊來表示。

每增加一個縮放等級，地圖圖塊的數量分別在東西和南北方向都會加倍，而每個圖塊則維持 256×256 像素。如圖 3.16 所示，縮放等級為 1 的情況下，會有 2×2 個圖塊，組合之後的總解析度為 512×512 像素。在縮放等級為 2 的情況下，會有 4×4 個圖塊，組合之後的總解析度為 1024×1024 像素。縮放等級每增加一級，整組圖塊的像素數量就會變成前一級的 4 倍。所增加的像素數量，可以為使用者提供更詳細的資訊。這樣一來，客戶端就可以根據縮放等級，用最好的細緻度來渲染地圖，而不會消耗過多的頻寬，去下載細節過多的圖塊。

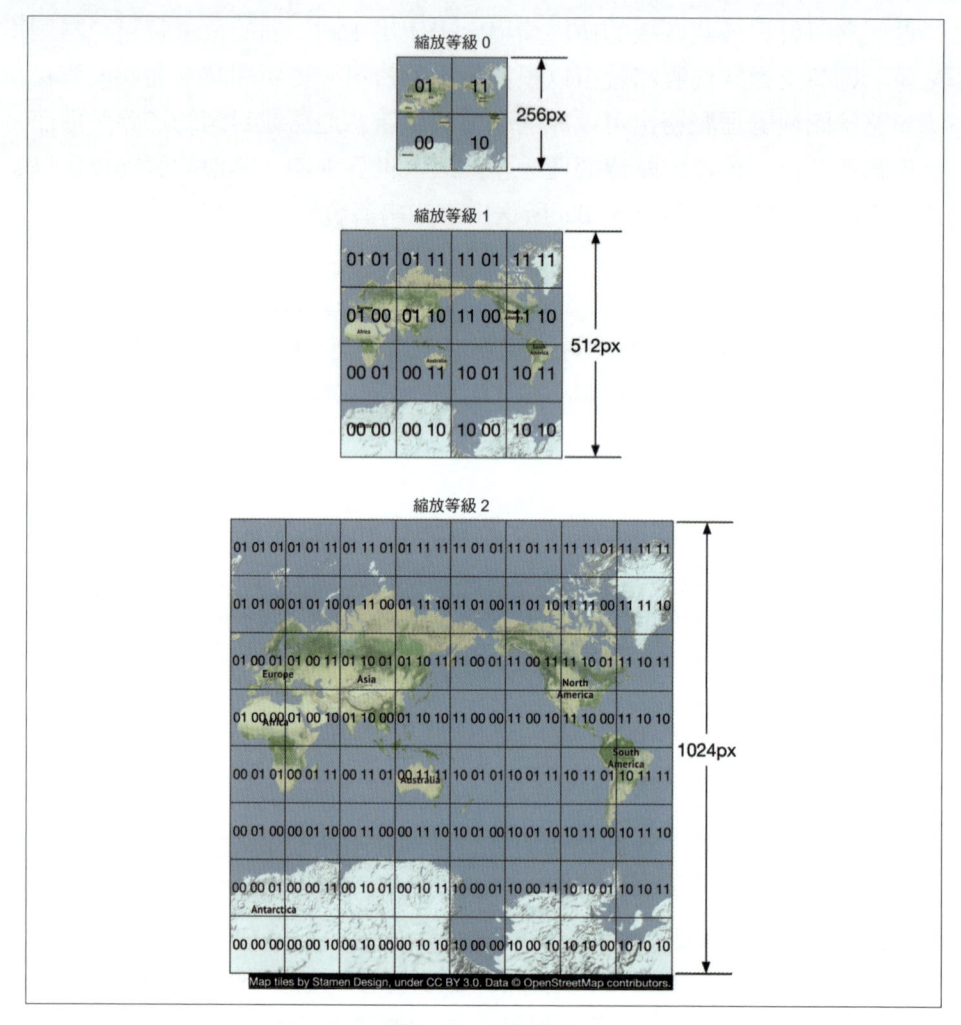

圖 3.16：縮放等級

優化：使用向量

隨著 WebGL 的開發和實現，其中一個可能的改進做法就是把原本透過網路發送圖片的設計，改成發送向量資訊（路徑和多邊形）。客戶端可根據這些向量資訊，繪製出相應的路徑和多邊形。

向量圖塊的一個明顯優勢，就是向量資料的壓縮效果一定比圖片好得多。所節省下來的頻寬，是非常明顯的。

>> 第 3 步 — 深入設計

另一個不太明顯的好處,就是向量圖塊可以提供更好的縮放體驗。以點陣圖來說,如果把圖片直接放大,整張圖片就會被拉伸,看起來會有像素化的效果。這樣的視覺效果其實蠻不協調的。如果是向量化的圖片,就可以自由調整每個元素的大小,進而提供更流暢的縮放體驗。

導航服務

接著我們來深入瞭解一下導航服務。這個服務所負責的工作,就是找出最快的路線。設計圖如圖 3.17 所示。

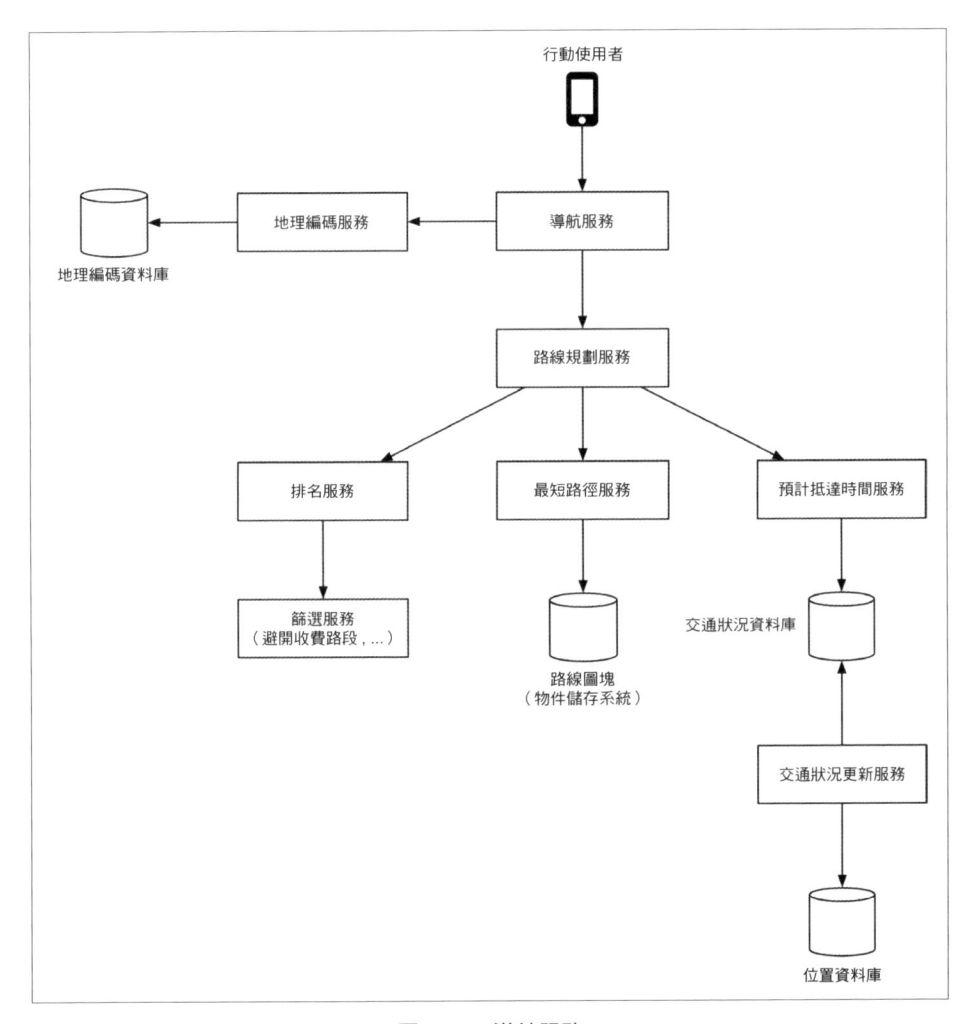

圖 3.17:導航服務

第 3 章　Google 地圖

我們就來檢視一下這個系統裡的每個組件吧。

地理編碼服務

首先，我們需要一個服務，把一般的地址解析成以經緯度表示的位置資訊。地址可以採用不同的格式，例如它可以是某個地名，或是一串地址文字。

以下就是 Google 地理編碼 API 的請求與回應範例。

請求：

```
https://maps.googleapis.com/maps/api/geocode/json?address=1600+Amphitheatre+Parkway,+Mountain+View,+CA
```

JSON 回應：

```
{
  "results" : [
  {
    "formatted_address" : "1600 Amphitheatre Parkway, Mountain View, CA 94043, USA",
    "geometry" : {
    "location" : {
      "lat" : 37.4224764,
      "lng" : -122.0842499
    },
    "location_type" : "ROOFTOP",
    "viewport" : {
      "northeast" : {
        "lat" : 37.4238253802915,
        "lng" : -122.0829009197085
      },
      "southwest" : {
        "lat" : 37.4211274197085,
        "lng" : -122.0855988802915
      }
    }
  },
  "place_id" : "ChIJ2eUgeAK6j4ARbn5u_wAGqWA",
  "plus_code": {
    "compound_code": "CWC8+W5 Mountain View, California, United States",
    "global_code": "849VCWC8+W5"
  },
```

```
      "types" : [ "street_address" ]
    }
  ],
    "status" : "OK"
}
```

導航服務會先調用這個服務,針對出發地和目的地進行地理編碼,然後再把成對的經緯度傳遞給下游,以找出相應的路線。

路線規劃服務

這個服務會根據當前的交通狀況和道路狀況,針對行駛時間進行最佳化,計算出建議的路線。它會與接下來所討論的幾個服務進行互動。

最短路徑服務

最短路徑服務可接受出發地和目的地的經緯度資料,然後送回前 k 個最短路徑,不過並不會去考慮當下的交通狀況或其它的狀況。這裡的計算只會考慮道路的結構。在這部分對路線進行快取,或許是很有用的做法,因為這裡的圖譜其實並不常改變。

最短路徑服務會針對物件儲存系統裡的路線圖塊,執行 A* 尋路（pathfinding）演算法的某個變體。以下就是概要說明：

- 這個演算法接受的是出發地和目的地的經緯度資料。這對經緯度資料會被轉換成地理雜湊,然後再根據它來載入起點與終點相應的路線圖塊。

- 演算法會從原始路線圖塊開始,逐一遍歷整個圖譜資料結構,過程中如果需要擴展搜尋區域,就會從物件儲存系統（或是本地快取 —— 如果之前載入過的話）併入其他相鄰的圖塊。值得注意的是,相同區域某個縮放等級的圖塊,與另一個縮放等級的圖塊之間,也是有連線關係的。舉例來說,演算法就是利用這種方式,「進入到」只包含高速公路的較大圖塊。這個演算法會持續併入相鄰的圖塊（有可能是不同解析度的圖塊）,以持續擴展搜尋的範圍,直到找出一組最佳路線為止。

第 3 章　Google 地圖

圖 3.18（取自 [14]）顯示的就是圖譜遍歷過程中所用到的圖塊，各位應該可以從圖中理解相應的概念。

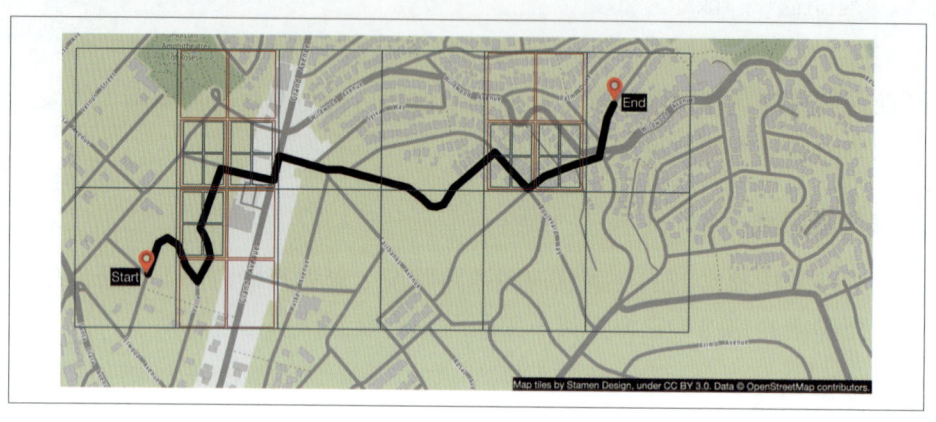

圖 3.18：圖譜遍歷的過程

預計抵達時間服務

一旦路線規劃收到一堆可能是最短路徑的列表，它就會針對每一條可能的路線，調用 ETA（預計抵達時間）服務，以取得相應的時間估計值。ETA 服務會採用機器學習的方式，根據當前的交通狀況和歷史資料，來預測出路線相應的 ETA 預計抵達時間。

這裡的挑戰之一是，我們不只需要即時的交通狀況資料，還要預測出 10 或 20 分鐘之後的交通狀況。這類的挑戰需要從演算法層面去解決，本節並不打算詳細討論。如果你有興趣的話，請參見 [15] 和 [16]。

排名服務

最後，在路線規劃取得 ETA 的預測結果之後，它就會把這些資訊傳遞給排名服務，以套入使用者所定義的一些篩選條件。像是避開收費路段、避開高速公路之類的選項，都算是篩選條件的一些例子。然後，排名服務就會把這些可能的路線，按照最快到最慢的順序進行排名，並把前 k 個結果送回導航服務。

更新服務

這類的服務會利用 Kafka 透過串流方式所提供的位置更新資料，以非同步的方式更新一些重要的資料庫，讓資料保持在最新的狀態。交通狀況資料庫和路線圖塊，就是可以隨之更新的兩個例子。

路線圖塊處理服務（routing tile processing service）所負責的工作，就是把新發現的道路和剛被封閉的道路資料，轉換成持續更新的路線圖塊集合。這有助於最短路徑服務，做出更準確的計算。

交通狀況更新服務則會根據活躍使用者所發送的位置更新串流資料，從中提取出最新的交通狀況。這樣的洞察結果，會被輸入到即時交通狀況資料庫。這樣就可以讓 ETA 服務做出更準確的估計了。

改進：具有自動調整能力的預計抵達時間與路線重新規劃

目前的設計並不支援具有自動調整能力的預計抵達時間與路線重新規劃功能。如果要提供這樣的功能，伺服器就必須追蹤所有活躍的導航使用者，並在交通狀況改變時，持續更新預計抵達時間。我們在這裡需要回答幾個重要的問題：

- 我們該如何追蹤活躍的導航使用者？
- 我們該如何儲存資料，以便在好幾百萬條導航路線中，有效定位出受到交通狀況變化所影響的使用者？

我們先從一個簡單的解法開始吧。在圖 3.19 中，user_1 的導航路線是由路線圖塊 r_1、r_2、r_3、...、r_7 來表示。

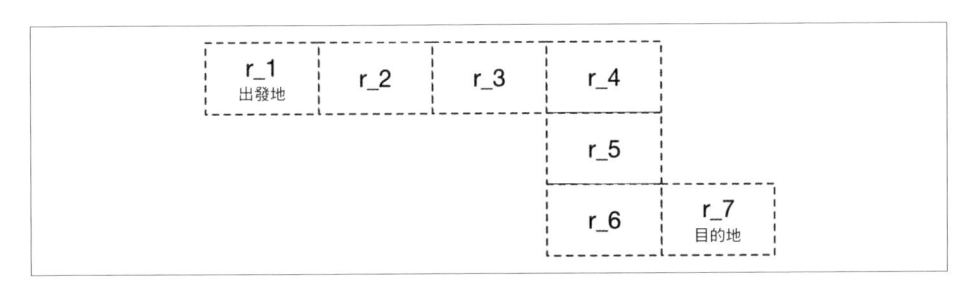

圖 3.19：導航路線

第 3 章　Google 地圖

這個資料庫裡保存著一些正在使用導航功能的使用者，以及一些路線相關資訊，其內容大概就像下面這樣：

user_1: r_1, r_2, r_3, …, r_k

user_2: r_4, r_6, r_9, …, r_n

user_3: r_2, r_8, r_9, …, r_m

…

user_n: r_2, r_10, r_21, …, r_l

假設 r_2 這個路線圖塊發生了交通事故。為了確定哪些使用者受到影響，我們會掃描每一行的資料，並檢查 r_2 這個路線圖塊有沒有出現在相應的路線圖塊列表中（參見下面的範例）。

user_1: r_1, **r_2**, r_3, …, r_k

user_2: r_4, r_6, r_9, …, r_n

user_3: **r_2**, r_8, r_9, …, r_m

…

user_n: **r_2**, r_10, r_21, …, r_l

假設資料表裡總共有 n 行資料，導航路線的平均長度為 m。找出所有受到交通狀況變化影響的使用者，相應的時間複雜度為 $O(n \times m)$。

我們可以加快這整個過程嗎？這裡就來探索另一個不同的做法。我們可以針對每一個正在使用導航功能的使用者，先取得目前所在位置的路線圖塊，再取得下一個縮放等級的路線圖塊，然後再取得下下一個縮放等級的路線圖塊（參見圖 3.20）。如此一來，我們就等於是從資料庫的資料表裡，取出下面這樣的一行資料。

user_1, r_1, super(r_1), super(super(r_1)), …

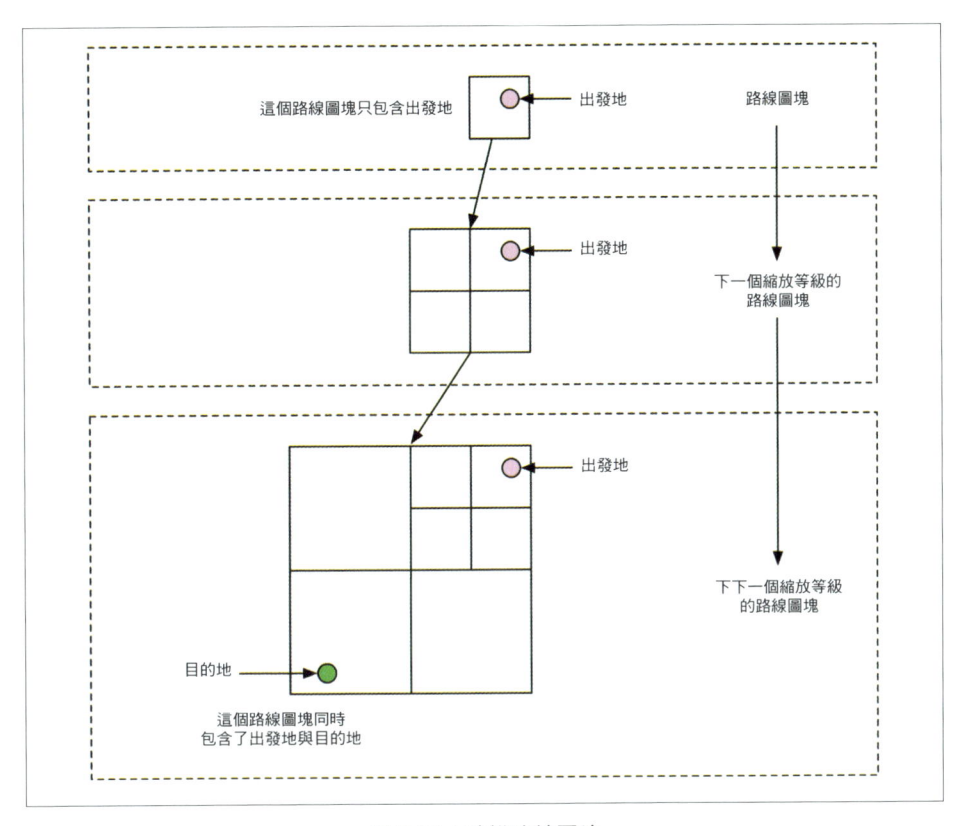

圖 3.20：建構路線圖塊

如果想判斷使用者是否受到交通狀況變化的影響，我們只需要檢查這一整行的最後一個路線圖塊，看其中有沒有包含那個有事故的路線圖塊即可。如果沒有，使用者就不會受到影響。如果有，使用者就會受影響。只要這樣做，我們就可以快速篩選掉很多的使用者。

這裡的做法並沒有提到，交通狀況排除之後，應該採用什麼樣的處理方式。舉例來說，如果 r_2 這個路線圖塊的狀況排除之後，使用者就可以走回舊路線了，問題是，使用者怎麼知道可以重新規劃路線了呢？其中一種做法，就是持續追蹤導航使用者所有可能的路線，定期重新計算 ETA，並在發現 ETA 更短的新路線時通知使用者。

傳遞協定（Delivery Protocol）

事實上，在導航的過程中，路線的狀況隨時有可能發生變化，因此伺服器需要一種可靠的方式，把資料推送到行動客戶端。關於伺服器到客戶端的傳遞協定，我們有下面幾個選項：行動推播通知（mobile push notification）、長輪詢（long polling）、WebSocket、以及 SSE（伺服器發送事件；Server-Sent Events）。

- 行動推播通知並不是一個很好的選擇，因為其負載大小非常有限（iOS 為 4,096 Byte），而且並不支援 Web 應用程式。

- WebSocket 通常被認為是比長輪詢更好的選擇，因為它在伺服器所佔用的空間非常小。

- 由於我們已經先排除掉行動推播通知和長輪詢的做法，因此主要會在 WebSocket 和 SSE 兩者之間進行選擇。雖然這兩種做法都可以採用，但我們比較傾向於使用 WebSocket，因為它可以支援雙向通訊，而像是最後一哩遞送（last-mile delivery）之類的功能，或許就需要用到雙向即時通訊功能。

有關預計抵達時間和路線重新規劃更多詳細的資訊，請參見 [15]。

現在我們可以把設計的每個部分全部兜起來了。更新之後的設計請參見圖 3.21。

>> 第 4 步 — 匯整總結

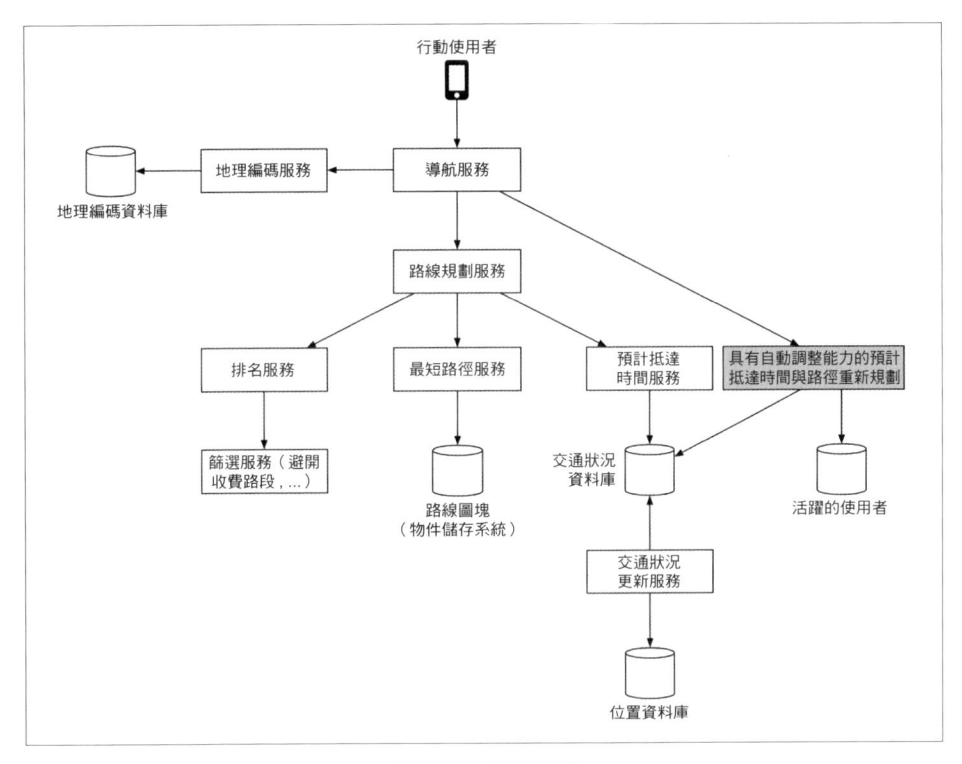

圖 3.21：最終設計

第 4 步 —— 匯整總結

我們在本章設計了一個簡化版的 Google 地圖應用，具有位置更新、預計抵達時間、路線規劃和地圖渲染之類的關鍵功能。如果你有興趣擴展此系統，其中一個可能的改進方式，就是為企業客戶提供多站導航功能。舉例來說，針對一組給定的目的地，我們可以根據即時交通狀況，找出途經所有目的地的最佳順序，並提供正確的導航結果。這對於 Door dash、Uber、Lyft 之類的快遞服務來說，或許還蠻有用的。

恭喜你跟我們走到了這裡！現在你可以給自己一點鼓勵。你真是太棒了！

第 3 章　Google 地圖

章節摘要

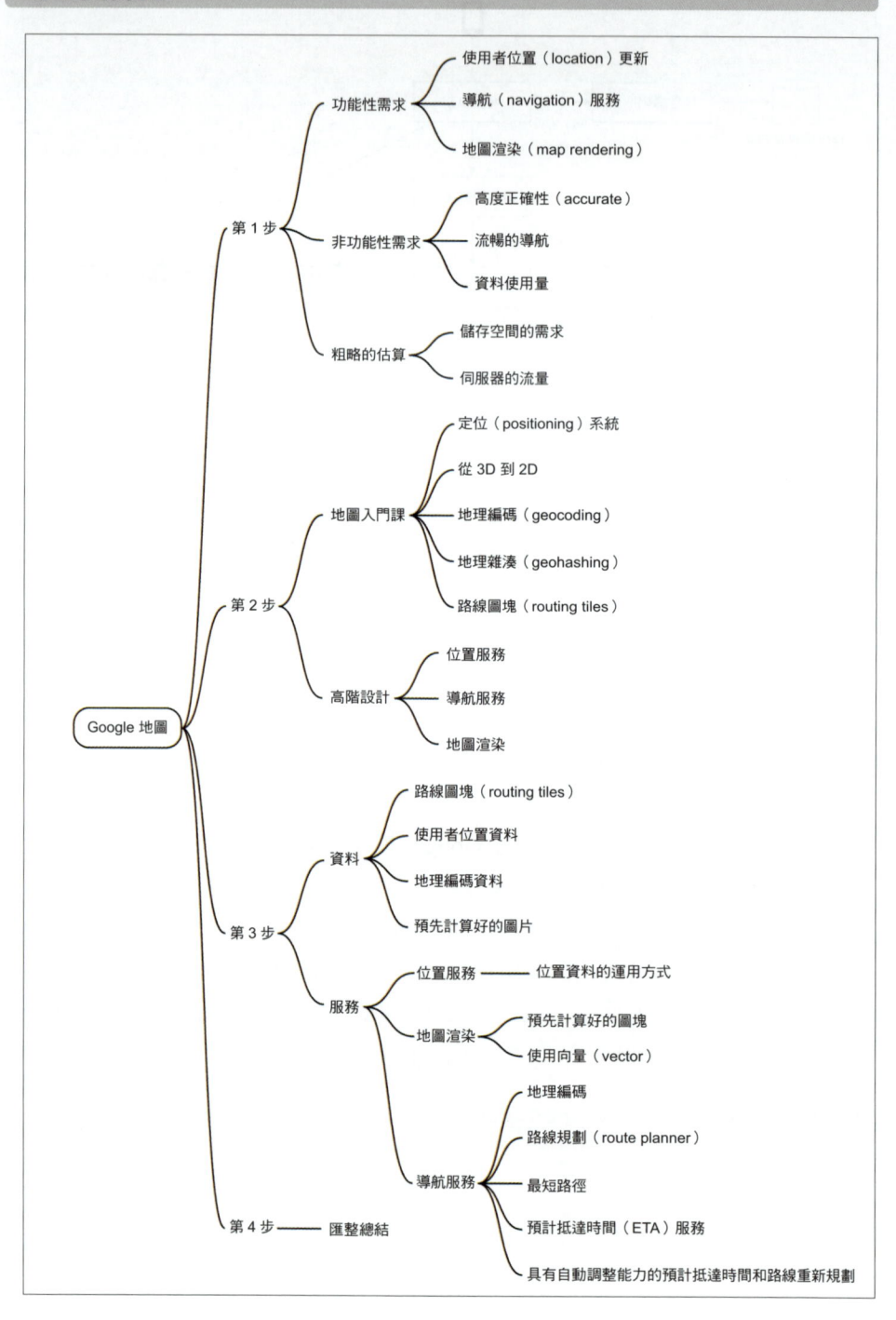

```
Google 地圖
├── 第 1 步
│   ├── 功能性需求
│   │   ├── 使用者位置（location）更新
│   │   ├── 導航（navigation）服務
│   │   └── 地圖渲染（map rendering）
│   ├── 非功能性需求
│   │   ├── 高度正確性（accurate）
│   │   ├── 流暢的導航
│   │   └── 資料使用量
│   └── 粗略的估算
│       ├── 儲存空間的需求
│       └── 伺服器的流量
├── 第 2 步
│   ├── 地圖入門課
│   │   ├── 定位（positioning）系統
│   │   ├── 從 3D 到 2D
│   │   ├── 地理編碼（geocoding）
│   │   ├── 地理雜湊（geohashing）
│   │   └── 路線圖塊（routing tiles）
│   └── 高階設計
│       ├── 位置服務
│       ├── 導航服務
│       └── 地圖渲染
├── 第 3 步
│   ├── 資料
│   │   ├── 路線圖塊（routing tiles）
│   │   ├── 使用者位置資料
│   │   ├── 地理編碼資料
│   │   └── 預先計算好的圖片
│   └── 服務
│       ├── 位置服務 ── 位置資料的運用方式
│       ├── 地圖渲染
│       │   ├── 預先計算好的圖塊
│       │   └── 使用向量（vector）
│       └── 導航服務
│           ├── 地理編碼
│           ├── 路線規劃（route planner）
│           ├── 最短路徑
│           ├── 預計抵達時間（ETA）服務
│           └── 具有自動調整能力的預計抵達時間和路線重新規劃
└── 第 4 步 ── 匯整總結
```

110

參考資料

[1] Google 地圖：https://developers.google.com/maps?hl=en_US

[2] Google 地圖平台：https://cloud.google.com/maps-platform/

[3] 製作更平滑的地圖原型：https://medium.com/google-design/google-maps-cb0326d165f5

[4] Mercator 投影：https://en.wikipedia.org/wiki/Mercator_projection

[5] Peirce 五點投影：https://en.wikipedia.org/wiki/Peirce_quincuncial_projection

[6] Gall–Peters 投影：https://en.wikipedia.org/wiki/Gall–Peters_projection

[7] Winkel 三重投影：https://en.wikipedia.org/wiki/Winkel_tripel_projection

[8] 地址地理編碼：https://en.wikipedia.org/wiki/Address_geocoding

[9] 地理雜湊：https://kousiknath.medium.com/system-design-design-a-geo-spatial-index-for-real-time-location-search-10968fe62b9c

[10] HTTP keep-alive：https://en.wikipedia.org/wiki/HTTP_persistent_connection

[11] 方向 API：https://developers.google.com/maps/documentation/directions/start?hl=en_US

[12] 鄰接列表：https://en.wikipedia.org/wiki/Adjacency_list

[13] CAP 定理：https://en.wikipedia.org/wiki/CAP_theorem

[14] 路線圖塊：https://valhalla.readthedocs.io/en/latest/mjolnir/why_tiles/

[15] 預計抵達時間與 GNN：https://deepmind.com/blog/article/traffic-prediction-with-advanced-graph-neural-networks

[16] Google 地圖入門課：人工智慧如何協助預測交通狀況與判斷路線：https://blog.google/products/maps/google-maps-101-how-ai-helps-predict-traffic-and-determine-routes/

4

分散式訊息佇列

本章打算探討系統設計面試常見的一個問題：設計出一個分散式訊息佇列（distributed message queue）。在現代的系統架構中，系統經常會被拆分成好幾個比較小而獨立的構建模塊（building block），彼此間則有一些定義很明確的介面。訊息佇列就是針對那些構建模塊，提供通訊和協調的能力。使用訊息佇列，究竟能帶來什麼樣的好處呢？

- 解耦：訊息佇列可以消除掉不同組件之間的緊密耦合，讓各組件可以獨立進行更新。

- 提高可擴展性：系統裡各種訊息的生產者（producer）和消費者（consumer）可根據各自的流量負載，分別獨立進行擴展。舉例來說，我們可以在尖峰時段添加更多的消費者，來處理短時間內臨時增加的流量。

- 提高可用性：就算系統的其中一部分暫時離線，其他組件還是可以繼續與佇列進行互動。

- 更好的效能表現：訊息佇列可以讓非同步通訊變得更容易。生產者只要把訊息加入佇列就行了，完全不需要去等待任何回應。而消費者只要看到可用的訊息，就可以直接拿去用。生產者和消費者完全不需要互相等待。

圖 4.1 顯示的就是市場上最受歡迎的一些分散式訊息佇列系統。

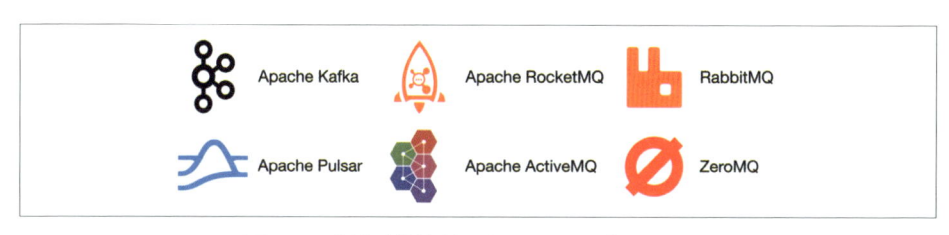

圖 4.1：比較受歡迎的一些分散式訊息佇列系統

第 4 章　分散式訊息佇列

訊息佇列 vs. 事件串流平台

嚴格來說，Apache Kafka 和 Pulsar 並不屬於訊息佇列，而是事件串流平台（event streaming platform）。不過由於系統不斷融合各種功能，因此訊息佇列（RocketMQ、ActiveMQ、RabbitMQ、ZeroMQ 等等）和事件串流平台（Kafka、Pulsar）之間的差異也變得越來越模糊。舉例來說，RabbitMQ 是一個典型的訊息佇列，不過它添加了可有可無的串流功能，還多了重複訊息消費（repeated message consumption）和訊息長時間保留（long message retention）的功能，而且在實作上也採用了只能從後面附加的日誌做法，這也很類似事件串流平台的做法。Apache Pulsar 主要是 Kafka 的競爭對手，不過它同時也擁有足夠的靈活性和高效能，可以用來作為典型的分散式訊息佇列。

我們會在本章設計出一個**分散式訊息佇列**，加上一些**像是資料長時間保留、重複訊息消費之類的額外功能**（通常只有事件串流平台才具備這些功能）。這些額外的功能會讓設計變得比較複雜。如果你的面試重點是那種比較傳統的分散式訊息佇列，本章也會特別說明有哪些地方可以在設計上進行簡化。

第 1 步 ── 瞭解問題並確立設計範圍

簡而言之，訊息佇列的基本功能很簡單：生產者會把訊息發送到佇列，消費者則會消費掉佇列裡的訊息。除了這個基本功能之外，還有一些其他的考量點，包括效能表現、訊息傳遞語義（message delivery semantic）、資料保留（data detention）等等。下面一系列的問題，應該有助於釐清各種需求，並縮小設計的範圍。

> **應試者**：訊息採用什麼格式？平均大小有多大？只有文字嗎？會有多媒體的內容嗎？
>
> **面試官**：只接受文字訊息。訊息通常是以 KB 作為衡量的單位。
>
> **應試者**：訊息可以被重複消費嗎？

>> 第 1 步 — 瞭解問題並確立設計範圍

面試官：可以，訊息可以被不同的消費者重複消費。請注意，這是一個額外附加的功能。如果是傳統的分散式訊息佇列，訊息一旦成功傳遞給消費者，就不會再保留訊息了。因此，傳統訊息佇列裡的訊息，並不能被重複消費。

應試者：訊息的消費順序是否與生成的順序相同？

面試官：是的，訊息的消費順序應該與生成的順序是相同的。請注意，這也是一個額外附加的功能。如果是傳統的分散式訊息佇列，通常並不保證訊息傳遞的順序。

應試者：資料是否需要持久化保存起來？資料保留（data retention）是什麼意思呢？

面試官：需要。我們假設資料的保留時間為兩週。這也是一個額外附加的功能。傳統的分散式訊息佇列並不會保留訊息。

應試者：我們需要支援多少數量的生產者和消費者？

面試官：越多越好。

應試者：我們需要支援什麼樣的資料傳遞語義？舉例來說，最多一次（at-most-once）、至少一次（at-least-once）、還是不多不少恰好一次（exactly once）？

面試官：我們絕對需要支援「至少一次」。理想情況下，這幾種語義我們都應該要支援，而且還要能進行配置。

應試者：目標吞吐量和端對端延遲分別是多少呢？

面試官：這個系統應該支援像是「日誌彙整」這類使用情境下所需要的高吞吐量。此外，它也應該支援傳統訊息佇列使用情境下所需要的低延遲傳遞需求。

透過上面的對話，我們假設功能性需求如下：

- 生產者會把訊息傳送到訊息佇列。
- 消費者會去消費訊息佇列裡的訊息。
- 訊息可以重複使用，也可以只使用一次。

- 非常舊的歷史資料，是可以砍掉的。
- 訊息大小以 KB 為單位。
- 可以依照訊息被添加到佇列的順序，把訊息傳遞給消費者。
- 資料傳遞語義（至少一次、最多一次、恰好一次）可以由使用者來進行設定。

非功能性需求

- 高吞吐量或低延遲的需求：可根據使用情境進行配置。
- 可擴展性：這個系統本質上應該就是分散式的。應該要有能力支援訊息量突然激增的情況。
- 持久耐用性：資料應該持久化保存在磁碟中，並可透過多個節點進行副本複製。

針對傳統訊息佇列的調整

像 RabbitMQ 這樣的傳統訊息佇列，並沒有事件串流平台那麼強的資料保留需求。傳統的佇列會把訊息保留在記憶體，保留的時間只要足夠長，足以讓訊息被消費掉即可。它所提供的磁碟溢出容量（on-disk overflow capacity）[1]，比起事件串流平台所需的容量，小了好幾個數量級。另外，傳統的訊息佇列通常不會去維持訊息的順序。訊息的消費順序，可以與訊息的生成順序不一樣。這些差異的部分可以讓設計大幅簡化，隨後只要遇到恰當的時機，我們就會進行相應的說明。

第 2 步 —— 提出高階設計並獲得認可

首先，我們來討論一下訊息佇列的基本功能。

圖 4.2 顯示的就是訊息佇列的一些關鍵組件，以及這些組件之間彼此進行互動的簡要說明。

>> 第 2 步 — 提出高階設計並獲得認可

圖 4.2：訊息佇列的一些關鍵組件

- 生產者會把訊息傳送到訊息佇列。
- 消費者會訂閱佇列，然後去消費所訂閱的訊息。
- 訊息佇列是一種中間服務，它可以把生產者與消費者解耦，讓兩邊可以各自獨立操作與進行擴展。
- 在客戶端／伺服器（client / server）模型中，生產者和消費者都屬於客戶端，而訊息佇列則是伺服器。客戶端和伺服器之間的通訊，都是透過網路來進行的。

訊息傳遞模型（Messaging Model）

最受歡迎的訊息傳遞模型，就是點對點（point-to-point）模型和發佈 - 訂閱（publish-subscribe）模型。

點對點

傳統的訊息佇列，經常可以看到這類模型。在點對點模型中，訊息會被傳送到一個佇列，然後每個訊息都只會有一個消費者，來消費掉這個訊息。雖然可能會有很多個消費者，一直在等待消費佇列裡的訊息，但每一個訊息都只會被單一個消費者消費掉。在圖 4.3 中，訊息 A 只會被消費者 1 消費掉。

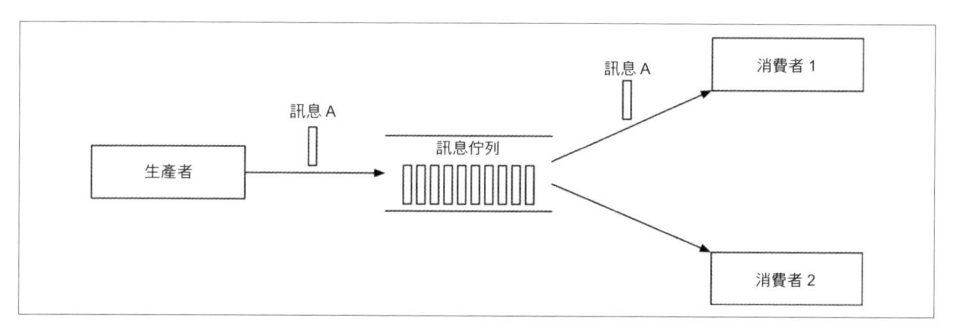

圖 4.3：點對點模型

117

第 4 章　分散式訊息佇列

訊息只要被消費者消費掉了，佇列就會把這個訊息刪除掉。點對點模型並沒有資料保留的功能。相對而言，我們的設計則會包含一個持久化保存層（persistence layer），可以把訊息保留兩週，讓訊息可以被重複消費。

雖然我們的設計也可以模擬點對點模型，但還有許多其他的功能，很自然就可以直接對應到發佈 - 訂閱模型。

發佈 - 訂閱

這裡先引入一個叫做「主題」（topic）的新概念。主題指的就是可用來針對訊息進行分類的一些類別。每個主題在整個訊息佇列服務中，都有一個獨一無二的名稱。每個訊息都會被送入特定的主題，而讀取時也要從特定的主題中讀取訊息。

在發佈 - 訂閱模型中，訊息會被發送到某個主題，而訂閱這個主題的消費者，全都會接收到這個訊息。如圖 4.4 所示，訊息 A 會同時被消費者 1 和消費者 2 進行消費。

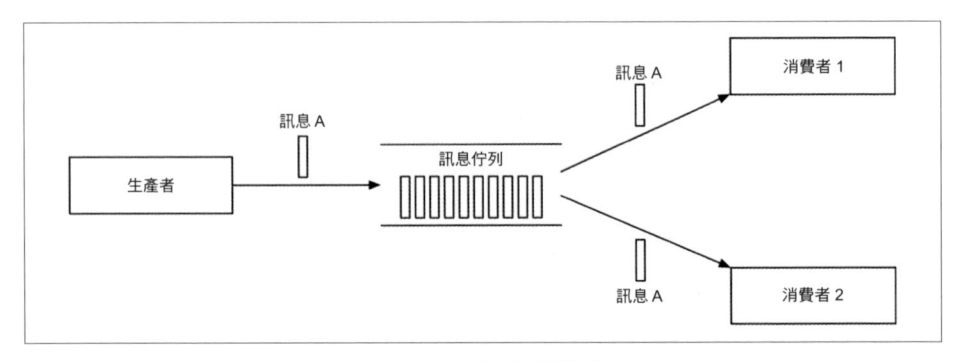

圖 4.4：發佈 - 訂閱模型

我們的分散式訊息佇列，這兩種模型都可以支援。發佈 - 訂閱模型是透過**主題**來進行實作，點對點模型則可透過**消費者群組**（consumer group）的概念來進行模擬，隨後在「消費者群組」一節就會進行介紹。

主題、分區、分區代理

如前所述，訊息會依照不同的主題，而被持久化保存起來。如果某個主題的資料量太大，單獨一台伺服器無法處理怎麼辦？

解決這個問題的其中一種做法，就是所謂的**分區（partition；或者叫做分片 sharding）**。如圖 4.5 所示，我們會把主題切分成好幾個分區，並以均勻的方式把訊息分散到各個分區中。你可以把分區視為某個主題下所有訊息的一個子集合。不同的分區會均勻分散到訊息佇列集群的各個伺服器。這些用來保存各個分區的伺服器，就是所謂的**分區代理（broker）**。把各個分區分散到各個分區代理的做法，就是支援高度可擴展性的關鍵。如果想要對某個主題的容量進行擴展，只需要增加分區的數量就行了。

圖 4.5：分區

每個主題分區都是以佇列的形式來運作，具有 FIFO（先進先出）的機制。這也就表示，我們可以保留住分區內各個訊息的順序。訊息在分區裡的所在位置，就是所謂的**偏移量（offset）**。

當生產者發送出一個訊息時，實際上是被發送到相應主題的其中一個分區。每個訊息都有一個可有可無的訊息鍵（message key；例如使用者的 ID），具有相同訊息鍵的所有訊息全都會被傳送到同一個分區。如果沒有訊息鍵，訊息就會被隨機傳送到其中一個分區。

如果某個主題只有一個消費者來訂閱，這個消費者就要靠自己去一個或多個分區裡拉取資料。如果有好幾個消費者訂閱同一個主題，這些消費者就會被分配各自去負責處理該主題所有分區其中的某個子集合。也就是說，這些消費者相當於組成了一個**消費者群組**，一起分攤掉某個主題下所有訊息的消費。

圖 4.6 顯示的就是一個訊息佇列集群，其中包含了好幾個分區和分區代理。

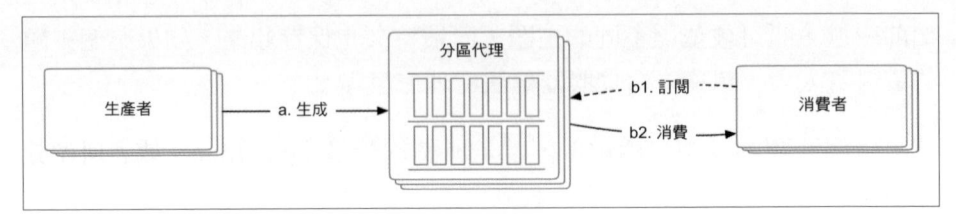

圖 4.6：訊息佇列集群

消費者群組

前面曾提過，我們想要同時支援點對點模型和發佈 - 訂閱模型。**消費者群組**指的就是一組消費者，它們會一起消費掉某主題下所有的訊息。

消費者可以組織成不同的群組。每個消費者群組都可以訂閱多個主題，並持續保存著自己的消費偏移量。舉例來說，我們可以按照使用情境來為消費者進行分組，其中一組是針對收費，另一組則是針對記帳。

同一個群組裡的消費者，可以用平行的方式來進行消費，如圖 4.7 所示。

- 消費者群組 1 訂閱了主題 A。
- 消費者群組 2 訂閱了主題 A 和主題 B。
- 消費者群組 1 和消費者群組 2 都訂閱了主題 A，所以同一個訊息會被多個消費者進行消費。這種模式所支援的就是訂閱 - 發佈模型。

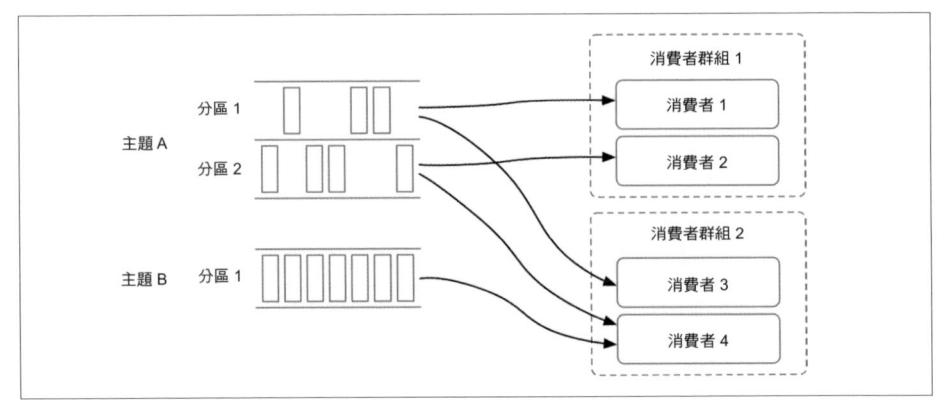

圖 4.7：消費者群組

不過，有一個問題。以平行方式讀取資料雖然可以提高吞吐量，但無法保證同一個分區裡訊息被消費的順序。舉例來說，如果消費者 1 和消費者 2 都從分區 1 讀取訊息，我們就無法保證分區 1 裡訊息被消費的順序了。

好消息是，我們只要新增一個限制，就可以解決這個問題 —— 單一分區只能由同一群組裡的單一消費者進行消費。這樣一來，如果群組內的消費者數量大於主題的分區數量，就會有部分消費者無法從這個主題中取得任何資料。舉例來說，在圖 4.7 中，群組 2 的消費者 3 無法消費主題 B 的訊息，因為訊息已經被同一個消費者群組裡的消費者 4 消費掉了。

在這樣的限制下，如果我們把所有消費者全都放入同一個消費者群組，同一個分區裡的訊息就只能被其中一個消費者消費，這就等於是點對點模型了。由於分區就是最小的儲存單元，因此我們可以事先配置好足夠數量的分區，以避免之後還要以動態方式增加分區的數量。將來如果要處理更大的規模，只需要再增加消費者的數量就行了。

高階架構

圖 4.8 顯示的就是更新後的高階設計。

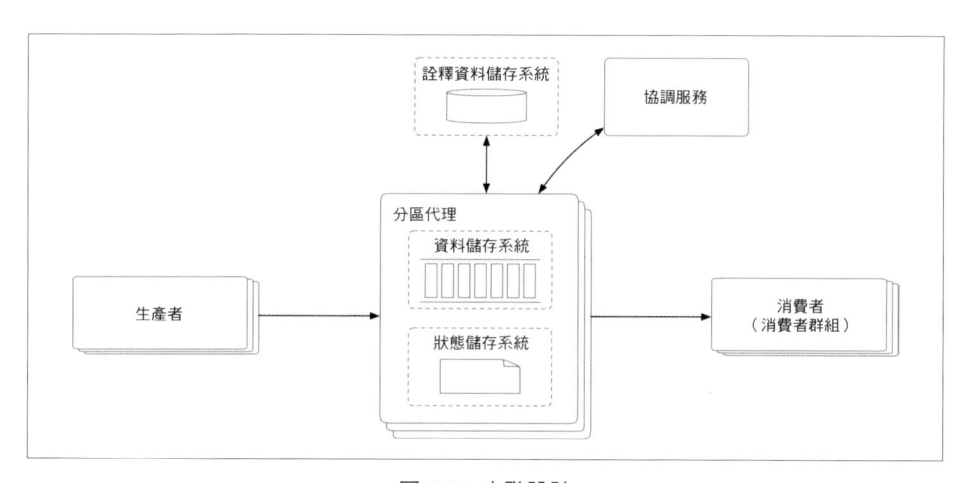

圖 4.8：高階設計

第 4 章　分散式訊息佇列

客戶端

- 生產者：把訊息推送到特定的主題。
- 消費者群組：訂閱主題、消費訊息。

核心服務與儲存系統

- 分區代理：負責維護多個分區。每個分區都保存著某主題所有訊息的一個子集合。
- 儲存系統：
  - 資料儲存系統：訊息會被持久化保存在分區的資料儲存系統。
  - 狀態儲存系統：消費者的狀態是由狀態儲存系統來負責管理。
  - 詮釋資料儲存系統：主題相關的配置與屬性，全都被持久化保存在詮釋資料儲存系統。
- 協調（Coordination）服務：
  - 服務探索（Service Discovery）：用來判斷哪幾個分區代理還在正常運作中。
  - 領導者選舉：選出其中一個分區代理，作為分區代理的主控者（active controller）。整個集群裡只會有一個主控者。這個主控者所要負責的工作，就是把各個分區分配給相應的分區代理。
  - 如果要採用選舉的方式來選出主控者，經常都會用到 Apache Zookeeper [2] 或 etcd [3]。

第 3 步 —— 深入設計

為了實現高吞吐量，同時滿足資料保留的需求，我們做出了三個重要的設計選擇，現在就來詳細解釋一下。

- 我們選擇採用磁碟（on-disk）資料結構，這樣就可以運用到旋轉型磁碟出色的循序存取表現，也能享受到現代化作業系統的積極磁碟快取策略所帶來的好處。

>> 第 3 步 — 深入設計

- 在我們所設計的訊息資料結構下，訊息可以直接從生產者送入佇列再交給消費者，過程中無需進行任何修改。這樣就可以最大程度減少複製（copy）的需要，因為在大容量和高流量的系統中，複製的成本是非常昂貴的。

- 我們所設計的系統，很適合採用批量處理的做法。一大堆小小的 I/O 可說是高吞吐量的大敵。因此只要有可能，我們都會在設計中盡量採用批量處理的做法。生產者可以用批量方式發送訊息。訊息佇列也可以用更大批量的方式來保存訊息。如果可以的話，消費者也可以用批量方式來取得訊息。

資料儲存系統

現在我們就來更詳細探討持久化保存訊息的幾個可能選項。為了找出最佳的選項，我們先來思考一下訊息佇列的流量模式。

- 寫入量很大、讀取量也很大。

- 沒有更新或刪除操作。順帶一提，傳統的訊息佇列除非遇到處理進度落後的情況，否則並不會去保存訊息；而且只要趕上了進度，佇列就會進行「刪除」的操作。我們在這裡所談論的，其實是資料串流平台（data streaming platform）的持久化保存。

- 主要都是循序讀 / 寫存取。

選項 1：資料庫

第一個選項就是採用資料庫。

- 關聯式資料庫：建立主題資料表（table），並把訊息以一行一行的形式寫入資料表中。

- NoSQL 資料庫：建立一個主題集合（collection），然後把訊息以一個一個文件的形式寫入其中。

資料庫可以滿足儲存的需求，不過並不是很理想的做法，因為要設計出一個同時能夠支援大規模讀 / 寫存取模式的資料庫是非常困難的。資料庫的解法並不太適合我們這裡的資料使用模式。

123

第 4 章　分散式訊息佇列

這也就表示，資料庫並不是最佳的選項，而且反而有可能成為系統的瓶頸。

選項 2：預寫日誌（WAL；Write-ahead log）

第二個選項就是預寫日誌（WAL）。WAL 只不過就是一個普通檔案而已，每當出現新項目，就會把新項目附加到這個只能從後面附加的日誌檔案中。有許多系統都是採用 WAL 的做法（例如 MySQL 中的 redo 日誌 [4]，以及 ZooKeeper 裡的 WAL）。

我們的推薦選項就是把訊息持久化保存到磁碟裡的 WAL 日誌檔案中。WAL 採用的是很純粹的循序讀 / 寫存取模式。磁碟的循序存取表現非常優異 [5]。此外，旋轉型磁碟的容量可以擴充到非常大，而且價格相當實惠。

如圖 4.9 所示，新的訊息會被附加到分區的最後面，偏移量則會以單調遞增的方式逐漸增加。最簡單的方式，就是用日誌檔案的行號來作為偏移量的值。不過，檔案的大小並不是無限的，因此最好還是分成好幾段（segment）來進行處理。

分成好幾段之後，新的訊息就只能附加到正在使用中的那段相應的檔案中。如果正在使用中的那段達到了一定的大小，就會建立新的一段來接收新的訊息，而之前那段則會變為非使用中的狀態，就像其他非使用中的各段一樣。非使用中的各段，只能提供讀取的服務。如果非使用中的舊分段檔案超出了保留規則或容量上的限制，就有可能被砍掉。

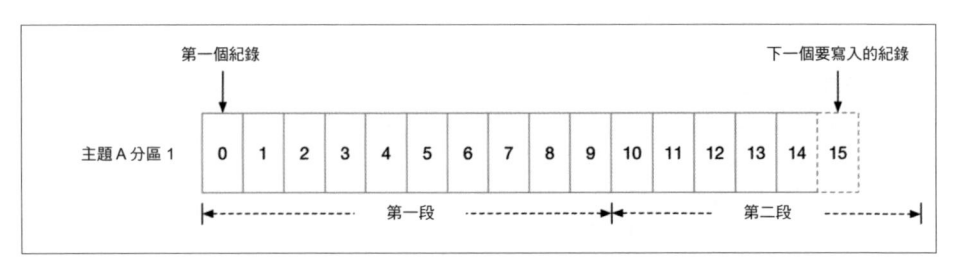

圖 4.9：從最後面附加上新的訊息

同一個分區的分段檔案，全都會被放在名為「Partition-{:partition_id}」的資料夾內。資料夾結構如圖 4.10 所示。

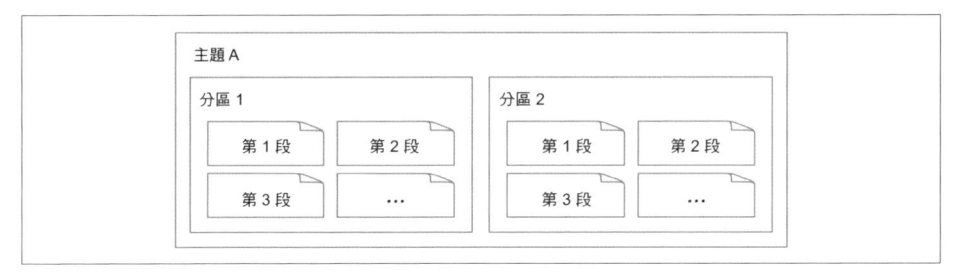

```
主題 A
 分區 1                      分區 2
  第1段   第2段              第1段   第2段
  第3段   ...                第3段   ...
```

圖 4.10：資料分段檔案存放在不同主題分區資料夾裡的情況

關於磁碟效能表現的說明

為了滿足資料保留的需求，我們在設計上非常依賴磁碟來保存大量的資料。一般人普遍誤以為旋轉型磁碟的速度很慢，但其實只有隨機存取才是如此。以我們的情況來說，只要在設計磁碟資料結構時能善用循序存取模式，RAID 配置下的現代磁碟系統（也就是把好幾個磁碟區綁在一起以獲得更高的效能表現）很輕鬆就可以達到每秒好幾百 MB 的讀寫速度。這對於我們的需求而言可說是綽綽有餘，而且成本結構也是很有優勢的。

此外，現代化的作業系統會非常積極運用主記憶體來快取磁碟資料，盡可能善用所有可運用的空閒記憶體來快取磁碟資料。因此，WAL 也可以享受到作業系統大量磁碟快取所帶來的好處。

訊息的資料結構

訊息的資料結構，可說是高吞吐量的關鍵。它等於是在生產者、訊息佇列、消費者之間定義了一份契約。訊息會從生產者送入佇列再交給消費者，而我們的設計則是在整個傳輸過程中，盡可能消除掉不必要的資料複製，以實現高效能的目標。如果系統有任何地方不同意這份契約，就必須對訊息進行變更，這樣一定會牽涉到成本昂貴的複製操作。這很有可能會嚴重損害到整個系統的效能表現。

以下就是訊息資料架構的一個範例：

表 4.1：訊息的資料架構

欄位名稱	資料型別
key（鍵）	Byte[]
value（值）	Byte[]
topic（主題）	字串
partition（分區）	整數
offset（偏移量）	長整數
timestamp（時間戳）	長整數
size（大小）	整數
crc（循環冗餘校驗）	整數

訊息鍵

訊息鍵（message key）可用來決定訊息所屬的分區。如果沒定義這個鍵，系統就會以隨機的方式選擇所屬的分區。如果有定義的話，就會用 hash(key) % numPartitions（鍵的雜湊值除以分區數量，然後再取其餘數）來選擇所屬的分區。如果需要更大的靈活性，生產者也可以自行定義分區對應演算法，來選擇相應的分區。請注意，這個鍵與分區編號並不是相同的。

這個鍵可以是一個字串或一個數字。它通常都會帶有某些業務相關的資訊。分區編號則是訊息佇列裡的一個概念，客戶端並不需要知道這個資訊。

只要採用恰當的演算法，就算分區數量發生變化，訊息還是可以很均勻地被分配到各個分區中。

訊息值

訊息值（message value）就是訊息的負載內容（payload）。它可以是一段純文字，也可以是一段壓縮過的二元資料。

‖ 小提醒 ‖
> 這裡的訊息鍵和訊息值，與一般鍵值（KV）儲存系統裡成對的鍵值，其實是不一樣的概念。鍵值儲存系統裡的鍵，一定是獨一無二絕不重複的，而且我們可以透過鍵來找出相應的值。可是訊息鍵並不需要是獨一無二的。有時候它甚至不是必要的，而且我們也不需要透過訊息鍵來找出相應的訊息值。

訊息的其他欄位

- 主題（topic）：訊息所屬的主題名稱。
- 分區（partition）：訊息所屬的分區 ID。
- 偏移量（offset）：訊息在分區裡的位置。我們可以透過「主題、分區、偏移量」這三個欄位的組合，找出相應的訊息。
- 時間戳（timestamp）：儲存這個訊息時，相應的時間戳。
- 大小（size）：這個訊息的大小。
- 循環冗餘校驗（CRC）：循環冗餘校驗（CRC；Cyclic Redundancy Check）可用來確保原始資料的完璧性（integrity；也就是沒被篡改過）。

如果想支援額外的功能，也可以根據需要添加一些可有可無的欄位。舉例來說，如果添加了一個可有可無的標籤欄位，就可以根據標籤來篩選訊息。

批量處理

在這裡的設計中，有很多地方都可以採用批量處理的做法。我們在生產者、消費者和訊息佇列這三個地方，都會用批量的方式來處理訊息。批量處理的做法，對於系統的表現有很重要的影響。本節主要關注的是訊息佇列的批量處理做法。至於生產者與消費者的批量處理做法，隨後很快就會有更詳細的討論。

批量處理的做法對於提高效能表現有很重大的影響，因為：

- 它可以讓作業系統把許多訊息整合到單一次的網路請求中，以分攤掉昂貴的網路往返成本。
- 分區代理一次就可以把一大堆訊息寫入日誌中，這樣作業系統就可以使用比較大的循序寫入區塊，以及更大的磁碟快取連續區塊（contiguous blocks of disk cache）。這兩者都可以帶來更大的磁碟循序存取吞吐量。

批量越大，處理上的延遲就會越嚴重，因此這兩者之間需要進行一番取捨。如果系統部署的是傳統的訊息佇列，延遲的問題可能比較重要，這時候就可以稍微調整系統，去使用比較小的批量。在這樣的使用情境下，磁碟效能或許會受到一些影響。如果要針對吞吐量進行調整，或許每個主題就需要配置數量更多的分區，以彌補磁碟循序寫入吞吐量比較慢的問題。

到目前為止，我們已經介紹過主要的磁碟儲存子系統，以及相關的磁碟資料結構。現在我們可以來換個話題，討論一下生產者流程和消費者流程。然後我們會再回頭，完成對訊息佇列其餘部分的深入研究。

生產者流程

如果生產者想要向某個分區發送訊息，它應該要連接到哪一個分區代理呢？第一種選擇，就是引入一個路由層（routing layer）。發送到路由層的所有訊息，全都會被路由到「正確的」分區代理。如果分區代理有進行過副本複製（replicated），所謂「正確的」分區代理，指的就是其中的「領導者副本」（leader replica）。隨後就會介紹什麼是「副本複製」（replication）。

如圖 4.11 所示，生產者想要把訊息傳送到主題 A 的分區 1。

1. 生產者會把訊息傳送到路由層。

>> 第 3 步 — 深入設計

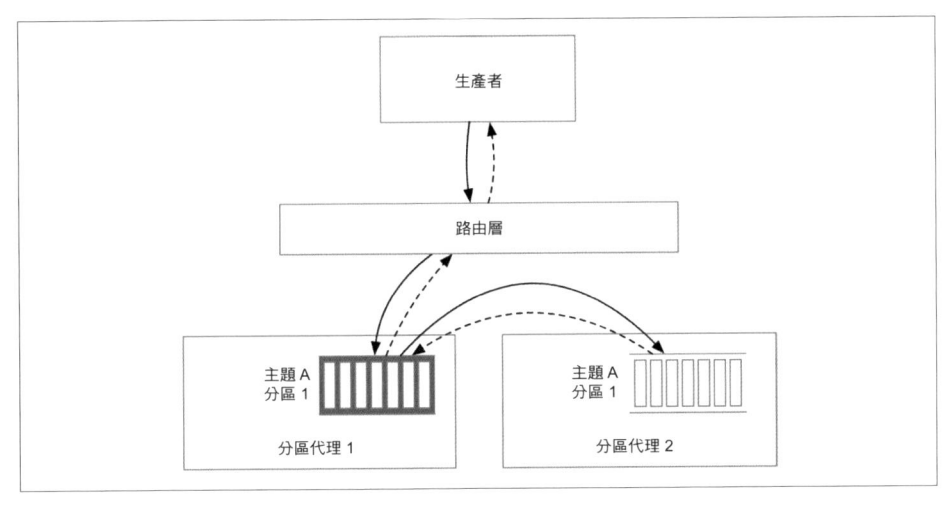

圖 4.11：路由層

2. 路由層會從詮釋資料儲存系統裡讀取出副本分佈計劃（replica distribution plan）[1]，然後在本地建立相應的快取。收到訊息時，它就會把訊息送往分區 1 的領導者副本，而這個領導者副本目前就保存在分區代理 1。

3. 領導者副本接收到訊息之後，追隨者副本（follower replicas）就會從領導者副本這邊拉取資料。

4. 只要有「足夠多」的副本全都同步了訊息，領導者就會提交資料（持久化保存到磁碟中）；這也就表示，這份資料已經可以被消費了。到了這個時候，系統才會給生產者做出回應。

你或許想知道，為什麼這裡要用到領導者副本和追隨者副本。原因就是為了容錯。我們會在隨後的「同步副本」（In-sync replicas）一節中深入探討這個程序。

這個做法確實可以正常運作，不過還是有一些缺點：

- 多了一個新的路由層，就表示會有額外的網路延遲；延遲主要是因為一些額外的開銷，以及額外的網路跳躍點（network hop）所造成。

---

[1] 每個分區的多個副本，分別保存在各個不同分區代理中的分佈情況，就是所謂的「副本分佈計劃」。

129

- 以批量的方式處理請求，是一種可提高效率的重要做法。這個設計並沒有考慮到批量處理的做法。

圖 4.12 顯示的則是改進過的設計。

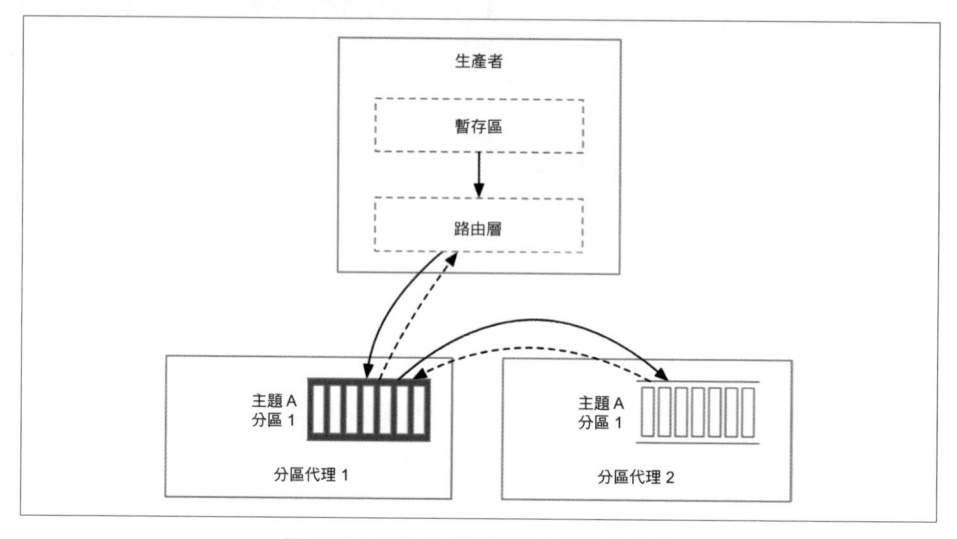

```
                    ┌─────────────────────────┐
                    │          生產者          │
                    │   ┌─────────────────┐   │
                    │   │     暫存區       │   │
                    │   └────────┬────────┘   │
                    │            ▼            │
                    │   ┌─────────────────┐   │
                    │   │     路由層       │   │
                    │   └─────────────────┘   │
                    └─────────────────────────┘
                         │  ▲          │
                         ▼  │          ▼
        ┌──────────────────────┐   ┌──────────────────────┐
        │ 主題 A  ┃┃┃┃┃┃┃     │   │ 主題 A  ┃┃┃┃┃┃┃     │
        │ 分區 1                │   │ 分區 1                │
        │      分區代理 1        │   │      分區代理 2        │
        └──────────────────────┘   └──────────────────────┘
```

圖 4.12：具有暫存區和路由層的生產者

路由層被包裝到生產者內部，而且生產者內部還添加了一個暫存區組件。這兩個組件都可以當成生產者客戶端函式庫的一部分，安裝在生產者的內部。這樣的改變可以帶來幾個好處：

- 比較少的網路跳躍點，就意味著更低的延遲。
- 生產者可以擁有自己的邏輯，來決定訊息應該發送到哪一個分區。
- 批量處理的做法可以在記憶體內暫存訊息，然後在單一次的請求中發送出一整批的訊息。這樣就可以提升系統的吞吐量。

選擇批量大小時，一定要在吞吐量和延遲之間進行一番取捨（圖 4.13）。如果是比較大的批量，吞吐量就會增加，但由於累積這麼大批量的等待時間會比較長，因此延遲也會比較高。如果是採用比較小的批量，請求就會發送得比較快，因此延遲會比較低，但吞吐量也會隨之下降。生產者可以根據不同的使用情境，適當調整批量的大小。

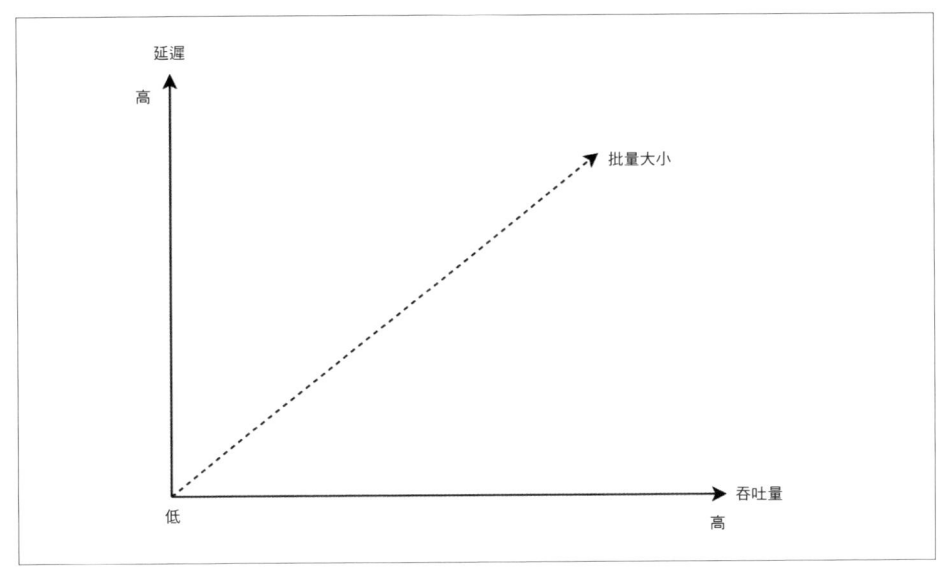

圖 4.13：批量大小的選擇

消費者流程

消費者會先指出自己在分區裡的偏移量，然後從那個位置開始，接收後續的一堆事件。圖 4.14 顯示的就是一個例子。

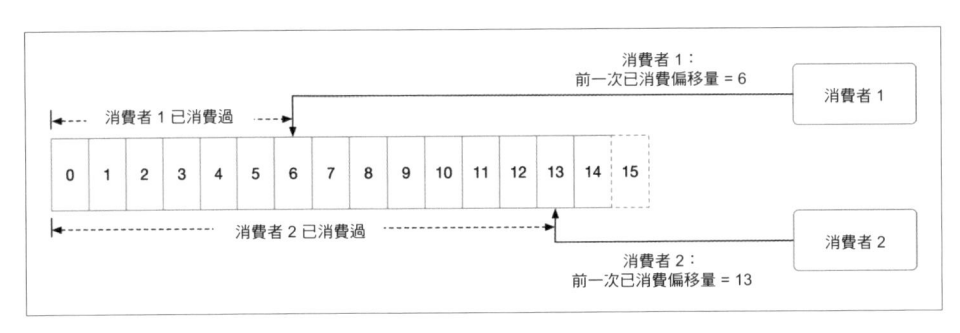

圖 4.14：消費者流程

推送 vs. 拉取

有一個需要回答的重要問題就是，分區代理是否應該把資料「推送」給消費者，還是應該讓消費者從分區代理這邊「拉取」資料。

推送模型

優點：

- 低延遲。分區代理只要一收到訊息，就可以立刻把訊息推送給消費者。

缺點：

- 如果消費的速度跟不上生產的速度，消費者可能就會因為來不及處理而被訊息淹沒。
- 不同的消費者各有不同的處理能力，因此分區代理必須視情況去控制資料傳送的速度，這樣管理起來還蠻麻煩的。

拉取模型

優點：

- 消費的速度是由消費者來控制的。我們可以讓某一群消費者以即時的方式來處理訊息，另一群消費者則是以批量處理的方式來處理訊息。
- 如果消費的速度跟不上生產的速度，我們可以試著增加消費者的數量，或是單純等它稍有餘裕再跟上來。
- 拉取模型更適合大批量的處理方式。在推送模型中，分區代理並不知道消費者能不能立刻處理訊息。就算分區代理一次只向消費者發送一個訊息，但如果消費者已經忙不過來，新訊息就只能在暫存區裡等待處理。拉取模型則會先看消費者目前已經處理到日誌的哪個位置，再拉取之後所有可用的訊息（或是根據一個可設定的最大值，決定要拉取多少訊息）。這種做法蠻適合用在那種比較激進的批量資料處理做法。

缺點：

- 就算分區代理已經沒有新訊息了，消費者可能還是會繼續嘗試拉取資料，浪費資源。為了克服這個問題，許多訊息佇列都支援所謂的

長輪詢（long polling）模式，讓我們可以設定一段等待的時間，才來拉取新的訊息 [6]。

基於上面所說的這些考量，大多數的訊息佇列都會選擇拉取模型。

圖 4.15 顯示的就是消費者拉取模型的工作流程。

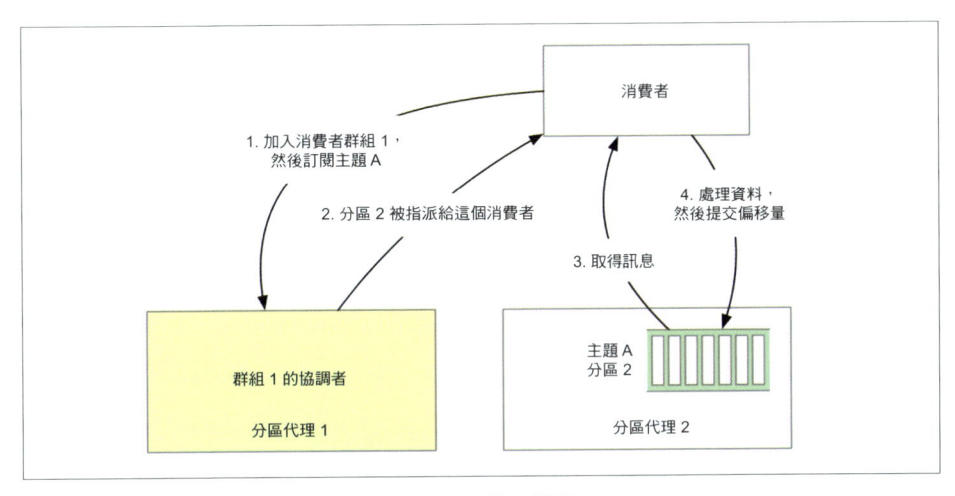

圖 4.15：拉取模型

1. 有一個新的消費者想要加入群組 1，並訂閱主題 A。它會用群組名稱來進行雜湊運算，找出相應的分區代理節點。透過這樣的做法，同一群組裡所有的消費者全都會連接到同一個分區代理，這個分區代理也就被稱為這個消費者群組的協調者（coordinator）。雖然名稱上好像很相似，但消費者群組的協調者（coordinator）與圖 4.8 裡的協調服務（coordination service）並不相同。前者協調的是消費者群組，後者協調的則是分區代理集群。

2. 協調者確認消費者已加入群組，並把分區 2 指派給這個消費者。實際上有好幾種不同的分區指派策略，包括輪流（round-robin）、範圍（range）等等。[7]

3. 消費者會根據前一次已消費的偏移量，來取得後續的訊息；這個偏移量是由狀態儲存系統來負責管理的。

133

4. 消費者會處理訊息,並把偏移量提交給分區代理。資料處理和偏移量提交的順序,會影響訊息傳遞語義,我們稍後就會對此進行討論。

消費者重新平衡

消費者重新平衡(rebalancing)的程序,就是重新決定各個分區要分別交給哪個消費者來負責消費。每當有消費者加入、消費者離開、消費者出問題或是分區做了調整,就會執行這個程序。

在消費者重新平衡的過程中,協調者扮演了一個很重要的角色。我們先來看看什麼是協調者。協調者就是其中一個分區代理,它要負責與消費者溝通,讓消費者能完成重新平衡的程序。協調者會持續接收來自消費者的心跳訊號(heartbeat),並負責管理各個消費者在各個分區裡的偏移量。

我們可以透過一個例子,來瞭解一下協調者和消費者如何協同合作。

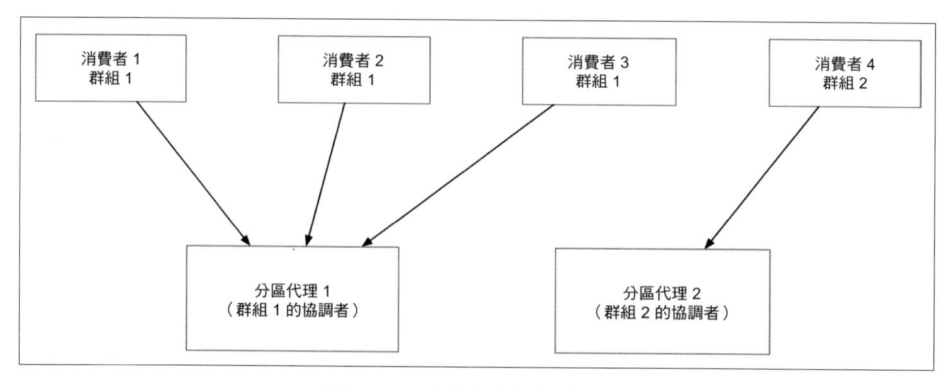

圖 4.16:消費者群組的協調者

- 如圖 4.16 所示,每個消費者都屬於某一個群組。只要對群組名稱進行雜湊計算,就可以找到相應的協調者。來自同一個群組的所有消費者,全都會連接到同一個協調者。

- 協調者會維護著一個已加入群組的消費者列表。列表發生變化時,協調者就會以選舉的方式選出這個群組的新領導者。

- 這個消費者群組的新領導者,會生成新的分區指派計劃(partition dispatch plan),並把它回報給協調者。協調者則會向群組裡的其他消費者廣播這個計劃。

>> 第 3 步 — 深入設計

在分散式系統中，消費者可能會遇到各種問題，包括網路問題、當機、重新啟動等等。從協調者的角度來看，遇到這些問題的消費者就不會再發出心跳訊號了。只要發生這樣的情況，協調者就會觸發重新平衡程序，以便重新指派分區，如圖 4.17 所示。

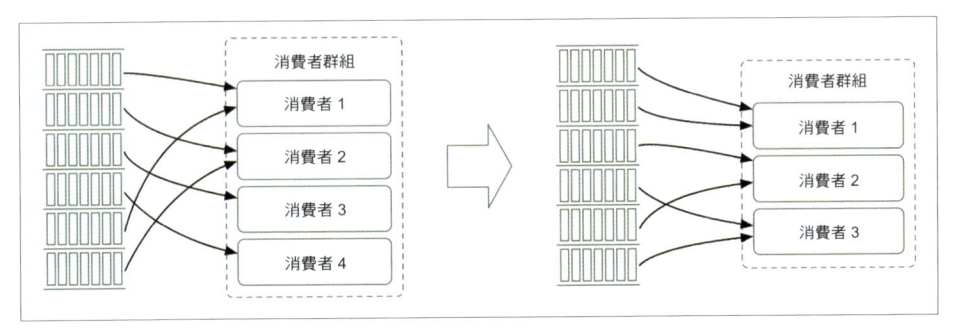

圖 4.17：消費者重新平衡

我們來模擬一些重新平衡的情境吧。假設群組裡原本只有 1 個消費者，訂閱的主題有 4 個分區。圖 4.18 展示的就是新的消費者 B 加入群組時的處理流程。

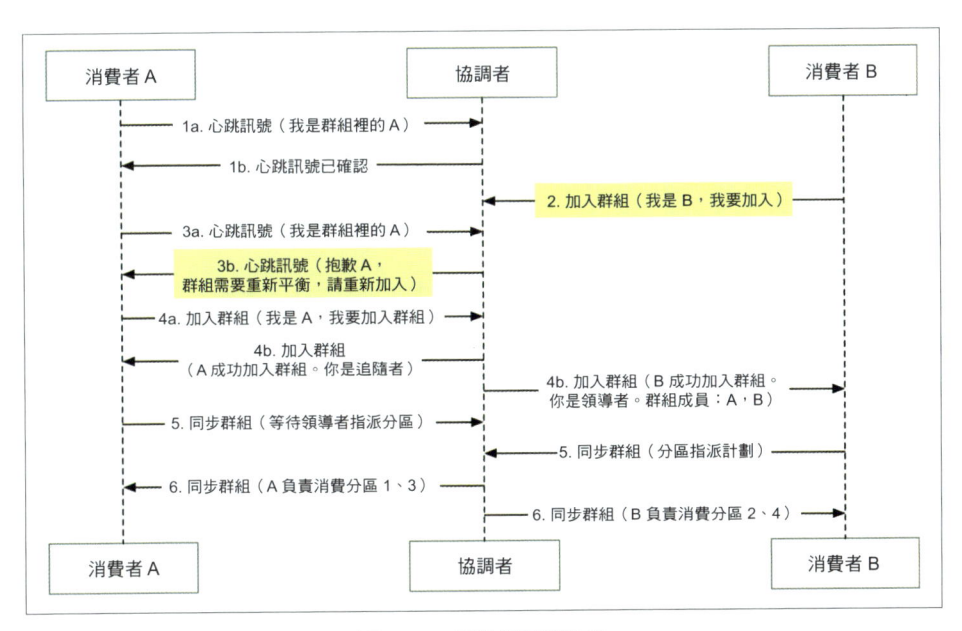

圖 4.18：新的消費者加入

1. 最初,這個群組裡只有消費者 A。它負責消費所有分區,並持續向協調者傳送心跳訊號。

2. 消費者 B 發出「加入群組」的請求。

3. 協調者知道該進行重新平衡了,因此它會以一種被動的方式,通知群組裡的所有消費者。例如當協調者收到 A 的心跳訊號時,它就會請 A 重新加入群組。

4. 一旦所有消費者全都重新加入群組,協調者就會選擇其中一個來作為領導者,並把選舉結果通知所有消費者。

5. 身為領導者的這個消費者,會生成一個分區指派計劃,並把它發送給協調者。身為追隨者的其它消費者,則會向協調者要求提供分區指派計劃。

6. 消費者開始消費來自新指定分區的訊息。

圖 4.19 展示的就是現有的消費者 A 離開群組時的處理流程。

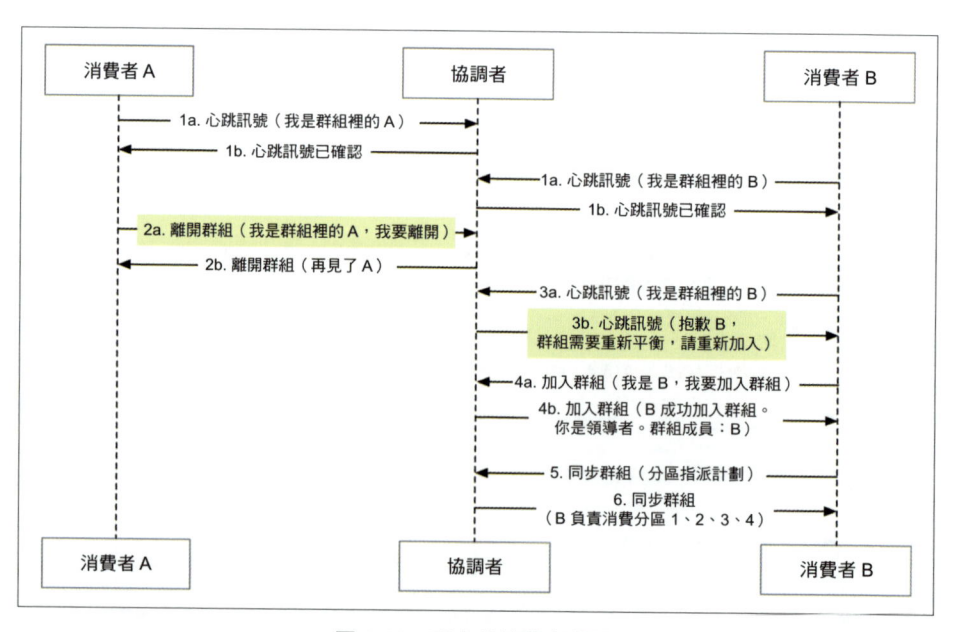

圖 4.19:現有的消費者離開

1. 消費者 A 和消費者 B 全都屬於同一個消費者群組。

2. 消費者 A 需要關機，因此請求離開群組。

3. 協調者知道該進行重新平衡了。當協調者收到 B 的心跳訊號時，就會請 B 重新加入群組。

4. 其餘步驟與圖 4.18 相同。

圖 4.20 展示的是現有的消費者 A 出問題時的處理流程。

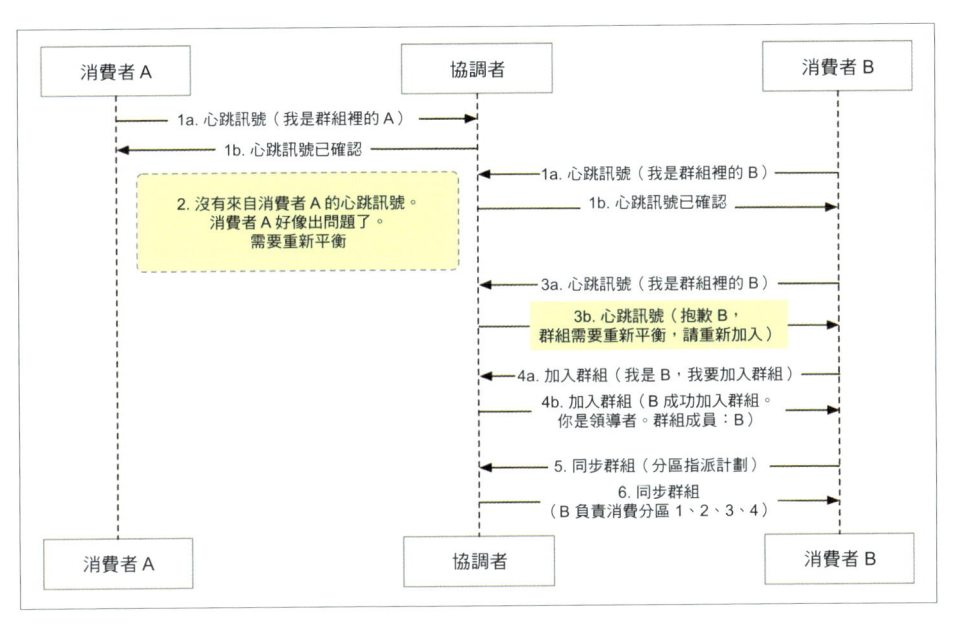

圖 4.20：現有的消費者出問題了

1. 消費者 A 和消費者 B 都會持續向協調者傳送心跳訊號。

2. 消費者 A 出問題了，因此消費者 A 不會再向協調者發送心跳訊號。由於協調者在設定時間內沒有從消費者 A 收到任何心跳訊號，因此就把這個消費者標記為已死亡（dead）。

3. 協調者啟動重新平衡程序。

4. 以下的步驟與前一個情境的步驟完全相同。

第 4 章　分散式訊息佇列

現在我們已經瞭解生產者流程和消費者流程，接著回頭再來完成訊息佇列分區代理其餘部分的深入研究吧。

狀態儲存系統

在訊息佇列的分區代理中，狀態儲存系統儲存的是：

- 分區和消費者之間的對應關係（譯註：也就是分區指派計劃）。
- 各個消費者群組在每個分區中前一次已消費的偏移量。如圖 4.21 所示，消費者群組 1 前一次已消費的偏移量為 6，消費者群組 2 前一次已消費的偏移量則為 13。

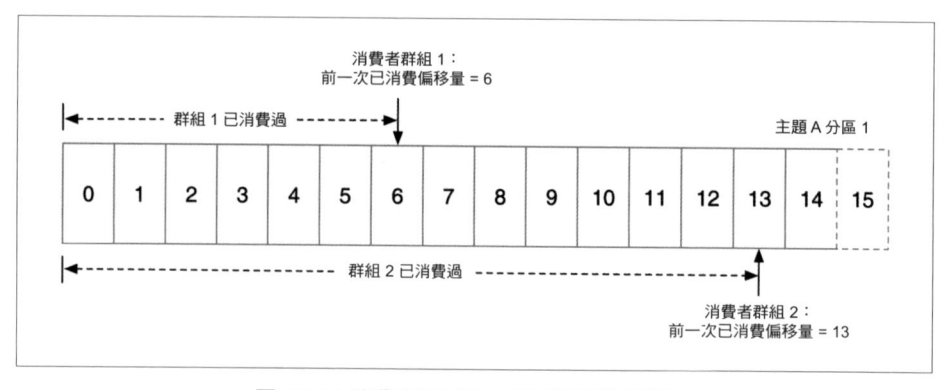

圖 4.21：消費者群組前一次已消費的偏移量

舉例來說，如圖 4.21 所示，群組 1 裡的某個消費者依序消費分區裡的訊息，然後提交了已消費偏移量 6。這也就表示，偏移量 6 和之前所有的訊息，全都已經被消費過了。如果這個消費者出了問題，同一個群組裡的另一個新消費者就會從狀態儲存系統裡讀取前一次已消費的偏移量來恢復消費。

消費者狀態的資料存取模式如下：

- 讀寫操作很頻繁，但資料量並不大。
- 資料經常更新，很少被刪除。

- 隨機讀寫操作。
- 資料一致性很重要。

有許多儲存方案都可以用來儲存消費者狀態資料。考慮到資料一致性和快速讀寫的需求,像 Zookeeper 這樣的鍵值儲存系統就是不錯的選擇。不過這裡要特別提一下的是,Kafka 已經把偏移量儲存的任務,從 Zookeeper 轉移到 Kafka 分區代理了。有興趣的讀者可以閱讀參考資料 [8] 以瞭解更多訊息。

詮釋資料儲存系統

詮釋資料儲存系統負責儲存主題相關的配置和屬性,包括分區的數量、保留的期限,以及副本的分佈情況(譯註:也就是隨後「副本複製」一節會介紹的副本分佈計劃)。

詮釋資料的變化並不會很頻繁,資料量也比較小,不過一致性的要求比較高。Zookeeper 就是儲存詮釋資料的一個好選擇。

Zookeeper

閱讀過前面的章節之後,你或許已經感覺到,Zookeeper 對於分散式訊息佇列的設計非常有幫助。如果你並不熟悉 Zookeeper,它其實就是一個很基本的服務,是一個可以提供階層式架構鍵值儲存系統的分散式系統。它通常被用來提供分散式配置(distributed configuration)服務、同步(synchronization)服務,以及命名註冊表(naming registry)[2]。

ZooKeeper 可用來簡化我們的設計,如圖 4.22 所示。

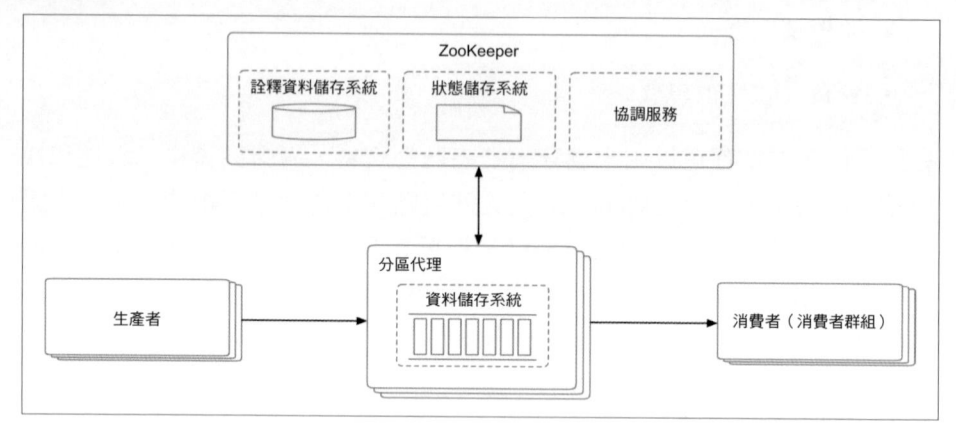

圖 4.22：Zookeeper

我們就來簡單檢視一下這裡所做的變動。

- 詮釋資料儲存系統和狀態儲存系統，全都移到 Zookeeper。
- 現在的分區代理只需要負責維護訊息的資料儲存系統。
- Zookeeper 可協助進行分區代理集群的領導者選舉。

副本複製

在分散式系統中，硬體問題是很常見而不容忽視的問題。如果磁碟損壞或永久故障，資料就會遺失。副本複製（Replication）則是實現高可用性的經典解決方案。

如圖 4.23 所示，每個分區都有 3 個副本，分散在不同的分區代理節點中。

每個分區的領導者副本都有特別標示出來，其他的則是追隨者副本。生產者只會向領導者副本發送訊息。追隨者副本則會不斷從領導者這邊拉取新的訊息。一旦訊息同步到副本的數量足夠多了，領導者就會向生產者送回確認。我們在下面的「同步副本」一節中，就會詳細介紹「足夠多」的定義。

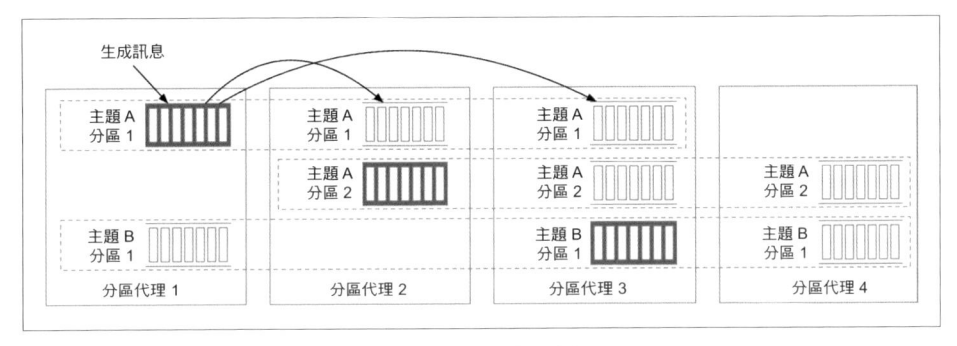

圖 4.23：副本複製

每個分區副本的分佈情況，就是所謂的副本分佈計劃（replica distribution plan）。舉例來說，圖 4.23 中的副本分佈計劃可以描述如下：

- 主題 A 的第 1 分區：3 個副本，領導者副本在分區代理 1，追隨者副本在分區代理 2 和 3；
- 主題 A 的第 2 分區：3 個副本，領導者副本在分區代理 2，追隨者副本在分區代理 3 和 4；
- 主題 B 的第 1 分區：3 個副本，領導者副本在分區代理 3，追隨者副本在分區代理 4 和 1。

副本分佈計劃是誰來制定的呢？它的運作方式如下：在協調服務的協助下，其中一個分區代理節點會被選為領導者。這個領導者會生成副本分佈計劃，並把這個計劃持久化保存在詮釋資料儲存系統中。如此一來，所有分區代理就可以按照計劃運作了。

如果你有興趣了解副本複製相關的更多訊息，請查看《資料密集型應用系統設計》（Design Data-Intensive Applications）一書「第 5 章：副本複製」裡的內容 [9]。

同步副本

我們曾提到，訊息會被持久化保存在多個分區中，以避免單一節點故障，而且每個分區都會有多個副本。訊息只會被寫入領導者副本，追隨者副本

則會根據領導者副本進行資料同步。我們需要解決的一個問題,就是讓大家保持同步。

同步副本(ISR;In-sync replicas)指的就是與領導者副本「同步」(in-sync)的副本。「同步」的定義,主要是根據主題的相關設定。舉例來說,如果 replica.lag.max.messages 的值為 4,就表示追隨者副本落後領導者副本的情況,只要沒超過 3 個訊息,就不會被移出 ISR 之列 [10]。預設情況下,領導者副本自己就是一個 ISR。

我們就用圖 4.24 的範例,來展示一下 ISR 的工作原理吧。

- 領導者副本已提交的偏移量為 13。有兩個新的訊息已被寫入領導者副本,不過還沒被提交。至於已提交的偏移量,就表示這個偏移量所在位置與之前所有的訊息,全都已經同步到 ISR 裡所有的副本了。

- 副本 2 和副本 3 都已經完全跟上了領導者副本,所以這兩個副本都算是在 ISR 之列,可以繼續取得新的訊息。

- 副本 4 並沒有在所設定的延遲時間內完全跟上領導者副本,所以它就不在 ISR 之列了。要等到它再次跟上,才能把它添加到 ISR 之列。

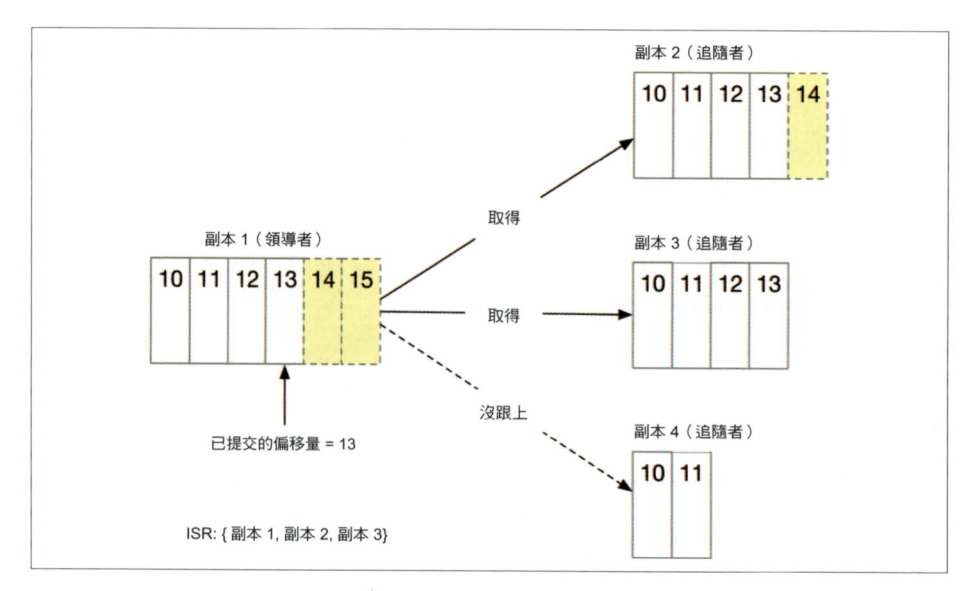

圖 4.24:ISR 的工作原理

我們為什麼需要 ISR（同步副本）？因為 ISR 可以反映出效能表現與耐用性兩者之間的取捨。如果生產者不想丟失掉任何訊息，最安全的方法就是在發送確認之前，先確保所有副本已經同步。但如果有某個副本的速度很緩慢，就會導致整個分區變得很慢或甚至無法使用。

現在我們已經討論過 ISR，接著就來看看 ACK（acknowledgment；確認）的設定吧。生產者可以選擇「要等到 K 個 ISR 收到訊息，才會接收到 ACK 確認」，其中 K 是一個可設定的值。

ACK=all

圖 4.25 說明的就是 ACK=all 的情況。如果 ACK=all，就要等到所有 ISR 全都收到訊息，生產者才會收到 ACK。這也就表示，發送訊息需要更長的時間，因為我們必須等待速度最慢的那個 ISR；不過，這種做法可以提供最強的訊息耐用性。

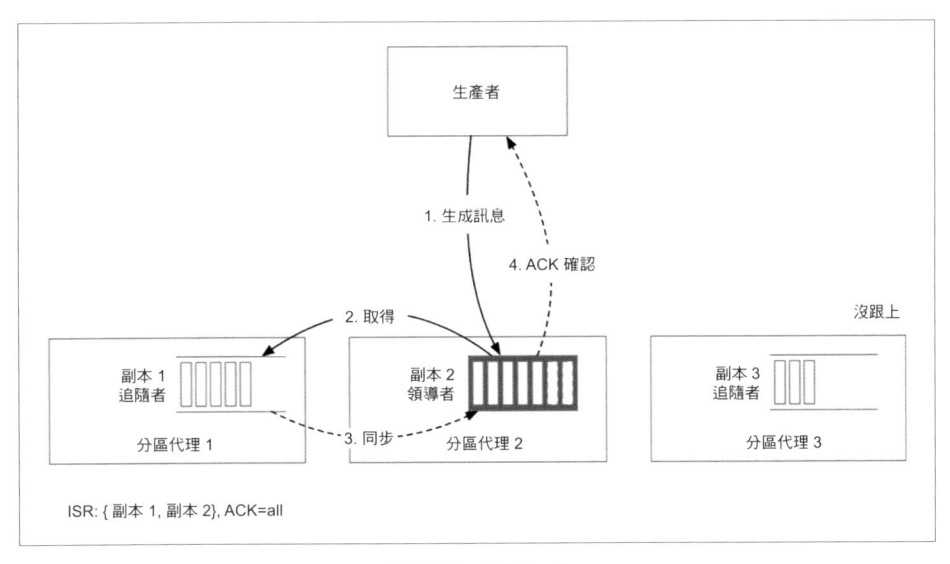

圖 4.25：ACK=all

ACK=1

如果 ACK=1，只要領導者副本已經把訊息持久化保存起來，生產者就會收到 ACK。由於不需要等待資料同步，因此這樣的做法可以改善延遲的問題。但如果訊息被確認之後，領導者副本就立刻出了問題，這時候萬一追隨者節點還沒複製好訊息，這個訊息就會被丟失掉了。這種設定方式比較適合用在那種「可以接受偶爾丟失掉一些資料」的低延遲系統。

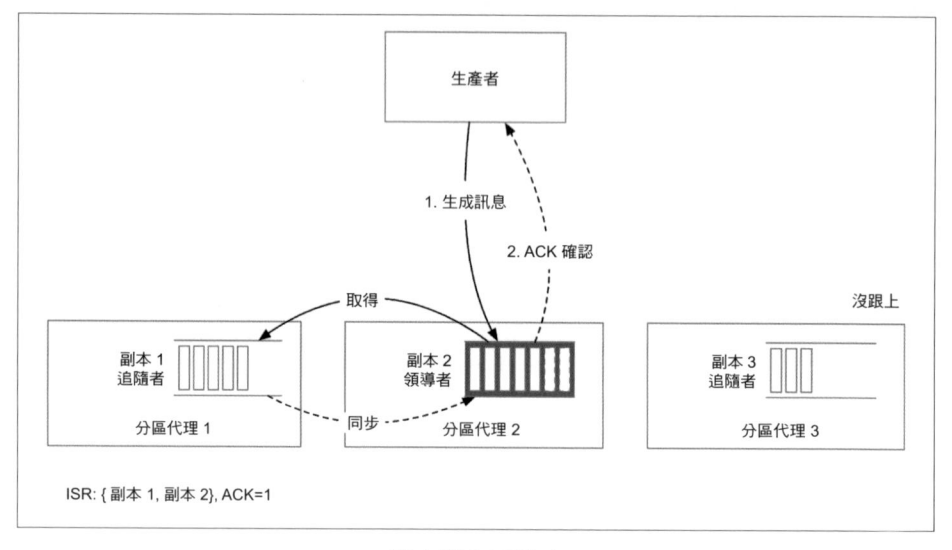

圖 4.26：ACK=1

ACK=0

生產者會不斷向領導者副本發送訊息，而且不等待任何的確認，也從不進行重試。這種做法可提供最低的延遲，但卻是以「可能會丟失訊息」作為其代價。這個設定或許比較適合用來收集一些指標或紀錄資料之類的使用情境，因為在那種情況下資料量通常很大，而且偶爾的資料遺失是可以接受的。

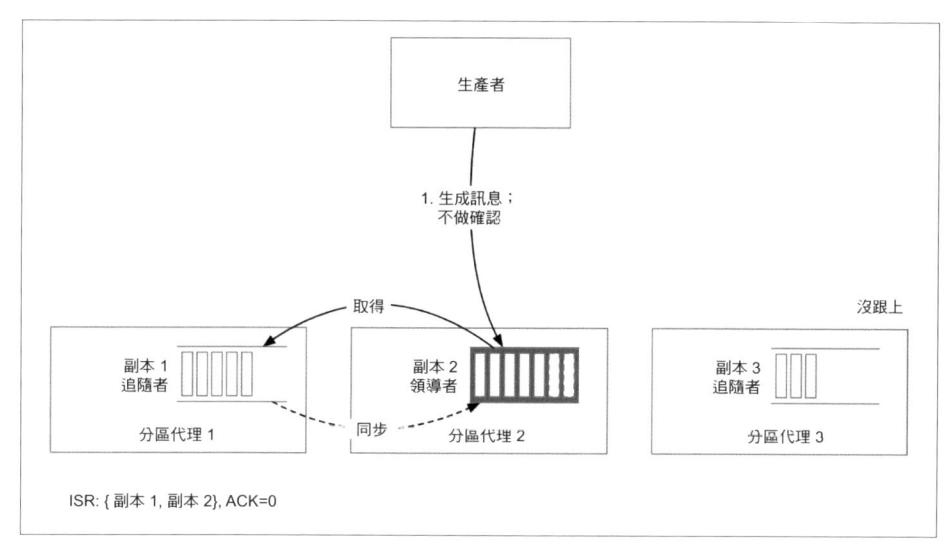

```
┌─────────────────────────────────────────────────────────────────┐
│                          ┌─────────┐                            │
│                          │  生產者  │                            │
│                          └─────────┘                            │
│                               │                                 │
│                          1. 生成訊息；                            │
│                             不做確認                             │
│                               │                                 │
│                               ▼                         沒跟上   │
│      ┌─取得─┐                                                    │
│  ┌───┴──────┐         ┌────────────┐         ┌────────────┐     │
│  │ 副本 1   │         │  副本 2    │         │  副本 3    │     │
│  │ 追隨者   │◄────────│  領導者    │         │  追隨者    │     │
│  │          │   同步  │            │         │            │     │
│  │ 分區代理 1│         │ 分區代理 2 │         │ 分區代理 3 │     │
│  └──────────┘         └────────────┘         └────────────┘     │
│                                                                 │
│  ISR: { 副本 1, 副本 2}, ACK=0                                   │
└─────────────────────────────────────────────────────────────────┘
```

圖 4.27：ACK=0

我們可以設定不同的 ACK，犧牲資料的耐用性來換取效能上的表現。

接著我們再從消費者的角度來觀察一下。最簡單的設定方式，就是讓消費者直接連結到領導者副本來消費訊息。

你或許想知道，領導者副本會不會因為這樣的設計而不堪重負，還有為什麼不從 ISR 讀取訊息的理由。理由如下：

- 這樣在設計和操作上比較簡單。

- 由於一個分區裡的訊息只會指派給消費者群組裡的一個消費者，因此這樣也就限制了領導者副本的連線數量。

- 只要不是超級熱門的主題，與領導者副本的連線數量通常並不會很大。

- 如果有某個主題很熱門，我們也可以透過增加分區數量和增加消費者數量的方式來進行擴展。

在某些情況下，直接從領導者副本進行讀取的做法，或許並不是最佳選擇。舉例來說，如果消費者與領導者副本分別位於不同的資料中心，讀取

的效能表現就會受到影響。在這樣的情況下,讓消費者能夠從最靠近的 ISR 進行讀取,或許就是比較好的做法。有興趣的讀者可以自行查看一下這方面的參考資料 [11]。

ISR 非常重要。究竟該如何判斷某個副本是否為 ISR 呢?通常,每個分區的領導者副本都會去計算每個副本沒跟上自己的情況,來持續追蹤 ISR 列表。如果你對詳細的演算法很感興趣,可以在參考資料 [12][13] 找到相應的實作。

可擴展性

到目前為止,我們已經在分散式訊息佇列系統的設計上,取得很大的進展。下一步,我們再來評估以下幾個不同系統組件的可擴展性:

- 生產者
- 消費者
- 分區代理
- 分區

生產者

生產者在概念上比消費者簡單得多,因為它並不需要進行群組協調。只要直接新增或刪除生產者實例,就可以輕鬆實現生產者的可擴展性。

消費者

不同的消費者群組之間是相互隔離的,因此要新增或刪除消費者群組其實很簡單。在消費者群組內部,則有賴重新平衡的機制,來處理消費者的添加與刪除,或是其他有問題的情況。透過消費者群組和重新平衡機制,就能實現消費者的可擴展性和容錯能力。

分區代理

在討論分區代理端的可擴展性之前,我們先來考慮一下分區代理的故障恢復做法。

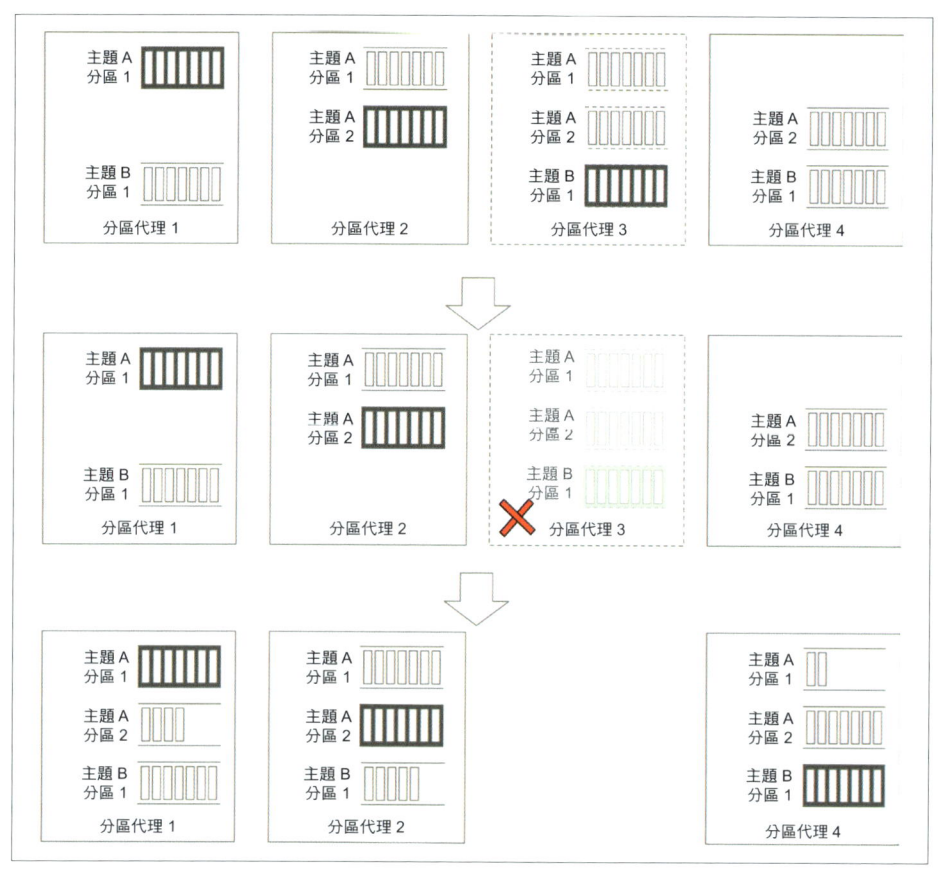

圖 4.28：分區代理節點出問題的情況

我們就用圖 4.28 的範例，來解釋一下故障恢復的工作原理。

1. 假設有 4 個分區代理，各分區的副本分佈計劃如下：

    - 主題 A 的分區 1：副本放在分區代理 1（領導者）、2、3。
    - 主題 A 的分區 2：副本放在分區代理 2（領導者）、3、4。
    - 主題 B 的分區 1：副本放在分區代理 3（領導者）、4、1。

2. 分區代理 3 出了問題，這也就表示，這個節點裡所有的分區全都丟失了。副本分佈計劃會變成：

    - 主題 A 的分區 1：副本放在分區代理 1（領導者）、2。

- 主題 A 的分區 2：副本放在分區代理 2（領導者）、4。
- 主題 B 的分區 1：副本放在分區代理 4、1。

3. 分區代理主控者偵測到分區代理 3 已經掛掉了，於是就針對其餘的分區代理節點，生成一份新的副本分佈計劃：

    - 主題 A 的分區 1：副本放在分區代理 1（領導者）、2、4（新）。
    - 主題 A 的分區 2：副本放在分區代理 2（領導者）、4、1（新）。
    - 主題 B 的分區 1：副本放在分區代理 4（領導者）、1、2（新）。

4. 新的副本會作為追隨者，持續追隨著領導者。

為了讓分區代理具有容錯的能力，以下有幾個額外的考量：

- ISR 的最小數量所要設定的是，生產者必須接收到多少副本的確認，訊息才會被視為成功提交。這個數字越高越安全。不過，另一方面，我們也要在延遲和資料安全性之間取得平衡。

- 如果同一個分區所有的副本全都放在同一個分區代理節點中，我們就無法容忍這個節點出問題。在同一個節點裡複製相同的資料，其實也是一種資源的浪費。因此，真的不應該把副本放在同一個節點中。

- 如果某個分區所有的副本全都出了問題，這個分區的資料就永遠丟失找不回來了。在選擇副本的數量和副本的存放位置時，一定要在資料安全性、資源成本與延遲問題之間進行一番取捨。跨越不同資料中心分散開來的副本一定比較安全，但這樣也會讓不同副本在同步資料時，帶來更多的延遲和成本。資料鏡像（mirroring）的做法，也可作為協助跨資料中心複製資料的一種解法，不過這已經超出本書的範圍了。參考資料 [14] 的內容涵蓋了這方面的主題。

現在我們回頭來討論一下分區代理的可擴展性吧。最簡單的解法，就是每次在新增或刪除分區代理節點時，都要重新調整副本分佈計劃。

不過，其實還有一個更好的做法。分區代理主控者（broker controller）可以暫時讓系統中的副本數量多於設定檔裡的副本數量。當新添加的分區代

理跟上之後，我們再把不需要的分區代理刪除掉就可以了。我們用圖 4.29 的範例來理解一下這個做法。

```
   主題A           主題A           主題A
   分區1           分區1           分區1
   主題A           主題A           主題A
   分區2           分區2           分區2
  分區代理 1       分區代理 2       分區代理 3

                    ⬇            添加分區代理 4，分區 2 應該要被
                                 分佈到 (2,3,4) 這幾個分區代理

   主題A           主題A           主題A
   分區1           分區1           分區1                主題A
   主題A           主題A           主題A                分區2
   分區2           分區2           分區2
  分區代理 1       分區代理 2       分區代理 3       分區代理 4

                    ⬇            分區代理 4 裡的副本跟上之後，就會
                                 移除掉分區代理 1 裡多餘的副本

   主題A           主題A           主題A           主題A
   分區1           分區1           分區1           分區2
   主題A           主題A
   分區2           分區2
  分區代理 1       分區代理 2       分區代理 3       分區代理 4
```

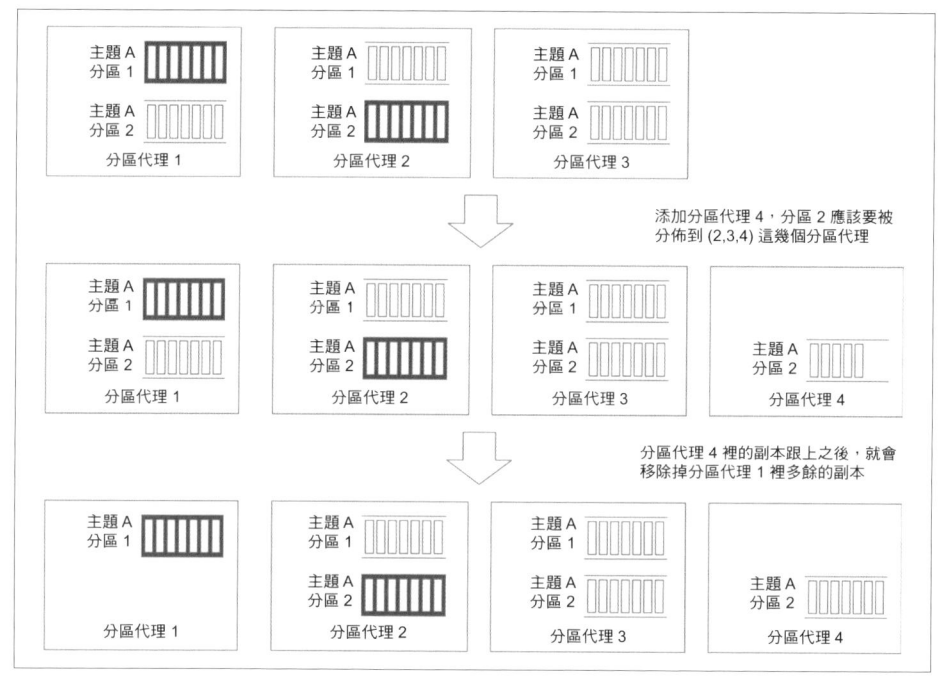

圖 4.29：添加新的分區代理節點

1. 初始設定：3 個分區代理、2 個分區、每個分區有 3 個副本。

2. 添加了一個新的分區代理 4。假設分區代理主控者重新把分區 2 的副本分佈到（2, 3, 4) 這幾個分區代理中。分區代理 4 裡的新副本會從分區代理 2 這個領導者這邊開始複製資料。這樣一來，分區 2 的副本數量就會暫時超過 3 個。

3. 分區代理 4 裡的副本跟上之後，分區代理 1 裡多餘的分區就可以被優雅地刪除掉。

只要遵循這個程序，就可以在添加分區代理時，避免造成資料遺失的問題。我們也可以套用類似的程序，安全地刪除分區代理。

分區

出於各種操作上的理由（例如主題的規模要進行擴展、吞吐量要進行調整、可用性 / 吞吐量要重新調整平衡等等），總之我們有可能會去改變分區的數量。如果分區的數量改變了，生產者與任何分區代理進行通訊之後就會收到通知，而消費者則會啟動重新平衡的調整。因此，對於生產者和消費者來說，這樣的改變應該是很安全的。

現在我們來考慮一下，分區數量改變時，資料儲存層的情況。如圖 4.30 所示，我們在這裡針對主題添加了一個分區。

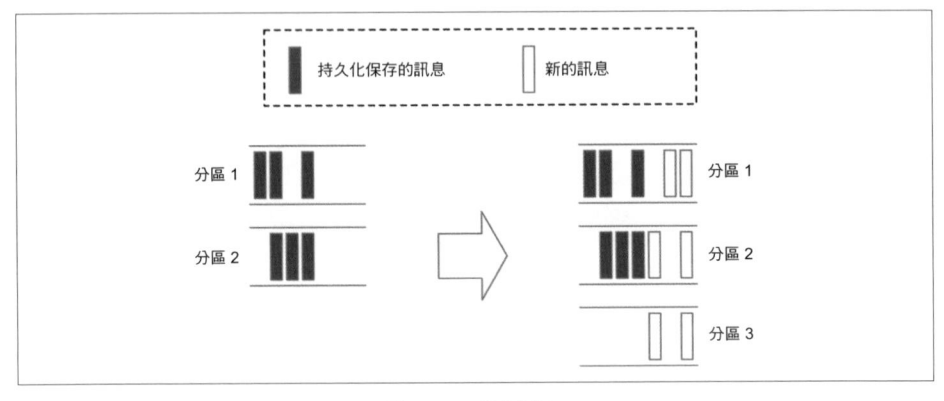

圖 4.30：分區增加

- 持久化保存的訊息還是在舊的分區中，因此並沒有進行資料遷移。
- 新增了分區（分區 3）之後，新的訊息就會持久化保存在所有的這 3 個分區之中。

這樣看來，以增加分區的方式來對主題進行擴展，其實是很簡單的。

減少分區數量

減少分區則會比較複雜，如圖 4.31 所示。

>> 第 3 步 — 深入設計

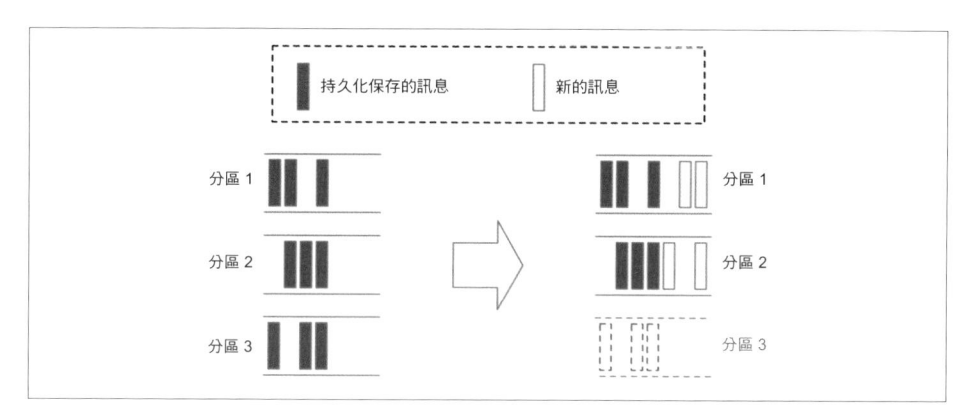

圖 4.31：分區減少

- 分區 3 已被停用，因此新的訊息只會被剩餘的分區（分區 1 和分區 2）所接收。

- 此時還無法立刻刪除掉被停用的分區（分區 3），因為消費者當下有可能還在消費資料，這樣的情況會持續一段時間。唯有超過了所設定的保留期限之後，資料才能被砍掉，並釋放儲存空間。減少分區並不是回收資料空間的一種快速做法。

- 在這段過渡的期間（分區 3 被停用時），生產者只會向其餘的 2 個分區發送訊息，但消費者還是可以從這 3 個分區繼續進行消費。被停用的分區一旦保留期間過期之後，消費者群組就需要進行重新平衡。

資料傳遞語義

現在我們已經瞭解分散式訊息佇列的各個不同組件，接著再來討論下面幾種不同的傳遞語義（delivery semantic）：最多一次、至少一次、恰好一次。

最多一次

顧名思義，最多一次的意思就是訊息絕不會被傳遞超過一次。訊息有可能會遺失，但絕不會再重新傳遞。從比較高的角度來看，這就是最多一次的傳遞方式。

151

第 4 章　分散式訊息佇列

- 生產者會以非同步的方式向主題發送訊息，而且不會等待確認（ACK=0）。就算訊息傳遞時出了問題，也不會進行重試。
- 消費者會先取得訊息並提交偏移量，然後再對資料進行處理。如果消費者在提交了偏移量之後才出問題，這個訊息就不會再被重新消費了。

圖 4.32：最多一次

這種做法很適合指標監控之類這種可接受少量資料丟失的使用情境。

至少一次

在這種資料傳遞語義下，多次傳遞訊息是可以接受的，但是不應該丟失掉任何訊息。以下就從比較高的角度來看一下工作原理。

- 生產者會以同步或非同步的方式發送訊息，並附上一個回應回調函式（callback），然後設定 ACK=1 或 ACK=all，以確保訊息確實有被傳遞給分區代理。如果訊息傳遞出了問題或逾時，生產者就會不斷進行重試。
- 消費者只有在取得訊息並成功處理完資料之後，才會提交偏移量。如果消費者在處理訊息時出了問題，它就會重新消費該訊息，因此並不會遺失資料。另一方面，如果消費者已經把訊息處理完成，可是在提交偏移量給分區代理時出了問題，那麼在消費者重新啟動之後，這個訊息就會被重新消費，從而導致重複消費的情況。
- 同一個訊息有可能會多次傳遞給分區代理和消費者。

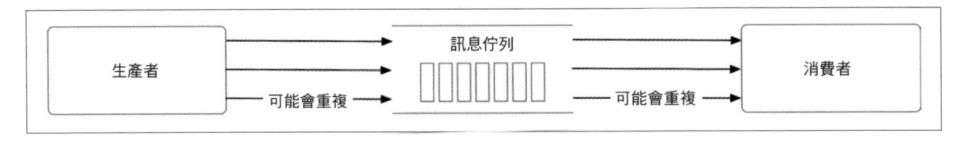

圖 4.33：至少一次

使用情境：在至少一次的做法下，訊息絕不會遺失，但同一個訊息有可能會被傳遞好幾次。雖然從使用者的角度來看，這樣並不是很理想，但如果資料重複並不是什麼大問題，或是消費者有能力自行消除掉重複的資料，這類使用情境就很適合至少一次的傳遞語義。舉例來說，假如每個訊息都有一個獨一無二的 key 鍵，如果要把重複的資料寫入資料庫，就可以拒絕寫入該訊息。

恰好一次

「恰好一次」是最難實作出來的一種傳遞語義。它對於使用者來說是很棒的做法，但對於系統的性能和複雜度來說，則需要付出比較高的代價。

圖 4.34：恰好一次

適用情境：金融財務相關的使用情境（支付、交易、會計等等）。如果重複是不可接受的，而且下游的服務或第三方並不支援冪等性（idempotency），「恰好一次」的做法就特別重要。

進階的功能

我們會在本節簡單討論一些進階的功能，例如訊息篩選、延時訊息和排程訊息。

訊息篩選

主題其實是一種邏輯上的抽象，其中包含許多相同類型的訊息。不過，有些消費者群組或許只想消費其中某些子類型的訊息。舉例來說，訂單系統會把訂單相關的所有活動全都發送到同一個主題，但支付系統只關心其中結帳、退款相關的訊息。

其中一種做法就是針對支付系統建立一個專用的主題，然後再針對訂購系統建立另一個主題。這種方法很簡單，但有可能會引起一些擔憂。

- 如果又有其他系統要求不同的訊息子類型呢？我們是否需要針對每一種消費者請求，建立專門的主題？
- 把相同的訊息保存到不同的主題中，是一種資源上的浪費。
- 每當新的消費者需求出現時，生產者都需要進行相應的改變，因為生產者和消費者現在是緊密耦合的。

因此，我們需要使用不同的做法來解決這個需求。幸運的是，訊息篩選（message filtering）的做法可以解決這個問題。

如果想要篩選訊息，其中一種簡單的解法就是，讓消費者在處理期間先取得一整組完整的訊息，然後再篩選掉不必要的訊息。這樣的做法很靈活，不過會用到很多不必要的流量，進而影響系統的效能。

更好的解法則是在分區代理端進行訊息篩選，這樣一來消費者就只會取得它真正需要的訊息。但如果要採用這種做法，一定要先仔細想清楚。如果資料篩選過程中需要進行資料解密，或是進行反序列化的操作，這樣一定會降低分區代理的效能表現。此外，如果訊息本身包含了一些很敏感的資料，就不應該在訊息佇列裡去讀取這些資料。

因此，分區代理端的篩選邏輯，其實不應該去提取出訊息的內容。最好是把篩選時會用到的資料，另外放入訊息的詮釋資料中，讓分區代理可以用更有效率的方式去進行讀取。舉例來說，我們可以讓每一個訊息附上一個標籤。有了這個訊息標籤，分區代理就可以針對標籤裡的訊息來進行篩選。如果附上更多的標籤，就可以對訊息進行更複雜的篩選。因此，只需要一個標籤列表，就可以支援大部分的篩選需求。如果要進一步支援更複雜的邏輯（例如數學公式），分區代理就需要用到語法解析器或腳本執行器，這對於訊息佇列來說，也許就太超過了。

每個訊息附上一些標籤之後，消費者就可以根據所設定的標籤來訂閱訊息，如圖 4.35 所示。有興趣的讀者可參見參考資料 [15]。

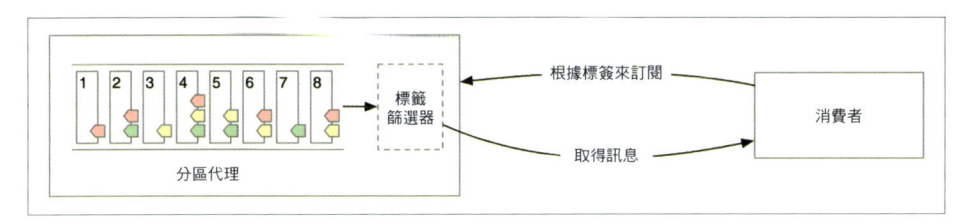

圖 4.35：用標籤來篩選訊息

延時訊息和排程訊息

有時候你可能想延後一段指定的時間，再把訊息傳遞給消費者。舉例來說，如果訂單建立後 30 分鐘內未付款，這個訂單就應該被關閉掉。這類的延時驗證訊息（檢查支付是否完成）一開始就會被發送出去，但 30 分鐘之後才會真正發送給消費者。消費者收到訊息時，就會去檢查支付的狀態。如果支付尚未完成，這個訂單就會被關閉。否則的話，這個訊息就會直接被忽略掉。

與立刻發送訊息的做法不同的是，我們可以把延時訊息發送到分區代理端的臨時儲存空間（而不是立刻送入某個主題），然後等時間到了，才把它送入相應的主題。圖 4.36 顯示的就是相應的高階設計。

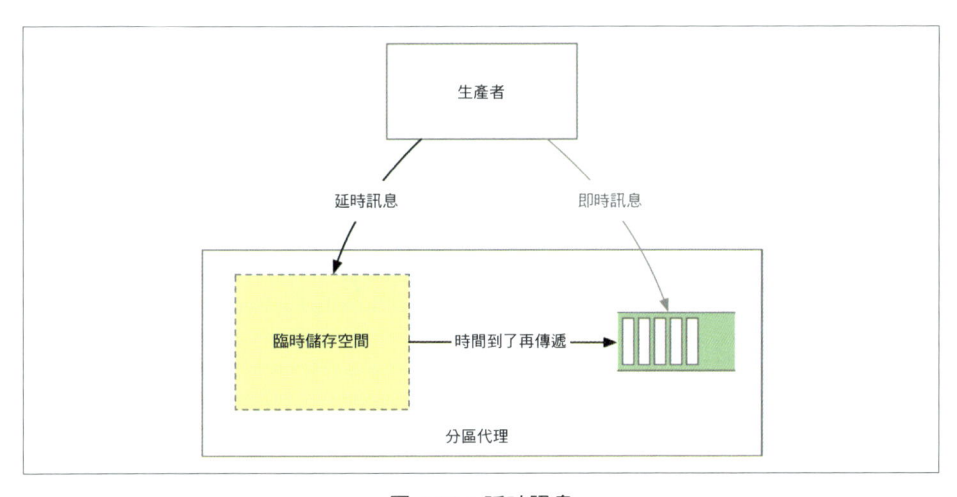

圖 4.36：延時訊息

155

第 4 章　分散式訊息佇列

這個系統的核心組件，就是臨時儲存空間和計時功能。

- 臨時儲存空間可以是一個或多個特殊的訊息主題。
- 計時功能已超出本書的範圍，不過這裡還是提供兩種比較流行的解法：
    - 本身就已經預先定義了好幾個延時等級的專用延時佇列 [16]。舉例來說，RocketMQ 並不支援任意時間精度的延時訊息，但它可以支援特定幾個等級的延時訊息。它所支援的訊息延時等級分別為 1 秒、5 秒、10 秒、30 秒、1 分鐘、2 分鐘、3 分鐘、4 分鐘、6 分鐘、8 分鐘、9 分鐘、10 分鐘、20 分鐘、30 分鐘、1 小時和 2 小時。
    - 階層式計時輪（Hierarchical time wheel）[17]。

排程訊息（scheduled message）的意思，就是根據排程的時間，把訊息傳遞給消費者。整體的設計與延時訊息是非常相似的。

第 4 步 —— 匯整總結

我們在本章介紹了分散式訊息佇列的設計，這個佇列具有資料串流平台中很常見的一些進階功能。如果面試結束時還有一些額外的時間，這裡還有一些額外的討論要點：

- 協定（Protocol）：定義如何在不同節點之間交換資訊和傳輸資料的規則、語法和 API。在分散式訊息佇列中，所謂的協定應該要能夠：
    - 涵蓋生產、消費、心跳訊號之類的所有活動。
    - 有效傳輸大量的資料。
    - 驗證資料的完壁性（integrity）和正確性（correctness）。

例如高階訊息佇列協定（AMQP；Advanced Message Queuing Protocol）[18] 和 Kafka 協定 [19]，都是一些比較流行的協定。

- 重試消費。如果某些訊息無法成功被消費，我們就要重試該操作。為了不要阻擋到其他送進來的訊息，其中一種構想就是把出問題的訊息先發送到專用的重試主題中，以便稍後再重新進行消費。

- 歷史資料封存。假設我們有一個以時間或容量為基礎的日誌保留機制。如果消費者需要重播一些已經被砍掉的歷史訊息，其中一個可能的解法就是使用大容量的儲存系統（例如 HDFS [20] 或物件儲存系統）來儲存歷史資料。

恭喜你跟我們走到了這裡！現在你可以給自己一點鼓勵。你真是太棒了！

第 4 章　分散式訊息佇列

章節摘要

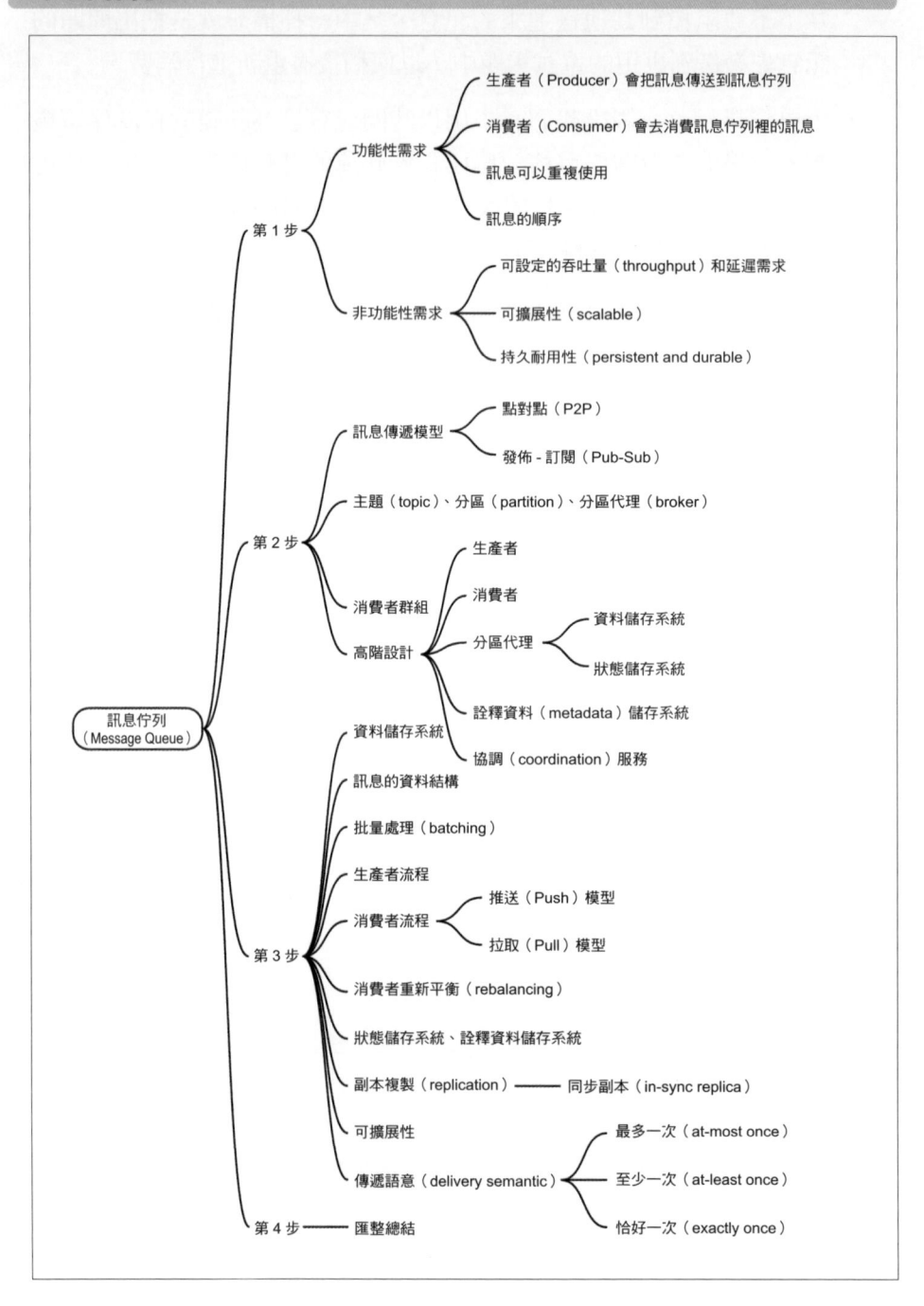

- **訊息佇列（Message Queue）**
  - **第 1 步**
    - 功能性需求
      - 生產者（Producer）會把訊息傳送到訊息佇列
      - 消費者（Consumer）會去消費訊息佇列裡的訊息
      - 訊息可以重複使用
      - 訊息的順序
    - 非功能性需求
      - 可設定的吞吐量（throughput）和延遲需求
      - 可擴展性（scalable）
      - 持久耐用性（persistent and durable）
  - **第 2 步**
    - 訊息傳遞模型
      - 點對點（P2P）
      - 發佈 - 訂閱（Pub-Sub）
    - 主題（topic）、分區（partition）、分區代理（broker）
    - 消費者群組
    - 高階設計
      - 生產者
      - 消費者
      - 分區代理
        - 資料儲存系統
        - 狀態儲存系統
      - 詮釋資料（metadata）儲存系統
      - 協調（coordination）服務
  - **第 3 步**
    - 資料儲存系統
    - 訊息的資料結構
    - 批量處理（batching）
    - 生產者流程
    - 消費者流程
      - 推送（Push）模型
      - 拉取（Pull）模型
    - 消費者重新平衡（rebalancing）
    - 狀態儲存系統、詮釋資料儲存系統
    - 副本複製（replication）——同步副本（in-sync replica）
    - 可擴展性
    - 傳遞語意（delivery semantic）
      - 最多一次（at-most once）
      - 至少一次（at-least once）
      - 恰好一次（exactly once）
  - **第 4 步**——匯整總結

參考資料

[1] 佇列長度限制：https://www.rabbitmq.com/maxlength.html

[2] Apache ZooKeeper —— 維基百科：https://en.wikipedia.org/wiki/Apache_ZooKeeper

[3] etcd：https://etcd.io/

[4] 磁碟與記憶體效能比較：https://deliveryimages.acm.org/10.1145/1570000/1563874/jacobs3.jpg

[5] 循環冗餘校驗：https://en.wikipedia.org/wiki/Cyclic_redundancy_check

[6] 推送 vs. 拉取：https://kafka.apache.org/documentation/#design_pull

[7] Kafka 2.0 文件：https://kafka.apache.org/20/documentation.html#consumerconfigs

[8] Kafka 不再需要 ZooKeeper：https://towardsdatascience.com/kafka-no-longer-requires-zookeeper-ebfbf3862104

[9] Martin Kleppmann（2017），《資料密集型應用系統設計》一書中的「副本複製」，O'Reilly Media，第 151-197 頁

[10] Apache Kafka 裡的 ISR：https://www.cloudkarafka.com/blog/what-does-in-sync-in-apache-kafka-really-mean.html

[11] Apache Kafka 可以讓消費者從最靠近的副本裡取得資料：https://cwiki.apache.org/confluence/display/KAFKA/KIP-392%3A+Allow+consumers+to+fetch+from+closest+replica

[12] 免人工介入的 Kafka 副本複製：https://www.confluent.io/blog/hands-free-kafka-replication-a-lesson-in-operational-simplicity/

[13] Kafka 高水痕：https://rongxinblog.wordpress.com/2016/07/29/kafka-high-watermark/

[14] Kafka 鏡像：https://cwiki.apache.org/confluence/pages/viewpage.action?pageId=27846330

[15] RocketMQ 的訊息篩選：https://partners-intl.aliyun.com/help/doc-detail/29543.htm

[16] Apache RocketMQ 的排程訊息和延時訊息：https://partners-intl.aliyun.com/help/doc-detail/43349.htm

[17] 雜湊和階層式計時輪：http://www.cs.columbia.edu/~nahum/w6998/papers/sosp87-timing-wheels.pdf

[18] 高階訊息佇列協定：https://en.wikipedia.org/wiki/Advanced_Message_Queuing_Protocol

[19] Kafka 協定指南：https://kafka.apache.org/protocol

[20] HDFS：https://hadoop.apache.org/docs/r1.2.1/hdfs_design.html

5

指標監控警報系統

本章打算探討如何設計出一個可擴展的指標監控警報系統。一個精心設計的監控警報系統，可以讓我們透過清晰的視覺化方式，去瞭解基礎設施的運作狀況，在確保高可用性和可靠性方面，可以發揮非常關鍵的作用。

圖 5.1 顯示的就是市場上最受歡迎的一些指標監控警報服務。本章會設計出一個類似的服務，可供大公司內部使用。

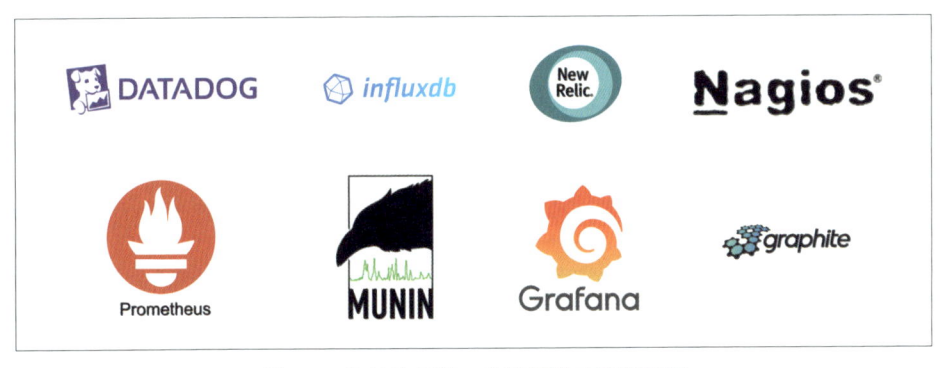

圖 5.1：比較流行的一些指標監控警報服務

第 1 步 —— 瞭解問題並確立設計範圍

對於不同的公司來說，指標監控警報系統的定義可能各有不同，因此一定要先與面試官確認具體的需求。舉例來說，如果面試官只想看到基礎設施相關指標，你就不應該去設計出一個特別著重 Web 伺服器錯誤或存取日誌之類的日誌系統。

在深入探討細節之前，我們一定要先充分理解問題，並確立設計的範圍。

161

應試者：我們應該針對什麼樣的人來建構系統？我們應該針對 Facebook 或 Google 之類的大公司建立內部系統，還是要設計出 Datadog [1]、Splunk [2] 之類的 SaaS 服務？

面試官：這是個很好的問題。我們所建構的系統，只供內部使用。

應試者：我們想要收集哪些指標？

面試官：我們想要收集作業系統相關的指標。有可能是作業系統的一些低階使用資料，例如 CPU 負載、記憶體使用量和磁碟空間用量。也有可能是一些比較高階的概念，例如服務的每秒請求數量，或是 Web 池（pool）裡正在運行的伺服器數量。商業相關指標並不在這個設計的範圍內。

應試者：我們要用這個系統來監控的基礎設施，規模有多大呢？

面試官：1 億個每日活躍使用者，1,000 個伺服器池，每個池有 100 台機器。

應試者：我們的資料應該要保留多久？

面試官：假設我們要保留 1 年。

應試者：如果我們想儲存比較長期的指標資料，可以降低指標資料的解析度嗎？

面試官：這是個很好的問題。如果是新收到的資料，我們希望可以完整保留 7 天。7 天之後，你就可以把資料的解析度改成 1 分鐘。30 天之後，你就可以進一步改以 1 小時為單位來進行彙整。

應試者：要支援哪些警報通道（alert channel）呢？

面試官：Email、電話、PagerDuty [3]，或是 webhook（HTTP 端點）。

應試者：我們需不需要收集日誌，例如錯誤日誌或存取日誌？

面試官：不需要。

應試者：我們需要支援分散式系統追蹤（distributed system tracing）的功能嗎？

面試官：不需要。

高階需求和假設

現在你已經從面試官那裡收集到各種需求,而且設計範圍也很清楚了。需求如下:

- 所要監控的基礎設施規模還蠻大的。
    - 1 億個每日活躍使用者
    - 假設我們有 1,000 個伺服器池,每個池有 100 台機器,每台機器有 100 個指標 => 大約有 1,000 萬個指標
    - 資料保留 1 年
    - 資料保留策略:原始形式保留 7 天,1 分鐘解析度保留 30 天,1 小時解析度保留 1 年
- 可以監控多種指標,包括但不限於:
    - CPU 使用率
    - 請求的數量
    - 記憶體使用情況
    - 訊息佇列裡的訊息數量

非功能性需求

- 可擴展性:系統應該具有可擴展性,以適應不斷增加的指標和警報量。
- 低延遲:這個系統在資訊面板(dashboards)與警報的反應上,應該具有比較低的延遲。
- 可靠性:系統應該具有高度的可靠性,以免錯過關鍵的警報。
- 靈活性:技術總是不斷在變化,因此在流程管道方面應該要有足夠的靈活性,將來才能把新的技術輕鬆整合進來。

哪些需求超出了範圍?

- 日誌監控:在收集與監控日誌方面,Elasticsearch、Logstash、Kibana(ELK)Stack 還蠻受歡迎的 [4]。

- 分散式系統追蹤 [5] [6]：分散式追蹤指的是一種追蹤解決方案，它可以追蹤各種流經分散式系統的服務請求。每當請求從某一個服務發送到另一個服務時，它就可以收集到一些資料。

第 2 步 —— 提出高階設計並獲得認可

本節會討論一些關於系統建構的基礎知識、資料模型和高階設計。

基礎知識

指標監控警報系統通常包含五個組件，如圖 5.2 所示。

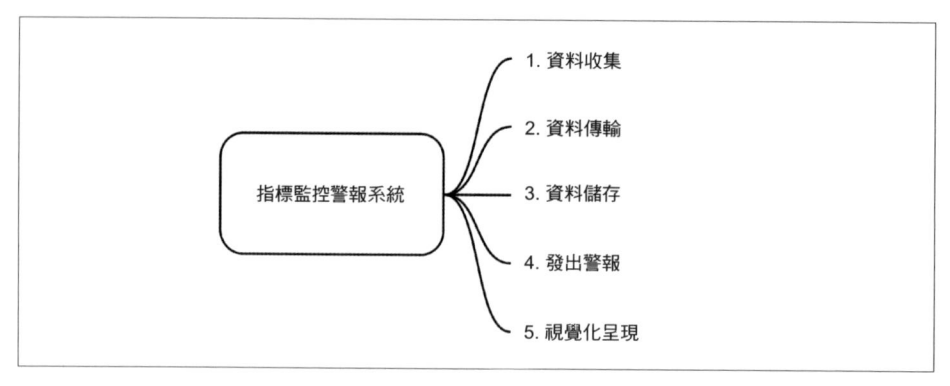

圖 5.2：系統的五個組件

- 資料收集：從不同來源收集指標資料。

- 資料傳輸：把資料從來源處傳輸到指標監控系統。

- 資料儲存：把送進來的資料整理好並加以儲存。

- 發出警報：分析送進來的資料、偵測出異常並發出警報。系統必須能夠向不同的通訊通道（communication channel）發出警報。

- 視覺化呈現：以圖形 / 圖表之類的形式呈現資料。用視覺化方式來呈現資料，可以讓工程師更容易識別出特定的模式、趨勢或問題，因此我們很需要視覺化呈現的功能。

資料模型

指標資料通常是以時間序列的形式來記錄,其中包含一系列的值,以及相應的時間戳。這一系列的資料可以用一個獨一無二的名稱來作為識別符號,有時候也可以再搭配一組標籤。

我們就來看兩個例子吧。

範例 1:正式上線的伺服器 i631 在 20:00 時 CPU 的負載是多少呢?

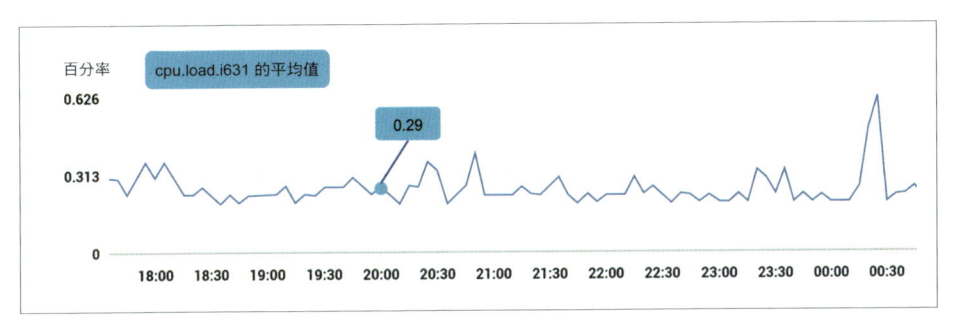

圖 5.3:CPU 負載

圖 5.3 特別標示出來的資料點,可以用表 5.1 來表示。

表 5.1:用表格來表示的一個資料點

metric_name(指標名稱)	cpu.load
labels(標籤)	host:i631,env:prod
timestamp(時間戳)	1613707265
value(值)	0.29

在這個範例中,時間序列資料是由指標名稱、標籤(host:i631,env:prod)和特定時間的單點值來表示。

範例 2:美西地區所有 Web 伺服器在過去這 10 分鐘內,平均 CPU 負載是多少呢?從概念上來說,我們可以從儲存系統裡拉取出類似的資料,其中的指標名稱為「CPU.load」,地區(region)標籤則為「us-west」(美西):

```
CPU.load host=webserver01,region=us-west 1613707265 50
CPU.load host=webserver01,region=us-west 1613707265 62
```

```
CPU.load host=webserver02,region=us-west 1613707265 43
CPU.load host=webserver02,region=us-west 1613707265 53
...
CPU.load host=webserver01,region=us-west 1613707265 76
CPU.load host=webserver01,region=us-west 1613707265 83
```

只要計算每一行最後面那個值的平均值,就可以算出平均 CPU 負載。上面的例子其中每一行的格式,就是所謂的行協定(line protocol)。這是市場上許多監控軟體通用的一種輸入格式。Prometheus [7] 和 OpenTSDB [8] 就是其中的兩個例子。

每個時間序列都是由下面這幾個東西所組成的 [9]:

表 5.2:時間序列

名稱	型別
指標名稱	字串
一組標籤(tag 或 label)	成對的 `<key:value>` 列表
由許多的值及其相應的時間戳,所組成的一個陣列	成對的 `<value, timestamp>` 所組成的一個陣列

資料存取模式

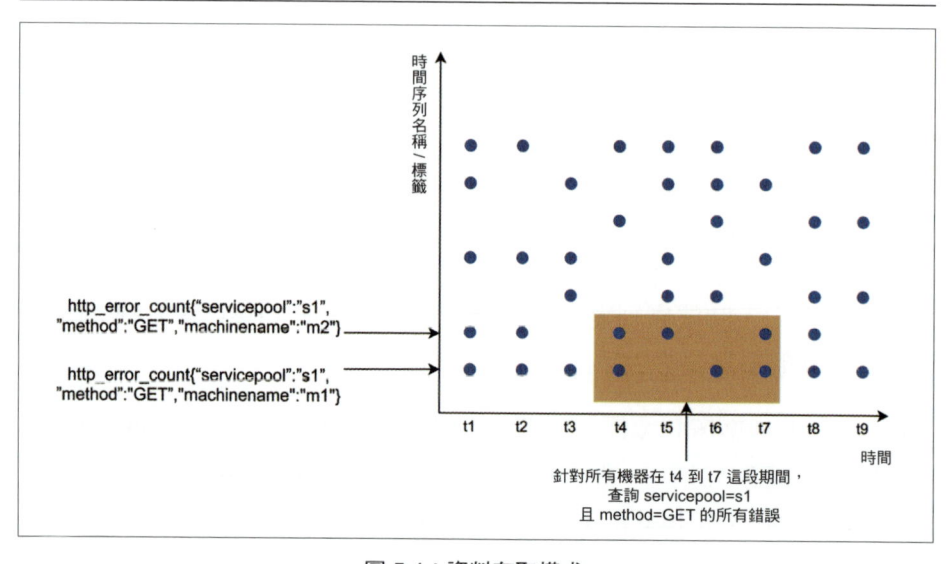

圖 5.4:資料存取模式

在圖 5.4 中，y 軸上的每個標籤都代表著一個時間序列（可以用名稱和標籤來作為獨一無二的識別符號），而 x 軸則代表時間。

資料的寫入量蠻大的。正如你所看到的，幾乎隨時都在寫入大量的時間序列資料點。正如我們在「高階需求和假設」一節中所提到的，每天大概都會有 1,000 萬個操作指標被寫入，而且有很多指標的採集頻率很高，所以在流量上肯定會有非常大的寫入量。

此外，讀取負載也經常會出現很高的峰值。視覺化服務和警報服務都會向資料庫發送出大量的查詢，而且與圖形警報相關的存取模式，讀取量經常會有突然暴增的情況。

換句話說，這個系統會一直持續有大量的寫入負載，而讀取負載則經常出現很高的峰值。

資料儲存系統

資料儲存系統是這個設計的核心。我們並不推薦自行建立儲存系統，也不推薦採用通用的儲存系統（MySQL）[10] 來完成這項工作。

理論上，通用的資料庫可以支援時間序列資料，但需要進行專家級的調整，才能勉強應付我們的資料規模。具體來說，關聯式資料庫並沒有特別針對時間序列相關操作進行過優化。舉例來說，如果要針對滾動時間視窗計算出移動平均值，就必須寫出非常複雜、很難看懂的 SQL（稍後在「第 3 步 —— 深入設計」一節中就有一個例子）。此外，如果想支援資料的各種標籤（tagging / labeling），我們就要為每一個標籤添加一個索引。此外，通用的關聯式資料庫在持續大量的寫入負載下，效能表現並不好。我們所要處理的資料規模，需要花費大量精力來調整資料庫，況且就算這麼做了，它的效能表現恐怕還是不會太好。

改用 NoSQL 如何？理論上來說，市場上一些 NoSQL 資料庫確實可以有效處理時間序列資料。舉例來說，Cassandra 和 Bigtable [11] 都可以用來處理時間序列資料。不過，你必須深入瞭解每個 NoSQL 的內部工作原理，才能設計出可擴展的資料架構，以便有效儲存與查詢時間序列資料。

由於後來出現了一些具有工業級規模的時間序列資料庫，因此使用通用 NoSQL 資料庫的做法就不再具有吸引力了。

目前有許多儲存系統都特別針對時間序列資料進行了優化。這些優化的做法可以讓我們用比較少的伺服器來處理相同數量的資料。其中有許多資料庫還特別針對時間序列資料分析，設計出一些自訂查詢介面，比 SQL 好用多了。有些甚至還提供資料保留與資料彙整的管理功能。以下就是這些時間序列資料庫的一些例子。

OpenTSDB 是一個分散式時間序列資料庫，不過它是以 Hadoop 和 HBase 為基礎，而要運行 Hadoop / HBase 集群，確實會增加一些複雜度。Twitter 使用的是 MetricsDB [12]，Amazon 則是用 Timestream 來作為時間序列資料庫 [13]。根據 DB-engines [14] 的研究，最受歡迎的其中兩個時間序列資料庫就是 InfluxDB [15] 和 Prometheus，這兩者的設計目的就是要儲存大量的時間序列資料，並快速針對這類資料進行即時分析。這類的資料庫主要都是依賴記憶體快取和磁碟儲存系統。在耐用性與效能方面，都處理得相當好。如圖 5.5 所示，InfluxDB 在 8 核心與 32GB RAM 的條件下，每秒可以處理超過 250,000 次寫入。

vCPU 或 CPU	RAM	IOPS	每秒寫入	每秒查詢	不重複的序列數量
2-4 核心	2-4 GB	500	< 5,000	< 5	< 100,000
4-6 核心	8-32 GB	500-1000	< 250,000	< 25	< 1,000,000
8 核心以上	32+ GB	1000+	> 250,000	> 25	> 1,000,000

圖 5.5：InfluxDb 基準測試

由於時間序列資料庫是一種比較特殊的資料庫，因此除非你在履歷中有明確提到，否則你並不需要在面試過程中說明其內部結構。以面試的目的來說，比較重要的是能夠瞭解，指標資料本質上就是時間序列，因此我們可以選擇時間序列資料庫（例如 InfluxDB）來儲存這類的資料。

一個強大的時間序列資料庫，另一個特點就是可以透過標籤（label；在某些資料庫裡也稱為 tag），針對大量的時間序列資料進行高效率的彙整與分析。舉例來說，InfluxDB 可以針對標籤建立索引，以方便透過標籤快速查找時間序列資料 [15]。而且它還針對如何使用標籤，不讓資料庫超出負荷，提供了一份清晰的最佳實踐指南。重點就是讓每個標籤盡可能維持比較低的基數（只有少數幾個可能的值）。這個特性從視覺化的角度來看非常重要，如果是以通用的資料庫來建構，肯定需要花很大的功夫。

高階設計

高階設計圖如圖 5.6 所示。

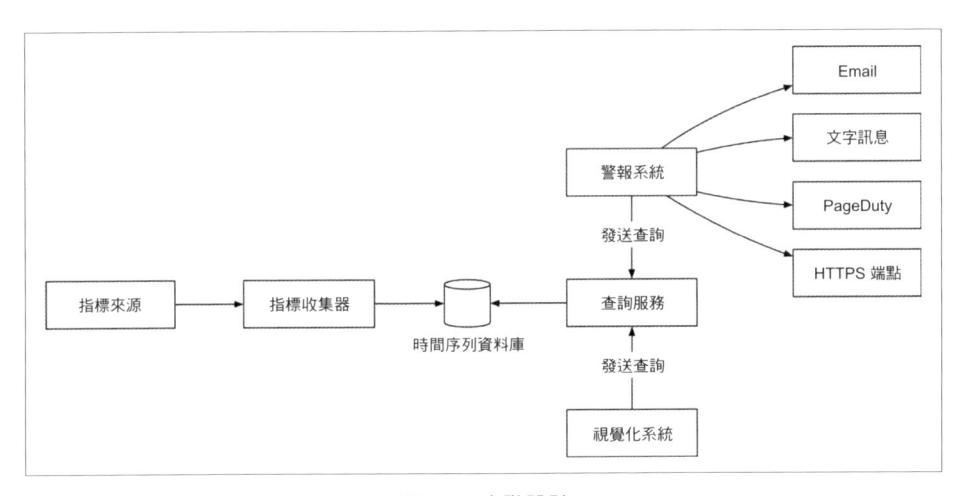

圖 5.6：高階設計

- **指標來源**：可以是應用程式伺服器、SQL 資料庫、訊息佇列等等。
- **指標收集器**：可以收集指標資料，並把資料寫入時間序列資料庫。
- **時間序列資料庫**：可以把指標資料儲存成時間序列。它通常都會提供自訂的查詢介面，可用來分析與彙整大量的時間序列資料。它也會維護著標籤相應的索引，以便透過標籤快速查找時間序列資料。
- **查詢服務**：查詢服務可以從時間序列資料庫裡輕鬆查詢與檢索資料。如果我們挑選的是一個很好的時間序列資料庫，這裡應該就只

- **警報系統**：可以把警報通知傳送到各式各樣的警報目的地。
- **視覺化系統**：可以用各種圖形 / 圖表的形式來呈現指標。

第 3 步 —— 深入設計

在系統設計面試過程中，應試者應該深入探討幾個關鍵的組件或流程。本節會詳細探討以下這幾個主題：

- 指標收集
- 指標傳輸管道的擴展
- 查詢服務
- 儲存層
- 警報系統
- 視覺化系統

指標收集

在收集各類計數值或 CPU 使用率之類的指標時，偶爾總會丟失掉一些資料。這並不是什麼很嚴重的事，因為這類資料多半是過了就可以忘了，所以漏掉一些是可以接受的。我們現在就來看一下指標收集的流程吧。系統的這個部分，就在圖 5.7 的虛線框框內。

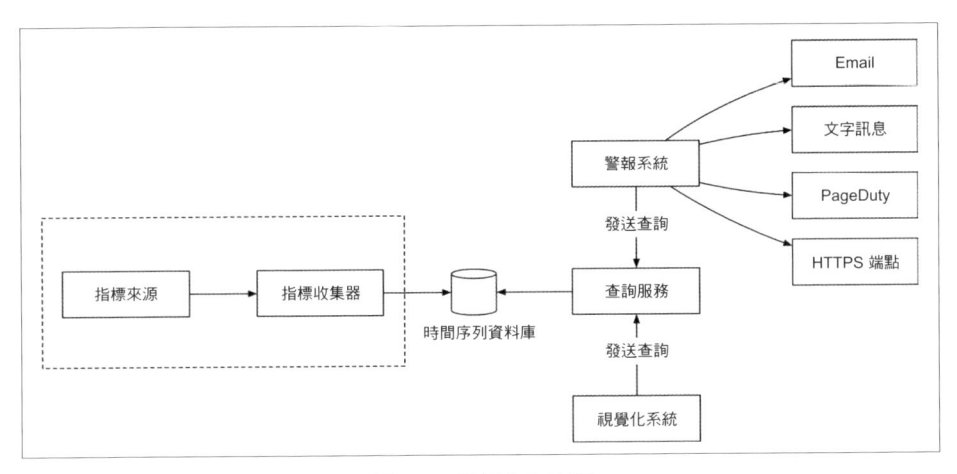

圖 5.7：指標收集流程

拉取模型 vs. 推送模型

收集指標資料的方式有兩種：拉取（Pull）或推送（Push）。至於哪一種比較好，這是很常見的辯論主題，實際上並沒有很明確的答案。我們就來仔細看一下吧。

拉取模型

圖 5.8 顯示的就是透過 HTTP 來使用拉取模型的資料收集方式。這裡會有一些專用的指標收集器，定期從運行中的應用程式拉取各種指標值。

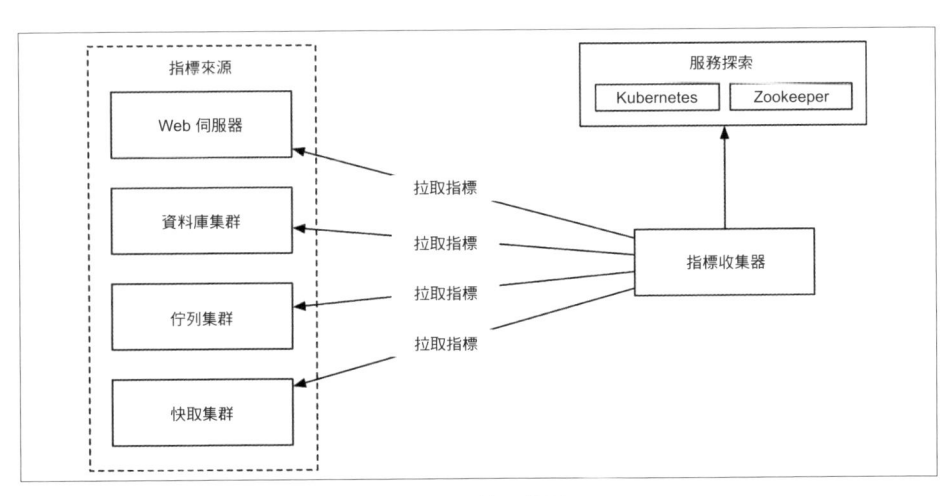

圖 5.8：拉取模型

在這種做法下，指標收集器必須擁有一份服務端點的完整列表，才知道要從哪些服務端點拉取資料。其中一個簡單的做法，就是在這個「指標收集器」伺服器中，用一個檔案來保存每個服務端點的 DNS / IP 資訊。雖然這個構想很簡單，可是在一個頻繁添加、刪除伺服器的大型規模環境下，這樣的做法很難進行維護，而且我們希望可以保證，指標收集器不會錯過任何新伺服器的指標。好消息是，我們可以透過服務探索（Service Discovery；例如 etcd [16]、ZooKeeper [17] 等等）提供一個可靠、可擴展而且可維護的解決方案 —— 每一個服務都要先進行註冊，然後服務端點列表只要出現了變動，服務探索組件就會通知指標收集器。

服務探索有一些可設定的規則，讓我們指定何時到何地去收集指標，如圖 5.9 所示。

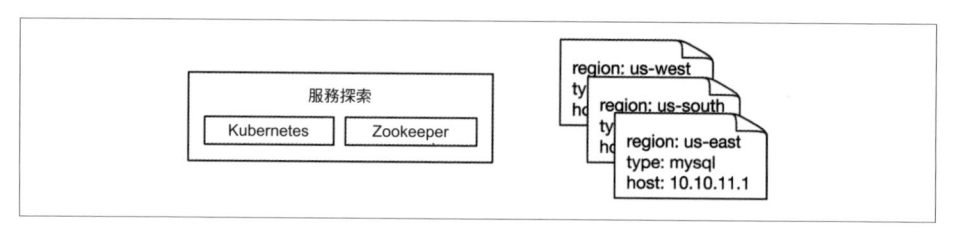

圖 5.9：服務探索

圖 5.10 詳細解釋了拉取模型。

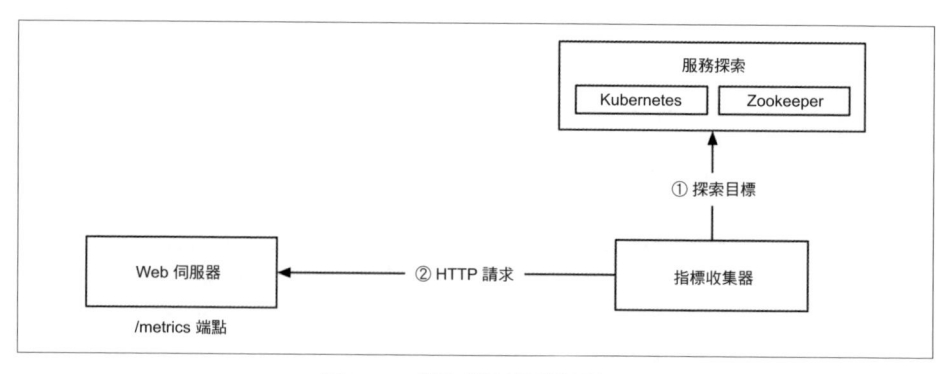

圖 5.10：拉取模型的詳細說明

>> 第 3 步 — 深入設計

1. 指標收集器可以從服務探索取得服務端點的配置詮釋資料（configuration metadata）。這些詮釋資料裡包含了拉取間隔時間、IP 地址、逾時和重試相關參數等資料。

2. 指標收集器可透過預先定義好的 HTTP 端點（例如 /metrics）來拉取指標資料。為了讓服務端能夠提供這個端點給外界使用，通常需要先在服務端添加某個客戶端函式庫。在圖 5.10 中，這個服務端就是 Web 伺服器。

3. 指標收集器可以向服務探索註冊一個變動事件通知，這樣就可以在服務端點出現變動時，收到相應的更新。指標收集器也可以採用另一種做法，以定期輪詢（poll）的方式追蹤服務端點的變動。

在我們所要處理的規模下，單獨一個指標收集器恐怕無法處理好幾千台伺服器。我們必須使用指標收集器池（pool）來因應這裡的需求。使用多個收集器蠻常見的一個問題就是，多個收集器可能會嘗試從同一個資料來源拉取資料，然後就會生成重複的資料。所以，這裡一定要採用某種協調方案，來避免這種重複的問題。

其中一種可能的做法，就是運用一個具有一致性的雜湊環，把每個收集器對應到其中的某段範圍，然後再把所要監視的每個伺服器，對應到雜湊環裡某個獨一無二的名稱。這樣就可以確保每個指標來源伺服器，都只會對應到一個收集器，來負責處理它所生成的指標。我們就來看個例子吧。

如圖 5.11 所示，其中有四個收集器，以及六個指標來源伺服器。每個收集器都要負責收集不同伺服器的指標。收集器 2 負責收集伺服器 1 和伺服器 5 的指標。

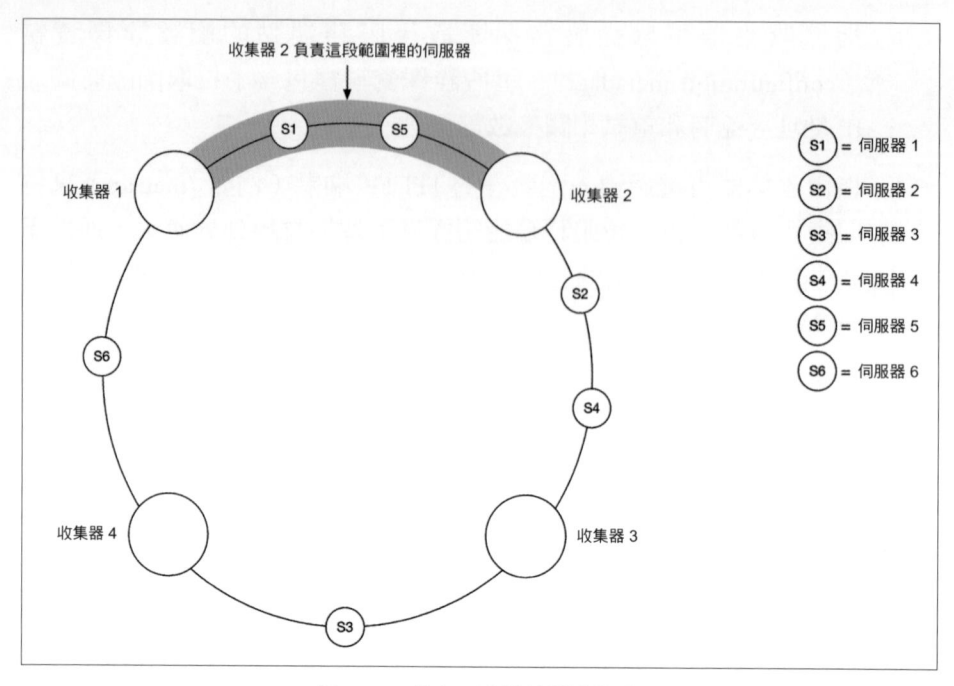

圖 5.11：具有一致性的雜湊做法

推送模型

如圖 5.12 所示，在推送模型中，各種指標來源（例如 Web 伺服器、資料庫伺服器等等）都會直接把指標推送給指標收集器。

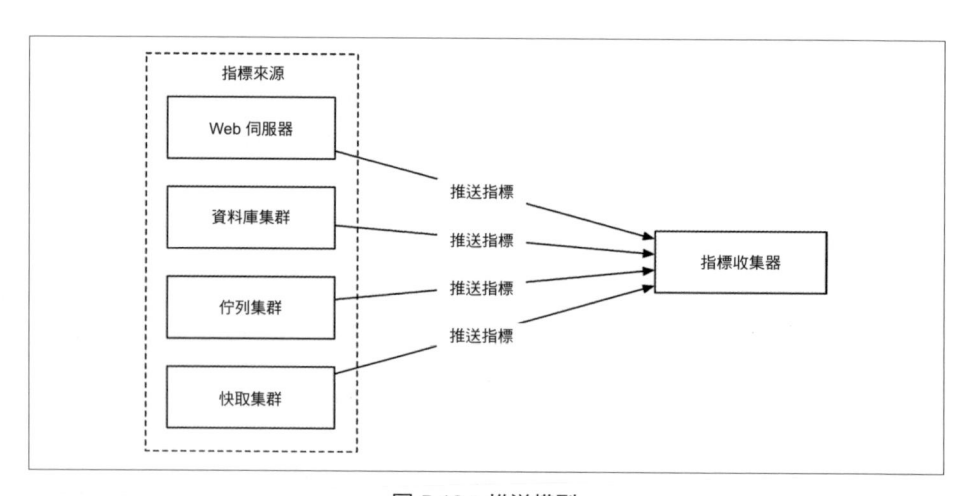

圖 5.12：推送模型

在推送模型中,每一個受監控的伺服器通常都會安裝一個收集代理程式（collection agent）。收集代理程式是一個長時間持續運行的軟體,它會針對伺服器所運行的服務,收集各種相應的指標,並把這些指標定期推送給指標收集器。收集代理程式也可以先在本機內,對指標進行彙整處理（尤其是一些簡單的計數值）,再把彙整過的結果推送給指標收集器。

彙整的做法可以有效降低推送給指標收集器的資料量。如果推送流量過高,指標收集器可能就會拒絕推送,並回應一個錯誤,這時候代理程式可以先在本機用一個小小的資料暫存區,把指標資料暫時保存起來（也許可以保存在本機的磁碟中）,稍後再重新進行傳送。不過,如果指標收集器並沒有馬上接受伺服器推送過來的指標,而那台伺服器正好又處於一個輪換非常頻繁、而且還會自動進行擴展的群組中,那麼保存在那台伺服器本機裡的資料（即使只是暫時保存）很可能就會被丟失掉。

為了避免推送模型裡的指標收集器來不及處理推送過來的資料,我們應該把指標收集器放在一個可自動擴展的集群中,然後在前面加上一個負載平衡器（圖 5.13）。這個集群應該可以根據指標收集伺服器的 CPU 負載,自動擴展或縮減其規模。

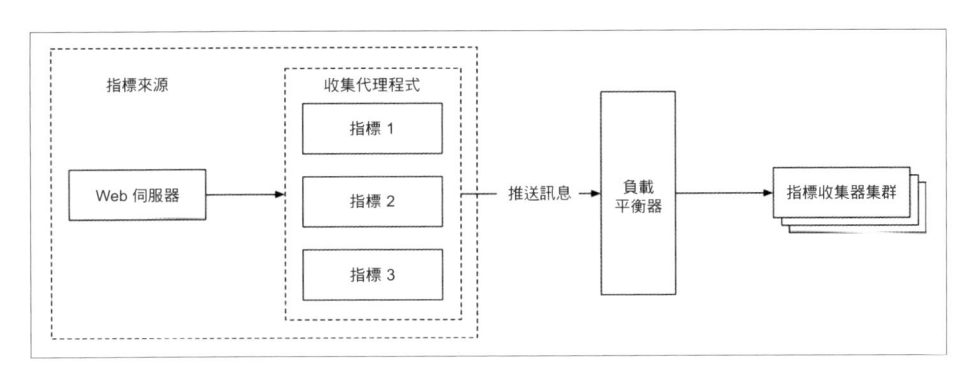

圖 5.13：加入一個負載平衡器

拉取？還是推送？

那麼,對我們來說,哪一種才是更好的選擇呢？這就像生活中許多事情一樣,根本沒有明確的答案。在現實世界的使用情境下,這兩種做法都很廣泛受到各界的採用。

- 拉取架構的範例有 Prometheus。
- 推送架構的範例有 Amazon CloudWatch [18] 和 Graphite [19]。

在面試時，與其計較哪一種做法比較好，更重要的其實是瞭解每一種做法的優缺點。表 5.3 針對推送和拉取架構的優缺點，進行了一番比較 [20] [21] [22] [23]。

表 5.3：拉取 vs. 推送

	拉取	推送
除錯方便	應用程式伺服器上被用來拉取指標的 /metrics 端點，隨時都可以用來查看各種指標。你甚至可以在你的筆記型電腦上執行此操作。**拉取勝出**。	
運行狀況檢查	如果進行拉取時，應用程式伺服器沒有回應，你就可以快速判斷應用程式伺服器可能已經掛掉了。**拉取勝出**。	如果指標收集器沒收到指標，問題有可能是網路不穩所造成的。
有些事件存在的時間很短暫		有些事件存在的時間很短暫，時間根本不夠長到能被拉取到。**推送勝出**。不過只要在拉取模型中引入推送閘道器（push gateway），就能解決此問題 [24]。
防火牆或複雜的網路配置	如果伺服器有指標要被拉取，它所有的指標端點就必須是可存取的。在多個資料中心的設定下，這可能會有點困難。可能需要採用比較複雜的網路基礎架構。	如果指標收集器有設定負載平衡器，以及一個可自動擴展的群組，就可以從任何地方接收資料。**推送勝出**。
效能表現	拉取的做法通常是採用 TCP 通訊協定。	推送的做法通常是採用 UDP 通訊協定。這也就表示，用推送的方式來傳輸指標，會有比較低的延遲。有個反駁的說法就是，相較於「發送指標負載內容」，「建立 TCP 連線」根本就不費什麼功夫。
資料可信賴性（authenticity）	有指標要收集的應用程式伺服器，都會預先在設定檔中進行定義。從這些伺服器所收集到的指標，可以保證全都是可信賴的。	任何類型的客戶端，都可以把指標推送給指標收集器。只要利用白名單列出會傳送指標的伺服器，或是要求身份驗證，就能解決此問題。

如上所述，拉取 vs. 推送是一個很常見的爭論話題，而且根本沒有明確的答案。比較大型的組織，或許兩種做法都要同時支援，尤其是在如今無伺服器（serverless）[25] 架構如此流行的情況下。我們也有可能根本沒辦法在服務端安裝代理程式，來負責推送資料的工作。

指標傳輸管道的擴展

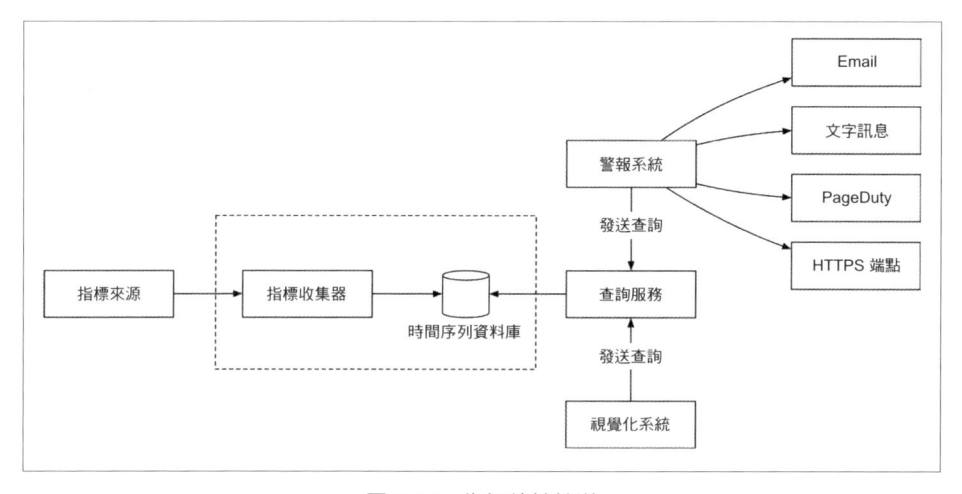

圖 5.14：指標傳輸管道

接著我們來仔細看一下指標收集器和時間序列資料庫。無論是用推送模型還是拉取模型，指標收集器都是一個伺服器集群，而且這個集群會接收到大量的資料。不管是推送還是拉取，指標收集器集群都會被設定成可自動進行擴展，以確保有足夠數量的收集器，可處理大量的需求。

不過，如果時間序列資料庫出了問題，就會有資料遺失的風險。為了緩解這個問題，我們導入了一個佇列組件，如圖 5.15 所示。

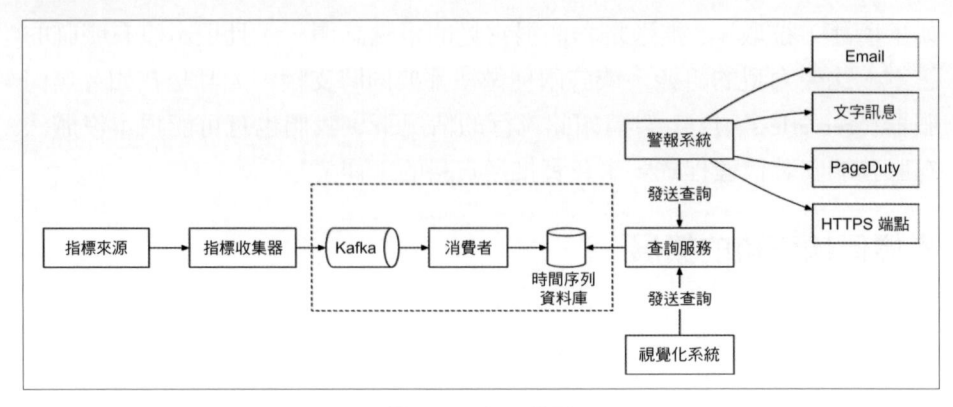

圖 5.15：加入佇列

在這個設計中，指標收集器會把指標資料傳送到 Kafka 之類的佇列系統。然後消費者或是 Apache Storm、Flink、Spark 之類的串流處理服務則會去處理資料，把資料推送到時間序列資料庫。這種做法有幾個優點：

- Kafka 可用來作為一個高度可靠而且可進行擴展的分散式訊息平台。
- 這樣可以讓資料收集與資料處理服務相互解耦。
- 只要有把資料保留在 Kafka，萬一資料庫出問題，就可以輕鬆防範資料遺失的情況。

透過 Kafka 來進行擴展

只要善用 Kafka 的內建分區機制，就有很多種方式可以對系統進行擴展。

- 根據吞吐量的需求，來配置分區的數量。
- 根據指標的名稱，把指標資料放入不同的分區，這樣消費者就可以根據指標名稱來彙整資料。
- 可以進一步利用標籤（tag / label）來對指標資料進行分區。
- 對指標進行分類，並排定優先排序，就可以優先處理比較重要的指標。

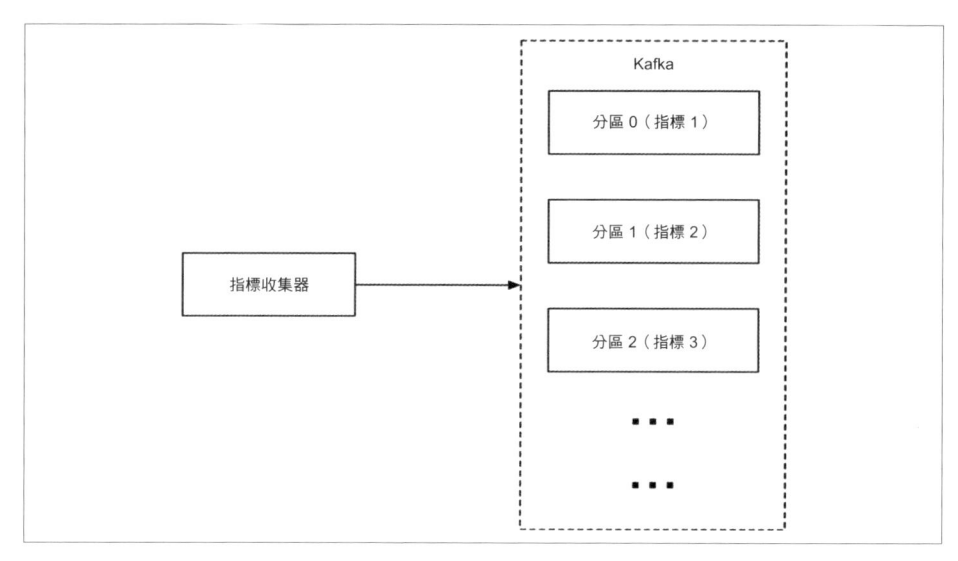

```
                    ┌─────────────────────────────┐
                    │ Kafka                       │
                    │    ┌──────────────────┐     │
                    │    │ 分區 0（指標 1） │     │
                    │    └──────────────────┘     │
                    │                             │
                    │    ┌──────────────────┐     │
                    │    │ 分區 1（指標 2） │     │
   ┌──────────┐     │    └──────────────────┘     │
   │ 指標收集器│────▶│                             │
   └──────────┘     │    ┌──────────────────┐     │
                    │    │ 分區 2（指標 3） │     │
                    │    └──────────────────┘     │
                    │           ...               │
                    │           ...               │
                    └─────────────────────────────┘
```

圖 5.16：Kafka 分區

Kafka 的替代方案

在正式環境的規模下，要維護 Kafka 系統並非易事。面試官可能會對此提出異議。實際上確實有一些線上的大規模監控攝取（ingestion）系統，並不會在中間使用佇列。Facebook 的 Gorilla [26] 記憶體時間序列資料庫就是一個很好的例子；即使出現部分網路故障，它還是可以保持很高的寫入可用性。這樣的設計可以說是與 Kafka 這種在中間放一個佇列的做法一樣可靠。

可進行彙整的地方

指標可以在不同的地方進行彙整；不管是在收集代理程式（在客戶端）、在攝取管道（在寫入儲存系統之前）、還是在查詢端（在寫入儲存系統之後），都可以進行彙整操作。我們就來逐一檢視一下吧。

收集代理程式：安裝在客戶端的收集代理程式，只能支援簡單的彙整邏輯。舉例來說，在傳送到指標收集器之前，可以先彙整一下每分鐘的計數值。

攝取管道（Ingestion pipeline）：為了在寫入儲存系統之前，先對資料進行彙整，我們通常需要 Flink 之類的串流處理引擎。由於彙整之後只會把計算結果寫入資料庫，因此寫入量一定會顯著減少。不過，遲到（late-arriving）事件的處理可能就是一個挑戰，另一個缺點則是我們會失去一些資料的精確性和靈活性，因為我們所儲存的不再是原始的資料。

查詢端：我們可以在查詢時，針對給定時段內的原始資料進行彙整。這個做法並不會丟失資料，不過查詢的速度可能會比較慢，因為查詢結果是在查詢過程中進行計算，而且是針對整個資料集來進行計算。

查詢服務

查詢服務是由查詢伺服器集群所組成，這些伺服器會去存取時間序列資料庫，並負責處理那些來自視覺化系統或警報系統的請求。有這樣一組專用的查詢伺服器，就可以讓時間序列資料庫與客戶端（視覺化與警報系統）互相解耦了。這樣一來我們就可以在有需要的時候，分別針對時間序列資料庫或視覺化警報系統靈活地進行調整。

快取層

如果想減輕時間序列資料庫的負擔，提高查詢服務的效能，我們可以添加一些快取伺服器，把一些查詢結果保存起來，如圖 5.17 所示。

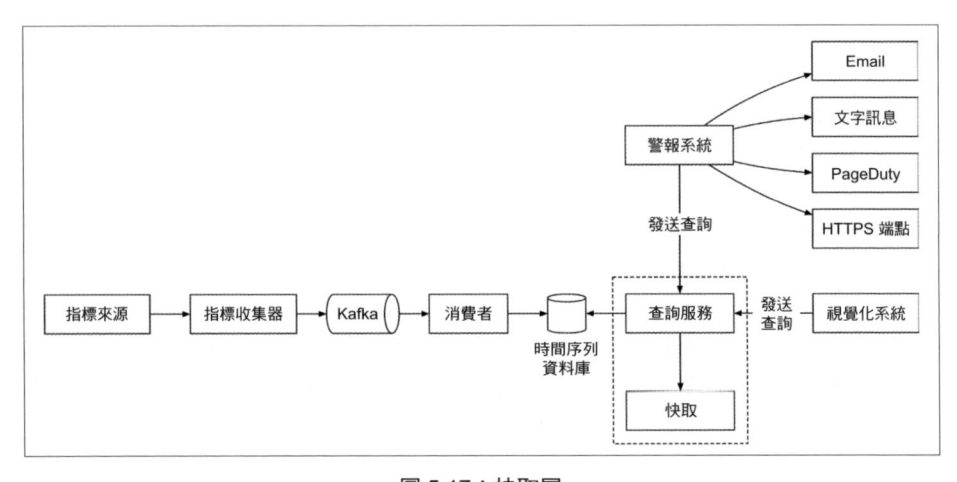

圖 5.17：快取層

不需要查詢服務的情況

由於大多數工業級規模的視覺化系統和警報系統，都有很強大的查詢插件，可以與市場上眾所周知的各種時間序列資料庫進行互動，因此實際上並不是一定要導入我們自己的抽象（查詢服務）。而且如果有好好挑選時間序列資料庫，或許也不需要靠我們自己去添加快取的功能。

時間序列資料庫查詢語言

大多數比較流行的指標監控系統（例如 Prometheus 和 InfluxDB）並不使用 SQL，而是採用各家專屬的查詢語言。之所以會有這種情況，其中一個主要的原因就是，很難寫出簡單的 SQL 查詢語句，來對時間序列資料進行查詢。舉例來說，如同之前所提過的 [27]，如果要計算指數移動平均，在 SQL 裡可能要寫成下面這樣：

```
select id,
       temp,
       avg (temp) over ( partition by group_nr order by time_read) as rolling_avg
from (
    select id,
        time
        time_read
        interval_group
        id - row_number() over (partition by interval_group order by time_read) as group_nr
    from (
        time_read,
        "epoch ":: timestamp + "900 seconds ":: interval * (
extract ( epoch from time_read ):: int4 / 900) as interval_group,
        temp,
        from readings,
    ) t1
) t2
order by time_read;
```

而對於 Flux（InfluxDB 專用）這種特別針對時間序列分析進行過優化的語言來說，寫起來就像下面這樣。正如你所看到的，這樣理解起來容易多了。

```
from(db:"telegraf")
    |> range(start:-1h)
    |> filter(fn: (r) => r._measurement == "foo")
    |> exponentialMovingAverage(size:-10s)
```

儲存層

我們現在再來深入瞭解一下儲存層。

慎選時間序列資料庫

根據 Facebook 所發表的一篇研究論文 [26] 指出，資料儲存系統裡所有的查詢操作，至少有 85% 是針對過去 26 小時內所收集到的資料。如果我們使用的是具有這種屬性的時間序列資料庫，這個事實可能就會對整體系統效能產生重大的影響。如果你對儲存引擎的設計很感興趣，請參考 InfluxDB 儲存引擎的設計文件 [28]。

儲存空間優化

正如「高階需求與假設」一節中的說明，我們所要儲存的指標資料量是非常龐大的。以下就是解決這個問題的一些策略。

資料編碼與壓縮

資料編碼與壓縮可以顯著降低資料的大小。這些功能通常都是內建在時間序列資料庫裡。下面就是一個簡單的例子。

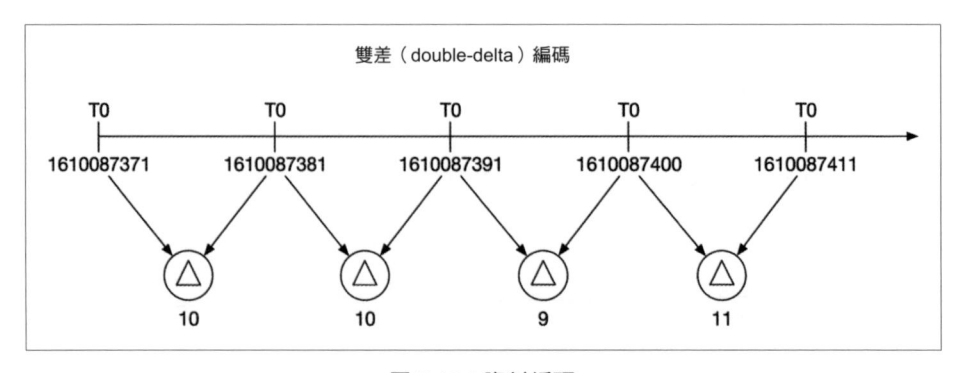

圖 5.18：資料編碼

如上圖所示，1610087371 和 1610087381 只相差 10 秒，只需要 4 位元就可以保存 10 這個數字，而不需要去保存 32 位元的完整時間戳。因此，與其保存絕對值，不如把一個基礎值與一堆差值一起保存起來，例如：1610087371, 10, 10, 9, 11。

少抽樣

少抽樣（downsampling）的意思就是把高解析度的資料轉換成低解析度，以減少整體磁碟使用量的一個程序。由於我們的資料保留期為 1 年，因此我們可以針對舊資料進行少抽樣的處理。舉例來說，我們可以讓工程師和資料科學家針對不同時間的指標，定義不同的規則。下面就是一個例子：

- 保留：7 天，不進行抽樣
- 保留：30 天，用少抽樣的做法，把資料解析度降為 1 分鐘
- 保留：1 年，用少抽樣的做法，把資料解析度降為 1 小時

我們再來看一個具體的例子。這裡會把解析度 10 秒的資料，彙整成解析度 30 秒的資料。

表 5.4：解析度 10 秒的資料

metric （指標）	timestamp （時間戳）	hostname （主機名稱）	metric_value （指標值）
cpu	2021-10-24T19:00:00Z	host-a	10
cpu	2021-10-24T19:00:10Z	host-a	16
cpu	2021-10-24T19:00:20Z	host-a	20
cpu	2021-10-24T19:00:30Z	host-a	30
cpu	2021-10-24T19:00:40Z	host-a	20
cpu	2021-10-24T19:00:50Z	host-a	30

從解析度 10 秒的資料，彙整成解析度 30 秒的資料。

表 5.5：解析度 30 秒的資料

metric （指標）	timestamp （時間戳）	hostname （主機名稱）	Metric_value （指標平均值）
cpu	2021-10-24T19:00:00Z	host-a	19
cpu	2021-10-24T19:00:30Z	host-a	25

冷儲存

冷儲存（cold storage）就是針對一些很少用到的非活躍資料，特別用來儲存這類資料的儲存系統。冷儲存的財務成本通常會低很多。

接著我們再來看視覺化系統與警報系統。簡單說的話，我們其實應該直接去使用現成的第三方系統，而不是自己花力氣去建立我們所要的系統。

警報系統

基於面試的目的，我們還是來看一下警報系統的設計，如下圖 5.19 所示。

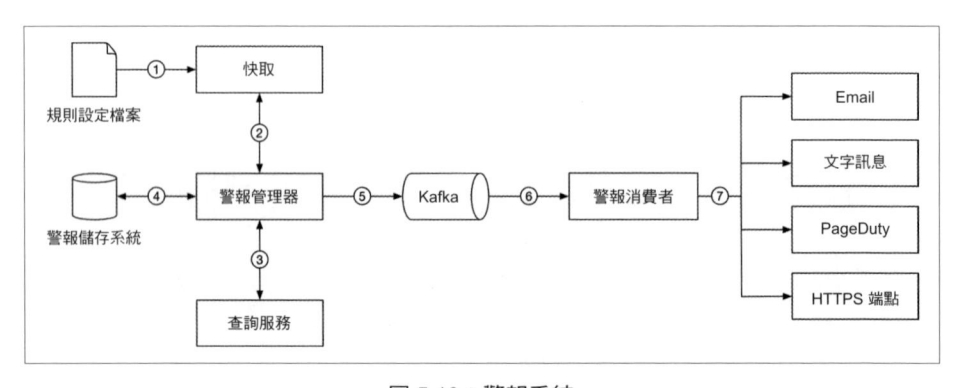

圖 5.19：警報系統

警報流程的運作方式如下：

1. 把設定檔載入到快取伺服器。所有的規則全都定義在磁碟裡的設定檔中。YAML [29] 就是用來定義規則的一種常用格式。下面是警報規則的一個例子：

```
- name: instance_down
  rules:

  # 只要有任何 instance 實體掛掉的時間 > 5 分鐘就發出警報。
  - alert: instance_down
      expr: up == 0
      for: 5m
      labels:
        severity: page
```

2. 警報管理器可以從快取中取得警報設定。

3. 警報管理器會根據所設定的規則，以預先定義好的間隔時間，去調用查詢服務。如果所取得的值違反了所設定的門檻值，就會建立警報事件。警報管理器負責以下這幾件事：

   - 篩選、合併、刪除重複的警報。範例：把同一個實體（實體 1）所觸發的多個警報合併成一個（圖 5.20）。

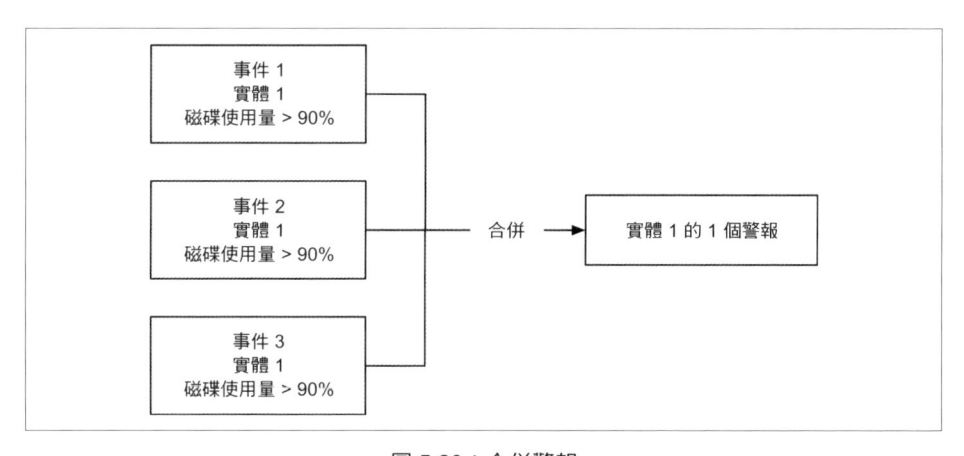

圖 5.20：合併警報

   - 存取控制：針對已獲得授權的個人，限制他存取某些警報管理操作。

   - 重試：檢查警報的狀態，確保通知至少有被發送過一次。

4. 警報儲存系統是一個鍵值資料庫（例如 Cassandra），可用來保存所有警報的狀態（非活動中、待處理、已觸發、已解決）。它可以確保通知至少有被發送過一次。

5. 只要是符合條件的警報，都會被新增到 Kafka 中。

6. 警報消費者會從 Kafka 拉取警報事件。

7. 警報消費者會去處理來自 Kafka 的警報事件，並把通知傳送到不同的通道（例如 Email、文字訊息、PagerDuty 或 HTTP 端點）。

警報系統 —— 自行打造 vs. 購買

市面上有許多現成的工業級規模警報系統，而且大多數都可以與最流行的一些時間序列資料庫緊密整合。其中有許多警報系統，可以與一些常用的通知通道（例如 Email 和 PagerDuty）進行很好的整合。如果想在現實世界中證明，花功夫去建構自己的警報系統是合理的決定，這其實還蠻困難的。在面試過程中（尤其是高階職位的面試），你一定要先做好準備，證明你的決定確實是站得住腳的。

視覺化系統

視覺化系統是在資料層的基礎上建構起來的。我們可以透過指標資訊面板（dashboard），用不同的時間尺度來呈現指標，也可以透過警報資訊面板，顯示各種不同的警報。圖 5.21 顯示的就是一個資訊面板，其中顯示了好幾個指標，例如當前伺服器請求、記憶體 / CPU 使用率、頁面載入時間、流量、登入資訊等等 [30]。

高品質的視覺化系統其實是很難建構的。直接使用現成的系統，理由實在非常充分。舉例來說，Grafana 就是個非常符合此需求的一個好系統。你所能買到的許多流行的時間序列資料庫，都能與它進行完美整合。

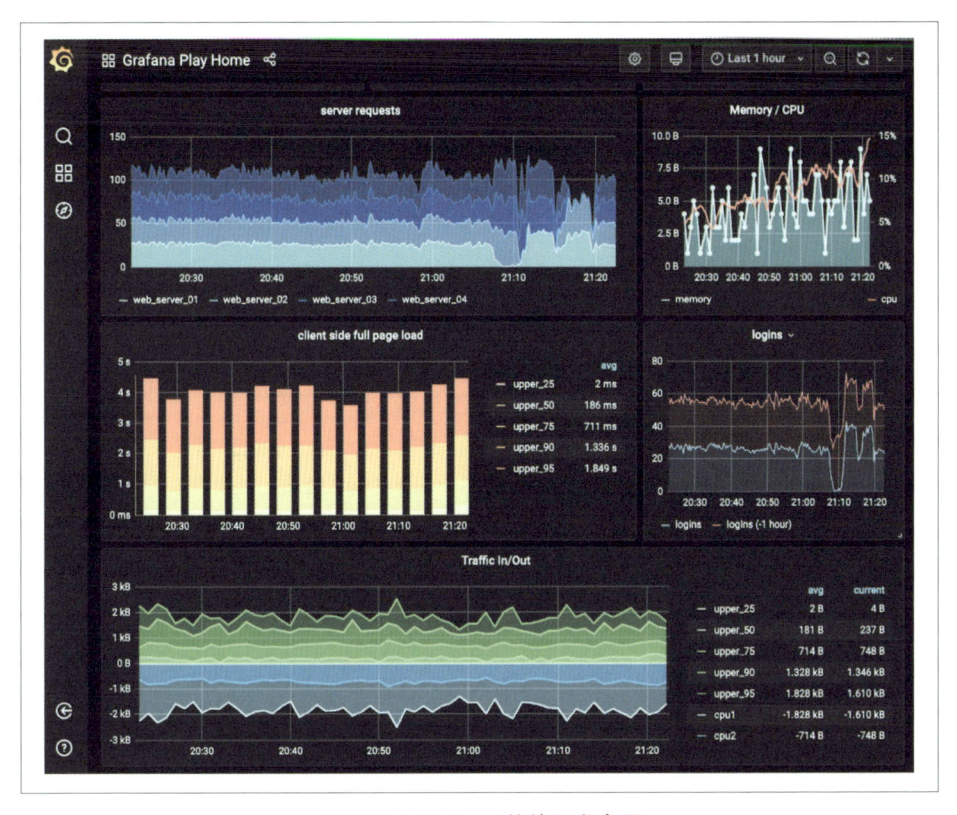

圖 5.21：Grafana 的使用者介面

第 4 步 —— 匯整總結

我們在本章介紹了指標監控警報系統的設計。從比較高的層面來看，我們討論了資料收集、時間序列資料庫、警報和視覺化等主題。然後我們深入研究了一些最重要的技術 / 組件：

- 用來收集指標資料的拉取模型 vs. 推送模型。
- 利用 Kafka 來擴展系統。
- 選擇正確的時間序列資料庫。
- 使用少抽樣的做法，來降低資料量的大小。
- 警報系統和視覺化系統，自行打造 vs. 購買現成的選項。

我們的設計經過了好幾次迭代，最後完整的設計如下：

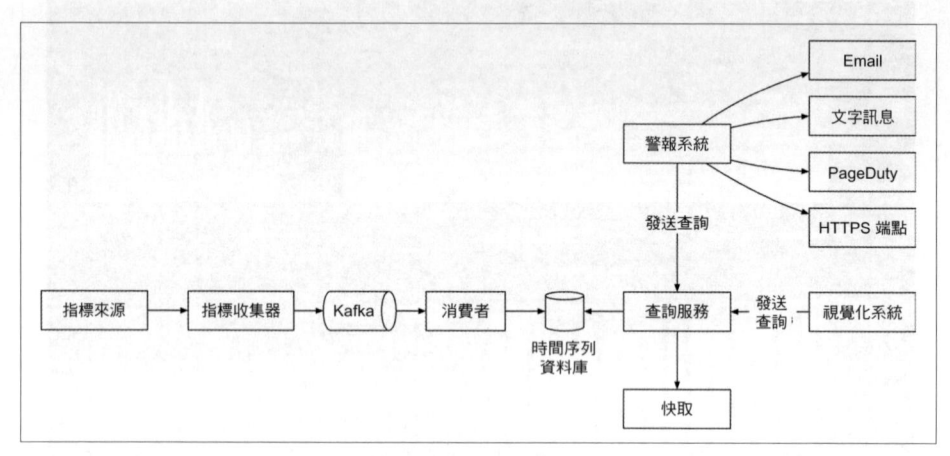

圖 5.22：最終設計

恭喜你跟我們走到了這裡！現在你可以給自己一點鼓勵。你真是太棒了！

章節摘要

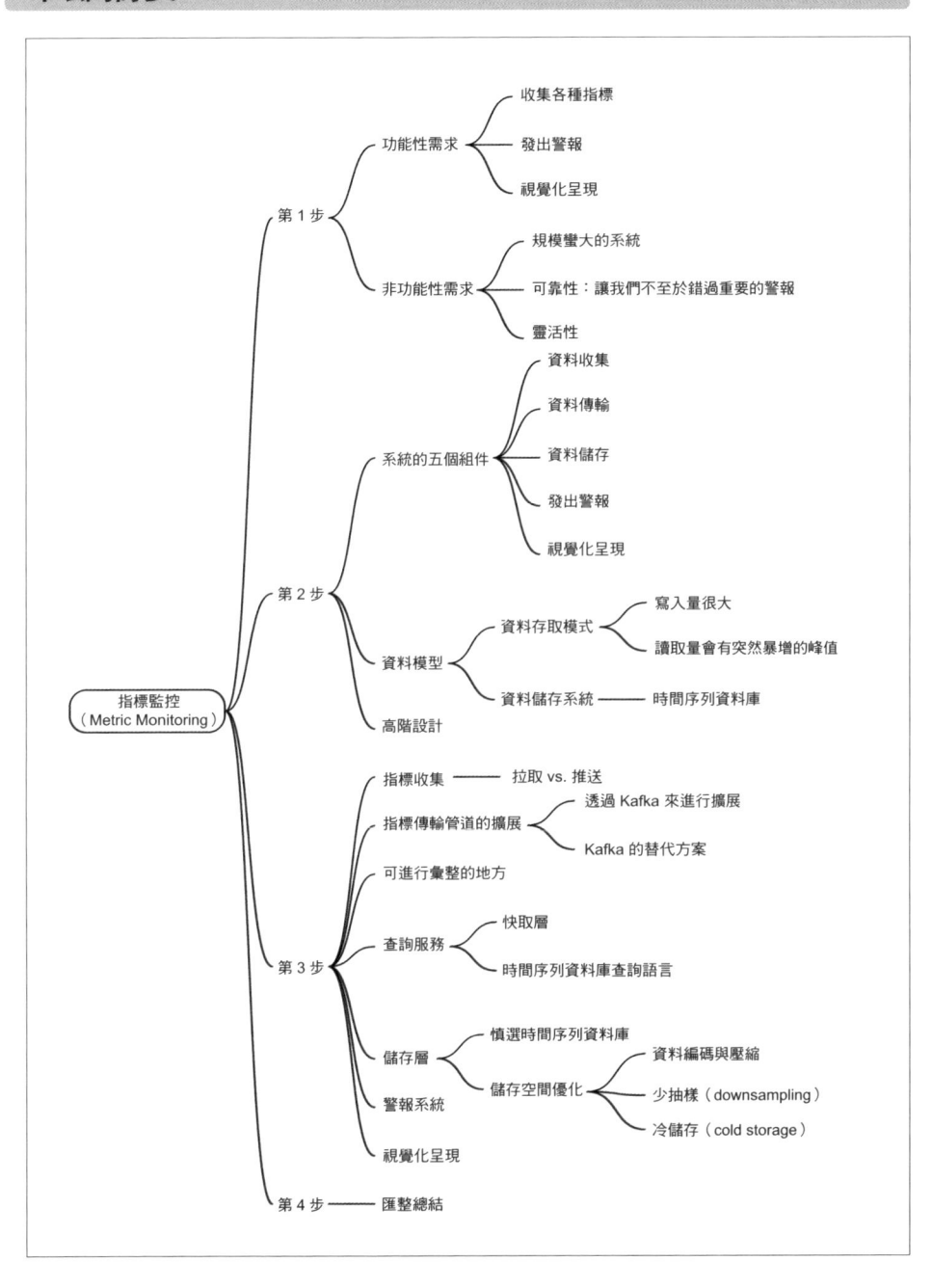

- 指標監控（Metric Monitoring）
  - 第 1 步
    - 功能性需求
      - 收集各種指標
      - 發出警報
      - 視覺化呈現
    - 非功能性需求
      - 規模龐大的系統
      - 可靠性：讓我們不至於錯過重要的警報
      - 靈活性
  - 第 2 步
    - 系統的五個組件
      - 資料收集
      - 資料傳輸
      - 資料儲存
      - 發出警報
      - 視覺化呈現
    - 資料模型
      - 資料存取模式
        - 寫入量很大
        - 讀取量會有突然暴增的峰值
      - 資料儲存系統 —— 時間序列資料庫
    - 高階設計
  - 第 3 步
    - 指標收集 —— 拉取 vs. 推送
    - 指標傳輸管道的擴展
      - 透過 Kafka 來進行擴展
      - Kafka 的替代方案
    - 可進行彙整的地方
    - 查詢服務
      - 快取層
      - 時間序列資料庫查詢語言
    - 儲存層
      - 慎選時間序列資料庫
      - 儲存空間優化
        - 資料編碼與壓縮
        - 少抽樣（downsampling）
        - 冷儲存（cold storage）
    - 警報系統
    - 視覺化呈現
  - 第 4 步 —— 匯整總結

第 5 章　指標監控警報系統

參考資料

[1] Datadog：https://www.datadoghq.com/

[2] Splunk：https://www.splunk.com/

[3] PagerDuty：https://www.pagerduty.com/

[4] Elastic stack：https://www.elastic.co/elastic-stack

[5] Dapper，一個大規模分散式系統追蹤基礎設施：https://research.google/pubs/pub36356/

[6] 使用 Zipkin 來進行分散式系統追蹤：https://blog.twitter.com/engineering/en_us/a/2012/distributed-systems-tracing-with-zipkin.html

[7] Prometheus：https://prometheus.io/docs/introduction/overview/

[8] OpenTSDB —— 分散式、可擴展的監控系統：http://opentsdb.net/

[9] 資料模型：https://prometheus.io/docs/concepts/data_model/

[10] MySQL：https://www.mysql.com/

[11] 時間序列資料的資料架構設計 | 雲端 Bigtable 文件：https://cloud.google.com/bigtable/docs/schema-design-time-series

[12] MetricsDB。可用來儲存 Twitter 指標的時間序列資料庫：https://blog.twitter.com/engineering/en_us/topics/infrastructure/2019/metricsdb.html

[13] Amazon Timestream：https://aws.amazon.com/timestream/

[14] 時間序列 DBMS 的 DB-Engines 排名：https://db-engines.com/en/ranking/time+series+dbms

[15] InfluxDB：https://www.influxdata.com/

[16] etcd：https://etcd.io/

[17] 用 ZooKeeper 來進行服務探索：https://cloud.spring.io/spring-cloud-zookeeper/1.2.x/multi/multi_spring-cloud-zookeeper-discovery.html

[18] Amazon CloudWatch：https://aws.amazon.com/cloudwatch/

[19] Graphite：https://graphiteapp.org/

[20] 推送 vs. 拉取：http://bit.ly/3aJEPxE

[21] 拉取無法進行擴展 —— 可以嗎？ https://prometheus.io/blog/2016/07/23/pull-does-not-scale-or-does-it/

[22] 監控架構：https://developer.lightbend.com/guides/monitoring-at-scale/monitoring-architecture/architecture.html

[23] 監控系統中的推送 vs. 拉取：https://giedrius.blog/2019/05/11/push-vs-pull-in-monitoring-systems/

[24] Pushgateway：https://github.com/prometheus/pushgateway

[25] 用無伺服器架構來建立應用程式：https://aws.amazon.com/lam bda/serverless-architectures-learn-more/

[26] Gorilla。一個快速、可擴展、存放在記憶體的時間序列資料庫：http://www.vldb.org/pvldb/vol8/p1816-teller.pdf

[27] 為什麼我們要建構 Flux，一種新的資料腳本與查詢語言：https://www.influxdata.com/blog/why-were-building-flux-a-new-data-scripting-and-query-language/

[28] InfluxDB 儲存引擎：https://docs.influxdata.com/influxdb/v2.0/reference/internals/storage-engine/

[29] YAML：https://en.wikipedia.org/wiki/YAML

[30] Grafana 示範：https://play.grafana.org/

6

廣告點擊事件彙整

隨著 Facebook、YouTube、TikTok 和線上媒體經濟的崛起，數位廣告在廣告總支出所佔的比例越來越大。因此，追蹤廣告點擊事件非常重要。本章打算探討如何設計出 Facebook 或 Google 規模的廣告點擊事件彙整系統。

在深入探討技術設計之前，我們先來瞭解一下線上廣告的核心概念，這樣才能對這個主題有更好的理解。線上廣告的核心優勢之一，就是它的可衡量性（measurability），可透過即時的資料來予以量化。

數位廣告有一個叫做即時出價（RTB；Real-Time Bidding）的核心程序，而數位廣告庫存（digital advertising inventory）的買賣就是在這個程序中完成的。圖 6.1 顯示的就是線上廣告程序的運作方式。

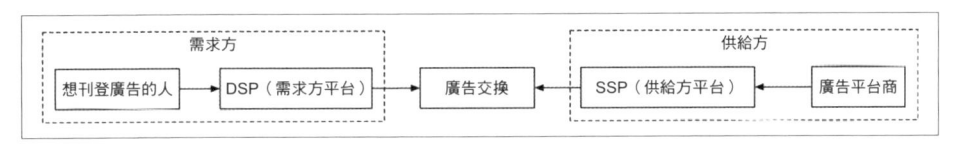

```
需求方                                    供給方
想刊登廣告的人 → DSP（需求方平台） → 廣告交換 ← SSP（供給方平台） ← 廣告平台商
```

圖 6.1：RTB 即時出價程序

RTB 程序的速度很重要，因為整個過程通常不會超過一秒鐘。

資料的正確性也很重要。廣告點擊事件彙整的結果，在衡量網路廣告有效性方面發揮著極為重要的作用；從本質上來說，它會直接影響那些想刊登廣告的人所支付的金額。廣告活動管理者可以根據廣告點擊的彙整結果，來控制廣告預算或調整出價策略，例如改變目標受眾群體、改變關鍵字等等。網路廣告會用到的關鍵指標，包括點擊率（CTR；click-through rate) [1] 和轉換率（CVR；conversion rate) [2]，這些都與廣告點擊資料的彙整結果息息相關。

193

第 1 步 —— 瞭解問題並確立設計範圍

下面一連串的問答,有助於釐清設計需求,並縮小設計的範圍。

應試者:輸入的資料是什麼格式?

面試官:是一個日誌檔案,被放在幾個不同的伺服器中,而最新的點擊事件則會不斷附加到日誌檔案的最後面。每個事件都具有以下幾個屬性:`ad_id`、`click_timestamp`(點擊時間)、`user_id`、`ip`、`Country`(國家)。

應試者:有多少資料量?

面試官:每天 10 億次廣告點擊,總共 200 萬則廣告。廣告點擊事件的數量比去年同期增加 30%。

應試者:需要支援哪些最重要的查詢?

面試官:這個系統需要支援以下 3 種查詢:
- 送回最近 M 分鐘內特定廣告的點擊事件數量。
- 送回過去 1 分鐘內點擊次數最多的 100 則廣告。這裡的兩個參數應該都是可設定的。每分鐘都會進行彙整。
- 上述兩個查詢都應該可以依照 `ip`、`user_id` 或 `country` 來進行資料篩選。

應試者:需要考慮一些特殊情況嗎?我有想到下面這幾個情況:
- 有些事件可能會比預期晚到達。
- 可能會有重複的事件。
- 系統的不同部分隨時都有可能會掛掉,因此我們應該要考慮如何進行系統還原(system recovery)。

面試官:你所列的項目都很好。沒問題,這些全都可以列入考慮。

應試者:延遲的要求是多少?

面試官:端對端可以有幾分鐘的延遲。請注意,RTB(即時出價)和廣告點擊彙整的延遲要求,有很大的不同。雖然 RTB 的延遲通常不會超過一秒(因為有回應能力上的需求),但是對於廣

>> 第 1 步 — 瞭解問題並確立設計範圍

告點擊事件的彙整來說，幾分鐘的延遲是可以接受的，因為它主要是用於廣告計費和報告。

根據上面所收集到的資訊，我們可以得出一些功能性與非功能性需求。

功能性需求

- 針對 ad_id 最近 M 分鐘的點擊次數進行彙整。
- 每分鐘送回點擊次數最多的前 100 個 ad_id。
- 支援不同屬性的彙整篩選。
- 資料集的容量為 Facebook 或 Google 的規模（關於詳細的系統規模要求，請參見隨後「粗略的估計」一節的內容）。

非功能性需求

- 正確性：彙整結果的正確性非常重要，因為 RTB 即時出價和廣告計費都會用到這些資料。
- 正確處理延遲或重複的事件。
- 穩健性（Robustness）：系統應該要有能力抵擋局部故障的情況。
- 延遲要求：端對端延遲最多應該在幾分鐘以內。

粗略的估算

接著我們就來做個粗略的估算，判斷一下所要解決的問題潛在的規模大小與挑戰。

- 10 億個每日活躍使用者。
- 假設平均每個使用者每天點擊 1 個廣告。也就是說，每天都有 10 億次廣告點擊事件。
- 廣告點擊 QPS $= \dfrac{10^9 \text{ 事件}}{\text{每天有 } 10^5 \text{ 秒}} = 10{,}000$

195

- 假設廣告點擊 QPS 的峰值是平均值的 5 倍。QPS 的峰值 = 50,000。
- 假設單獨一個廣告點擊事件會佔用 0.1 KB 的儲存空間。儲存空間的每日需求為：0.1 KB × 10 億 = 100 GB。儲存空間的每月需求約為 3 TB。

第 2 步 —— 提出高階設計並獲得認可

本節打算討論查詢 API 的設計、資料模型，以及高階設計。

查詢 API 的設計

API 設計的目的，就是讓客戶端和伺服器之間能達成一致的協議。在一般的消費者 App 中，客戶端通常是指使用產品的最終使用者。不過在我們的例子中，客戶端則是指那些在資訊面板中針對彙整服務執行查詢的使用者（可能是資料科學家、產品管理者，或是想刊登廣告的人）。

我們就來回顧一下功能性需求，以做出更好的 API 設計：

- 針對 ad_id 最近 M 分鐘的點擊次數進行彙整。
- 送回最近 M 分鐘內點擊次數最多的前 N 個 ad_ids。
- 支援以不同屬性進行篩選彙整。

我們只需要兩個 API，就可以支援這三種使用情境，因為我們可以在請求裡添加查詢參數，藉此方式支援篩選功能（最後一個需求）。

第 1 個 API：針對 ad_id 最近 M 分鐘的點擊次數進行彙整

表 6.1：針對點擊次數進行彙整的 API

API	詳細說明
GET /v1/ads/{:ad_id}/aggregated_count	送回給定 ad_id 的事件計數值彙整結果

>> 第 2 步 — 提出高階設計並獲得認可

請求的參數如下：

表 6.2：/v1/ads/{:ad_id}/aggregated_count 的請求參數

欄位	說明	型別
from	開始分鐘值（預設值是往回推 1 分鐘）。	長整數
to	結束分鐘值（預設值就是現在）。	長整數
filter	不同篩選策略的識別符號。舉例來說，filter = 001 可以篩選掉不是來自美國的點擊。	長整數

回應：

表 6.3：/v1/ads/{:ad_id}/aggreerated_count 的回應

欄位	說明	型別
ad_id	廣告的識別符號	字串
count	從開始到結束（分鐘）的計數值彙整結果	長整數

第 2 個 API：送回最近 M 分鐘內點擊次數最多的前 N 個 ad_ids

表 6.4：送回最近點擊次數最多的前幾個廣告的 API

API	詳細說明
GET /v1/ads/popular_ads	送回最近 M 分鐘內點擊次數最多的前 N 個廣告

請求的參數如下：

表 6.5：/v1/ads/popular_ads 的請求參數

欄位	說明	型別
count	點擊次數最多的前 N 個廣告	整數
window	彙整視窗的大小（M，以分鐘為單位）	整數
filter	不同篩選策略的識別符號	長整數

回應：

表 6.6：/v1/ads/popular_ads 的回應

欄位	說明	型別
ad_ids	點擊次數最多的廣告列表	陣列

第 6 章　廣告點擊事件彙整

資料模型

系統裡有兩種類型的資料：原始資料和彙整過的資料。

原始資料

下面顯示的就是日誌檔案裡的原始資料：

[AdClickEvent] ad001, 2021-01-01 00:00:01, user 1, 207.148.22.22, USA

表 6.7 以結構化方式列出了各個資料欄位的值。這些資料有可能分散在好幾個不同的應用程式伺服器中。

表 6.7：原始資料

ad_id	click_timestamp	user_id	ip	country
ad001	2021-01-01 00:00:01	user1	207.148.22.22	USA
ad001	2021-01-01 00:00:02	user1	207.148.22.22	USA
ad002	2021-01-01 00:00:02	user2	209.153.56.11	USA

彙整過的資料

假設廣告點擊事件每分鐘彙整一次。表 6.8 顯示的就是彙整結果。

表 6.8：彙整過的資料

ad_id	click_minute	count
ad001	202101010000	5
ad001	202101010001	7

為了支援廣告篩選功能，我們在表格內新增了一個名為 filter_id 的欄位。具有相同 ad_id 和 click_minute 的紀錄，全都還會再根據 filter_id 細分成不同的群組（如表 6.9 所示），至於不同 filter_id 的篩選器定義，則可參見表 6.10。

表 6.9：加入篩選器欄位之後，彙整過的資料

ad_id	click_minute	filter_id	count
ad001	202101010000	0012	2
ad001	202101010000	0023	3

ad_id	click_minute	filter_id	count
ad001	202101010001	0012	1
ad001	202101010001	0023	6

表 6.10：篩選器資料表

filter_id	region	IP	user_id
0012	US	*	*
0023	*	123.1.2.3	*

如果要支援查詢「最近 M 分鐘內點擊次數最多的前 N 個廣告」，就會用到以下的結構。

表 6.11：最近 M 分鐘內點擊次數最多的前 N 個廣告

most_clicked_ads		
window_size	整數	彙整視窗的大小（M，以分鐘為單位）
update_time_minute	時間戳	最後更新時間戳（以分鐘為單位）
most_clicked_ads	陣列	JSON 格式的廣告 ID 列表

比較

儲存原始資料和彙整過的資料，這兩種做法的對比如下：

表 6.12：原始資料 vs. 彙整過的資料

	只儲存原始資料	只儲存彙整過的資料
優點	• 資料集很完整 • 可支援資料篩選和重新計算	• 資料集比較小 • 查詢比較快
缺點	• 需要龐大的資料儲存空間 • 查詢比較慢	• 資料有所損失。這畢竟是衍生的資料。舉例來說，10 筆資料有可能會被彙整成 1 筆資料

究竟應該保存原始資料，還是彙整過的資料？我們的推薦就是把這兩種全都保存起來。這裡就來看看為什麼吧。

- 保存原始資料是個很好的做法。如果出了問題，我們還是可以用原始資料來進行除錯。如果彙整過的資料因為某種錯誤而導致損壞，

我們還是可以在修復錯誤之後，重新根據原始資料計算出彙整過的資料。

- 彙整過的資料也應該被保存起來。原始資料的資料量實在太龐大了。由於資料量太大，直接查詢原始資料的效率實在很差。我們只要利用彙整過的資料來執行讀取查詢，就可以緩解這個問題。

- 原始資料可作為備份資料。我們通常並不需要去查詢原始資料，除非需要進行重新計算。我們可以把舊的原始資料轉移到冷儲存，這樣就可以降低成本。

- 彙整過的資料可用來作為平常使用的資料。這樣就可以提高查詢的效能表現。

選擇正確的資料庫

如果想選出正確的資料庫，就要評估以下幾個因素：

- 資料長什麼樣子？資料之間有什麼關聯性嗎？是一個文件還是一個二進位大型物件（BLOB）？

- 所要進行的工作流程，屬於讀取量很大、寫入量很大，還是兩者皆是？

- 是否需要支援完整交易（transaction）？

- 查詢是否需要用到許多像是 SUM、COUNT 之類的 OLAP 函式（online analytical processing；線上分析處理 [3]）？

我們先來檢視一下原始資料。雖然在正常操作期間，我們並不需要查詢原始資料，但對於資料科學家或機器學習工程師來說，若要進行使用者回應預測（user response prediction）、行為定向（behavioral targeting）、相關性回饋（relevance feedback）之類的研究，原始資料還是很有用的 [4]。

如「粗略的估計」一節所示，平均寫入 QPS 為 10,000，QPS 的峰值則可達 50,000，所以系統的寫入量是很大的。在讀取方面，原始資料只會作為備份和重新計算的來源，因此理論上來說，讀取量應該是蠻低的。

關聯式資料庫就可以滿足我們的需求，但在寫入方面若要進行擴展，可能還蠻有挑戰性的。Cassandra 和 InfluxDB 之類的 NoSQL 資料庫應該會更加適合，因為這些資料庫有特別針對寫入和時間範圍查詢進行過優化。

另一種選擇則是使用 ORC [5]、Parquet [6] 或 AVRO [7] 之類的縱列型資料格式，把資料儲存在 Amazon S3 中。我們可以針對每個檔案的大小設定一個上限（例如 10GB），而負責寫入原始資料的串流處理器，可以在達到上限時進行檔案輪替（file rotation）的處理。由於這樣的設定對於許多人來說或許比較陌生，因此在這裡的設計中，我們會使用 Cassandra 來作為範例。

至於彙整過的資料，本質上就是時間序列，在整個工作流程中的讀寫量都非常大。這是因為我們針對每一則廣告，每分鐘都要去查詢資料庫，才能把最新的計數值彙整結果呈現給客戶。這個功能對於資訊面板的自動刷新，或是警報的即時觸發，都是非常有用的。由於總共有 200 萬個廣告，因此整個工作流程的讀取量非常大。彙整服務每分鐘都會進行彙整並寫入資料，因此寫入量也非常大。我們會用同一種類型的資料庫來保存原始資料與彙整過的資料。

現在我們已經討論過查詢 API 的設計和資料模型，接著就來把高階設計整合起來吧。

高階設計

在即時的大數據 [8] 處理過程中，資料通常會以無界（unbounded）資料串流的方式，流入或流出相應的處理系統。彙整服務的運作方式也是一樣的；輸入就是原始資料（無界資料串流），輸出則是彙整結果（參見圖 6.2）。

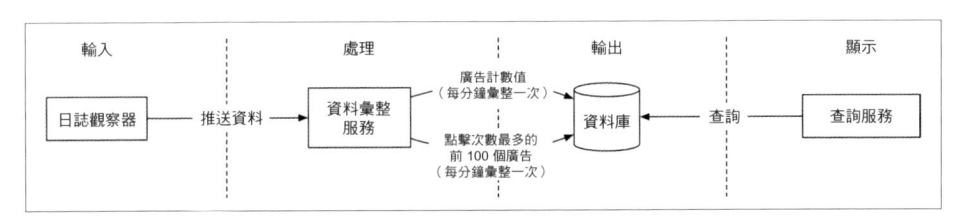

圖 6.2：彙整工作流程

非同步處理

我們目前的設計是同步的。這樣並不是很好,因為生產者和消費者的能力並不總是相等的。考慮以下情況;如果流量突然增加,而且所生成的事件數量遠遠超出消費者的處理能力,消費者可能就會遇到記憶體不足的錯誤,或是出現意外關機的情況。如果系統的各個組件是以同步的方式相連,只要其中某個組件掛掉了,整個系統就會停止運作。

常見的解法就是採用訊息佇列(Kafka),來把生產者和消費者進行解耦。這樣就可以讓整個過程變成非同步,而且生產者與消費者都可以分別獨立進行擴展。

如果把這裡所討論的東西全部整合起來,就可以得出圖 6.3 所示的高階設計。在日誌觀察器(Log watcher)、彙整服務、資料庫之間,會用兩個訊息佇列來進行解耦。資料庫寫入器會從訊息佇列裡輪詢(poll)資料,把資料轉換成資料庫的格式,然後再寫入資料庫。

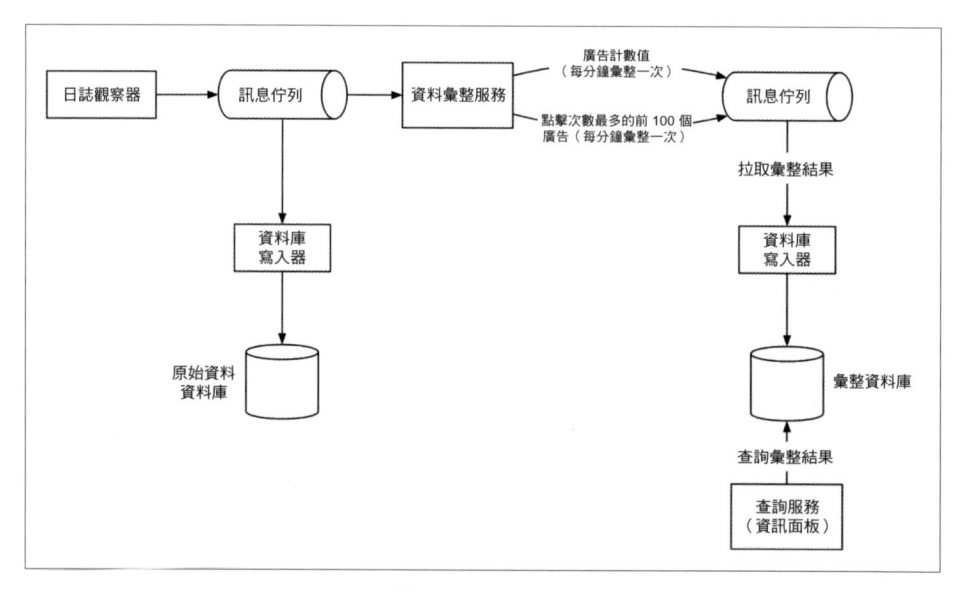

圖 6.3:高階設計

保存在第一個訊息佇列裡的是什麼資料呢?其實就是廣告點擊事件資料,如表 6.13 所示。

>> 第 2 步 — 提出高階設計並獲得認可

表 6.13：保存在第一個訊息佇列裡的資料

ad_id	click_timestamp	user_id	ip	country

保存在第二個訊息佇列裡的是什麼資料呢？在第二個訊息佇列裡，有兩種類型的資料：

1. 以每分鐘的頻率進行彙整的廣告點擊計數值。

表 6.14：保存在第二個訊息佇列裡的第一種資料

ad_id	click_minute	count

2. 以每分鐘的頻率進行彙整的前 N 個點擊次數最多的廣告。

表 6.15：保存在第二個訊息佇列裡的第二種資料

update_time_minute	most_clicked_ads

你或許想知道，為什麼我們不直接把彙整結果寫入資料庫。簡而言之，我們需要用 Kafka 這樣的訊息佇列，來實現端到端「恰好一次」（exactly-once）的語義（原子化提交；atomic commit）[9]。

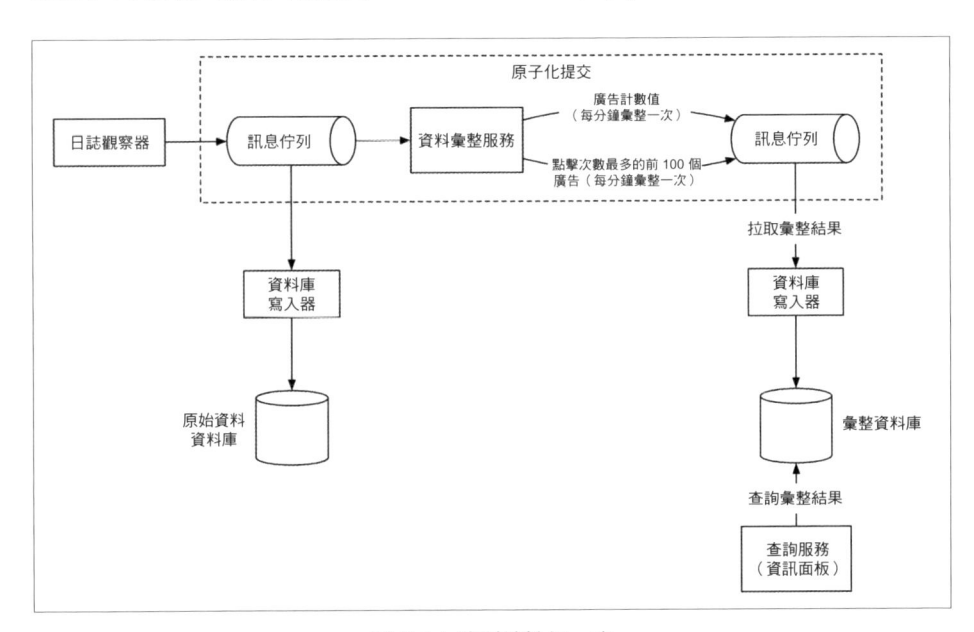

圖 6.4：端到端恰好一次

接著我們再來深入瞭解彙整服務的細節。

彙整服務

如果要彙整廣告點擊事件，MapReduce 框架就是一個不錯的選擇。其中的有向非循環圖譜（DAG；directed acyclic graph）是一個很好的模型 [10]。DAG 模型的關鍵，就是把整個系統拆解成許多個比較小的運算單元，例如像圖 6.5 所示的 Map 映射節點 / 彙整節點 / Reduce 降減節點。

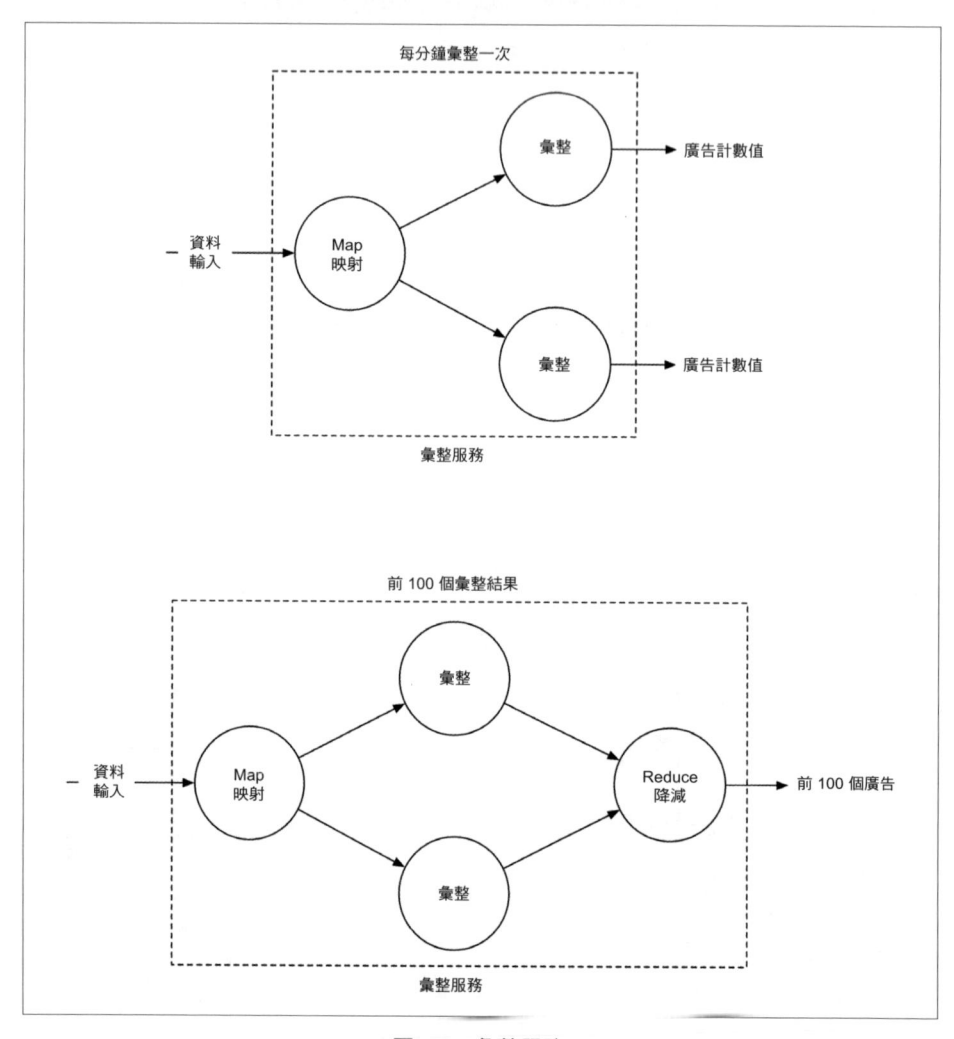

圖 6.5：彙整服務

每個節點只需要負責單一個任務，然後就把處理結果傳送給下游的節點。

Map 映射節點

Map 映射節點會從資料來源讀取資料，然後再對資料進行篩選與轉換。舉例來說，Map 映射節點會把 `ad_id % 2 = 0` 的廣告傳送到節點 1，其他的廣告則傳送到節點 2，如圖 6.6 所示。

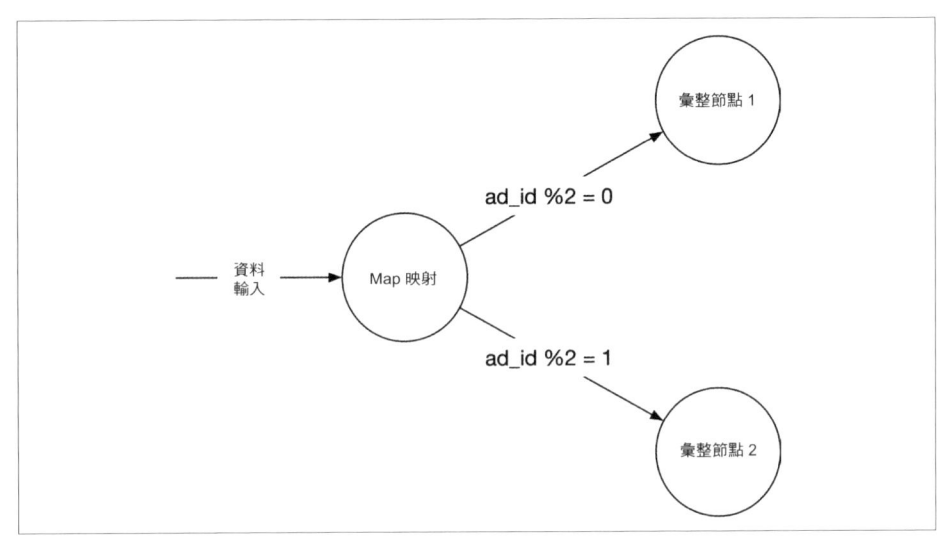

圖 6.6：Map 映射操作

你或許想知道，為什麼這裡要用到 Map 映射節點。其實還有另外一種做法，就是設定 Kafka 分區或標籤，然後再讓彙整節點直接去訂閱 Kafka 就行了。那確實是可行的做法，不過輸入資料有可能需要先進行清理或正規化處理，這些操作還是可以用 Map 映射節點來完成。另一個理由是，有時候資料的生成並不是我們能控制的，即使是相同 `ad_id` 的事件，也有可能會被送到不同的 Kafka 分區。

彙整節點

彙整節點每分鐘都會去計算記憶體內各個 `ad_id` 相應廣告點擊事件的數量。在 MapReduce 的概念下，彙整其實也屬於 Reduce 降減的操作。所以這裡的 Map-彙整-Reduce 程序，其實就等同於 Map-Reduce-Reduce。

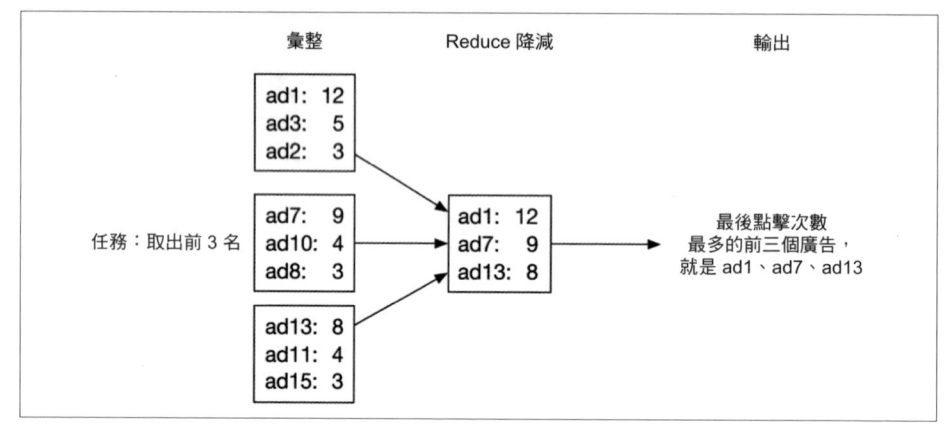

Reduce 降減節點

Reduce 降減節點會把「彙整節點」所有的彙整結果，降減為最終的結果。舉例來說，如圖 6.7 所示，有三個彙整節點，每個彙整節點都包含節點內點擊次數最多的前 3 個廣告。Reduce 降減節點則會把點擊次數最多的廣告總數量縮減到只剩 3 個。

```
              彙整              Reduce 降減         輸出

           ad1:  12
           ad3:   5
           ad2:   3
                          →    ad1:  12
任務：取出前 3 名   ad7:   9        ad7:   9     →   最後點擊次數
           ad10:  4       →    ad13:  8          最多的前三個廣告，
           ad8:   3                              就是 ad1、ad7、ad13

           ad13:  8
           ad11:  4       →
           ad15:  3
```

圖 6.7：Reduce 降減節點

DAG 模型可說是著名的 MapReduce 標準做法其中一個很有代表性的例子。它的設計目的就是要處理大量的資料，運用平行分散式計算的方式，把大量的資料轉換成數量少一點、比較好處理的資料。

在 DAG 模型中，中間的資料可以暫時儲存在記憶體，而不同節點之間則可以透過 TCP（各節點在不同的 process 進程中運行）或共享記憶體（各節點在不同的 thread 執行緒中運行）來進行溝通。

主要使用情境

現在我們已經從比較高的層面上瞭解了 MapReduce 的工作原理，接著就來看如何利用它來支援一些主要的使用情境：

- 針對 ad_id 在最近 M 分鐘內被點擊的次數進行彙整。
- 送回過去 M 分鐘內點擊次數最多的前 N 個 ad_ids。
- 資料篩選。

使用情境 1：彙整點擊次數

如圖 6.8 所示，輸入事件在 Map 映射節點會根據 ad_id（ad_id % 3）來進行分區，然後再用彙整節點來進行彙整。

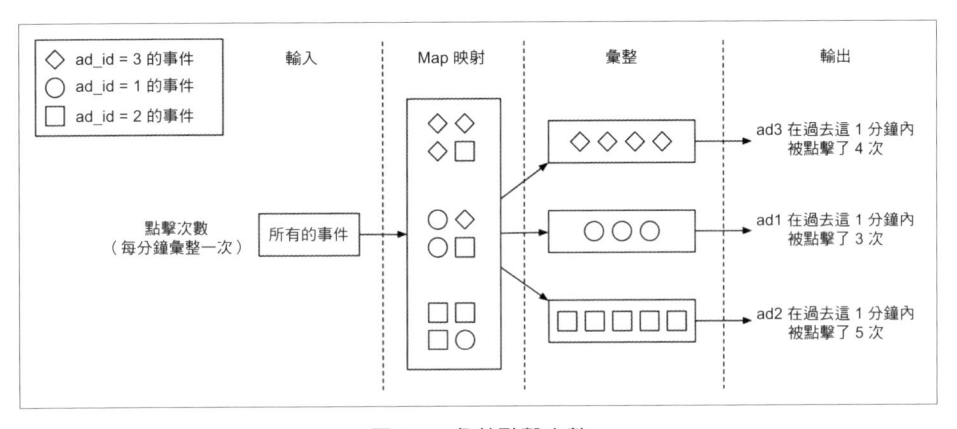

圖 6.8：彙整點擊次數

使用情境 2：送回點擊次數最多的前 N 個廣告

圖 6.9 顯示的就是獲取點擊次數最多的前 3 個廣告的簡化設計，這個設計也可以擴展成前 N 個。輸入事件會根據 ad_id 來進行 map 映射，然後每個彙整節點都會維護一個 heap 資料結構，這樣就能以很有效率的方式取得節點內排名前 3 的廣告。最後一個步驟，Reduce 降減節點每分鐘都會把 9 個廣告（每個彙整節點取前 3 個廣告）縮減成點擊次數最多的前 3 個廣告。

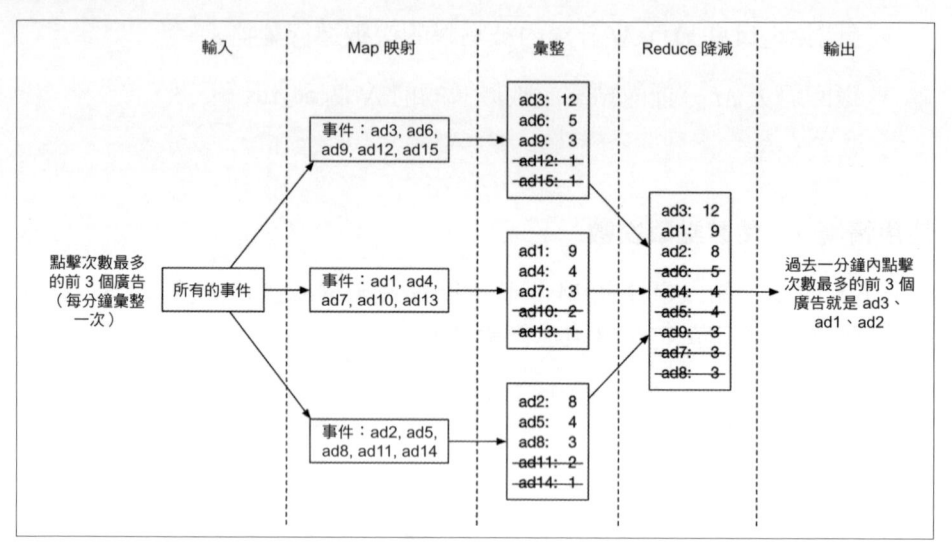

圖 6.9：送回點擊次數最多的前 N 個廣告

使用情境 3：資料篩選

為了支援像是「只顯示 ad001 在美國境內彙整後的點擊次數」之類的資料篩選功能，我們可以預先定義一些篩選判斷條件，然後再根據這些條件來彙整出一些資料。舉例來說，ad001 和 ad002 的彙整結果如下：

表 6.16：彙整結果（依國家進行篩選）

ad_id	click_minute	country	count
ad001	202101010001	美國	100
ad001	202101010001	英國	200
ad001	202101010001	其他	3000
ad002	202101010001	美國	10
ad002	202101010001	英國	25
ad002	202101010001	其他	12

這種技術稱為星型資料架構（star schema）[11]，在資料倉儲（data warehouses）領域有很廣泛的應用。這些篩選的欄位，就是所謂的「維度」（dimension）。這樣的做法有以下幾個好處：

- 很容易理解，也很容易進行構建。

- 在星型資料架構下，可以建立更多的維度，而原本的彙整服務還是可以重複使用。完全不需要增加額外的組件。
- 因為結果都是預先計算好的，所以根據篩選條件來存取資料，速度還蠻快的。

這種做法的其中一個限制，就是它會創建出比較多的儲存桶（bucket）和比較多的紀錄，尤其是當我們有很多篩選條件的情況下。

第 3 步 —— 深入設計

本節會深入探討以下幾個主題：

- 串流處理 vs. 批量處理
- 時間 & 彙整視窗
- 傳遞保證
- 系統的擴展
- 容錯能力
- 資料的監控與正確性
- 最終設計圖

串流處理 vs. 批量處理

我們在圖 6.3 所提出的高階架構，可算是一種串流處理（stream processing）系統。表 6.17 顯示的就是常見的三種系統之間的比較 [12]：

表 6.17：三種常見系統的比較

	服務 （線上系統）	批量處理系統 （離線系統）	串流處理系統 （近乎即時的系統）
反應能力	快速回覆客戶端	無需回應客戶端	無需回應客戶端
輸入	使用者請求	大小有限的有界輸入。大量的資料	輸入沒有邊界（無限串流）
輸出	給客戶端的回應	具體化的視圖、彙整過的指標等等。	具體化的視圖、彙整過的指標等等。
效能表現衡量方式	可用性、延遲	吞吐量	吞吐量、延遲
例子	網上購物	MapReduce	Flink [13]

第 6 章　廣告點擊事件彙整

在我們的設計中，串流處理和批量處理這兩種做法其實都有用到。我們是用串流處理的方式來處理資料，並以近乎即時的方式生成彙整結果。我們也有用到批量處理的做法，來進行歷史資料備份。

這種同時包含兩種處理路徑（批量處理和串流處理）的系統，就是所謂的 lambda 架構 [14]。lambda 架構的缺點就是有兩種處理路徑，這也就表示，我們需要維護兩套程式碼庫。Kappa 架構 [15] 則是把批量處理和串流處理結合成同一個處理路徑，來解決這個問題。其中最關鍵的構想，就是用單獨的一個串流處理引擎，來進行「即時資料處理（real-time data processing）」和「連續資料重新處理（continuous data reprocessing）」。圖 6.10 顯示的就是 lambda 架構和 kappa 架構的比較。

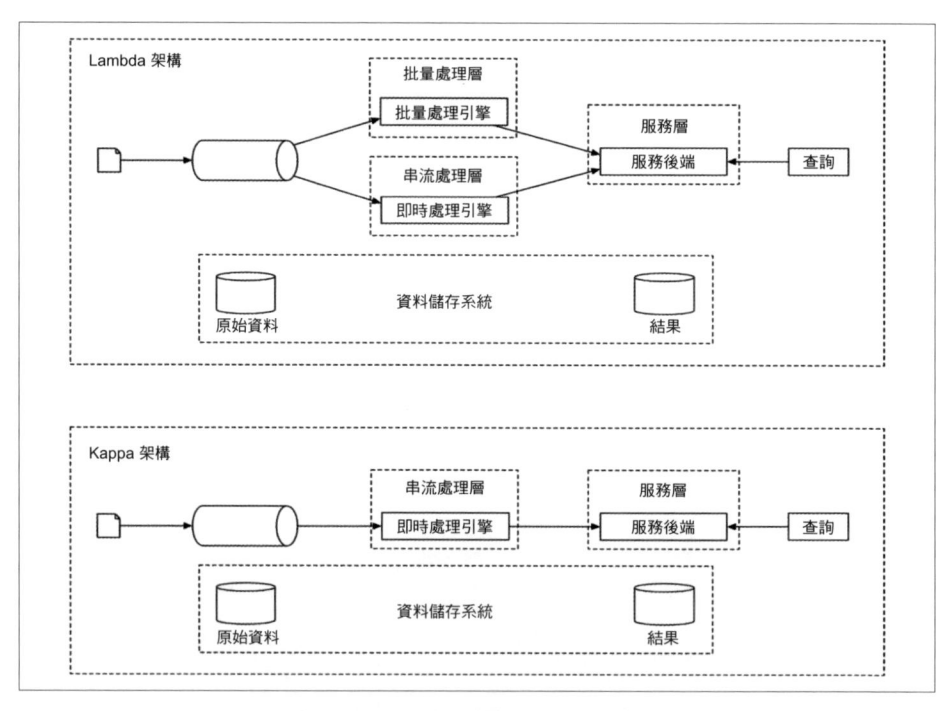

圖 6.10：Lambda 架構與 Kappa 架構

我們的高階設計採用的是 Kappa 架構，其中歷史資料的重新處理，同樣也是交給即時彙整服務來進行處理。詳細說明請參見隨後「資料重新計算」一節的內容。

第 3 步 — 深入設計

資料重新計算

有時候我們必須重新計算之前彙整過的資料，這也就是所謂的歷史資料重播（historical data replay）。舉例來說，如果我們在彙整服務發現重大錯誤，就必須從錯誤導入的點開始，根據原始資料重新計算彙整資料。圖 6.11 所顯示的就是資料重新計算的流程：

1. 重新計算服務會從原始資料儲存系統檢索出原始資料。這屬於批量處理的工作。

2. 檢索出來的原始資料會被傳送到另一個專用的彙整服務，這樣一來正在進行即時處理的資料才不會受到歷史資料重播的影響。

3. 彙整結果會被傳送到第二個訊息佇列，然後在彙整資料庫裡進行更新。

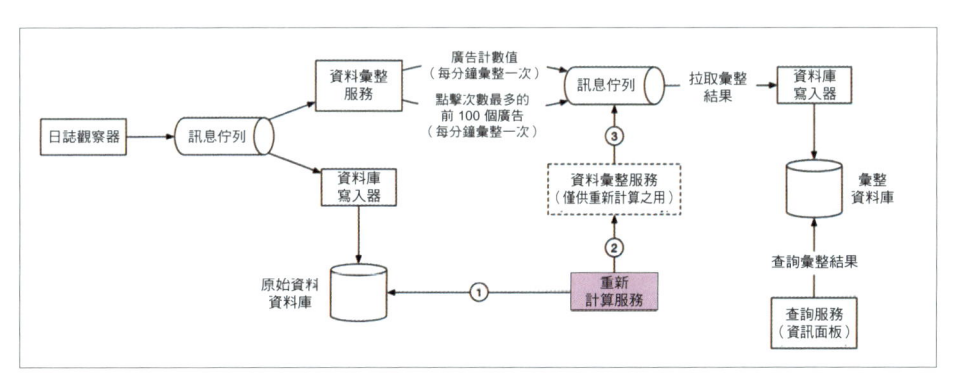

圖 6.11：重新計算服務

重新計算程序還是一樣會使用資料彙整服務，只不過使用的是不同的資料來源（原始資料）。

時間

在進行彙整時，我們會用到時間戳。有兩個不同的地方，會生成時間戳：

- 事件時間：廣告點擊發生的時間。
- 處理時間：負責進行彙整的機器，在處理點擊事件時，該機器上的系統時間。

211

由於網路的延遲與非同步的架構（資料是透過訊息佇列來傳遞），事件時間和處理時間可能會有很大的差距。如圖 6.12 所示，事件 1 過了很久（5 小時之後）才被送到彙整服務進行處理。

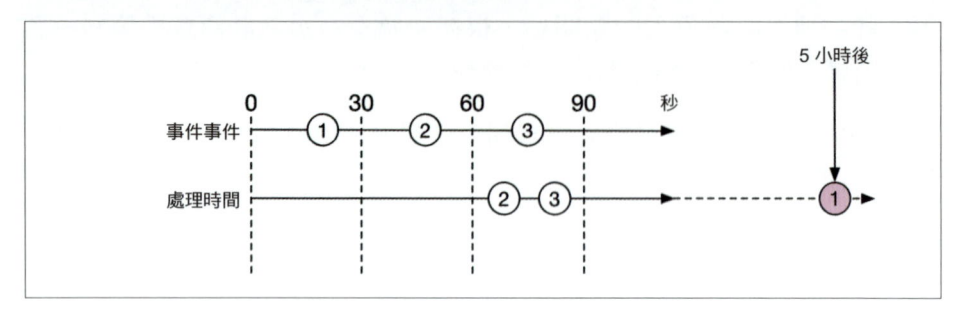

圖 6.12：事件過了很久才被處理的情況

如果在彙整時採用的是事件時間，我們就必須妥善處理「事件有可能比較晚才被處理到」的情況。如果彙整時採用的是處理時間，彙整的結果可能就會不太準確。完美的解法是不存在的，因此我們一定要想清楚該如何取捨。

表 6.18：事件時間 vs. 處理時間

	優點	缺點
事件時間	彙整結果比較準確，因為客戶端可以確切知道廣告是何時被點擊的	根據的是客戶端所生成的時間戳。客戶端的時間有可能是錯誤的，時間戳也有可能是由惡意使用者所生成的
處理時間	伺服器的時間戳比較可靠	如果事件經過很長的時間才被送入系統，時間戳就會很不準確

由於資料正確性非常重要，因此我們推薦在彙整時採用事件時間。在這樣的做法下，我們該如何妥善處理「事件比較晚才被處理到」的情況呢？我們通常會採用一種叫做「水痕」（watermark）的技術，來處理這種「事件稍微比較晚才被處理到」的情況。

在圖 6.13 中，一分鐘滾動視窗範圍內的廣告點擊事件全都會被彙整起來（更多詳細說明請參見隨後「彙整視窗」一節的內容）。如果用處理時間

來判斷事件有沒有在視窗範圍內，那麼視窗 1 就會漏掉事件 2，視窗 3 則會漏掉事件 5，因為這些事件的處理時間略晚於彙整視窗的末端。

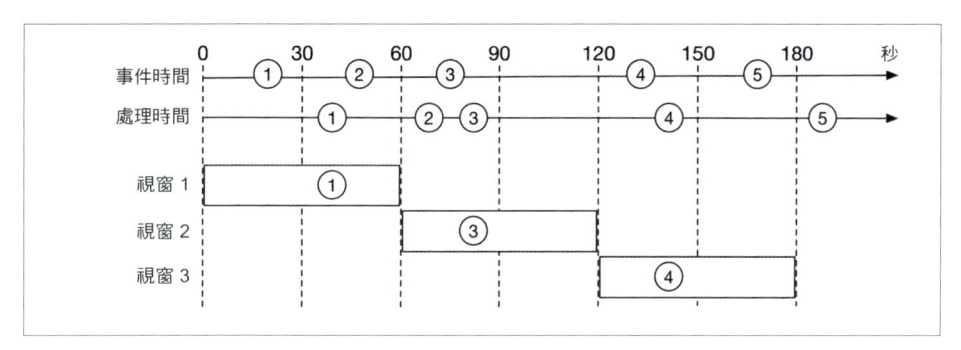

圖 6.13：彙整視窗漏掉了一些事件

緩解這個問題的其中一種方式，就是使用「水痕」（watermark；參見圖 6.14 中的矩形延伸部分），我們可以把它視為彙整視窗的延伸。這樣就可以提高彙整結果的正確性。只要把彙整視窗額外延伸 15 秒（這個值是可以調整的），視窗 1 就可以把事件 2 包含進來，視窗 3 也可以把事件 5 包含進來。

水痕的值究竟應該設為多少，完全取決於業務上的需求。比較長的水痕可以捕捉很晚才到達的事件，不過這樣也會增加系統的延遲。比較短的水痕就表示資料有可能比較不準確，但這樣可以減少系統的延遲。

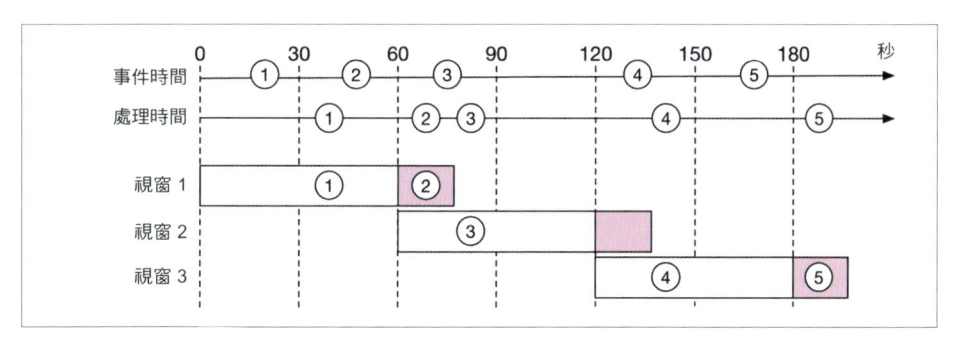

圖 6.14：水痕

請注意，水痕技術並沒有能力處理那種延遲情況特別嚴重的事件。事實上，針對機率很低的事件進行複雜的設計，從投資報酬率（ROI）的角度來看並不值得。而且，我們永遠都可以用每天進行對帳的方式，來修正那些微小的不準確之處（請參見「對帳」一節的內容）。這裡需要去權衡取捨的是，使用水痕雖然可以提高資料的正確性，但由於等待的時間拉長了，因此整體的延遲也就跟著增加了。

彙整視窗

根據 Martin Kleppmann 的《資料密集型應用系統設計》[16] 一書所述，視窗可分成四種：滾動（tumbling；也稱為固定；fixed）視窗、跳動（hopping）視窗、滑動（sliding）視窗和 session 視窗。我們會討論滾動視窗和滑動視窗，因為與我們的系統最相關的就是這兩種視窗。

在滾動視窗（參見圖 6.15）的做法下，時間會以相同的長度進行切分，切成好幾個互不重疊的區塊。滾動視窗非常適合用在每分鐘對廣告點擊事件進行彙整的情境（使用情境 1）。

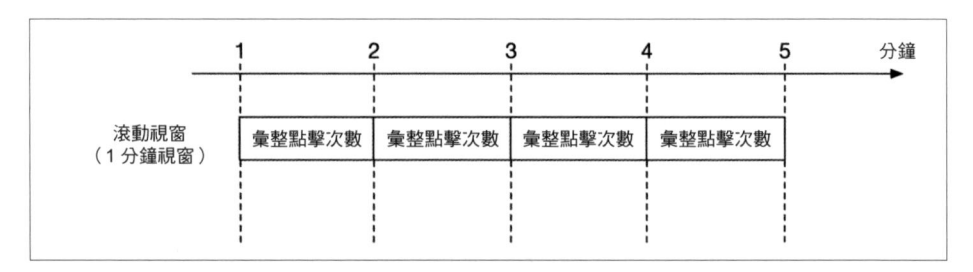

圖 6.15：滾動視窗

在滑動視窗（參見圖 6.16）的做法下，視窗會被設定為某個間隔時間長度，然後把視窗內的事件併成同一組，再沿著資料串流的方向滑動。滑動視窗可能會與之前的視窗有所重疊。對於我們的第二個使用情境（取得過去 M 分鐘內點擊次數最多的前 N 個廣告）來說，這是個蠻適合的策略。

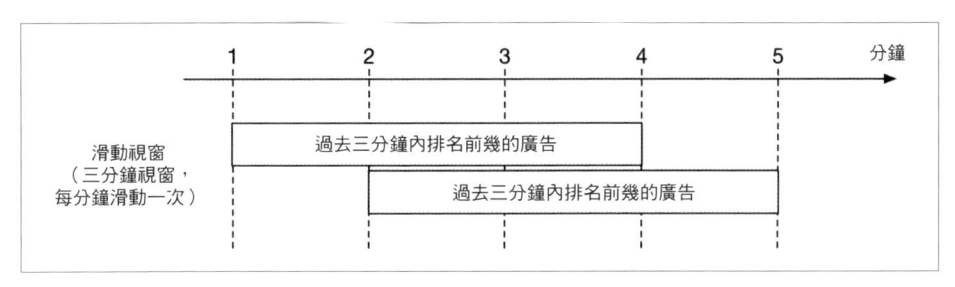

```
                    1         2         3         4         5      分鐘
  ─────────────────┼─────────┼─────────┼─────────┼─────────┼────────▶
                   ┊         ┌─────────────────────────────┐       ┊
   滑動視窗         ┊         │    過去三分鐘內排名前幾的廣告    │       ┊
  （三分鐘視窗，    ┊         └─────────────────────────────┘       ┊
   每分鐘滑動一次）  ┊                   ┌─────────────────────────────┐
                   ┊                   │    過去三分鐘內排名前幾的廣告    │
                   ┊                   └─────────────────────────────┘
```

圖 6.16：滑動視窗

傳遞保證

由於彙整結果會被用來計算相關費用，因此資料的正確性和完整性（completeness）非常重要。這個系統需要能夠回答以下幾個問題：

- 如何避免處理到重複的事件？
- 如何確保所有的事件全都有處理到？

Kafka 之類的訊息佇列通常可以提供三種傳遞語義：最多一次、至少一次和恰好一次。

我們應該選擇哪一種傳遞方式？

在大多數情況下，如果可以接受某個小小比例的重複資料，那「至少一次」的處理方式也就足夠了。

不過，我們的系統並非如此。資料若有幾個百分點的差異，可能就會導致好幾百萬美元的差別。因此，我們推薦採用「恰好一次」的系統傳遞方式。如果你有興趣多瞭解現實世界裡的廣告彙整系統是怎麼做的，可以查看一下 Yelp 的實作方式 [17]。

消除資料重複的情況

最常見的資料品質問題之一，就是重複的資料。重複的資料有可能來自多種來源，本節會討論其中兩個常見的來源。

- 客戶端：舉例來說，客戶端可能會多次重新發送相同的事件。惡意發送的重複事件，最好是交給廣告詐騙 / 風險控制組件來進行處理。如果你對這部分很感興趣，請參見參考資料 [18]。
- 伺服器出問題：如果彙整服務節點在彙整過程中掛掉了，而上游的服務沒有收到確認，這樣就有可能再次傳送相同的事件，並且再次進行彙整。接著就來更仔細看個例子好了。

圖 6.17 顯示的就是彙整服務節點（彙整器）出問題之後，重複的資料是如何被引入的。彙整器（Aggregator）會把偏移量儲存在上游的 Kafka，以管理資料消費的狀態。

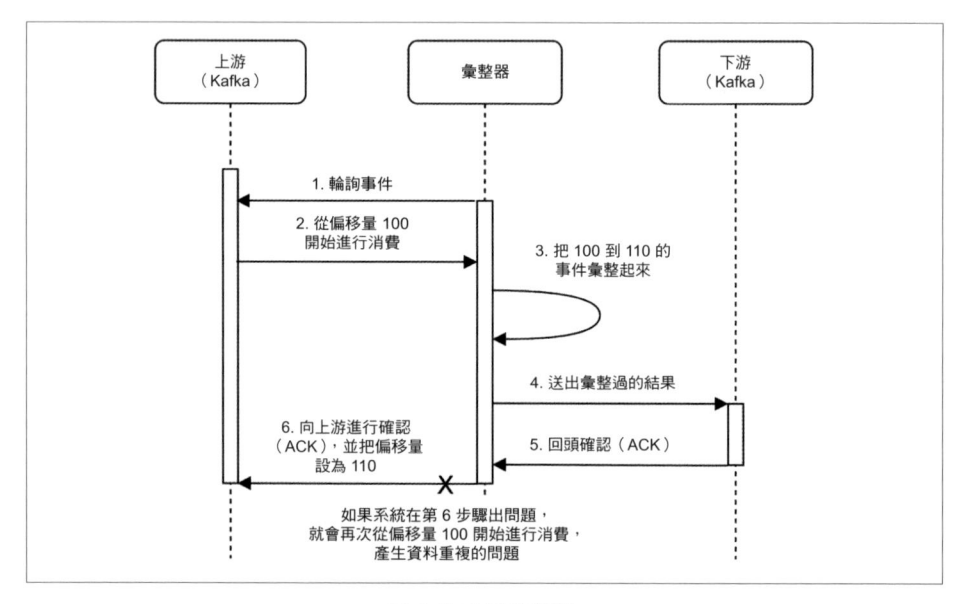

圖 6.17：重複資料

如果第 6 步驟出問題，有可能是彙整器出了問題，雖然從 100 到 110 的事件已經被送往下游，但新的偏移量 110 並沒有被持久化保存到上游的 Kafka。在這樣的情況下，另一個新的彙整器又會從偏移量 100 開始再次進行消費；但由於這些事件已經被處理過了，因此就會產生重複的資料。

最直接的解法（圖 6.18）就是使用外部的檔案儲存系統（例如 HDFS 或 S3）來記錄偏移量。不過，這個解法還是有點問題。

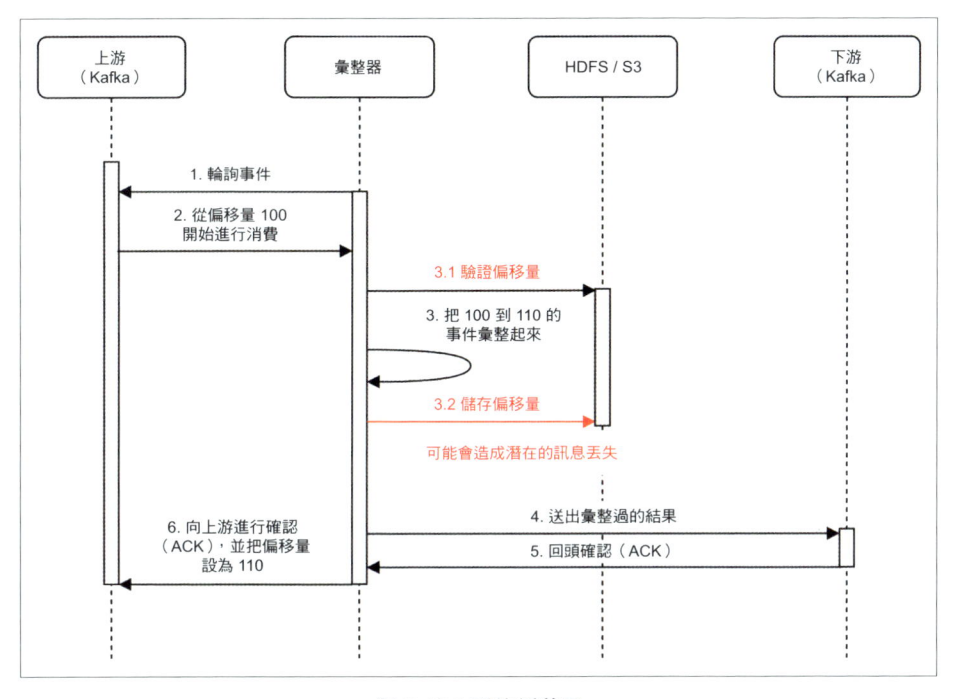

```
上游                彙整器              HDFS / S3            下游
（Kafka）                                                 （Kafka）
   │                  │                   │                  │
   │◄── 1. 輪詢事件 ──│                   │                  │
   │                  │                   │                  │
   │── 2. 從偏移量 100 ──►│                │                  │
   │    開始進行消費   │                   │                  │
   │                  │── 3.1 驗證偏移量 ──►│                │
   │                  │                   │                  │
   │                  │  3. 把 100 到 110 的                 │
   │                  │ ↻ 事件彙整起來                        │
   │                  │                   │                  │
   │                  │── 3.2 儲存偏移量 ──►│                │
   │                  │   可能會造成潛在的訊息丟失              │
   │                  │                   │                  │
   │                  │─────── 4. 送出彙整過的結果 ──────────►│
   │                  │◄────── 5. 回頭確認（ACK）────────────│
   │◄── 6. 向上游進行確認 │                │                  │
   │   （ACK），並把偏移量 │                │                  │
   │      設為 110     │                   │                  │
```

圖 6.18：記錄偏移量

在步驟 3 中，唯有在外部儲存系統所儲存的最後一個偏移量為 100 時，彙整器才會去處理偏移量 100 到 110 的事件。如果儲存系統所儲存的偏移量是 110，彙整器就會把偏移量 110 之前的事件全都忽略掉。

但這種設計有一個主要的問題：在彙整結果被發送到下游之前，新的偏移量就已經先保存到 HDFS / S3 了（步驟 3.2）。如果彙整器又出了問題，導致第 4 步驟沒被完成，重新啟動的彙整器節點永遠都不會再去處理 100 到 110 的事件，因為儲存在外部儲存系統裡的偏移量已經變成 110 了。

第 6 章　廣告點擊事件彙整

為了避免資料被丟失的問題，我們會等到下游回頭確認之後，才把新的偏移量保存起來。更新過的設計如圖 6.19 所示。

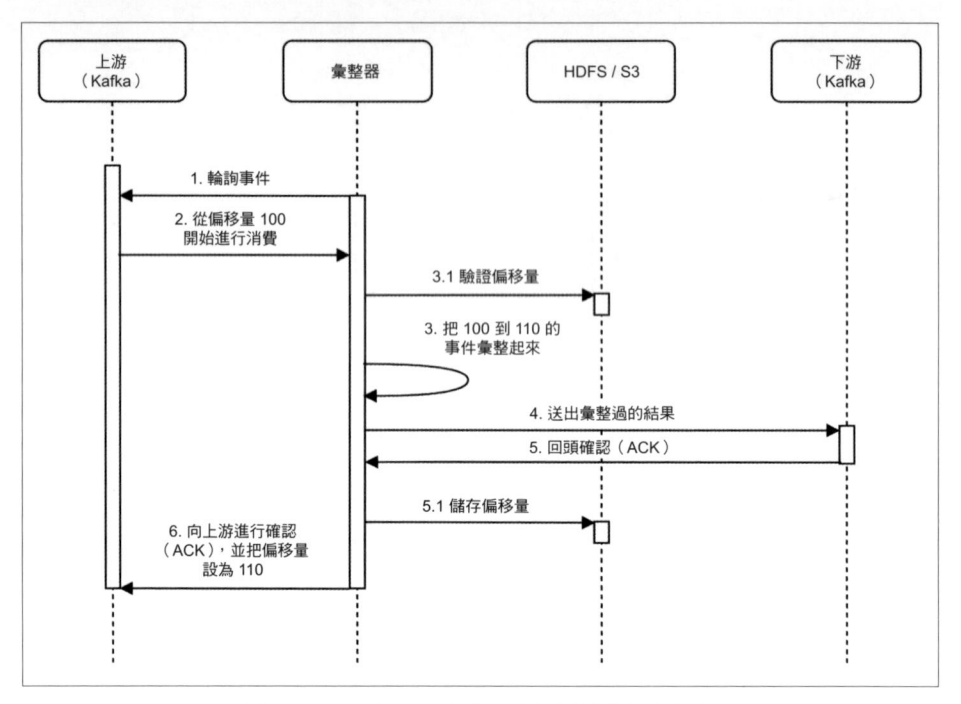

圖 6.19：收到 ACK 之後，才把偏移量保存起來

在這個設計中，如果執行到步驟 5.1 之前彙整器就掛掉了，從 100 到 110 的事件就會再次發送給下游。為了實現「恰好一次」的處理效果，我們必須把第 4 到第 6 步驟之間的操作，放入一個分散式的完整交易（transaction）中。分散式完整交易就是跨越多個節點進行的完整交易。如果有任何操作出了問題，整個完整交易全都會滾回到原來的狀態。

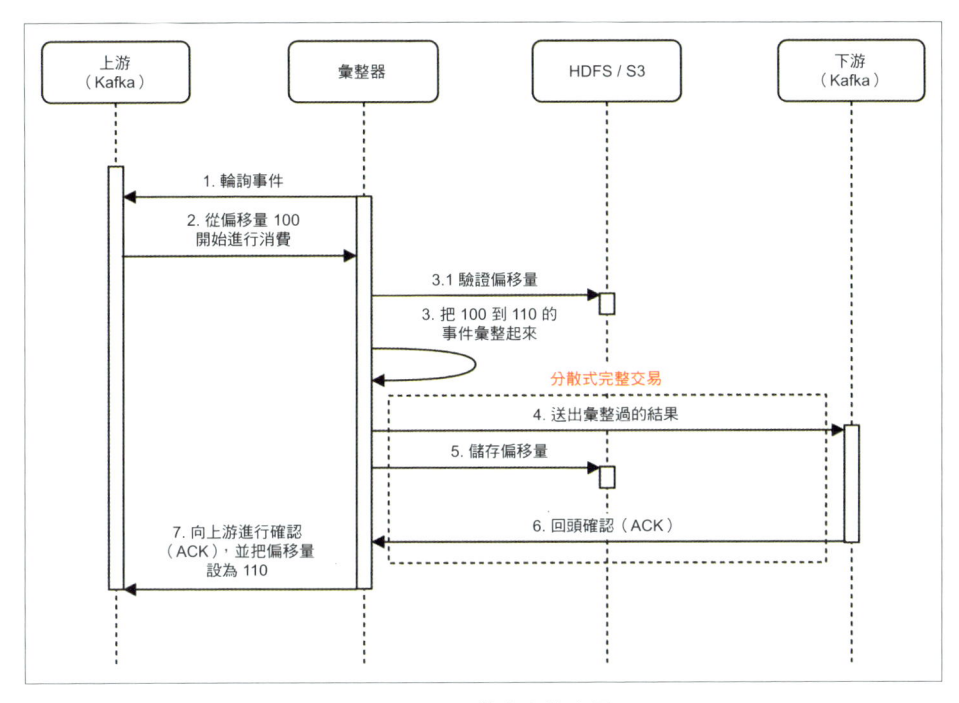

```
┌─────────┐      ┌─────┐      ┌─────────┐      ┌─────────┐
│  上游    │      │彙整器│      │ HDFS/S3 │      │  下游   │
│(Kafka)  │      │     │      │         │      │(Kafka) │
└─────────┘      └─────┘      └─────────┘      └─────────┘
```

圖 6.20：分散式完整交易

（圖中步驟：1. 輪詢事件；2. 從偏移量 100 開始進行消費；3.1 驗證偏移量；3. 把 100 到 110 的事件彙整起來；4. 送出彙整過的結果；5. 儲存偏移量；6. 回頭確認（ACK）；7. 向上游進行確認（ACK），並把偏移量設為 110；分散式完整交易）

正如你所看到的，在大型系統中要刪除掉重複資料並不容易。如何實現「恰好一次」的處理效果，是一個比較進階的主題。如果你對詳細的做法很感興趣，請參見參考資料 [9]。

系統的擴展

根據粗略的估算，我們知道這個業務每年成長 30%，導致系統需求每 3 年就會翻倍。我們該如何因應這樣的成長呢？接著就來看一下吧。

我們的系統是由三個獨立的組件所組成：訊息佇列、彙整服務和資料庫。由於這些組件彼此是解耦的，因此我們可以針對每個組件獨立進行擴展。

訊息佇列的擴展

我們已經在「分散式訊息佇列」一章廣泛討論過如何對訊息佇列進行擴展，因此這裡只會簡要介紹幾個要點。

生產者：我們並不會去限制生產者的數量，因此可以輕鬆實現生產者的可擴展性。

消費者：在消費者群組內部，如果想對消費者進行擴展，只要在新增或刪除節點之後，執行一下重新平衡的機制就可以了。如圖 6.21 所示，只要多增加兩個消費者，就可以讓每個消費者只負責處理一個分區的事件。

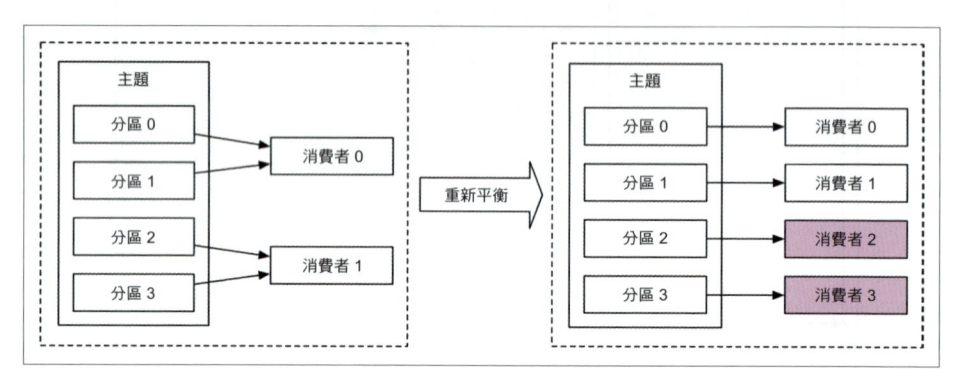

圖 6.21：新增消費者

如果系統裡有好幾百個 Kafka 消費者，消費者重新平衡就會非常耗時，可能需要好幾分鐘甚至更長的時間。因此，如果需要增加更多的消費者，盡可能選擇在非尖峰時段進行，這樣才不會造成太大的影響。

分區代理

- **雜湊鍵**

  只要用 `ad_id` 來作為 Kafka 分區的雜湊鍵，就可以把具有相同 `ad_id` 的事件，全都保存到同一個 Kafka 分區中。在這樣的情況下，彙整服務就可以從同一個分區裡訂閱到相同 `ad_id` 的所有事件了。

- **分區的數量**

  如果分區的數量發生變化，相同 `ad_id` 的事件就有可能對應到不同的分區。所以，建議從一開始就預先分配好足夠的分區，以避免將來在正式環境下，還要被迫以動態方式增加分區的數量。

>> 第 3 步 — 深入設計

- **主題的實際分片方式**

    如果只有單一個主題，通常都是不夠用的。我們還可以按照地理位置（topic_north_america、topic_europe、topic_asia 等）或業務相關類型（topic_web_ads、topic_mobile_ads 等）來對資料進行拆分。

    ○ 優點：把資料切分到不同的主題，可以有助於提高系統的吞吐量。由於各個單一主題的消費者通常會比較少，因此消費者群組需要進行重新平衡的機會也會隨之減少。

    ○ 缺點：這樣會引入額外的複雜性，並提高維護的成本。

彙整服務的擴展

我們曾在高階設計討論過，彙整服務其實就是一個 Map / Reduce（映射/降減）操作。圖 6.22 顯示的就是這些東西彼此間如何相連的方式。

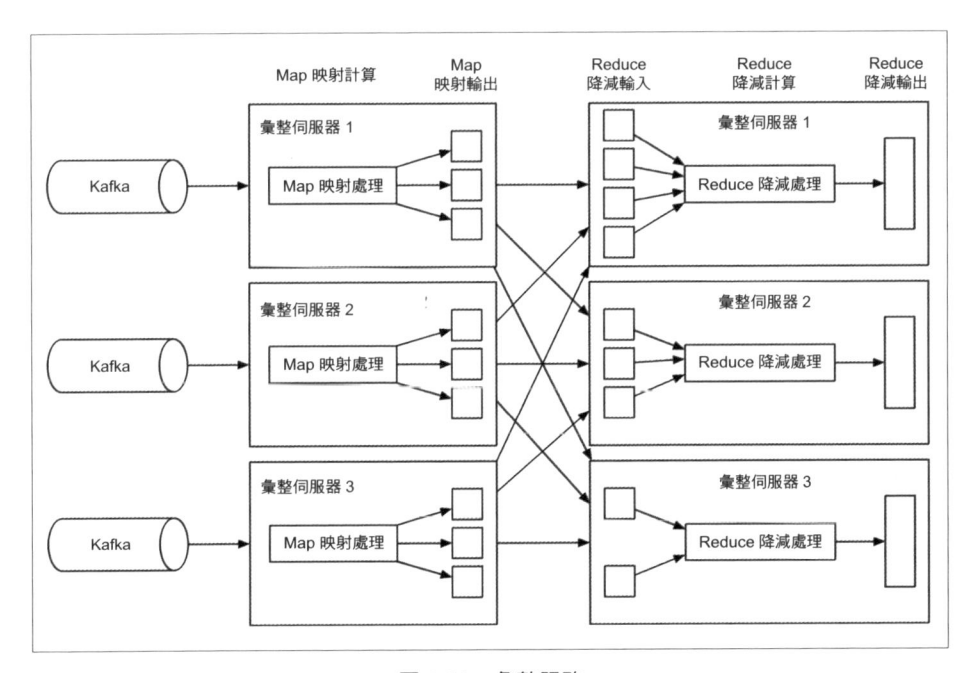

圖 6.22：彙整服務

如果你對其中的細節很感興趣，請參見參考資料 [19]。彙整服務可以透過新增或刪除節點的方式來進行水平擴展。這裡有一個蠻有趣的問題；我們如何提高彙整服務的吞吐量？有兩種選擇。

選項 1：把不同 `ad_id` 的事件，分配給不同的執行緒，如圖 6.23 所示。

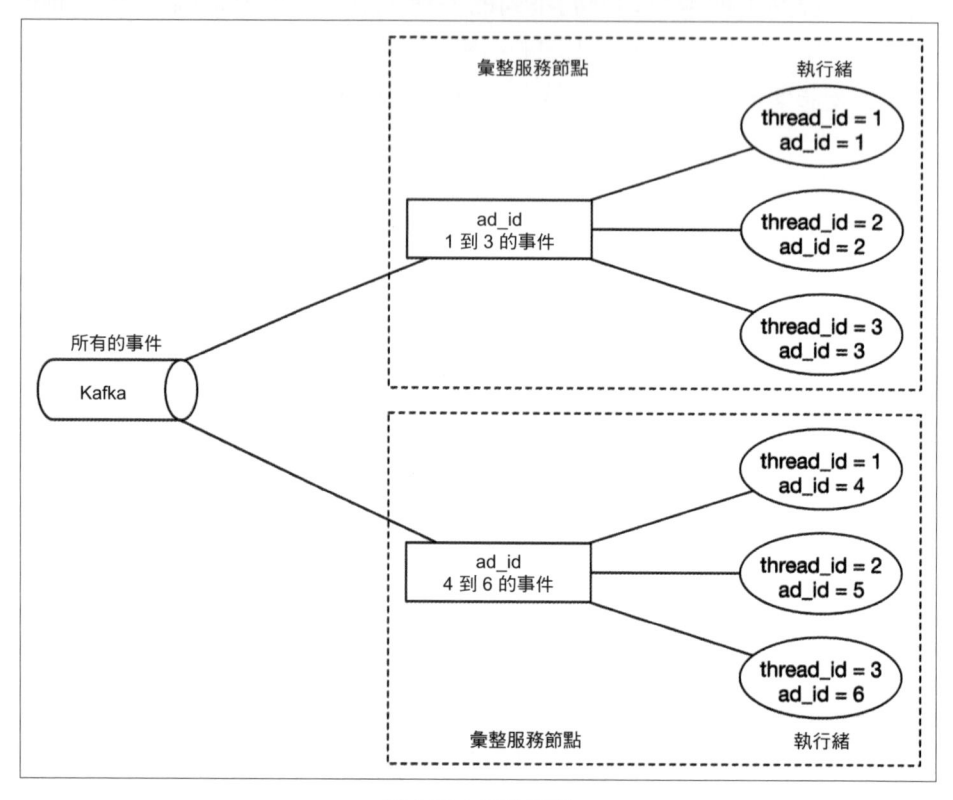

圖 6.23：多執行緒

選項 2：把彙整服務節點部署到 Apache Hadoop YARN [20] 這類的資源供應商。你可以把這個做法，視為一種運用多進程處理（multi-processing）的做法。

選項 1 實作起來比較容易，而且不需要依賴資源供應商。但實際上，選項 2 的運用更為廣泛，因為我們只要增加更多的運算資源，就可以對系統進行擴展。

資料庫的擴展

Cassandra 本身支援水平擴展，其做法很類似那種具有一致性的雜湊做法。

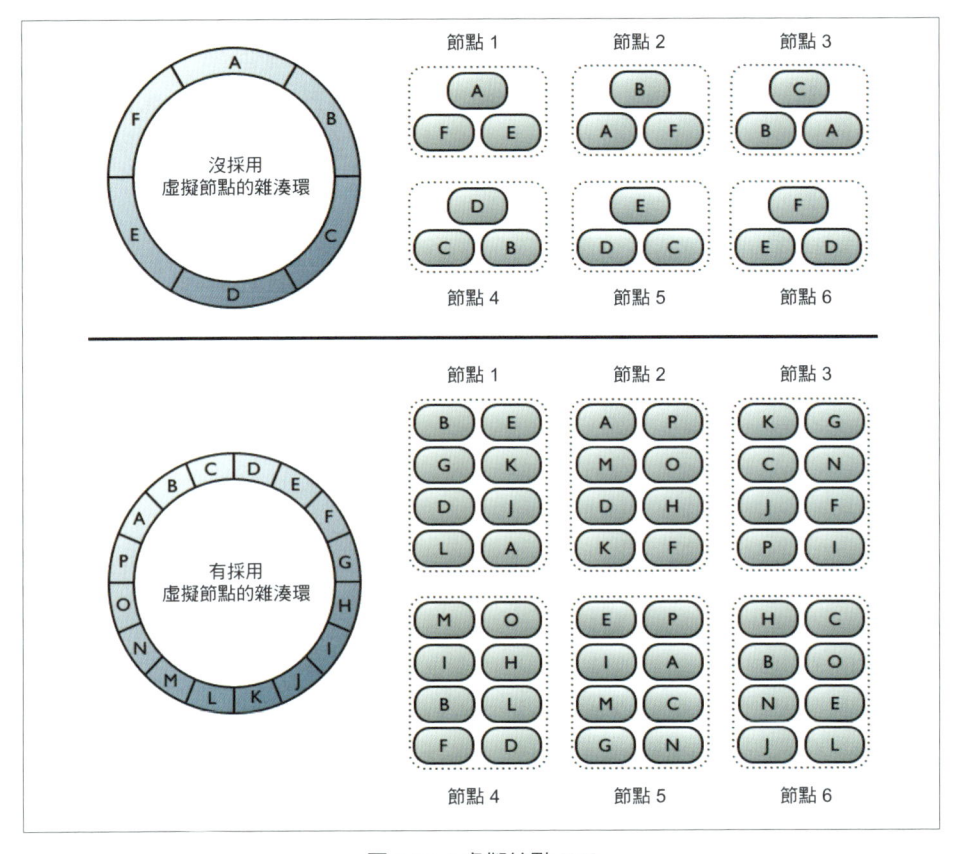

圖 6.24：虛擬節點 [21]

只要設定好適當的副本複製因子（replication factor），資料就會被均勻分散到每個節點。每個節點都會根據雜湊值，保存好自己所負責的那段雜湊環，同時也會保存其他虛擬節點的副本。

如果我們把一個新的節點添加到集群中，所有節點的虛擬節點就會自動進行重新平衡。完全不需要人工進行重新分片。更多詳細資訊請參見 Cassandra 的官方文件 [21]。

熱點問題

有時候某些分片或服務，就是會比其他分片或服務接收到更多的資料，這樣的分片或服務就是所謂的熱點（hotspot）。之所以會出現這種情況，是因為有些大公司經常有好幾百萬美元的廣告預算，他們的廣告往往會有特別高的點擊頻率。由於事件是依照 `ad_id` 來進行分區，因此可能會有某些彙整服務節點，比其他節點更容易接收到更多的廣告點擊事件，而這可能就會導致伺服器超出負荷。

只要配置更多的彙整節點，來處理這些特別熱門的廣告，就可以緩解掉這個問題。我們來看看圖 6.25 的範例。假設每個彙整節點只能處理 100 個事件。

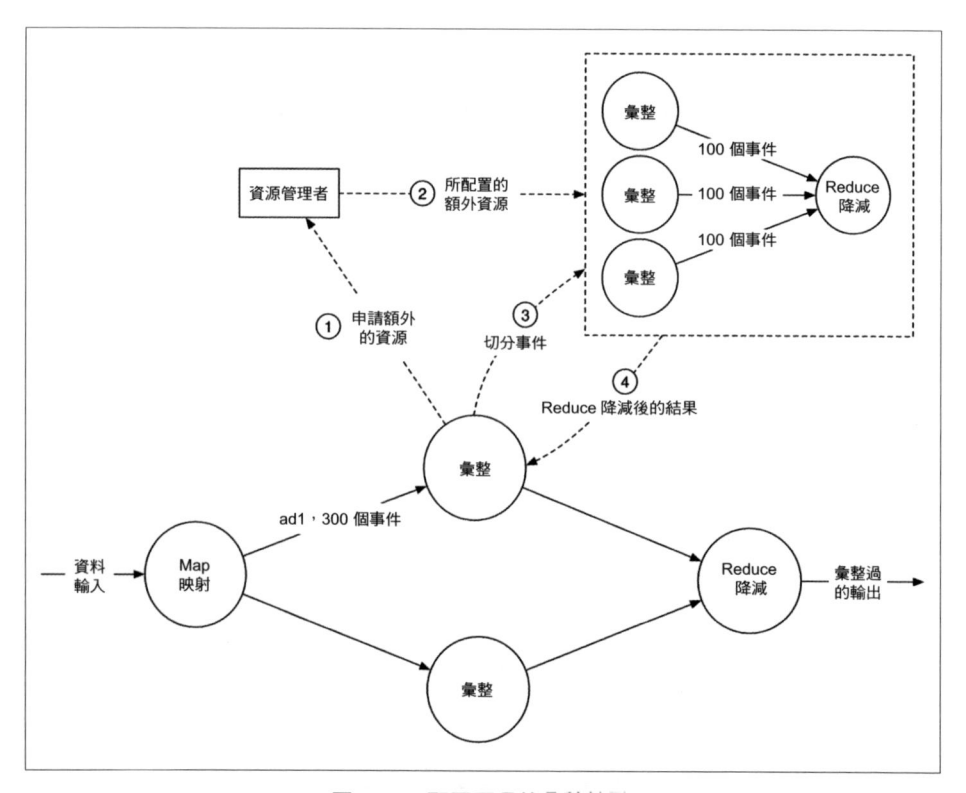

圖 6.25：配置更多的彙整節點

1. 由於彙整節點裡有 300 個事件（超出了節點的處理能力），因此它會透過資源管理者（resource manager）申請更多額外的資源。

2. 資源管理者會配置更多的資源（例如新增兩個彙整節點），讓原本的彙整節點不再超出負荷。

3. 原本的彙整節點會把事件分成 3 組，每個彙整節點負責處理 100 個事件。

4. 把結果寫回到原本的彙整節點中。

另外還有一些比較複雜的做法，可用來處理這類的問題，例如全域 - 局域彙整（Global-Local Aggregation），或者是拆分排除重複彙整（Split Distinct Aggregation）之類的做法。如果想瞭解更多的資訊，請參見 [22]。

容錯能力

我們再來討論一下彙整服務的容錯能力。由於彙整是在記憶體中進行的，如果彙整節點發生了故障，彙整的結果也會跟著丟失。這時候，我們可以重播（replay）上游 Kafka 分區代理的事件，藉此方式來重建出計數值。

從 Kafka 的最開頭處重播資料，是很花時間的。有一個比較好的做法，就是把上游偏移量之類的「系統狀態」，保存到一個快照（snapshot）中，然後就可以根據最後一次保存的狀態來進行還原。在我們的設計中，所要保存的「系統狀態」並不是上游的偏移量，而是把「過去 M 分鐘內點擊次數最多的 N 個廣告」之類的資料保存起來。

圖 6.26 顯示的就是我們會保存在快照中的資料，其中一個簡單的例子。

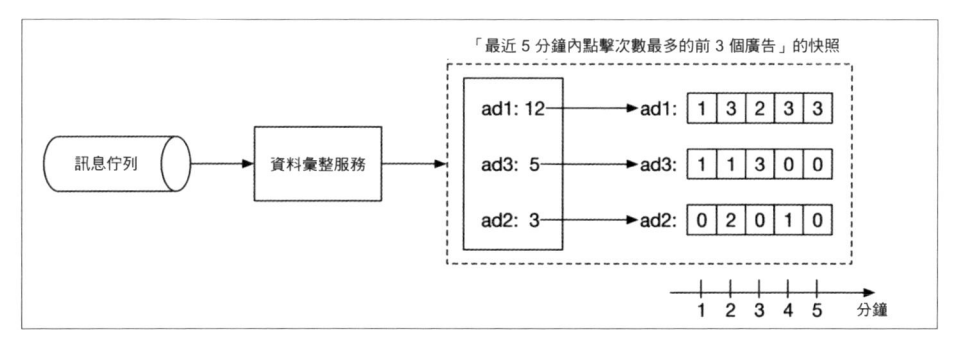

圖 6.26：保存在快照中的資料

第 6 章　廣告點擊事件彙整

有了快照，彙整服務的故障轉移過程就變得很簡單了。如果某個彙整服務節點發生了故障，我們就會啟動一個新的節點，並根據最新的快照來還原資料（圖 6.27）。如果在保存最後一份快照之後，又有新的事件進來，新的彙整節點就會把那些資料從 Kafka 分區代理裡拉取出來進行重播。

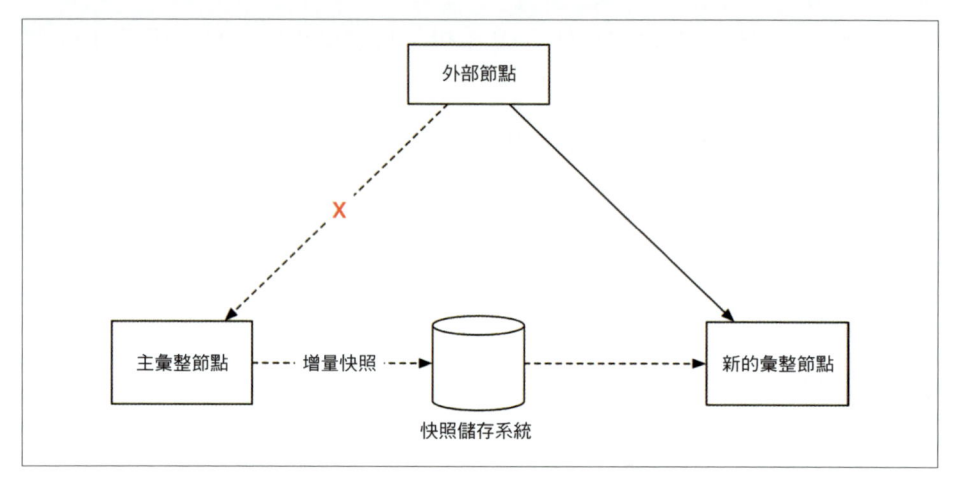

圖 6.27：彙整節點的故障轉移（failover）

資料的監控與正確性

如前所述，彙整結果會被用來作為 RTB（即時出價）和計費的依據。因此，持續監控系統的運行狀況，並確保資料的正確性，是非常重要的。

持續監控

以下就是我們可能想要進行監控的一些指標：

- 延遲：由於每個階段都會有某種程度的延遲，因此當事件流經系統的不同部分時，追蹤相應的時間戳是非常有價值的。這些時間戳之間的差值，可以用來作為延遲指標的參考依據。

- 訊息佇列的大小：如果佇列的大小突然增加，我們可能就需要多添加一些彙整節點。請注意，Kafka 是一個利用分散式提交日誌所實作出來的訊息佇列，因此我們實際上會去監控的是記錄滯後（records-lag）指標。（譯註：如果訊息佇列越變越大，就表示訊息消費的速

度趕不上生產的速度，這時候就會出現記錄滯後的情況。因此，只要監控記錄滯後的情況，就知道需不需要再增加更多的消費者了。）

- 彙整節點所耗用的系統資源：CPU、磁碟、JVM 等等。

對帳

對帳（Reconciliation）的意思就是比較不同的資料集，以確保資料的完璧性（integrity）。與銀行業的對帳不同的是，銀行可以把你的紀錄與銀行的紀錄進行比較，但是廣告點擊彙整的結果，並沒有第三方的結果可供對帳。

我們可以做的是，在每天結束的時候，運用批量處理的方式，把每個分區裡的廣告點擊事件按照事件時間進行排序，然後再與即時彙整結果進行對帳。如果有比較高的正確率要求，可以使用比較小的彙整視窗（例如一小時）。請注意，無論使用哪一種彙整視窗，批量處理的結果都有可能與即時彙整結果不完全相符，因為有些事件可能會有比較晚才被處理到的情況（請參見「時間」一節的內容）。

圖 6.28 顯示的就是具有對帳支援的最終設計圖。

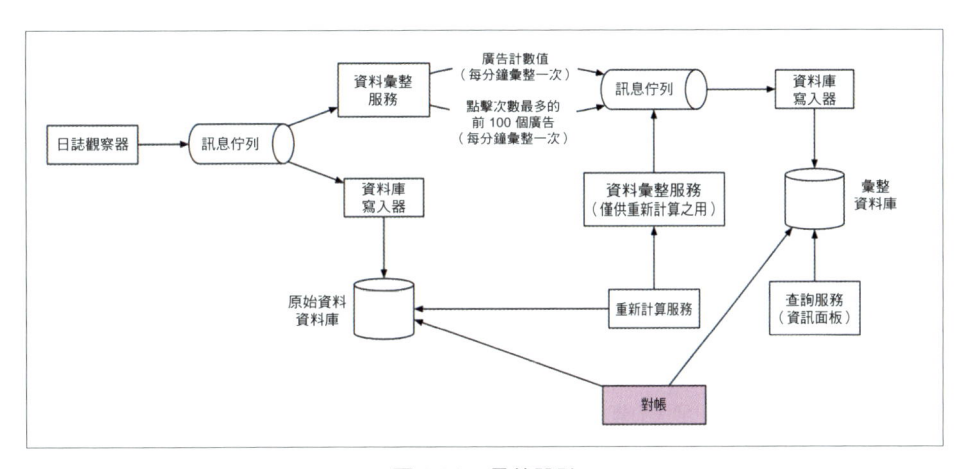

圖 6.28：最終設計

替代設計

在一般的系統設計面試過程中，你並不需要瞭解大數據管道其中所使用的各種不同專用軟體的內部結構。解釋你的思考過程，並討論其中的權衡取捨，才是比較重要的事，這就是我們在這裡只提出一個比較通用的解法的理由。另一種可以採用的做法，則是把廣告點擊資料儲存在 Hive，然後再用一個 ElasticSearch 層來實現更快的查詢。彙整的工作通常都是在 OLAP 資料庫（例如 ClickHouse [23] 或 Druid [24]）裡完成的。圖 6.29 顯示的就是這樣的一個架構。

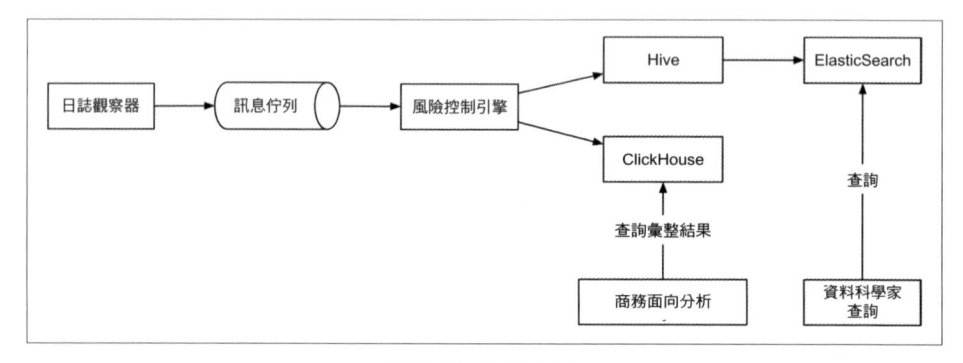

圖 6.29：替代設計

更多相關的詳細資訊，請參見參考資料 [25]。

第 4 步 —— 匯整總結

本章針對 Facebook 或 Google 這類規模的廣告點擊事件彙整系統，說明了整個設計的過程。我們談到了：

- 資料模型和 API 設計。
- 用 MapReduce 的標準做法來彙整廣告點擊事件。
- 訊息佇列、彙整服務、資料庫的擴展。
- 緩解熱點問題的做法。
- 持續監控系統。

- 用對帳的方式來確保正確性。
- 容錯能力。

廣告點擊事件彙整系統是一個典型的大數據處理系統。如果你已經具備一些先驗知識或經驗，瞭解 Apache Kafka、Apache Flink 或 Apache Spark 之類的業界標準解決方案，那麼理解和設計起來一定會更加容易。

恭喜你跟我們走到了這裡！現在你可以給自己一點鼓勵。你真是太棒了！

第 6 章　廣告點擊事件彙整

章節摘要

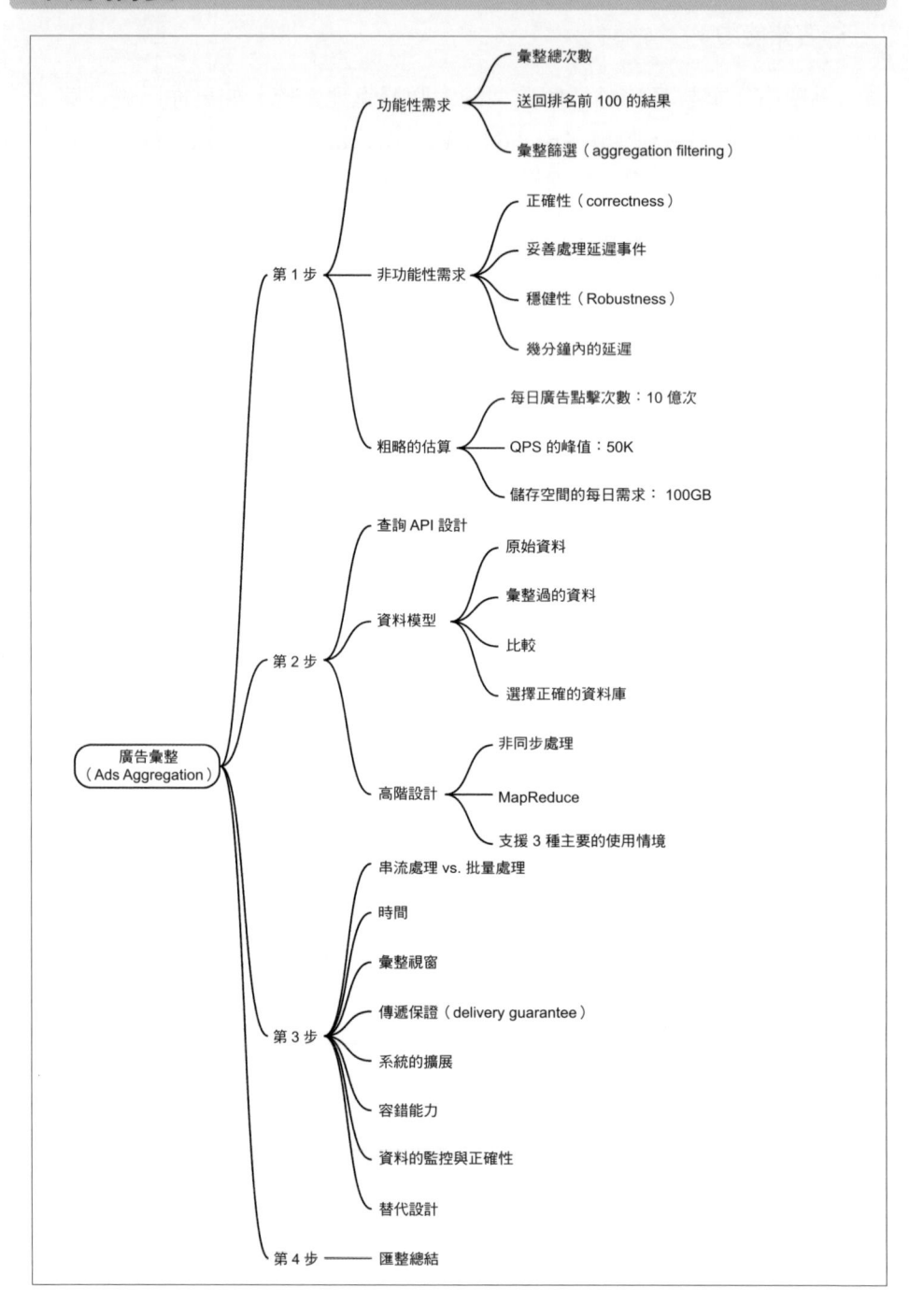

- 廣告彙整（Ads Aggregation）
  - 第 1 步
    - 功能性需求
      - 彙整總次數
      - 送回排名前 100 的結果
      - 彙整篩選（aggregation filtering）
    - 非功能性需求
      - 正確性（correctness）
      - 妥善處理延遲事件
      - 穩健性（Robustness）
      - 幾分鐘內的延遲
    - 粗略的估算
      - 每日廣告點擊次數：10 億次
      - QPS 的峰值：50K
      - 儲存空間的每日需求：100GB
  - 第 2 步
    - 查詢 API 設計
    - 資料模型
      - 原始資料
      - 彙整過的資料
      - 比較
      - 選擇正確的資料庫
    - 高階設計
      - 非同步處理
      - MapReduce
      - 支援 3 種主要的使用情境
  - 第 3 步
    - 串流處理 vs. 批量處理
    - 時間
    - 彙整視窗
    - 傳遞保證（delivery guarantee）
    - 系統的擴展
    - 容錯能力
    - 資料的監控與正確性
    - 替代設計
  - 第 4 步
    - 匯整總結

參考資料

[1] 點擊率（CTR）：定義：https://support.google.com/google-ads/answer/2615875?hl=en

[2] 轉換率：定義：https://support.google.com/google-ads/answer/2684489?hl=en

[3] OLAP 函式：https://docs.oracle.com/database/121/OLAXS/olap_functions.htm#OLAXS169

[4] 具有即時出價（RTB）和行為定位的展示廣告：https://arxiv.org/pdf/1610.03013.pdf

[5] 語言手冊 ORC：https://cwiki.apache.org/confluence/display/hive/languagemanual+orc

[6] Parquet：https://databricks.com/glossary/what-is-parquet

[7] 什麼是 avro：https://www.ibm.com/topics/avro

[8] 大數據：https://www.datakwery.com/techniques/big-data/

[9] Apache Flink 裡端對端「恰好一次」處理方式的概要說明：https://flink.apache.org/features/2018/03/01/end-to-end-exactly-once-apache-flink.html

[10] DAG 模型：https://en.wikipedia.org/wiki/Directed_acyclic_graph

[11] 瞭解星型資料架構和 Power BI 的重要性：https://docs.microsoft.com/en-us/power-bi/guidance/star-schema

[12] Martin Kleppmann，《資料密集型應用系統設計》，O'Reilly Media，2017。

[13] Apache Flink：https://flink.apache.org/

[14] Lambda 架構：https://databricks.com/glossary/lambda-architecture

[15] Kappa 架構：https://hazelcast.com/glossary/kappa-architecture

[16] Martin Kleppmann，串流處理，《資料密集型應用系統設計》，O'Reilly Media，2017。

[17] 廣告串流端對端恰好一次的彙整方式：https://www.youtube.com/watch?v=hzxytnPcAUM

[18] 廣告流量品質：https://www.google.com/ads/adtrafficquality/

[19] 瞭解 Hadoop 裡的 MapReduce：https://www.section.io/engineering-education/understanding-map-reduce-in-hadoop/

[20] Apache Yarn 上的 Flink：https://ci.apache.org/projects/flink/flink-docs-release-1.13/docs/deployment/resource-providers/yarn/

[21] 資料如何跨集群分佈（使用虛擬節點）：https://docs.datastax.com/en/cassandra-oss/3.0/cassandra/architecture/archDataDistributeDistribute.html

[22] Flink 效能表現調整：https://nightlies.apache.org/flink/flink-docs-master/docs/dev/table/tuning/

[23] ClickHouse：https://clickhouse.com/

[24] Druid：https://druid.apache.org/

[25] 使用 Apache Flink、Kafka 和 Pinot 進行即時的「恰好一次」廣告事件處理：https://eng.uber.com/real-time-exactly-once-ad-event-processing/

7 飯店預訂系統

本章打算為萬豪（Marriott）國際集團之類的連鎖飯店，設計出一個飯店預訂系統。本章所用到的設計與技術，同樣也可以適用於其他常見的預訂相關面試主題：

- 設計 Airbnb
- 設計航班預訂系統
- 設計電影票預訂系統

第 1 步 —— 瞭解問題並確立設計範圍

飯店預訂系統還蠻複雜的，它的各種組件會隨著不同業務使用情境而有所不同。在深入設計之前，你應該先向面試官提出一些可釐清狀況的問題，以縮小設計的範圍。

應試者：系統的規模有多大？

面試官：假設我們正在為一家連鎖飯店建立一個網站，這個連鎖飯店總共有 5,000 家飯店和 100 萬間客房。

應試者：顧客會在預訂時付款，還是在抵達飯店時才付款？

面試官：為了簡單起見，我們假設顧客在預訂時就會支付全額。

應試者：顧客只會透過飯店的網站來預訂飯店房間嗎？我們需不需要支援其他的預訂選項（例如電話預訂）？

面試官：假設大家都會透過飯店網站或 App 來預訂飯店的房間。

應試者：顧客可以取消預訂嗎？

233

面試官：可以。

應試者：我們還有其他需要考慮的東西嗎？

面試官：有的，我們可以接受 10% 的超額預訂。你也許不懂這是什麼意思，所謂「超額預訂」（overbooking）的意思，就是飯店實際上會售出比實際數量更多的房間。這樣的做法是因為飯店通常會先預期，其中有一些顧客可能會取消預訂。

應試者：由於時間有限，我想這個題目的範圍應該沒有包含飯店房間的搜尋功能吧。我們可以把重點放在以下這幾個功能。
- 顯示飯店相關頁面。
- 顯示飯店房間相關的詳細資訊頁面。
- 預訂房間。
- 管理面板可以新增 / 刪除 / 更新飯店或房間的資訊。
- 支援超額預訂的功能。

面試官：聽起來還不錯。

面試官：還有一件事，飯店的價格會以動態的方式持續變動。飯店房間的價格是由飯店當天預計入住的人數所決定的。在這次的面試中我們可以假設，每天可能都會有不同的價格。

應試者：我會記住這件事。

接下來，你或許可以談談最重要的一些非功能性需求。

非功能性需求

- 支援高並行性（concurrency）：在一般的旺季或大型活動期間，有些比較熱門的飯店可能會有很多顧客嘗試預訂同一間客房。
- 中等程度的延遲：顧客在進行預訂時，最好能快速回應，但如果系統需要幾秒鐘來處理預訂的請求，這樣也是可以接受的。

粗略的估算

- 總共有 5,000 家飯店和 100 萬間客房。
- 假設有 70% 的房間會被預訂，平均入住的時間為 3 天。
- 預估每日預訂量：$\frac{100\ 萬 \times 0.7}{3} = 233,333$（無條件進位的話就是 ~ 240,000）
- 每秒預訂量 $= \frac{240,000}{每天\ 10^5\ 秒} = \sim 3$。我們可以看到，平均下來的每秒預訂量（TPS；每秒完整交易量）並不高。

接著我們來粗略計算一下系統所有頁面的 QPS（每秒查詢次數）。一般典型的顧客操作流程，可分成三個步驟：

1. 查看飯店 / 房間的詳細資訊頁面。使用者經常會瀏覽這個頁面（需要進行查詢操作）。

2. 查看預訂頁面。使用者在預訂之前，通常會先確認預訂的詳細資訊，例如日期、入住人數、支付相關資訊（需要進行查詢操作）。

3. 預訂房間。使用者會點擊「預訂」按鈕來預訂房間，然後房間就會被預訂下來（需要進行 transaction 完整交易操作）。

我們假設在來到最後一個步驟之前，每個步驟大概都只有 10% 的使用者會進入到下一步，其餘 90% 的使用者則會選擇跳出這個預訂流程。我們也可以假設，這裡並不用去實作出預取的功能（prefetching；也就是在使用者進入下一步之前，預先取得某些內容）。圖 7.1 顯示的就是在不同的步驟下，相應 QPS 的粗略估計值。我們已經知道最終的預訂 TPS 就是 3，因此我們可以沿著這個漏斗進行反向推算。訂單確認頁面的 QPS 就是 30，詳細資訊頁面的 QPS 則是 300。

第 7 章　飯店預訂系統

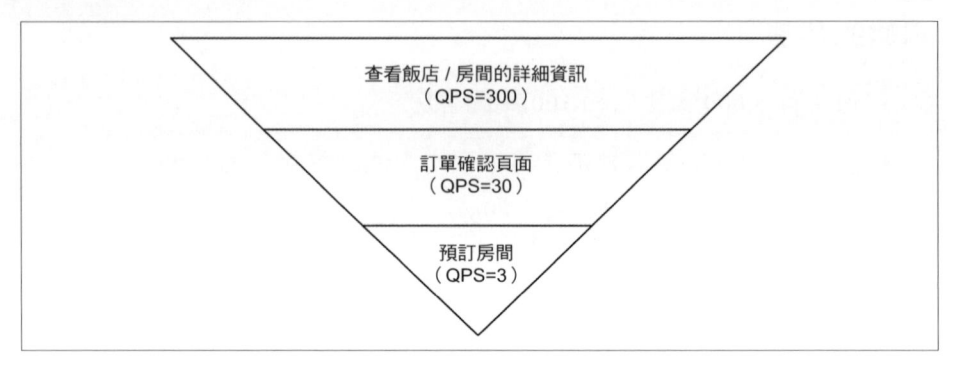

```
        查看飯店 / 房間的詳細資訊
              （QPS=300）

           訂單確認頁面
            （QPS=30）

            預訂房間
            （QPS=3）
```

圖 7.1：各個步驟的 QPS 分佈情況

第 2 步 —— 提出高階設計並獲得認可

我們會在本節討論下面這幾個主題：

- API 設計
- 資料模型
- 高階設計

API 設計

我們先來探討一下飯店預訂系統的 API 設計。下面會採用 RESTful 的設計約定，並列出幾個最重要的 API。

請注意，本章會把重點放在飯店預訂系統的設計。對於一個完整的飯店網站來說，設計上應該要提供很直覺的功能，讓客戶可以根據各種判斷條件，找出自己所要的房間。搜尋相關功能的 API 雖然很重要，但技術上並沒有什麼挑戰性。本章就不詳細討論這部分的內容了。

飯店相關 API

表 7.1：飯店相關 API

API	詳細說明
GET /v1/hotels/ID	取得飯店相關的詳細資訊。
POST /v1/hotels	添加一間新的飯店。此 API 僅供飯店工作人員使用。

API	詳細說明
PUT /v1/hotels/ID	更新飯店資訊。此 API 僅供飯店工作人員使用。
DELETE /v1/hotels/ID	刪除飯店。此 API 僅供飯店工作人員使用。

房間相關 API

表 7.2：房間相關 API

API	詳細說明
GET /v1/hotels/ID/rooms/ID	取得房間相關的詳細資訊。
POST /v1/hotels/ID/rooms	添加一個房間。此 API 僅供飯店工作人員使用。
PUT /v1/hotels/ID/rooms/ID	更新房間資訊。此 API 僅供飯店工作人員使用。
DELETE /v1/hotels/ID/rooms/ID	刪除房間。此 API 僅供飯店工作人員使用。

預訂相關 API

表 7.3：預訂相關 API

API	詳細說明
GET /v1/reservations	取得已登入使用者的預訂紀錄。
GET /v1/reservations/ID	取得預訂紀錄相關的詳細資訊。
POST /v1/reservations	進行一次全新的預訂操作。
DELETE /v1/reservations/ID	取消預訂。

進行一次全新的預訂操作,是一個非常重要的功能。在進行一次全新的預訂操作(POST /v1/reservations)時,請求的參數大概就像下面這樣。

```
{
  "startDate": "2021-04-28",
  "endDate":"2021-04-30",
  "hotelID":"245",
  "roomID":"U12354673389",
  "reservationID":"13422445"
}
```

請注意,reservationID 會被用來作為冪等鍵(idempotency key),以防止重複預訂的情況。重複預訂指的就是同一天對同一房間進行多次預訂的情況。詳細資訊請參見「第 3 步 —— 深入設計」一節針對「並行性問題」的解釋。

第 7 章　飯店預訂系統

資料模型

在決定使用哪一種資料庫之前，我們先來仔細看看資料的存取模式。以飯店預訂系統來說，我們需要支援下面這幾種查詢：

查詢 1：查看飯店相關的詳細資訊。

查詢 2：在給定的日期範圍內，找出可預訂的房型。

查詢 3：把預訂結果記錄起來。

查詢 4：找出某個預訂紀錄，或是過去的預訂歷史。

從粗略的估算來看，我們知道系統的規模並不大，但我們還是要針對大型活動期間激增的流量做好準備。考慮到這些需求，我們選擇採用關聯式資料庫，原因如下：

- 關聯式資料庫很適合讀取量很大但寫入頻率較低的工作流程。這是因為造訪飯店網站 / App 的使用者數量，通常都比實際預訂的使用者數量高出好幾個數量級。NoSQL 資料庫通常都會針對寫入進行優化，而對於讀取量很大的工作流程來說，關聯式資料庫就已經很好用了。

- 關聯式資料庫可提供 ACID（原子性、一致性、隔離性、持續性）的保證。ACID 這幾個特性對於預訂系統來說非常重要。如果少了這幾個特性，就很難避免出現負餘額、雙重收費、雙重預訂之類的問題。ACID 這幾個特性可以讓應用程式的程式碼變得更加簡單，而且可以讓整個系統更容易理解。關聯式資料庫通常可以提供這樣的保證。

- 關聯式資料庫很容易就可以為資料建立模型。業務相關資料的結構非常清晰，不同實體（hotel、room、room_type 等等）之間的關係也很穩定。像這樣的資料模型，很容易就可以透過關聯式資料庫來建立模型。

>> 第 2 步 — 提出高階設計並獲得認可

現在我們已經選定關聯式資料庫來作為我們的資料儲存系統，接著再來探討一下資料架構（schema）設計。圖 7.2 顯示的是一個簡單的資料架構設計，對於應試者來說，這就是針對飯店預訂系統建立模型的一種最自然的做法。

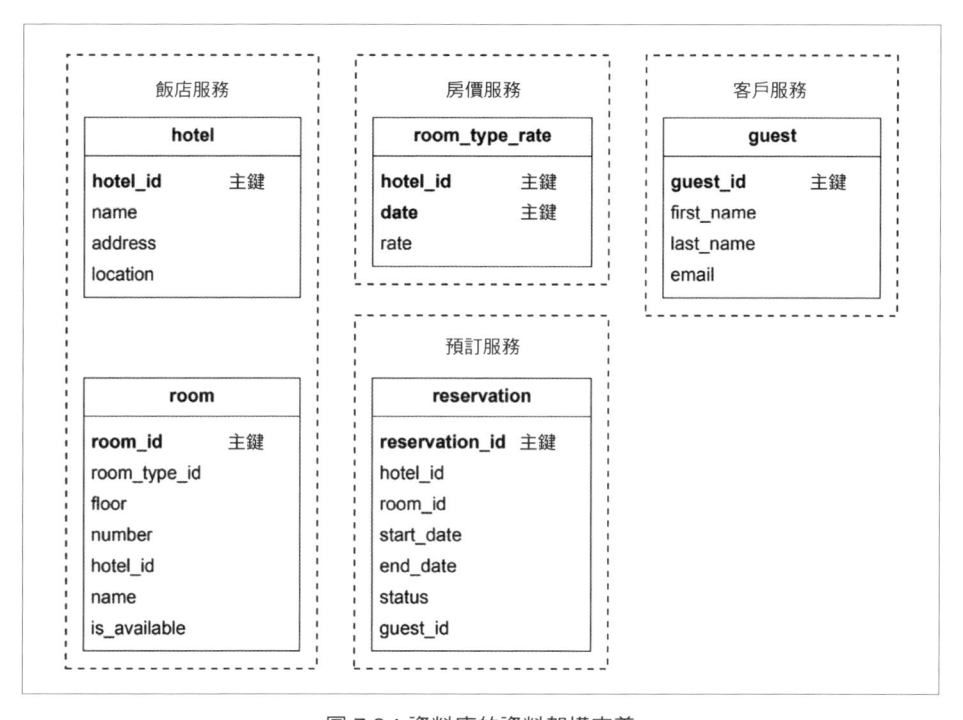

```
飯店服務
  hotel
    hotel_id    主鍵
    name
    address
    location

  room
    room_id     主鍵
    room_type_id
    floor
    number
    hotel_id
    name
    is_available

房價服務
  room_type_rate
    hotel_id    主鍵
    date        主鍵
    rate

預訂服務
  reservation
    reservation_id  主鍵
    hotel_id
    room_id
    start_date
    end_date
    status
    guest_id

客戶服務
  guest
    guest_id    主鍵
    first_name
    last_name
    email
```

圖 7.2：資料庫的資料架構定義

大部分的欄位一看就知道是什麼意思，所以我們只會解釋一下 reservation（預訂）資料表裡的 status（狀態）欄位。status 欄位的值，有可能是以下這幾個狀態之一：pending（待處理）、paid（已支付）、refunded（已退款）、canceled（已取消）、rejected（已拒絕）。相應的狀態機器（state machine）如圖 7.3 所示。

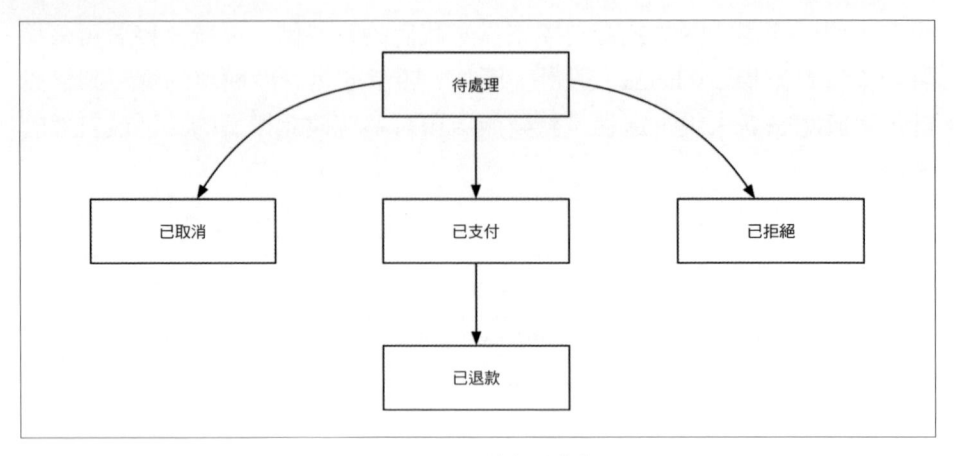

圖 7.3：預訂的各種狀態

這樣的資料架構設計有一個蠻嚴重的問題。這個資料模型確實可以適用於 Airbnb 之類的公司，因為使用者完成預訂之後，就可以取得一個確定的房號 `room_id`（或是所謂的 `listing_id`）。不過，飯店的情況並非如此。實際上使用者在飯店所預訂的是**某一種房型**，而不是某個特定的房間。舉例來說，房型有可能是標準房、king size 特大床房、有兩張 queen size 大床的 queen size 大床房等等。房號一定是顧客入住時才會給，預訂時是不會給的。我們必須調整一下資料模型，才能反映出這個新的需求。更多的詳細說明，請參見「第 3 步 —— 深入設計」一節關於「改進過的資料模型」的內容。

高階設計

我們在這個飯店預訂系統中，使用了微服務（microservice）架構。微服務架構在過去幾年非常受歡迎。包括像是 Amazon、Netflix、Uber、Airbnb、Twitter 等公司，都有採用微服務架構。如果你想瞭解更多關於微服務架構的好處，可以直接去查看一些蠻好的資源 [1] [2]。

我們的設計就是採用微服務架構來建立模型，高階設計如圖 7.4 所示。

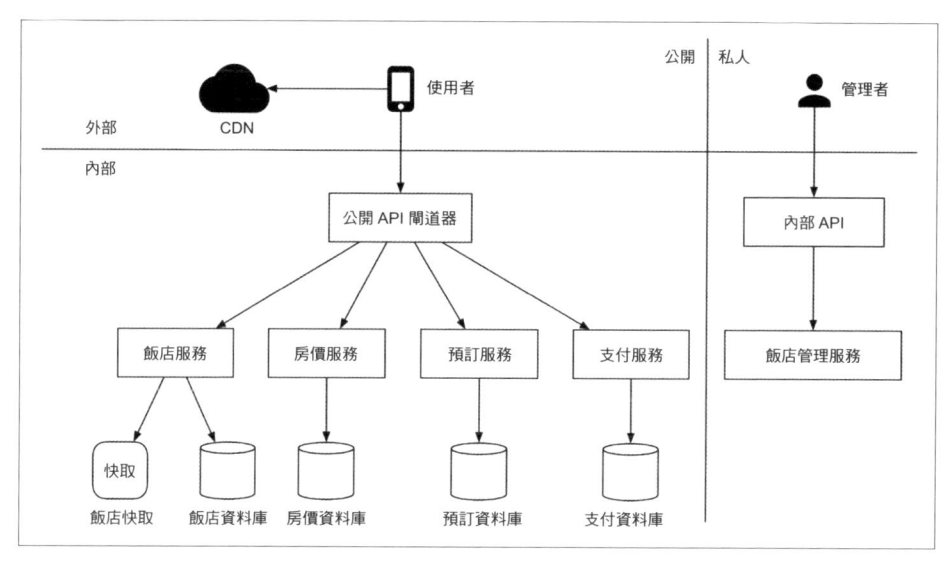

圖 7.4：高階設計

我們會由上而下簡要介紹整個系統的每個組件。

- 使用者：透過手機或電腦來預訂飯店房間的使用者。

- 管理者（飯店工作人員）：已取得授權的飯店工作人員，負責執行一些行政操作，例如為客戶退款、取消預訂、更新房間資訊等等。

- CDN（內容傳遞網路）：為了讓載入時間更快，我們會運用 CDN 來快取所有的靜態資源，包括 JavaScript 套件、圖片、影片、HTML 等等。

- 公開 API 閘道器（Gateway）：這是一個具有完整管理功能的服務，可支援限速、身份驗證等功能。在 API 閘道器的設定下，各種請求都會被導向不同端點的特定服務。舉例來說，載入飯店首頁的請求會被導向飯店服務，預訂飯店房間的請求則會被導向預訂服務。

- 內部 API：這些 API 僅供已取得授權的飯店工作人員使用。這些人員可以透過內部軟體或網站來進行存取。這類的存取連線通常都會受到 VPN（virtual private network；虛擬私人網路）進一步的保護。

- 飯店服務：可提供飯店和房間的詳細資訊。飯店和房間的資料通常都是靜態的，因此很容易就可以導入快取的做法。
- 房價服務：可提供未來不同日期的房價。旅館業有個很有趣的事實，那就是房間的價格，其實是根據飯店當天預計入住的人數來決定的。
- 預訂服務：可接受預訂請求，並預訂飯店房間。這個服務也可以在預訂房間或取消預訂時，持續追蹤房間的庫存狀況。
- 支付服務：執行客戶的支付，並在支付交易成功之後，把預訂狀態更新為「已支付」，如果完整交易出了問題，則會把預訂狀態更新為「已拒絕」。
- 飯店管理服務：僅供已取得授權的飯店工作人員使用。飯店工作人員可以使用以下這幾個功能：查看即將完成預訂的紀錄、為顧客預訂房間、取消預訂等等。

為了清楚起見，圖 7.4 裡還有許多微服務彼此互動的箭頭，都沒有被畫出來。舉例來說，如圖 7.5 所示，預訂服務和房價服務之間，應該有一個箭頭才對。預訂服務會去向房價服務查詢房價。這樣才能計算出所預訂房間的總費用。另一個例子則是，飯店管理服務與大多數的其他服務，都應該有很多的箭頭相連才對。如果管理者透過飯店管理服務進行某些調整，相應的請求就會被轉發到擁有相關資料的實際服務，以進行相應的調整。

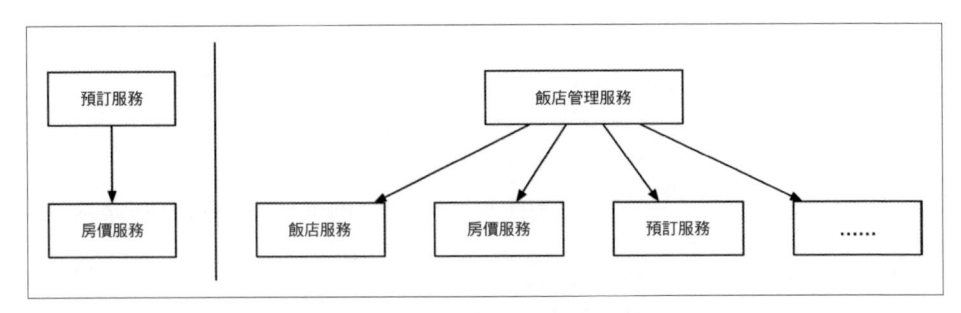

圖 7.5：各服務之間的連線關係

>> 第 3 步 — 深入設計

對於正式環境下的系統來說，各服務之間的通訊通常都是採用現代化的高效 RPC 框架（remote procedure call；遠端程序調用，例如 gRPC）。使用這類的框架有很多好處。如果想瞭解更多關於 gRPC 的資訊，請查看 [3]。

第 3 步 —— 深入設計

現在我們已經討論過高階設計，接著就來深入探討以下這幾個主題吧。

- 改進過的資料模型
- 並行性問題
- 系統的擴展
- 解決微服務架構資料不一致的問題

改進過的資料模型

正如高階設計所提到的，顧客在預訂飯店房間時，預訂的其實是某種房型，而不是某個特定的房間。我們需要對 API 和資料架構進行哪些調整，才能適應這樣的情況呢？

以預訂 API 來說，請求參數裡的 roomID 就應該換成 roomTypeID。進行預訂的 API 應該是這樣的：

```
POST /v1/reservations
```

請求參數：

```
{
  "startDate": "2021-04-28",
  "endDate":"2021-04-30",
  "hotelID":"245",
  "roomTypeID":"12354673389",
  "reservationID":"13422445"
}
```

更新過的資料架構如圖 7.6 所示。

243

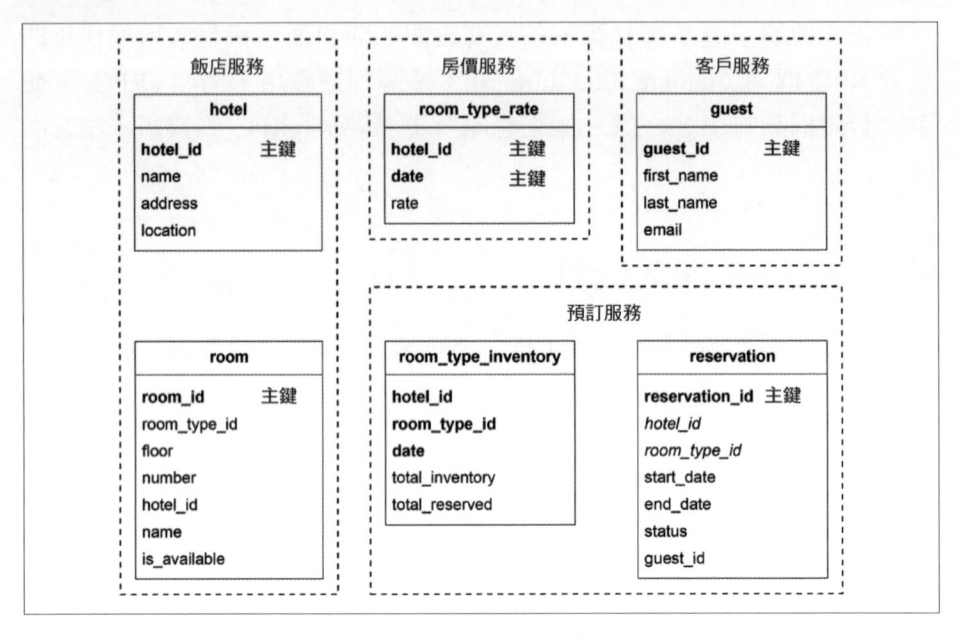

```
         飯店服務                    房價服務                   客戶服務
      ┌─────────────┐         ┌─────────────┐         ┌─────────────┐
      │    hotel    │         │room_type_rate│        │    guest    │
      ├─────────────┤         ├─────────────┤         ├─────────────┤
      │ hotel_id 主鍵│         │ hotel_id 主鍵│         │ guest_id 主鍵│
      │ name        │         │ date     主鍵│         │ first_name  │
      │ address     │         │ rate        │         │ last_name   │
      │ location    │         └─────────────┘         │ email       │
      └─────────────┘                                 └─────────────┘

                                        預訂服務
                         ┌──────────────────────────────────────┐
      ┌─────────────┐    │ ┌─────────────┐    ┌─────────────┐   │
      │    room     │    │ │room_type_inventory│ │ reservation │   │
      ├─────────────┤    │ ├─────────────┤    ├─────────────┤   │
      │ room_id  主鍵│    │ │ hotel_id    │    │reservation_id 主鍵│
      │ room_type_id│    │ │ room_type_id│    │ hotel_id    │   │
      │ floor       │    │ │ date        │    │ room_type_id│   │
      │ number      │    │ │ total_inventory│ │ start_date  │   │
      │ hotel_id    │    │ │ total_reserved│  │ end_date    │   │
      │ name        │    │ └─────────────┘    │ status      │   │
      │ is_available│    │                    │ guest_id    │   │
      └─────────────┘    │                    └─────────────┘   │
                         └──────────────────────────────────────┘
```

圖 7.6：更新過的資料架構

我們就來簡要查看一下其中最重要的幾個資料表吧。

room：房間的相關資訊。

room_type_rate：特定房型在未來某些日期的價格資料。

reservation：用來記錄客人的預訂資料。

room_type_inventory：飯店裡各種房型的庫存資料。這個資料表對於預訂系統來說非常重要，所以我們來仔細看看其中的每一個欄位。

- hotel_id：飯店 ID
- room_type_id：房型 ID。
- date：單一日期。
- total_inventory：房間的總數量，扣掉已暫時從庫存裡被撤下的房間數量。有些房間可能會因為要進行維護，而暫時從市場上被撤下來。

- total_reserved：針對指定的 hotel_id、room_type_id 和 date，相應已被預訂的房間總數量。

room_type_inventory 這個資料表也可以設計成其他的樣子，但每個日期都會用一行資料來表示，這樣就可以讓我們在管理某日期範圍內相應的預訂紀錄，或是要進行查詢時，變得更加容易。如圖 7.6 所示，(hotel_id, room_type_id, date) 就是一個複合主鍵（composite primary key）。資料表裡的每行資料都是先去查詢未來 2 年內所有日期的庫存資料之後，所預先填入的結果。我們會預先安排好一個每天都會執行的程序，每過一天它就會重新預先填入相應的庫存資料。

現在我們已經完成了資料架構設計，接著再來估計一下所要儲存的資料量。正如之前「粗略的估算」一節中所述，我們有 5,000 家飯店。假設每間飯店有 20 種房型。這樣就會有（5,000 家飯店 ×20 種房型 ×2 年 ×365 天）= 7,300 萬行的資料。7,300 萬並不是很多資料，單獨一個資料庫就足以保存所有的資料了。不過，如果只採用單獨一台伺服器，就有可能發生單點故障的問題。為了實現高可用性，我們可以選擇跨越多個地區（region）或多個可用區（availability zone），設定多個資料庫副本。

表 7.4 顯示的就是「room_type_inventory」這個資料表的一些樣本資料。

表 7.4：「room_type_inventory」資料表的一些樣本資料

hotel_id （飯店 ID）	room_type_id （房型 ID）	date （日期）	total_inventory （總庫存量）	total_reserved （總預訂量）
211	1001	2021-06-01	100	80
211	1001	2021-06-02	100	82
211	1001	2021-06-03	100	86
211	1001	...	...	
211	1001	2023-05-31	100	0
211	1002	2021-06-01	200	164
2210	101	2021-06-01	30	23
2210	101	2021-06-02	30	25

room_type_inventory 這個資料表可用來檢查顧客能否預訂特定的房型。預訂的輸入和輸出可能就像下面這樣：

- 輸入：startDate（2021-07-01）、endDate（2021-07-03）、roomTypeId（房型）、hotelId（飯店）、numberOfRoomsToReserve（所要預訂的房間數量）
- 輸出：如果指定的房型還有庫存，使用者還可以預訂，就送回 true。否則就送回 false。

從 SQL 的角度來看，這裡包含以下兩個步驟：

1. 選擇某日期範圍內的每一行資料

    ```
    SELECT date, total_inventory, total_reserved
    FROM room_type_inventory
    WHERE room_type_id = ${roomTypeId} AND hotel_id = ${hotelId}
    AND date between ${startDate} and ${endDate}
    ```

    查詢結果會送回如下的資料：

    表 7.5：飯店庫存資料

date	total_inventory	total_reserved
2021-07-01	100	97
2021-07-02	100	96
2021-07-03	100	95

2. 應用程式會針對每一個項目，用以下的判斷條件進行檢查：

    ```
    if (total_reserved + ${numberOfRoomsToReserve}) <= total_inventory
    ```

如果所有項目的判斷結果都送回 true，就表示這個日期範圍內的每個日期都有足夠的房間。

我們其中的一個需求，就是要支援 10% 的超額預訂。在這個新的資料架構下，實作起來蠻容易的：

```
if (total_reserved + ${numberOfRoomsToReserve}) <= 110% * total_inventory
```

這時候，面試官有可能會跟著問出一個問題：「如果單獨一個資料庫裡的預訂紀錄資料量太大，你會怎麼做？」以下有好幾種策略：

- 只保存目前與未來的預訂資料。預訂歷史紀錄並不會經常被存取。因此可以把它另外封存起來，甚至可以把它轉移到冷儲存。

- 資料庫分片。最常見的查詢操作，就是進行預訂，或是按照使用者的名字查找預訂的紀錄。這兩種查詢都需要先選擇飯店，因此 hotel_id 是一個很好的分片鍵。資料可透過 hash(hotel_id) % number_of_servers 來進行分片。

並行性問題

另一個很重要需要注意的問題，就是重複預訂的情況。我們有兩個問題需要解決：

1. 同一個使用者點擊很多次「預訂」按鈕。
2. 多個使用者嘗試同時預訂同一個房間。

我們先來看第一種情境。如圖 7.7 所示，使用者進行了兩次預訂操作。

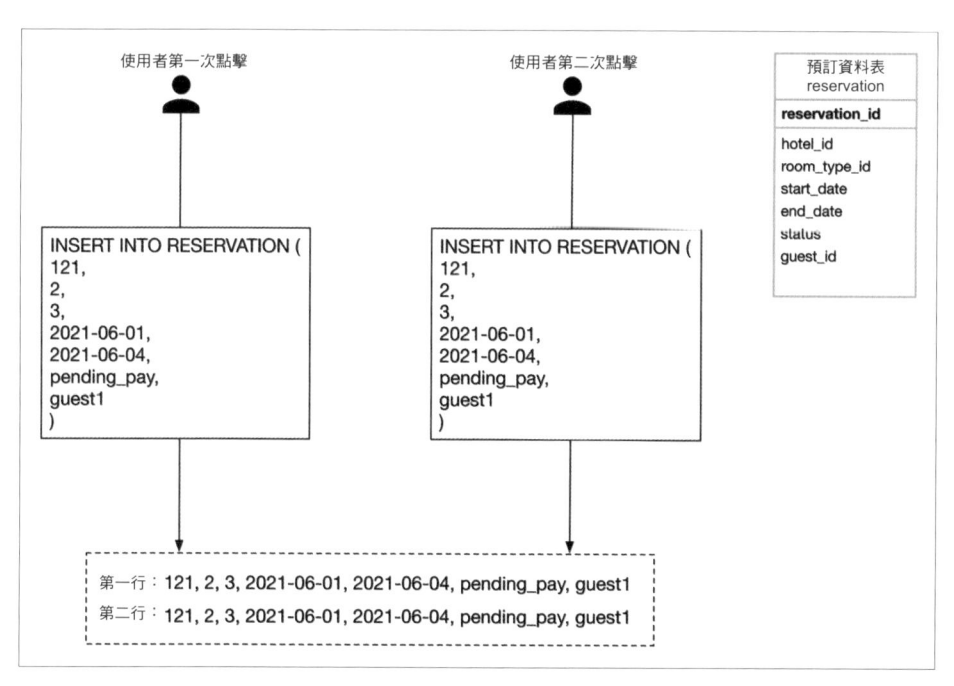

圖 7.7：預訂了兩次

第 7 章　飯店預訂系統

這個問題有兩種常見的解法：

- 客戶端解法。客戶端送出請求之後，就可以用灰色顯示方式讓「提交」按鈕無效化，或是把「提交」按鈕停用或隱藏起來。在大多數情況下，這樣應該就可以避免使用者點擊兩次的問題。不過，這種做法並不是很可靠。舉例來說，使用者有可能因為停用了 JavaScript 而繞過客戶端檢查，或是因為網路的問題，意外點擊了兩次按鈕。

- API 解法：在預訂 API 請求中添加一個冪等鍵（idempotency key）。如果 API 無論被調用多少次，都會生成相同的結果，這個 API 調用就可以說是「冪等的」（idempotent）。圖 7.8 顯示的就是如何使用冪等鍵（reservation_id）來避免重複預訂的問題。下面就是每個詳細步驟的說明。

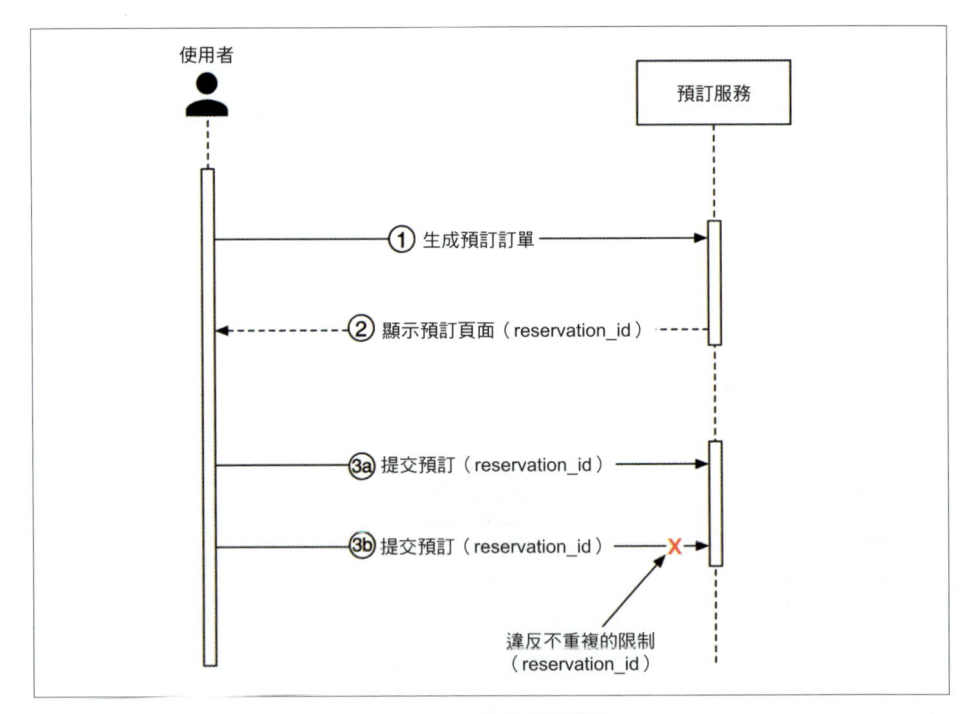

```
使用者                                   預訂服務

   │─────① 生成預訂訂單─────────────────▶│
   │                                      │
   │◀────② 顯示預訂頁面（reservation_id）─┤
   │                                      │
   │──③a 提交預訂（reservation_id）──────▶│
   │                                      │
   │──③b 提交預訂（reservation_id）────X  │
   │                              ↑       │
   │                     違反不重複的限制  │
   │                     （reservation_id）│
```

圖 7.8：不重複的限制

248

>> 第 3 步 — 深入設計

1. 生成預訂訂單。顧客輸入預訂相關的詳細資訊（房型、入住日期、退房日期等等）並點擊「繼續」按鈕之後，預訂服務就會生成一份預訂訂單。

2. 系統會生成一個預訂訂單頁面，讓顧客可以進行查看與檢查。ID 生成器會生成一個全域獨一無二絕不重複 reservation_id，以作為 API 回應其中的一部分，被送回給客戶端。這個步驟的使用者介面大概就像下面這樣：

圖 7.9：確認頁面（資料來源：[4]）

第 7 章　飯店預訂系統

3a. 第一次提交預訂。這個請求裡就會包含 reservation_id。它是預訂資料表的主鍵（圖 7.6）。請注意，我們並不是一定要用 reservation_id 來作為冪等鍵。這裡之所以選擇 reservation_id，主要是因為它是個現成的欄位，而且很適合我們的設計。

3b. 如果使用者再次點擊「完成我的預訂」按鈕，就會提交第二次的預訂。由於 reservation_id 是預訂資料表的主鍵，因此我們可以靠著這個鍵本身獨一無二絕不重複的限制，確保不會發生重複預訂的情況。

圖 7.10 說明的就是為何這樣可以避免雙重預訂的理由。

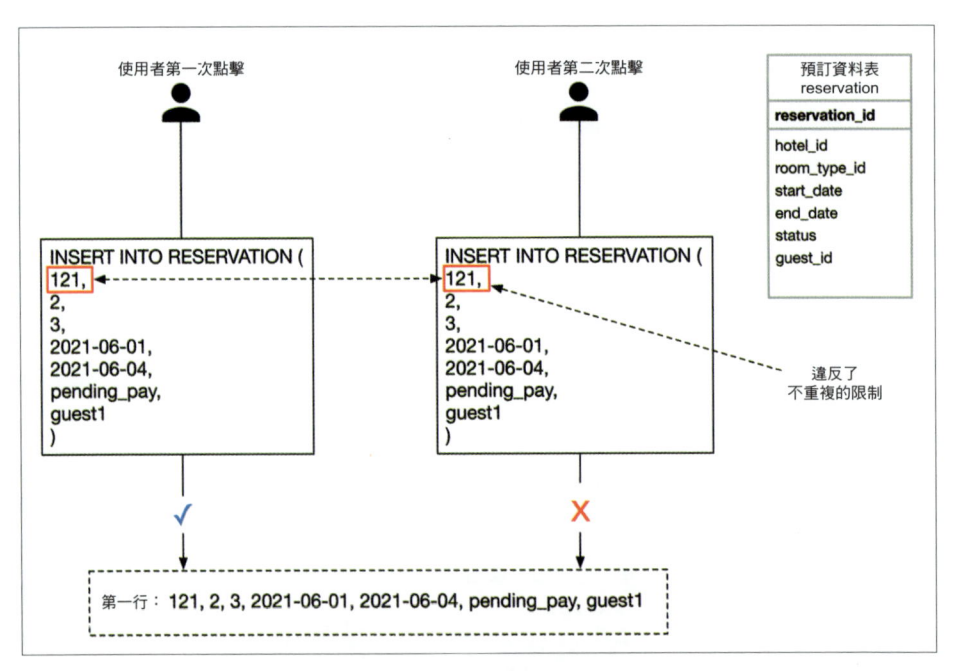

圖 7.10：違反了不重複的限制

第二種情境：如果多個使用者同時預訂相同的房型，但房間只剩下一間，會出現什麼狀況？我們來考慮一下圖 7.11 所顯示的情況。

>> 第 3 步 — 深入設計

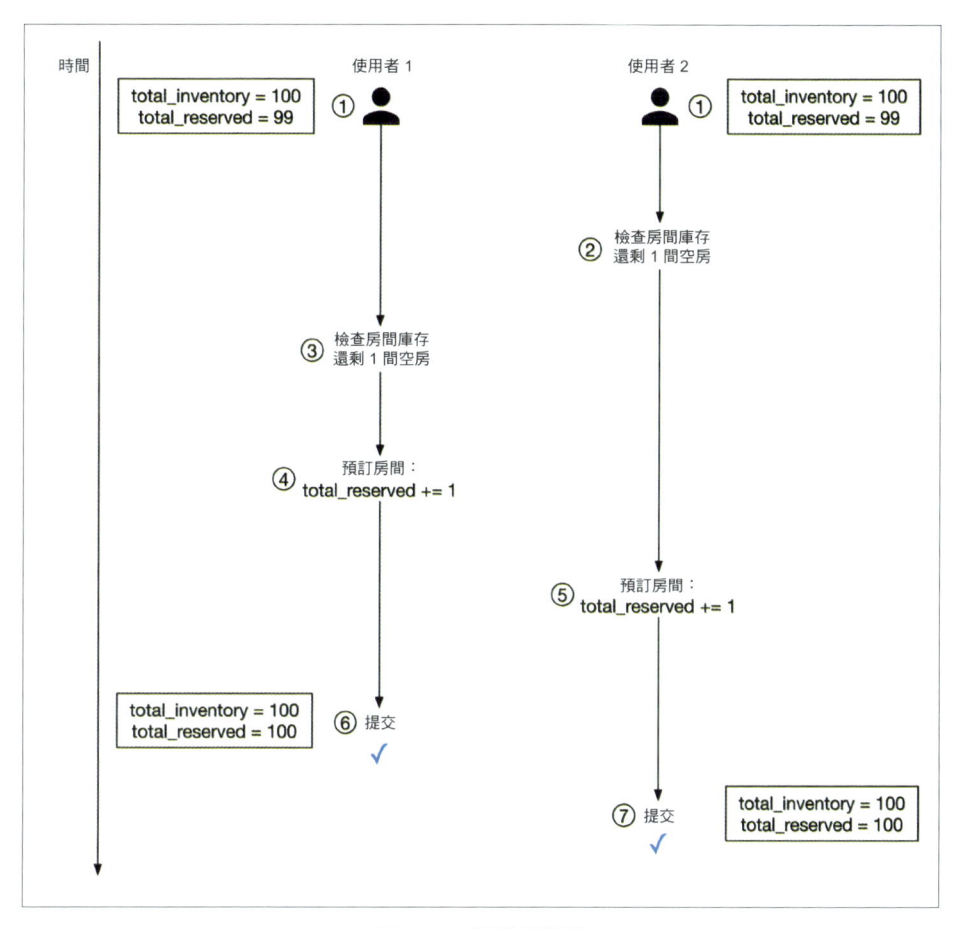

圖 7.11：競爭的狀況

1. 我們先假設，這裡並不是採用序列化（serializable）的資料庫隔離等級（database isolation level；譯註：資料庫可以把 transaction 完整交易的隔離方式區分成好幾種不同的等級。其中「序列化」屬於最高的隔離等級，另外還有 Read Uncommitted、Read Committed、Repeatable Read 等等不同的隔離等級。）[5]。使用者 1 和使用者 2 嘗試同時預訂同一個房型，但實際上只剩下 1 個空房。我們可以把使用者 1 所執行的完整交易取名為「transaction 1」，使用者 2 則取名為「transaction 2」。目前飯店裡有 100 間房間，不過其中 99 間已經被預訂了。

251

2. transaction 2 會去檢查 if (total_reserved + rooms_to_book) <= total_inventory，來判斷還有沒有足夠的空房。由於還有 1 間空房，因此會送回 true 的結果。

3. transaction 1 也會去檢查 if (total_reserved + rooms_to_book) <= total_inventory，來判斷有沒有足夠的空房。由於還有 1 間空房，所以它也會送回 true 的結果。

4. transaction1 會把這個房間預訂下來，並更新庫存資料：reserved_room 會變成 100。

5. 然後 transaction2 也會把這個房間預訂下來。ACID 其中的**隔離性（Isolation）**，意思就是資料庫的完整交易一定會完成其任務，而不去管其他的完整交易。因此，在 transaction 1 完成（提交）之前，transaction 1 所做的資料變動，對於 transaction 2 來說是看不到的。所以，transaction 2 所看到的 total_reserved 依然是 99，然後它也會去更新庫存資料，把這個房間預訂下來：這時候 reserved_room 也會變成 100。這樣一來，就算只剩下 1 個房間，系統還是會接受兩個使用者都把房間預訂下來的結果。

6. transaction 1 把變動成功提交出去。

7. transaction 2 也把變動成功提交出去。

如果要解決這個問題，通常需要某種形式的鎖定機制。我們會探索以下這幾種技術：

- 悲觀鎖定（Pessimistic locking）
- 樂觀鎖定（Optimistic locking）
- 資料庫約束（Database constraint）

在我們一頭栽進去修正這個問題之前，可以先來看一下我們用來預訂房間的 SQL 偽代碼。這段 SQL 可分成兩個部分：

- 檢查房間的庫存狀況
- 預訂房間

```
# 步驟 1: 檢查房間的庫存狀況
SELECT date , total_inventory , total_reserved
FROM room_type_inventory
WHERE room_type_id = ${ roomTypeId } AND hotel_id = ${ hotelId }
AND date between ${ startDate } and ${ endDate }

# 針對步驟 1 送回來的每個項目
if (( total_reserved + ${ numberOfRoomsToReserve }) > 110% * total_
inventory ) {
  Rollback
}

# 步驟 2: 預訂房間
UPDATE room_type_inventory
SET total_reserved = total_reserved + ${ numberOfRoomsToReserve }
WHERE room_type_id = ${ roomTypeId }
AND date between ${ startDate } and ${ endDate }

Commit
```

選項 1：悲觀鎖定

悲觀鎖定 [6] 也稱為悲觀並行控制（pessimistic concurrency control），只要使用者一開始更新某個紀錄，它就會立刻把紀錄鎖定起來，以防止多處同時進行更新。這時候其他使用者如果想要更新這個紀錄，就必須先等待，直到第一個使用者解開鎖定（提交變動）為止。

以 MySQL 來說，「SELECT ... FOR UPDATE」這個語句在運行時，就會把 SELECT 查詢所送回來的每一行資料全都鎖定起來。我們姑且假設，有一個完整交易是由「transaction 1」所啟動的。其他完整交易全都必須等待 transaction 1 完成之後，才能啟動另一個完整交易。詳細說明如圖 7.12 所示。

在圖 7.12 中，一定要等到 transaction 1 完成，transaction 2 才會執行「SELECT ... FOR UPDATE」語句，因為 transaction 1 已經把許多行的紀錄鎖定起來了。transaction 1 完成之後，total_reserved 的值就會變成 100，這也就表示，使用者 2 已經沒有房間可以預訂了。

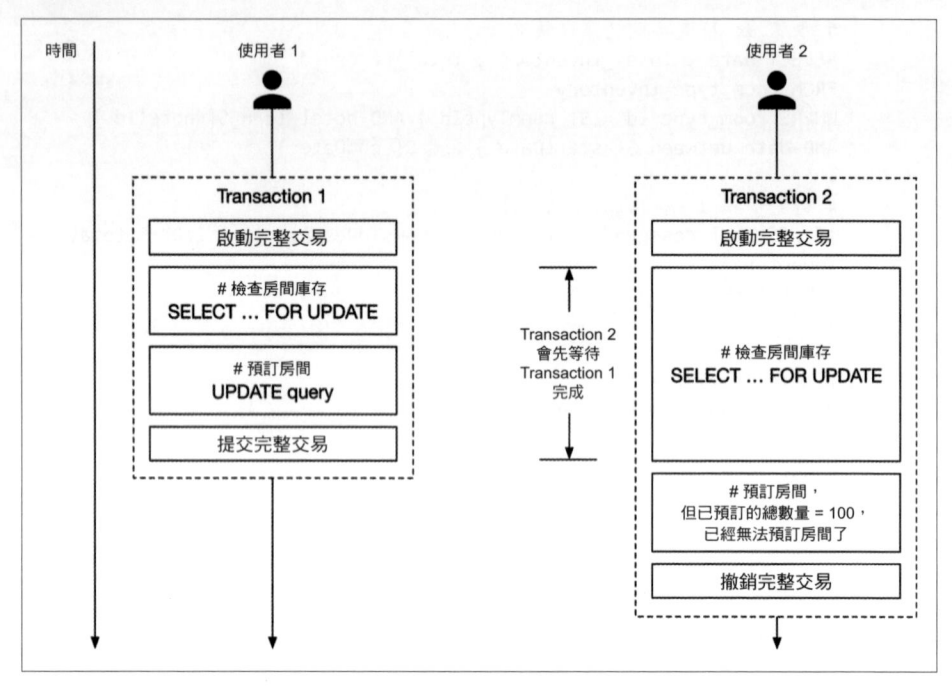

圖 7.12：悲觀鎖定

優點

- 可以防止應用程式去改動到一些正在改動或已經改動過的資料。

- 實現起來很容易，只要透過序列化更新的方式就能避免衝突的情況。如果資料爭用（contention）的情況很嚴重，悲觀鎖定就是一種很有用的做法。

缺點

- 如果有很多資源被鎖定，就有可能發生鎖死（Deadlock）的問題。要寫出完全不會發生鎖死問題的應用程式，可能具有一定的挑戰性。

- 這種做法沒什麼可擴展性。如果一個完整交易被鎖定的時間太長，其他完整交易就完全無法存取該資源。這對於資料庫的效能會有很重大的影響，尤其是完整交易長期存在或牽涉到大量的紀錄時。

由於存在這些限制，因此我們並不推薦在預訂系統使用悲觀鎖定的做法。

選項 2：樂觀鎖定

樂觀鎖定 [7] 也稱為樂觀並行控制（optimistic concurrency control），可以在同一時間讓多個使用者嘗試去更新相同的資源。

實作出樂觀鎖定的常見做法有兩種：版本號和時間戳。版本號通常被認為是比較好的選擇，因為伺服器的時鐘可能會有不準確的問題。我們接著會說明一下，如何搭配版本號來使用樂觀鎖定的做法。

圖 7.13 顯示的就是沒出現衝突與出現衝突的情況。

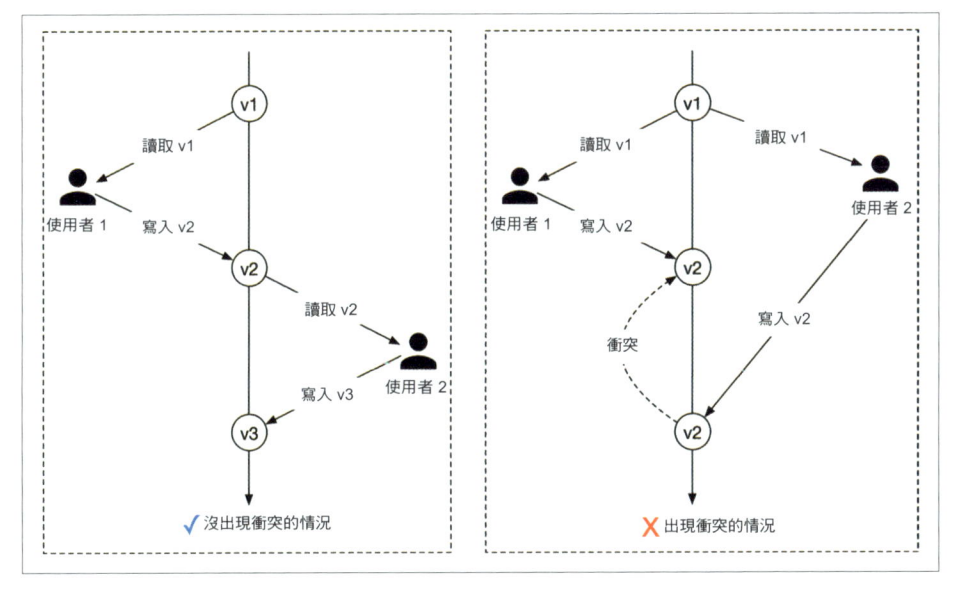

圖 7.13：樂觀鎖定

1. 在資料庫的資料表裡，加入一個名為「version」（版本號）的新欄位。

2. 在修改資料庫的某一行資料之前，使用者會先讀取這行資料的版本號。

第 7 章　飯店預訂系統

3. 使用者如果更新了這行資料，就會把版本號加 1，再寫入新的版本號。

4. 資料庫會檢查目前的版本號；照說下一個版本號應該比目前的版本號多 1 才對。如果此時驗證出了問題，這個完整交易就會被中止，然後使用者就要退回到第 2 步驟進行重試。

樂觀鎖定的速度通常比悲觀鎖定還快，因為我們並不會鎖定資料庫。不過，如果同時執行的數量比較高，樂觀鎖定的表現就會急劇下降。

如果想瞭解其中的理由，請考慮一下許多客戶端同時搶訂某家飯店房間的情況。由於不會去限制多少個客戶端，可以去讀取可預訂房間數量，因此所有客戶端都會讀取到相同的可預訂房間數量，以及相同的目前版本號。當不同客戶端進行預訂並把結果寫回資料庫時，其中只有一個會成功，其餘客戶端全都會收到版本檢查失敗的錯誤訊息。然後其它這些客戶端全都必須進行重試。在接下來的一輪重試過程中，又是只有一個客戶端可以成功預訂，其餘的全都必須再次重試。雖然最終的結果一定是正確的，但反覆的重試肯定會導致非常不愉快的使用者體驗。

優點

- 可以防止應用程式去編輯過時的資料。

- 不需要鎖定資料庫資源。從資料庫的角度來看，實際上並沒有進行鎖定。版本號的處理邏輯，完全是由應用程式來負責處理的。

- 樂觀鎖定通常可以在資料爭用比較少的情況下使用。如果很少出現衝突，就不需要特別去管理鎖定所帶來的成本，完整交易即可順利完成工作。

缺點

- 如果資料爭用的情況很嚴重，效能就會變得很差。

以飯店預訂系統來說，樂觀鎖定是個還不錯的選擇，因為預訂的 QPS 通常並不高。

選項 3：資料庫約束

這種做法與樂觀鎖定的做法非常類似。我們就來探討一下它是如何運作的。我們可以在 room_type_inventory 這個資料表加入下面的約束（constraint）：

```
CONSTRAINT `check_room_count` CHECK((`total_inventory - total_reserved` >= 0))
```

使用如圖 7.14 所示的相同範例，當使用者 2 嘗試預訂房間時，total_reserved 就會變成 101，這違反了 total_inventory (100) – total_reserved (101) ≥ 0 的約束條件。然後這個完整交易就會被滾回到原來的狀態。

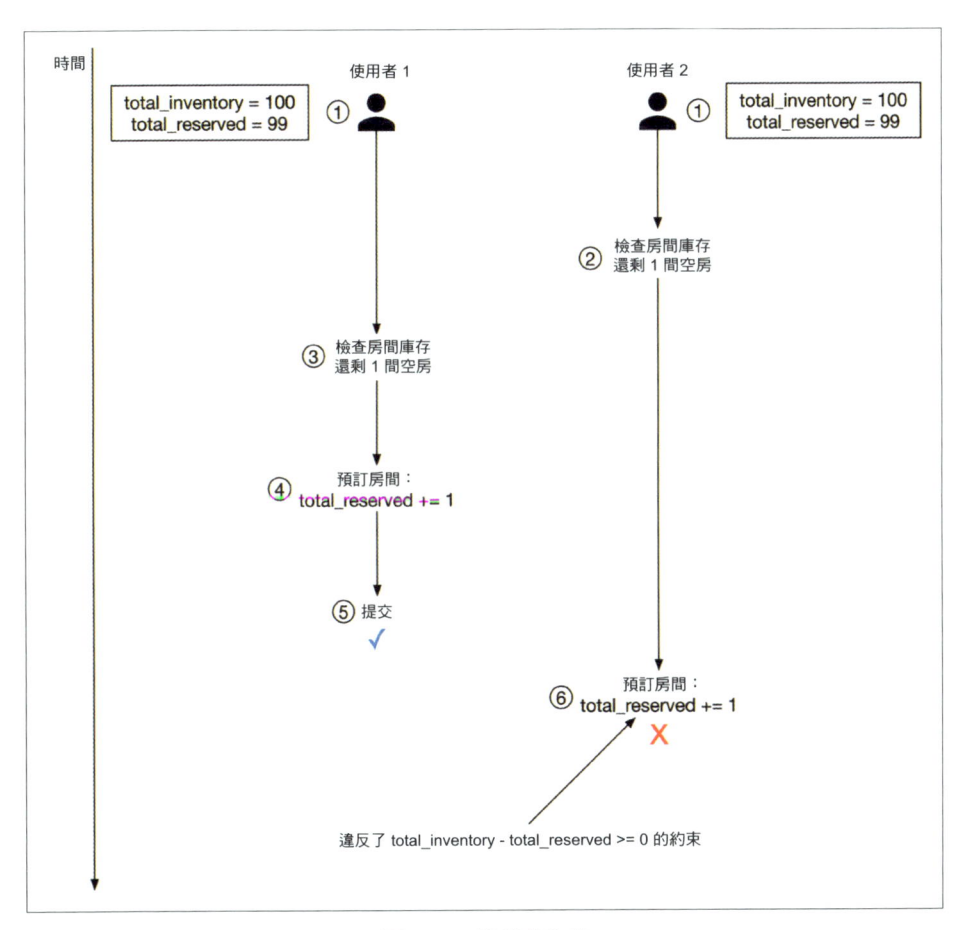

圖 7.14：資料庫約束

優點

- 實作起來很容易。
- 如果資料爭用的情況很少,效果還蠻好的。

缺點

- 與樂觀鎖定很類似的是,如果資料爭用的情況很嚴重,可能就會導致大量的故障情況。使用者可以看到還有可預訂的房間,但是當他們嘗試預訂房間時,卻會得到「已經沒有可預訂的房間」這樣的回應。這樣的體驗或許會讓使用者感到十分沮喪。
- 資料庫約束的做法無法像應用程式的程式碼那樣輕鬆進行版本控制。
- 並非所有的資料庫,都支援這種約束的寫法。當我們從某一種資料庫遷移到另一種資料庫時,可能就會遇到一些麻煩。

由於這種做法很容易實作,而且飯店預訂的資料爭用情況通常並不常見(QPS 比較低),因此這也是飯店預訂系統另一個不錯的選擇。

可擴展性

飯店預訂系統的負載通常並不高。不過,面試官有可能會提出一個後續的問題:「如果飯店預訂系統不只用在連鎖飯店的網頁,還需要運用到一些像是 booking.com 或 expedia.com 之類的熱門旅遊網站,這樣會如何呢?」如果是這樣的情況,QPS 可能就會高出 1,000 倍以上。

如果系統的負載比較高,我們或許就要先去瞭解一下,哪個部分有可能成為瓶頸。我們所有的服務都是無狀態的(stateless),因此只要添加更多的伺服器,就能輕鬆進行擴展。不過,我們在資料庫裡保存了所有的狀態,而資料庫並不能透過簡單添加更多資料庫的方式來進行擴展。接著我們就來探討一下,資料庫如何進行擴展吧。

資料庫分片

擴展資料庫的其中一種方式，就是採用資料庫分片（sharding）的做法。其構想就是把資料拆分到多個資料庫中，讓每個資料庫都只需要負責保存一小部分的資料。

如果我們要對資料庫進行分片，就必須考慮如何安排資料的分佈方式。我們在「資料模型」一節中可以看到，大多數查詢都是用 hotel_id 來進行篩選。因此，一個很自然的推論就是可以按照 hotel_id 來對資料進行分片。在圖 7.15 中，所有的資料各自分散在 16 個分片中。假設 QPS 為 30,000。資料庫分片之後，每個分片可以各自負責處理 $\frac{30,000}{16}$ = 1,875 QPS，這樣應該就可以維持在單獨一台 MySQL 伺服器的負擔能力範圍之內了。

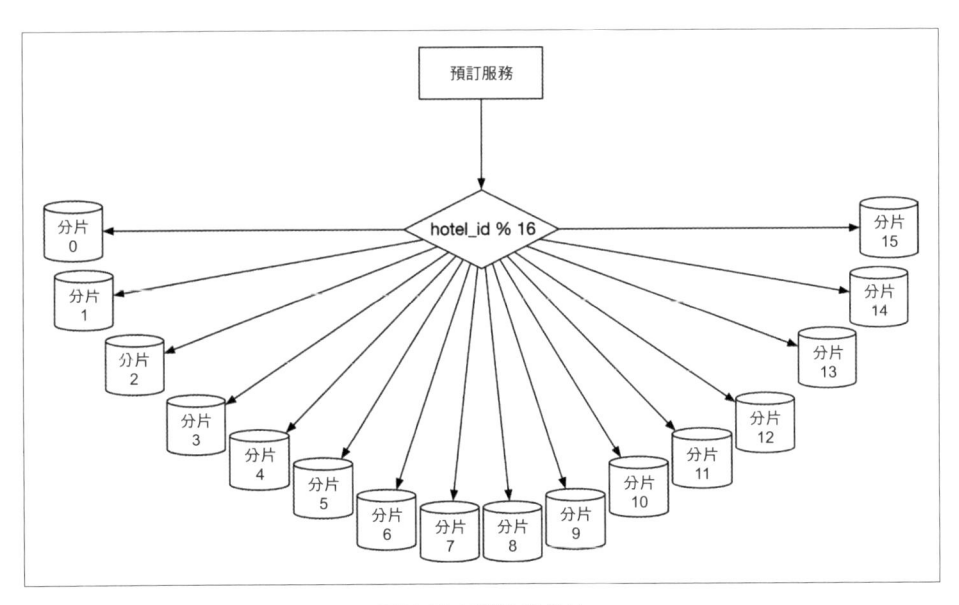

圖 7.15：資料庫分片

快取

飯店的房間庫存資料有一個還蠻有趣的特性：只有目前和未來的飯店房間庫存資料，才是真正有意義的資料，因為客戶只會去預訂未來的空房。

因此，在選擇儲存系統時，理想情況下我們希望能有一個存續時間（TTL）的機制，讓舊的資料可以自動過期。如果真的需要查詢歷史資料，則可以到不同的資料庫去進行查詢。在這個前提下，Redis 就是個不錯的選擇，因為它的 TTL 和 LRU（Least Recently Used；最近最少使用）快取收回策略，可以協助我們優化記憶體的運用方式。

如果載入的速度和資料庫的可擴展性，成為很重要的考量（例如我們要根據 booking.com 或 expedia.com 的規模來進行設計），我們就可以在資料庫的上面添加一個快取層，然後把查詢房間庫存和預訂房間的邏輯移至快取層，如圖 7.16 所示。在這個設計中，只有一小部分請求會真正抵達庫存資料庫，因為大多數不需要重新查詢的請求，都會被庫存快取攔截下來。值得一提的是，就算 Redis 顯示的庫存是足夠的，我們還是要再次檢查一下資料庫端的庫存數字，以免數字出錯。資料庫才是庫存資料真正最可靠的來源。

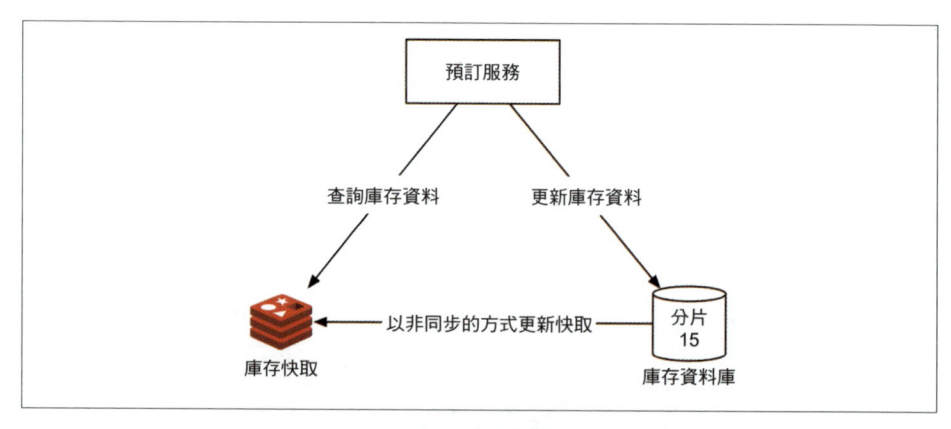

圖 7.16：快取

我們先來檢視一下這個系統裡的每個組件。

預訂服務：可支援下面這幾個庫存管理 API：

- 使用者可查詢某個日期範圍內特定房型可預訂的房間數量。
- 使用者預訂房間時，執行 total_reserved + 1 的操作。
- 使用者取消預訂時，更新庫存的數字。

庫存快取：所有的庫存管理查詢操作，全都移至庫存快取（Redis）；我們要把庫存資料預先填入快取中。快取是一個鍵值儲存系統，其結構如下：

鍵：hotelID_roomTypeID_{date}
值：針對給定的飯店 hotelID，房型 rooomTypeID 與日期 date，相應可預訂的房間數量

以飯店預訂系統來說，讀取操作（查詢房間庫存）的量會比寫入操作高一個數量級。大多數的讀取操作，都是由快取來做出回應。

庫存資料庫：負責儲存庫存資料，以作為真正的事實來源。

快取所帶來的新挑戰

添加快取層可以顯著提高系統的可擴展性與吞吐量，但同時也會帶來一些新的挑戰 —— 資料庫和快取之間如何保持資料的一致性。

當使用者預訂房間時，正常情況下會執行兩個操作：

1. 查詢房間庫存：檢查是否還有足夠的空房。這個查詢會透過庫存快取來執行。

2. 更新庫存資料：首先會更新庫存資料庫，然後再把變動以非同步的方式傳播到快取中。這個非同步快取更新的動作，可以交給應用程式的程式碼去進行調用；資料被保存到資料庫之後，它就會去更新庫存快取。另一種做法，也可以用變動資料擷取（CDC；change data capture）的方式，把更新傳播到快取中 [8]。CDC 是一種從資料庫讀取資料變動，並把變動套用到另一個資料系統的機制。其中一個常見的解決方案就是 Debezium [9]。它會用一個來源連接器（source connector），從資料庫讀取變動，然後再把變動套用到 Redis [10] 之類的快取系統。

由於庫存資料會先在資料庫進行更新，因此快取或許並沒有即時反映出最新的庫存狀況。舉例來說，就算資料庫顯示已經沒有剩餘的空房，快取依然有可能以為還有空房；當然，也有可能發生反過來的情況。

如果你仔細想一想，就會發現庫存快取和資料庫不一致的問題，其實並沒有那麼嚴重，只要資料庫最後記得進行庫存驗證檢查就可以了。

我們就來看一個例子。假設快取顯示仍有空房，但資料庫其實已經沒有空房了。以這個情況來說，當使用者查詢房間庫存時，他們會發現還有房間可供預訂，於是就嘗試去預訂房間。當請求來到庫存資料庫時，資料庫一進行驗證，就會發現已經沒有剩餘的空房了。在這樣的情況下，客戶端就會收到錯誤回應，告訴他已經有其他人剛剛預訂了他們之前所看到的最後一個房間。當使用者重新刷新網站的頁面時，可能就會看到已經沒有剩餘的空房了，因為在他們重新刷新頁面之前，資料庫已經把庫存資料同步到快取了。

優點

- 可降低資料庫的負載。由於讀取查詢是由快取層來做出回應，因此資料庫的負載會很明顯下降。

- 高性能。讀取查詢的速度非常快，因為查詢結果是從記憶體取得的。

缺點

- 維護資料庫和快取之間的資料一致性，其實還蠻困難的。我們應該要仔細思考這種不一致的情況，對於使用者體驗有何影響。

各服務之間的資料一致性

傳統的單體（monolithic）架構 [11] 會使用一個共用的關聯式資料庫，來確保資料的一致性。像我們的微服務設計，就選擇了一種混合式的做法，讓預訂服務同時去處理預訂和庫存 API，所以庫存資料表和預訂資料表全都保存在同一個關聯式資料庫中。正如「並行性問題」一節所解釋的，這種安排可以讓我們利用到關聯式資料庫的 ACID 特性，優雅地處理掉預訂流程中會出現的許多並行性問題。

不過，如果你的面試官是那種很純粹的微服務主義者，他就有可能質疑這種混合式的做法。在這類人的想法中，微服務架構的每一個微服務都應該要有自己的資料庫，如圖 7.17 右側所示。

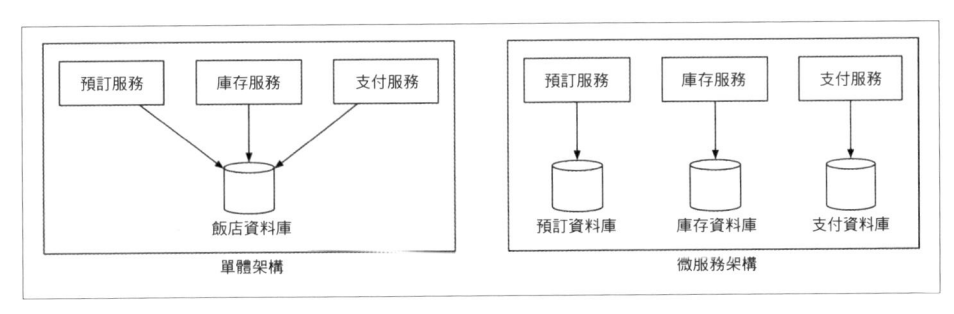

圖 7.17：單體架構 vs. 微服務架構

這種純粹的設計，勢必會引入許多資料一致性的問題。由於這是我們第一次介紹微服務架構，這裡就來說明一下這種不一致的問題發生的方式與原因。為了便於理解，本次討論只會使用兩個服務。在現實世界中，同一家公司裡可能會有好幾百個微服務。如果是單體架構，如圖 7.18 所示，我們可以把不同的操作包裝在單獨的一個完整交易中，以確保能夠維持住 ACID 特性。

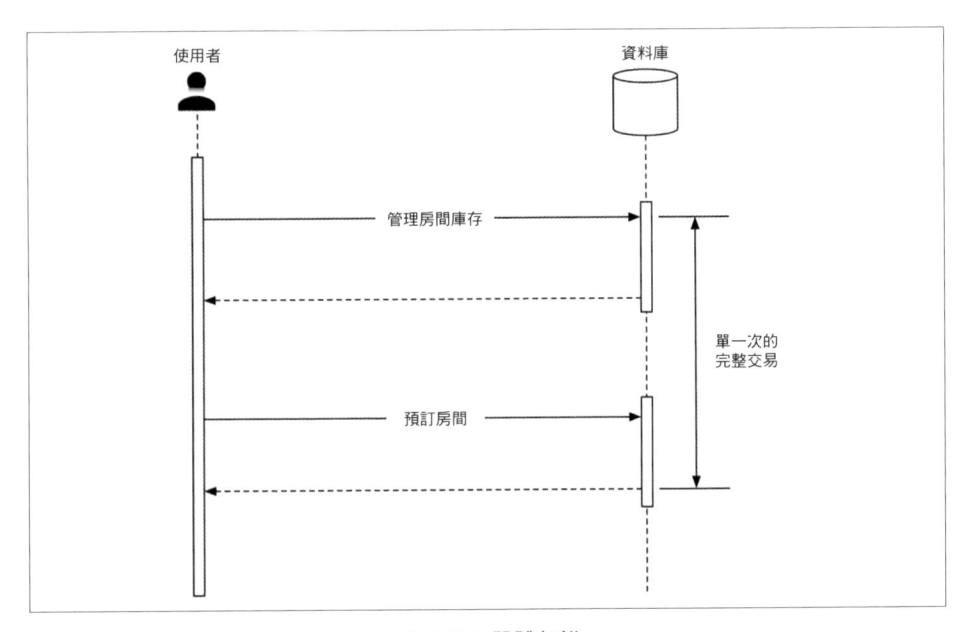

圖 7.18：單體架構

不過在微服務架構中，每個服務都有自己的資料庫。一個在邏輯上應該具有原子性的操作，現在可能會跨越好幾個服務。這也就表示，我們無法使用單獨一個完整交易來保證資料的一致性。如圖 7.19 所示，如果預訂資料庫裡的更新操作出了問題，我們就必須記得把庫存資料庫裡的預訂房間數量恢復成原來的數字。一般來說，把事情作對的方式只有一種，但會出問題的情況卻有百百種，每一種都有可能導致資料不一致的問題。

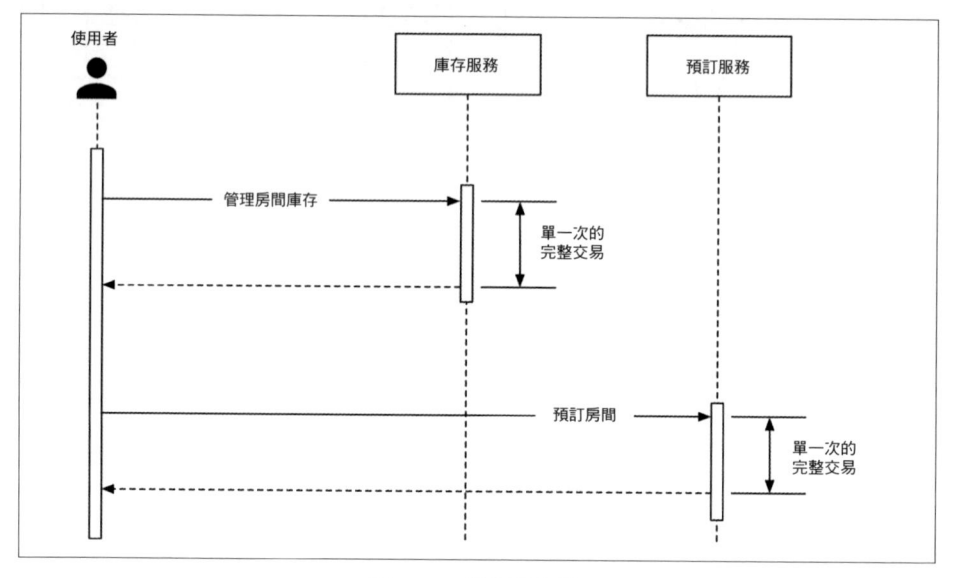

圖 7.19：微服務架構

為了解決資料不一致的問題，這裡針對一些業界驗證過的技術，從比較高的層面來進行一番總結。如果你想了解更詳細的內容，請參見參考資料（譯註：本書隨後的第 12 章也有相當詳細的說明）。

- 兩階段提交（2PC；Two-phase commit）[12]：2PC 是一種資料庫協定，可用來保證跨多個節點的完整交易提交的原子性，也就是說，要不就是所有的節點都成功，要不就是所有的節點全都出問題。由於 2PC 是一種阻塞型（blocking）協定，因此只要單獨一個節點故障，整個進度就會被阻塞住，直到這個節點恢復正常為止。所以，這並不是一種效能很高的做法。

- Saga：Saga 就是一系列的局部完整交易（local transaction）。每次完整交易都會進行更新，然後發佈一個訊息，以觸發下一個完整交易步驟。如果某個步驟出了問題，Saga 就會去執行一堆補償型的完整交易（compensating transaction），以撤銷掉先前的完整交易所做的變動 [13]。2PC 是用單獨的一次提交，來執行 ACID 完整交易，而 Saga 則是由多個步驟所組成，它所依賴的是所謂的終究一致性（eventual consistency）。

值得注意的是，解決微服務之間資料不一致的問題，一定會用到一些複雜的機制，這肯定會大大增加整體設計的複雜性。身為架構師，你可以先判斷一下，所增加的複雜性究竟值不值得。以這裡的問題來說，我們認為並不值得，因此我們採用了更實用的做法，把預訂和庫存資料全都保存在同一個關聯式資料庫中。

第 4 步 —— 匯整總結

本章介紹的是飯店預訂系統的設計。我們首先收集了各種需求，並進行粗略的估算，以瞭解所要處理的規模。我們在高階設計中提出了 API 設計，以及最初版的資料模型，還有相應的系統架構圖。在「第 3 步 —— 深入設計」一節，我們探索了其它可作為替代設計的資料庫資料架構，因為我們發現，使用者所預訂的應該是某種房型，而不是某個特定的房間。我們還深入討論了資料庫爭用的狀況，並提出了一些可能的解法：

- 悲觀鎖定
- 樂觀鎖定
- 資料庫約束

然後我們討論了系統的各種不同擴展方式，包括資料庫分片以及使用 Redis 快取的做法。最後，我們解決了微服務架構的資料一致性問題，並簡要介紹了一些解法。

恭喜你跟我們走到了這裡！現在你可以給自己一點鼓勵。你真是太棒了！

第 7 章　飯店預訂系統

章節摘要

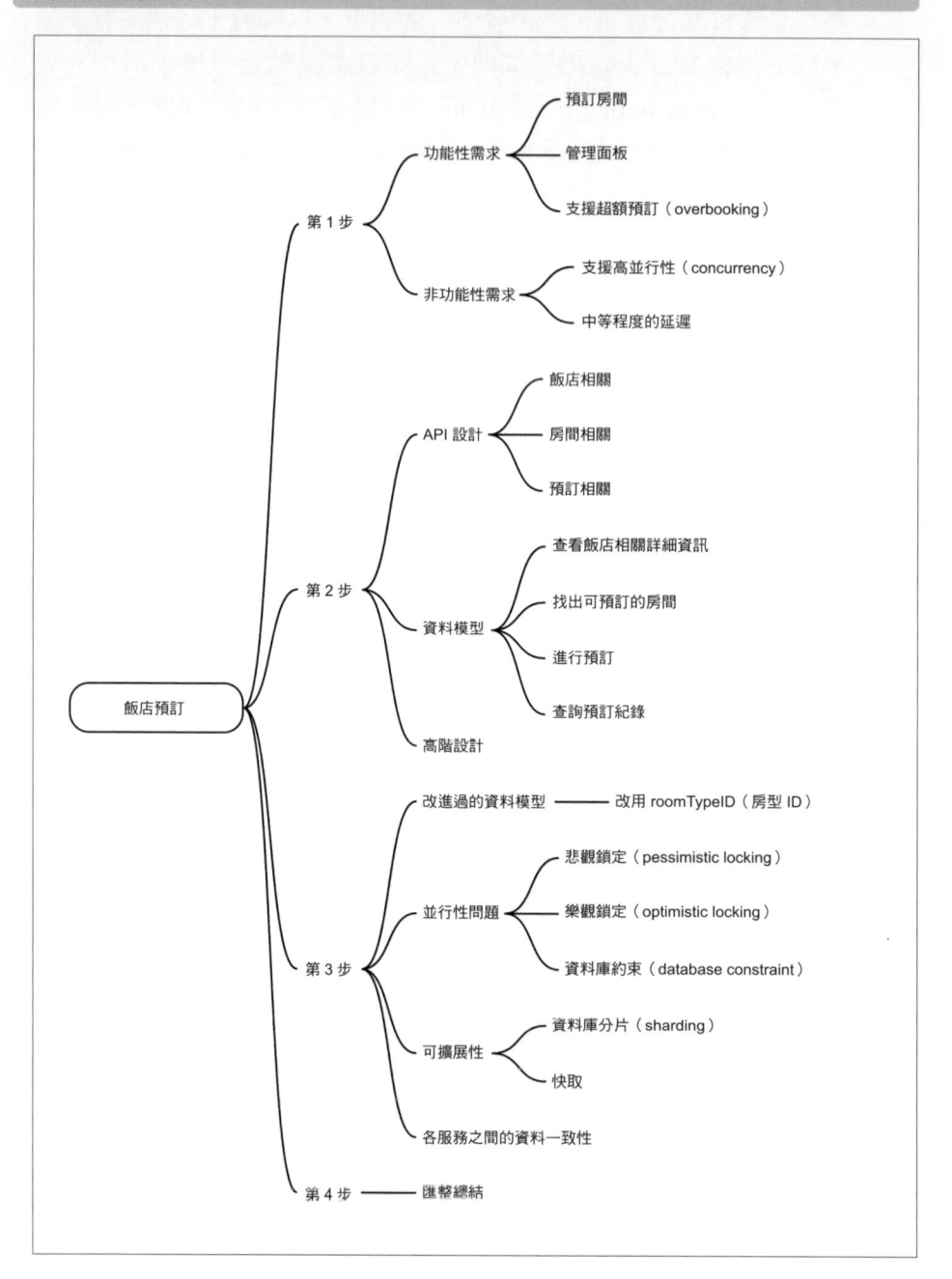

```
                              ┌─ 預訂房間
                   ┌─ 功能性需求 ─┼─ 管理面板
          ┌─ 第 1 步 ┤            └─ 支援超額預訂（overbooking）
          │         │            ┌─ 支援高並行性（concurrency）
          │         └─ 非功能性需求┤
          │                      └─ 中等程度的延遲
          │
          │         ┌─ 飯店相關
          │  API 設計┼─ 房間相關
          │         └─ 預訂相關
          │
          │         ┌─ 查看飯店相關詳細資訊
          │  資料模型 ┼─ 找出可預訂的房間
 飯店預訂 ─┤ 第 2 步 ┤         ├─ 進行預訂
          │         └─ 查詢預訂紀錄
          │
          │  高階設計
          │
          │         ┌─ 改進過的資料模型 ─── 改用 roomTypeID（房型 ID）
          │         │                    ┌─ 悲觀鎖定（pessimistic locking）
          │         ├─ 並行性問題 ────────┼─ 樂觀鎖定（optimistic locking）
          │  第 3 步 ┤                    └─ 資料庫約束（database constraint）
          │         │         ┌─ 資料庫分片（sharding）
          │         ├─ 可擴展性 ┤
          │         │         └─ 快取
          │         └─ 各服務之間的資料一致性
          │
          └─ 第 4 步 ─── 匯整總結
```

參考資料

[1] 微服務架構有什麼好處？https://www.appdynamics.com/topics/benefits-of-microservices

[2] 微服務：https://en.wikipedia.org/wiki/Microservices

[3] gRPC：https://www.grpc.io/docs/what-is-grpc/introduction/

[4] 資料來源：Booking.com iOS App

[5] 序列化：https://en.wikipedia.org/wiki/Serializability

[6] 記錄的樂觀鎖定與悲觀鎖定：https://ibm.co/3Eb293O

[7] 樂觀並行控制：https://en.wikipedia.org/wiki/Optimistic_concurrency_control

[8] 變動資料擷取：https://docs.oracle.com/cd/B10500_01/server.920/a96520/cdc.htm

[9] Debizium：https://debezium.io/

[10] Redis sink：https://bit.ly/3r3AEUD

[11] 單體架構：https://microservices.io/patterns/monolithic.html

[12] 兩階段提交協定：https://en.wikipedia.org/wiki/Two-phase_commit_protocol

[13] Saga：https://microservices.io/patterns/data/saga.html

8

分散式 Email 服務

本章會設計出一個類似 Gmail、Outlook 或 Yahoo Mail 的大型 Email 服務。這幾年由於網際網路的發展，導致 Email 的使用量激增。以 2020 年為例，Gmail 在全球就擁有超過 18 億的活躍使用者，Outlook 在全球則擁有超過 4 億的使用者 [1] [2]。

圖 8.1：很受歡迎的幾個 Email 供應商

第 1 步 —— 瞭解問題並確立設計範圍

多年來，Email 服務的規模與複雜性，發生了顯著的變化。現代 Email 服務已經成為一個具有多種功能的複雜系統。我們不太可能在 45 分鐘內設計出一個真實世界裡的 Email 系統。因此，在開始進行設計之前，我們一定要先提出一些可以釐清狀況的問題，以縮小設計的範圍。

應試者：會有多少人使用這個產品？
面試官：10 億個使用者。

應試者：我認為以下這幾個功能蠻重要的：
- 身份驗證。
- Email 的發送與接收。
- 取得所有的 Email。
- 可依照已讀、未讀的狀態來篩選 Email。

- 可根據主題、寄件者與內文來搜尋 Email。
- 反垃圾郵件與防毒功能。

請問還有其他需要特別關注的功能嗎？

面試官：你列的這些項目都很好。不過我們先不用去管身份驗證的問題。只要把重點放在你所提到的其他幾個功能即可。

應試者：使用者會用什麼方式來連接到郵件伺服器？

面試官：傳統上，使用者可以用 SMTP、POP、IMAP 和一些供應商專屬的協定，透過原生的客戶端程式與郵件伺服器相連。某種程度來說，這些協定都是很久之前所遺留下來的，不過到現在都還是非常流行。至於本次的面試，我們假設客戶端與伺服器之間，會採用 HTTP 來進行通訊。

應試者：Email 可以有附件嗎？

面試官：可以。

非功能性需求

接下來，我們來檢視一下最重要的幾個非功能性需求。

可靠性：不應該丟失掉任何 Email 資料。

可用性：Email 與使用者資料應該可以自動跨越多個節點進行副本複製，以確保可用性。此外，就算有部分的系統出了問題，系統還是能正常運作。

可擴展性：隨著使用者數量的增長，系統應該要能處理不斷增加的使用者和 Email 數量。系統的效能不應該隨著使用者或 Email 的增加而降低。

靈活性（flexibility）與可擴充性（extensibility）：一個靈活 / 可擴充的系統，可以讓我們透過添加新組件的方式，輕鬆添加一些新的功能，或是提高效能表現。POP 和 IMAP 之類的傳統 Email 協定，功能非常有限（更多說明請參見高階設計）。因此，我們可能需要採用自定義的協定，來滿足靈活性和可擴充性的要求。

粗略的估算

接著我們來做個粗略的估算，判斷一下所要解決的問題潛在的規模大小與挑戰。從設計上來看，Email 系統屬於儲存需求非常大的一種應用。

- 10 億個使用者。
- 假設一個人每天發送的 Email 平均數量為 10 封。發送 Email 的 QPS $=\frac{10^9 \times 10}{10^5}=$ 100,000。
- 假設一個人每天收到的 Email 平均數量為 40 [3]，Email 詮釋資料的平均大小為 50KB。詮釋資料（metadata）在這裡指的是與 Email 相關的所有內容，但不包括附件檔案。
- 假設詮釋資料儲存在資料庫中。保存 1 年內的詮釋資料，所需的儲存空間：10 億使用者 × 每天 40 封 Email×365 天 ×50 KB ＝ 730 PB。
- 假設其中有 20% 的 Email 會包含附件，附件的平均大小為 500 KB。
- 保存 1 年內 Email 附件所需的儲存空間：10 億使用者 × 每天 40 封 Email×365 天 ×20%×500 KB ＝ 1,460 PB

從這個粗略計算來看，很顯然我們有大量的資料需要處理。因此，我們可能需要一個分散式的資料庫解決方案。

第 2 步 ── 提出高階設計並獲得認可

本節會先討論 Email 伺服器的一些基礎知識，以及 Email 伺服器如何隨時間演進的過程。然後我們會檢視一下分散式 Email 伺服器的高階設計。內容的結構如下：

- Email 入門知識
- 傳統的郵件伺服器
- 分散式郵件伺服器

第 8 章　分散式 Email 服務

Email 入門知識

關於 Email 的發送與接收，有各式各樣不同的 Email 協定。從歷史來看，大部分的郵件伺服器都是採用 POP、IMAP 和 SMTP 之類的 Email 協定。

Email 協定

SMTP：簡單郵件傳輸協定 (Simple Mail Transfer Protocol) 就是把 Email 從某個郵件伺服器傳送到另一個郵件伺服器的標準協定。

至於 Email 的檢索（retrieving），最受歡迎的協定則是 POP（Post Office Protocol；郵局協定）和 IMAP（Internet Mail Access Protocol；網際網路郵件存取協定）。

POP 是一種標準的郵件協定，可以從遠端的郵件伺服器接收 Email，並下載到本機的 Email 客戶端。Email 被下載到你的電腦或手機之後，郵件伺服器裡的 Email 就會被刪除掉，這也就表示，你的 Email 只能在一台電腦或一部手機中進行存取。關於 POP 的詳細資訊，可以參見 RFC 1939 [4]。POP 會要求郵件客戶端下載整個 Email 的完整內容。如果 Email 裡包含了比較大的附件，可能就會花比較長的時間。

IMAP 也是本機 Email 客戶端用來接收 Email 的一種標準郵件協定。如果你想閱讀 Email 的內容，就必須連線到外部的郵件伺服器，把完整內容傳輸到你的本機設備。IMAP 只會在你點擊郵件時才下載郵件，而且並不會把郵件伺服器裡的郵件刪除掉；這也就表示，你可以用多個不同設備來存取 Email。IMAP 是個人 Email 帳號使用最廣泛的一種協定。如果網路連線的速度比較慢，採用這種方式的效果就很不錯，因為在你打開 Email 之前，它只會先下載 Email 的標頭資訊。

從技術上來說，**HTTPS** 並不是一種郵件協定，不過你還是可以用它來存取你的信箱，尤其是 Web 型的 Email。舉例來說，Microsoft Outlook 通常可以透過 HTTPS，使用一種名叫 ActiveSync 的自定義協定，與行動設備進行通訊 [5]。

第 2 步 — 提出高階設計並獲得認可

網域名稱服務（DNS）

DNS 伺服器可用來查找出收件者網域的 MX（Mail eXchanger；郵件交換）紀錄。你只要在指令行中針對 gmail.com 執行 DNS 查找指令，或許就可以取得如圖 8.2 所示的 MX 紀錄。

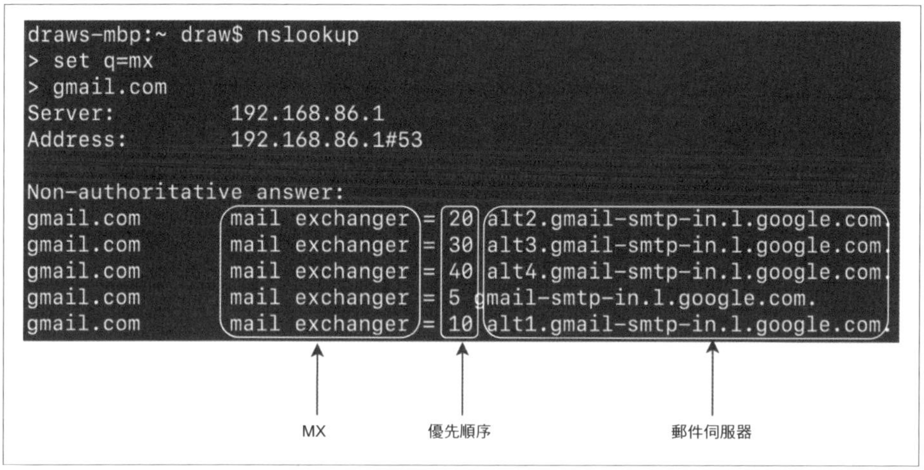

```
draws-mbp:~ draw$ nslookup
> set q=mx
> gmail.com
Server:         192.168.86.1
Address:        192.168.86.1#53

Non-authoritative answer:
gmail.com       mail exchanger = 20 alt2.gmail-smtp-in.l.google.com.
gmail.com       mail exchanger = 30 alt3.gmail-smtp-in.l.google.com.
gmail.com       mail exchanger = 40 alt4.gmail-smtp-in.l.google.com.
gmail.com       mail exchanger = 5  gmail-smtp-in.l.google.com.
gmail.com       mail exchanger = 10 alt1.gmail-smtp-in.l.google.com.
```
　　　　　　　　　　　　　　MX　　　優先順序　　　郵件伺服器

圖 8.2：MX 紀錄

優先順序（priority）的數字，代表的是偏好的程度，如果郵件伺服器的優先順序是比較小的數字，就會比較優先被選用。在圖 8.2 中，gmail-smtp-in.l.google.com（優先順序 5）就會被優先使用。負責發送郵件的伺服器會先嘗試進行連線，然後向這個郵件伺服器發送郵件訊息。如果連線失敗，負責發送郵件的伺服器就會嘗試連線到優先順序排在第二位的郵件伺服器（也就是 alt1.gmail-smtp-in.l.google.com，其優先順序為 10）。

附件

Email 的附件會與 Email 一起發送，通常都會採用 Base64 編碼 [6]。Email 的附件通常都有大小限制。舉例來說，自 2021 年 6 月起，Outlook 和 Gmail 就把附件的大小分別限制為 20MB 和 25MB。這個數字會根據個人帳號或公司帳號之類的不同條件，做出不同的限制。而 MIME

第 8 章　分散式 Email 服務

（Multipurpose Internet Mail Extension；多用途網際網路郵件擴充）[7] 則是一種可透過網際網路傳送附件的規範。

傳統的郵件伺服器

在繼續深入研究分散式郵件伺服器之前，我們可以先來深入瞭解一下歷史，看看傳統的郵件伺服器相應的工作原理；這樣的理解可以讓我們得到很多很好的經驗教訓，讓我們更明白如何對 Email 伺服器系統進行擴展。你可以把傳統的郵件伺服器，視為一個使用者數量很有限的 Email 系統，通常只需要採用單一伺服器就足夠了。

傳統的郵件伺服器架構

在圖 8.3 可以看到，當 Alice 使用傳統的 Email 伺服器，向 Bob 發送 Email 時，其中所發生的整個過程。

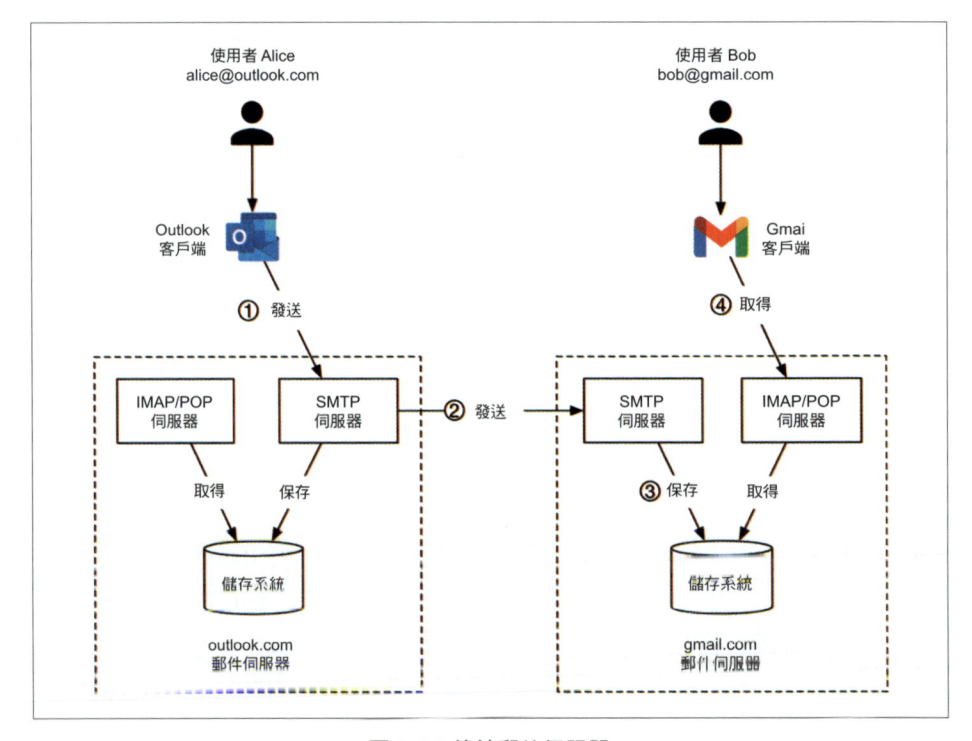

圖 8.3：傳統郵件伺服器

整個過程包括 4 個步驟：

1. Alice 登入她的 Outlook 客戶端，撰寫一封 Email，然後按下「發送」。Email 會被傳送到 Outlook 郵件伺服器。Outlook 客戶端和郵件伺服器之間所採用的是 SMTP 通訊協定。

2. Outlook 郵件伺服器會去查詢 DNS（圖中未顯示）找出收件者 SMTP 伺服器的地址。以這裡的例子來說，就是 Gmail 的 SMTP 伺服器。接下來，它就會把 Email 傳送到 Gmail 郵件伺服器。這兩個郵件伺服器之間所採用的也是 SMTP 通訊協定。

3. Gmail 伺服器會把 Email 保存起來，並允許收件者 Bob 可以進行取用。

4. 當 Bob 登入 Gmail 時，Gmail 客戶端就可以透過 IMAP/POP 伺服器取得這封新的 Email。

儲存系統

大多數的大型 Email 系統（例如 Gmail、Outlook 和 Yahoo），都是採用高度自定義的資料庫。在過去，Email 都是保存在本機的檔案目錄下，每一封 Email 都是保存在具有獨一無二名稱的單一檔案中。每個使用者都有一個使用者個人的目錄，用來保存整個信箱與相關配置資料。Maildir（郵件目錄）就是把 Email 保存在郵件伺服器中的一種常見做法（圖 8.4）。

當使用者數量比較少時，檔案目錄的效果蠻好的，但如果要檢索和備份好幾十億封 Email，就會變得很困難。隨著 Email 數量的成長，檔案結構也變得越來越複雜，磁碟 I/O 就成了效能上的瓶頸。本機的目錄也無法滿足我們對於高可用性和可靠性的要求。磁碟可能會損壞，伺服器也有可能會掛掉。因此，我們需要一個更可靠的分散式儲存層。

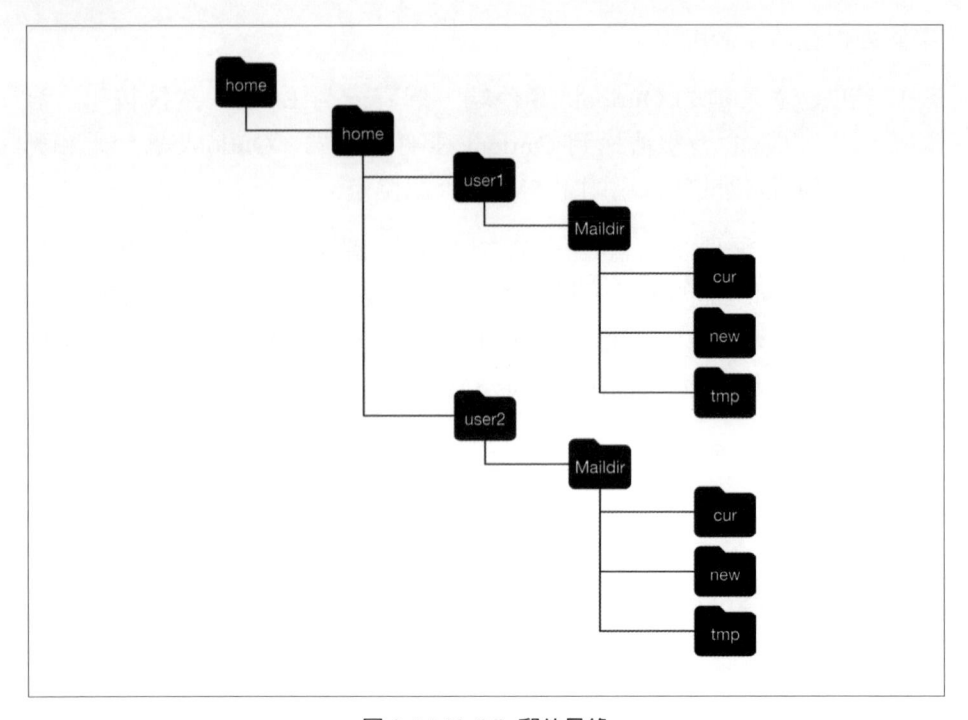

圖 8.4：Maildir 郵件目錄

自從 20 世紀 60 年代發明 Email 以來，Email 的功能已有長足的進步，從最早的文字格式，到能夠提供多媒體、對話串（threading）[8]、搜尋、標籤等等各種豐富的功能。但是 Email 協定（POP、IMAP 和 SMTP）很久以前就發明了，這些協定並不是為了支援這些新功能而設計，因此很難進行擴展，以支援好幾十億的使用者。

分散式郵件伺服器

分散式郵件伺服器的設計目的，就是要支援現代的使用情境，並解決規模與彈性的問題。本節就來介紹一下 Email API、分散式郵件伺服器架構、郵件發送流程和郵件接收流程。

Email API

針對不同的郵件客戶端，或是在 Email 生命週期的不同階段，Email API 可能都有截然不同的意義。下面就是幾個例子：

- 原生行動客戶端所採用的 SMTP / POP / IMAP API。
- 寄件者與收件者的郵件伺服器之間所採用的 SMTP 通訊協定。
- 全功能互動式 Web Email 應用透過 HTTP 來實現的 RESTful API。

由於本書的篇幅限制，我們只會介紹其中最重要的一些 Webmail API。Webmail 最常採用的通訊方式，就是 HTTP 通訊協定。

1. 端點：POST /v1/messages

把郵件發送給「To：收件者」、「Cc：副本」、「Bcc：密件副本」這些標頭裡的各個收件者。

2. 端點：GET /v1/folders

送回 Email 帳號的所有資料夾。

回應：

```
[{
    id: 字串        // 資料夾獨一無二的識別符號。
    name: 字串      // 資料夾名稱。
                   // 根據 RFC6154 [9]，預設資料夾可能是以下其中一個：
                   // All, Archive, Drafts, Flagged, Junk, Sent, Trash
    user_id: 字串   // 帳號擁有者的識別碼
}]
```

3. 端點：GET /v1/folders/{folder_id}/messages

送回資料夾內所有的郵件訊息。請記住，這是一個高度簡化的 API。實際上它還要支援連續分頁的功能（例如 1-50、51-100 這樣的分頁方式），或是指定某個範圍的分頁方式（例如 73-87 這樣的分頁方式），可以根據前一次的檢查點，進行隨機存取的操作。

回應：

郵件訊息物件列表。

4. 端點： `GET /v1/messages/{message_id}`

取得某一封特定郵件的所有相關資訊。這就是 Email 應用程式最核心的構建模塊，每一封郵件其中都包含了寄件者、收件者、郵件訊息的主題、正文、附件等資訊。

回應：

郵件訊息物件。

```
{
    user_id: 字串                              // 帳號擁有者的識別碼。
    from: {name: 字串 , email: 字串 }          // 寄件者的 < 姓名，email>
    to: [{name: 字串 , email: 字串 }]          // 收件者的 < 姓名，email> 列表
    subject: 字串                              // 郵件的主題
    body: 字串                                 // 郵件訊息的正文
    is_read: 布林值                            // 郵件訊息是否已讀
}
```

分散式郵件伺服器架構

如果只是服務少量的使用者，要設定一台 Email 伺服器並不困難，但如果要擴展到一台以上的伺服器，就沒有那麼簡單了。這主要是因為傳統的 Email 伺服器，本來就是只針對單一伺服器架構而設計的。如果要跨越不同伺服器進行資料同步，可能就會困難很多；如果要建立一個不會被標記為垃圾郵件的大型 Email 服務，更是極具挑戰性。本節就是要探討如何利用雲端技術，更輕鬆建立分散式郵件伺服器。高階設計如圖 8.5 所示。

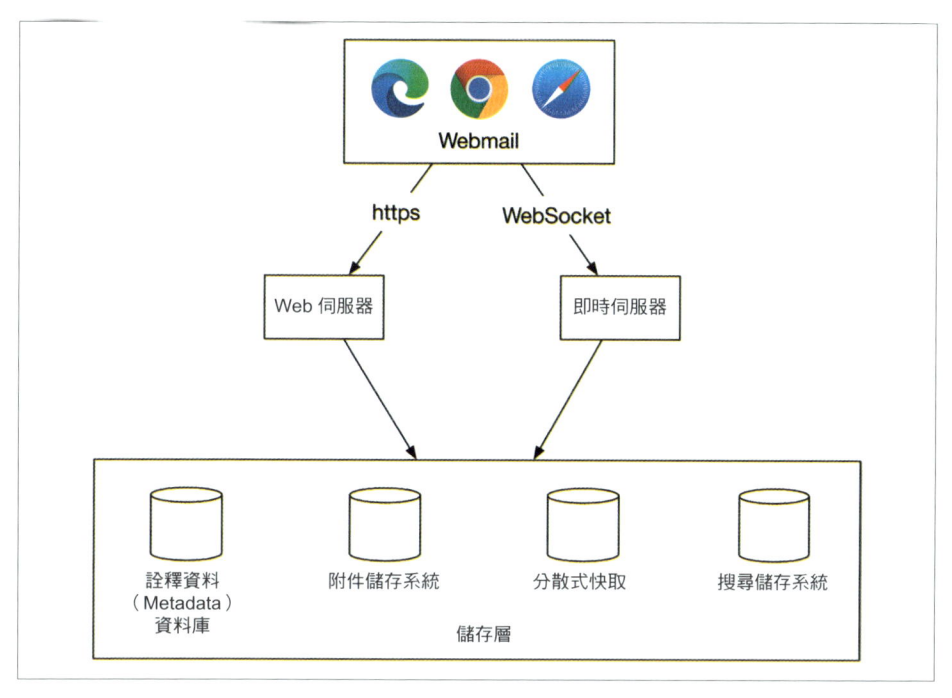

圖 8.5：高階設計

我們就來仔細看看每一個組件吧。

Webmail：使用者會用 Web 瀏覽器來收發 Email。

Web 伺服器：Web 伺服器是一種對外界公開的請求 / 回應服務，可用來管理登入、註冊，或是查看使用者個人資料之類的功能。在我們的設計中，所有 Email API 請求（例如發送 Email、載入郵件資料夾、載入資料夾內所有的郵件等等）全都會透過 Web 伺服器來完成。

即時伺服器：即時伺服器所負責的工作，就是以即時的方式向客戶端推送新的 Email 更新。即時伺服器是一種有狀態（stateful）的伺服器，因為它需要持續保持連線。如果要支援這種即時的通訊方式，其實有好幾種不同的選擇（例如長輪詢和 WebSocket）。WebSocket 是一種比較優雅的解法，不過它的缺點就是瀏覽器的相容性。其中一種可能的解決方式，就是盡可能建立 WebSocket 連線，然後再把長輪詢用來作為備選的方案。

第 8 章　分散式 Email 服務

Apache James [10] 是一個真實的郵件伺服器範例，它就是透過 WebSocket [11] 實作了一個叫做 JMAP（JSON Meta Application Protocol；JSON 元應用協定）的子協定。

詮釋資料（Metadata）資料庫：這個資料庫保存的是郵件的詮釋資料，包括郵件的主題、正文、寄件者、收件者等等。我們稍後會在「第 3 步 —— 深入設計」一節中，討論一下資料庫的選擇。

附件儲存系統：我們會選擇 Amazon 的 S3（Simple Storage Service；簡單儲存服務）這類的物件儲存系統，來保存郵件的附件。S3 是一種可擴展的儲存基礎架構，特別適合用來儲存圖片、影片、檔案之類的大型檔案。附件的大小最多可達 25MB。由於以下兩個原因，像 Cassandra 這樣的 NoSQL 縱列型資料庫可能不太適合：

- 雖然 Cassandra 可支援 blob 資料型別，而且理論上 blob 最大可保存 2GB 的資料，但實際上的限制還不到 1MB [12]。
- 把附件存入 Cassandra 的另一個問題就是，我們無法針對各行的資料進行快取，因為附件會佔用太多的記憶體空間。

分散式快取：由於客戶端會重複載入最新的 Email，因此如果可以把最近的 Email 快取在記憶體中，就可以顯著縮短載入時間。這裡可以使用 Redis，因為它提供了像是列表（list）之類的豐富功能，而且擴展起來也很容易。

搜尋儲存系統：搜尋儲存系統是一個分散式文件儲存系統。它使用的是一種叫做反向索引（inverted index）[13] 的資料結構，可支援非常快速的全文搜尋。我們會在「第 3 步 —— 深入設計」一節進行更詳細的討論。

現在我們已經討論過分散式郵件伺服器最重要的一些組件，接著就來看看下面這兩個最主要的流程。

- 郵件發送流程。
- 郵件接收流程。

郵件發送流程

郵件發送流程如圖 8.6 所示。

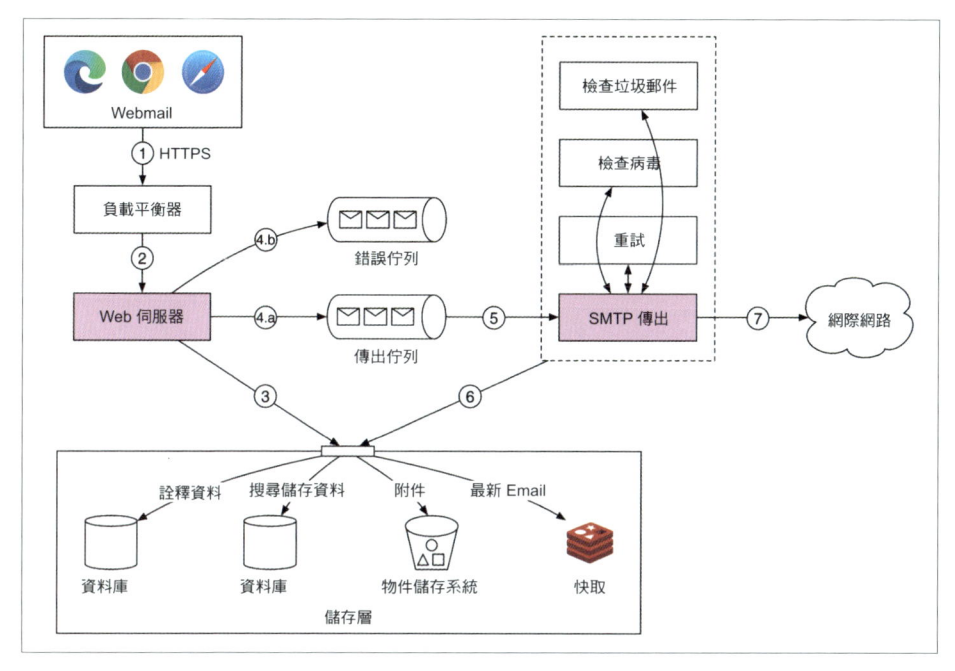

圖 8.6：郵件發送流程

1. 使用者透過 Webmail 寫了一封 Email，然後按下「發送」按鈕。這個請求會被傳送到負載平衡器。

2. 負載平衡器會先檢查流量有沒有超過限制，然後再把郵件送往 Web 伺服器。

3. Web 伺服器負責的工作如下：

- Email 基本驗證。每一封送進來的 Email，都會根據預先定義的規則（例如 Email 的大小限制）進行檢查。

- 檢查收件者 Email 地址的網域，是否與寄件者相同。如果是同一個網域，Web 伺服器會先確保 email 不是垃圾郵件，也沒有病毒，然後再添加到寄件者的「已發送郵件匣」（Sent Folder）和收件者的

「收件匣」（Inbox Folder）。收件者只要透過 RESTful API 就能直接取得 Email。不需要進入第 4 步驟。

4. 郵件訊息佇列。

    4.1. 如果 Email 基本驗證沒問題，Email 資料就會被送進傳出（outgoing）佇列。

    4.2. 如果 Email 基本驗證出了問題，這封 Email 就會被放入錯誤（error）佇列。

5. SMTP 傳出工作程序（outgoing worker）會從傳出佇列裡拉取事件，並確認 Email 不是垃圾郵件、也沒有病毒。

6. 傳出去的 Email 會被保存在儲存層的「已發送郵件匣（Sent Folder）」。

7. SMTP 傳出工作程序會把 Email 發送給收件者的郵件伺服器。

傳出佇列裡的每一封郵件，都包含了建立 Email 所需的所有詮釋資料。分散式訊息佇列就是可以讓我們以非同步方式處理郵件的一個關鍵組件。只要把 SMTP 傳出工作程序與 Web 伺服器解耦，我們就可以針對 SMTP 傳出工作程序獨立進行擴展了。

我們會非常嚴密監視傳出佇列的大小。如果有很多郵件滯留在佇列中，我們就應該去分析問題的成因。以下就是一些可能的理由：

- 收件者的郵件伺服器目前無法使用。在這樣的情況下，我們可以稍等一下，隨後再次重新發送 Email。指數式退避（Exponential backoff；譯註：也就是以指數式增加的方式逐漸拉長重試的間隔時間。）[14] 在這裡或許就是個很好的重試策略。

- 沒有足夠的消費者，來完成「發送 Email」的工作。在這樣的情況下，我們或許就要添加更多的消費者，以縮減郵件的處理時間。

郵件接收流程

下圖展示的就是郵件接收流程。

1. 送進來的 Email 來到了 SMTP 負載平衡器。

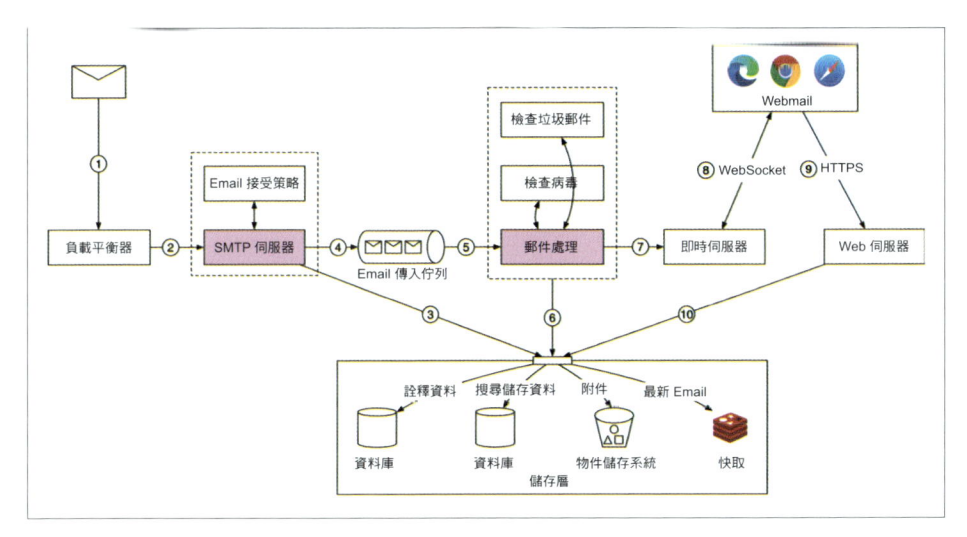

圖 8.7：郵件接收流程

2. 負載平衡器會在多台 SMTP 伺服器之間分配流量。在 SMTP 連線的這個層級，我們可以設定並套用一些 Email 接受策略（acceptance policy）。舉例來說，這裡可以把一些無效的 Email 退回去，以避免掉一些沒必要的 Email 處理工作。

3. 如果 Email 的附件太大而無法放入佇列，我們可以把它放入附件儲存系統（例如 S3）。

4. Email 會被放入 Email 傳入佇列（incoming email queue）。這個佇列可以把 SMTP 伺服器與郵件處理工作程序進行解耦，這樣它們就可以各自獨立進行擴展了。此外，這個佇列也可以用來作為 Email 數量激增時的暫存區。

5. 郵件處理工作程序需要負責許多任務，其中包括篩選垃圾郵件、阻止病毒等等。以下的步驟假設 Email 已通過驗證。

6. Email 會被保存到郵件儲存系統、快取和物件資料儲存系統。

7. 如果收件者目前正好在線上，這封 Email 就會被推送給即時伺服器。

8. 即時伺服器就是讓客戶端可以即時接收到最新 Email 的 WebSocket 伺服器。

9. 如果使用者並沒有在線上，Email 就會被保存到儲存層。當使用者上線時，Webmail 客戶端就會透過 RESTful API 連接到 Web 伺服器。

10. Web 伺服器會把新的 Email 從儲存層拉取出來，然後再送回給客戶端。

第 3 步 —— 深入設計

現在我們已經討論過 Email 伺服器所有的組件，接著就來更深入瞭解其中的一些關鍵組件，並研究如何進行系統的擴展。

- 詮釋資料資料庫
- 送達率（Deliverability）
- 搜尋
- 可擴展性

詮釋資料資料庫

本節會討論 Email 詮釋資料的特徵，如何選擇正確的資料庫、資料模型，以及對話串（conversation thread，這屬於加分題）等主題。

Email 詮釋資料的特徵

- Email 的標頭通常比較小，而且經常被存取。
- Email 的正文內容可多可少變化很大，不過它其實很少被存取。你通常只會閱讀一次 Email 的正文。
- 大多數的郵件操作（例如取得郵件、把 Email 標記為已讀、搜尋 Email 等等）都只跟單一使用者有關。換句話說，使用者所擁有的郵件，只能由這個使用者來進行存取，而且所有的郵件操作，全都是由同一個使用者來執行。
- 資料的新舊程度，會直接影響資料的使用率。使用者通常只會去閱讀最近的 Email。有 82% 的讀取查詢，都是針對 16 天以內的資料 [15]。

- 資料具有很高的可靠性要求。資料丟失是不可接受的。

如何選擇正確的資料庫

在 Gmail 或 Outlook 的規模下，資料庫系統通常是自定義的，因為這樣可以減少每秒輸入 / 輸出操作（IOPS；input / output operations per second）[16]，而這個部分很容易就會成為系統的主要限制。要選出正確的資料庫並不容易。在決定最合適的選項之前，可以先仔細考慮一下我們現有的所有選項。

- 關聯式資料庫：選擇這個選項最主要的動機，就是可以很有效率地搜尋 Email。我們可以特別針對 Email 的標頭和正文，建立相應的索引。有了索引，簡單的文字搜尋就會變得非常快。不過，關聯式資料庫通常都是針對比較小的資料進行優化，而不適合比較大的資料。一般 Email 通常都會超過好幾 KB，如果有用到 HTML，很容易就會超過 100KB。你可能會爭辯說，BLOB 這種資料型別的設計目的，就是為了支援比較大型的資料。不過，對於非結構化的 BLOB 資料型別來說，搜尋的效率並不高。所以，MySQL 或 PostgreSQL 都不是很合適的選項。

- 分散式物件儲存系統：另一種可能的解法，就是把原始 Email 儲存在雲端儲存系統（例如 Amazon S3）。如果是作為備份儲存系統，這還算是個不錯的選擇。不過，它很難有效支援像是把 Email 標記為已讀、用關鍵字來搜尋 Email、提取出 Email 對話串之類的功能。

- NoSQL 資料庫：Gmail 使用的就是 Google Bigtable，因此這絕對是個可行的解法。不過，Bigtable 並不是開源的，它的 Email 搜尋功能究竟是如何實作出來的，至今仍然是個謎。Cassandra 或許也是個不錯的選擇，但我們還沒看過任何大型 Email 供應商採用這個選項。

根據以上的分析，現成的解法似乎很少能完美滿足我們的需求。大型 Email 服務供應商往往都擁有自己高度自定義的資料庫。如果你想建立一個全新的郵件服務，或許就要考慮自製出一個鍵值儲存系統。不過，在面試過程中，我們並沒有太多時間去設計這樣一套全新的分散式資料庫；因此，比較重要的是可以稍微解釋一下，資料庫應該具有以下這些特徵：

第 8 章　分散式 Email 服務

- 單獨一個欄位，可能就會佔用掉好幾 MB 的空間。
- 資料的一致性要求很高。
- 設計的目的就是要盡量減少磁碟 I/O。
- 應該具有很高的可用性和容錯能力。
- 應該很容易就能建立增量備份。

資料模型

保存郵件資料的其中一種方式，就是用 `user_id` 來作為分區鍵，讓同一個使用者的資料全都保存在同一個分片中。這個資料模型其中一個潛在的限制，就是無法讓多個使用者共用同一封郵件訊息。由於這次的面試並沒有這樣的需求，所以不用去擔心這個問題。

現在我們就來定義資料表吧。主鍵包含兩個部分：分區鍵（partition key）和集群鍵（clustering key）。

- 分區鍵：負責把資料分配到不同的節點。一般來說，我們希望資料的分佈盡可能均勻一點。
- 集群鍵：負責讓同一個分區裡的資料可以進行排序。

從比較高的層面來看，Email 服務需要在資料層直接支援以下這幾種查詢方式：

- 第一種查詢，就是取得使用者所有的資料夾。
- 第二種查詢，則是顯示特定資料夾內所有的 Email。
- 第三種查詢，就是建立 / 刪除 / 取得特定的 Email。
- 第四種查詢，則是取得所有已讀或未讀的 Email。
- 加分題．取得整串的對話串。

我們就來逐一看看吧。

第一種查詢：取得使用者所有的資料夾

如表 8.1 所示，`user_id` 是分區鍵，因此同一個使用者所擁有的資料夾全都位於同一個分區中。

表 8.1：不同使用者相應的資料夾

folders_by_user		
user_id	UUID	分區鍵
folder_id	UUID	
folder_name	TEXT	

第二種查詢：顯示特定資料夾內所有的 Email

當使用者載入自己的收件匣（inbox）時，Email 通常都會依照時間戳排序，把最新的郵件顯示在最前面。為了把相同資料夾裡所有的 Email 全都保存在同一個分區，這裡使用了複合分區鍵 `<user_id, folder_id>`。另一個要注意的欄位就是 `email_id`。它的資料型別是 `TIMEUUID` [17]，這是一個可以按時間順序來對 Email 進行排序的集群鍵。

表 8.2：資料夾內所有的 Email

emails_by_folder		
user_id	UUID	分區鍵
folder_id	UUID	分區鍵
email_id	TIMEUUID	集群鍵（遞減）
from	TEXT	
subject	TEXT	
preview	TEXT	
is_read	BOOLEAN	

第三種查詢：建立 / 刪除 / 取得 Email

由於篇幅限制，我們只會介紹如何取得 Email 的詳細資訊。表 8.3 裡的兩個資料表，其設計目的就是要支援這種查詢方式。最簡單的查詢方式如下：

```
SELECT * FROM emails_by_user WHERE email_id = 123;
```

一封 Email 可以有好幾個附件，只要透過 email_id 和 filename 這兩個欄位組合，就可以檢索出相應的附件。

表 8.3：使用者的 Email，以及 Email 相應的附件

emails_by_user		
user_id	UUID	分區鍵
email_id	TIMEUUID	集群鍵（遞減）
from	TEXT	
to	LIST<TEXT>	
subject	TEXT	
body	TEXT	
attachments	LIST<filename|size>	

attachments		
email_id	TIMEUUID	集群鍵
filename	TEXT	分區鍵
url	TEXT	

第四種查詢：取得所有已讀或未讀的 Email

如果我們的領域模型是針對關聯式資料庫而設計，想要取得所有已讀 Email 的查詢方式，大概就像下面這樣：

```
SELECT * FROM emails_by_folder
WHERE user_id = <user_id> and folder_id = <folder_id> and is_read = true
ORDER BY email_id;
```

如果要取得所有未讀的 Email，查詢方式也很類似。只需要把前面查詢語句裡的「is_read = true」改成「is_read = false」即可。

不過，我們的資料模型是針對 NoSQL 而設計的。NoSQL 資料庫通常只支援分區鍵和集群鍵的查詢。由於 emails_by_folder 這個資料表裡的 is_read 並不是分區鍵、也不是集群鍵，因此大多數的 NoSQL 資料庫都會拒絕此查詢。

解決此限制的其中一種做法，就是先取得使用者整個資料夾裡的郵件，然後在應用程式中進行篩選。這樣的做法或許可以適用於小型的 Email 服務，但在我們的設計規模下，效果並不好。

這個問題通常可以透過 NoSQL「去正規化」（denormalization）的做法來解決。為了支援已讀 / 未讀查詢，我們會先利用「去正規化」的做法，把 emails_by_folder 的資料化為兩個資料表，如表 8.4 所示。

- read_emails：狀態為「已讀」的所有 Email。
- unread_emails：狀態為「未讀」的所有 Email。

如果要把「未讀」的 Email 標記為「已讀」，就要先在 unread_emails 把這封 Email 刪除掉，然後再把它添加到 read_emails。

如果要取得特定資料夾內所有的未讀 Email，我們可以執行以下查詢：

```
SELECT * FROM unread_emails
WHERE user_id = <user_id > and folder_id = <folder_id >
ORDER BY email_id;
```

表 8.4：已讀和未讀的 Email

read_emails			unread_emails		
user_id	UUID	分區鍵	user_id	UUID	分區鍵
folder_id	UUID	分區鍵	folder_id	UUID	分區鍵
email_id	TIMEUUID	集群鍵（遞減）	email_id	TIMEUUID	集群鍵（遞減）
from	TEXT		from	TEXT	
subject	TEXT		subject	TEXT	
preview	TEXT		preview	TEXT	

前面所示範的「去正規化」做法，其實是一種很常見的做法。它會讓應用程式的程式碼更加複雜而且更難以維護，不過它可以很大程度提高相關查詢的讀取表現。

加分題：取得整串的對話串

對話串（Threads）是許多 Email 客戶端都有支援的功能。它會把 Email 的回覆與原始的 Email 放在同一個群組中 [8]。這樣就可以讓使用者檢索出一整串對話中所有相關的 Email。傳統上，對話串的功能都會採用 JWZ [18] 之類的演算法來進行實作。我們並不會詳細介紹這個演算法，只會解釋一下其背後的核心構想。Email 的標頭通常包含以下三個欄位：

```
{
  "headers" {
    "Message-Id": "<7BA04B2A-430C-4D12-8B57-862103C34501@gmail.com>",
    "In-Reply-To": "<CAEWTXuPfN=LzECjDJtgY9Vu03kgFvJnJUSHTt6TW@gmail.com>",
    "References": ["<7BA04B2A-430C-4D12-8B57-862103C34501@gmail.com>"]
  }
}
```

表 8.5：Email 標頭

Message-Id	郵件訊息的 ID 值。這是客戶端在發送郵件訊息時所生成的。
In-Reply-To	郵件訊息所要回覆的父郵件 Message-Id。
References	與某個對話串相關的郵件訊息 ID 列表。

如果整串回覆裡所有的郵件訊息全都已經預先載入，只要透過這些欄位，Email 客戶端就可以重建出整串的郵件對話串。

一致性的權衡取捨

分散式資料庫是靠著副本複製的做法來實現高可用性，因此從根本上來說，一定要在一致性和可用性之間做出一番取捨。正確性對於 Email 系統非常重要，因此在設計上來說，我們希望任何信箱一定都要有一個主（primary）信箱。如果需要進行故障轉移，這時候客戶端就無法存取信箱，相應的同步 / 更新操作也會被暫停，直到故障轉移結束為止。這就是犧牲可用性來換取一致性的結果。

Email 送達率

只要把郵件伺服器設定好，就可以開始發送 Email，這個部分其實還蠻簡單的。但要把 Email 真正送到使用者的收件匣中，這個部分就比較困難一點了。如果 Email 最後被送入垃圾郵件資料夾，收件者很可能根本就讀不到你所發送的郵件訊息。垃圾郵件是個蠻大條的問題。根據 Statista [19] 的研究，所有被發送出來的 Email，其中有超過 50% 是垃圾郵件。如果我們設定的是一台全新的郵件伺服器，我們的 Email 最後很有可能會被送入垃圾郵件資料夾，因為全新的 Email 伺服器根本就沒有建立過任何信用。如果想提高 Email 的送達率，就需要考慮以下幾個因素。

專用 IP：推薦使用專用的 IP 地址來發送 Email。如果是沒有任何歷史紀錄的新 IP 地址，Email 供應商就不太可能接受這個 IP 地址所送出來的 Email。

對 Email 進行分類：用不同的 IP 地址來發送不同類別的 Email。舉例來說，你應該要避免把促銷類 Email 和重要的 Email 都用同一台伺服器來發送，因為這樣可能會讓 ISP（網路服務供應商）把所有的 Email 標記為促銷類 Email。

一開始不要發送大量的 Email，應該讓伺服器慢慢被認識與熟悉：新的 IP 地址一定要慢慢建立信用，才能在 Office365、Gmail、Yahoo Mail 之類的大型供應商建立可靠的聲譽。根據 Amazon 簡單 Email 服務 [20] 的資訊，新的 IP 地址大概要花 2 到 6 週的時間，才能逐漸建立一定程度的信用。

迅速阻擋掉垃圾郵件發送者：在垃圾郵件發送者對伺服器的聲譽造成重大影響之前，應該要盡快把它阻擋掉。

重試：如果系統無法把事件處理好，可以進行重試。如果達到重試次數的最大門檻值，就可以把這個事件保存在一個佇列中。針對這個佇列進行監視，是一個很好的做法，因為這樣可以讓工程師快速進行調查，避免太多郵件訊息被堆積起來。

回饋意見的處理：與 ISP 建立回饋意見往來的循環，是一件非常重要的工作，因為這樣我們才能維持比較低的投訴率，並快速阻擋掉那些會發送垃圾郵件的帳號。如果 Email 無法送達或是被使用者投訴，大概就是出現了以下其中一種情況：

- 硬退回（Hard bounce）。意思就是 Email 被 ISP 拒絕，因為收件者的 Email 地址是無效的。
- 軟退回（Soft bounce）。意思就是 Email 因為某種臨時的狀況（例如 ISP 線路太忙碌）而無法發送。
- 投訴。這就表示收件者點擊了「回報垃圾郵件」的按鈕。

圖 8.8 顯示的就是郵件退回 / 投訴的收集與處理程序。我們分別針對軟退回的郵件、硬退回的郵件和投訴的情況，各自使用單獨的佇列，以便分別進行管理。

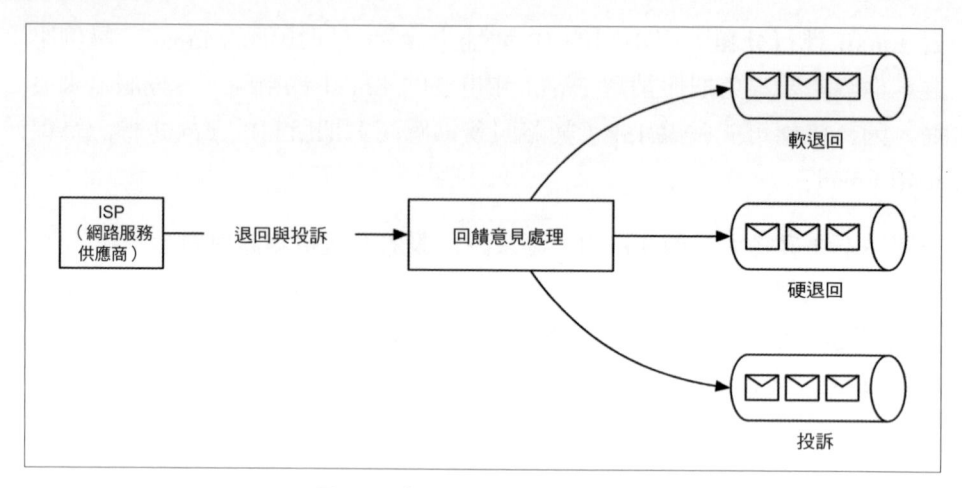

圖 8.8：處理回饋意見往來的循環

Email 身份驗證：根據 Verizon 所提供的 2018 年資料外洩事件調查報告，其中網路釣魚（phishing）和假冒攻擊（pretexting）就佔了所有外洩事件的 93% [21]。打擊網路釣魚的一些常見技術包括：SPF（Sender Policy Framework；寄件者策略框架）[22]、DKIM（DomainKeys Identified Mail；網域金鑰識別郵件）[23]、DMARC（Domain-based Message Authentication, Reporting and Conformance；網域型郵件訊息身份驗證、回報與一致性）[24]。

圖 8.9 顯示的就是 Gmail 郵件的標頭範例。如你所見，`@info6.citi.com` 這個寄件者透過 SPF、DKIM 和 DMARC 來進行身份驗證。

你並不需要把這些術語全都記起來。真正該記住的重點是，要讓 Email 能如預期運作，其實是很困難的。這不但需要特定領域的知識，還需要與 ISP 保持良好的關係。

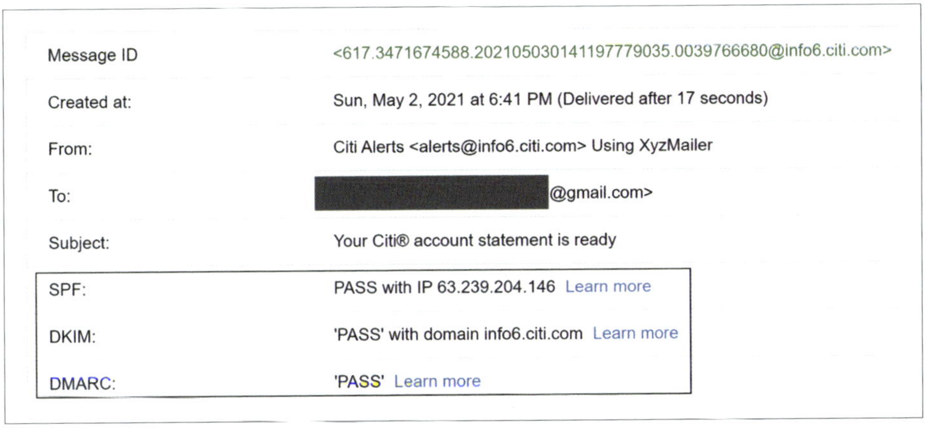

```
Message ID    <617.3471674588.202105030141197779035.0039766680@info6.citi.com>
Created at:   Sun, May 2, 2021 at 6:41 PM (Delivered after 17 seconds)
From:         Citi Alerts <alerts@info6.citi.com> Using XyzMailer
To:           ███████████████@gmail.com>
Subject:      Your Citi® account statement is ready
SPF:          PASS with IP 63.239.204.146  Learn more
DKIM:         'PASS' with domain info6.citi.com  Learn more
DMARC:        'PASS'  Learn more
```

圖 8.9：Gmail 標頭範例

搜尋

最基本的郵件搜尋，就是根據所輸入的任何關鍵字，找出主題或正文包含這個關鍵字的 Email。更進階的功能，則是可以根據「寄件者」、「主題」、「未讀」或其他屬性進行篩選。一方面來說，每當有 Email 被發送、接收或刪除時，我們都需要重新建立索引。另一方面來看，唯有當使用者按下「搜尋」按鈕時，才會執行搜尋的操作。這也就表示 Email 系統中的搜尋功能，寫入量會遠多於讀取量。相較於 Google 的搜尋功能，Email 搜尋功能具有截然不同的特性，如表 8.6 所示。

表 8.6：Google 搜尋 vs. Email 搜尋

	範圍	排序	正確性
Google 搜尋	整個網路	會依照相關性進行排序	索引的建立通常都要花點時間，因此有些項目可能不會馬上顯示在搜尋結果中。
Email 搜尋	使用者自己的信箱	可依照各種屬性進行排序，例如時間、日期、是否未讀、有沒有附件等等。	索引的建立應該是近乎即時的，而且結果一定要很準確。

為了要支援搜尋功能，我們對兩種做法進行了比較：Elasticsearch，以及資料儲存系統內建的原生搜尋功能。

選項 1：Elasticsearch

使用 Elasticsearch 來進行 Email 搜尋，其高階設計如圖 8.10 所示。由於大部分的查詢都是在使用者自己的 Email 伺服器中執行，因此我們可以使用 user_id 來作為分區鍵，把相應的文件集中到同一個節點。

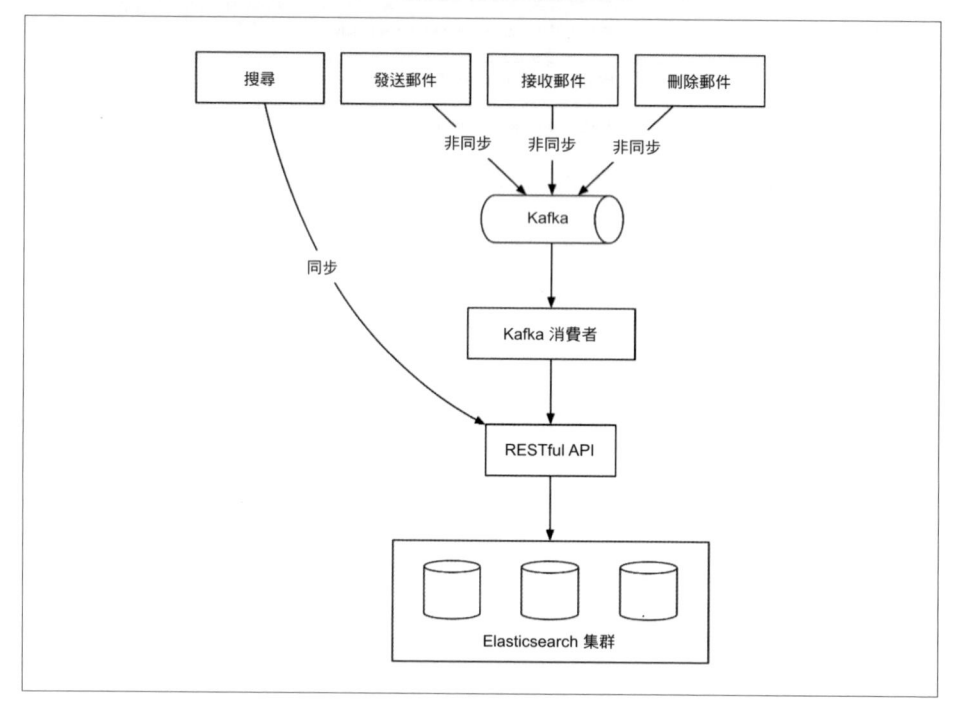

圖 8.10：Elasticsearch

使用者點擊「搜尋」按鈕之後，就會一直等待直到取得搜尋的回應為止。搜尋的請求是以同步的方式進行的。如果「發送郵件」、「接收郵件」或「刪除郵件」之類的事件被觸發，系統並不需要向客戶端送回任何與搜尋相關的內容。雖然這些操作都需要重新建立索引，不過還是可以透過離線作業的方式來完成。在設計上我們會使用 Kafka，把那些會觸發「重新建立索引」的服務，與實際執行「重新建立索引」的服務，兩者之間進行解耦。

截至 2021 年 6 月為止，Elasticsearch 一直都是市面上最流行的搜尋引擎資料庫 [25]，它可以針對 Email 的全文搜尋提供很好的支援。採用 Elasticsearch 的一大挑戰，就是必須讓 Email 的主要儲存系統，與 Elasticsearch 持續保持同步。

選項 2：自定義的搜尋解決方案

一般大型 Email 供應商通常都會自行開發自家的搜尋引擎，以滿足特定的需求。Email 搜尋引擎的設計，是一個非常複雜的任務，相關說明已超出本章的範圍。這裡只會簡單談一下磁碟的 I/O 瓶頸，因為這是自定義搜尋引擎所會面臨的一個主要挑戰。

如「粗略的計算」所述，每天持續新增的 Email 詮釋資料與附件，其資料量都是 PB 等級。而且，一個 Email 帳號很容易就會有超過 50 萬封的 Email。索引伺服器的主要瓶頸，通常就是磁碟 I/O。

由於建立索引的過程需要大量的寫入，因此其中一個比較好的策略，或許就是使用 LSM（Log-Structured Merge-Tree；日誌結構合併樹）[26] 來作為磁碟索引資料的結構（圖 8.11）。這是一種只允許循序寫入的執行方式，可優化資料寫入的表現。LSM 樹狀結構正是 BigTable、Cassandra 和 RocksDB 之類的資料庫背後所使用的核心資料結構。每當新的 Email 送達時，就可以先把它添加到第 0 層的記憶體快取中，而當記憶體內的資料大小達到預先定義好的門檻值時，資料就會合併到下一層。使用 LSM 的另一個原因，就是可以把經常改變的資料，與不經常改變的資料區分開來。舉例來說，Email 的資料通常不會改變，但由於不同的篩選規則，資料夾的資訊往往都會很頻繁地改變。在這樣的情況下，我們就可以把它分成兩個不同的部分，這樣一來，如果請求與資料夾的改變有關，我們就可以只改變資料夾，而 Email 資料就不需要跟著改變了。

如果你真的很感興趣，想要閱讀關於 Email 搜尋的更多資訊，強烈推薦你去查看一下 Microsoft Exchange 伺服器的搜尋工作原理 [27]。

第 8 章　分散式 Email 服務

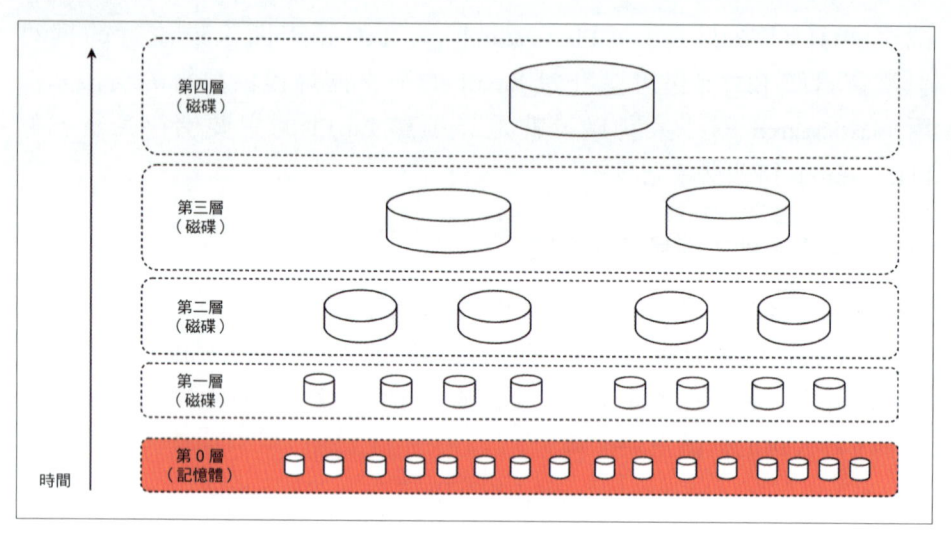

圖 8.11：LSM 樹狀結構

每一種做法都各有優缺點：

表 8.7：Elasticsearch vs. 自定義搜尋引擎

特性	Elasticsearch	自定義搜尋引擎
可擴展性	某種程度上是可擴展的。	更容易進行擴展，因為我們可針對 Email 的使用情境，對系統進行優化。
系統複雜度	需要維護兩套不同的系統：資料儲存系統與 Elasticsearch。	只有一個系統。
資料一致性	有兩份資料副本。一份保存在詮釋資料的儲存系統，另一份保存在 Elasticsearch。資料一致性很難維護。	只有一份資料副本，保存在詮釋資料的儲存系統。
資料丟失的可能性	無。發生故障時，可根據主要儲存系統裡的資料，重建 Elasticsearch 索引。	無。
開發難度	很容易進行整合。如果要支援大規模的 Email 搜尋功能，可能需要專屬的 Elasticsearch 團隊。	自行開發自定義 Email 搜尋引擎，絕對是很大的工程。

一般的經驗法則就是，如果是規模比較小的 Email 系統，Elasticsearch 就是個不錯的選擇，因為它很容易進行整合，而且在工程上不需要花人的功夫。如果是很大的規模，Elasticsearch 也許還是可行的做法，不過我們可能需要一個專屬的團隊，來負責開發與維護 Email 搜尋相關基礎設施。如

果要支援 Gmail 或 Outlook 這種規模的 Email 系統，最好可以善用資料庫內建的原生搜尋功能，而不要採用另外建立索引的做法。

可擴展性和可用性

由於各個使用者的資料存取模式全都是相互獨立的，因此我們可以期待，系統裡大部分的組件都可以進行水平擴展。

為了獲得更好的可用性，資料會被複製到多個資料中心。使用者可在網路拓撲結構中，找出實際距離比較近的郵件伺服器來進行通訊。在網路進行分區的期間，使用者也可以到其他資料中心存取郵件訊息（圖 8.12）。

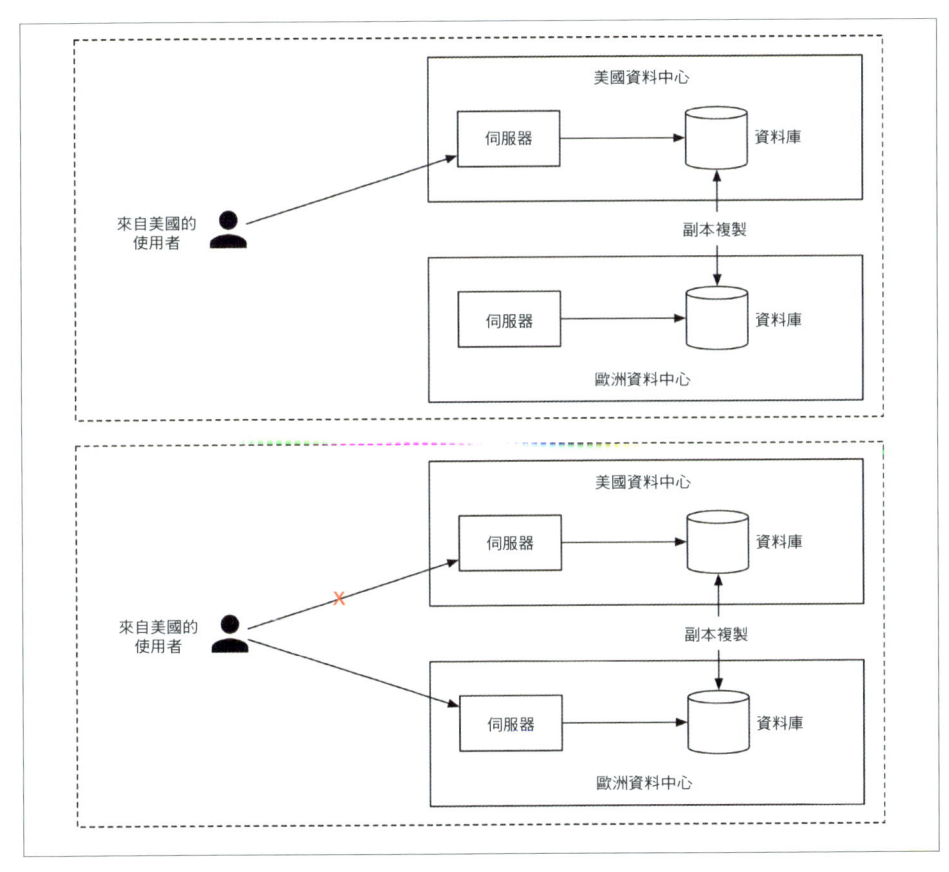

圖 8.12：多資料中心的設定方式

第 8 章　分散式 Email 服務

第 4 步 —— 匯整總結

我們在本章提出了一個設計，建構了一個大規模的 Email 伺服器。我們首先收集了各種需求，並進行了一些粗略的計算，對這個問題的規模有了更清楚的理解。在高階設計中，我們討論了傳統 Email 伺服器的設計方式，以及它無法滿足現代使用情境的理由。我們還討論了 Email API，以及郵件發送流程和接收流程的高階設計。最後，我們深入研究了詮釋資料的資料庫設計、Email 送達率、搜尋功能以及系統的可擴展性。

如果面試結束時還有一點時間，這裡還有一些額外的討論要點：

- 容錯能力：系統有許多部分可能會出問題，你可以稍微談一下如何處理節點故障、網路問題、事件延遲等問題。

- 遵守法規：Email 服務在全世界各地皆可使用，因此需要遵守各項法律規定。舉例來說，我們在處理與保存來自歐洲的個人可識別資訊（PII；personally identifiable information）時，就應該要符合一般資料保護規範（GDPR）的要求 [28]。在這個領域中，合法攔截（Legal intercept）也是另一個很典型的議題 [29]。

- 安全性：Email 的安全性非常重要，因為 Email 包含了一些比較敏感的資訊。Gmail 有提供一些安全相關功能，例如網路釣魚防護、安全瀏覽、主動警報、帳號安全、機密模式和 Email 加密 [30] 等等。

- 系統優化：有時候，同一封 Email 會發送給很多個收件者，而且在同一個群組裡，同一封 Email 的附件會在物件儲存系統（S3）裡被儲存很多次。我們可以做的其中一種優化做法，就是在執行成本很昂貴的資料儲存操作之前，先檢查儲存系統中是否已存在同樣的附件。

恭喜你跟我們走到了這裡！現在你可以給自己一點鼓勵。你真是太棒了！

章節摘要

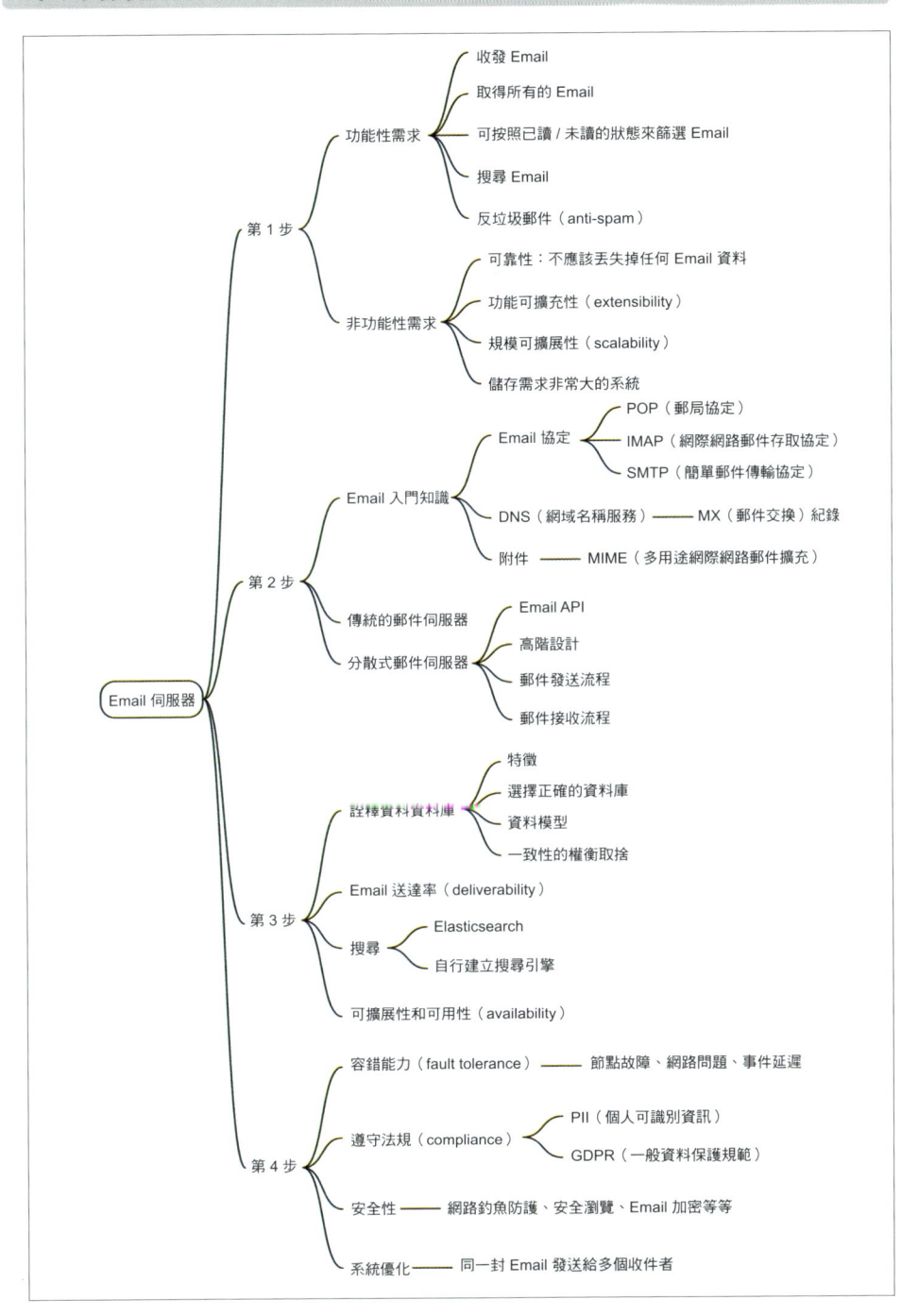

- Email 伺服器
  - 第 1 步
    - 功能性需求
      - 收發 Email
      - 取得所有的 Email
      - 可按照已讀 / 未讀的狀態來篩選 Email
      - 搜尋 Email
      - 反垃圾郵件（anti-spam）
    - 非功能性需求
      - 可靠性：不應該丟失掉任何 Email 資料
      - 功能可擴充性（extensibility）
      - 規模可擴展性（scalability）
      - 儲存需求非常大的系統
  - 第 2 步
    - Email 入門知識
      - Email 協定
        - POP（郵局協定）
        - IMAP（網際網路郵件存取協定）
        - SMTP（簡單郵件傳輸協定）
      - DNS（網域名稱服務） —— MX（郵件交換）紀錄
      - 附件 —— MIME（多用途網際網路郵件擴充）
    - 傳統的郵件伺服器
    - 分散式郵件伺服器
      - Email API
      - 高階設計
      - 郵件發送流程
      - 郵件接收流程
  - 第 3 步
    - 詮釋資料資料庫
      - 特徵
      - 選擇正確的資料庫
      - 資料模型
      - 一致性的權衡取捨
    - Email 送達率（deliverability）
    - 搜尋
      - Elasticsearch
      - 自行建立搜尋引擎
    - 可擴展性和可用性（availability）
  - 第 4 步
    - 容錯能力（fault tolerance） —— 節點故障、網路問題、事件延遲
    - 遵守法規（compliance）
      - PII（個人可識別資訊）
      - GDPR（一般資料保護規範）
    - 安全性 —— 網路釣魚防護、安全瀏覽、Email 加密等等
    - 系統優化 —— 同一封 Email 發送給多個收件者

第 8 章　分散式 Email 服務

參考資料

[1]　Gmail 活躍使用者的數量：https://financesonline.com/number-of-active-gmail-users/

[2]　Outlook：https://en.wikipedia.org/wiki/Outlook.com

[3]　2021 年每天有多少封 Email 被發送出來？ https://review42.com/resources/how-many-emails-are-sent-per-day/

[4]　RFC 1939 —— POP 協定 —— 版本 3：http://www.faqs.org/rfcs/rfc1939.html

[5]　ActiveSync：https://en.wikipedia.org/wiki/ActiveSync

[6]　郵件的附件：https://en.wikipedia.org/wiki/Email_attachment

[7]　MIME：https://en.wikipedia.org/wiki/MIME

[8]　對話串：https://en.wikipedia.org/wiki/Conversation_threading

[9]　特殊用途信箱的 IMAP LIST 擴充功能：https://datatracker.ietf.org/doc/html/rfc6154

[10]　Apache James：https://james.apache.org/

[11]　WebSocket 的 JSON 元應用協定（JMAP）子協定：https://tools.ietf.org/id/draft-ietf-jmap-websocket-07.html#RFC7692

[12]　Cassandra 的限制：https://cwiki.apache.org/confluence/display/CASSANDRA2/CassandraLimitations

[13]　反向索引：https://en.wikipedia.org/wiki/Inverted_index

[14]　指數式退避：https://en.wikipedia.org/wiki/Exponential_backoff

[15]　QQ 郵箱性能優化（中文）：https://www.slideshare.net/areyouok/06-qq-5431919

[16]　IOPS：https://en.wikipedia.org/wiki/IOPS

[17]　UUID 和 timeuuid 型別：https://docs.datastax.com/en/cql-oss/3.3/cql/cql_reference/uuid_type_r.html

[18]　郵件訊息對話串：https://www.jwz.org/doc/threading.html

[19]　全球垃圾郵件量：https://www.statista.com/statistics/420391/spam-email-traffic-share/

[20] 專用 IP 地址如何慢慢建立信用：https://docs.aws.amazon.com/ses/latest/dg/dedicated-ip-warming.html

[21] 2018 年資料外洩事件調查報告：https://enterprise.verizon.com/resources/reports/DBIR_2018_Report.pdf

[22] 寄件者策略框架：https://en.wikipedia.org/wiki/Sender_Policy_Framework

[23] 網域金鑰識別郵件：https://en.wikipedia.org/wiki/DomainKeys_Identified_Mail

[24] 網域型郵件訊息身份驗證、回報與一致性：https://dmarc.org/

[25] 搜尋引擎的 DB-Engines 排名：https://db-engines.com/en/ranking/search+engine

[26] 日誌結構合併樹：https://en.wikipedia.org/wiki/Log-structured_merge-tree

[27] Microsoft Exchange Conference 2014 —— 在 Exchange 裡進行搜尋：https://www.youtube.com/watch?v=5EXGCSzzQak&t=2173s

[28] 一般資料保護規範：https://en.wikipedia.org/wiki/General_Data_Protection_Regulation

[29] 合法攔截：https://en.wikipedia.org/wiki/Lawful_interception

[30] Email 安全性：https://safety.google/intl/en_us/gmail/

9

類似 S3 的物件儲存系統

本章會設計出一個類似 Amazon S3（Simple Storage Service；簡單儲存服務）的物件儲存系統。S3 是 AWS（Amazon Web Services；亞馬遜 Web 網路服務）所提供的一項服務，它可以透過 RESTful API 的介面，提供一個物件儲存系統。以下就是關於 AWS S3 的一些介紹：

- 於 2006 年 6 月推出。
- S3 API 在 2010 年新增了版本控制（versioning）、儲存桶策略（bucket policy）和分段上傳（multipart upload）支援。
- S3 API 在 2011 年新增伺服器端加密、多物件刪除和物件過期功能。
- 根據 Amazon 的報告，到 2013 年為止，S3 儲存了 2 兆個物件。
- 於 2014 年和 2015 年推出生命週期策略、事件通知和跨地區副本複製支援。
- 根據 Amazon 的報告，到 2021 年為止，S3 儲存的物件超過 100 兆個。

在深入研究物件儲存系統之前，我們先來回顧一下一般的儲存系統，並定義一些術語。

儲存系統入門

從比較高的層面來看，儲存系統可分成三大類：

- 區塊（Block）儲存系統
- 檔案（File）儲存系統
- 物件（Object）儲存系統

區塊儲存系統

區塊儲存系統最早出現在 20 世紀 60 年代。伺服器中一般常見的儲存實體設備，例如硬碟（HDD）和固態硬碟（SSD），都被視為是區塊儲存系統。

區塊儲存系統會把許多原始的區塊（block）呈現給伺服器，以作為伺服器的一個磁碟區（volume）。這是最靈活、最通用的一種儲存形式。伺服器可以格式化出許多原始的區塊，然後再用它來作為檔案系統，或者也可以把這些區塊的控制權直接交給應用程式。有一些應用程式（例如資料庫或虛擬機器引擎）可以直接管理這些區塊，充分發揮儲存系統的效能。

區塊儲存系統並不侷限於實體安裝的儲存設備。區塊儲存系統也可透過高速網路或光纖通道（FC；Fibre Channel）[1]、iSCSI [2] 之類的業界標準連接協定，連接到某個伺服器。從概念上來說，透過網路連接的區塊儲存系統，所呈現出來的依然是原始的區塊。對於伺服器來說，其運作方式與實體連接的區塊儲存系統是完全相同的。無論是透過網路連接還是實體連接，區塊儲存系統完全都是由單一伺服器所擁有。它並不是一種共用的資源。

檔案儲存系統

檔案儲存系統其實是建構在區塊儲存系統之上。它提供了更高層次的抽象，讓檔案與目錄的處理變得更加簡單。資料會以檔案的形式，儲存在階層式的目錄結構下。檔案儲存系統可說是最常見的一種通用儲存方案。只要使用 SMB / CIFS [3] 和 NFS [4] 之類常見的檔案級網路協定，檔案儲存系統就可以讓大量的伺服器進行存取。伺服器在存取檔案儲存系統時，並不需要去處理那些區塊管理、格式化磁碟區之類的複雜工作。檔案儲存系統本身的簡單性，讓它成為了一般組織共用大量檔案和資料夾的絕佳方案。

物件儲存系統

物件儲存系統是一種嶄新的概念。它做出了非常深思熟慮的權衡取捨，犧牲了一些性能上的表現，以換取更高的耐用性、更大的可擴展性，以及更

低的成本。它所針對的是一些相對比較「冷門」的資料，主要用於歸檔和備份。物件儲存系統會把所有的資料儲存成扁平結構下的一些物件。它並沒有階層式的目錄結構。資料的存取通常是透過 RESTful API 來提供。與其他類型的儲存系統相比，它的速度相對比較慢。大多數的公有雲服務供應商都有提供物件儲存系統的產品，例如 AWS 的 S3、Google 的 Block 區塊儲存系統，還有 Azure 的 Blob 儲存系統。

比較

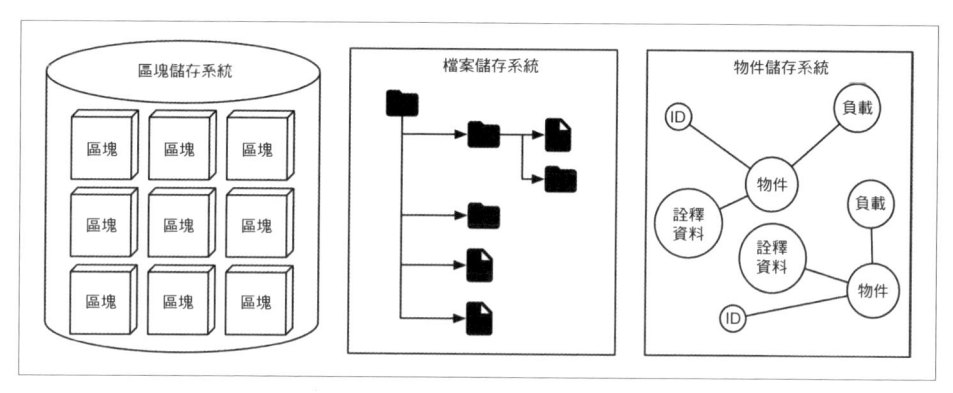

圖 9.1：三種不同的儲存系統選項

表 9.1 針對區塊儲存系統、檔案儲存系統和物件儲存系統，進行一番比較。

表 9.1：儲存系統的幾種不同選項

	區塊儲存系統	檔案儲存系統	物件儲存系統
可變的（Mutable）內容	是	是	否（支援物件版本控制，不支援就地更新）
成本	高	中到高	低
效能表現	中到高、非常高	中到高	低到中
一致性	強一致性	強一致性	強一致性 [5]
資料存取	SAS [6] / iSCSI / FC	標準檔案存取、CIFS / SMB 和 NFS	RESTful API
可擴展性	中等可擴展性	高可擴展性	極大的可擴展性
適合 ……	虛擬機器（VM；Virtual machines）、資料庫之類的高效能應用	通用的檔案系統存取	二元資料、非結構化資料

第 9 章　類似 S3 的物件儲存系統

術語

為了設計出類似 S3 的物件儲存系統，我們首先要瞭解物件儲存系統的一些核心概念。本節會概要說明物件儲存系統常用的一些術語。

儲存桶（Bucket）：物件的邏輯容器。儲存桶的名稱在全域範圍內都是獨一無二絕不重複的。如果要把資料上傳到 S3，就必須先建立一個儲存桶。

物件：物件就是我們保存在儲存桶的單一筆資料。其中包含物件資料（也就是所謂的負載；payload）以及詮釋資料。物件資料可以是我們想要保存的任何 Byte 序列。詮釋資料則是一組用來描述物件的「名稱 - 值」成對資料。

版本控制：把物件的多個變體保留在同一個儲存桶的功能。啟用此功能時，針對的是整個儲存桶。這個功能可以讓使用者還原意外刪除或不小心覆寫掉的物件。

URI（Uniform Resource Identifier；統一資源識別符號）。物件儲存系統會提供 RESTful API，用來存取其資源（也就是儲存桶和物件）。每一個資源都可以用相應的 URI 來作為其唯一的識別符號。

服務等級協議（SLA；Service-level agreement）。服務等級協議其實就是服務供應商與客戶之間的一份契約。舉例來說，Amazon S3 的標準 / 不頻繁存取（Standard-Infrequent Access）這個儲存類別所提供的 SLA 如下[7]：

- 專為跨越多個可用區（Availability Zone）的物件提供 99.999999999% 的耐用性（durability）而設計。
- 就算其中有一整個可用區遭受到破壞，資料還是具有還原的能力。
- 專為 99.9% 的可用性（availability）而設計。

第 1 步 — 瞭解問題並確立設計範圍

下面的問題有助於釐清各種需求，並縮小設計的範圍。

應試者：這個設計應該包含哪些功能？

面試官：我們希望你設計出一個類似 S3 的物件儲存系統，並具有以下功能：

- 儲存桶的創建。
- 物件的上傳與下載。
- 物件的版本控制。
- 列出儲存桶裡的所有物件。類似「`aws s3 ls`」這個指令的效果 [8]。

應試者：一般典型的資料大小有多大？

面試官：我們要用很有效率的方式，保存非常大型的物件（好幾 GB 或甚至更大），或是保存大量的小型物件（幾十 KB 左右）。

應試者：我們一年會有多少資料需要保存？

面試官：100 PB（petabyte）。

應試者：我們能不能假設資料的耐用性為 6 個九（99.9999%），服務可用性為 4 個九（99.99%）？

面試官：可以，這聽起來還蠻合理的。

非功能性需求

- 資料量：100 PB 的資料
- 耐用性：資料耐用性為 6 個九
- 可用性：服務可用性為 4 個九
- 儲存效率：降低儲存成本，同時保持高度的可靠性和效能表現。

第 9 章　類似 S3 的物件儲存系統

粗略的估算

物件儲存系統有可能會在磁碟容量或每秒磁碟 I/O（IOPS）方面存在瓶頸。我們就來看一下吧。

- 磁碟容量：我們在這裡假設，物件大小的分佈情況大致如下：
    - 所有的物件中，有 20% 是小型物件（小於 1MB）。
    - 有 60% 的物件是中型物件（1MB ～ 64MB）。
    - 有 20% 是大型物件（大於 64MB）。
- IOPS（每秒輸入 / 輸出操作）：假設一個硬碟（SATA 介面，7200 rpm）每秒能夠執行 100 ～ 150 次隨機查找（100-150 IOPS）。

透過這些假設，我們就可以估計出系統能持久化保存的物件總數量。為了簡化計算，我們會直接採用每一種物件大小的中位數（小型物件為 0.5MB，中型物件為 32MB，大型物件為 200MB）來進行計算。在 40% 的儲存使用率條件下，我們的計算如下：

- 100 PB $= 100 \times 1000 \times 1000 \times 1000$ MB $= 10^{11}$ MB
- $\dfrac{10^{11} \times 0.4}{(0.2 \times 0.5\text{MB} + 0.6 \times 32\text{MB} + 0.2 \times 200\text{MB})} = 6.8$ 億個物件
- 如果我們假設一個物件的詮釋資料大小約為 1KB，則需要 0.68 TB 的空間來儲存所有的詮釋資料。

雖然我們可能不會用到這些精確的數字，但是對於系統的規模和限制，先有個總體性的瞭解，應該還是蠻好的。

第 2 步 —— 提出高階設計並獲得認可

在深入設計之前，我們先來探討一下物件儲存系統的一些有趣特性，因為這些特性有可能會影響到我們的設計。

物件的不可變性（immutability）：物件儲存系統與其他兩種儲存系統之間最主要的區別之一，就是物件儲存系統所保存的物件是不可變的

（immutable）。我們可以刪除掉物件，也可以用新版本的物件把舊的物件完全替換掉，但我們就是無法用部分修改的方式，對物件進行修改。

鍵值儲存系統：我們可以用物件的 URI 來檢索出物件資料（列表 9.1）。物件 URI 就是鍵，而物件資料則是值。

列表 9.1：用物件 URI 來檢索出物件資料

```
請求：
GET /bucket1/object1.txt HTTP/1.1

回應：
HTTP/1.1 200 OK
內容長度：4567

[4567 Byte 的物件資料]
```

一次寫入，多次讀取：物件的資料存取模式是一次寫入、多次讀取。根據 LinkedIn 的研究，有 95% 的請求都是讀取操作 [9]。

小型和大型物件都要支援：物件可能有大有小，無論大小我們都必須支援。

物件儲存系統的設計理念，與 UNIX 檔案系統非常相似。在 UNIX 中，如果我們要在本機檔案系統裡保存檔案，系統並不會把檔案名稱與檔案資料保存在同一個地方。實際上，檔案名稱會保存在一個名為「inode」[10] 的資料結構中，檔案資料則會保存在不同的磁碟位置。inode 包含了一個由許多檔案區塊指標所構成的列表，其中這些指標分別指向各個檔案資料的磁碟位置。我們在存取本機檔案時，會先去取得 inode 裡的詮釋資料，然後再循著檔案區塊指標所指向的實際磁碟位置，讀取出檔案資料。

物件儲存系統的工作原理也很類似。inode 在這裡變成詮釋資料儲存系統，其中保存著所有物件的詮釋資料。硬碟則變成了保存著物件資料的資料儲存系統。UNIX 檔案系統裡的 inode 是利用檔案區塊指標，來記錄資料存放在硬碟裡的位置。在物件儲存系統中，詮釋資料儲存系統則是利用物件的 ID，透過網路請求在資料儲存系統裡找出相應的物件資料。圖 9.2 顯示的就是 UNIX 檔案系統和物件儲存系統的示意圖。

第 9 章　類似 S3 的物件儲存系統

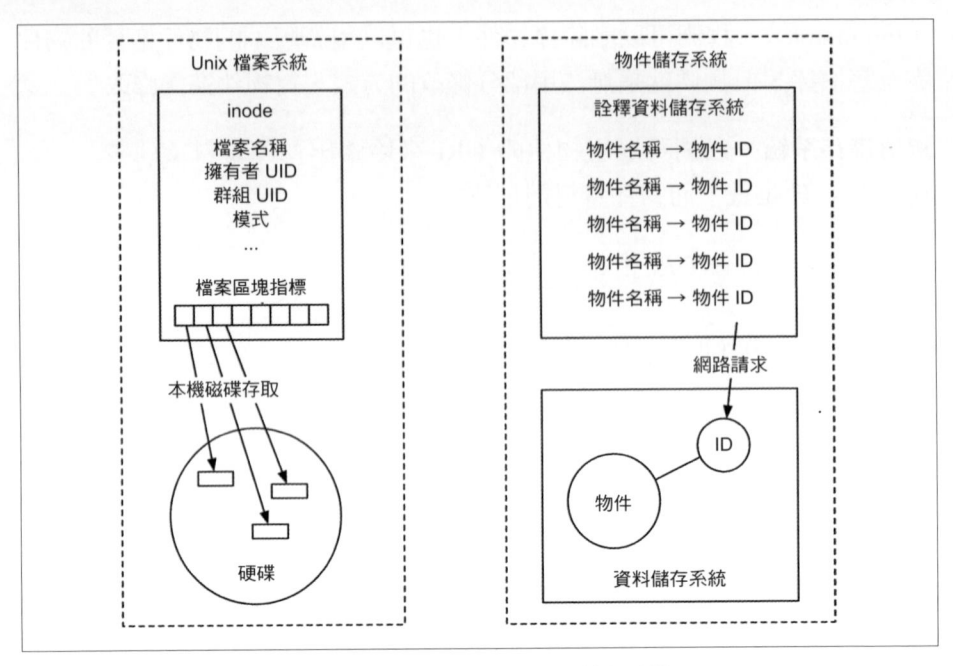

圖 9.2：Unix 檔案系統與物件儲存系統

把詮釋資料和物件資料區分開來，可以簡化設計。資料儲存系統包含不可變資料，而詮釋資料儲存系統則包含可變（mutable）資料。這樣的區分方式讓我們可以獨立實作出這兩個組件，而且還可以分別獨立進行優化。圖 9.3 顯示的就是儲存桶和物件的示意圖。

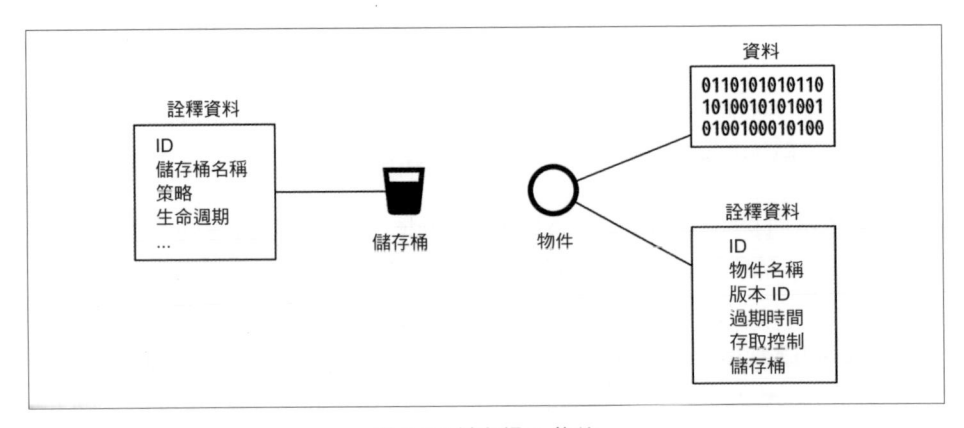

圖 9.3：儲存桶 & 物件

高階設計

圖 9.4 顯示的是高階設計圖。

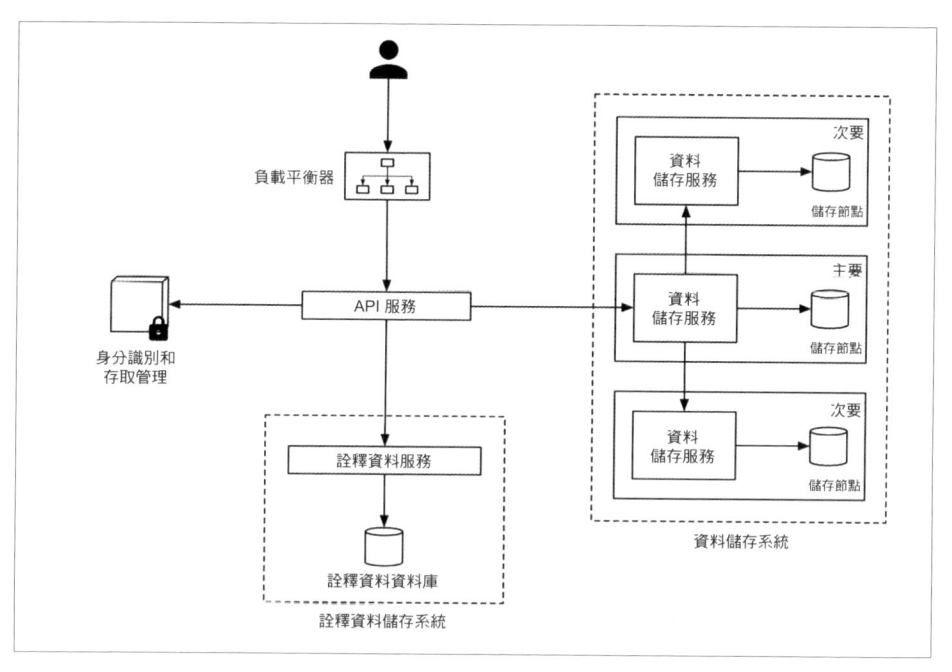

圖 9.4：高階設計

我們就來逐一檢視一下這幾個組件吧。

負載平衡器：負責把 RESTful API 請求分配到多個 API 伺服器。

API 服務：負責在身分識別與存取管理服務、詮釋資料服務、資料儲存系統之間，協調相應的 RPC 遠端程序調用。這個服務是無狀態的，因此可以輕鬆進行水平擴展。

身分識別與存取管理（IAM；Identity and access management）：負責處理身份驗證、授權與存取控制。身份驗證就是要驗證你的身份，而授權驗證則會根據你的身份，決定你可以執行哪些操作。

資料儲存系統：負責實際的資料儲存與檢索。所有與資料相關的操作，都是以物件 ID（UUID）作為依據。

詮釋資料儲存系統：負責保存物件的詮釋資料。

請注意，詮釋資料儲存系統和資料儲存系統都只是邏輯上的組件，在實作上則有好幾種不同的做法。舉例來說，在 Ceph 的 Rados Gateway [11] 中，就沒有獨立的詮釋資料儲存系統。所有的資料（包括物件儲存桶）全都會化為一個或多個 Rados 物件而被保存起來。

現在我們對高階設計有了基本的瞭解，接著就來探討一下物件儲存系統其中一些最重要的工作流程。

- 上傳物件。
- 下載物件。
- 物件版本控制、列出儲存桶裡的物件……這些全都會在「第 3 步 —— 深入設計」一節中進行說明。

上傳物件

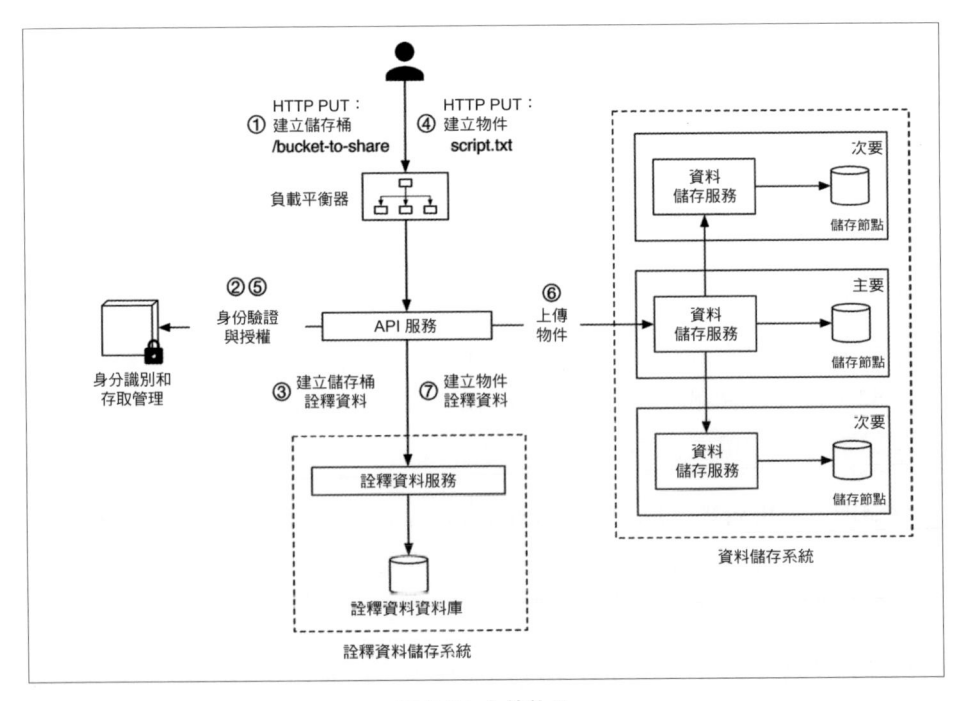

圖 9.5：上傳物件

>> 第 2 步 — 提出高階設計並獲得認可

物件必須存放在儲存桶中。在這個範例中，我們會先建立一個名為「bucket-to-share」的儲存桶，然後再把名為「script.txt」的檔案上傳到這個儲存桶中。圖 9.5 透過 7 個步驟，解釋了整個流程的運作方式。

1. 客戶端發送 HTTP PUT 請求，建立一個名為「bucket-to-share」的儲存桶。這個請求會被送往 API 服務。

2. API 服務會去調用 IAM，以確保使用者已獲得授權，而且具有 WRITE 寫入權限。

3. API 服務會去調用詮釋資料儲存系統，在詮釋資料資料庫裡建立一個項目，其中包含這個儲存桶的相關資訊。這個項目建立好之後，就會向客戶端送回一個成功的訊息。

4. 儲存桶建立好之後，客戶端就可以傳送另一個 HTTP PUT 請求，建立一個名為「script.txt」的物件。

5. API 服務會去驗證使用者的身分，並確認這個使用者確實擁有這個儲存桶的 WRITE 寫入權限。

6. 驗證成功之後，API 服務就會把 HTTP PUT 負載（payload）裡的物件資料傳送到資料儲存系統中。資料儲存系統會把這個負載當成一個物件，然後持久化保存起來，再把這個物件的 UUID 送回去。

7. API 服務會去調用詮釋資料儲存系統，在詮釋資料資料庫裡建立一個新的項目。這個項目包含一些蠻重要的詮釋資料，例如 object_id（UUID；物件 ID）、bucket_id（物件屬於哪個儲存桶）、object_name（物件名稱）等等。表 9.2 顯示的就是其中一個項目的範例。

表 9.2：物件詮釋資料的一個例子

object_name	object_id	bucket_id
script.txt	239D5866-0052-00F6-014E-C914E61ED42B	82AA1B2E-F599-4590-B5E4-1F51AAE5F7E4

上傳物件的 API 可能就像下面這樣：

列表 9.2：上傳物件

```
PUT /bucket-to-share/script.txt HTTP/1.1
Host: foo.s3example.org
Date: Sun, 12 Sept 2021 17:51:00 GMT
Authorization: 授權字串
Content-Type: text/plain
Content-Length: 4567
x-amz-meta-author: Alex

[4567 bytes 的物件資料 ]
```

下載物件

儲存桶並沒有階層式的目錄結構。不過，我們可以把儲存桶與物件的名稱串接起來，以建立邏輯上的階層式結構，用這種間接方式呈現資料夾的結構。舉例來說，我們其實是把物件命名為「bucket-to-share/script.txt」而不是「script.txt」。如果要取得物件，我們可以在 GET 請求中設定物件的名稱。下載物件的 API 大概就像下面這樣：

列表 9.3：下載物件

```
GET /bucket-to-share/script.txt HTTP/1.1
Host: foo.s3example.org
Date: Sun, 12 Sept 2021 18:30:01 GMT
Authorization: 授權字串
```

如前所述，資料儲存系統並不會透過儲存物件的名稱，而是透過 object_id（UUID）來進行物件相關操作。如果要下載物件，就要先找出物件名稱相應的 UUID。下載物件的流程如下：

1. 客戶端會向負載平衡器發送 HTTP GET 請求：GET /bucket-to-share/script.txt

2. API 服務會去查詢 IAM，驗證使用者是否擁有這個儲存桶的 READ 讀取權限。

3. 驗證成功之後，API 服務就會從詮釋資料儲存系統裡取得相應物件的 UUID。

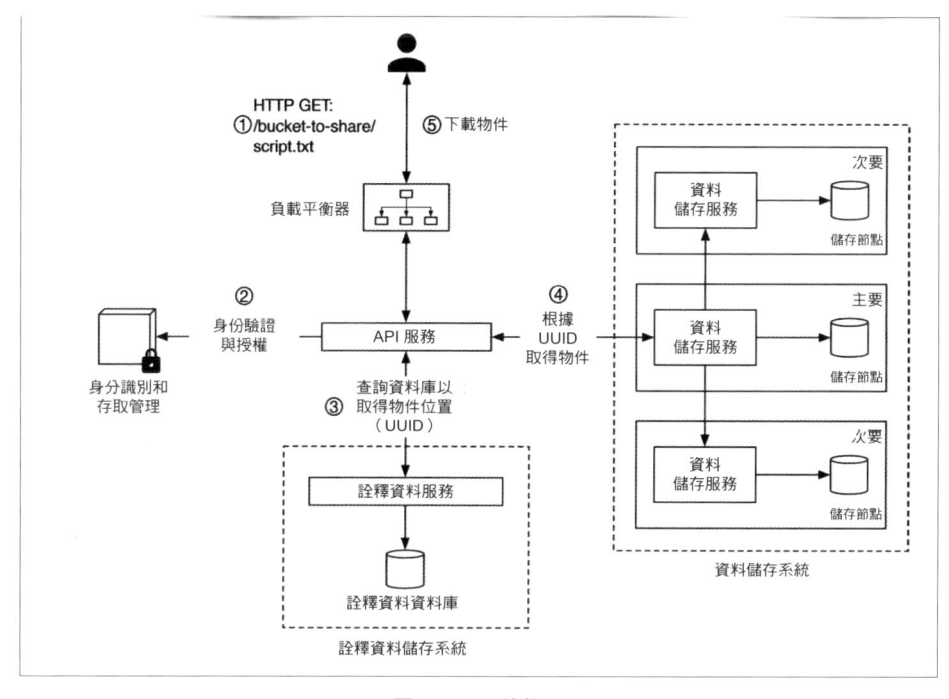

圖 9.6：下載物件

4. 接下來，API 服務就可以透過 UUID，從資料儲存系統取出物件資料。

5. API 服務可以透過 HTTP GET 回應的方式，把物件資料送回給客戶端。

第 3 步 —— 深入設計

本節會深入探討以下幾個主題：

- 資料儲存系統
- 詮釋資料的資料模型
- 列出儲存桶裡的物件
- 物件版本控制
- 大型檔案上傳的最佳做法
- 垃圾回收

資料儲存系統

我們來仔細看看資料儲存系統的設計。如前所述，API 服務負責處理使用者的外部請求，並調用不同的內部服務來滿足這些請求。如果要持久化保存或檢索物件，API 服務就會去調用資料儲存系統。圖 9.7 顯示的就是在上傳下載物件時，API 服務與資料儲存系統之間的互動。

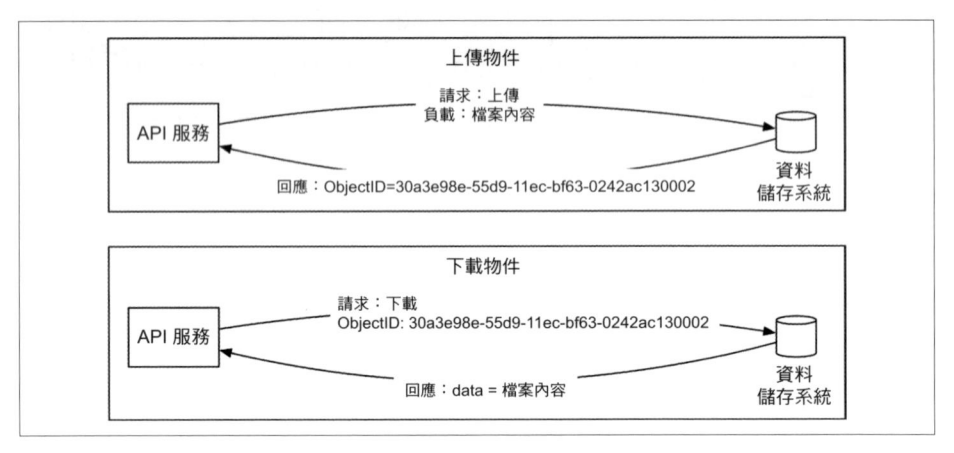

圖 9.7：物件的上傳和下載

資料儲存系統的高階設計

資料儲存系統有三個主要組件，如圖 9.8 所示。

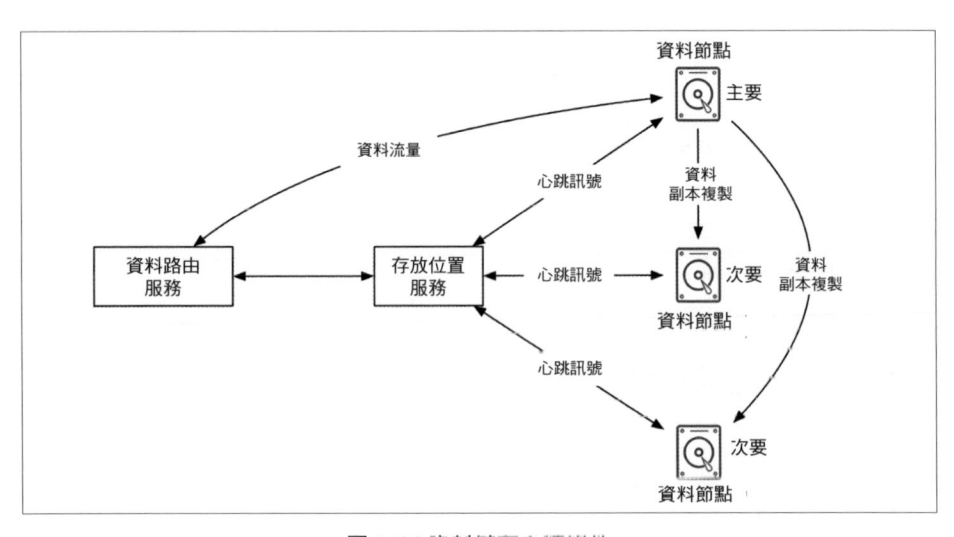

圖 9.8：資料儲存系統組件

資料路由服務

資料路由服務（data routing service）會提供一些 RESTful API 或 gRPC [12] API，讓外部可以對資料節點集群進行一些相關的操作。它是一個無狀態的服務，只要添加更多的伺服器就能進行擴展。這個服務有以下幾個職責：

- 可以對存放位置服務（placement service）進行查詢，以取得保存資料的最佳資料節點。
- 可以從資料節點讀取資料，並把資料送回給 API 服務。
- 可以把資料寫入資料節點。

存放位置服務

存放位置服務（placement service）負責判斷應該選擇哪一些資料節點（主要節點和副本節點）來保存物件。它會維護一個虛擬集群對應關係（virtual cluster map），記錄著整個集群的實際拓撲結構。這個虛擬集群對應關係其中包含了每個資料節點的位置資訊，而存放位置服務就是運用這些資訊，來確保每一個副本都有被分散到不同的實體。這樣的做法，其實就是高耐用性的關鍵。相關的詳細資訊，請參見隨後「耐用性」一節的說明。虛擬集群對應關係的範例，可參見圖 9.9。

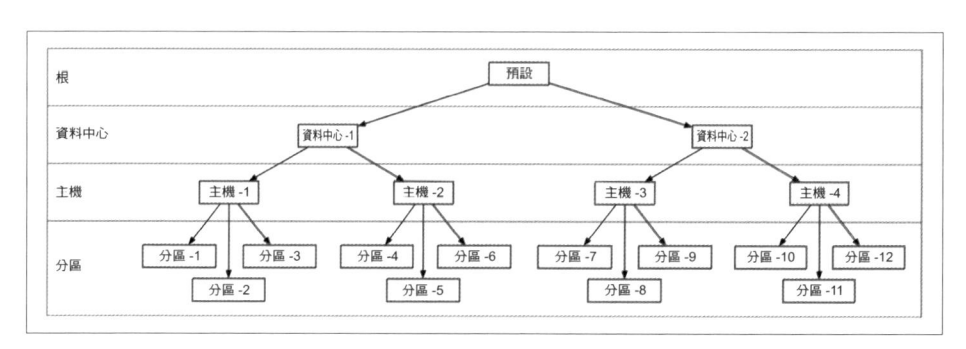

圖 9.9：虛擬集群對應關係

存放位置服務會透過心跳訊號（heartbeat）持續監控所有的資料節點。如果資料節點在 15 秒（這個值是可設定的）寬限期內沒有送出心跳訊號，存放位置服務就會在虛擬集群對應關係裡，把該節點標記為「down」。

這是個很關鍵的服務，因此我們建議使用 Paxos [13] 或 Raft [14] 共識協定，建構出一個包含 5 到 7 個存放位置服務節點的集群。共識協定（consensus protocol）可以用來確保，只要超過一半的節點是健康的，整個服務就可以繼續正常運作。舉例來說，如果存放位置服務集群裡有 7 個節點，就可以容忍有 3 個節點故障的情況。如果想瞭解更多關於共識協定的資訊，請參見參考資料 [13][14]。

資料節點

資料節點負責儲存實際的物件資料。它會把資料副本複製到多個資料節點（也就是所謂的副本複製群組；replication group），藉此確保系統的可靠性和耐用性。

每個資料節點都會運行一個資料服務常駐程序（daemon）。這個資料服務常駐程序會不斷向存放位置服務發送心跳訊號。心跳訊號包含了以下的基本資訊：

- 這個資料節點負責管理多少個磁碟（HDD 或 SSD）？
- 每個磁碟儲存了多少資料？

存放位置服務第一次收到心跳訊號時，就會指定一個 ID 給這個資料節點，然後把它新增到虛擬集群對應關係中，並送回以下資訊：

- 這個資料節點獨一無二不重複的 ID
- 虛擬集群對應關係
- 資料是從哪裡複製過來的

資料持久化保存的流程

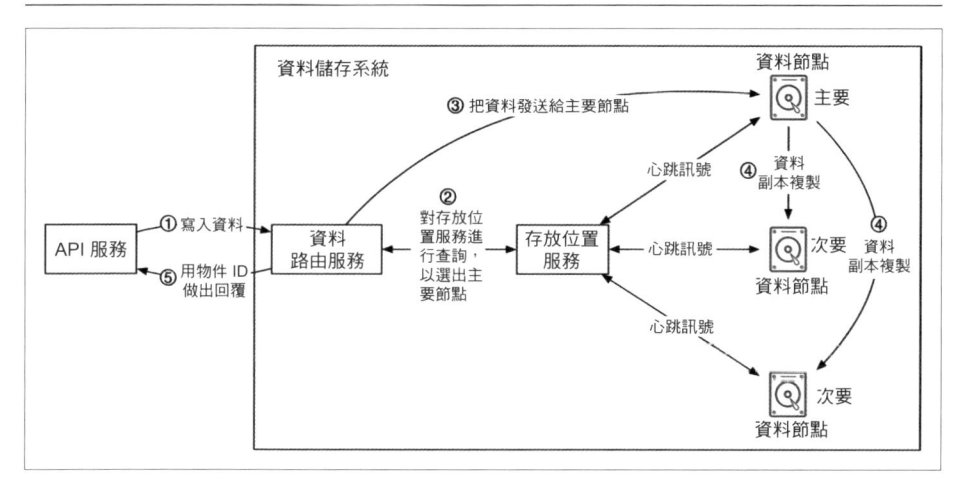

圖 9.10：資料持久化保存流程

現在我們就來看看，資料是如何保存到資料節點的。

1. API 服務會把物件資料轉送到資料儲存系統。

2. 資料路由服務會生成一個 UUID 給這個物件，然後再去存放位置服務進行查詢，以找出可以保存這個物件的資料節點。存放位置服務會去檢查虛擬集群對應關係，然後送回主要資料節點。

3. 資料路由服務會把資料及其 UUID，直接傳送到主要資料節點。

4. 主要資料節點會先把資料保存一份在自己這邊，然後再把它複製到另外兩個次要資料節點。資料成功複製到所有的次要節點之後，主要節點就會向資料路由服務做出回應。

5. 物件的 UUID（ObjId）會被送回給 API 服務。

存放位置服務在第 2 步驟收到物件的 UUID 之後，就會送回這個物件相應的副本複製群組（replication group）。存放位置服務是怎麼做到這件事的呢？你要知道，這個查詢一定要具有確定性，就算副本複製群組裡有任何新增或刪除的變動，查詢結果還是一樣不會改變。若要實現這樣的查詢效果，最常見的就是採用具有一致性的雜湊做法。更多相關資訊請參見 [15]。

第 4 個步驟中，主要資料節點會先把資料複製到所有的次要節點，完成之後才會把回應送回去。這樣就可以讓所有資料節點之間的資料，保持很強的一致性。這樣的強一致性會帶來延遲的成本，因為我們一定要等到速度最慢的那個副本複製完成。圖 9.11 顯示的就是一致性與延遲之間的權衡取捨關係。

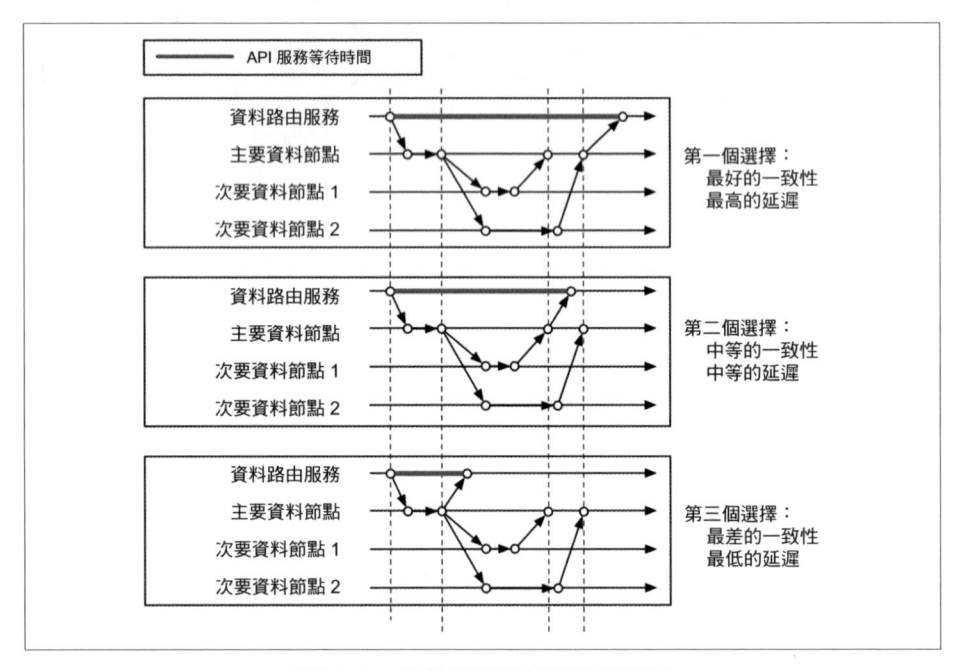

圖 9.11：一致性和延遲之間的權衡取捨

1. 三個節點都保存好資料之後，才認為資料已經保存成功。這種做法具有最好的一致性，但延遲也是最高的。

2. 只要主要儲存系統和其中一個次要儲存系統確實把資料保存好了，就認為資料已經保存成功了。這種做法具有中等的一致性和中等的延遲。

3. 只要主要節點確實已經把資料保存起來，就認為資料的保存已經成功了。這種做法具有最差的一致性，但延遲也是最低的。

2 和 3 都是屬於終究一致性（eventual consistency）的形式。

資料的組織方式

現在我們來看看各個資料節點如何管理資料。其中一種比較簡單的做法，就是把每個物件儲存在一個獨立的檔案中。這確實是可行的做法，但如果有太多小檔案，效能就會受影響。一般來說，如果檔案系統裡有太多的小檔案，就會出現兩個問題。第一，它會浪費掉很多的資料區塊。檔案系統會把檔案儲存在許多離散的磁碟區塊（disk block）中。磁碟區塊全都是相同的大小，而且在初始化磁碟區（volume）時，區塊的大小就被固定下來了。一般典型的區塊大小約為 4 KB。檔案就算小於 4 KB，還是會佔用掉整個區塊。如果檔案系統需要保存大量的小檔案，由於小檔案只用到區塊的一小部分空間，因此就會有許多區塊沒被裝滿，這樣便會浪費掉大量的磁碟空間。

第二，這樣可能會超出系統的 inode 容量。檔案系統會把檔案的位置與其他資訊儲存在一種名為 inode 的特殊類型區塊中。對於大部分檔案系統來說，inode 的數量在磁碟初始化時就已經固定下來了。如果有好幾百萬個小檔案，就會有用光所有 inode 的風險。此外，就算對檔案系統的詮釋資料進行了積極的快取，作業系統還是無法妥善處理大量的 inode。基於這些理由，因此把小物件儲存為單一檔案的做法，在實務上的效果並不好。

為了解決這些問題，我們可以把許多小物件合併到一個比較大的檔案中。從概念上來說，它的原理蠻類似預寫日誌（WAL；write-ahead log）的做法。如果我們要保存一個物件，就把它附加到一個現成的可讀寫檔案中。如果這個可讀寫檔案達到了某個容量門檻值（通常可設為幾 GB），這個可讀寫檔案就會被改為唯讀檔案，然後另外再建立一個新的可讀寫檔案，來保存新的物件。一旦檔案被改為唯讀檔案，就只能針對讀取請求提供服務了。圖 9.12 就是這整個程序的運作方式。

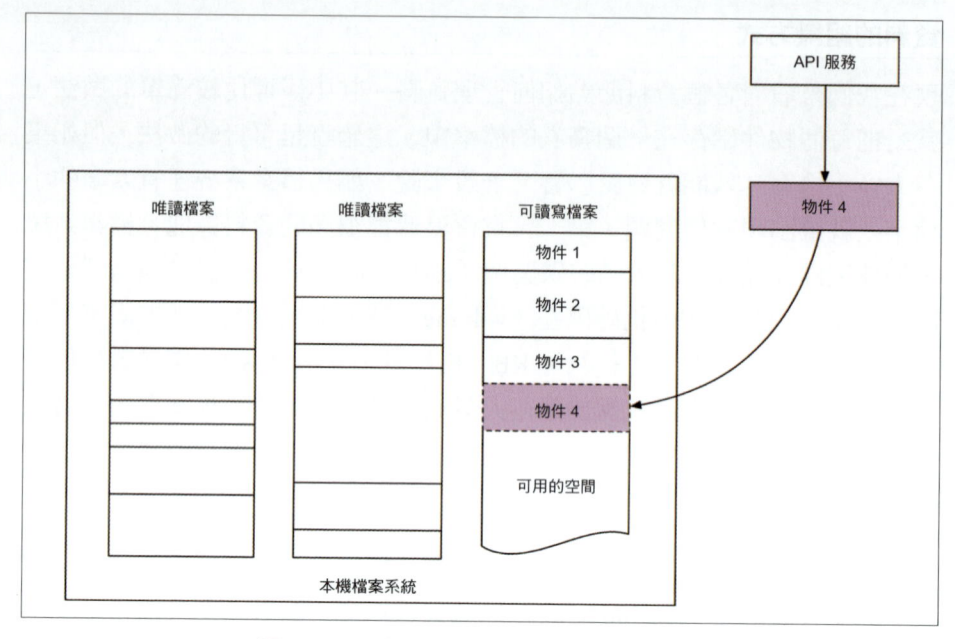

圖 9.12：把多個小物件保存到一個大檔案中

請注意，針對這個可讀寫檔案的寫入操作，一定要先進行序列化（serialize）處理。如圖 9.12 所示，這個可讀寫檔案裡的物件，全都是一個接一個按順序依次保存起來的。為了維持這樣的磁碟佈局方式，就算是多個核心以平行方式送進來的寫入請求，也必須以輪流的方式寫入這個可讀寫檔案。對於具有大量核心、有能力以平行方式處理許多請求的現代伺服器來說，這樣肯定會嚴重限制寫入的吞吐量。為了解決這個問題，我們可提供多個專用的可讀寫檔案，讓每個核心都有一個檔案可用來處理送進來的請求。

物件查找

由於每個資料檔案都保存著很多的小物件，資料節點該如何透過 UUID 找出某個物件相應的位置呢？資料節點需要用到下面這些資訊：

- 保存著物件的資料檔案
- 物件在資料檔案裡的起始偏移量
- 物件本身的大小

如果要支援這樣的物件查找功能，就需要如表 9.3 所示的資料庫資料架構。

表 9.3：object_mapping 資料表

object_mapping
object_id
file_name
start_offset
object_size

表 9.4：Object_mapping 的各個欄位

欄位	說明
object_id	物件的 UUID
file_name	保存這個物件的檔案名稱
start_offset	這個物件在檔案中的起始位置
object_size	這個物件本身的 Byte 數

為了保存這樣的對應關係，我們可以考慮兩個選項：檔案型的鍵值儲存系統（例如 RocksDB [16]），或是採用關聯式資料庫。RocksDB 是以 SSTable [17] 為基礎，寫入的速度很快，但讀取的速度比較慢。關聯式資料庫通常是採用以 B+ 樹狀結構 [18] 為基礎的儲存引擎，讀取的速度很快，但寫入的速度比較慢。如前所述，我們的資料存取模式是一次寫入、多次讀取。由於關聯式資料庫可提供更好的讀取效能，因此它是比 RocksDB 更好的選擇。

我們該如何部署關聯式資料庫呢？以我們所需要處理的規模來看，對應關係資料表的資料量應該是非常龐大。部署單一個大型集群來支援所有的資料節點，這種做法雖然可行，但管理起來比較困難。請注意，每個資料節點的對應關係資料，全都是各自獨立的。不同的資料節點之間，完全不需要共用任何資料。為了善用這個特性，我們可以採用一種很簡單的做法，就是在每個資料節點中部署一個簡單的關聯式資料庫。SQLite [19] 就是個不錯的選擇。它是一種檔案型的關聯式資料庫，擁有相當不錯的名聲。

更新版的資料持久化保存流程

由於我們對資料節點做出了相當多變動,因此接著就來重新討論一下,如何把一個新的物件保存到資料節點中(圖 9.13)。

1. API 服務發送出一個請求,要保存一個名為「object 4」的新物件。
2. 資料節點服務會把這個名為「object 4」的物件,附加到名為「/data/c」的可讀寫檔案的最後面。
3. 在 object_mapping 資料表中,添加一筆「object 4」的新紀錄。
4. 資料節點服務會把 UUID 送回給 API 服務。

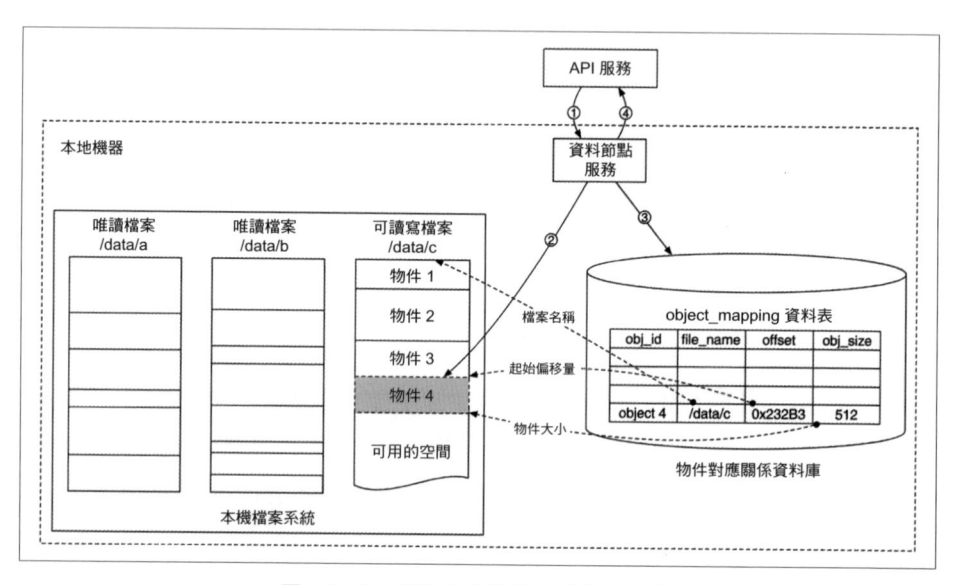

圖 9.13:更新版的資料持久化保存流程

耐用性

資料的可靠性(reliability)對於資料儲存系統來說極為重要。我們如何創建出具有六個九的耐用性(durability)的儲存系統呢?這裡一定要仔細考慮每一種故障情況,而且資料還要進行適當的副本複製。

硬體故障和故障領域

不管使用的是哪一種儲存媒體，硬碟故障都是無可避免的。有一些儲存媒體或許比其他儲存媒體具有更好的耐用性，但我們還是不能靠單獨一個硬碟，來達到我們的耐用性目標。如果要提高耐用性，其中一種行之有效的做法，就是把資料複製到多個硬碟，如此一來就算有單一磁碟故障，也不會影響到整體資料的可用性。在這裡的設計中，我們會把資料複製三份。

我們可以假設，旋轉式硬碟的年故障率為 0.81% [20]。這個數字很大程度取決於硬碟的品牌與型號。製作三份資料副本的做法，就能提供 $1-(0.0081)^3 = \sim 0.999999$ 的可靠性。不過，這只是個非常粗略的估計。關於更複雜的計算，請參閱 [20]。

如果要進行完整的耐用性評估，我們還需要考慮各種不同故障領域（failure domain）的影響。如果有某個關鍵服務出了問題，而在整個環境中某個實際可劃分出來的部分，或是在邏輯上可劃分出來的部分，也會跟著受到負面的影響；這個可劃分出來的部分，就是所謂的故障領域。現代的資料中心裡，伺服器通常都會被放置在機架（rack）[21]；這些機架可根據不同排／不同房間／不同樓層，而被區分成不同的群組。由於每個機架都會共用電源和網路交換器，因此機架上所有的伺服器全都屬於同一個機架級（rack-level）故障領域。現代伺服器通常都會共用主機板、處理器、電源、硬碟等組件。伺服器的這些組件，全都屬於同一個節點級（node-level）故障領域。

關於大規模故障領域的隔離做法，下面就有個很好的例子。一般來說，資料中心會把完全沒有共用任何東西的基礎設施，劃分成不同的可用區（AZ；Availability Zone）。我們可以把資料複製到不同的可用區，以盡量減少故障的影響（圖 9.14）。請注意，選擇不同等級的故障領域，並不會直接增加資料的耐用性，不過在某些極端情況下（例如大規模停電、冷卻系統故障、自然災害等等），還是可以帶來更好的可靠性。

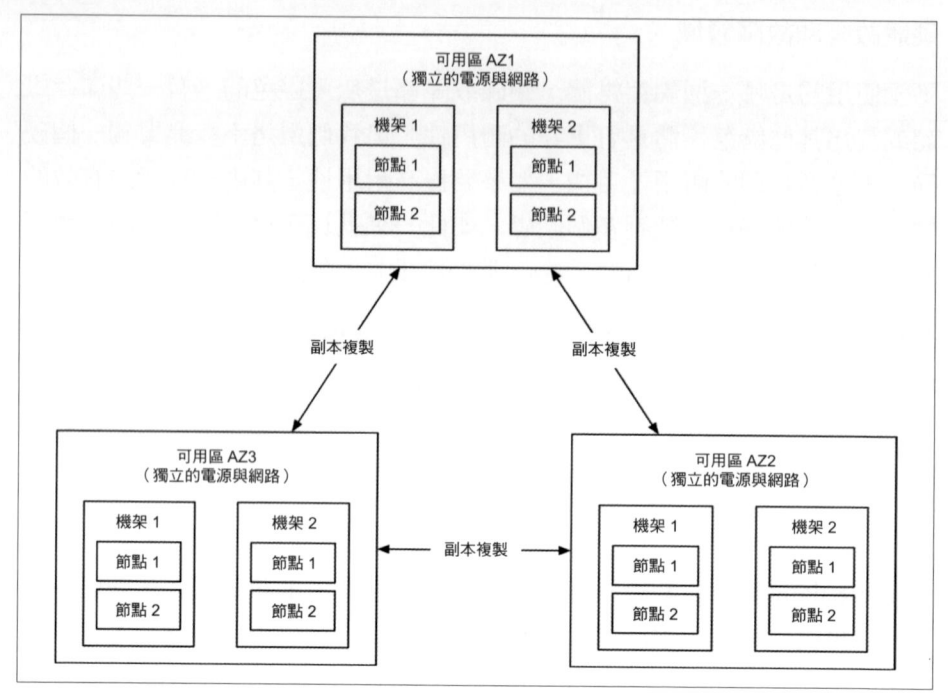

圖 9.14：在多個資料中心進行副本複製

糾刪編碼

製作三個完整的資料副本，可為我們提供大約 6 個 9 的資料耐用性。另外還有其他的做法，可以進一步提高耐用性嗎？有的，其中一種做法就是「糾刪編碼」（Erasure Coding）。糾刪編碼 [22] 是以一種不同的方式，來增加資料的耐用性。它會先把資料切成幾個比較小的部分（放到不同的伺服器），然後再建立一些同位資料（parities），來實現冗餘（redundancy）補全的效果。萬一出現故障，我們只要利用部分的資料，再加上同位資料，就可以重建出原本的資料。下面就來看個具體的例子（4 + 2 糾刪編碼），如圖 9.15 所示。

>> 第 3 步 — 深入設計

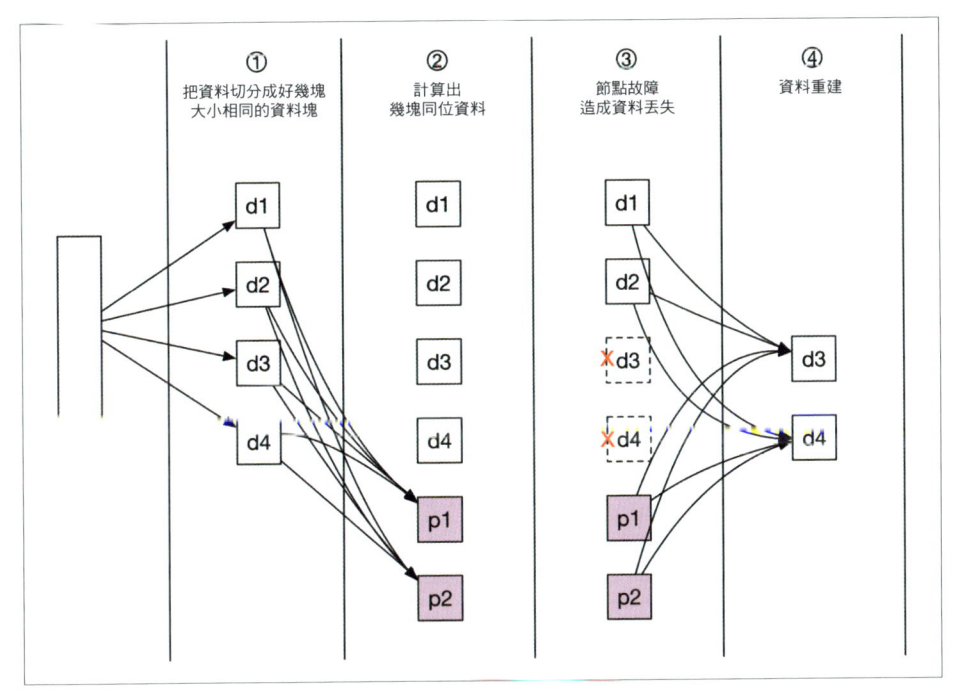

圖 9.15：糾刪編碼

1. 資料被切分成四塊大小相同的資料塊：d1、d2、d3、d4。

2. 運用數學公式 [23] 計算出 p1 和 p2 這兩塊同位資料。舉個簡單的例子，p1 = d1 + 2×d2 - d3 + 4×d4；p2 = -d1 + 5×d2 + d3 - 3×d4 [24]。

3. 因為節點出了點問題，d3 和 d4 這兩塊資料被丟失了。

4. 可以利用數學公式，根據 d1、d2、p1 和 p2 的值，重建出 d3 和 d4 這兩塊被丟失的資料。

我們來看一下圖 9.16 所示的另一個範例，更進一步瞭解糾刪編碼如何搭配故障領域隔離的做法。在（8 + 4）糾刪編碼的設定下，原始資料會被切分成大小相同的 8 個資料塊，並計算出 4 塊同位資料。這 12 塊資料的大小全都是相同的。而且這 12 塊資料，全都被分散到 12 個不同的故障領域。根據糾刪編碼背後的數學原理，只要節點發生故障的數量不超過 4 個，都可以重建出原始的資料。

327

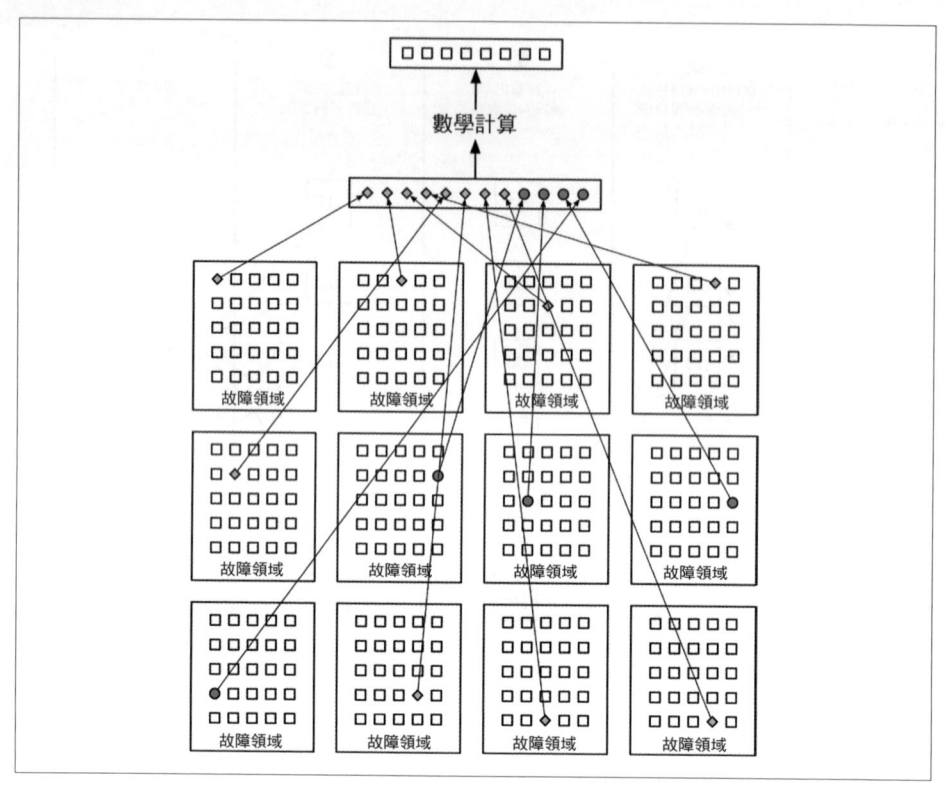

圖 9.16：(8+4) 糾刪編碼

在副本複製的做法中，資料路由器只需要從 1 個健康節點讀取物件資料；相較之下，在糾刪編碼的做法中，資料路由器至少必須從 8 個健康節點讀取資料。這就是架構設計的權衡結果。我們採用了比較複雜、存取速度比較慢的解法，就是為了換取更高的耐用性，以及更低的儲存成本。如果物件儲存系統的儲存空間就是最主要的成本，這樣的權衡取捨或許就是值得的。

糾刪編碼究竟需要用到多少額外的空間？由於每兩塊資料，就需要一塊同位資料，因此儲存空間會多佔用 50%（圖 9.17）。至於之前 3 份副本的複製做法，儲存空間則會多佔用 200%（圖 9.17）。

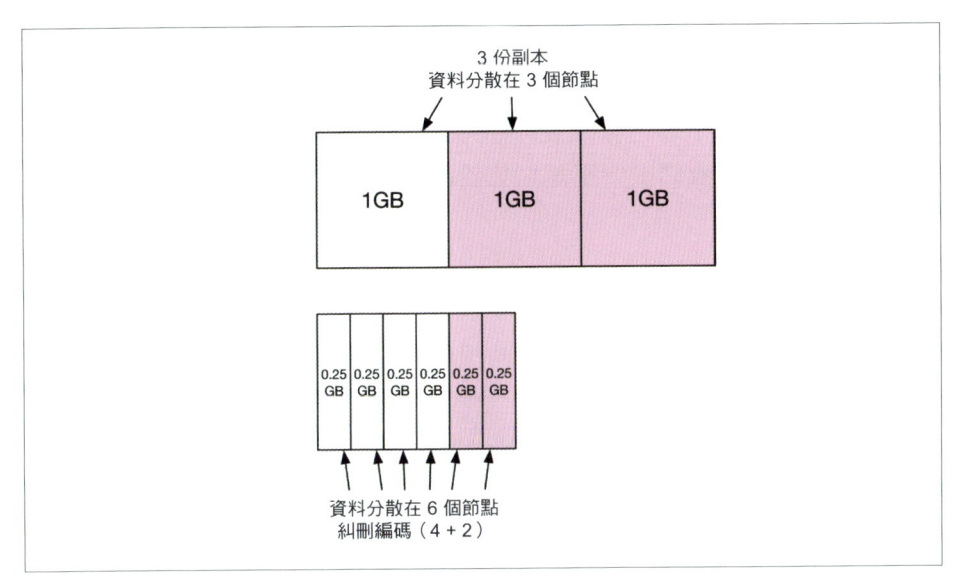

圖 9.17：副本複製和糾刪編碼所需要的額外空間

糾刪編碼能提高資料的耐用性嗎？假設一個節點的年故障率為 0.81%。根據 Backblaze [20] 的計算，糾刪編碼可以實現 11 個 9 的耐用性。計算過程需要用到很複雜的數學。如果你很感興趣，詳細資訊請參見 [20]。

表 9.5 比較了副本複製和糾刪編碼的優缺點。

表 9.5：副本複製 vs. 糾刪編碼

	副本複製	糾刪編碼
耐用性	6 個 9 的耐用性（資料複製 3 份）	11 個 9 的耐用性（8 + 4 糾刪編碼）。**糾刪編碼勝出。**
儲存效率	200% 的額外儲存空間。	50% 的額外儲存空間。**糾刪編碼勝出。**
計算資源	無需計算。**副本複製勝出。**	需使用比較多的計算資源來計算出同位資料。
寫入效能	把資料複製到多個節點。無需計算。**副本複製勝出。**	寫入延遲會比較高，因為在資料寫入磁碟之前，需要先計算出同位資料。
讀取效能	在正常操作下，都是從同一個副本進行讀取。故障模式下，讀取並不會受到影響，因為可以從沒故障的副本繼續提供讀取服務。**副本複製勝出。**	在正常操作下，每次都必須從集群裡的多個節點進行讀取。故障模式下，讀取的速度會比較慢，因為必須先重建丟失的資料。

總之，副本複製的做法廣泛用於對延遲比較敏感的應用，而糾刪編碼的做法則常用於最大限度降低儲存成本的情況。糾刪編碼因其成本效率和耐用性而具有吸引力，不過它會讓資料節點的設計變得非常複雜。因此，針對這裡的設計來說，我們主要還是聚焦於副本複製的做法。

正確性驗證

糾刪編碼以相當合理的儲存成本，提高了資料的耐用性。接下來我們可以繼續去解決另一個艱鉅的挑戰：資料損壞（corruption）。

如果磁碟整個壞掉了，而我們也偵測到這個故障，這樣就等於是一整個資料節點都出了問題。在這樣的情況下，我們可以用糾刪編碼的做法來重建資料。不過，在大型系統中，其實也經常會出現記憶體內資料損壞的問題。

如果想解決這個問題，就必須在程序與程序的邊界之間，驗證一下校驗和（checksum）[25]。校驗和是一塊尺寸很小的資料，可用來偵測出資料有沒有錯誤。圖 9.18 顯示的就是校驗和的生成方式。

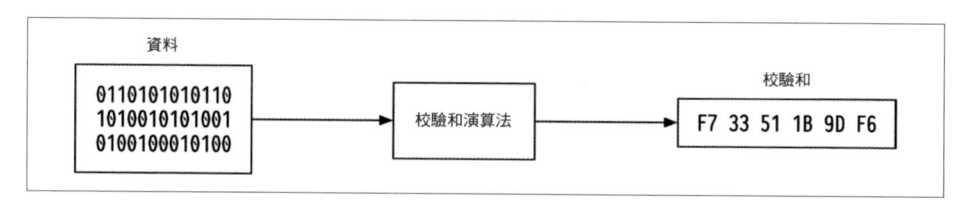

圖 9.18：生成校驗和

如果我們知道原始資料的校驗和，在資料傳輸完成之後，就可以針對所收到的資料，再計算一次校驗和：

- 如果計算出來的結果不一樣，就表示資料已損壞。

- 如果計算結果是相同的，就表示資料沒有損壞的可能性非常高。機率雖然不是 100%，但實際上還是可以假設資料是沒有損壞的。

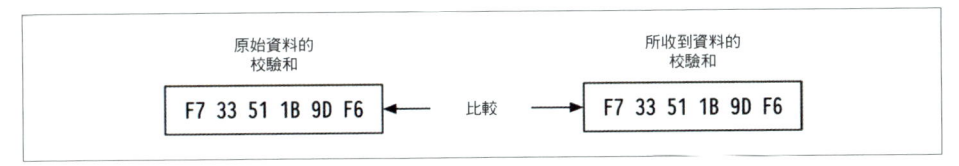

圖 9.19：校驗和的比較

校驗和演算法有很多種，例如 MD5[26]、SHA1[27]、HMAC[28] 等等。如果是比較好的校驗和演算法，就算輸入只有很小的變動，通常還是會輸出明顯不同的結果。我們在本章會選擇一個很簡單的校驗和演算法（例如 MD5）。

在本章的設計中，我們會把校驗和附加在每個物件的最後面。在檔案被改成唯讀檔案之前，我們也會在檔案最後面加上整個檔案的校驗和。圖 9.20 顯示的就是資料的佈局方式。

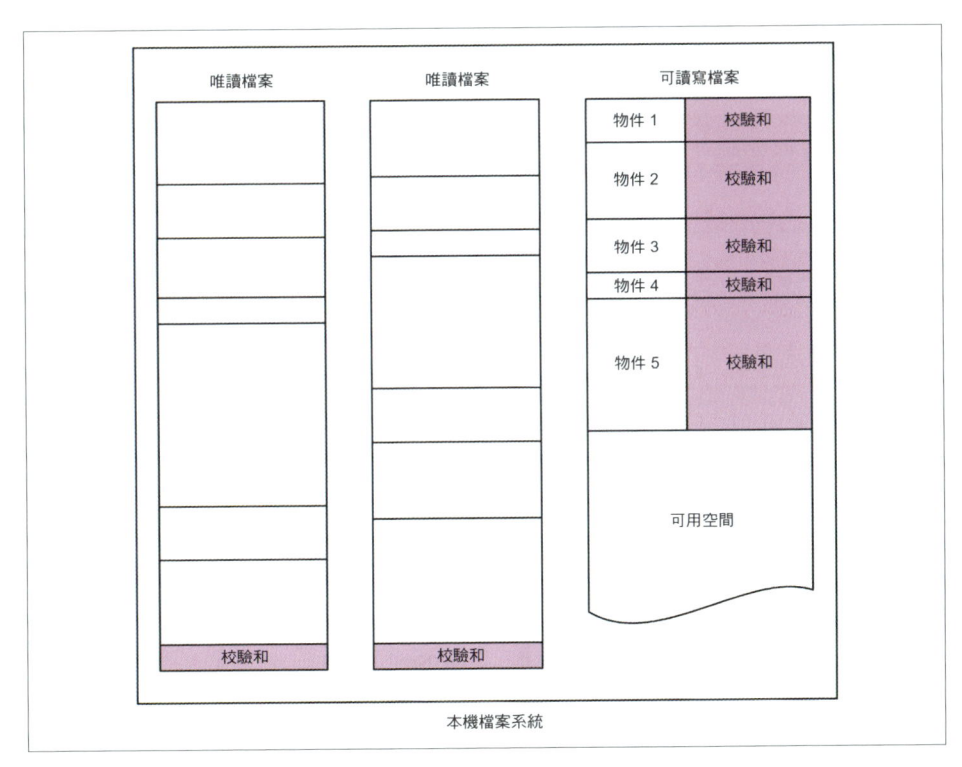

圖 9.20：把校驗和添加到資料節點中

如果採用了（8+4）糾刪編碼與校驗和驗證的做法，讀取資料時都必須經歷以下這幾個步驟：

1. 取得物件資料與相應的校驗和。

2. 根據所收到的資料，計算出相應的校驗和。

    (a) 如果這兩個校驗和是相同的，就表示資料並沒有錯誤。

    (b) 如果這兩個校驗和不一樣，就表示資料已損壞。我們會嘗試去讀取其他故障領域的資料，來進行資料還原。

3. 重複步驟 1 和 2，直到取得全部 8 塊資料為止。然後我們會重建資料，再把資料送回給客戶端。

詮釋資料的資料模型

本節會先討論一下資料庫的資料架構，然後再深入討論資料庫的擴展。

資料架構

資料庫的資料架構（schema）要能夠支援以下 3 種查詢：

查詢 1：透過物件名稱尋找物件 ID。

查詢 2：根據物件名稱新增和刪除物件。

查詢 3：列出具有相同前綴的儲存桶其中的物件。

圖 9.21 顯示的就是我們所設計的資料架構。我們需要兩個資料庫資料表：bucket（儲存桶）和 object（物件）。

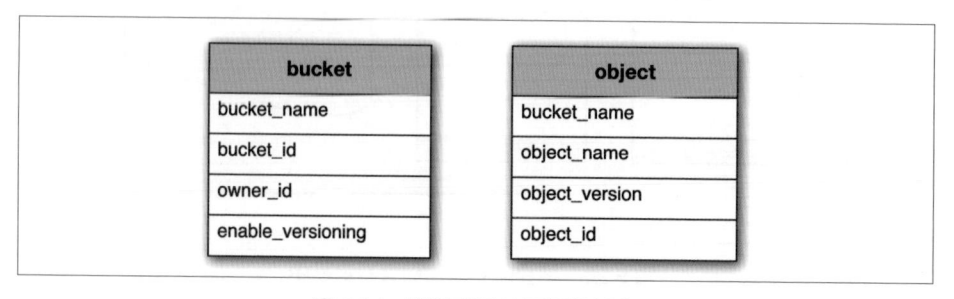

bucket	object
bucket_name	bucket_name
bucket_id	object_name
owner_id	object_version
enable_versioning	object_id

圖 9.21：資料庫裡的兩個資料表

>> 第 3 步 — 深入設計

bucket 資料表的擴展

由於使用者可以創建的儲存桶數量通常是有限的,因此這個 bucket 資料表的大小並不會很大。假設我們有 100 萬個客戶,每個客戶擁有 10 個儲存桶,每筆紀錄佔用 1 KB。這也就表示,我們需要 10 GB(100 萬×10×1KB)的儲存空間。這一整個資料表,完全可以輕鬆裝進現代的資料庫伺服器中。不過,單獨一台資料庫伺服器可能沒有足夠的 CPU 或網路頻寬,來處理所有的讀取請求。因此,我們可以把讀取負載分散到多個副本資料庫。

object 資料表的擴展

object 資料表保存的是物件的詮釋資料。從我們的設計規模來看,單獨一台資料庫伺服器有可能放不下所有的資料。我們可以透過分片的方式,對這個 object 資料表進行擴展。

其中一種做法就是依照 bucket_id 來進行分片,這樣就可以讓同一個儲存桶內所有的物件全都保存在同一個分片中。不過這樣恐怕有點問題,因為這樣一來,其中有些儲存桶可能就會包含好幾十億個物件,導致有些分片會變成存取的熱點(hotspot)。

另一種做法則是依照 object_id 來進行分片。這種分片方案的好處,就是可以均勻分散負載。但這樣就無法有效執行查詢 1 和查詢 2 了,因為這兩種都要根據 URI 來進行查詢。

我們的選擇就是把 bucket_name 和 object_name 組合起來,以此來進行分片。這是因為大多數的詮釋資料操作,都會用到物件的 URI(例如透過 URI 來查找物件 ID,或是透過 URI 來上傳物件)。為了讓資料均勻分佈,我們可以使用 <bucket_name, object_name> 的雜湊值來作為分片鍵。

這樣的分片方案,可以直接支援前兩種查詢,但最後一種查詢的做法,就沒有那麼明顯了。接著就來看一下吧。

333

列出儲存桶裡的物件

物件儲存系統是以一種比較扁平的結構（而不是檔案系統那種階層式結構）來存放檔案。我們可以用「s3://儲存桶名稱/物件名稱」這種格式的路徑，來對物件進行存取，例如 s3://mybucket/abc/d/e/f/file.txt 其中就包含了：

- 儲存桶名稱：mybucket
- 物件名稱：abc/d/e/f/file.txt

為了協助使用者整理好存放在儲存桶裡的物件，S3 導入了一個叫做「前綴」（prefix）的概念。所謂的前綴，就是物件名稱最開頭的一串字串。S3 就是利用了前綴的概念，才能以類似目錄結構的方式來整理資料。不過，前綴並不是真正的目錄。如果直接以前綴來列出儲存桶的內容，結果只會顯示出以那個前綴為開頭的物件名稱。

在前面的範例中，路徑為 s3://mybucket/abc/d/e/f/file.txt，其中的前綴則是 abc/d/e/f/。

AWS S3 的列表指令有 3 種典型的使用情境：

1. 列出使用者所擁有的所有儲存桶。這個指令如下所示：

   ```
   aws s3 list-buckets
   ```

2. 列出儲存桶內與指定前綴同層的所有物件。這個指令如下所示：

   ```
   aws s3 ls s3://mybucket/abc/
   ```

   在這個模式下，前綴後面的名稱如果還有斜線，像這樣的物件就會全都被整併成一個普通的前綴。舉例來說，假設儲存桶裡有以下這些物件：

   ```
   CA/cities/losangeles.txt
   CA/cities/sanfranciso.txt
   NY/cities/ny.txt
   federal.txt
   ```

>> 第 3 步 — 深入設計

如果是以 / 作為前綴來列出儲存桶裡的內容，CA/ 和 NY/ 底下的物件就會被整併掉，只送回以下的結果：

```
CA/
NY/
federal.txt
```

3. 我們也可以用遞迴的方式，列出具有相同前綴的儲存桶其中所有的物件。指令如下所示：

```
aws s3 ls s3 :// mybucket/abc/ --recursive
```

如果用之前相同的例子，以 CA/ 作為前綴來列出儲存桶裡的內容，就會送回以下的結果：

```
CA/cities/losangeles.txt
CA/cities/sanfranciso.txt
```

單一資料庫

我們先來探討如何使用單一資料庫來支援列表指令。如果要列出使用者所擁有的所有儲存桶，就要執行以下查詢：

```
SELECT * FROM bucket WHERE owner_id ={id}
```

如果要列出具有相同前綴的儲存桶其中所有的物件，則可執行以下查詢：

```
SELECT * FROM object
WHERE bucket_id = "123" AND object_name LIKE `abc/%`
```

在這個例子中，我們找出了 bucket_id 等於「123」，而且具有相同前綴「abc/」的所有物件。如果所設定的前綴後面還有更多的斜線，應用程式的程式碼就會把那些物件全都整併掉，如之前的使用情境 2 所述。

相同的查詢方式，也可以支援遞迴列表模式，如之前的使用情境 3 所述。應用程式的程式碼可以把具有相同前綴的每個物件全都列出來，而不進行任何整併。

分散式資料庫

如果詮釋資料表有被進行過分片處理，就很難實作出列表功能，因為我們並不知道有哪些分片包含了所要列出的資料。最明顯的解法，就是針對所

335

有的分片執行搜索查詢，然後再把結果彙整起來。如果要實現這個做法，我們可以進行以下的步驟：

1. 詮釋資料服務針對每一個分片，執行以下的查詢：

   ```
   SELECT * FROM object
   WHERE bucket_id = "123" AND object_name LIKE `a/b/%`
   ```

2. 詮釋資料服務把每個分片送回來的物件全都彙整起來，再把彙整後的結果送回給調用者。

這個解法是可行的，但如果還要實現分頁的功能，就會變得有點複雜。在解釋原因之前，我們先來回顧一下，如何在單一資料庫的簡單情況下實現分頁的效果。如果要送回每頁包含 10 個物件的列表頁面，SELECT 查詢語句應該是這樣的：

```
SELECT * FROM object
WHERE bucket_id = "123" AND object_name LIKE `a/b/%`
ORDER BY object_name OFFSET 0 LIMIT 10
```

其中的 OFFSET 和 LIMIT 會把結果限制為前 10 個物件。下一次調用時，使用者就可以把帶有分頁提示訊息的請求傳送到伺服器，因此伺服器就會知道如何建構出 OFFSET 為 10 的第二頁查詢結果。分頁提示的部分，通常都是透過一個游標（cursor）來完成的；伺服器把每一頁的結果送回給客戶端時，都會附上這個游標的值。偏移量相關資訊會被進行編碼，然後再放入這個游標中。客戶端也會把這個游標包含在下一頁的請求中。伺服器會先對游標進行解碼，並根據其中的偏移量資訊，來建構出下一頁的查詢語句。延續之前的範例，第二頁的查詢語句如下：

```
SELECT * FROM metadata
WHERE bucket_id = "123" AND object_name LIKE `a/b/%`
ORDER BY object_name OFFSET 10 LIMIT 10
```

客戶端 - 伺服器的這個請求循環會一直持續，直到伺服器送回一個特殊的游標為止，因為這個特殊游標會標記出整個列表已經來到結尾了。

現在我們再來探討一下，分片資料庫要支援分頁的功能，為什麼會變得很複雜。由於物件分散在不同的分片中，因此每個分片可能都會送回不同數量的結果。有些分片可能會送回一整個分頁 10 個物件的結果，有些分片

則只會送回一小部分或完全沒半個物件的結果。應用程式的程式碼會接收到每個分片的查詢結果，然後進行彙整與排序，再送回我們的範例所需要的 10 個物件（每頁）。沒有被包含在當前頁面中的物件，下一回合一定要再次考慮進來。這也就表示，每個分片可能都會有不同的偏移狀況。伺服器必須持續追蹤每個分片的偏移狀況，並把這些偏移狀況記錄在游標中。如果有好幾百個分片，就會有好幾百個偏移狀況需要進行追蹤。

我們有一個解法，可以解決這個問題，不過也需要進行一些權衡取捨。由於物件儲存系統主要是針對大規模與高耐用性進行調整，因此物件列表的效能表現，很少成為優先的考量。事實上，所有商業化的物件儲存系統都有支援物件列表的功能，但效能表現通常不太理想。如果想把這個功能做好一點，我們可以利用「去正規化」（denormalize）的做法，把列表資料另外保存到另一個根據儲存桶 ID 來進行分片的獨立資料表。這個資料表只會專門用來列出物件的列表。在這樣的設定下，就算是包含好幾十億個物件的儲存桶，也能提供可接受的效能表現。這樣的做法等於是把列表查詢單獨隔離到另一個資料庫，從而大大降低了實作的難度。

物件版本控制

版本控制（Versioning）就是把物件的多個版本，全都保留在儲存桶裡的一種功能。只要有版本控制的功能，我們就可以恢復意外刪除或不小心覆蓋掉的物件。舉例來說，我們可能會修改文件，然後再用相同的名稱把它保存到同一個儲存桶中。如果沒啟用版本控制的功能，詮釋資料儲存系統裡的舊版文件詮釋資料就會被新版本所取代。物件儲存系統裡的舊版文件也會被標記為已刪除，因此相應的儲存空間就會被垃圾回收器回收再利用。如果有啟用版本控制的功能，詮釋資料儲存系統就會保留住這個文件先前所有的版本，而且物件儲存系統裡的舊版文件永遠都不會被標記為已刪除。

圖 9.22 說明的就是如何上傳這種帶有版本號的物件。首先我們必須啟用儲存桶的版本控制功能。

第 9 章　類似 S3 的物件儲存系統

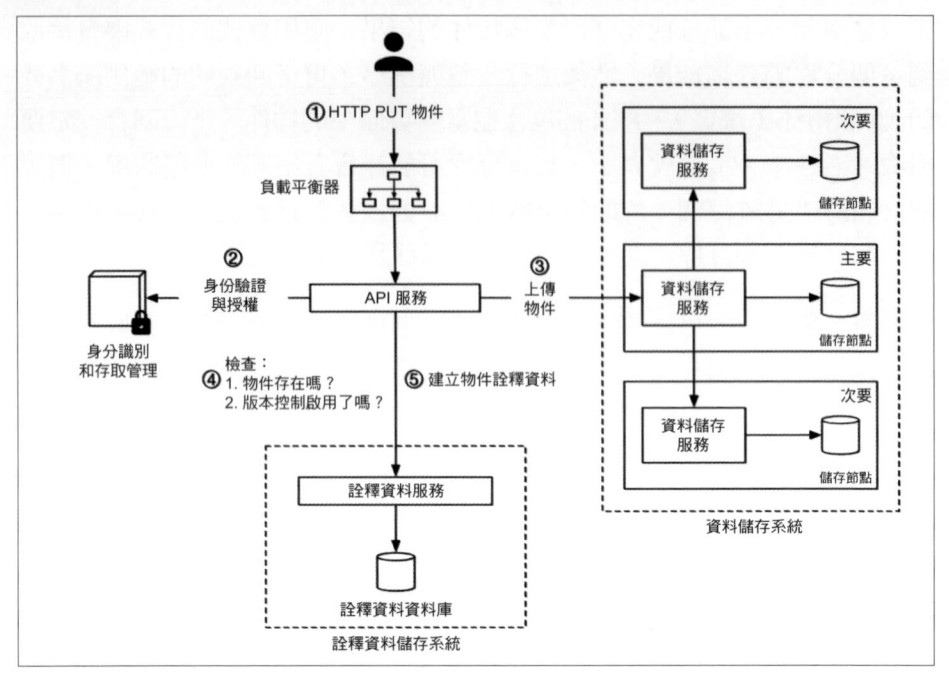

圖 9.22：物件版本控制

1. 客戶端發送了一個 HTTP PUT 請求，上傳一個名為「script.txt」的物件。

2. API 服務會先驗證使用者的身分，並確認使用者擁有這個儲存桶的 WRITE 寫入權限。

3. 驗證完成之後，API 服務就會把資料上傳到資料儲存系統。資料儲存系統會把資料保存成一個新物件，然後把一個新的 UUID 送回給 API 服務。

4. API 服務會把這個物件的詮釋資料，保存到詮釋資料儲存系統。

5. 為了支援版本控制功能，詮釋資料儲存系統的 object 資料表裡會有一個名為 object_version 的欄位，只有在啟用版本控制功能時，才會使用到這個欄位。新添加的紀錄並不會覆寫掉現有的紀錄，而是與舊紀錄一樣，使用相同的 bucket_id 和 object_name，不過新的紀錄會

有新的 object_id 和 object_version。這個新的 object_id 就是步驟 3 所送回來的新物件 UUID。新的 object_version 則是插入新紀錄時所生成的 TIMEUUID [29]。隨後如果想找出物件最新的版本，不管我們選擇哪一種資料庫來作為詮釋資料儲存系統，查找起來應該都很有效率才對。因為具有相同 object_name 的每一個紀錄，其中最新的版本一定具有最大的 TIMEUUID。圖 9.23 顯示的就是我們如何保存版本化詮釋資料的相關說明。

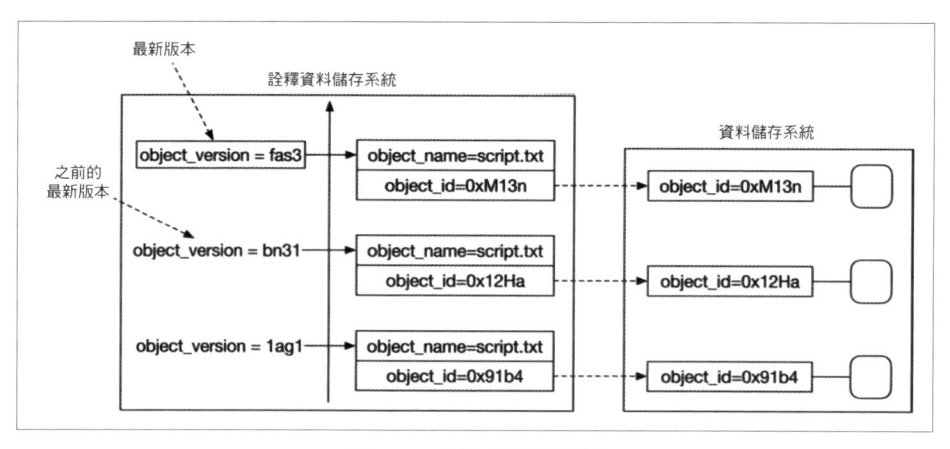

圖 9.23：版本化詮釋資料

除了可以上傳新版本的物件之外，我們也可以刪除物件。接著就來看是怎麼做的吧。

如果要刪除掉一個物件，我們只會新增（insert）一個刪除標記，實際上所有的版本還是會繼續保留在儲存桶中，如圖 9.24 所示。

這個刪除標記本身就代表最新版的物件；插入這個物件之後，它就會變成這個物件的最新版本。在執行 GET 請求時，如果物件的最新版本是一個刪除標記，就會送回 404 Object Not Found（找不到物件）的錯誤。

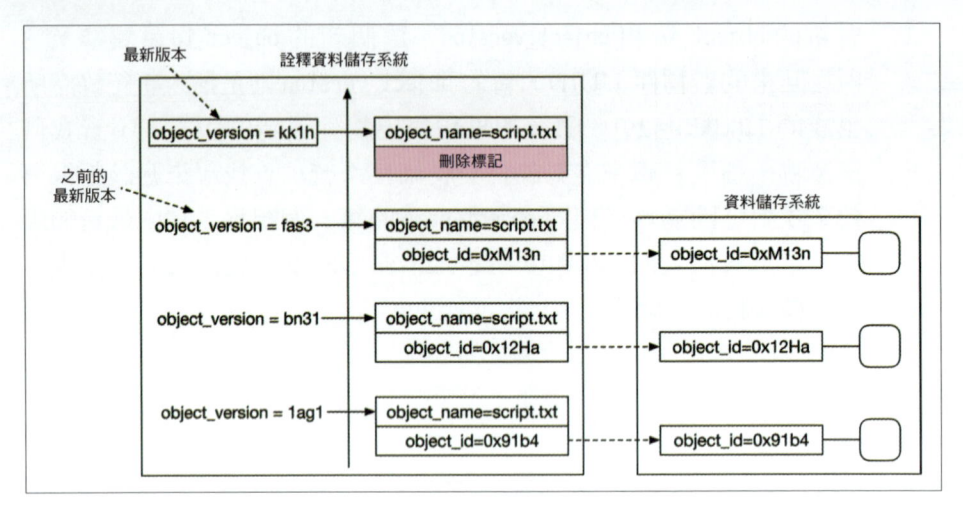

圖 9.24：新增一個刪除標記，藉此刪除物件

大型檔案上傳的最佳做法

在「粗略的估算」一節中，我們曾估計會有 20% 是大型的物件。其中有些可能會超過好幾 GB。直接上傳這麼大的物件檔案，應該沒什麼問題，不過可能需要很長的時間。如果上傳過程中網路連線出了問題，就必須從頭開始重新上傳。比較好的做法則是先把大物件切分成好幾段小一點的片段，然後再獨立進行上傳。上傳完所有的片段之後，物件儲存系統再運用這些片段，把物件重新組裝起來。這個程序就是所謂的分段上傳（multipart upload）。

圖 9.25 說明了分段上傳的工作原理：

1. 客戶端呼叫物件儲存系統，啟動分段上傳。

2. 資料儲存系統送回一個 uploadID，它就是這次上傳的唯一識別符號。

3. 客戶端會把大型物件切分成比較小的物件，然後開始進行上傳。假設物件的大小為 1.6GB，客戶端把它切分成 8 段，因此每段的大小就是 200 MB。客戶端會把第一段連同第 2 步驟所收到的 uploadID 一起上傳到資料儲存系統。

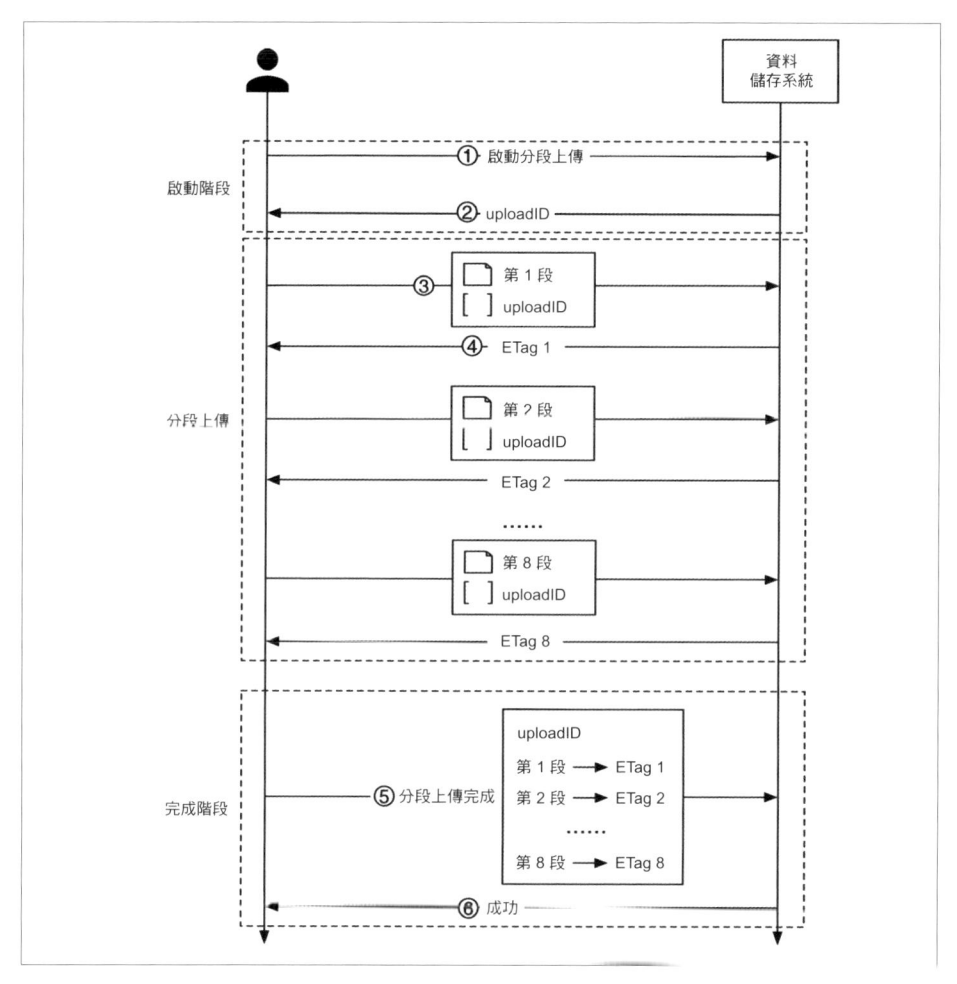

```
                                    ┌──────────┐
                 ♦                   │ 資料      │
                                    │ 儲存系統   │
                                    └──────────┘
         ┌─────────────────────────────────────────┐
         │         ① 啟動分段上傳 ───────────────→   │
  啟動階段 │                                         │
         │         ←────────── ② uploadID           │
         └─────────────────────────────────────────┘
         ┌─────────────────────────────────────────┐
         │         ③  ┌──────┐                     │
         │            │ 第 1 段│                    │
         │            │uploadID│ ──────────────→   │
         │            └──────┘                     │
         │         ←────── ④ ETag 1                │
         │            ┌──────┐                     │
         │            │ 第 2 段│                    │
  分段上傳 │            │uploadID│ ──────────────→   │
         │            └──────┘                     │
         │         ←────── ETag 2                  │
         │              ......                     │
         │            ┌──────┐                     │
         │            │ 第 8 段│                    │
         │            │uploadID│ ──────────────→   │
         │            └──────┘                     │
         │         ←────── ETag 8                  │
         └─────────────────────────────────────────┘
         ┌─────────────────────────────────────────┐
         │          ┌────────────────┐             │
         │          │ uploadID       │             │
         │          │ 第 1 段 → ETag 1│             │
  完成階段 │ ⑤ 分段上傳完成│第 2 段 → ETag 2│ ─────→   │
         │          │  ......        │             │
         │          │ 第 8 段 → ETag 8│             │
         │          └────────────────┘             │
         │         ←────── ⑥ 成功                  │
         └─────────────────────────────────────────┘
```

圖 9.25：分段上傳

4. 上傳每一個分段，資料儲存系統都會送回一個 ETag，它本質上就是這個分段資料的 md5 校驗和。我們可以用它來驗證分段上傳的結果。

5. 所有的分段全都上傳完畢之後，客戶端就會發送出一個分段上傳已完成的請求，其中包含 uploadID、各段的編號以及相應的 ETag。

6. 資料儲存系統會根據各段的編號，把各段重新組裝成原本的物件。由於物件非常大，因此整個過程可能需要好幾分鐘。重組完成之後，就會向客戶端送回成功訊息。

這種做法有個潛在的問題──被切分成許多小段的分段資料，在重新組裝成原始物件之後就沒用了。為了解決這個問題，我們可以引入一個垃圾回收服務，負責釋放那些用不到的資料所佔用的儲存空間。

垃圾回收

垃圾回收（Garbage collection）程序可以自動回收一些不會再用到的儲存空間。以下幾種情況，都有可能會讓資料變成垃圾：

- 惰式物件刪除（Lazy object deletion）：在刪除物件時，其實並沒有真正刪除掉該物件，只是把物件標記為已刪除而已。

- 變成孤兒的資料：例如上傳到一半的資料，或是被遺棄的分段上傳資料。

- 已損壞的資料：用校驗和驗證失敗的資料。

垃圾回收器並不會馬上就把物件從資料儲存系統裡刪除掉。它會以定期清理的方式，透過壓實（compaction）機制清理掉那些應該被刪除掉的物件。

垃圾回收器也要負責把副本資料庫裡所佔用的空間回收再利用。如果採用了副本複製的做法，一旦物件被刪除，無論是主節點還是備份節點裡的物件，全都要記得刪除掉。如果採用了糾刪編碼的做法，假設使用的是（8 + 4）的設定，我們就必須把全部 12 個節點裡的物件相關資料全都刪除掉。

圖 9.26 顯示的就是壓實機制的運作方式：

1. 垃圾回收器會先把「/data/b」裡的物件，複製到另一個名為「/data/d」的新檔案。請注意，垃圾回收器並不會複製「物件 2」和「物件 5」，因為這兩個物件的刪除標記都已經被設為 true 了。

2. 複製完所有的物件之後，垃圾回收器就會去更新 object_mapping 資料表。舉例來說，「物件 3」的 obj_id 和 object_size 欄位值還是保持不變，但 file_name 和 start_offset 會被更新成新的值，以反映出

它所在的新位置。為了確保資料的一致性，最好可以把 file_name 和 start_offset 的更新操作，全都包在資料庫的同一個完整交易（transaction）之中。

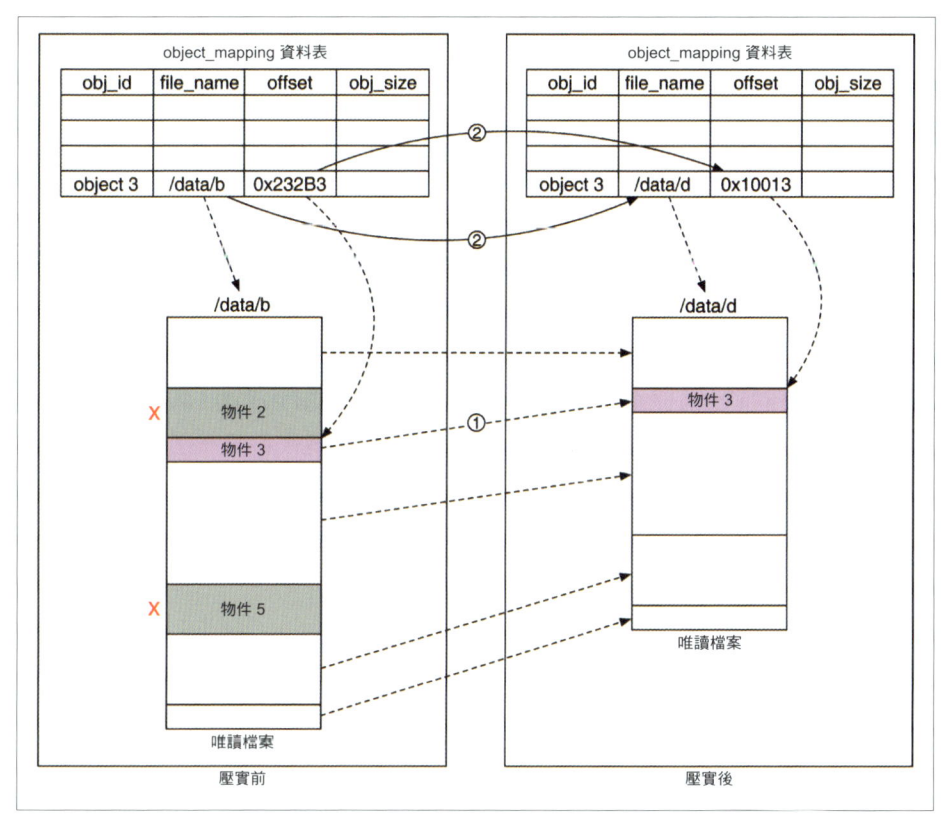

圖 9.26：壓實

我們從圖 9.26 可以看到，壓實後的新檔案大小確實會比舊檔案小一點。為了避免製造出大量的小檔案，垃圾回收器通常會等到有大量唯讀檔案需要進行壓實，才會去做這件事；壓實的過程會把許多唯讀檔案其中的物件，逐一附加到幾個比較大的新檔案中。

第 4 步 —— 匯整總結

我們在本章描述了類似 S3 這類物件儲存系統的高階設計。一開始我們針對區塊儲存系統、檔案儲存系統和物件儲存系統之間的差異，進行了一番比較。

本次面試的重點在於物件儲存系統的設計，因此我們針對物件儲存系統如何完成上傳與下載、如何列出儲存桶中的物件，以及物件的版本控制，逐一進行了說明。

然後我們更進一步深入設計的細節。物件儲存系統是由資料儲存系統和詮釋資料儲存系統所組成。我們解釋了資料如何持久化保存到資料儲存系統中，並討論了提高可靠性和耐用性的兩種做法：副本複製和糾刪編碼。我們也針對詮釋資料儲存系統，解釋了分段上傳的執行方式，並說明如何設計資料庫的資料架構，以支援一些典型的使用情境。最後，我們解釋了如何對詮釋資料儲存系統進行分片，以支援更大的資料量。

恭喜你跟我們走到了這裡！現在你可以給自己一點鼓勵。你真是太棒了！

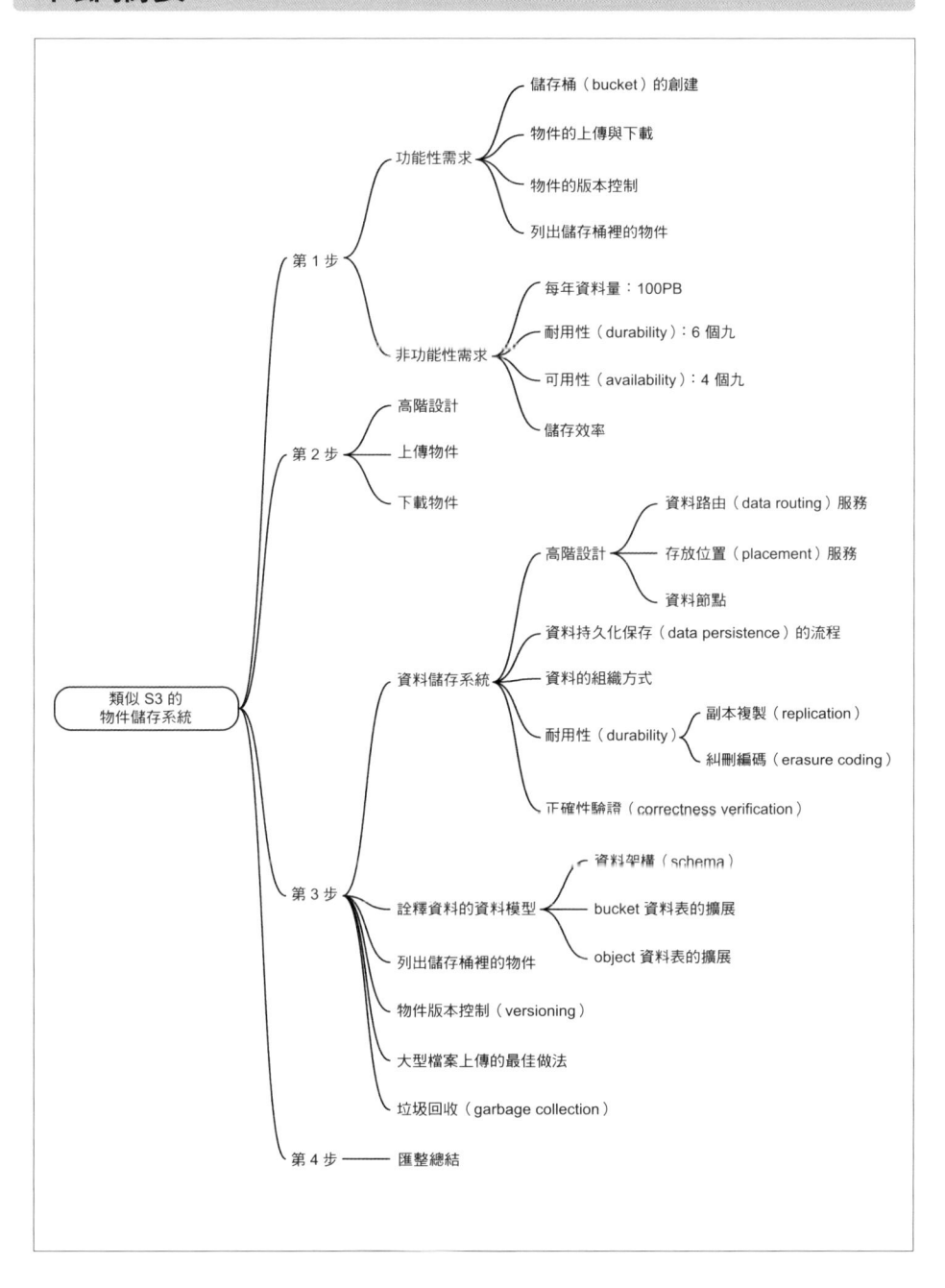

章節摘要

- 類似 S3 的物件儲存系統
  - 第 1 步
    - 功能性需求
      - 儲存桶（bucket）的創建
      - 物件的上傳與下載
      - 物件的版本控制
      - 列出儲存桶裡的物件
    - 非功能性需求
      - 每年資料量：100PB
      - 耐用性（durability）：6 個九
      - 可用性（availability）：4 個九
      - 儲存效率
  - 第 2 步
    - 高階設計
    - 上傳物件
    - 下載物件
  - 第 3 步
    - 資料儲存系統
      - 高階設計
        - 資料路由（data routing）服務
        - 存放位置（placement）服務
        - 資料節點
      - 資料持久化保存（data persistence）的流程
      - 資料的組織方式
      - 耐用性（durability）
        - 副本複製（replication）
        - 糾刪編碼（erasure coding）
      - 正確性驗證（correctness verification）
    - 詮釋資料的資料模型
      - 資料架構（schema）
      - bucket 資料表的擴展
      - object 資料表的擴展
    - 列出儲存桶裡的物件
    - 物件版本控制（versioning）
    - 大型檔案上傳的最佳做法
    - 垃圾回收（garbage collection）
  - 第 4 步 —— 匯整總結

345

第 9 章　類似 S3 的物件儲存系統

參考資料

[1] 光纖通道：https://en.wikipedia.org/wiki/Fibre_Channel

[2] iSCSI：https://en.wikipedia.org/wiki/ISCSI

[3] 伺服器訊息區塊（SMB）：https://en.wikipedia.org/wiki/Server_Message_Block

[4] NFS 網路檔案系統：https://en.wikipedia.org/wiki/Network_File_System

[5] Amazon S3 強一致性：https://aws.amazon.com/s3/consistency/

[6] 串列連接 SCSI（SAS）：https://en.wikipedia.org/wiki/Serial_Attached_SCSI

[7] AWS CLI ls 指令：https://docs.aws.amazon.com/cli/latest/reference/s3/ls.html

[8] Amazon S3 服務等級協議（SLA）：https://aws.amazon.com/s3/sla/

[9] Ambry：LinkedIn 的可擴展地理分散式物件儲存系統：https://assured-cloud-computing.illinois.edu/files/2014/03/Ambry-LinkedIns-Scalable-GeoDistributed-Object-Store.pdf

[10] inode：https://en.wikipedia.org/wiki/Inode

[11] Ceph 的 Rados Gateway：https://docs.ceph.com/en/pacific/radosgw/index.html

[12] grpc：https://grpc.io/

[13] Paxos：https://en.wikipedia.org/wiki/Paxos_(computer_science)

[14] Raft：https://raft.github.io/

[15] 具有一致性的雜湊做法：https://www.toptal.com/big-data/consistent-hashing

[16] RocksDB：https://github.com/facebook/rocksdb

[17] SSTable：https://www.igvita.com/2012/02/06/sstable-and-log-structured-storage-leveldb/

[18] B+ 樹狀結構：https://en.wikipedia.org/wiki/B%2B_tree

[19] SQLite：https://www.sqlite.org/index.html

[20] 資料耐用性相關計算：https://www.backblaze.com/blog/cloud-storage-durability/

[21] 機架：https://en.wikipedia.org/wiki/19-inch_rack

[22] 糾刪編碼：https://en.wikipedia.org/wiki/Erasure_code

[23] Reed–Solomon 錯誤修正：https://en.wikipedia.org/wiki/Reed%E2%80%93Solomon_error_correction

[24] 糾刪編碼揭祕：https://www.youtube.com/watch?v=Q5kVuM7zEUI

[25] 校驗和：https://en.wikipedia.org/wiki/Checksum

[26] MD5：https://en.wikipedia.org/wiki/MD5

[27] Sha1：https://en.wikipedia.org/wiki/SHA-1

[28] Hmac：https://en.wikipedia.org/wiki/HMAC

[29] TIMEUUID：https://docs.datastax.com/en/cql-oss/3.3/cql/cql_reference/timeuuid_functions_r.html

10

即時遊戲排行榜

本章的挑戰，就是設計出一個手機線上遊戲的即時排行榜。

排行榜究竟是什麼呢？排行榜在遊戲和其他領域都很常見，可用來顯示哪些人在特定錦標賽或競賽中處於領先的地位。使用者只要完成任務或挑戰，就可以獲得積分，而積分最多的人，就會被排到排行榜的最前面。圖 10.1 顯示的就是手機遊戲排行榜的一個例子。排行榜會顯示領先的競爭對手排名狀況，也可以顯示出使用者自己在排行榜上的位置。

排名	玩家	積分
★ 1	Aquaboys	976
★ 2	B team	956
★ 3	Berlin's Angels	890
☆ 4	GrendelTeam	878

圖 10.1：漫威冠軍爭奪戰排行榜

第 1 步 —— 瞭解問題並確立設計範圍

排行榜有可能非常簡單，不過也有可能因為許多不同的情況，使它的複雜性隨之增加。身為應試者，你應該先釐清各種需求。

349

第 10 章 即時遊戲排行榜

應試者：排行榜的分數是如何計算的？

面試官：使用者贏了比賽之後，就可以獲得積分。我們可以採用一個簡單的積分系統，其中每個使用者都有一個相應的分數。使用者每贏得一場比賽，我們就應該加 1 分到他們的總分中。

應試者：所有的玩家都會進入排行榜嗎？

面試官：是的。

應試者：這個排行榜的計算，是不是只針對特定的一段期間？

面試官：新的錦標賽每個月都會重新開始，因此排行榜也會重新計算排名。

應試者：我們能否假設，只需要關心排名前 10 的使用者？

面試官：我們除了要展示出排名前 10 的使用者，也要顯示出特定使用者在排行榜中的排名。如果時間允許，我們也可以討論一下如何顯示出特定使用者前後四名的玩家。

應試者：每個月的錦標賽會有多少使用者？

面試官：每日活躍使用者（DAU）平均為 500 萬，每月活躍使用者（MAU）則為 2,500 萬。

應試者：錦標賽期間，平均會進行多少場比賽？

面試官：平均每個玩家每天都會打 10 場比賽。

應試者：如果兩個玩家積分相同，如何決定排名？

面試官：如果是這樣的話，他們就是一樣的排名。如果時間允許，你也可以討論一下如何區分這種同分的情況。

應試者：排行榜需要是即時的嗎？

面試官：是的，我們希望可以呈現即時的結果，或盡可能接近即時的結果。只顯示一堆比賽結果的歷史紀錄，這樣是不行的。

現在我們已經收集到所有的需求，接著就來列出各種功能性需求吧。

- 顯示排行榜上前 10 名的玩家。
- 顯示使用者自己的具體排名。
- 針對特定的使用者，把排名比他高和比他低的四名玩家顯示出來（這是加分題）。

除了要釐清各種功能性需求之外，瞭解一下有哪些非功能性需求也很重要。

非功能性需求

- 分數必須即時更新。
- 分數更新後的結果，要即時反映在排行榜上。
- 要滿足一般的可擴展性、可用性和可靠性需求。

粗略的估算

接著我們來做個粗略的估算，判斷一下所要解決的問題可能的規模大小與挑戰。在建構設計時，我們可能需要考慮每秒會有多少次查詢，以及儲存空間大小的需求。

因為我們有 500 萬個每日活躍使用者，如果遊戲玩家在 24 小時內分佈的情況很均勻，平均每秒就有 50 個使用者（5 百萬個每日活躍使用者 / 10^5 秒 = ~ 50）。不過，我們知道使用者玩遊戲的時間，可能會呈現出很不均勻的分佈，比如晚間很有可能會出現尖峰，因為此時身處不同時區的許多人，都比較有時間來玩遊戲。由於考慮到這一點，因此我們可以假設，峰值負載是平均值的 5 倍。所以，我們希望可以承受每秒 250 個使用者的峰值負載。

使用者更新分數的 QPS：如果使用者平均每天玩 10 場遊戲，使用者更新分數的 QPS 就是：50×10 = ~ 500。QPS 的峰值是平均值的 5 倍：500×5 = 2,500。

第 10 章　即時遊戲排行榜

取得排行榜前 10 名的 QPS：假設使用者每天都會啟動一次遊戲，而且使用者只有在第一次啟動遊戲時，才會去載入排行榜前 10 名的排名。因此，QPS 大概就是 50。

第 2 步 —— 提出高階設計並獲得認可

本節會討論 API 設計、高階架構以及資料模型的兩種可能解決方案：關聯式資料庫，以及 Redis 的解決方案。

API 設計

從比較高的層面來看，我們需要以下三個 API：

POST /v1/scores

如果使用者在遊戲中獲勝，就可以用這個 API 來更新使用者在排行榜的排名位置。下面列出了這個請求的一些參數。這應該是個內部 API，只有遊戲伺服器能進行調用。客戶端應該無法直接去更新排行榜的分數。

表 10.1

欄位	說明
user_id	在遊戲中獲勝的使用者。
points	使用者在遊戲中獲勝所獲得的分數。

回應：

表 10.2

名稱	說明
200 OK	已成功更新使用者的分數。
400 Bad Request	無法更新使用者的分數。

GET /v1/scores

從排行榜中取出排名前 10 的玩家。

回應範例：

```
{
  "data": [
  {
    "user_id": "user_id1",
    "user_name": "alice",
    "rank": 1,
    "score": 976
  },
  {
    "user_id": "user_id2",
    "user_name": "bob",
    "rank": 2,
    "score": 965
  }
  ]
  ...
  "total" : 10
}
```

GET /v1/scores/{:user_id}

取得特定使用者的排名。

表 10.3

欄位	說明
user_id	我們想要取得其排名的使用者 ID。

回應範例：

```
{
 "user_info": {
 "user_id": "user5",
 "score": 1000,
 "rank": 6,
 }
}
```

高階架構

高階設計圖如圖 10.2 所示。這個設計包含了兩個服務。遊戲服務可以讓使用者玩遊戲，排行榜服務則負責排行榜的建立與顯示。

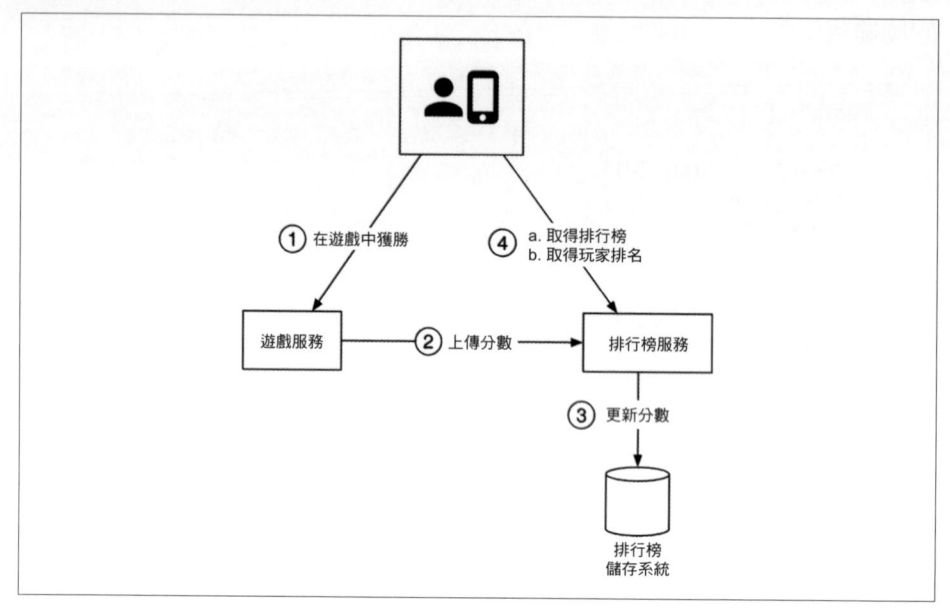

圖 10.2：高階設計

1. 如果玩家在遊戲中獲勝，客戶端就會向遊戲服務發送請求。

2. 遊戲服務可用來確保獲勝是有效的，然後它就會去調用排行榜服務來更新分數。

3. 排行榜服務會去更新使用者在排行榜儲存系統裡的分數。

4. 玩家可直接調用排行榜服務，以取得排行榜資料，其中包括：

    (a) 排行榜前 10 名。

    (b) 玩家自己在排行榜上的排名。

在決定採用這個設計之前，我們曾考慮過其他的一些方案，不過到最後還是決定放棄掉那些方案。如果可以仔細思考一下整個過程，並針對不同的做法進行一番比較，應該還是蠻有幫助的。

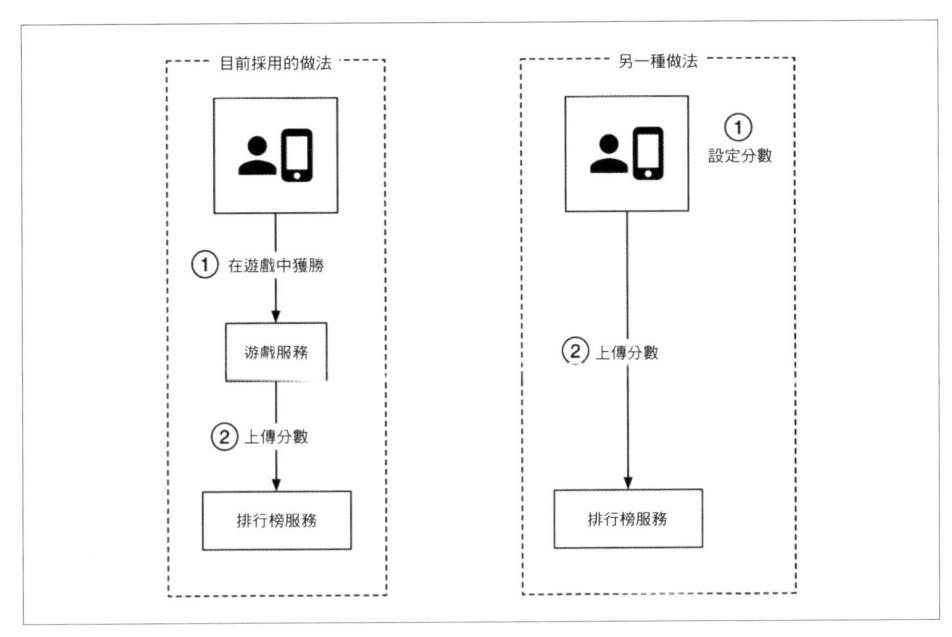

客戶端應該與排行榜服務直接進行對話嗎？

圖 10.3：排行榜的分數應該由誰來設定

在另一種做法中，分數是由客戶端來進行設定的。這個做法並不安全，因為這樣很容易受到中間人攻擊（man-in-the-middle attack）[1]，只要在中間放個代理程式，就可以隨意修改分數了。因此，我們必須把設定分數的功能放在伺服器端。

請注意，像線上撲克這類由伺服器掌控的遊戲，客戶端或許並不需要靠自己去調用遊戲伺服器來設定分數。遊戲伺服器本身就可以處理所有的遊戲邏輯，它很清楚遊戲何時結束，而且可以在沒有任何客戶端介入的情況下，進行分數的設定。

遊戲服務和排行榜服務之間需要放一個訊息佇列嗎？

這個問題的答案，很大程度取決於遊戲分數的使用方式。如果資料也會被其他地方使用，或是支援很多其他的功能，那麼先把資料放入 Kafka 或許就是有意義的，如圖 10.4 所示。因為這樣一來，相同的資料就可以被很

多個消費者（例如排行榜服務、分析服務、推播通知服務之類的）進行消費。如果遊戲是回合制，或者是多玩家遊戲，情況尤其如此，因為我們可能需要通知其他玩家，告訴他們最新的分數。但由於這並不是面試官的明確要求，因此在我們的設計中，並沒有使用訊息佇列。

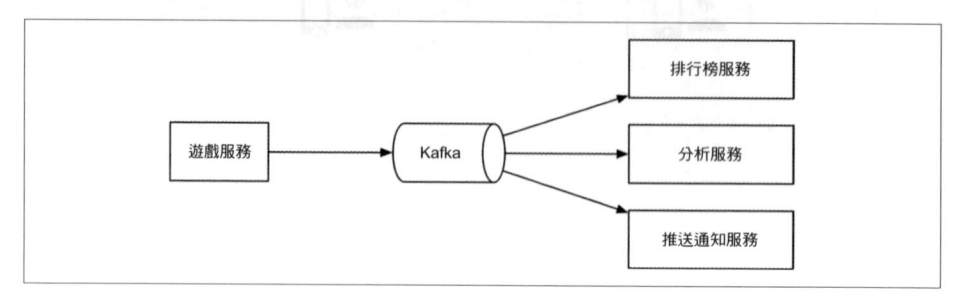

圖 10.4：很多服務都會用到遊戲分數的情況

資料模型

排行榜儲存系統是整個系統其中一個很關鍵的組件。我們會討論三種可能的儲存系統解決方案：關聯式資料庫、Redis 和 NoSQL（NoSQL 這個解決方案會在「第 3 步 —— 深入設計」一節中進行說明）。

關聯式資料庫（RDS）解決方案

一開始我們先後退一步，從最簡單的解決方案開始談起。如果規模並不大，你的使用者其實並不多，應該怎麼做比較好呢？

你的排行榜或許可以選用關聯式資料庫系統（RDS）這種簡單的解決方案。每個月的月排行榜，可以用一個包含使用者 ID 和分數欄位的資料表來表示。如果使用者贏了一場比賽，就可以給這個使用者的分數加 1 分。如果想判斷使用者在排行榜上的排名，只要根據資料表裡的分數進行遞減排序即可。以下就是詳細的做法。

資料庫裡的排行榜資料表如下：

>> 第 2 步 — 提出高階設計並獲得認可

leaderboard	
user_id	varchar
score	int

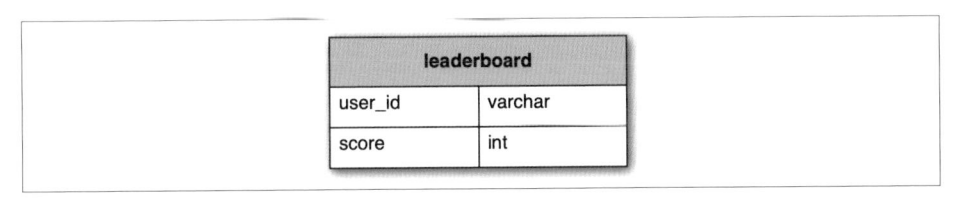

圖 10.5：排行榜資料表

實際上，排行榜資料表裡可能還有一些其他的欄位，例如 game_id、時間戳等等。不過，排行榜的查詢與更新，在邏輯上都是一樣的。為簡單起見，我們假設排行榜資料表只會保存當月的排行榜資料。

使用者贏得一分：

圖 10.6：使用者贏得一分

假設每次分數的更新都是增加 1 分。如果使用者在該月的排行榜還沒有任何的紀錄，第一次就是要新增紀錄：

```
INSERT INTO leaderboard (user_id , score) VALUES ('mary1934 ', 1);
```

之後如果要更新使用者的分數，則是：

```
UPDATE leaderboard set score=score + 1 where user_id='mary1934 ';
```

找出使用者在排行榜裡的排名位置：

圖 10.7：找出使用者在排行榜裡的排名位置

如果想取得使用者的排名，你可以先根據分數（score）對排行榜資料表進行排序，然後再取其排名（rank）：

```
SELECT (@rownum := @rownum + 1) AS rank , user_id , score
FROM leaderboard
ORDER BY score DESC;
```

SQL 查詢的結果如下：

表 10.4：依分數排序的結果

rank（排名）	user_id	score（分數）
1	happy_tomato	987
2	mallow	902
3	smith	870
4	mary1934	850

資料量比較小的時候，這個解決方案是可行的，但如果有好幾百萬行的資料，查詢就會變得非常緩慢。我們就來看看為什麼吧。

為了判斷使用者的排名，我們必須先對排行榜裡的所有玩家進行排序，把每個玩家全都排到正確的排名位置，這樣才能準確判斷出正確的排名。而且別忘了，其中有些人可能會有相同的分數，因此排名的數字並不只是看使用者排在列表中的哪個位置而已。

如果必須處理大量不斷變化的資訊，SQL 資料庫的效能就不會太好。光是要針對好幾百萬行紀錄進行排名操作，可能就要好幾十秒，這對於即時性需求來說是無法接受的。而且因為資料會持續不斷在變化，因此採用快取也不是可行的做法。

關聯式資料庫的設計，並不適合用來處理這種高負載的讀取查詢。如果可以用批量處理的方式來操作，RDS 關聯式資料庫當然可以勝任愉快，但如果要即時送回使用者在排行榜上的排名位置，這種需求靠 RDS 就很難實現了。

我們可以採取的其中一種優化做法，就是在資料表中添加索引，然後利用 LIMIT 語句來限制所要掃描的頁數。查詢語句大概就像下面這樣：

```
SELECT (@rownum := @rownum + 1) AS rank , user_id , score
FROM leaderboard
ORDER BY score DESC
LIMIT 10
```

不過，這樣的做法很難進行擴展。首先，這樣的做法很沒效率，因為本質上來說，這個做法還是要掃描整個資料表，才能夠判斷使用者的排名。其次，如果使用者並不是排行榜的前幾名，這個做法並沒有直接的方式可以判斷使用者相應的排名。

Redis 解決方案

我們希望能找出一種解法，就算有好幾百萬個使用者，也能提供可接受的效能表現，而且可以讓我們輕鬆進行排行榜常見的一些操作，而不必進行複雜的資料庫查詢。

Redis 也許可以為我們的問題提供一個解決方案。Redis 是一個支援鍵值對的記憶體資料儲存系統。由於它是在記憶體內運作，因此可以快速進行讀寫操作。Redis 有一種稱為**已排序集合（sorted set）**的特定資料型別，非常適合用來解決排行榜系統設計的問題。

什麼是已排序集合？

已排序集合是一種與集合（set）很類似的資料型別。已排序集合其中的每個成員，都有一個相應的分數。只要是集合裡的成員，一定都是獨一無二絕不重複，但分數則是可以重複的。這個分數的用途，就是用來對已排序集合進行排名（依照分數遞增的順序）。

我們這個排行榜的使用情境，正好與已排序集合完美對應。從內部來看，在實作已排序集合時，會用到兩種資料結構：雜湊表（hash table）和跳過列表（skip list）[2]。雜湊表可用來把使用者對應到分數，跳過列表則可用來把分數對應到使用者。在已排序集合中，使用者都是按照分數來排序。如果想理解已排序集合，其中一個不錯的方式，就是把它想像成一個具有 score（分數）和 member（成員）兩個欄位的資料表，如圖 10.8 所示。這個資料表會按照分數高低遞減的順序排列。

score	member
99	user10
97	user20
94	user105
92	user45
90	user7
86	user101
83	user9
82	user302
79	user200
72	user309

leaderboard_feb_2021

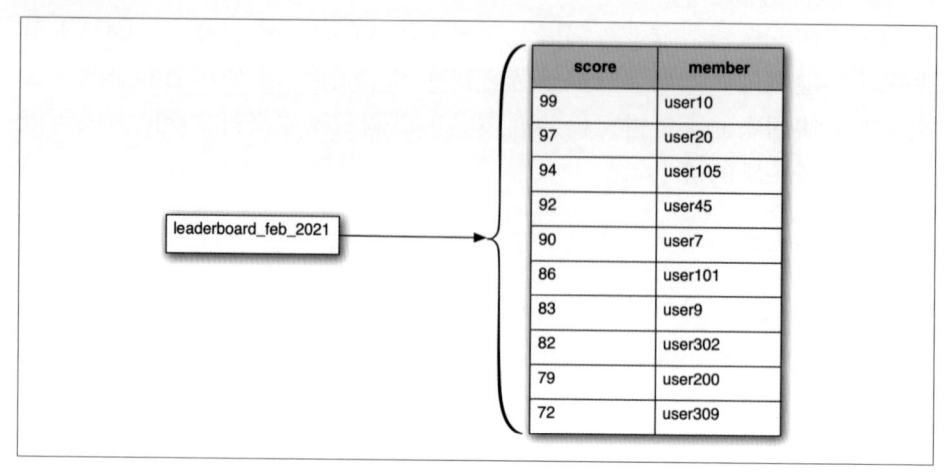

圖 10.8：用已排序集合來表示二月排行榜

本章並不會詳細討論已排序集合的實作相關細節，不過我們會從比較高的角度，檢視一下其中的構想。

跳過列表是一種列表結構，可以讓我們進行快速搜尋。它是由一個很基本的已排序鏈結列表（sorted linked list），以及多層的索引所組成。我們來看個例子。在圖 10.9 中，基礎列表（base list）就是一個已排序的單向鏈結列表。這個列表的插入、刪除和搜尋操作，時間複雜度都是 $O(n)$。

我們如何才能讓這些操作更快？其中一種想法，就是希望能快速來到中間的位置，就像二分搜尋演算法一樣。為了達到此目的，我們會添加一個 1 級索引，以間隔方式跳過其中某些節點，然後再添加一個 2 級索引，同樣以間隔方式跳過 1 級索引其中的某些節點。只要重複這個邏輯，最後就可以得出一個 x 級索引，大概一次就可以跳到中間的位置。你在圖 10.9 就可以看到，如果我們有很多級的索引，要搜尋出數字 45 的速度就會快很多。

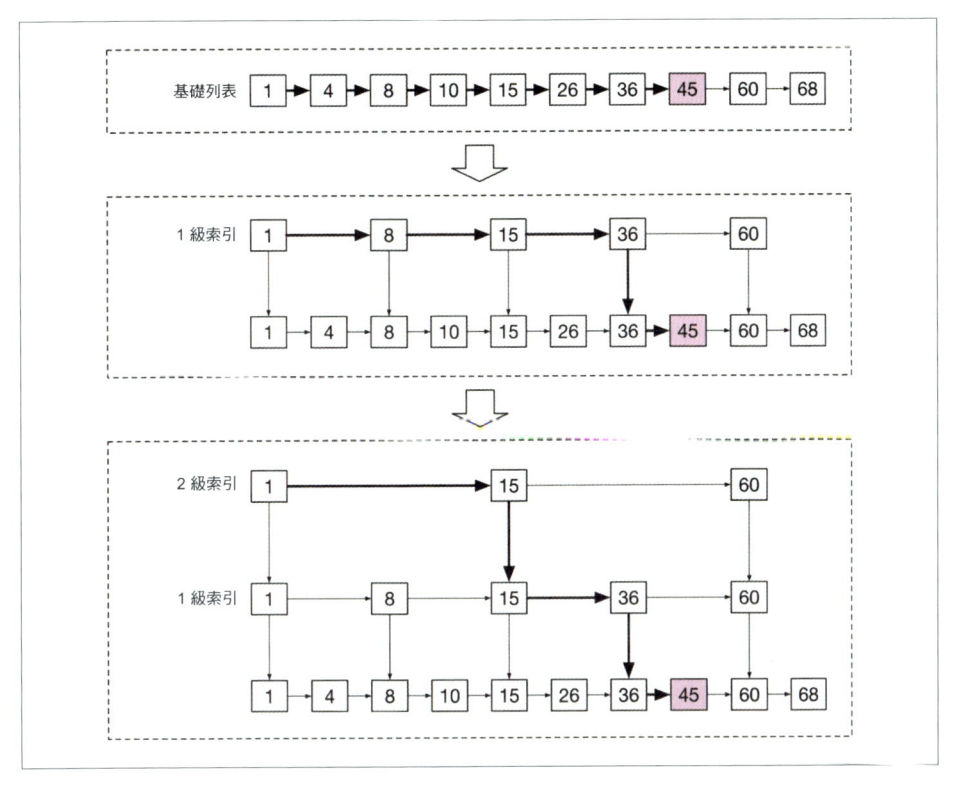

圖 10.9：跳過列表

資料量比較小的情況下，使用跳過列表的速度提升並不明顯。圖 10.10 顯示的是一個具有 5 級索引的跳過列表範例。在原本的鏈結列表中，需要逐一檢查過 62 個節點，才能找到正確的那個節點。如果利用跳過列表，只需要檢查 11 個節點就行了 [3]。

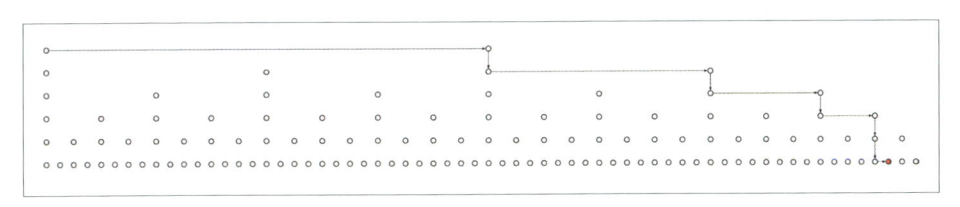

圖 10.10：具有 5 級索引的跳過列表

已排序集合的效能表現，比關聯式資料庫好得多，因為每次新增或更新元素之後，元素都會自動按照順序被放到正確的位置，而且如果要在已排序集合裡添加元素或進行搜尋，這些操作的時間複雜性都是對數的：$O(log(n))$。

相對來說，如果是關聯式資料庫，要計算出特定使用者的排名，就要執行層層嵌套的巢狀查詢：

```
SELECT *,( SELECT COUNT (*) FROM leaderboard lb2
WHERE lb2.score >= lb1.score) RANK
FROM leaderboard lb1
WHERE lb1.user_id = {: user_id };
```

用 Redis 的已排序集合來進行實作

現在我們已經知道，已排序集合的速度很快，接著就來看看，建立排行榜時會用到的一些 Redis 操作 [4] [5] [6] [7]：

- ZADD：如果使用者還不存在，就把使用者新增到集合中。否則的話，就直接更新使用者的分數。執行的時間數量級為 $O(log(n))$。

- ZINCRBY：根據所設定的增量值，增加使用者的分數。如果集合裡還不存在這個使用者，分數就從 0 開始算起。執行的時間數量級為 $O(log(n))$。

- ZRANGE/ZREVRANGE：按照分數排序，取出某範圍內的所有使用者。你可以選擇排列的順序（朝著遞增方向取一段範圍 range，或是反過來朝著遞減方向取一段範圍 revrange）、項目的數量，以及起始的位置。執行這個操作的時間數量級為 $O(log(n)) + m$，其中 m 就是所要取得的項目數量（以我們的例子來說，這個值通常很小），n 則是已排序集合裡的項目總數量。

- ZRANK/ZREVRANK：取得使用者的排名位置（可選擇按照升序 / 降序排列）；這個操作也是對數的時間數量級。

採用已排序集合之後的工作流程

1. 使用者得到了一分

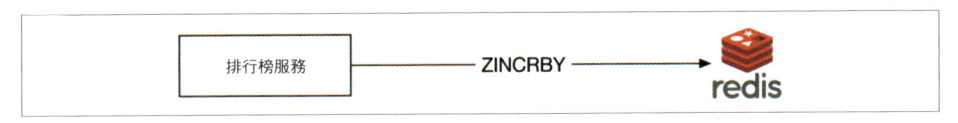

圖 10.11:使用者得到了一分

每個月我們都會建立一個新的排行榜已排序集合,然後再把之前的已排序集合移到歷史資料儲存系統中。使用者每次贏一場就會得到 1 分;這時我們就會調用 ZINCRBY,把使用者當月的排行榜分數加 1;如果是還沒記錄過的新使用者,就會把使用者加入到排行榜的已排序集合中(分數會從 0 開始起算)。ZINCRBY 的語法如下:

```
ZINCRBY <key> <increment> <user>
```

下面就是 mary1934 這個使用者在遊戲中獲勝之後,為他加上一分的指令。

```
ZINCRBY leaderboard_feb_2021 1 'mary1934'
```

2. 使用者要取得全球排行榜前 10 名的列表

圖 10.12:取得全球排行榜前 10 名的列表

因為我們想找的是分數最高的前幾名玩家,所以我們會調用 ZREVRANGE,以分數遞減的方式取得成員列表;而且,我們還會透過「WITHSCORES」這個屬性,讓送回來的最高分使用者列表,同時包含每個使用者的總分數。下面的指令就可以取得 2021 年二月排行榜前 10 名的玩家。

```
ZREVRANGE leaderboard_feb_2021 0 9 WITHSCORES
```

它會送回來一個列表如下：

[(user2 ,score2) ,(user1 ,score1) ,(user5 ,score5)...]

3. 使用者想要取得自己在排行榜裡的排名位置

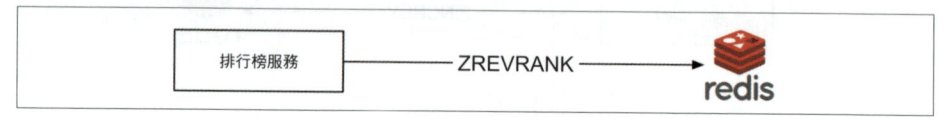

圖 10.13：取得使用者在排行榜裡的排名位置

如果要取得使用者在排行榜裡的排名位置，我們就可以調用 ZREVRANK 來檢索出使用者在排行榜裡的排名。同樣的，我們調用的是指令的 rev 反向版本（也就是朝著遞減方向），因為我們希望分數是按照由高而低的順序進行排名。

ZREVRANK leaderboard_feb_2021 'mary1934'

4. 取得排行榜中排在使用者前後相對位置的其它使用者。圖 10.14 顯示的就是一個例子。

排名	玩家	積分
357	Aquaboys	876
358	B team	845
359	Berlin's Angels	832
360	GrendelTeam	799
361	Mallow007	785
362	Woo78	743
363	milan~114	732
364	G3^^^^2	726
365	Mailso_91_	712

圖 10.14：取得某玩家前後的 4 個玩家

>> 第 2 步 — 提出高階設計並獲得認可

雖然這個需求並沒有辦法用很直接的方式來處理，不過我們還是可以利用 ZREVRANGE，根據我們想在玩家前後取幾個結果，計算出相應的前後排名值，這樣就可以輕鬆取得使用者前後相對位置的其他使用者列表了。舉例來說，假設使用者 Mallow007 的排名是 361，而我們想取得排在他前後的 4 個玩家，那我們就可以執行以下的指令：

```
ZREVRANGE leaderboard_feb_2021 357 365
```

儲存空間的需求

我們至少要把使用者 ID 和分數保存起來。最極端的情況就是，全部 2,500 萬個每月活躍使用者，每個人至少都贏了一場比賽，因此每個人在當月排行榜裡都擁有一份排名紀錄。假設 id 是 24 個字元所組成的一個字串，而分數則是 16 位元（或 2 個 Byte）的一個整數，那麼每個排行榜裡的紀錄，都需要佔用 26 個 Byte 的儲存空間。考慮到這種最極端的情況，每一個每月活躍使用者都需要在排行榜裡保存一筆紀錄，這樣就需要準備 26 Byte×2,500 萬＝ 650 MB 的 Redis 記憶體快取空間，來存放排行榜的資料。另外，我們還要考慮已排序集合的跳過列表和雜湊表，這些資料也需要佔用一些空間。不過就算如此，我們也只需要把記憶體的使用量再加倍就足夠了。如此看來，只需要一台現代的 Redis 伺服器，就足以容納所有的資料了。

另一個需要考慮的因素，則是 CPU 和 I/O 的使用情況。在我們粗略的估算下，QPS 的峰值為每秒 2,500 次更新。這樣的需求完全不會超出單一 Redis 伺服器的效能範圍。

Redis 快取其中的一個問題，就是它並不屬於持久化保存的做法，而 Redis 節點終究還是有可能會出問題。幸運的是，Redis 其實也可以進行持久化保存，但如果要從磁碟重新啟動大型 Redis 實例，速度是非常慢的。Redis 通常都會配置一個唯讀副本，如果主要實例出了問題，唯讀副本就會被提升為新的主要實例，而且還會另外再追加一個新的唯讀副本。

此外，我們還是要利用 MySQL 這種能夠進行持久化保存的關聯式資料庫，保存 2 個資料表（使用者和分數）以作為支援之用。使用者資料表

保存的是使用者 ID 和使用者名稱（在實際的應用程式中，還會保存更多的資料）。分數資料表則會保存使用者 ID、分數、以及遊戲中獲勝的時間戳。這些資料可用於遊戲中的其他功能（例如遊戲歷史紀錄），也可以在系統出問題時，用來重新建立 Redis 排行榜。

這裡提供一個小小的效能優化做法──特別針對使用者詳細資訊建立額外的快取，或許是有意義的；我們或許可以只針對前 10 名玩家進行快取，因為他們通常是最常被檢索的對象。不過，這並不算是非常大量的資料，因此這樣的快取做法或許只會有一點點優化的效果。

第 3 步 ── 深入設計

現在我們已經討論過高階設計，接著再來深入探討以下幾個主題：

- 要不要使用雲端服務
    - 自行管理我們自己的服務
    - 善用 AWS 之類的雲端服務
- Redis 的擴展
- 另一種替代解決方案：NoSQL
- 其他考慮因素

要不要使用雲端服務

如果要把解決方案部署到基礎設施中，通常有兩種部署方案可供選擇。我們就來逐一看看吧。

自行管理我們自己的服務

在這樣的做法下，我們每個月都會建立一個排行榜已排序集合，來保存這段期間的排行榜資料。這個已排序集合，保存的是成員和分數的資訊。使用者其它的詳細資訊（例如姓名和個人資料圖片）則會保存在 MySQL 資料庫。在取得排行榜時，除了排行榜資料之外，API 伺服器也會去查詢 MySQL 資料庫，取得相應使用者的姓名和個人資料圖片，以顯示在排行

榜上。如果長遠來看這樣會讓效率變得太差，我們也可以善用快取的做法，把前 10 名玩家的使用者詳細資訊全都保留在快取中。這樣的設計如圖 10.15 所示。

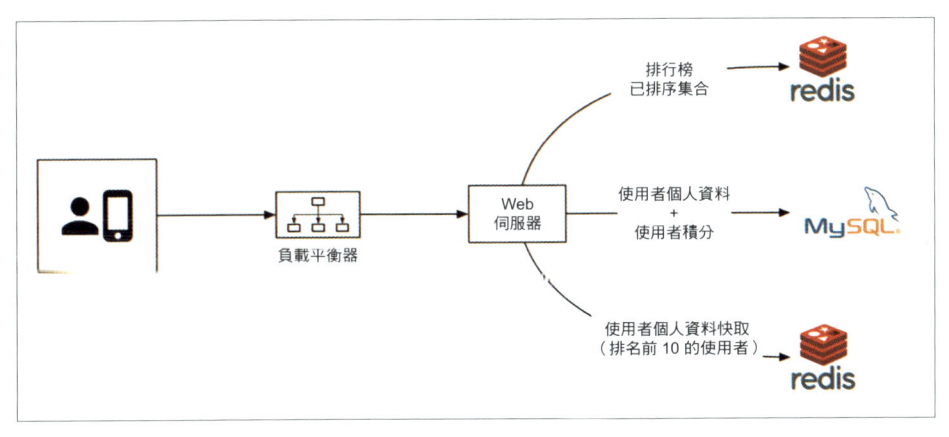

圖 10.15：自行管理我們自己的服務

在雲端建構服務

第二種做法則是善用雲端的基礎設施。本節假設我們的基礎設施，全都是建構在 AWS 上，而在雲端建立排行榜，其實是很自然的事。在這個設計中，我們會使用到兩種主要的 AWS 技術：Amazon API 閘道器（Gateway）和 AWS Lambda 函式 [8]。Amazon API 閘道器提供了一種方式，讓我們可以定義一些 RESTful API 的 HTTP 端點，以連接到一些後端的服務。我們會用它來連接到我們的 AWS lambda 函式。Restful API 和 lambda 函式之間的對應關係，如表 10.5 所示。

表 10.5：Lambda 函式

API	lambda 函式
GET /v1/scores	LeaderboardFetchTop10
GET /v1/scores/{:user_id}	LeaderboardFetchPlayerRank
POST /v1/scores	LeaderboardUpdateScore

AWS Lambda 是最受歡迎的無伺服器運算平台之一。它可以讓你運行程式碼，而不需要自行配置或管理伺服器。它可以只在需要時才運行，而且可

第 10 章　即時遊戲排行榜

以根據流量自動進行擴展。無伺服器（Serverless）這種做法可說是雲端服務領域最熱門的話題之一，各大雲端服務供應商都有支援這樣的服務。舉例來說，Google Cloud 有 Google Cloud Functions [9]，而 Microsoft 則把他們的產品命名為 Microsoft Azure Functions [10]。

從比較高的層面來看，我們的遊戲會去調用 Amazon API 閘道器，然後它再去調用適當的 lambda 函式。我們會使用 AWS Lambda 函式，在儲存層（Redis 和 MySQL）調用適當的指令，然後把結果送回 API 閘道器，再送回去給應用程式。

我們可以利用 Lambda 函式來執行所需要的查詢，而無需啟動伺服器實例。只要是能從 Lambda 函式調用的 Redis 客戶端，AWS 都有提供支援。這樣一來，我們就可以根據每日活躍使用者增長的情況，自動進行規模擴展。使用者更新分數和檢索排行榜的設計圖如下：

使用情境 1：得到了一分

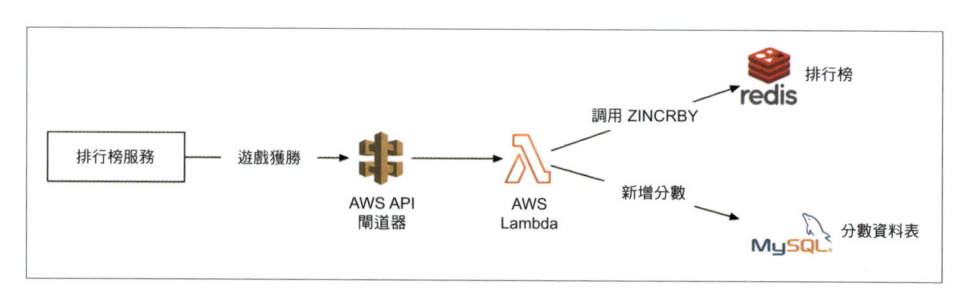

圖 10.16：得到了一分

使用情境 2：檢索排行榜

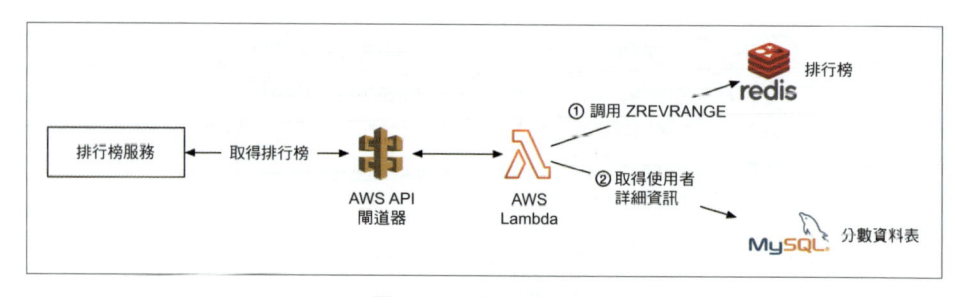

圖 10.17：檢索排行榜

368

Lambda 是很棒的東西，因為它是一種無伺服器的做法，這樣的基礎設施可以根據實際的需要，自動針對函式進行擴展。這也就表示，我們並不需要去管理擴展的問題，也不需要去進行環境設定與維護。有鑑於此，如果要從頭開始建立遊戲，我們很推薦採用無伺服器的做法。

Redis 的擴展

由於每日活躍使用者只有 500 萬左右，因此不管從儲存空間或 QPS 的角度來看，都不太需要用到 Redis 快取的做法。不過，假設我們有 5 億個每日活躍使用者，這是我們原本的 100 倍。這樣一來，排行榜的大小最極端情況下就會達到 65 GB（650 MB×100），而我們的 QPS 也會達到每秒 250,000 次（2,500×100）的查詢。這樣就需要用到分片的做法了。

資料分片

我們可以考慮採用以下兩種方式來進行分片：固定分區或雜湊分區。

固定分區

如果想瞭解固定分區（fixed partition）的做法，可以先看一下排行榜裡整體的分數範圍。假設一個月內所獲得的分數範圍都會落在 1 到 1000 之間，我們就可以把資料按照不同的範圍進行切分。舉例來說，我們可以分成 10 個分片，每個分片的分數範圍為 100 分（例如 1-100、101-200、201-300 等等），如圖 10.18 所示。

圖 10.18：固定分區的做法

如果想讓這個機制能夠順利運作，我們就要讓排行榜裡的分數盡可能均勻分佈。要不然的話，也可以調整每個分片的分數範圍，讓分佈相對均勻一點。如果採用這樣的做法，我們就必須在程式碼裡自行設定資料分片的範圍。

如果要新增或更新使用者的分數，就必須知道使用者的分數放在哪一個分片中。我們只要根據 MySQL 資料庫，計算出使用者當前的分數，這樣就可以進行判斷了。這是個可行的做法，不過另一種效能更高的做法，則是建立一個次級快取，把使用者 ID 與分數的對應關係保存起來。如果使用者的分數增加之後，必須移到不同的分片，這時候就需要特別謹慎處理。在這樣的情況下，我們就要記得把使用者從目前的分片裡移除掉，然後再更新次級快取裡的資料。

如果要取得排行榜前 10 名的玩家，我們可以從分數最高的分片（已排序集合）裡取出前 10 名玩家。在圖 10.18 中，分數為 [901, 1000] 的最後一個分片裡，應該就包含了排名前 10 的玩家。

如果要取得使用者的排名，我們就要先計算出他在所在分片內的排名（局部排名），另外還有其它分數更高的所有分片，則要計算出每個分片裡玩家的總數量。請注意，執行「info keyspace」這個指令只需要 $O(1)$ [11] 的時間數量級，就可以檢索出分片裡的玩家總數量了。

雜湊分區

第二種做法則是採用 Redis 集群的做法。如果有很多人的分數非常集中，形成了明顯的集群，就可以使用 Redis 集群的做法。Redis 集群提供了一種可跨越多個 Redis 節點自動進行資料分片的方法。它使用的並不是具有一致性的雜湊做法，而是採用另一種不同形式的分片做法 —— 它的每個鍵都是從一個**雜湊槽（hash slot）**裡取出來的。總共有 16384 個雜湊槽 [12]，然後只要計算一下 CRC16(key) %16384 [13]，就能計算出 key 鍵相應的雜湊槽。這樣一來，我們就可以輕鬆新增或刪除掉集群裡的節點，而不必重新分配所有的 key 鍵。在圖 10.19 中，我們有 3 個節點，其中：

- 第一個節點包含的是 [0, 5500] 這些雜湊槽。
- 第二個節點包含的是 [5501, 11000] 這些雜湊槽。
- 第三個節點包含的是 [11001, 16383] 這些雜湊槽。

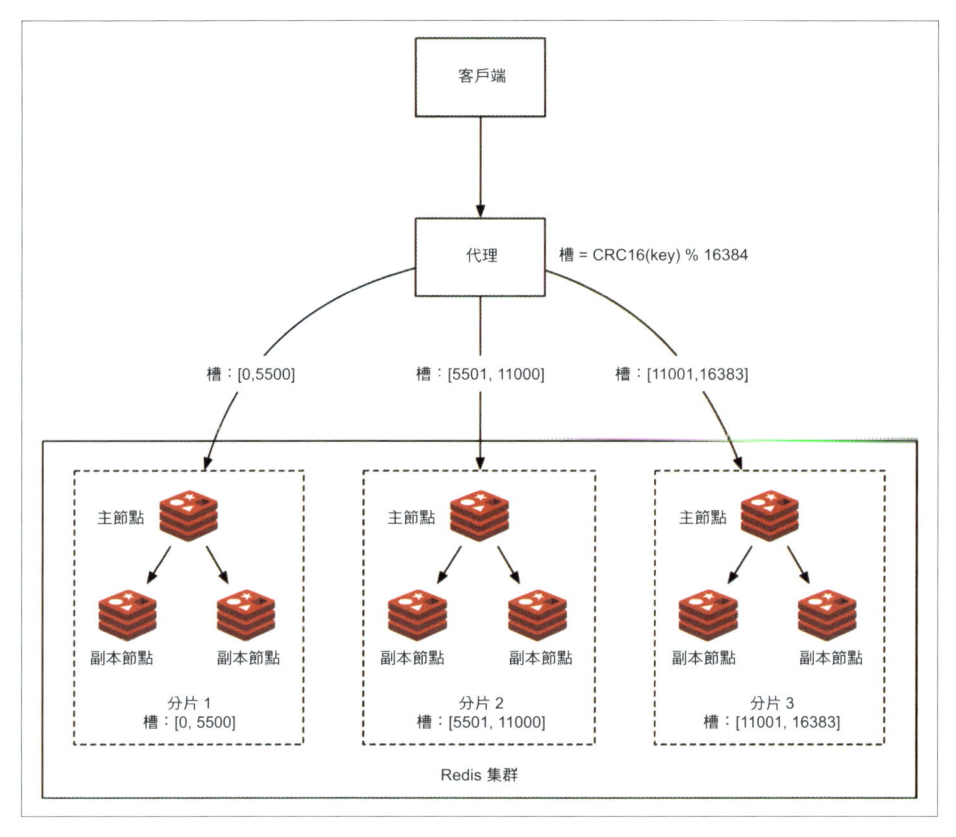

圖 10.19：雜湊分區的做法

進行更新時，只需要改變使用者相應分片（用 CRC16(key) %16384 來計算）其中的分數。如果要檢索出排行榜前 10 名玩家，就比較複雜了。我們需要收集每個分片其中排名前 10 的玩家，然後再讓應用程式針對這些資料進行排序。具體的例子如圖 10.20 所示。我們可以用平行化的方式來執行這些查詢，以減少延遲的情況。

第 10 章　即時遊戲排行榜

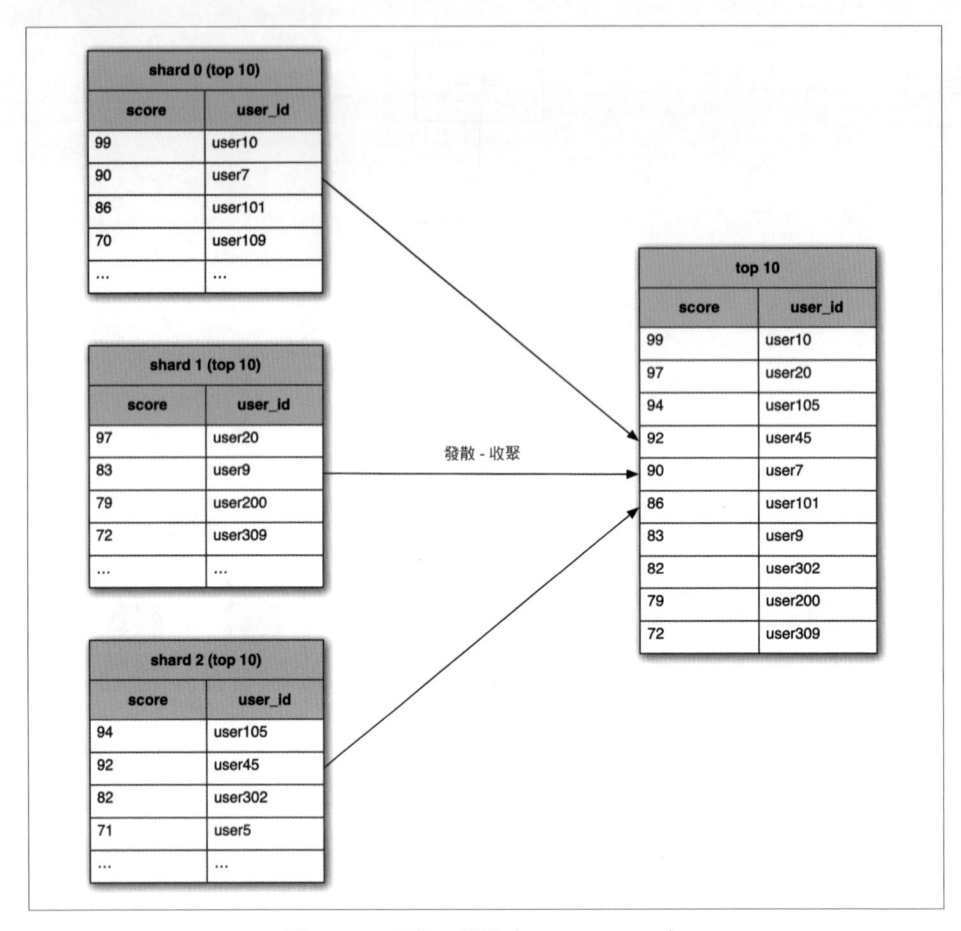

shard 0 (top 10)	
score	user_id
99	user10
90	user7
86	user101
70	user109
...	...

shard 1 (top 10)	
score	user_id
97	user20
83	user9
79	user200
72	user309
...	...

shard 2 (top 10)	
score	user_id
94	user105
92	user45
82	user302
71	user5
...	...

發散 - 收聚

top 10	
score	user_id
99	user10
97	user20
94	user105
92	user45
90	user7
86	user101
83	user9
82	user302
79	user200
72	user309

圖 10.20：發散 - 收聚（scatter-gather）

這樣的做法有一些限制：

- 當我們需要送回排行榜前 k 個結果時，如果 k 是個非常大的數字，就會有很嚴重的延遲，因為每個分片都會送回大量的項目，而且還需要再進行排序。

- 如果有很多的分區，延遲也會很嚴重，因為查詢必須等待速度最慢的那個分區完成才行。

- 這種做法的另一個問題，就是它並沒有提供直接的做法，可用來判斷出特定使用者的排名。

因此,我們比較傾向於採用第一個提議:固定分區的做法。

調整一下 Redis 節點的硬體設定

在調整 Redis 節點的硬體設定時,有很多因素需要考慮 [14]。寫入量很大的應用程式,往往需要更多的可用記憶體,因為我們必須有能力容納所有的寫入;如果還要建立快照來避免故障的情況,記憶體的需求就更大了。為了安全起見,針對寫入量很大的應用程式,至少要配置兩倍的記憶體量。

Redis 提供了一個名為 Redis-benchmark 的工具,可以讓你模擬多個客戶端同時執行多個查詢,然後再觀察每秒送回來的請求數量,這樣就能對 Redis 的硬體設定進行一些效能上的基準測試。如果想瞭解更多關於 Redis 基準測試的資訊,請參見 [15]。

另一種替代解決方案:NoSQL

另一種可以考慮的解決方案,就是 NoSQL 資料庫。如果你並不是非常熟悉 Redis,在面試時談一下 NoSQL 或許也是個不錯的選擇。我們應該使用哪一種 NoSQL 呢?理想情況下,我們會選擇具有以下特性的 NoSQL:

- 針對寫入進行過優化。
- 可針對同一個分區裡的項目,用分數來進行很有效率的排序。

Amazon 的 DynamoDB [16]、Cassandra 或 MongoDB 之類的 NoSQL 資料庫,可能都是不錯的選擇。本章會以 DynamoDB 為例。DynamoDB 是一個具有完整管理功能的 NoSQL 資料庫,可提供可靠的效能表現和出色的可擴展性。如果想要透過主鍵以外的屬性,很有效率地存取資料,我們可以善用 DynamoDB 的全域次級索引(global secondary indexes)[17]。全域次級索引會從父資料表裡挑選出一些屬性,然後用一個不同的主鍵來進行整理。我們就來看個例子吧。

修改過的系統如圖 10.21 所示。Redis 和 MySQL 已經被 DynamoDB 取代了。

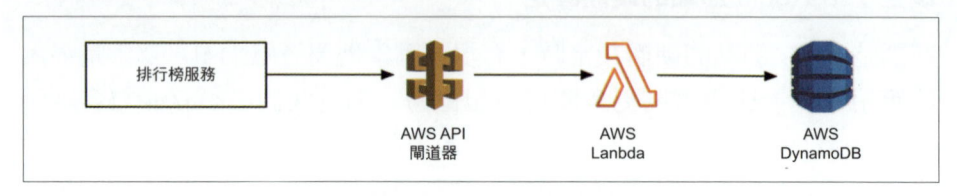

```
排行榜服務  →  AWS API      →  AWS      →  AWS
              閘道器            Lanbda       DynamoDB
```

圖 10.21：DynamoDB 解決方案

假設我們設計了一個西洋棋遊戲的排行榜，我們的初始資料表如圖 10.22 所示。這是用去正規化的方式，把排行榜資料表和使用者資料表整合之後所得出的一個資料表，其中包含了所有可用來呈現排行榜的相關資料。

主鍵		屬性		
user_id	score	email	profile_pic	leaderboard_name
lovelove	309	love@test.com	https://cdn.example/3.png	chess#2020-02
i_love_tofu	209	test@test.com	https://cdn.example/p.png	chess#2020-02
golden_gate	103	gold@test.com	https://cdn.example/2.png	chess#2020-03
pizza_or_bread	203	piz@test.com	https://cdn.example/31.png	chess#2021-05
ocean	10	oce@test.com	https://cdn.example/32.png	chess#2020-02
…	…	…	…	…

圖 10.22：排行榜資料庫與使用者資料表，用去正規化方式整合後的一個資料表

這個資料表的資料結構是可以用的，不過擴展性並不好。資料一定會越來越多，我們一定要掃描整個資料表，才能找出最高的分數。

為了避免進行全面的掃描，我們可以嘗試添加一些索引。我們的第一次嘗試就是用「{ 遊戲名稱 }#{ 年 - 月 }」來作為分區鍵，然後用分數來作為排序鍵，如圖 10.23 所示。

全域次級索引		屬性		
分區鍵 （主鍵）	排序鍵 （score）	user_id	email	profile_pic
chess#2020-02	309	lovelove	love@test.com	https://cdn.example/3.png
chess#2020-02	209	i_love_tofu	test@test.com	https://cdn.example/p.png
chess#2020-03	103	golden_gate	gold@test.com	https://cdn.example/2.png
chess#2020-02	203	pizza_or_bread	piz@test.com	https://cdn.example/31.png
chess#2020-02	10	ocean	oce@test.com	https://cdn.example/32.png
…	…	…	…	…

圖 10.23：分區鍵與排序鍵

這樣是可行的，不過在高負載時會遇到問題。DynamoDB 可以用具有一致性的雜湊做法，把資料拆分到多個節點。如此一來每個項目就會根據分區鍵，而被放到相應的節點中。這麼做的目的，就是希望讓資料可以均勻分散到各個分區中。不過，在這個資料表的設計（圖 10.23）下，最近一個月的所有資料全都會被儲存在同一個分區中；如此一來，這個分區就會變成一個熱分區（hot partition）。像這樣的問題，該如何解決呢？

我們可以改用 user_id 來進行分區，把資料拆分成 n 個分區，然後把分區編號（user_id % 分區數量）附加到分區鍵的後面。這種模式就是所謂的寫入分片（write sharding）。寫入分片會增加讀寫操作的複雜性，因此我們應該仔細權衡一下其中的取捨。

我們需要回答的第二個問題是，應該要有多少個分區？這個問題可以用寫入量或每日活躍使用者的數量來作為根據。很重要應該要記住的就是，分區的負載與讀取的複雜度兩者之間，總需要進行一番權衡取捨。由於同一個月的資料會均勻分佈在多個分區，因此單獨一個分區的負載就會輕得多。不過，如果要讀取出某個月份的項目，我們就必須查詢所有的分區，並把結果合併起來，這也就增加了讀取的複雜性。

現在的分區鍵變成這樣：「{ 遊戲名稱 }#{ 年 - 月 }#p{ 分區編號 }」。圖 10.24 顯示的就是更新後的資料架構表。

全域次級索引		屬性		
分區鍵（主鍵）	排序鍵（score）	user_id	email	profile_pic
chess#2020-02#p0	309	lovelove	love@test.com	https://cdn.example/3.png
chess#2020-02#p1	209	i_love_tofu	test@test.com	https://cdn.example/p.png
chess#2020-03#p2	103	golden_gate	gold@test.com	https://cdn.example/2.png
chess#2020-02#p1	203	pizza_or_bread	piz@test.com	https://cdn.example/31.png
chess#2020-02#p2	10	ocean	oce@test.com	https://cdn.example/32.png
…	…	…	…	…

圖 10.24：更新過的分區鍵

全域次級索引會使用「{遊戲名稱}#{年-月}#p{分區標號}」來作為分區鍵，然後以分數來作為排序鍵。我們最後會有 n 個分區，各個分區內的資料都可以根據分數進行排序（局部排序）。假設我們有 3 個分區，若要取得排行榜前 10 名的結果，就要使用前面所提過的「發散-收聚」（scatter-gather）做法。我們會先取得每個分區排名前 10 的結果（這就是「發散」的部分），然後再讓應用程式整合所有分區裡的結果進行排序（這就是「收聚」的部分）。圖 10.25 顯示的就是一個例子。

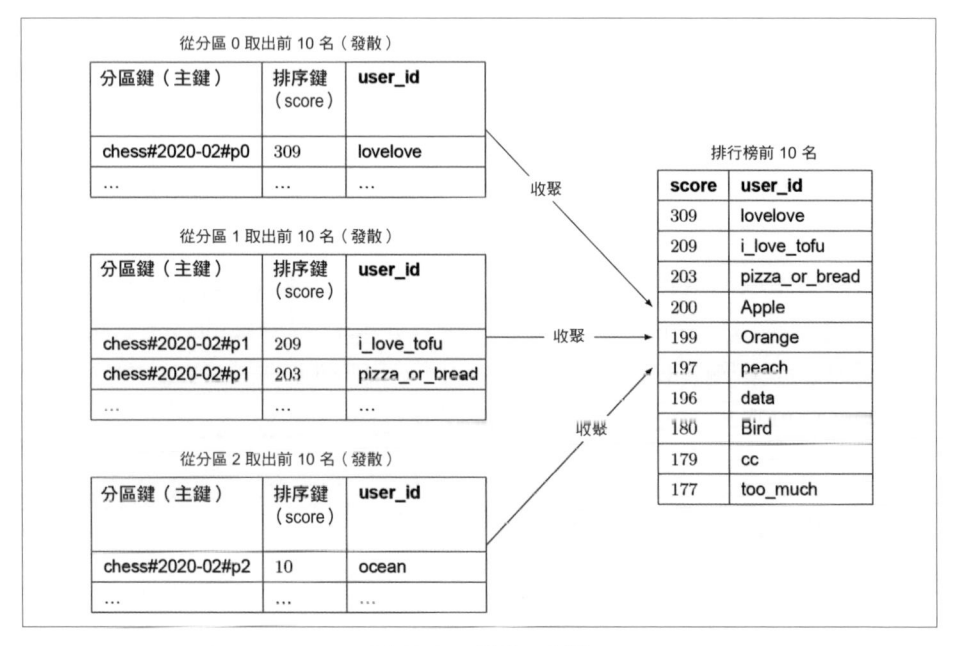

圖 10.25：發散-收聚

你或許想知道，分區的數量是怎麼決定的。這可能需要進行一些仔細的基準測試。比較多的分區可以降低每個分區的負載，但同時也會增加複雜性，因為你需要發散到更多的分區去進行計算，才能建構出最終的排行榜。只要進行一些基準測試，我們就可以更清楚看出其中的權衡取捨，進而決定我們所需要的數量。

不過，與前面所提到的 Redis 分區解決方案很類似的是，這種做法並沒有提供一種很直接的做法，可用來計算出使用者的相對排名。不過，我們還是有可能取得使用者排名位置的百分位數，這樣的資訊其實也已經夠用了。在現實世界中，告訴玩家他們排名位於前 10-20%，可能比顯示確切的排名（例如 1,200,001）更有意義。因此，如果規模足夠大到我們需要進行分片，我們就可以假設，跨越所有分片的分數分佈情況，大致上是相同的。如果這個假設成立，我們就可以用一個 cron 作業來分析每個分片的分數分佈情況，並把分析結果快取起來。

結果看起來或許就像下面這樣：

第 10 百分位＝分數 < 100

第 20 百分位＝分數 < 500

......

第 90 百分位＝分數 < 6500

然後我們就可以快速送回使用者的相對排名了（例如第 90 百分位）。

第 4 步 —— 匯整總結

我們在本章針對百萬個每日活躍使用者的規模，提供了一個建立即時遊戲排行榜的解決方案。我們首先探索了採用 MySQL 資料庫的簡單解法，不過最後還是拋棄了這個做法，因為它無法擴展到好幾百萬的使用者。然後我們採用 Redis 的已排序集合來設計排行榜。另外我們也考慮採用跨越不同 Redis 快取的分片做法，把解決方案的規模擴展到 5 億個每日活躍使用者。我們還提出了另一種採用 NoSQL 的解決方案。

如果你在面試結束時還有一些額外的時間，就可以討論更多的主題：

更快速的檢索，以及同分情況的處理

Redis 雜湊可提供字串欄位和值之間的對應關係。我們可以把雜湊用於兩種使用情境：

1. 可以針對我們要顯示在排行榜上的使用者，把使用者 ID 與使用者物件的對應關係保存起來。相較於之前我們必須前往資料庫才能取得使用者物件，現在這樣的做法就可以讓檢索的速度變得更快。

2. 如果兩個玩家的分數是相同的，我們可以根據誰先達到那個分數，藉此方式來對使用者進行排名。當我們要幫使用者加分數時，我們可以把使用者 ID 對應到最近一次在遊戲中獲勝的時間戳，然後把這個對應關係保存起來。在得分相同的情況下，時間戳比較早的使用者就可以得到比較高的排名。

系統故障恢復

Redis 集群有可能會遭遇大規模故障的情況。以之前的設計來說，我們可以建立一個腳本，然後以下面這個事實作為根據：使用者每次在遊戲中獲勝，都會在 MySQL 資料庫裡留下一個帶有時間戳的紀錄。我們可以用迭代的方式檢視每個使用者所有的紀錄，然後再針對每個使用者的每一筆紀錄，逐一去調用 ZINCRBY。這樣就可以在必要的時候，讓我們有能力以離線的方式重建排行榜，以因應那種大規模故障的情況。

恭喜你跟我們走到了這裡！現在你可以給自己一點鼓勵。你真是太棒了！

章節摘要

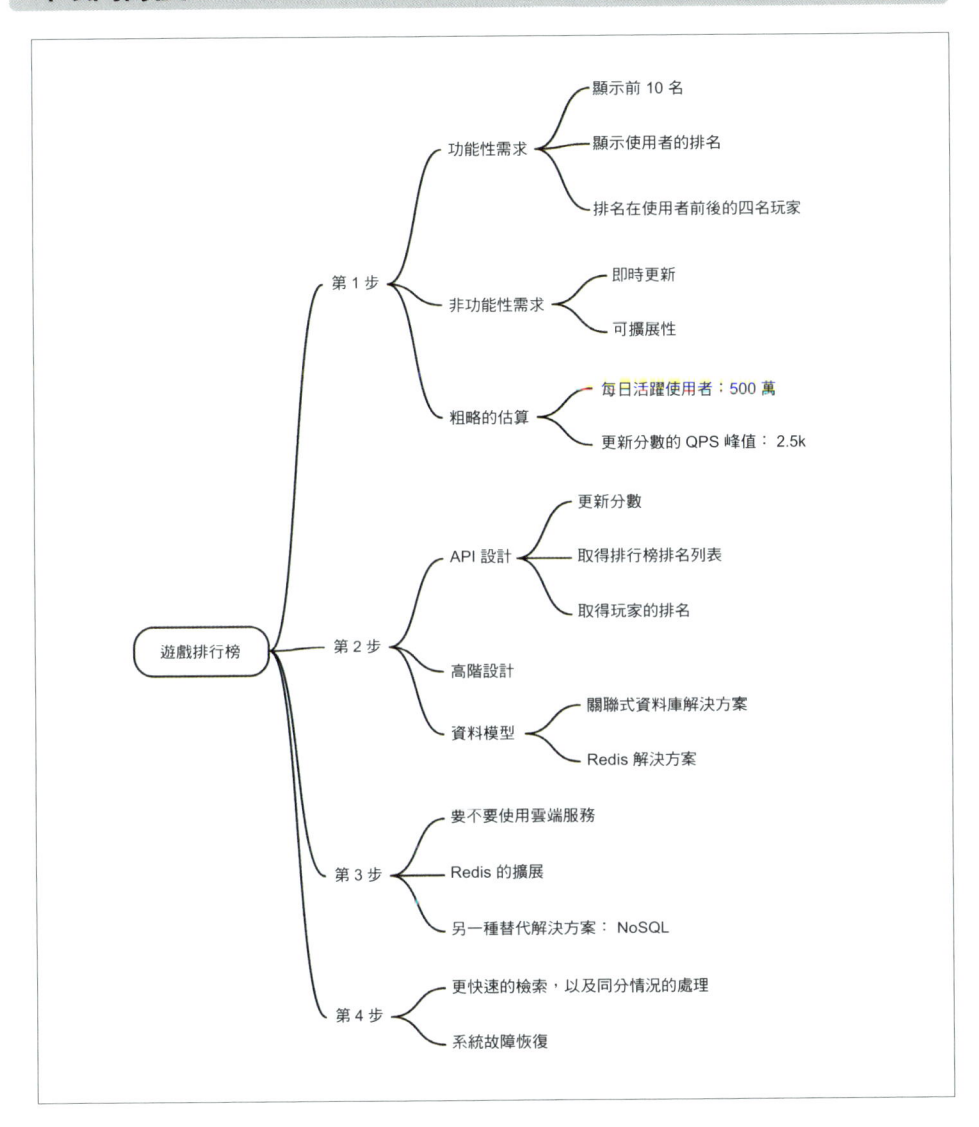

- 遊戲排行榜
  - 第 1 步
    - 功能性需求
      - 顯示前 10 名
      - 顯示使用者的排名
      - 排名在使用者前後的四名玩家
    - 非功能性需求
      - 即時更新
      - 可擴展性
    - 粗略的估算
      - 每日活躍使用者：500 萬
      - 更新分數的 QPS 峰值：2.5k
  - 第 2 步
    - API 設計
      - 更新分數
      - 取得排行榜排名列表
      - 取得玩家的排名
    - 高階設計
    - 資料模型
      - 關聯式資料庫解決方案
      - Redis 解決方案
  - 第 3 步
    - 要不要使用雲端服務
    - Redis 的擴展
    - 另一種替代解決方案：NoSQL
  - 第 4 步
    - 更快速的檢索，以及同分情況的處理
    - 系統故障恢復

第 10 章　即時遊戲排行榜

參考資料

[1] 中間人攻擊：https://en.wikipedia.org/wiki/Man-in-the-middle_attack

[2] Redis 已排序集合的原始碼：https://github.com/redis/redis/blob/unstable/src/t_zset.c

[3] Geekbang：https://static001.geekbang.org/resource/image/46/a9/46d283cd82c987153b3fe0c76dfba8a9.jpg

[4] 用 Redis 來建立即時排行榜：https://medium.com/@sandeep4.verma/building-real-time-leaderboard-with-redis-82c98aa47b9f

[5] 用 Amazon 的 ElastiCache for Redis 來建立即時遊戲排行榜：https://aws.amazon.com/blogs/database/building-a-real-time-gaming-leaderboard-with-amazon-elasticache-for-redis

[6] 我們如何為一百萬使用者創建即時排行榜：https://levelup.gitconnected.com/how-we-created-a-real-time-leaderboard-for-a-million-users-555aaa3ccf7b

[7] 排行榜：https://redislabs.com/solutions/use-cases/leaderboards/

[8] lambda：https://aws.amazon.com/lambda/

[9] Google Cloud Functions：https://cloud.google.com/functions

[10] Azure 函式：https://azure.microsoft.com/en-us/services/functions/

[11] Info 指令：https://redis.io/commands/INFO

[12] 為什麼 redis 集群只有 16384 個 slot 槽：https://stackoverflow.com/questions/36203532/why-redis-cluster-only-have-16384-slots

[13] 循環冗餘校驗：https://en.wikipedia.org/wiki/Cyclic_redundancy_check

[14] 選擇你的節點大小：https://docs.aws.amazon.com/AmazonElastiCache/latest/red-ug/nodes-select-size.html

[15] Redis 有多快？https://redis.io/topics/benchmarks

[16] 使用 DynamoDB 裡的全域次級索引：https://docs.aws.amazon.com/amazondynamodb/latest/developerguide/GSI.html

[17] 排行榜與寫入分片：https://www.dynamodbguide.com/leaderboard-write-sharding/

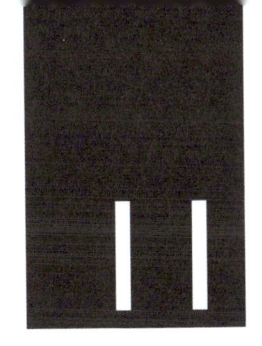

支付系統

本章會設計出一個支付系統。近年來，電子商務在全球範圍內迅速爆紅。而背後所運作的支付系統，正是讓每一次完整交易（transaction）成為可能的基礎。一個可靠、可擴展又靈活的支付系統，真的非常重要。

什麼是支付系統呢？根據維基百科的說法，「支付系統就是透過貨幣價值的轉移，用來結算金融交易的任何系統。這其中包含了相關的機構、工具、人員、規則、程序、標準和技術，讓交換成為了可能」[1]。

支付系統表面上看起來好像很容易理解，但是對於許多開發人員來說，卻很令人害怕。一個小小的失誤，很可能就會導致重大的營收損失，破壞掉使用者對你的信賴。不過請不要害怕！我們會在本章揭開支付系統的神祕面紗。

第 1 步 —— 瞭解問題並確立設計範圍

支付系統對於不同的人來說，可能有很不同的意義。有些人可能認為，它就像是 Apple Pay 或 Google Pay 一樣的數位錢包。有些人可能認為，它就是處理 PayPal 或 Stripe 這類支付工作的後端系統。在面試開始時，先判斷一下有哪些確切的需求，這點非常重要。你可以向面試官提出以下這些問題：

> 應試者：我們要打造的是什麼樣的支付系統？
> 面試官：假設你正在為 Amazon.com 之類的電子商務應用程式打造支付後端。當客戶在 Amazon.com 下單時，支付系統就要負責處理與資金流動相關的所有事務。

第 11 章　支付系統

應試者：要支援哪些支付方式？信用卡、PayPal、銀行卡等等？
面試官：現實世界裡的這幾個選項，支付系統應該都要支援。不過，在這次面試中，我們可以先以信用卡支付來作為範例。

應試者：我們需要自行處理信用卡支付嗎？
面試官：不用，我們會採用第三方支付處理工具（例如 Stripe、Braintree、Square 等等）。

應試者：我們的系統會不會保存信用卡資料？
面試官：由於安全性和合規性要求極高，因此我們並不會把卡號直接保存在我們的系統中。我們會利用第三方支付處理工具，來處理那些敏感的信用卡資料。

應試者：這個應用程式必須讓全球各地都能使用嗎？我們需要支援不同的貨幣和跨國支付方式嗎？
面試官：很好的問題。是的，全世界各地都會使用這個應用程式，不過我們可以假設，此次面試只會用到一種貨幣。

應試者：每天會有多少筆支付的完整交易（payment transaction）？
面試官：每天 100 萬筆完整交易。

應試者：我們是否需要支援像是 Amazon 這類電子商務網站的付款（pay-out）流程，每個月都要向賣方支付款項？
面試官：是的，我們需要提供這樣的支援。

應試者：我想我已經收集到所有的需求了。另外還有什麼需要注意的嗎？
面試官：還有哦。支付系統會與許多內部服務（會計、分析等）和外部服務（支付服務供應商）進行互動。如果其中某個服務出了問題，不同服務之間可能就會出現不一致的狀態。因此，我們需要進行對帳（reconciliation），並修復任何不一致之處。這也是一個需要滿足的需求。

經歷以上的問答之後，我們就可以清楚瞭解各種功能性與非功能性的需求。在本次面試中，我們的重點就是要設計出一個支援以下功能的支付系統。

功能性需求

- 收款（pay-in）流程：支付系統代表賣方向客戶收取款項。
- 付款（pay-out）流程：支付系統向全世界的賣方支付款項。

非功能性需求

- 可靠性和容錯能力：支付過程如果有問題，一定要謹慎處理。
- 對帳程序：內部服務（支付系統、會計系統等等）和外部服務（支付服務供應商）之間，一定要有對帳程序。這個程序可以用非同步的方式，驗證這些系統之間的支付資訊是否一致。

粗略的估算

系統每天需要處理 100 萬筆完整交易，也就是 1,000,000 筆完整交易 / 10^5 秒 = 每秒 10 筆完整交易（TPS；transactions per second）。10 TPS 對於典型的資料庫來說並不是一個很大的數字，因此本次系統設計面試的重點，在於如何正確處理支付的完整交易，而不是追求高吞吐量。

第 2 步 —— 提出高階設計並獲得認可

從比較高的層面來看，支付流程可分成兩個步驟，反映出資金的流動方式：

- 收款（Pay-in）流程
- 付款（Pay-out）流程

以電子商務網站 Amazon 為例。買方下單之後，錢就會流入 Amazon 的銀行帳戶 —— 這就是收款流程。雖然這些錢都放在 Amazon 的銀行帳戶

裡，但這些錢並不完全屬於 Amazon。這些錢其實很大一部分屬於賣方，Amazon 只會從中收取一些費用，充當這些錢的保管人而已。隨後產品完成了交付，相應的款項就會先扣除掉費用，然後餘額再從 Amazon 的銀行帳戶流向賣方的銀行帳戶 —— 這就是付款流程。圖 11.1 所顯示的就是簡化過的收款與付款流程。

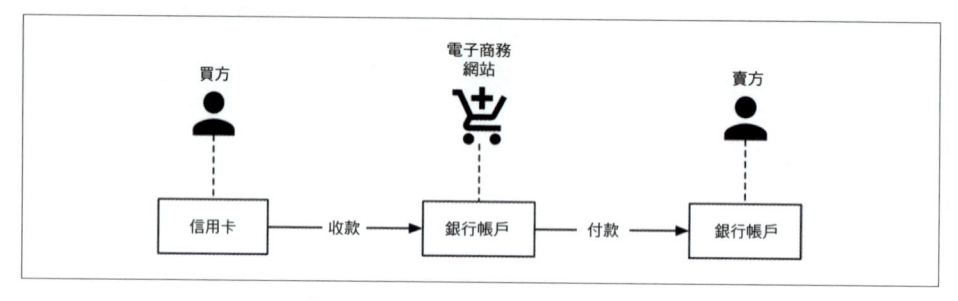

圖 11.1：簡化過的收款與付款流程

收款流程

收款流程的高階設計如圖 11.2 所示。我們就來看看系統的每一個組件吧。

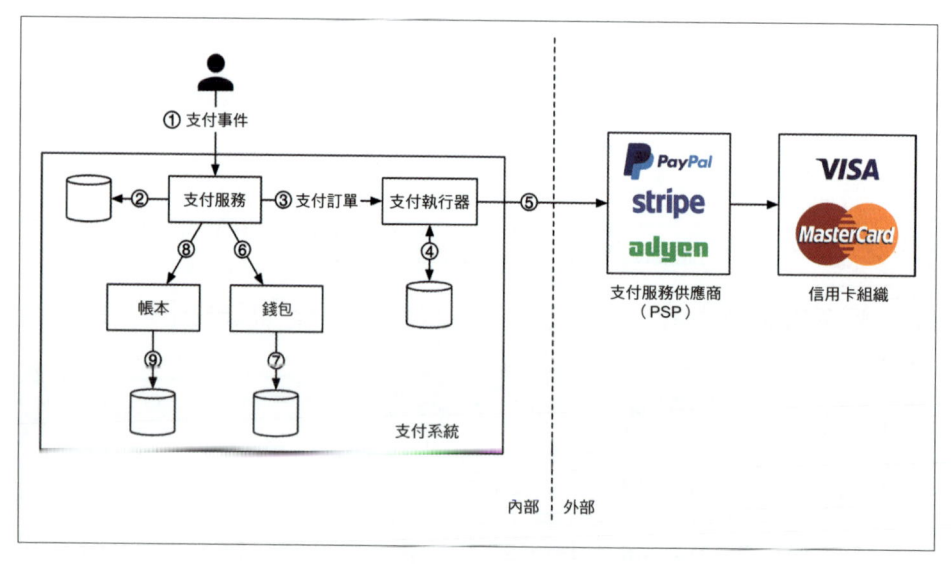

圖 11.2：收款流程

支付服務

支付服務可接受使用者的支付事件,並負責協調整個支付程序。通常它要做的第一件事,就是進行風險檢查,評估是否符合 AML/CFT(反洗錢 / 反恐)[2] 之類的法規,檢查有沒有洗錢或資助恐怖主義之類的犯罪活動證據。支付事件一定要先通過這個風險檢查,支付服務才會進行後續的處理。風險檢查通常都是採用第三方供應商所提供的服務,因為這是一個非常複雜而且高度專業化的工作。

支付執行器(Payment executor)

支付執行器會透過支付服務供應商(PSP;Payment Service Provider),來執行單一筆支付訂單(payment order)。一個支付事件裡,可能包含好幾筆支付訂單。

支付服務供應商(PSP)

PSP 可以把錢從帳戶 A 轉移到帳戶 B。在這個簡化過的例子中,PSP 會把錢從買方的信用卡帳戶裡轉出來。

信用卡組織(Card schemes)

信用卡組織指的就是處理信用卡業務的組織。眾所周知的信用卡組織有 Visa、MasterCard、Discovery 等等。信用卡組織的整個生態系,是非常複雜的 [3]。

帳本

帳本(ledger)負責保存支付完整交易的財務紀錄。舉例來說,如果使用者支付 1 美元給賣方,我們就會在使用者的財務紀錄上扣減(debit;借記)1 美元,同時在賣方的財務紀錄上增加(credit;貸記)1 美元。如果想要進行「支付後分析」(post-payment analysis;例如計算電子商務網站總營收,或是預測未來營收),帳本系統就是非常重要的依據。

錢包

錢包（wallet）負責保存商家的帳戶餘額。另外，它可能也會記錄所給定的使用者總共付了多少錢。

如圖 11.2 所示，一般典型的收款流程如下：

1. 當使用者點擊「下訂單」按鈕時，就會生成一個支付事件，然後再傳送到支付服務。
2. 支付服務會把支付事件保存在資料庫中。
3. 有時候，一個支付事件有可能包含好幾筆支付訂單。舉例來說，你可以在同一次的結帳程序中，向多個賣方選購不同的產品。如果電子商務網站在結帳時把它拆分成多筆支付訂單，支付服務就會分別針對每一筆支付訂單，去調用支付執行器。
4. 支付執行器會把支付訂單保存到資料庫中。
5. 支付執行器會去調用外部 PSP 來處理信用卡支付。
6. 支付執行器成功處理完支付事件之後，支付服務就會去更新錢包，把「賣方現在擁有多少錢」記錄起來。
7. 錢包服務會把更新過的餘額資訊保存到資料庫中。
8. 錢包服務成功更新賣方的餘額資訊之後，支付服務就會調用帳本進行更新。
9. 帳本服務會把新的帳本資訊附加到資料庫中。

支付服務 API

我們會採用 RESTful API 設計約定，來提供支付服務。

POST /v1/payments

這個端點可用來執行支付事件。如前所述，一個支付事件有可能包含好幾筆支付訂單。請求的參數如下：

>> 第 2 步 — 提出高階設計並獲得認可

表 11.1：（執行支付事件）API 請求的參數

欄位	說明	型別
buyer_info	買方資訊	json
checkout_id	可用來代表本次結帳的 ID；這個 ID 在全域範圍內一定是獨一無二絕不重複的	字串
credit_card_info	這有可能是加密過的信用卡資訊，也有可能是一個支付 Token。這個值會隨不同的 PSP 而異。	json
payment_orders	支付訂單列表	列表

payment_orders 看起來就像下面這樣：

表 11.2：payment_orders（支付訂單）

欄位	說明	型別
seller_account	會收到錢的那個賣方	字串
amount	這筆訂單的完整交易金額	字串
currency	這筆訂單所採用的貨幣	字串（ISO 4217 [4]）
payment_order_id	這次支付的 ID；此 ID 在全域範圍內一定是獨一無二絕不重複的	字串

請注意，payment_order_id 在全域範圍內一定是獨一無二絕不重複的。當支付執行器向第三方 PSP 發送支付請求時，這個 payment_order_id 就會被 PSP 用來作為一個可以「消除重複狀況」（deduplication）的 ID，也就是所謂的冪等鍵（idempotency key）。

你或許已經注意到，「amount」（金額）欄位的資料型別是「字串」而不是「雙精度浮點數（double）」。雙精度浮點數並不是個很好的選擇，因為：

1. 不同的協定、軟體、硬體在進行序列化和反序列化轉換時，有可能會支援不同的數值精度。這樣的差異有可能會導致意外的捨入錯誤。

2. 數字有可能非常大（例如 2020 年日本的 GDP 約為 5×10^{14} 日圓），也有可能非常小（例如比特幣的一聰，就是 10^{-8} 比特幣）。

我們的建議就是在傳輸和儲存的時候，讓數字保持為字串的格式。只有在顯示或進行計算時，才把它解析成數字即可。

GET /v1/payments/{:id}

這個端點可根據 payment_order_id 送回相應支付訂單的執行狀態。

前面所介紹的支付 API，與一些知名 PSP 的 API 其實是很類似的。如果你對支付 API 很有興趣，更全面的介紹請參見 Stripe 的 API 文件 [5]。

支付服務的資料模型

支付服務會用到兩個資料表：支付事件和支付訂單。我們在為支付系統選擇儲存方案時，效能通常不會是最重要的考量因素。相對來說，我們比較關注下面這幾個東西：

1. 久經考驗的穩定性。儲存系統是否已被其他大型金融財務公司使用了許多年（比如超過 5 年）並獲得了正面的回饋。

2. 有相當豐富的各種支援工具，例如監控工具、調查工具等等。

3. 資料庫管理員（DBA）這個職位在就業市場的成熟度。能否招募到有經驗的 DBA，是我們需要考慮的一個非常重要的因素。

通常，我們比較偏愛能夠支援 ACID 完整交易（transaction）的傳統關聯式資料庫，而不是 NoSQL / NewSQL。

支付事件資料表其中包含非常詳細的支付事件資訊。它看起來是這樣的：

表 11.3：支付事件

欄位名稱	型別
checkout_id（結帳 ID）	字串（主鍵）
buyer_info（買方資訊）	字串
seller_info（賣方資訊）	字串
credit card info（信用卡資訊）	取決於信用卡供應商
is_payment_done（是否已支付完成）	布林值

支付訂單資料表儲存的則是每一筆支付訂單的執行狀態。它看起來是這樣的：

表 11.4：支付訂單

欄位名稱	型別
payment_order_id（支付訂單 ID）	字串（主鍵）
buyer_account（買方帳號）	字串
amount（金額）	字串
currency（貨幣）	字串
checkout_id（結帳 ID）	字串（外鍵）
payment_order_status（支付訂單狀態）	字串
ledger_updated（帳本是否已更新）	布林值
wallet_updated（錢包是否已更新）	布林值

在深入研究這些資料表之前，我們先來看一些背景資訊。

- checkout_id 是外鍵（forcign key）。每一次結帳都會建立一個支付事件，其中可能包含好幾筆支付訂單。

- 如果我們去調用第三方 PSP，從買方的信用卡進行扣款，這筆錢並不會直接轉給賣方。實際上，這筆錢會先被轉入電子商務網站的銀行帳戶。這就是所謂的收款（pay-in）程序。如果滿足了付款（pay-out）條件，例如產品已完成交付，賣方才會啟動付款程序。只有透過這樣的程序，錢才會從電子商務網站的銀行帳戶，真正轉入到賣方的銀行帳戶中。因此，在收款流程中，我們只需要買方的信用卡資訊，並不需要賣方的銀行帳戶資訊。

支付訂單資料表（表 11.4）裡的 payment_order_status 是一個枚舉（enum）型別，負責保存著支付訂單的執行狀態，其中包括 NOT_STARTED（尚未開始）、EXECUTING（執行中）、SUCCESS（成功）、FAILED（失敗）。狀態更新的邏輯如下：

1. payment_order_status 的初始狀態為 NOT_STARTED（尚未開始）。

2. 支付服務把支付訂單傳送給支付執行器之後，payment_order_status 就會變成 EXECUTING（執行中）。

3. 支付服務會根據支付執行器的回應,把 payment_order_status 更新為 SUCCESS(成功)或 FAILED(失敗)。

只要 payment_order_status 是 SUCCESS(成功),支付服務就會調用錢包服務來更新賣方的餘額,並把 wallet_updated(錢包是否已更新)這個欄位的值更新為 TRUE。這裡為了簡單起見,姑且假設錢包更新總是會成功。

完成之後,支付服務的下一步就是調用帳本服務,它會去更新帳本資料庫,然後再把 ledger_updated(帳本是否已更新)這個欄位的值更新為 TRUE。

如果同一個 checkout_id 底下所有的支付訂單全都處理成功了,支付服務就會把支付事件資料表裡的 is_payment_done(是否已完成支付)更新為 TRUE。這裡通常會以固定的間隔時間來運行一個排程作業,以監控執行中的支付訂單狀態。如果支付訂單未在某個時間門檻值內完成,就會發送警報,讓工程師開始介入調查。

複式記帳系統

帳本系統有個非常重要的設計原則:複式記帳原則(double-entry principle;也稱作複式簿記;double-entry accounting / bookkeeping [6])。無論採用哪一種支付系統,都是以複式記帳系統作為基礎,因為它就是正確記帳的關鍵。在這個原則下,每一筆支付完整交易都要以相同的金額,記錄到兩個獨立帳戶的帳本中。其中一個帳戶會被記為借方(借記;debit),另一個帳戶則會以相同金額被記為貸方(貸記;credit。參見表 11.5)。

表 11.5:複式記帳系統

帳戶	借記(扣減)	貸記(增加)
買方	1 美元	
賣方		1 美元

複式記帳系統規定,所有的完整交易帳目加總起來一定是 0。只要有一方少了一分錢,就表示一定有另一方多出一分錢。這樣的做法可以提供端到端的可追溯性,並確保整個支付過程的一致性。如果想要瞭解如何實作出

這樣的複式記帳系統，更多相關資訊請參見 Square 的工程部落格，其中有關於「不可變複式記帳會計資料庫服務」的內容 [7]。

支付服務供應商所提供的支付頁面

大多數公司都不願意在公司內部儲存信用卡相關資訊，因為要做這件事，就會有一些非常複雜的法規，例如美國的支付卡產業資料安全標準（PCI DSS；Payment Card Industry Data Security Standard）[8] 需要進行處理。為了避免處理信用卡相關資訊，一般公司通常都會直接採用 PSP 所提供的信用卡支付頁面。對於網站來說，有可能只是一個小小的 widget 或 iframe；對於行動應用程式來說，則可能是支付 SDK 裡預先建構好的頁面。圖 11.3 展示的就是在結帳階段整合了 PayPal 支付頁面的範例。這裡的關鍵點就是由 PSP 來提供一個支付頁面，讓它直接擷取客戶的信用卡資訊，而我們的支付服務就不需要接觸到敏感的資訊了。

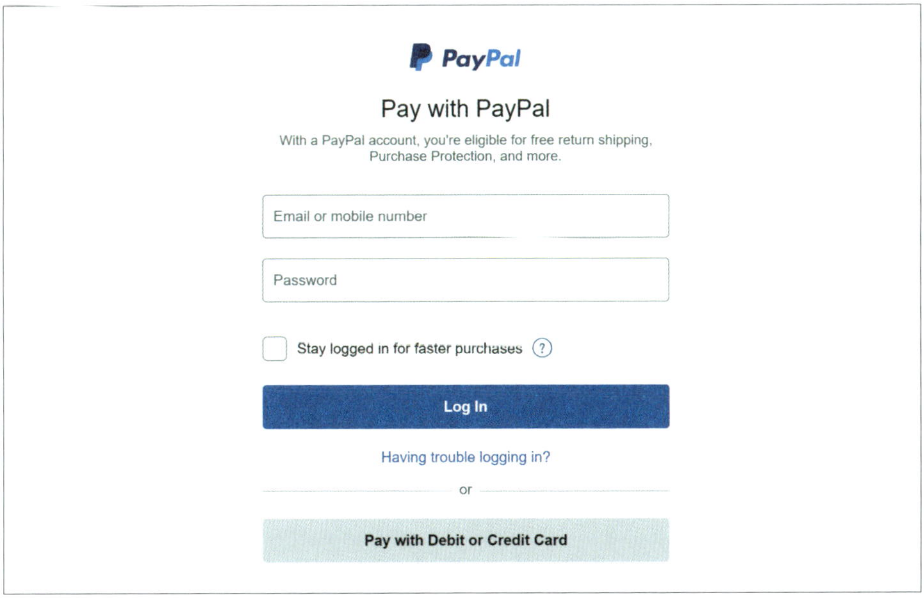

圖 11.3：PayPal 的支付頁面

付款流程

付款流程（pay-out）的組件，與收款（pay-in）流程非常類似。其中的一個區別就是，付款流程並不是透過 PSP 把錢從買方的信用卡轉移到電子商務網站的銀行帳戶，而是透過第三方的付款供應商，把錢從電子商務網站的銀行帳戶轉移到賣方的銀行帳戶中。

支付系統通常都會運用像是 Tipalti [9] 這類的第三方支付供應商，來處理付款流程。在付款流程中，也有很多簿記和監管的要求。

第 3 步 —— 深入設計

本節會把重點放在如何讓系統更快速、更可靠、更安全。在分散式系統中，錯誤和故障不但無可避免，而且是很常見的情況。舉例來說，如果客戶連續按下很多次「付款」按鈕，會發生什麼事呢？會被重複扣款好幾次嗎？如果因為網路不好而導致支付失敗，該如何處理呢？我們會在本節深入探討幾個蠻關鍵的主題。

- PSP 整合
- 對帳
- 支付處理延遲的問題
- 內部服務之間的溝通
- 支付過程出問題的處理方式
- 「恰好一次」的傳遞方式
- 一致性
- 安全性

PSP 整合

支付系統如果能直接連到銀行或信用卡組織（例如 Visa 或 MasterCard），其實並不需要 PSP 就能完成支付。不過像這樣直接連線的做法並不常見，

因為其中會牽涉到高度專業化的知識。通常只有一些能證明這樣的投資確實合理的大公司，才會考慮採用這樣的做法。對於大多數公司來說，支付系統都是透過以下兩種方式之一，與 PSP 進行整合：

1. 如果公司可以很安全地保存各種敏感的支付資訊，或許就會選擇用自家的 API 來整合 PSP。這樣的話，公司就要自行開發支付頁面，去收集與保存各種敏感的支付資訊。至於連線到銀行或信用卡組織的工作，還是由 PSP 來負責。

2. 如果公司考慮到複雜的法規和安全性問題，而選擇不去保存敏感的支付資訊，PSP 還是可以提供支付頁面，去收集各種信用卡支付的詳細資訊，並把這些資訊安全地保存在 PSP 那邊。這就是大多數公司所採取的做法。

我們可以用圖 11.4 來詳細解釋 PSP 所提供的支付頁面相應的工作原理。

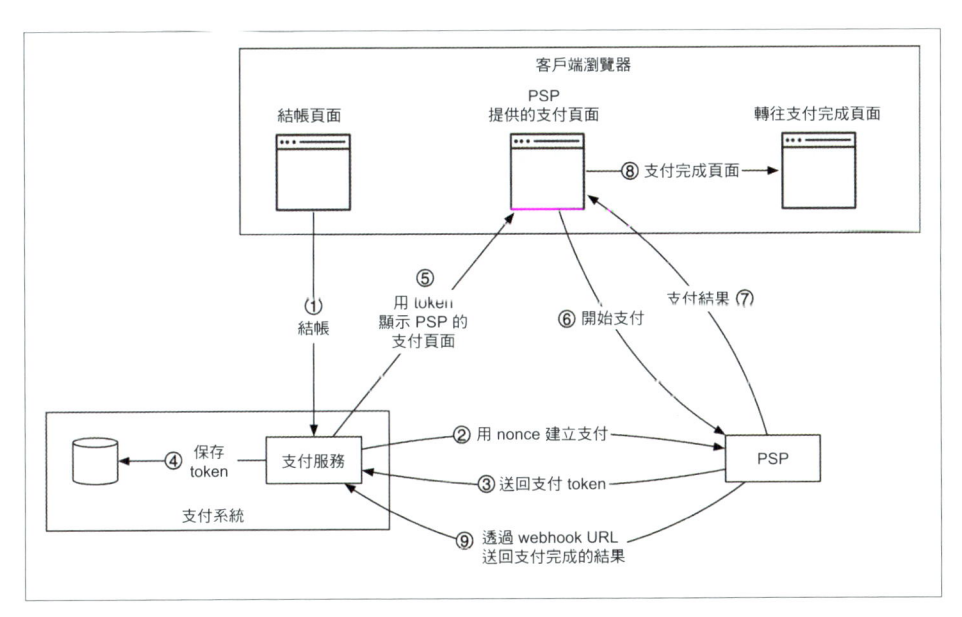

圖 11.4：PSP 所提供的支付頁面，相應的處理流程

為了簡單起見，我們把圖 11.4 裡的支付執行器、帳本和錢包省略掉了。這裡依然是由支付服務來負責協調整個支付程序。

1. 使用者點擊客戶端瀏覽器裡的「結帳」按鈕。這時候客戶端就會去調用支付服務，並把支付訂單的資訊一起送過去。

2. 支付服務收到支付訂單的資訊之後，就會向 PSP 發出一個支付註冊請求（payment registration request）。這個註冊請求其中包含支付的各種資訊，例如金額、貨幣、支付請求的到期日期和重定向 URL。由於每一筆支付訂單應該都只能註冊一次，因此這裡會用一個 UUID 的欄位，來確保註冊的次數不多不少只會是恰好一次。這個 UUID 也叫做 nonce [10]。這個 UUID 通常就是這筆支付訂單的 ID。

3. PSP 會把一個 Token 送回給支付服務。這個 Token 就是 PSP 用來作為支付註冊唯一識別符號的 UUID。隨後我們就可以用這個 Token 來檢視支付註冊與支付執行的狀態。

4. 支付服務在調用 PSP 所提供的支付頁面之前，會先把這個 Token 保存到資料庫中。

5. 這個 Token 一旦被持久化保存起來，客戶端就會顯示 PSP 所提供的支付頁面。行動應用程式通常會使用 PSP 的 SDK 整合方式來實現此功能。我們在這裡就用 Stripe 的 Web 整合做法為例（圖 11.5）。Stripe 提供了一個 JavaScript 函式庫，可用來顯示支付的使用者介面，收集敏感的支付資訊，並直接調用 PSP 以完成支付。敏感的支付資訊都是由 Stripe 來負責收集。這些資訊絕對不會被送到我們的支付系統中。PSP 所提供的支付頁面通常需要兩個資訊：

    (a) 我們在步驟 4 所收到的 Token。PSP 的 JavaScript 程式碼會利用這個 Token，從 PSP 後端檢索出支付請求相關的詳細資訊。其中一個很重要的資訊，就是要收多少錢。

    (b) 另一個很重要的資訊，就是重定向 URL。這是支付完成之後會被調用的網頁 URL。PSP 的 JavaScript 完成支付之後，就會把瀏覽器重新導向到這個重定向 URL。這個重定向 URL 通常就是電子商務網站裡用來顯示結帳狀態的頁面。請注意，這個重定向 URL 與步驟 9 裡的 webhook [11] URL 是不同的。

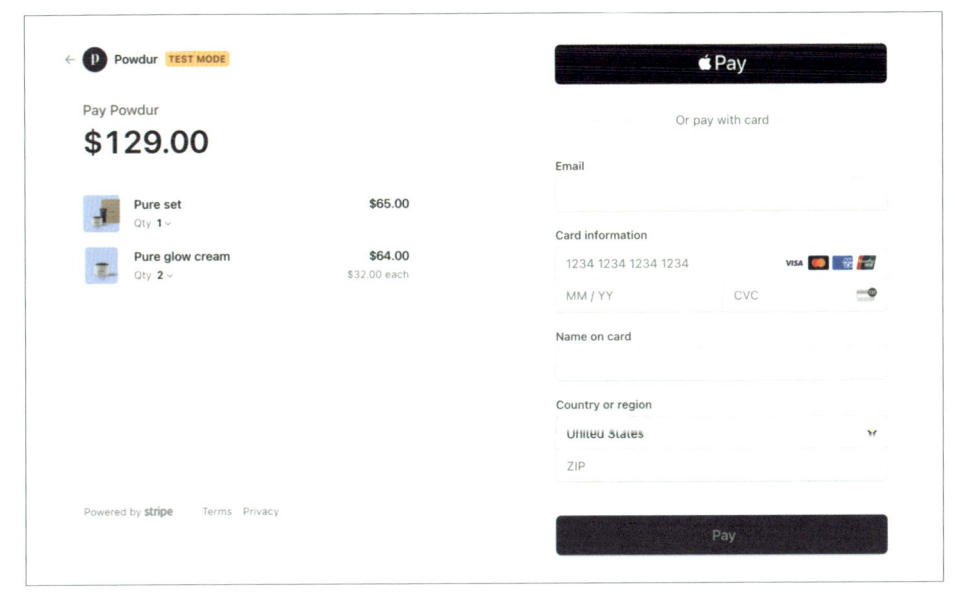

圖 11.5：Stripe 所提供的支付頁面

6. 使用者可以在 PSP 所提供的頁面中，填寫支付的詳細資訊，例如信用卡號、持卡人姓名、有效期限之類的，然後再點擊支付按鈕。接著 PSP 就會開始進行支付處理。

7. PSP 會送回支付的狀態。

8. 現在網頁會被重新導向到重定向 URL。步驟 7 所收到的支付狀態，通常會被附加到 URL 中。舉例來說，完整的重定向 URL 可能是這樣 [12]：`https://your-company.com/?tokenID=JIOUIQ123NSF&payResult=X324FSa`

9. PSP 會以非同步的方式，透過 webhook URL 去調用支付服務，並提供支付的狀態。這個 webhook URL 是在 PSP 初始設定期間，就已經先向 PSP 註冊過的支付系統端 URL。如果支付系統透過 webhook URL 接收到支付事件，它就會從中提取出支付狀態，再用它去更新支付訂單資料表裡的 `payment_order_status` 欄位。

到目前為止，我們已經詳細解釋 PSP 所提供的支付頁面正常運作的情況。但實際上網路連線並沒有那麼可靠，因此前述 9 個步驟全都有可能出問

題。有沒有什麼系統化的方式，可以用來處理各種失敗的情況呢？答案就是進行對帳（reconciliation）。

對帳

系統的各個組件如果是以非同步的方式進行溝通，訊息就沒辦法保證一定會送達，而且回應也不一定能被送回來。對於支付相關業務來說，這其實是很常見的情況，因為支付相關業務經常會採用非同步通訊的方式，來提高系統的效能。外部的系統（例如 PSP 或銀行）也比較喜歡非同步通訊的做法。我們該如何在非同步的世界裡，確保通訊的正確性呢？

答案就是要進行對帳（reconciliation）。這是一種定期比較相關服務之間的狀態，以驗證是否一致的做法。這通常就是支付系統的最後一道防線。

每天晚上，PSP 或銀行都會向客戶端發送一個結算檔案（settlement file）。結算檔案其中包含銀行帳戶餘額，以及這個銀行帳戶當天所有的完整交易。對帳系統會去解析這個結算檔案，然後與帳本系統進行仔細的比對。下面的圖 11.6 顯示的就是對帳程序在整個系統中的位置。

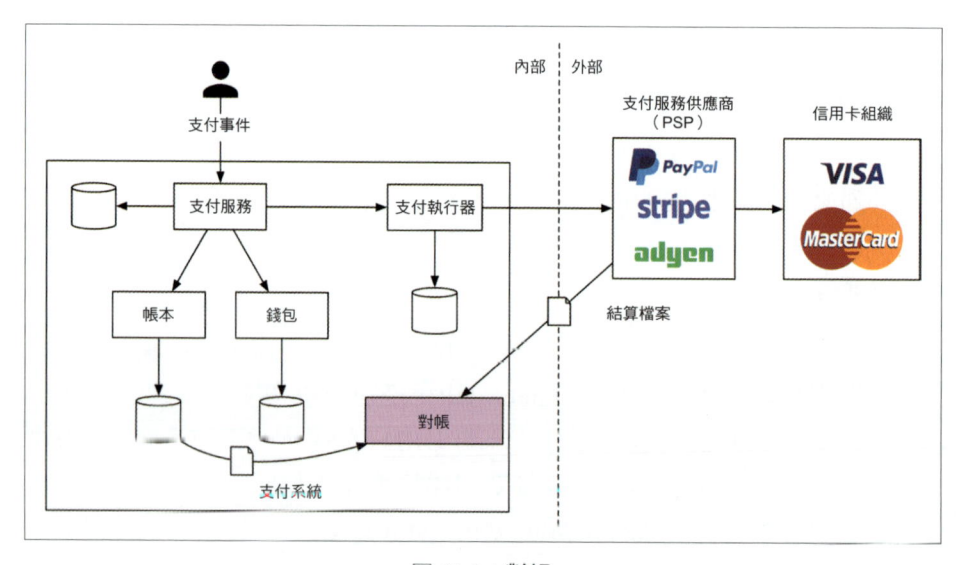

圖 11.6：對帳

對帳也可以用來驗證支付系統內部的一致性。舉例來說，帳本和錢包的狀態可能會有所差異，此時我們就可以用對帳系統來偵測出任何不一致的情況。

在對帳過程中，如果發現資訊不相符，通常都是靠財務團隊進行手動調整。這種資訊不相符的情況與調整的做法，通常可分為三類：

1. 不相符的情況是可分類的，而且可以自動化進行調整。在這類情況下，我們確實知道不相符的理由，也知道如何進行修正，因此可以寫個程式來自動進行調整，這樣的做法確實是划算的。工程師可以把不相符的部分自動進行分類，也可以自動進行調整。

2. 不相符的情況是可以分類的，不過無法自動進行調整。在這類情況下，我們確實知道不相符的原因，也知道如何進行修正，但是用寫程式的方式來進行自動調整，成本實在太高了。這種不相符的情況會被排進工作佇列，然後財務團隊就會用人工的方式去修正這些不相符的情況。

3. 不相符的情況無法進行分類。在這類情況下，我們根本不知道不相符的情況是怎麼發生的。像這種不相符的情況，就會被排進一個特殊的工作佇列中，然後財務團隊就會用人工的方式去進行調查。

支付處理延遲的問題

如前所述，端到端支付請求的處理過程會歷經過許多的組件，其中所牽涉到的各方，有些是內部的組件，有些則是外部的組織。雖然在大多數情況下，支付請求都會在幾秒鐘內完成，不過在某些情況下，支付請求有可能會出現停滯的情況，有時候需要好幾個小時甚至好幾天才能完成（或是被拒絕）。以下就是支付請求可能需要比平常更長時間的一些例子：

- PSP 認為支付請求的風險比較高，需要進行人工審核。
- 信用卡要求額外的保護，例如 3D 安全身份驗證（3D Secure Authentication）[13]，這時候持卡人就必須提供一些額外的詳細資訊，才能完成驗證。

第 11 章　支付系統

支付服務必須要有能力處理這些需要很長時間才能完成的支付請求。如果購買頁面是交給外部 PSP 的支付頁面來處理（這是如今很常見的做法），PSP 通常都會透過以下的方式，來處理這些比較耗時的支付請求：

- PSP 會先給我們的客戶端，送回來一個待處理（pending）的狀態。我們的客戶端則會把它顯示給使用者查看。我們的客戶端通常也會提供一個頁面，讓使用者可以隨時檢查目前的支付狀態。

- PSP 會代替我們去追蹤這些待處理的支付，只要後續有任何狀態更新，PSP 就會利用支付服務之前所註冊的 Webhook URL，向支付服務發出通知。

等到支付請求終於完成了，PSP 就會去調用前面所提到的、之前已註冊過的 webhook URL。然後支付服務就會更新其內部系統，並且完成客戶的出貨。還有另一種情況是，有些 PSP 並不會透過 webhook URL 去更新支付服務，而是把這項工作交給支付服務，讓它用輪詢的方式來詢問 PSP，以取得這些待處理支付請求的最新狀態。

由於這整個過程會牽涉到三方（客戶端、支付服務、PSP），因此就算網路有問題，我們還是必須確保這三方之間的資料最終能達成一致。因此，所有的通訊都必須具有冪等性，而且我們一定要進行對帳，以確保資料的一致性。

內部服務之間的溝通

內部服務之間有兩種通訊模式：同步 vs. 非同步。以下分別針對這兩種做法進行說明。

同步的通訊方式

像 HTTP 這類的同步通訊方式，對於小規模的系統來說效果很好，但隨著處理規模的增加，它的缺點也會變得越來越明顯。這種做法會創建出一個比較長的請求和回應週期，期間會受到許多服務的影響。這種做法的缺點就是：

>> 第 3 步 — 深入設計

- 效能表現比較差。如果整串服務其中有任何一個表現不佳，整個系統都會受到影響。

- 故障隔離的效果很差。只要 PSP 或其中任何服務出了問題，客戶端就不會收到任何回應了。

- 緊密耦合。請求的發送者一定要知道誰是接收者。

- 難以進行擴展。如果沒有用佇列來作緩衝，一旦遇到流量突然增加的情況，就很難對系統進行擴展。

非同步的通訊方式

非同步通訊可以再進一步區分成兩類：

- 單一接收者：每個請求（訊息）都是由單一接收者或單一服務來進行處理。這種做法在進行實作時，通常會採用一個共用的訊息佇列。這個訊息佇列可以有很多個訂閱者，但佇列裡的訊息只要一被處理過，就會被刪除掉。具體的例子如下：在圖 11.7 中，服務 A 和服務 B 都訂閱了同一個共用的訊息佇列。m1 和 m2 分別被服務 A 和服務 B 消費之後，這兩個訊息就會從佇列中被刪除，如圖 11.8 所示。

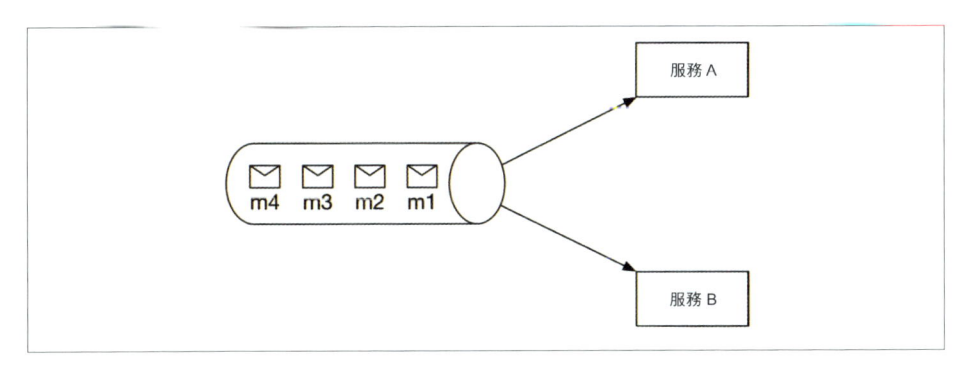

圖 11.7：訊息佇列

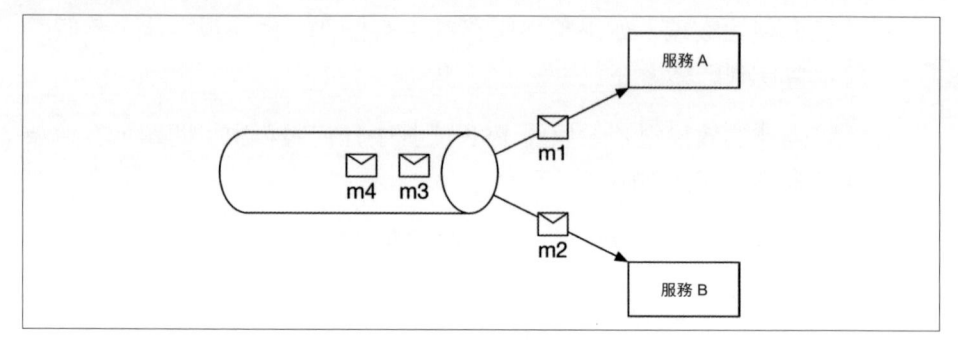

圖 11.8：每個訊息都只會有單一接收者

- 多個接收者：每個請求（訊息）都可以有好幾個接收者或好幾個服務來進行處理。Kafka 就很擅長處理這樣的情況。消費者收到訊息之後，訊息並不會從 Kafka 裡被刪除掉。同一個訊息可以有好幾個不同的服務來進行處理。支付系統非常適合採用這種模型，因為同一個請求有可能需要觸發好幾件工作，例如發送推播通知、更新財務報告、進行分析等等。例子如下：圖 11.9 顯示了一個範例。支付事件被發佈到 Kafka，然後會有好幾個不同的服務（例如支付系統、分析服務和計費服務）來使用它。

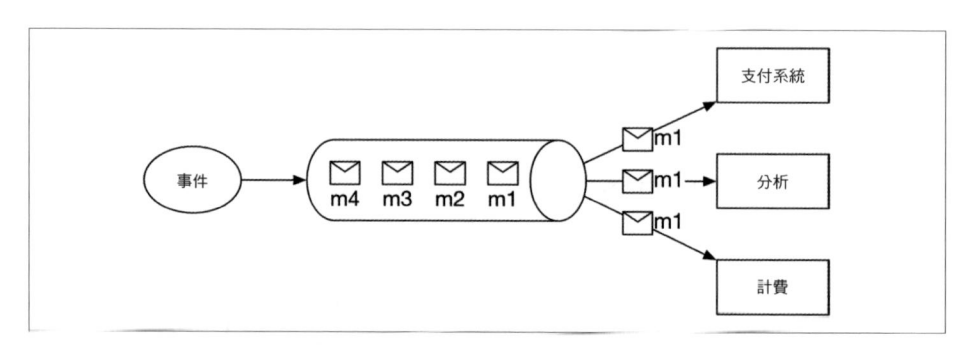

圖 11.9：同一個訊息有好幾個接收者

一般來說，同步通訊在設計上比較簡單，但各個服務無法獨立自主。隨著各個服務之間的關係越來越複雜，整體效能也會受到影響。非同步通訊則是犧牲了設計的簡單性和一致性，以換取系統的可擴展性和故障復原能力。如果業務邏輯比較複雜、或是牽涉到比較多的第三方服務，對於這類大型支付系統來說，非同步通訊就是更好的選擇。

支付過程出問題的處理方式

支付系統一定要有能力處理支付出問題的情況。系統的可靠性和容錯能力,是很關鍵的要求。這裡就來檢視一下,應對這些挑戰的一些技術。

支付狀態的追蹤

在整個支付週期的任何階段,都有明確的支付狀態,這點是很重要的。每當出現問題時,我們就可以判斷一下當下的支付狀態,再來決定是否要重試或進行退款。支付狀態可以保存在那種只能從後面附加的資料庫資料表之中。

重試佇列與死信佇列

為了能夠優雅處理各種故障,我們會採用所謂的重試佇列(retry queue)和死信佇列(dead letter queue),如圖 11.10 所示。

- 重試佇列:可重試的錯誤(例如一些暫時性的錯誤)全都會被送入重試佇列。

- 死信佇列 [14]:如果某個訊息一直重複出問題,最後它就會被送入死信佇列。如果想把一些有問題的訊息隔離出來進行除錯,死信佇列非常好用,因為它可以讓我們進一步檢查,進而判斷未能成功處理的理由。

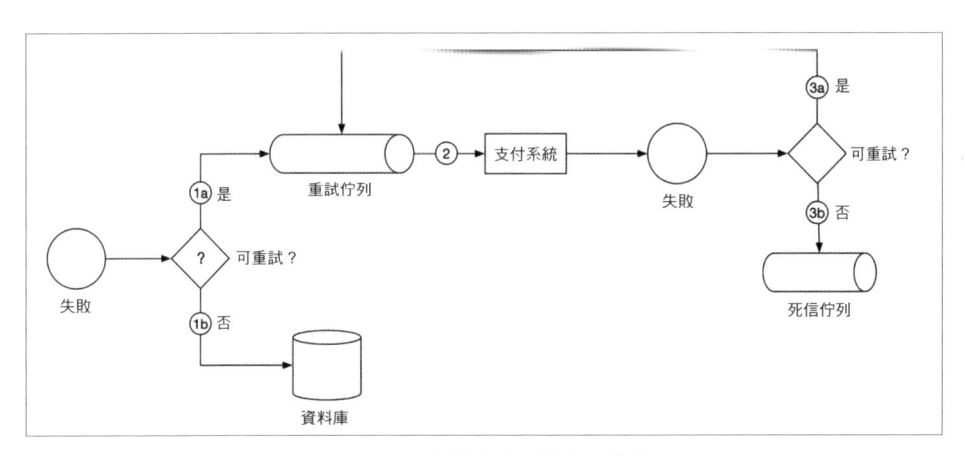

圖 11.10:支付出問題的處理方式

第 11 章　支付系統

1. 如果失敗，先檢查是否可重試。
   (a) 如果可重試，就會被送入重試佇列。
   (b) 如果是不可重試的故障（例如無效的輸入），錯誤就會被存入資料庫。
2. 支付系統會把重試佇列裡的事件重新拿出來，針對這些出問題的支付進行重試。
3. 如果支付過程再次出問題：
   (a) 如果重試的次數還沒超過門檻值，這個事件就會再次被送入重試佇列。
   (b) 如果重試的次數超過了門檻值，這個事件就會被送入死信佇列。這類有問題的事件，可能就需要進一步調查了。

如果你對於採用這些佇列的實際範例很感興趣，請查看 Uber 的支付系統；這個系統是採用 Kafka 來滿足可靠性與容錯的需求 [15]。

「恰好一次」的傳遞方式

支付系統可能會遇到最嚴重的問題之一，就是向客戶重複收費。在我們的設計中，一定要保證支付系統只會把支付訂單執行一次，這點非常重要 [16]。

乍看之下，「恰好一次」的傳遞方式，好像是很難解決的問題，但如果我們把問題拆分成兩個部分，解決起來就容易多了。從數學上來說，只要滿足以下條件，操作就只會執行一次：

1. 至少要執行一次。
2. 同時，最多也只執行一次。

我們現在就來解釋一下，如何利用重試的做法，來實作出「至少一次」的效果，然後再利用冪等性檢查，來實作出「最多一次」的效果。

重試

有時候，如果出現了網路錯誤或逾時問題，我們的支付就需要進行重試。重試的做法可以提供「至少一次」的保證。舉例來說，如圖 11.11 所示，客戶端嘗試支付 10 美元，但由於網路連線狀況不佳，支付請求一直出問題。在這個例子中，網路最後終於恢復連線，而重試也終於在第四次嘗試時請求成功了。

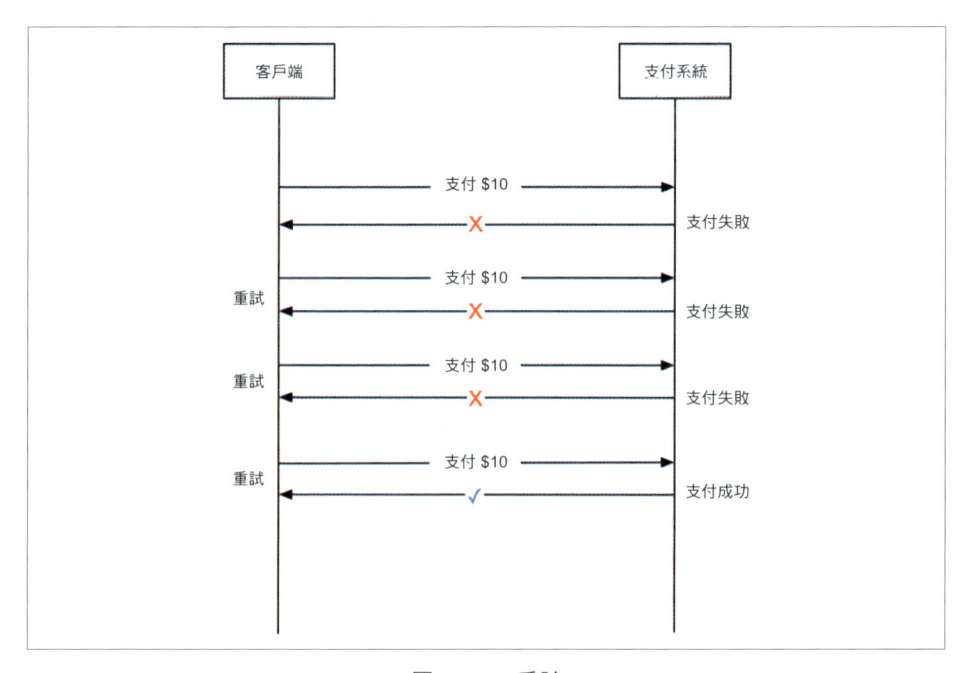

圖 11.11：重試

應該要間隔多長的時間才進行重試，這個判斷很重要。以下就是一些常見的重試策略。

- 立刻重試：客戶端立刻重新發送請求。
- 固定間隔時間：在支付出問題與進行重試之間，等待固定的時間。
- 逐步增加間隔時間：客戶端在第一次重試時，只需等待比較短的一段時間，然後再逐步增加後續重試的等待時間。

- 指數式退避（Exponential backoff）[17]：每次重試出問題，重試之間的等待時間就加倍。舉例來說，第一次請求出問題時，我們會在 1 秒後重試；如果第二次又出問題，我們就等待 2 秒之後再重試；如果第三次再出問題，我們就會等待 4 秒，然後再試一次。
- 取消：客戶端可以取消請求。如果是永久性的問題，或是重複的請求不太可能成功，取消就是一種很常見的做法。

要判斷出哪一種才是最適當的重試策略，其實是很困難的。實際上並不存在「一體適用」的解法。以一般性的指導原則來說，如果網路問題不太可能在短時間內解決，請使用指數式退避的做法。過於激進的重試策略，只會浪費運算資源，而且有可能導致服務超出負荷。其中一個比較好的做法，就是提供一個帶有 Retry-After 標頭的錯誤代碼。

重試的做法其中一個潛在的問題，就是重複支付。我們來看以下兩個情境。

情境一：支付系統使用外部 PSP 所提供的支付頁面，在客戶端點擊了兩次支付按鈕。

情境二：PSP 已成功處理完支付，但由於網路錯誤，回應並未順利送達我們的支付系統。於是使用者再次點擊「支付」按鈕，或是客戶端重新嘗試進行支付。

為了避免重複支付，支付的執行次數一定要是不多不少恰好一次。由於網路故障可能導致支付出問題，因此實際上我們通常會要求支付最多只能執行一次。這種「最多一次」的保證，也就是所謂的「冪等性」（idempotency）。

冪等性

冪等性就是要能夠做到「最多一次」保證的關鍵。根據維基百科的說明：「冪等性是數學和資訊科學領域中某些運算操作的屬性，就算多次套用該運算操作，也不會改變第一次套用所得出的結果」[18]。從 API 的角度來看，冪等性就表示客戶端可以重複進行相同的調用，依然會生成相同的結果。

>> 第 3 步 — 深入設計

對於客戶端（Web 或行動 App）和伺服器之間的通訊來說，冪等鍵（idempotency key）通常是一個獨一無二的值，它是由客戶端所生成，而且在一段時間之後就會過期。UUID 經常被用來作為冪等鍵，而且許多科技公司（例如 Stripe [19] 和 PayPal [20]）也都推薦採用這樣的做法。如果要執行一個具有冪等性的支付請求，就要在 HTTP 標頭裡加入一個冪等鍵：<idempotency-key: key_value>。

現在我們已經瞭解冪等性相關基礎知識，接著就來看看它如何協助解決前面所提到的重複支付問題。

情境一：如果客戶快速點擊了兩次「支付」按鈕，會發生什麼事？

在圖 11.12 中，如果使用者點擊了「支付」，冪等鍵就會作為 HTTP 請求的一部分，被傳送給支付系統。在電子商務網站中，冪等鍵通常就是結帳之前的購物車 ID。

第二次的請求會被視為重試，因為支付系統已經看過這個冪等鍵了。如果我們的請求標頭裡包含的是之前設定過的冪等鍵，支付系統就會把之前請求的最新狀態送回來。

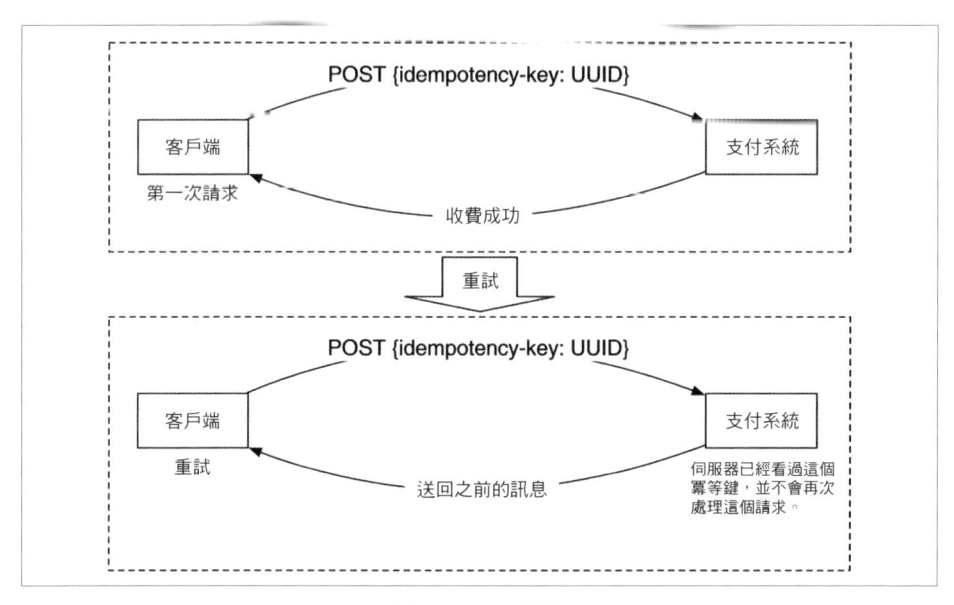

圖 11.12：冪等性

如果偵測到好幾個同時發出的請求，全都具有相同的冪等鍵，那就只有一個請求會被處理，其他的請求則會收到「429 Too Many Requests（過多請求）」的狀態碼。

為了支援冪等性，我們可以運用資料庫的唯一鍵約束（unique key constraint）。舉例來說，我們可以把資料表的主鍵當作冪等鍵來使用。下面就是它的運作方式：

1. 當支付系統收到一個支付請求時，它就會嘗試在資料庫的資料表裡新增一筆紀錄。

2. 如果可以成功新增紀錄，就表示我們之前並沒有處理過這個支付請求。

3. 如果相同的主鍵已經存在，導致無法新增紀錄，就表示我們之前已經處理過這個支付請求了。第二個請求也就不會被處理了。

情境二：PSP 已成功處理完支付，但由於網路錯誤，因此回應並沒有順利送回到我們的支付系統。然後使用者又再次點擊了「支付」按鈕。

如圖 11.4（步驟 2 和步驟 3）所示，支付服務會向 PSP 發送一個 nonce 值，PSP 則會送回一個相應的 Token。這個 nonce 值是一個可用來代表支付訂單的唯一值，而且這個獨一無二的 Token 也會與 nonce 值形成一對一的對應關係。因此，這個 Token 也會與支付訂單形成一對一的對應關係。

當使用者再次點擊「支付」按鈕時，由於支付訂單還是相同的，因此發送到 PSP 的 Token 也會是相同的。由於 PSP 端是用 Token 來作為冪等鍵，因此可以識別出重複支付的情況，然後它就會把先前執行的狀態送回來。

一致性

支付的執行過程中，會調用到好幾個有狀態的服務：

1. 支付服務會保存著支付相關的資料，如 nonce、Token、支付訂單、執行狀態等等。

2. 帳本會保存著所有的會計資料。

3. 錢包會保存著商家的帳戶餘額。

4. PSP 則保存著支付的執行狀態。

5. 資料可以在不同的副本資料庫之間進行複製，以提升可靠性。

在分散式環境中，任兩個服務之間的通訊都有可能出狀況，導致資料不一致的問題。我們就來看一下可用來解決支付系統資料不一致的一些技術。

為了維持內部服務之間的資料一致性，確保「恰好一次」的處理非常重要。

為了維持內部服務和外部服務（PSP）之間的資料一致性，我們通常都是依賴冪等性和對帳的做法。如果外部的服務可支援冪等性，我們就應該使用相同的冪等鍵，來進行支付重試操作。就算外部的服務有支援冪等性 API，還是需要進行對帳，因為我們不應該假設外部的系統一定是正確的。

如果有進行資料副本複製，副本延遲的情況可能就會導致主資料庫和副本資料庫之間的資料不一致。要解決此問題通常有兩種選擇：

1. 只讓主資料庫提供讀寫服務。這種做法很容易進行設置，不過很明顯的缺點就是可擴展性。副本資料庫只能用來保證資料的可靠性，但不提供任何流量上的服務，這樣是很浪費資源的。

2. 確保所有副本資料庫始終保持同步。我們可以運用 Paxos [21] 和 Raft [22] 之類的共識（consensus）演算法，或是運用 YugabyteDB [23] 或 CockroachDB [24] 之類的共識型分散式資料庫。

支付安全性

支付的安全性非常重要。在這個系統設計的最後部分，我們打算簡要介紹一些可用來對抗網路攻擊和信用卡盜竊的技術。

第 11 章　支付系統

表 11.6：支付安全性

問題	解法
請求 / 回應的竊聽	採用 HTTPS
資料的篡改	強制落實加密與完整性（integrity）的監控
中間人攻擊	使用 SSL 搭配憑證固定（certificate pinning）的做法
資料遺失	跨越多地區的資料庫副本複製，並建立資料快照
分散式阻斷服務攻擊（DDoS）	限速做法與防火牆 [25]
信用卡盜竊	Token 化。不要使用真實的卡號，而是儲存 Token，然後在支付時使用 Token 取代卡號
PCI（支付卡產業）合規性	PCI DSS（支付卡產業資料安全標準）就是處理各品牌信用卡組織所採用的資訊安全標準
詐騙	地址驗證、信用卡驗證值（CVV）、使用者行為分析等等 [26] [27]

第 4 步 —— 匯整總結

本章研究了收款（pay-in）與付款（pay-out）流程。我們深入探討重試、冪等性和一致性。本章最後還介紹了支付的錯誤處理與安全性相關做法。

支付系統是極為複雜的。雖然我們已經討論了很多的主題，但還是有更多值得一提的主題。以下就是相關主題其中一些具有代表性的列表，不過這並不算是非常詳盡的一個列表。

- 監控：關鍵指標的監控，可說是任何現代應用其中非常關鍵的部分。透過廣泛的監控，我們就可以回答一些像是「特定支付方式的平均接受率是多少？」、「我們的伺服器 CPU 使用率是多少？」之類的問題。我們可以在資訊面板（dashboard）上，建立並呈現這些指標。

- 警報：如果出現了異常的情況，很重要的就是要去提醒值班的開發人員，讓他們能夠及時做出反應。

- 除錯工具：「為什麼支付會出問題？」這是個很常見的問題。為了讓工程師和客戶支援人員更容易進行除錯，很重要的就是能夠開發

>> 第 4 步 — 匯整總結

出一些工具,讓員工有能力去查看支付的狀態、處理伺服器的歷史紀錄、PSP 紀錄等資訊。

- 貨幣兌換:針對跨國使用者設計支付系統時,貨幣兌換就是個很重要的考量。

- 地理位置:不同的地區可能會有完全不同的支付方式。

- 現金支付:現金支付在印度、巴西和其他一些國家,是很普遍的一種支付方式。我們在設計系統時,一定要考慮現金的支付方式。Uber [28] 和 Airbnb [29] 的工程部落格裡都有許多詳細的文章,介紹他們如何處理現金支付的做法。

- Google / Apple 支付的整合:有興趣的話,請參閱 [30]。

恭喜你跟我們走到了這裡!現在你可以給自己一點鼓勵。你真是太棒了!

第 11 章　支付系統

章節摘要

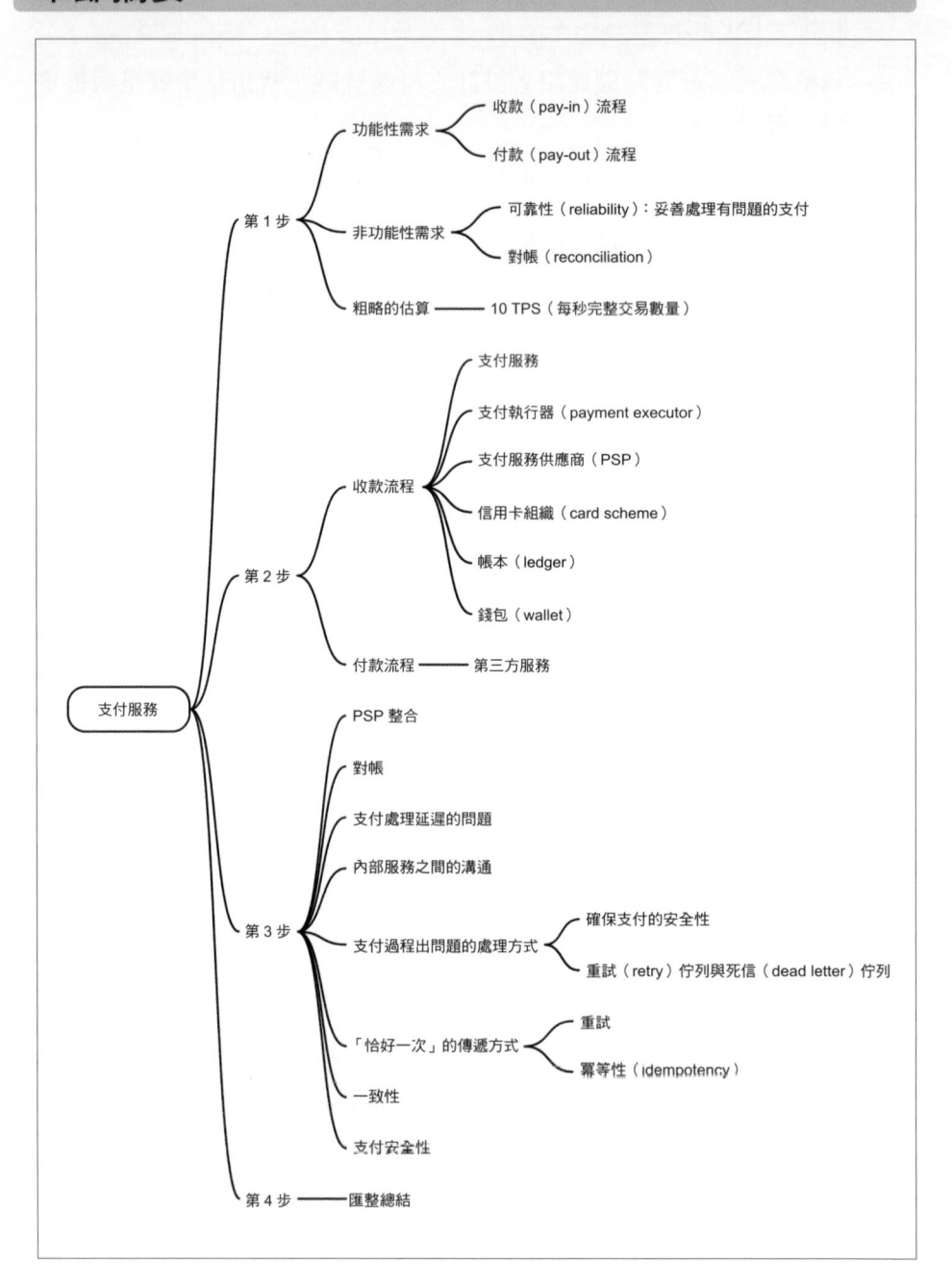

- 支付服務
  - 第 1 步
    - 功能性需求
      - 收款（pay-in）流程
      - 付款（pay-out）流程
    - 非功能性需求
      - 可靠性（reliability）：妥善處理有問題的支付
      - 對帳（reconciliation）
    - 粗略的估算 —— 10 TPS（每秒完整交易數量）
  - 第 2 步
    - 收款流程
      - 支付服務
      - 支付執行器（payment executor）
      - 支付服務供應商（PSP）
      - 信用卡組織（card scheme）
      - 帳本（ledger）
      - 錢包（wallet）
    - 付款流程 —— 第三方服務
  - 第 3 步
    - PSP 整合
    - 對帳
    - 支付處理延遲的問題
    - 內部服務之間的溝通
    - 支付過程出問題的處理方式
      - 確保支付的安全性
      - 重試（retry）佇列與死信（dead letter）佇列
    - 「恰好一次」的傳遞方式
      - 重試
      - 冪等性（idempotency）
    - 一致性
    - 支付安全性
  - 第 4 步 —— 匯整總結

參考資料

[1] 支付系統：https://en.wikipedia.org/wiki/Payment_system

[2] AML（反洗錢）/ CFT（反恐）：https://en.wikipedia.org/wiki/Money_laundering

[3] 信用卡組織：https://en.wikipedia.org/wiki/Card_scheme

[4] ISO 4217：https://en.wikipedia.org/wiki/ISO_4217

[5] Stripe API 參考文件：https://stripe.com/docs/api

[6] 複式簿記：https://en.wikipedia.org/wiki/Double-entry_bookkeeping

[7] 不可變的複式記帳會計資料庫服務：https://developer.squareup.com/blog/books-an-immutable-double-entry-accounting-database-service/

[8] 支付卡產業資料安全標準：https://en.wikipedia.org/wiki/Payment_Card_Industry_Data_Security_Standard

[9] Tipalti：https://tipalti.com/

[10] Nonce：https://en.wikipedia.org/wiki/Cryptographic_nonce

[11] Webhook：https://stripe.com/docs/webhooks

[12] 自定義你的支付成功頁面：https://stripe.com/docs/payments/checkout/custom-success-page

[13] 3D 安全性：https://en.wikipedia.org/wiki/3_D_Secure

[14] Kafka Connect 深入研究 ── 錯誤處理與死信佇列：https://www.confluent.io/blog/kafka-connect-deep-dive-error-handling-dead-letter-queues/

[15] 串流支付系統裡的可靠性處理：https://www.youtube.com/watch?v=5TD8m7w1xE0&list=PLLEUtp5eGr7Dz3fWGUpiSiG3d_WgJe-KJ

[16] 具有「恰好一次」保證的整串服務：https://www.confluent.io/blog/chain-services-exactly-guarantees/

[17] 指數式退避：https://en.wikipedia.org/wiki/Exponential_backoff

第 11 章　支付系統

[18] 冪等性：https://en.wikipedia.org/wiki/Idempotence

[19] Stripe 冪等請求：https://stripe.com/docs/api/idempotent_requests

[20] 冪等性：https://developer.paypal.com/docs/platforms/develop/idempotency/

[21] Paxos：https://en.wikipedia.org/wiki/Paxos_(computer_science)

[22] Raft：https://raft.github.io/

[23] YogabyteDB：https://www.yugabyte.com/

[24] Cockroachdb：https://www.cockroachlabs.com/

[25] 什麼是 DDoS 攻擊：https://www.cloudflare.com/learning/ddos/what-is-a-ddos-attack/

[26] 支付閘道器如何偵測並阻止線上詐騙：https://www.chargebee.com/blog/optimize-online-billing-stop-online-fraud/

[27] Uber 用來偵測與預防詐騙的先進技術：https://eng.uber.com/advanced-technologies-detecting-preventing-fraud-uber/

[28] 與 Uber Engineering 一起重新構建印度的現金支付和數位錢包支付：https://eng.uber.com/india-payments/

[29] Airbnb 支付平台的擴展：https://medium.com/airbnb-engineering/scaling-airbnbs-payment-platform-43ebfc99b324

[30] Uber 的支付整合：案例研究：https://www.youtube.com/watch?v=yooCE5B0SRA

12 數位錢包

支付平台通常會給客戶提供數位錢包服務，這樣一來客戶就可以先把一些錢存入錢包，留待將來使用。舉例來說，你可以用銀行的提款卡向數位錢包裡充值，等你隨後要在電子商務網站裡購買商品時，就可以選擇用錢包裡的錢來進行支付。圖 12.1 顯示的就是這整個過程。

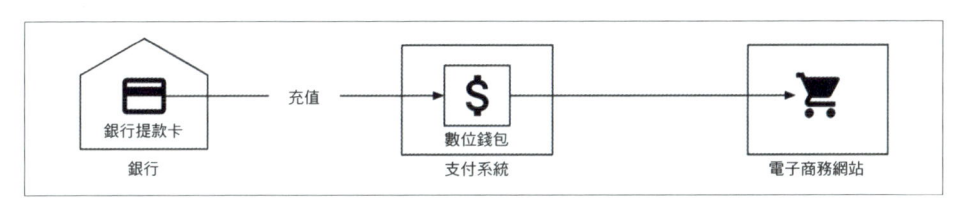

圖 12.1：數位錢包

花錢並不是數位錢包所提供的唯一功能。像 PayPal 這樣的支付平台，就可以直接把錢轉給同一個支付平台上另一個人的錢包。相較於銀行之間的轉帳，數位錢包之間直接轉帳的速度更快，最重要的是，通常並不會收取額外的費用。圖 12.2 顯示的就是不同錢包之間餘額轉帳的操作。

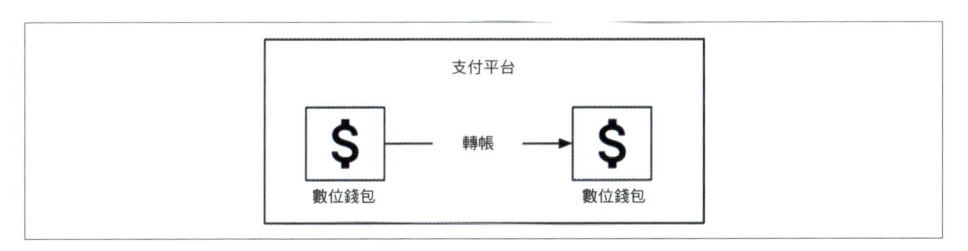

圖 12.2：不同錢包之間的餘額轉帳

假設在面試過程中，我們被要求設計出一個數位錢包應用的後端，來支援不同錢包之間的餘額轉帳操作。在面試開始時，我們會先提出一些釐清狀況的問題，以確立明確的需求。

第 12 章　數位錢包

第 1 步 —— 瞭解問題並確立設計範圍

應試者：我們只需要關注兩個數位錢包之間的餘額轉帳操作嗎？還需要設計出其他的功能嗎？

面試官：只要把重點放在餘額轉帳操作即可。

應試者：系統需要支援每秒多少筆完整交易（TPS）？

面試官：假設是 1,000,000 TPS。

應試者：數位錢包對於正確性有非常嚴格的要求。我們可否假設只要能滿足完整交易保證（transactional guarantees）[1] 就足夠了？

面試官：聽起來還不錯。

應試者：我們需要去證明正確性（Correctness）嗎？

面試官：這是個好問題。正確性通常只有在完整交易完成之後才能去進行驗證。驗證的其中一種方式，就是把我們的內部紀錄與銀行的報表進行比較。對帳的限制在於它只能顯示出差異，卻無法說明差異是如何產生的。因此，我們希望能夠設計出一個具有可重現性（reproducibility）的系統，這也就表示，我們永遠都可以從頭開始把資料重播一次，重建出餘額的歷史變化。

應試者：我們可否假設可用性（Availability）的要求是 99.99%

面試官：聽起來還不錯。

應試者：需要考慮外幣兌換嗎？

面試官：不用，這已經超出範圍了。

綜合以上所述，我們的數位錢包需要支援以下幾個需求：

- 支援兩個數位錢包之間的餘額轉帳操作。
- 支援 1,000,000 TPS。
- 可靠性至少為 99.99%。
- 支援完整交易（transaction）。
- 支援可重現性（reproducibility）。

粗略的估算

既然談到 TPS，就表示我們會採用支援完整交易（transaction）的資料庫。如今，在一般典型的資料中心節點所運行的關聯式資料庫，每秒都可以支援好幾千個完整交易。舉例來說，參考文獻 [2] 就包含了當今比較流行的一些支援完整交易的資料庫伺服器，相應的效能表現基準測試結果。假設一個資料庫節點可以支援 1,000 TPS。為了達到 100 萬 TPS 的目標，我們就需要用到 1,000 個資料庫節點。

不過，這個計算方式其實有點不準確。每個轉帳的指令都需要執行兩個動作：其中一個帳戶要進行扣款，另一個帳戶則要進行存款。為了支援每秒 100 萬次的轉帳，系統實際上需要處理高達 200 萬的 TPS，這也就表示，我們需要用到 2,000 個節點。

表 12.1 顯示的就是「單節點 TPS」（單獨一個節點可以處理的 TPS）有所改變時，相應所需的節點總數量。假設硬體保持不變，單一節點每秒可處理的完整交易數量越多，所需的節點總數就越少，這也表示硬體的成本就會越低。所以我們的設計目標之一，就是增加單一節點可處理的完整交易數量。

表 12.1：每個節點的 TPS 與節點數量的對應關係

每個節點的 TPS	節點數量
100	20,000
1,000	2,000
10,000	200

第 2 步 ── 提出高階設計並獲得認可

本節會討論以下幾個主題：

- API 設計
- 三種高階設計

第 12 章　數位錢包

1. 簡單的記憶體解決方案
2. 以資料庫為基礎的分散式完整交易解決方案
3. 具有可重現性的事件溯源（Event Sourcing）解決方案

API 設計

我們會使用 RESTful API 設計約定。這次的面試只需要支援一個 API：

API	詳細說明
POST/v1/wallet/balance_transfer	從某個錢包轉帳到另一個錢包

請求的參數如下：

欄位	說明	型別
from_account	借記（會被扣款的）帳戶	字串
to_account	貸記（會被存款的）帳戶	字串
amount	金額	字串
currency	貨幣類型	字串（ISO 4217 [3]）
transaction_id	用來消除重複情況的 ID	uuid

回應的主體內容範例如下：

```
{
  "Status": "success",
  " Transaction_id ": "01589980-2664-11ec-9621-0242ac130002"
}
```

值得一提的是，「amount」（金額）欄位的資料型別是「字串」，而不是「雙精度浮點數」（double）。我們在第 11 章支付系統已經解釋過原因了。

在實務上，許多人還是會選擇浮點數或雙精度浮點數這兩種表達方式，因為幾乎所有的程式語言和資料庫，都支援這兩種數值表達方式，但我們只要真正瞭解數值會有精度失準的潛在風險，就知道字串其實是個正確的選擇。

記憶體分片解決方案

錢包應用會維護著每一個使用者帳戶裡的餘額。如果想要表達這種 < 使用者，餘額 > 關係，其中一種很好用的資料結構就是 map，也就是所謂的雜湊表，或是鍵值儲存系統。

以記憶體儲存系統來說，Redis 就是個蠻受歡迎的選擇。單一個 Redis 節點並不足以處理 100 萬 TPS。我們需要建立一個 Redis 節點集群，並把不同使用者的帳戶均勻分配到不同的節點。這就是所謂的分區（partitioning）或分片（sharding）的做法。

為了把鍵值資料分散到各個不同的分區，我們可以先計算出鍵的雜湊值，再把它除以分區的數量。餘數的值就代表相應的分區。下面的虛擬程式碼展示的就是分片的過程：

```
String accountID = "A";
Int partitionNumber = 7;
Int myPartition = accountID.hashCode () % partitionNumber ;
```

分區的數量以及所有 Redis 節點的地址，全都可以保存在一個集中的地方。我們可以用 Zookeeper [4] 來作為一個具有高度可用性的配置儲存方案。

記憶體解決方案的最後一個組件，就是處理轉帳指令的服務。我們稱之為錢包服務，它有好幾個很重要的任務。

1. 接收轉帳指令
2. 驗證轉帳指令
3. 如果指令是有效的，它就會把參與轉帳的兩個使用者帳戶餘額進行更新，而這兩個帳戶很可能分別位於兩個不同的 Redis 節點。

錢包服務是無狀態的（stateless）。很容易就可以進行水平擴展。圖 12.3 顯示的就是這個記憶體解決方案的一個範例。

第 12 章　數位錢包

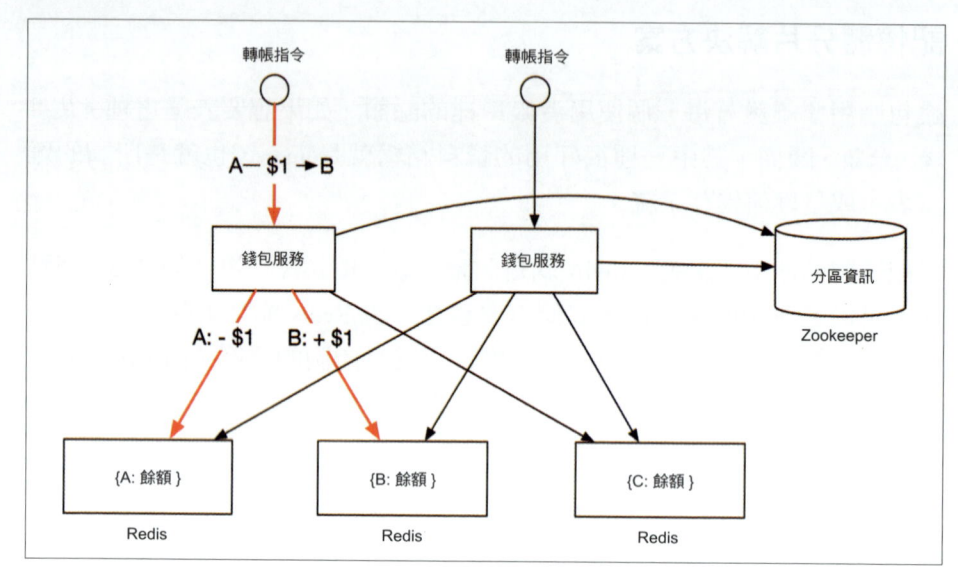

圖 12.3：記憶體解決方案

在這個範例中，我們有 3 個 Redis 節點。另外還有 A、B、C 三個使用者，他們的帳戶餘額分別保存在這三個 Redis 節點中。這個例子裡有兩個錢包服務節點，可用來處理餘額轉帳的請求。當其中一個錢包服務節點收到「把 1 美元從客戶 A 轉帳到客戶 B」的轉帳指令時，它就會向兩個 Redis 節點分別發出兩個指令。針對使用者 A 帳戶所在的 Redis 節點，錢包服務會從該帳戶扣減 1 美元。針對使用者 B，錢包服務則會把 1 美元添加到帳戶中。

> **應試者**：在這個設計中，帳戶餘額分散在好幾個不同的 Redis 節點中。這裡可以用 Zookeeper 來維護分片的資訊。無狀態的錢包服務可利用分片的資訊來找出使用者所在的 Redis 節點位置，以更新使用者的帳戶餘額。
>
> **面試官**：這個設計是可行的，不過這樣還無法滿足我們的正確性要求。錢包服務每一次轉帳都要更新兩個 Redis 節點。我們無法保證兩次更新一定都會成功。舉例來說，如果錢包服務節點完成了第一個更新，可是第二個更新卻出了問題，這樣就會導致轉帳不完整的結果。這兩個更新一定要在單一次的原子化（atimic）完整交易中完成才行。

分散式完整交易

資料庫分片

我們該怎麼讓兩個分散在不同儲存節點的更新操作，能夠展現出原子化（atomic；譯註，也就是讓兩個操作綁在一起，要執行就兩個都執行，要不就是兩個操作都不執行）的效果？第一個步驟，就是把每個 Redis 節點替換成支援完整交易的關聯式資料庫節點。圖 12.4 顯示的就是這樣的架構。現在 A、B 和 C 這三個使用者被分區到 3 個關聯式資料庫，而不再是 3 個 Redis 節點了。

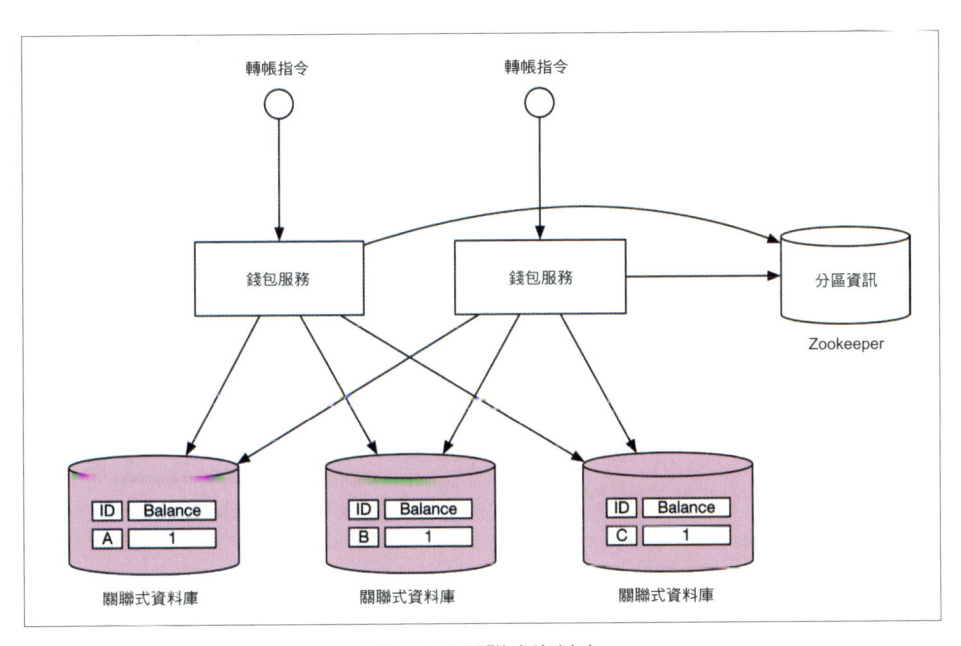

圖 12.4：關聯式資料庫

就算採用了支援完整交易的資料庫，也只能解決部分的問題。如同上一節所提到的，一個轉帳指令需要更新兩個不同資料庫裡的兩個帳戶。我們並不能保證兩個更新操作一定會同時處理完成。如果在更新完第一個帳戶餘額之後，錢包服務突然被重啟，我們該如何確保第二個帳戶也會被更新呢？

分散式完整交易：兩階段提交

在分散式系統中，一次完整交易有可能會牽涉到好幾個節點的好幾個程序。如果要讓完整交易原子化，分散式完整交易（distributed transaction）可能就是解答。分散式完整交易有兩種實作方式：低階解法和高階解法。這兩種做法我們都會進行說明。

低階解法必須依靠資料庫本身的功能。最常用的演算法就叫做兩階段提交（2PC；two-phase commit）。顧名思義，這個做法會分成兩個階段，如圖 12.5 所示。

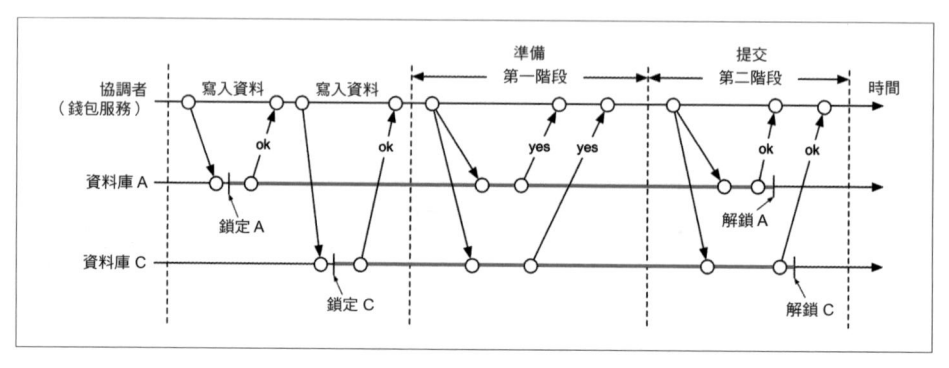

圖 12.5：兩階段提交（資料來源 [5]）

1. 協調者（在我們的例子中就是錢包服務）會先按照原本的做法，對好幾個資料庫執行讀寫操作。如圖 12.5 所示，資料庫 A 和 C 都會被鎖定起來。

2. 應用程式要提交完整交易之前，協調者會先要求所有資料庫，為此次完整交易做好準備。

3. 協調者會在第二階段收集所有資料庫的回應，然後再執行以下操作：

    (a) 如果所有資料庫全都回覆了「yes」，協調者就會要求所有的資料庫，可以把之前所收到的完整交易進行提交。

    (b) 如果有任何資料庫回覆了「no」，協調者就會要求所有資料庫中止掉這次的完整交易。

這是一種比較低階的解法，因為第一階段的準備步驟，需要對資料庫的完整交易功能進行特殊的修改。舉例來說，有一個叫做 X/Open XA[6] 的標準，就可以用來協調不同資料庫實作出 2PC 的做法。2PC 最大的問題就是它的效能並不高，因為在等待各節點的訊息時，可能會持續鎖定很長一段時間。2PC 的另一個問題，就是協調者本身有可能會出現單點故障的問題，如圖 12.6 所示。

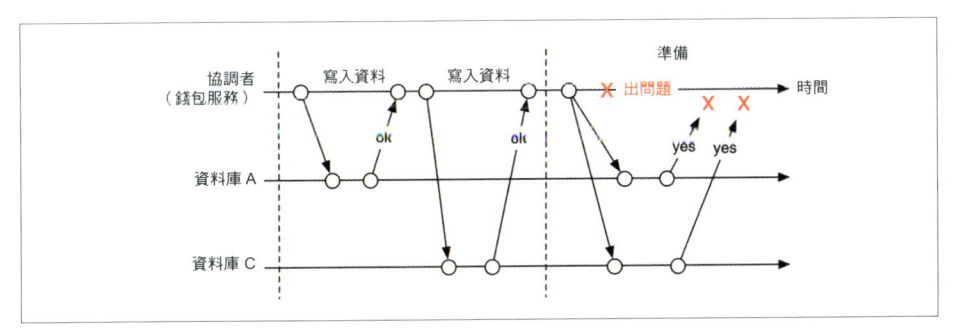

圖 12.6：協調者出問題

分散式完整交易：嘗試 - 確認 / 取消（TC/C）

TC/C 是一種補償型完整交易（compensating transaction）[7]，它也有兩個步驟：

1. 在第一階段，協調者會要求所有資料庫為這個完整交易預留資源。

2. 在第二階段，協調者會收集所有資料庫的回應：

    (a) 如果所有的資料庫都回覆「yes」，協調者就會要求所有資料庫進行確認操作，這就是「嘗試 - 確認」（Try-Confirm）程序。

    (b) 如果有任何資料庫回覆了「no」，協調者就會要求所有資料庫進行取消操作，這就是「嘗試 - 取消」（Try-Cancel）程序。

需要注意的是，2PC 的兩個階段全都包含在同一次的完整交易中，但在 TC/C 的做法中，每一個階段都是單獨的一次完整交易。

TC/C 範例

用實際的範例來解釋 TC/C 的工作原理,應該會比較容易理解。假設我們想從帳戶 A 轉帳 1 美元到帳戶 C。表 12.2 就是 TC/C 在每個階段執行操作的摘要說明。

表 12.2:TC/C 範例

階段	操作	A	C
1	嘗試	餘額改變:-$1	什麼都不做
2	確認	什麼都不做	餘額改變:+$1
2	取消	餘額改變:+$1	什麼都不做

假設我們的錢包服務就是 TC/C 的協調者。在分散式完整交易開始時,帳戶 A 的餘額為 1 美元,帳戶 C 的餘額為 0 美元。

第一階段:嘗試 在「嘗試」階段,身為協調者的錢包服務會向兩個資料庫發出兩個完整交易指令:

1. 針對帳戶 A 所在的資料庫,協調者會啟動一個本地完整交易,把 A 的餘額減掉 1 美元。

2. 針對帳戶 C 所在的資料庫,協調者會給它一個 NOP(無操作)。為了讓此範例可適用於其他情境,假設協調者向這個資料庫發送了一個 NOP 指令。資料庫看到 NOP 指令之後,並不會執行任何操作,而且一定會向協調者回覆一個成功的訊息。

「嘗試」階段如圖 12.7 所示。粗線的部分就表示完整交易進行了鎖定。

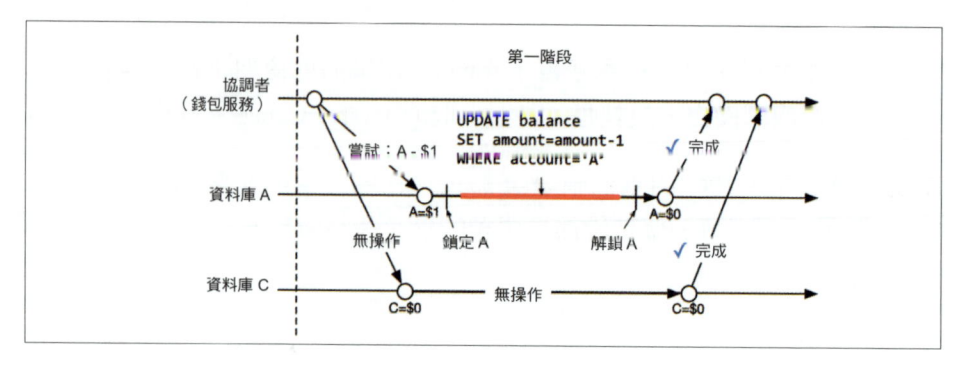

圖 12.7:「嘗試」階段

>> 第 2 步 — 提出高階設計並獲得認可

第二階段：確認　如果兩個資料庫都回覆了「完成」，錢包服務就會啟動下一個「確認」階段。

帳戶 A 的餘額已經在第一階段完成更新。錢包服務並不需要改變其餘額。不過，帳戶 C 還沒從帳戶 A 收到第一階段的 1 美元。在「確認」階段，錢包服務必須在帳戶 C 的餘額添加 1 美元。

確認程序如圖 12.8 所示。

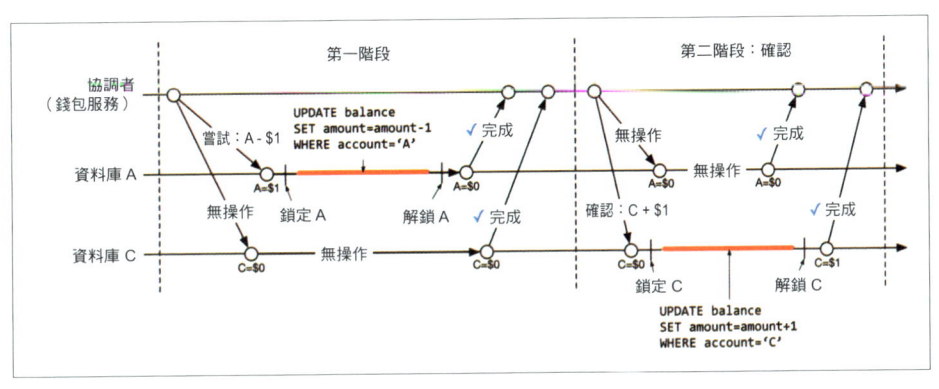

圖 12.8：「確認」階段

第二階段：取消　如果第一個「嘗試」階段出問題怎麼辦？在上面的範例中，我們假設帳戶 C 的 NOP 操作一定會成功，但實際上還是有可能會出問題。舉例來說，帳戶 C 有可能是一個非法帳戶，監管機構強制規定資金不得進出這個帳戶。在這樣的情況下，分散式完整交易就必須取消，然後我們就必須進行清理。

由於帳戶 A 的餘額已經在「嘗試」階段的完整交易被更新過了，錢包服務不可能取消已完成的完整交易。它能做的就是啟動另一次完整交易，把之前「嘗試」階段完整交易的效果還原回來（也就是給帳戶 A 添加 1 美元）。

由於帳戶 C 在「嘗試」階段並沒有做任何更新，因此錢包服務只需要向帳戶 C 的資料庫發送 NOP 操作即可。

「取消」程序如圖 12.9 所示。

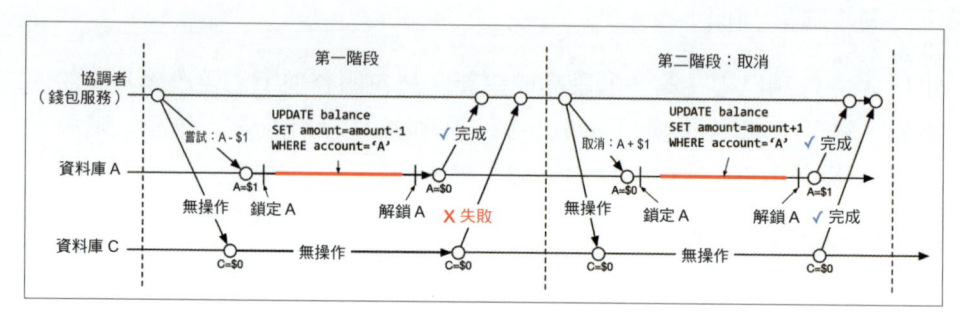

圖 12.9：「取消」階段

2PC 與 TC/C 的比較

從表 12.3 可以看出 2PC 和 TC/C 之間有許多相似之處，不過也存在一些差異。在 2PC 的做法下，第二階段開始時，所有本地的完整交易都還沒完成（還在鎖定），而在 TC/C 的做法下，第二階段開始時，所有本地的完整交易全都已經完成（解除鎖定）了。換句話說，2PC 的第二階段其實是去完成那個還沒完成的完整交易（進行提交或中止操作），而 TC/C 的第二階段則會在發生錯誤時，使用反向操作來抵消掉之前完整交易的結果。下表總結了它們的差異。

表 12.3：2PC vs. TC/C

	第一階段	第二階段：成功	第二階段：失敗
2PC	本地的完整交易尚未完成	把本地的整個完整交易提交出去	取消掉本地的整個完整交易
TC/C	無論是已提交還是已取消，本地的整個完整交易都已經完成了	如果有需要的話，再繼續執行另一個本地完整交易	把完整交易提交之後的效果反轉回來，也就是所謂的「撤銷」（undo）

TC/C 也稱為補償型分散式完整交易。這是一種比較高階的解法，因為補償（也就是所謂的「撤銷」）是透過業務邏輯來實現的。這種做法的優點就是與資料庫無關（database-agnostic）。只要資料庫有支援完整交易，TC/C 的做法就可以正常運作。缺點則是我們必須在應用層管理業務邏輯的細節，並處理分散式完整交易的複雜性。

階段狀態資料表

我們還沒回答之前所提出的問題：如果錢包服務在 TC/C 的整個過程半途中被重啟，這樣會發生什麼事？如果真的重新啟動，之前所有的操作歷史紀錄可能都會不見，而且系統可能不知道該如何進行還原。

解決的方式很簡單。我們可以用階段狀態（phase status）來代表 TC/C 的進度，把它保存在一個支援完整交易的資料庫中。在這個階段狀態裡，至少應該包括以下這些資訊：

- 分散式完整交易的 ID 和內容。
- 每個資料庫在「嘗試」階段的狀態。狀態可以是「尚未發送」、「已發送」、「已收到回應」。
- 第二階段的名稱。可以是「確認」或「取消」。這部分可以用「嘗試」階段的結果來進行判斷。
- 第二階段的狀態。
- 脫序旗標（out-of-order flag；稍後在「脫序執行」一節就會進行解釋）。

我們應該把階段狀態資料表放在哪裡呢？通常我們會把階段狀態保存在存放錢包帳號（可直接從錢包扣錢）的資料庫中。更新後的架構圖如圖 12.10 所示。

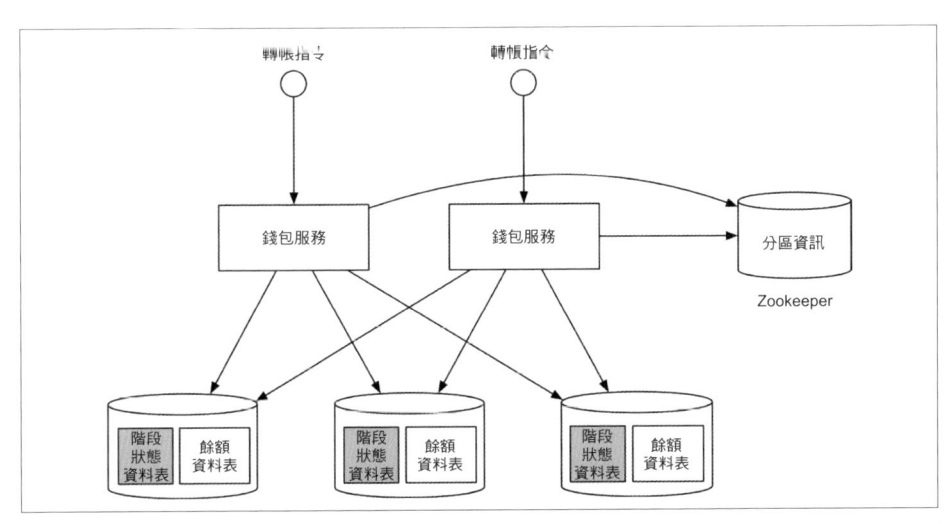

圖 12.10：階段狀態資料表

有問題的餘額

你有沒有注意到，在「嘗試」階段結束時，大家的餘額加總起來會少掉 1 美元（圖 12.11）？

假設一切都很順利，在「嘗試」階段結束時，帳戶 A 會扣減掉 1 美元，帳戶 C 則保持不變。A 和 C 這兩個帳戶的餘額總和就會變成 0 美元，低於 TC/C 一開始時的餘額總和。這樣就違反了會計的基本規則，因為照理說完整交易之後的總餘額應該要保持不變才對。

好消息是，TC/C 的整個程序還是有維持住所謂的完整交易保證。TC/C 的整個程序，包含了兩個獨立的本地完整交易。由於 TC/C 的整個程序是由應用程式來實現的，所以應用程式才會在這兩個本地完整交易之間，看到奇怪的中間結果。相對來說，無論是資料庫的完整交易，或者是分散式完整交易的 2PC 版本，都是由資料庫來負責維持住所謂的完整交易保證，因此高階的應用程式根本看不到中間發生了什麼事。

其實在分散式完整交易的執行過程中，一定會出現資料不一致的情況。這些不一致的情況對我們來說，有可能是察覺不到的（透明的），因為資料庫之類的低階系統可能已經把那些不一致的情況處理掉了。但是像 TC/C 這樣的做法，我們就會察覺到不一致的情況，這時候我們只要自己心裡明白就行了。

這種餘額有問題的狀態，如圖 12.11 所示。

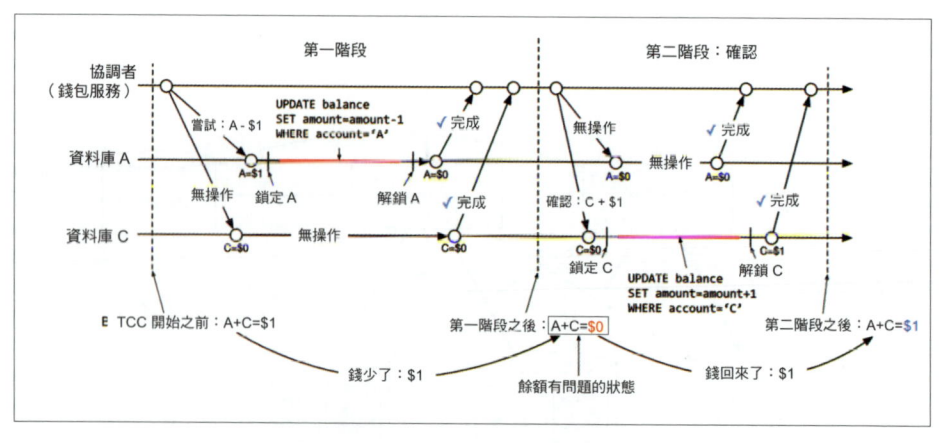

圖 12.11：餘額有問題的狀態

「正確」的操作順序

在「嘗試」階段可進行的操作，其實有 3 組不同的選擇：

表 12.4：「嘗試」階段的幾種不同選擇

「嘗試」階段的不同選擇	帳戶 A	帳戶 C
選擇 1	-$1	無操作
選擇 2	無操作	+$1
選擇 3	-$1	+$1

這三種選擇乍看之下好像都很合理，但其實有些是不正確的。

以選擇 2 來說，如果在「嘗試」階段，帳戶 C 是成功的，但帳戶 A（無操作）出了問題，錢包服務就必須進入「取消」階段。但這時候萬一有人先介入其中，把帳戶 C 裡的 1 美元轉走了，後來錢包服務想要從帳戶 C 扣減 1 美元時，就會發現帳戶裡已經沒錢了；這樣一來，就違反分散式完整交易的完整交易保證了。

以選擇 3 來說，如果從帳戶 A 扣減 1 美元，同時還要把 1 美元添加到帳戶 C 中，這樣一定會帶來很多的複雜性。舉例來說，帳戶 C 添加了 1 美元，但帳戶 A 的扣款卻出了問題，這樣該怎麼辦呢？

因此，選擇 2 和選擇 3 都是有缺陷的選擇，只有選擇 1 才是正確的做法。

脫序執行

TC/C 這個做法的副作用之一，就是脫序執行（out-of-order execution）。用範例來解釋會比較容易理解。

我們再次使用前面的範例，也就是從帳戶 A 轉帳 1 美元到帳戶 C。如圖 12.12 所示，在「嘗試」階段，帳戶 A 的操作失敗了，失敗的結果會被送回給錢包服務，接著就進入「取消」階段，把「取消」操作發送給帳戶 A 和帳戶 C。

假設處理帳戶 C 的資料庫存在一些網路上的問題，結果它在收到「嘗試」指令之前，就先收到了「取消」指令。在這樣的情況下，根本就沒什麼可取消的。

脫序執行的情況，如圖 12.12 所示。

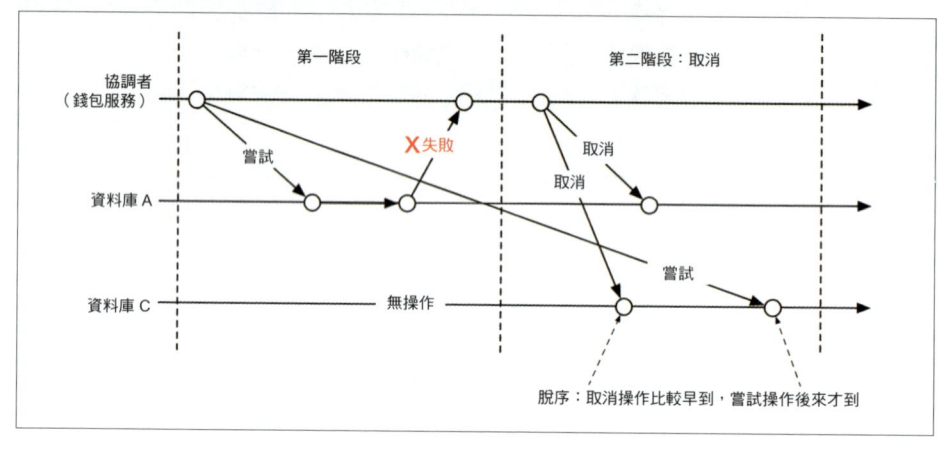

圖 12.12：脫序執行的例子

為了處理這種脫序操作的情況，每個節點都可以在沒接收到「嘗試」指令的情況下，主動把 TC/C 取消掉；我們可以透過以下的更新做法，來強化現有的邏輯：

- 如果是脫序的「取消」操作，就會在資料庫裡留下一個旗標，意思就是雖然已經看到「取消」操作，卻還沒看到「嘗試」操作。
- 強化版的「嘗試」操作，一定會先檢查有沒有脫序旗標；如果有的話，就送回失敗的結果。

這就是為什麼我們在「階段狀態資料表」一節的階段狀態資料表裡，要添加一個脫序旗標的理由。

分散式完整交易：Saga

以線性的順序執行各種操作

另外還有一種蠻流行的分散式完整交易解決方案，稱為 Saga [8]。Saga 其實是微服務架構實際上的標準。Saga 的想法很簡單：

1. 所有的操作都要照順序排列。每個操作都是獨立的完整交易。

2. 操作會從第一個循序執行到最後一個。一個操作完成之後，才會觸發下一個操作。

3. 如果有操作出了問題，整個程序就會用補償型完整交易的做法，以相反的順序從當下的操作開始滾回（roll back）第一個操作。因此，分散式完整交易的任何操作都需要準備兩種操作：一種是用於正常的情況，另一種則是在回滾期間才會用到的補償型操作。

用範例來看比較容易理解。圖 12.13 顯示的就是把 1 美元從帳戶 A 轉帳到帳戶 C 的 Saga 工作流程。最上面的水平箭頭顯示的是正常的執行順序。兩組垂直的箭頭顯示的則是系統出現錯誤時應該執行的操作。遭遇到錯誤時，轉帳操作就會滾回到原本的狀況，而且客戶端也會收到錯誤訊息。正如我們之前在「『正確』的操作順序」一節中所提到的，我們一定要把扣減金額的操作放在前面，把增加金額的操作放在後面。

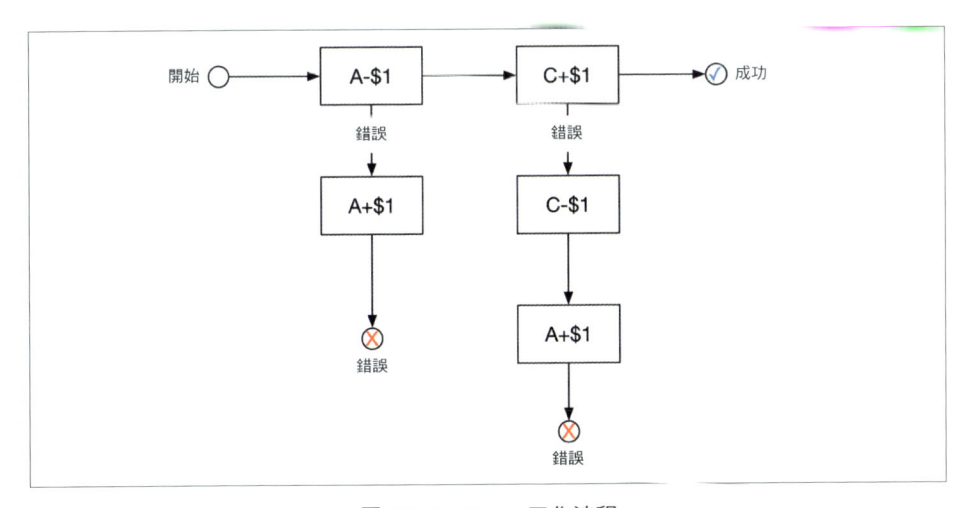

圖 12.13：Saga 工作流程

這些操作要如何進行協調呢?有兩種做法:

1. 分散式編排(Choreography;譯註:原意是「編舞」)。在微服務架構中,Saga 分散式完整交易所牽涉到的所有服務,都會去訂閱其他服務的事件,然後用這樣的方式來完成其工作。所以,這是一種完全去中心化的協調方式。

2. 中心式編排(Orchestration;譯註:原意是「編曲」)。會有一個單一協調者,負責指揮所有的服務,以正確的順序完成其工作。

究竟應該選用哪一種協調模型,完全取決於業務的需求與目標。分散式編排這種解決方案的挑戰在於,服務完全是以非同步的方式進行溝通,因此每個服務都必須維護一個內部狀態機器,才能瞭解其他服務發出事件時應該要做出什麼動作。如果服務的數量很多,管理起來就會變得很困難。中心式編排這種解決方案可以很妥善處理複雜的情況,因此它通常是數位錢包系統的首選做法。

TC/C 與 Saga 的比較

TC/C 和 Saga 都是應用級的分散式完整交易做法。表 12.5 總結了它們之間的異同。

表 12.5:TC/C vs. Saga

	TC/C	Saga
補償動作	在「取消」階段	在「回滾」階段
中心式協調	是	是(中心式編排模式下)
操作執行順序	任何	線性
平行執行的可能性	可	否(只能以線性的順序依次執行)
會看到部分不一致的狀態	是	是
應用程式還是資料庫邏輯	應用程式	應用程式

我們在實際情況下,應該使用哪一種做法呢?答案就取決於對延遲的要求。如表 12.5 所示,Saga 的操作必須以線性的順序來執行,但 TC/C 則可以用平行的方式來執行操作。所以,這個判斷取決於以下幾個因素:

1. 如果沒有延遲的要求，或是服務很少的情況（例如我們的轉帳範例），兩種選擇都是可以的。如果我們想順應微服務架構的潮流，那就選擇 Saga 吧。
2. 如果系統對延遲很敏感，而且包含了許多的服務 / 操作，TC/C 可能就是更好的選擇。

應試者：為了讓餘額轉帳能夠支援完整交易的做法，我們改用關聯式資料庫來取代 Redis，並用 TC/C 或 Saga 來實作出分散式完整交易。

面試官：這樣很棒！分散式完整交易的解決方案確實是可行的，不過還是有某些不太適用的情況。舉例來說，使用者可能會在應用程式裡做出某些錯誤的操作。在這樣的情況下，我們所設定的金額可能就不正確了。我們需要有某種方式可以追溯出問題的根本原因，並對所有帳戶相關操作進行審核。我們該怎麼做呢？

事件溯源

背景

在現實生活中，數位錢包供應商可能需要接受各種審核。這些外部的審核者可能會提出一些蠻有挑戰性的問題，例如：

1. 我們可以知道帳戶在任何特定時間的餘額嗎？
2. 我們如何知道帳戶餘額的歷史和當下的餘額是否正確？
3. 程式碼修改之後，如何證明系統的邏輯依然是正確的？

如果想要系統化回答這些問題，其中一種設計的理念就是**事件溯源**（**Event Sourcing**），這是在**領域驅動設計**（**DDD；Domain-Driven Design**）[9] 這個理念下所發展出來的一種技術。

定義

事件溯源有四個重要的術語。

1. 指令（Command）
2. 事件（Event）
3. 狀態（State）
4. 狀態機器（State Machine）

指令

指令（Command）就是來自外部世界的意圖，代表的是所要進行的動作。舉例來說，如果我們想從客戶 A 轉帳 1 美元給客戶 C，這個轉帳請求就是一個指令。

在事件溯源的做法中，一切都有順序，這是非常重要的。因此，指令通常都會被放入先進先出（FIFO；first in, first out）的佇列中。

事件

指令只是一種意圖（intention），而不是事實，因為有些指令可能是不正確的，根本就無法實現。舉例來說，如果轉帳之後帳戶的餘額會變成負數，這個轉帳操作就會出問題。

我們在執行任何操作之前，一定要先對指令進行驗證。指令只要通過了驗證，它就是正確的指令，一定要予以履行（fulfill）。履行的結果，就是所謂的事件（Event）。

指令和事件之間有兩個主要的區別。

1. 事件一定會被執行，因為它代表的是已驗證過的事實。在實務上，我們通常會用過去式來描述事件。如果指令是「把 $1 從 A 轉帳到 C」，相應的事件就是「$1 **已經**從 A 轉帳到 C」。
2. 指令可能還有某種隨機性，或是會因為不同的輸入而產生不同的輸出，但事件一定是具有確定性的。事件代表的是歷史事實，因此其行為應該是始終如一的。

事件生成的程序有兩個重要的屬性。

1. 一個指令可以生成任意數量的事件。可以生成零個，也可以生成很多個事件。
2. 事件生成可包含某種隨機性，這也就表示，指令並不保證一定會生成相同的事件。事件生成有可能包含外部 I/O 的因素，也有可能包含某些隨機數。我們會在本章的最後，更詳細重新討論這個屬性。

事件的順序一定會遵循指令的順序。因此，事件也是保存在先進先出的佇列中。

狀態

狀態（State）就是套用了事件之後，會被改變的東西。在錢包系統中，狀態就是所有使用者的帳戶餘額，可以用一個 map 資料結構來表示。其中的鍵（key）就是帳戶名稱或 ID，值（value）則是帳戶的餘額。一般通常都是用鍵值儲存系統來儲存 map 資料結構。關聯式資料庫也可以被視為一種鍵值儲存系統，其中的鍵就是主鍵，值則是資料表裡各行的紀錄。

狀態機器

狀態機器（State Machine）可用來驅動事件溯源程序。它有兩個主要的功能。

1. 驗證指令並生成事件。
2. 套用事件以更新狀態。

事件溯源要求狀態機器的行為是具有確定性的。因此，狀態機器本身不應該包含任何的隨機性。舉例來說，它絕對不應該用 I/O 從外部隨機讀取任何內容，或使用任何隨機的數字。當它把事件套用到某個狀態時，它一定會生成相同的結果。

圖 12.14 顯示的就是事件溯源架構的靜態示意圖。狀態機器負責把指令轉換成事件，並套用該事件。由於狀態機器有兩個主要功能，因此我們通常會畫出兩個狀態機器，一個負責驗證指令，另一個負責套用事件。

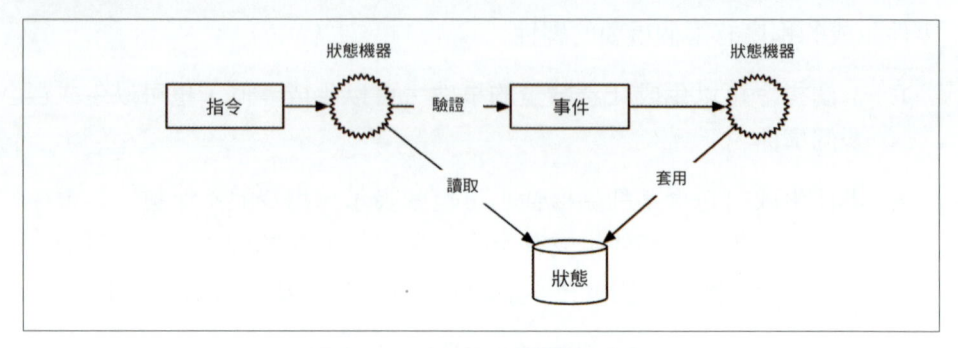

圖 12.14：事件溯源的靜態示意圖

如果我們把時間維度加進來，圖 12.15 顯示的就是事件溯源的動態示意圖。系統會持續不斷接收指令並一一進行處理。

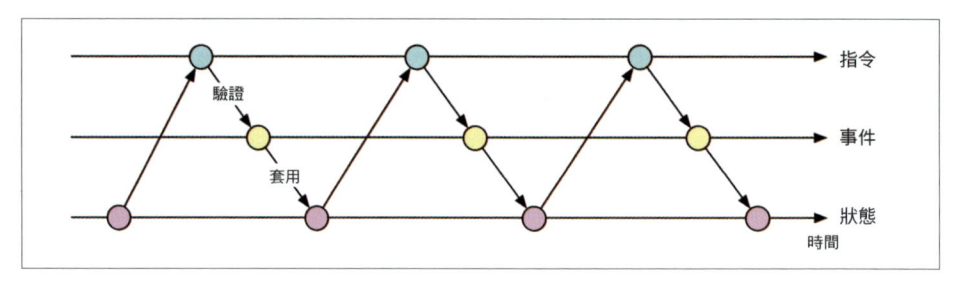

圖 12.15：事件溯源的動態示意圖

錢包服務範例

以錢包服務來說，指令就是餘額轉帳的請求。這些指令會被放入先進先出的佇列中。如果要實作出這個指令佇列，其中一種比較流行的做法就是 Kafka [10]。圖 12.16 顯示的就是這個指令佇列。

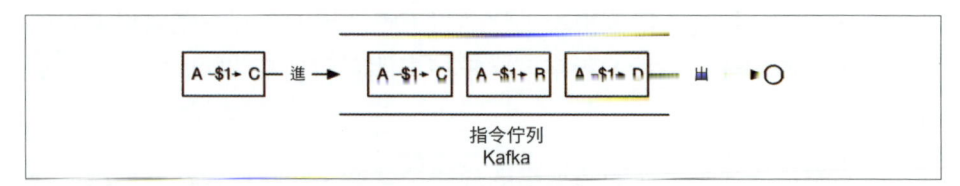

圖 12.16：指令佇列

>> 第 2 步 — 提出高階設計並獲得認可

假設我們把狀態（帳戶餘額）保存在關聯式資料庫中。狀態機器會依照先進先出的順序，逐一檢視每一個指令。它會針對每一個指令，檢查帳戶有沒有足夠的餘額。如果沒問題，狀態機器就會針對每個帳戶生成一個事件。舉例來說，如果指令是「A → $1 → C」，狀態機器就會生成兩個事件：「A：-$1」和「C：+$1」。

圖 12.17 顯示的就是狀態機器的運作方式，共分成 5 個步驟。

1. 從指令佇列裡讀取指令。
2. 從資料庫讀取餘額狀態。
3. 驗證指令。如果指令是正確的，就要分別針對兩個帳戶生成兩個事件。
4. 從事件佇列裡讀取事件。
5. 套用事件，更新資料庫裡的餘額。

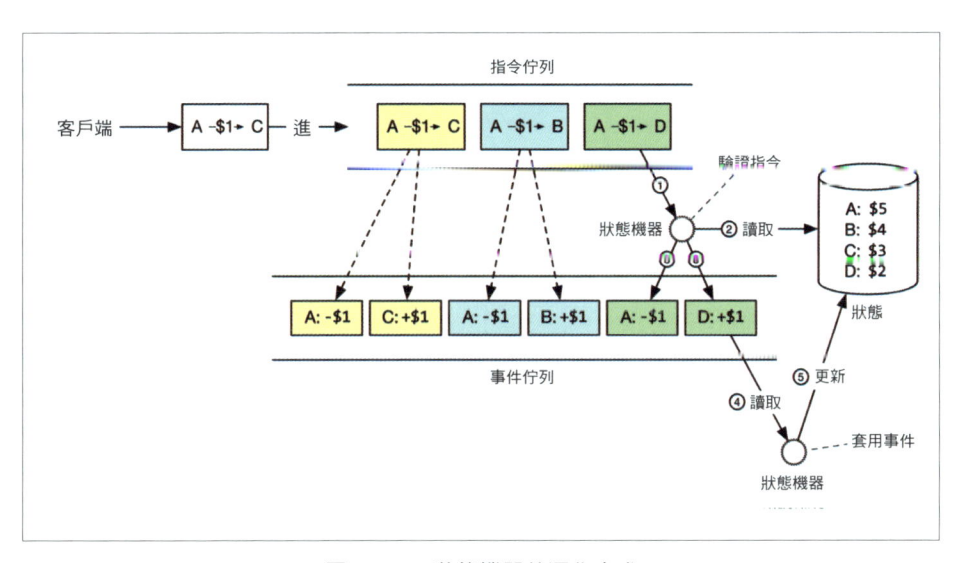

圖 12.17：狀態機器的運作方式

可重現性

相對於其他架構，事件溯源的做法最重要的優點就是**可重現性**。

在前面所提到的分散式完整交易解決方案中，錢包服務會把更新過的帳戶餘額（狀態）保存到資料庫中。我們很難知道帳戶的餘額為何會改變。同時，更新操作期間的餘額歷史資訊，也不會被保留下來。在事件溯源的設計中，所有的變動都會先被儲存為不可變的歷史紀錄。只要有這些保存在資料庫裡的歷史紀錄，我們就能推算出任何時間點的餘額。

我們永遠都可以從最開始重播事件，藉此方式重建出餘額狀態的歷史資料。由於事件列表是不可變的，而且狀態機器的邏輯是具有確定性的，因此這樣就可以保證，每一次重播所生成的歷史狀態一定都是相同的。

圖 12.18 顯示的就是如何透過事件重播的方式，來重現錢包服務的狀態。

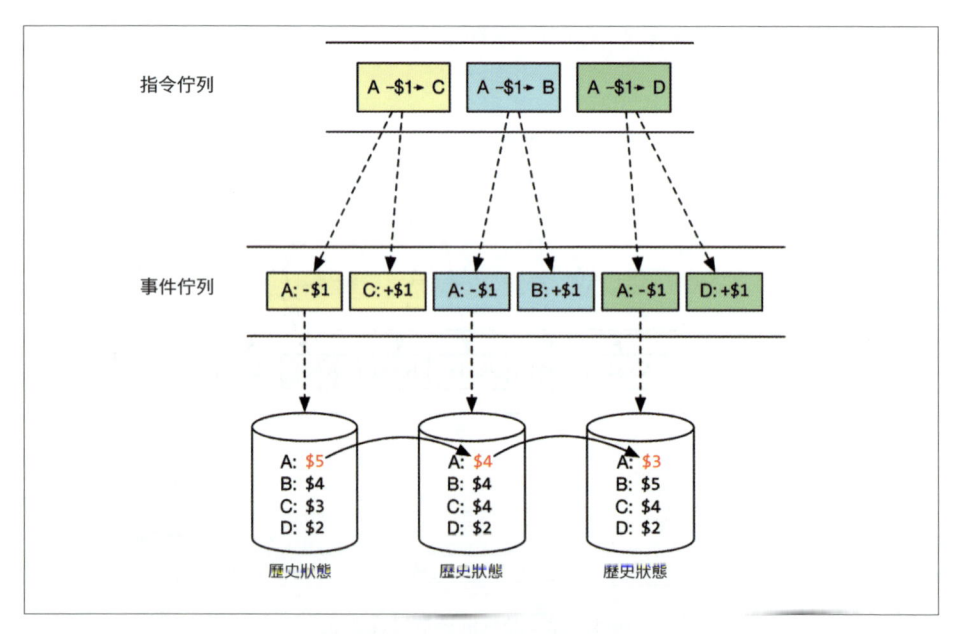

圖 12.18：狀態的重現

這樣的可重現性，就可以協助我們回答審核者在本節一開頭所提出的難題。我們再把那些問題重述一次：

1. 我們可以知道帳戶在任何特定時間的餘額嗎？
2. 我們如何知道帳戶餘額的歷史和當下的餘額是否正確？
3. 程式碼修改之後，如何證明系統的邏輯依然是正確的？

針對第一個問題，我們只要從頭開始重播事件，讓帳戶餘額一直重播到我們想知道的那個時間點，就能回答這個問題了。

針對第二個問題，我們只要根據事件列表重新計算帳戶餘額，就可以驗證帳戶餘額的正確性。

至於第三個問題，我們只要讓不同版本的程式碼重新執行事件，再驗證其結果是否相同即可。

由於可進行審核，因此事件溯源經常被選為錢包服務的實際解決方案。

指令 / 查詢責任分離（CQRS）

到目前為止，我們已經設計好錢包服務，可以有效把資金從一個帳戶轉帳到另一個帳戶。不過，客戶端還是沒辦法知道帳戶餘額究竟是多少。我們還是必須用某種方式把狀態（餘額資訊）發佈出去，才能讓事件溯源框架之外的客戶端得知目前的餘額狀態。

比較直觀的做法是，我們可以建立資料庫（歷史狀態）的唯讀副本，然後把它分享給外界使用。事件溯源框架則是以稍微不同的方式來回答這個問題。

事件溯源的做法並不是去發佈狀態（餘額資訊），而是把所有的事件全都發佈出去。外界可以自行重建出自己想取得的任何狀態。這樣的設計理念，就叫做 CQRS（Command-Query Responsibility Segregation；指令 / 查詢責任分離）[11]。

在 CQRS 的做法中，只有一個狀態機器負責寫入的工作，另外還有許多只能讀取的狀態機器，負責建構出狀態的各種不同呈現方式。這些不同的呈現方式，就可以滿足各種不同的查詢需求。

第 12 章　數位錢包

那些只能讀取的狀態機器，可以根據事件佇列衍生出不同的狀態表達方式。舉例來說，每個客戶端可能都想知道自己的帳戶餘額，因此我們可以用一個只能讀取的狀態機器，把最新的餘額狀態保存到資料庫中，以提供餘額查詢服務。我們也可以用另一個狀態機器，針對特定的間隔時間（例如一小時）建立相應的狀態，以協助調查重複收費之類的問題。像這樣的狀態資訊，就屬於一種審核蹤跡（audit trail），可協助財務紀錄進行對帳的工作。

這種只能讀取的狀態機器，在某種程度上會有落後的問題，但是到最後終究還是會追趕上來。這個架構就屬於那種**終究會一致（eventually consistent）**的設計。

圖 12.19 顯示的就是經典的 CQRS 架構。

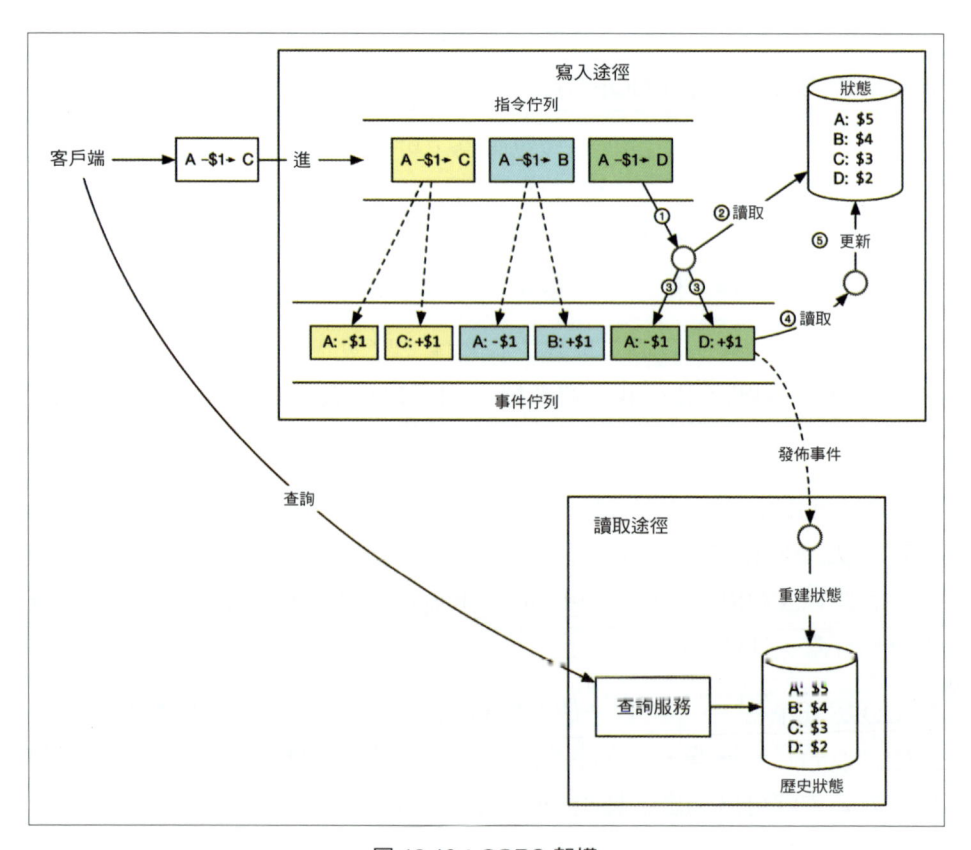

圖 12.19：CQRS 架構

>> 第 3 步 ─ 深入設計

應試者：我們的設計會採用事件溯源架構，讓整個系統具有可重現性。所有有效的業務相關紀錄，全都會保存在不可變的事件佇列，可用來進行正確性驗證。

面試官：太棒了。但是你所提出的事件溯源架構，一次只能處理一個事件，而且需要與好幾個外部系統進行溝通。我們可以想辦法讓它變得更快嗎？

第 3 步 ─ 深入設計

本節打算深入探討如何實現高效能、具有可靠性和可擴展性的技術。

高效能的事件溯源架構

在前面的範例中，我們使用 Kafka 來作為指令和事件的儲存系統，並使用資料庫來作為狀態的儲存系統。接著就來探索一些優化的做法。

檔案型的指令與事件列表

第一個優化的做法，就是把指令與事件保存到本機磁碟中，而不是保存到 Kafka 這類的遠端儲存系統。這樣就可以免除掉網路的傳輸時間。事件列表使用的是一個只能從後面附加的資料結構。從後面附加的寫入方式屬於循序寫入操作，速度通常非常快。甚至連傳統硬碟也沒問題，因為作業系統已經針對循序讀寫進行過大量的優化。根據這篇 ACM Queue 的文章 [12]，在某些情況下，磁碟循序存取的速度，甚至有可能比記憶體隨機存取還快。

第二個優化的做法，就是把最近的指令與事件快取在記憶體中。正如我們之前所解釋的，我們會在指令與事件被持久化保存之後，立即對其進行處理。因此，我們可以把它們快取在記憶體中，以省下從本機磁碟載入的時間。

接下來我們打算探討一些實作上的細節。有個叫做 mmap [13] 的技術，非常適合用來實作出前面所提到的優化做法。mmap 可以寫入本機磁碟，同時把最近的內容快取在記憶體中。它可以把磁碟檔案對應到記憶體，然後

當成陣列來使用。作業系統會把檔案的某些部分快取在記憶體中，以加速讀寫操作。對於只能從後面附加的檔案操作來說，所有的資料幾乎全都會被保存在記憶體中，速度非常快。

圖 12.20 顯示的就是這種檔案型的指令與事件儲存系統。

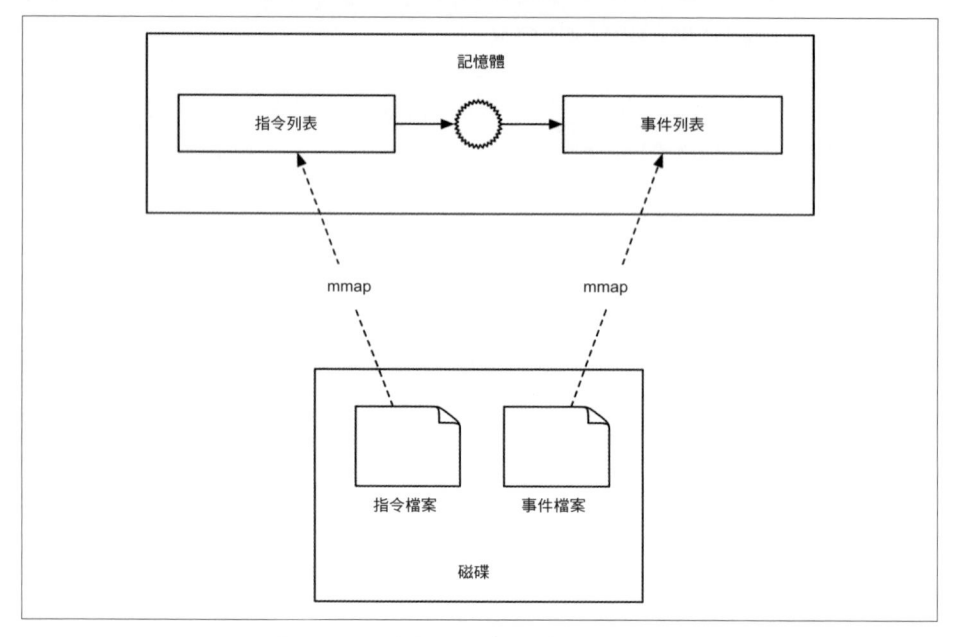

圖 12.20：檔案型的指令與事件儲存系統

檔案型的狀態

在先前的設計下，狀態（餘額資訊）都是保存在關聯式資料庫中。在一般的正式環境下，資料庫通常都是運行在只能透過網路存取的獨立伺服器中。這裡的優化做法則很類似之前針對指令與事件的做法，我們也可以把狀態資訊保存在本機磁碟中。

更具體來說，我們可以採用 SQLite [14]，它是一個檔案型的本機關聯式資料庫；或者也可以採用 RocksDB [15]，它是一個本機檔案型的鍵值儲存系統。

第 3 步 — 深入設計

我們會選擇 RocksDB，理由就是它會使用到日誌結構合併樹（LSM），這個樹狀結構有特別針對寫入操作進行過優化。如果要提高讀取效能，我們也可以嘗試快取最新的資料。

圖 12.21 顯示的就是針對指令、事件和狀態的檔案型解決方案。

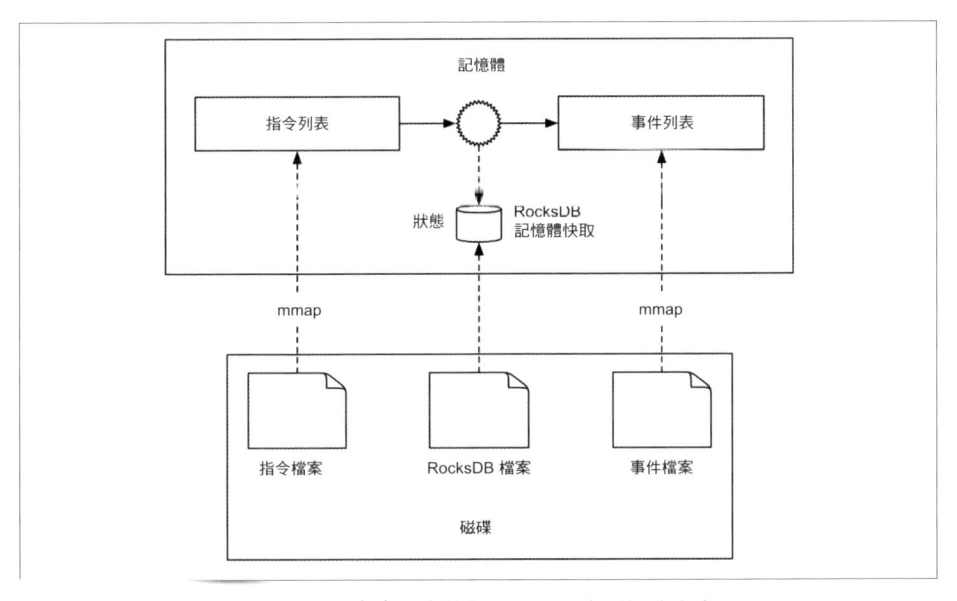

圖 12.21：指令、事件和狀態的檔案型解決方案

快照

一旦全都改用檔案，我們就可以來考慮一下如何加速重現的程序了。我們第一次介紹可重現性時曾提到，狀態機器每次都必須從最開頭重新處理事件。這裡打算採用的優化做法，就是定期把狀態機器停止下來，然後把當前的狀態保存到一個檔案中。這其實就是所謂的**快照（snapshot）**。

快照就是歷史狀態的一個不可變視圖（immutable view）。一旦有了快照，狀態機器就不必再從頭開始重新啟動了。它可以先從快照讀取資料，驗證出它所停止的位置，然後再從那個位置開始進行後續的處理。

對於錢包服務之類的金融財務應用來說，金融財務團隊通常都會要求在每天的 00:00 保存一份快照，以驗證當天所發生的所有完整交易。另外，我

們在介紹事件溯源的 CQRS 概念時，做法上就是設定一個只能讀取的狀態機器，每次都從最開頭處開始進行讀取，一直來到所設定的時間為止。現在有了快照，這個只能讀取的狀態機器就可以先載入相應的快照，而不必再從最開頭處進行讀取了。

快照通常是一個非常龐大的二元檔案，比較常見的做法就是把它保存在物件儲存系統中（例如 HDFS [16]）。

圖 12.22 顯示的就是檔案型的事件溯源架構。如果全都是採用檔案型的做法，系統就可以充分利用電腦硬體的最大 I/O 吞吐量。

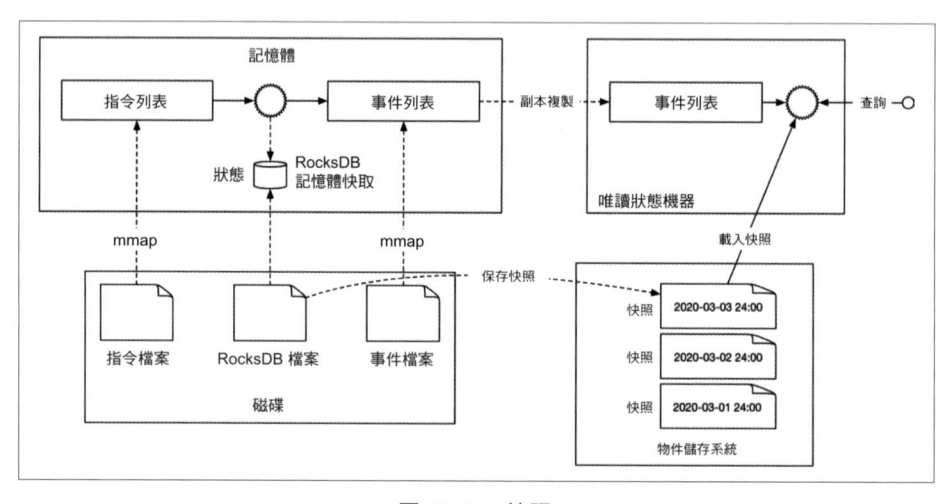

圖 12.22：快照

應試者：我們可以重構事件溯源的設計，把指令列表、事件列表、狀態和快照全都保存到檔案中。事件溯源架構可以用線性的方式來處理事件列表，這非常適合硬碟和作業系統快取的設計。

面試官：以本機檔案為基礎的做法，其效能確實優於從遠端 Kafka 和資料庫存取資料的系統。不過，還有另一個問題：由於資料保存在本機磁碟中，這樣一來伺服器就是有狀態的，而且會有單點故障的問題。我們該如何提高系統的可靠性呢？

可靠的高效能事件溯源

在解釋我們的解決方案之前,先來檢視一下系統中有哪些部分需要可靠性保證。

可靠性分析

從概念上來說,節點所做的一切全都圍繞著兩個概念:資料和計算。資料只要有被持久化保存起來,就可以在另一個節點執行相同的程式碼,輕鬆還原計算結果。這也就表示,我們只需要擔心資料的可靠性,因為資料如果遺失了,它就真的永遠找不回來了。系統的可靠性主要就是體現在資料的可靠性上。

我們的系統有四種類型的資料。

1. 檔案型的指令
2. 檔案型的事件
3. 檔案型的狀態
4. 狀態的快照

我們就來仔細看看,如何確保各類資料的可靠性。

狀態和快照一定都可以透過重播事件列表的方式來重新生成。如果要提高狀態和快照的可靠性,我們只需要保證事件列表具有很強的可靠性即可。

現在我們再來檢視一下指令的部分。從表面上來看,事件全都是根據指令而生成的。有人可能會認為,只要針對指令提供強大的可靠性保證,這樣應該就足夠了。乍看之下這好像是正確的,但這樣的想法其實是有問題的。事件生成並不保證一定是具有確定性的,其中也有可能包含了一些隨機的因素,例如隨機數、外部 I/O 的影響等等。因此,指令並不能夠保證事件的可重現性。

現在是時候來仔細看看事件了。事件代表的就是把變動引入到狀態(帳戶餘額)後所得出的歷史事實。事件是不可變的,而且可用它來重建狀態。

透過這裡的分析，我們可以得出結論：事件資料就是唯一需要高可靠性保證的資料。接著我們就來解釋如何實現這件事。

共識

為了提供高可靠性，我們需要跨越多個節點複製事件列表。在副本複製的過程中，我們必須保證下面這幾件事。

1. 無資料遺失。

2. 日誌檔案裡的資料相對順序，必須在不同的節點之間都能夠保持相同。

為了實現這些保證，共識型副本複製（consensus-based replication）就是一個很好的選擇。共識演算法可用來確保多個節點之間，都能針對事件列表的內容達成共識。我們就以 Raft[17] 共識演算法為例好了。

Raft 演算法可以保證，只要有超過一半的節點在線上（online），各節點所保存的那個只能從後面附加資料（append-only）的列表，就可以保證具有相同的資料。舉例來說，如果我們有 5 個節點，並使用 Raft 演算法來同步資料，只要至少有 3 個（超過一半）節點還在線上（如圖 12.23 所示），系統整體還是可以正常運作：

圖 12.23：Raft

Raft 演算法裡的一個節點，可以扮演三種不同的角色。

1. 領導者

2. 候選者

3. 追隨者

我們可以在 Raft 的論文中找到 Raft 演算法的實作。這裡只會介紹比較高層次的概念，而不會進行詳細的介紹。在 Raft 演算法中，集群裡最多只

能有一個節點是領導者,其餘的節點全都是追隨者。領導者負責接收外部的指令,然後在集群裡的節點之間,以很可靠的方式複製資料。

如果使用 Raft 演算法,只要大多數節點都是正常的,系統就是可靠的。舉例來說,如果集群裡有 3 個節點,則可以容忍 1 個節點的故障,如果有 5 個節點,就可以容忍 2 個節點的故障。

可靠性解決方案

只要透過副本複製的做法,我們的檔案型事件溯源架構就不會出現單點故障的問題了。我們來看一看實作的細節吧。圖 12.24 顯示的就是具有可靠性保證的事件溯源架構。

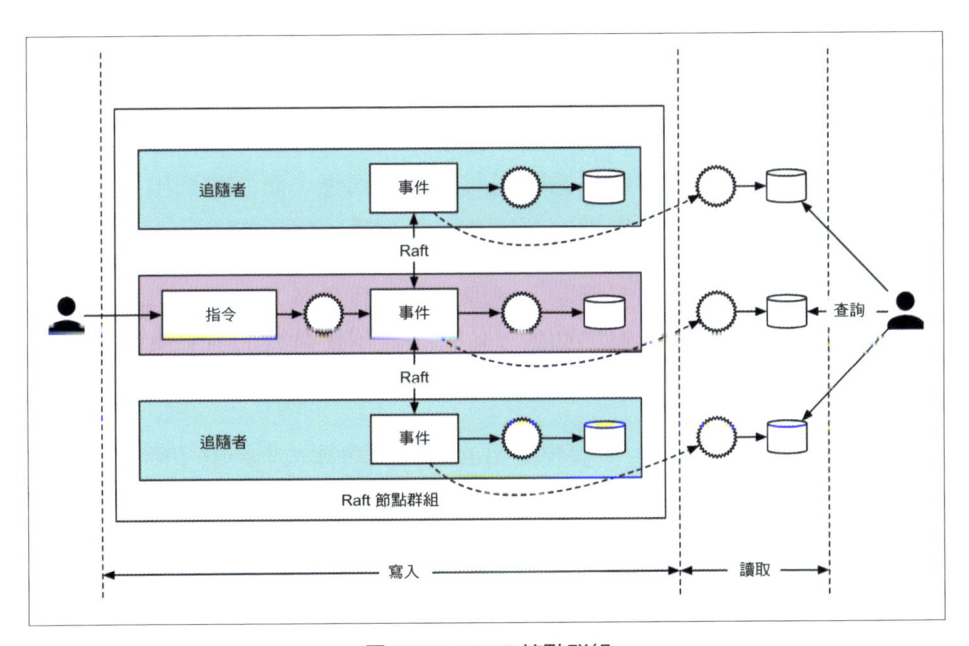

圖 12.24:Raft 節點群組

在圖 12.24 中,我們設定了 3 個事件溯源節點。這些節點都是用 Raft 演算法來同步事件列表,可以說相當可靠。

445

領導者會接收來自外部使用者所送進來的指令請求，把它轉換為事件，再把事件添加到本地事件列表中。Raft 演算法會把新添加的事件複製給追隨者。

所有的節點（包括追隨者）都可以處理事件列表並更新狀態。Raft 演算法可以確保領導者和追隨者全都具有相同的事件列表，而事件溯源架構則可以保證，只要事件列表是相同的，所有的狀態全都會是相同的。

一個可靠的系統需要能夠優雅地處理故障，所以我們就來探討一下，如何處理節點出問題的情況。

如果領導者出了問題，Raft 演算法就會自動從其餘的健康節點裡選出一個新的領導者。這個新當選的領導者會負責接受外部使用者的指令。可以保證的是，當某個節點出問題時，集群整體上還是能夠提供持續的服務。

領導者出問題時，問題有可能是發生在指令列表被轉換成事件之前。在這樣的情況下，客戶端就會因為逾時或收到錯誤回應，而注意到出了問題。接下來客戶端需要再向新當選的領導者，重新發送相同的指令。

相較之下，如果追隨者出了問題，處理起來就容易多了。如果追隨者出了問題，發送給它的請求就會出問題。Raft 會以不斷重試的方式來處理故障的情況，直到出問題的節點重新啟動，或是有新的節點來取而代之為止。

> **應試者**：在這個設計中，我們使用 Raft 共識演算法來跨越多個節點複製事件列表。領導者會接收指令，並把事件複製到其他節點。
>
> **面試官**：是的，這樣的系統比較可靠、容錯能力也比較好。不過，如果要處理 100 萬 TPS，一台伺服器是不夠的。我們要怎樣才能讓系統更有可擴展性呢？

分散式事件溯源

在上一節，我們解釋了如何實作出可靠的高效能事件溯源架構。它解決了可靠性問題，不過還是有兩個限制。

1. 數位錢包更新過餘額之後，我們希望立刻就能收到更新的結果。可是在 CQRS 的設計中，請求 / 回應的流程有可能是很慢的。這是因為客戶端並不知道數位錢包何時進行了更新，客戶端或許是採用定期拉取的做法。

2. 單獨的一個 Raft 群組容量是有限的。規模到了某種程度，我們就需要對資料進行分片，實作出分散式完整交易的功能。

我們就來看看這兩個問題是如何解決的。

拉取 vs. 推送

在**拉取**模型中，外部使用者會從只能進行讀取的狀態機器中，定期拉取執行狀態。這個模型並不是即時的（real-time）；而且，拉取的頻率如果設太高，可能就會導致錢包服務超出負荷。圖 12.25 顯示的就是拉取模型。

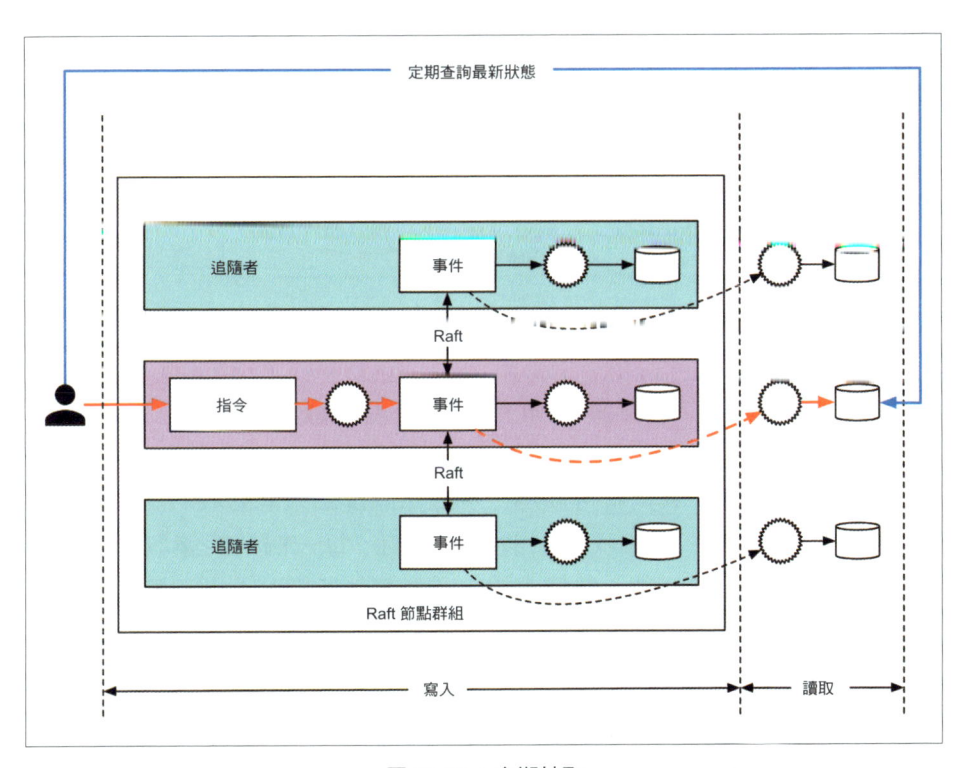

圖 12.25：定期拉取

只要在外部使用者和事件溯源節點之間添加一個反向代理（reverse proxy）[18]，就可以讓這種簡單樸素的拉取模型獲得一定的改善。在新的設計下，外部使用者會把指令發送給反向代理，反向代理再把指令轉送到事件溯源節點，然後接下來都是由反向代理來負責定期拉取執行狀態。這種設計可以簡化客戶端的邏輯，不過這樣的通訊方式，依然不是即時的。

圖 12.26 顯示的就是新增了反向代理的拉取模型。

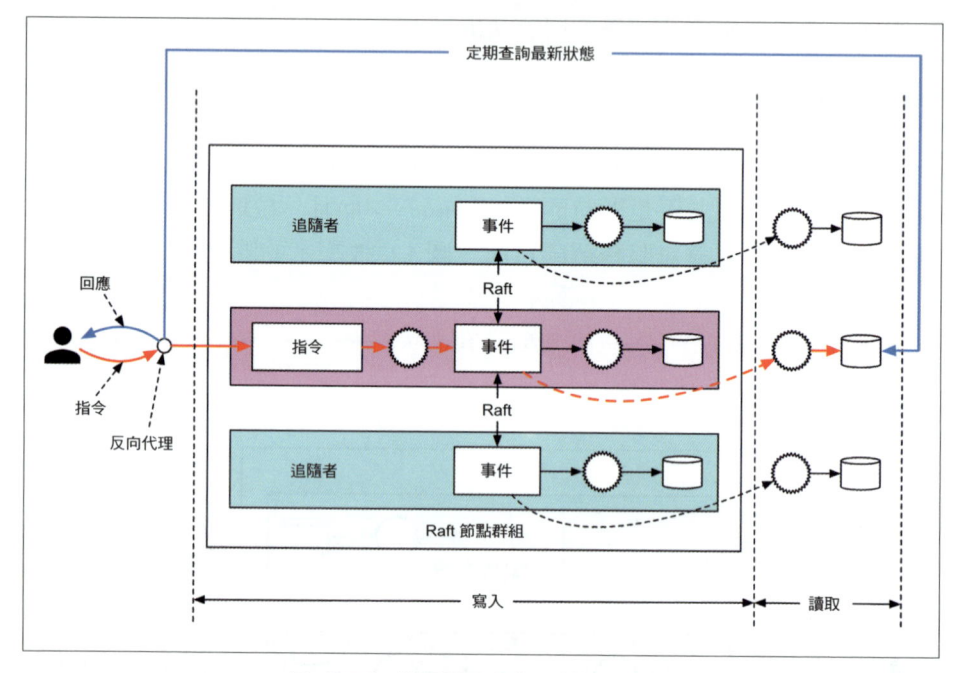

圖 12.26：使用了反向代理的拉取模型

一旦有了反向代理，我們就可以進一步去修改那個只能讀取的狀態機器，以加快回應的速度。正如我們之前所提到的，每一個只能讀取的狀態機器，都可以有自己的行為。舉例來說，我們可以設定某一個只能讀取的狀態機器，在它收到了事件之後，立刻就把執行狀態往回**推送**給反向代理。這樣就可以給使用者一種即時回應的感覺了。

圖 12.27 顯示的就是這種推送型模型。

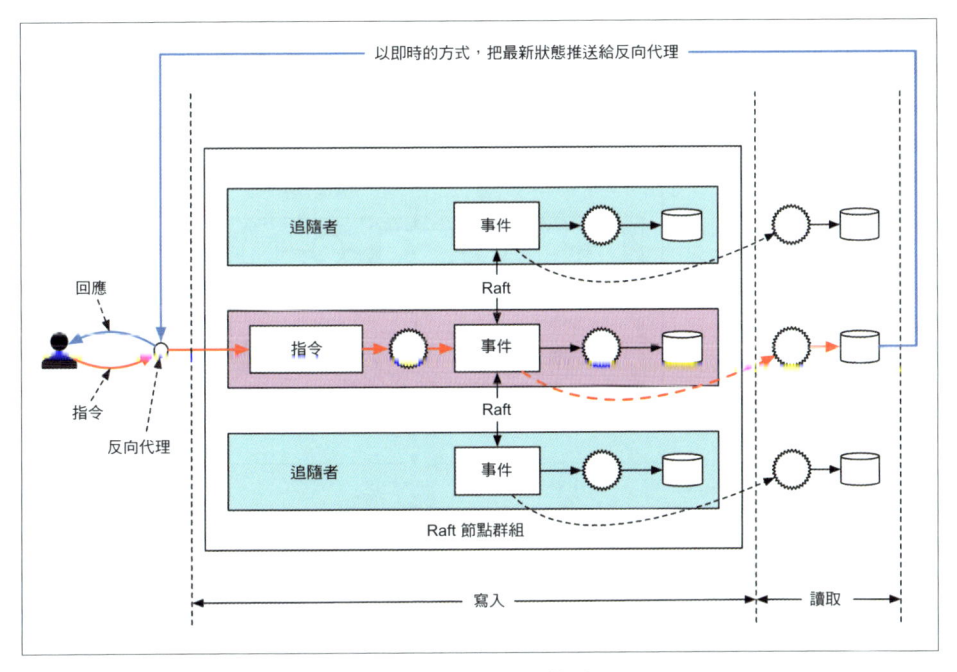

圖 12.27：推送型模型

分散式完整交易

接下來我們只要把同步執行的做法，套用到多個事件溯源節點群組，分散式完整交易的解法（TC/C 或 Saga）就可以再次派上用場了。假設我們在這裡把鍵的雜湊值除以 2 取餘數，用這個方式來對資料進行分區。

圖 12.28 顯示的就是修改過後的最終設計。

第 12 章　數位錢包

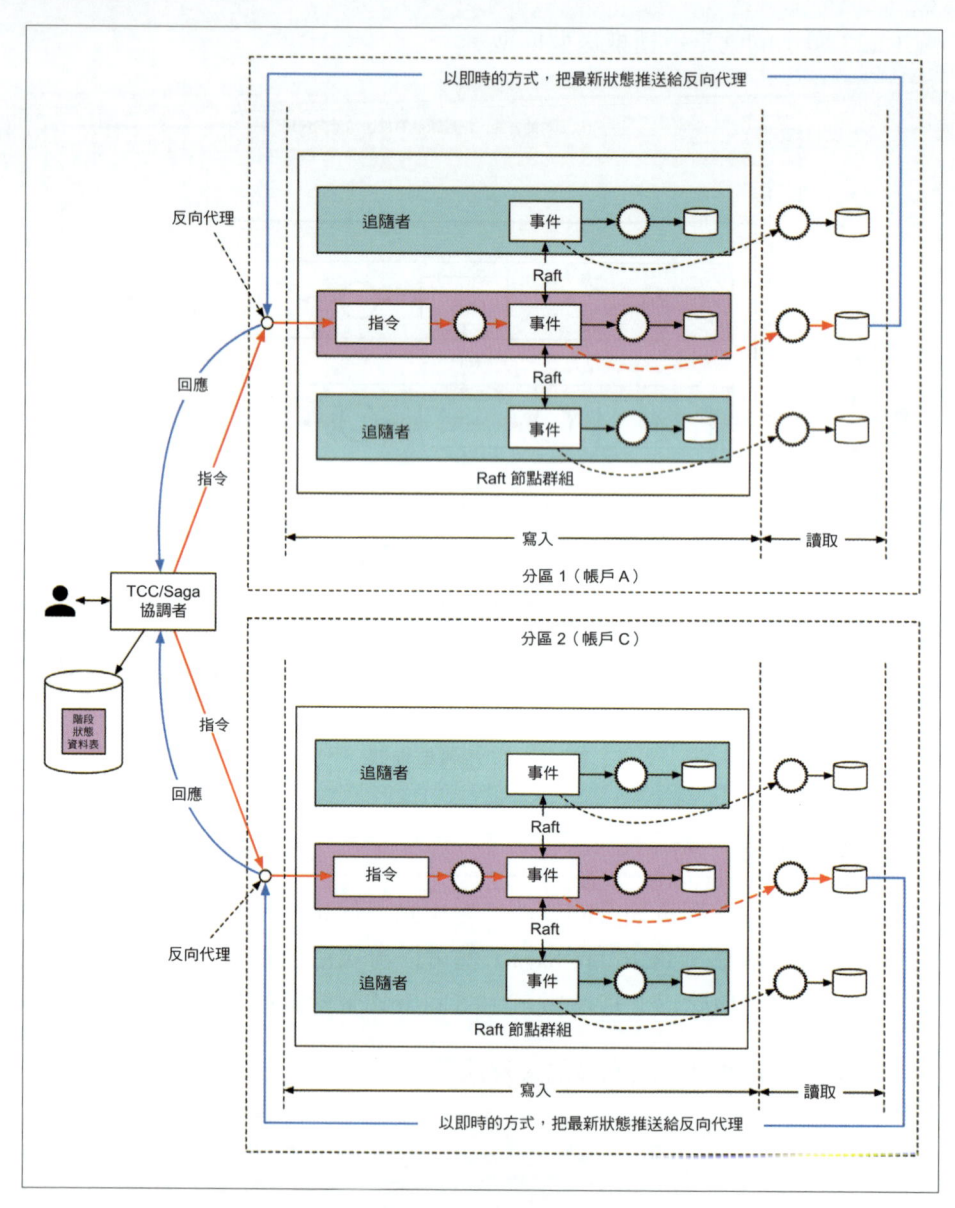

圖 12.28：最終設計

我們來看看最終的這個分散式事件溯源架構中，轉帳是如何進行的。為了更容易理解，我們使用的是 Saga 分散式完整交易模型，而且這裡只解釋正常運作的情況，完全不會提到回滾的情況。

轉帳操作包含 2 個分散式操作：A - $1 和 C + $1。Saga 協調者在其中負責協調執行，如圖 12.29 所示：

1. 使用者 A 向 Saga 協調者發送出一個分散式完整交易。其中包含了兩個操作：A - $1 和 C + $1。

2. Saga 協調者會在階段狀態資料表裡建立一筆紀錄，來追蹤這個完整交易的狀態。

3. Saga 協調者會去檢視操作的順序，然後判斷需要先處理 A - $1。協調者會把 A -$1 這個指令傳送到分區 1，因為帳戶 A 的資訊就放在分區 1。

4. 分區 1 的 Raft 領導者會收到 A - $1 指令，然後把它保存到指令列表中。接著它會對這個指令進行驗證。如果指令是正確的，就會被轉換成事件。不同的節點之間，會用 Raft 共識演算法來同步資料。同步完成之後，就會執行這個事件（帳戶 A 的餘額扣減 $1 美元）。

5. 事件同步之後，分區 1 的事件溯源框架就會用 CQRS 的做法，把資料同步到讀取途徑。讀取途徑會重新構建出餘額的狀態，以及執行的狀態。

6. 分區 1 的讀取途徑會把執行的狀態，推送回去給事件溯源框架的調用者，也就是 Saga 協調者。

7. Saga 協調者從分區 1 接收到成功的狀態。

8. Saga 協調者會在階段狀態資料表裡建立一筆紀錄，表示分區 1 裡的操作成功了。

9. 由於第一個操作成功了，接下來 Saga 協調者就會去執行第二個操作，也就是 C + $1。協調者會把 C + $1 這個指令傳送到分區 2，因為帳戶 C 的資訊就放在分區 2。

10. 分區 2 的 Raft 領導者會收到 C + $1 指令，然後把它保存到指令列表中。如果指令是正確的，就會被轉換成事件。不同的節點之間，會用 Raft 共識演算法來同步資料。同步完成之後，就會執行這個事件（帳戶 C 的餘額加上 $1 美元）。

11. 事件同步之後，分區 2 的事件溯源框架就會用 CQRS 的做法，把資料同步到讀取途徑。讀取途徑會重新構建出餘額的狀態，以及執行的狀態。

12. 分區 2 的讀取途徑會把狀態推送回去給事件溯源框架的調用者，也就是 Saga 協調者。

13. Saga 協調者從分區 2 接收到成功的狀態。

14. Saga 協調者會在階段狀態資料表裡建立一筆紀錄，表示分區 2 裡的操作成功了。

15. 此時所有的操作都成功了，分散式完整交易也就完成了。Saga 協調者會把這個結果回應給它的調用者。

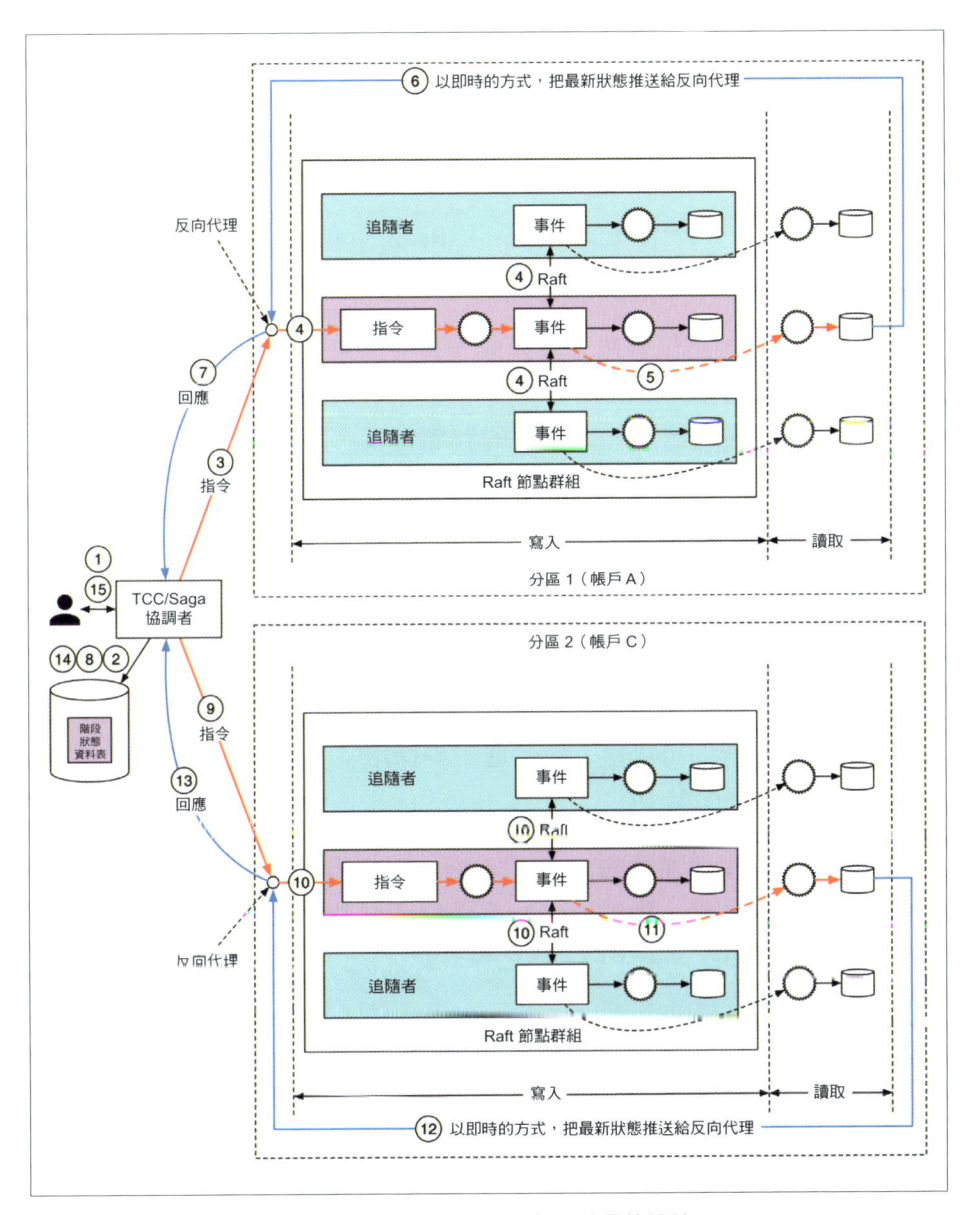

圖 12.29：按照編號順序執行的最終設計

第 4 步 —— 匯整總結

本章設計了一個每秒能處理超過 100 萬個支付指令的錢包服務。經過粗略的估算之後，我們得出結論，需要好幾千個節點才能支援這樣的負載。

在第一個設計中，我們提出了一個採用 Redis 這類記憶體鍵值儲存系統的解決方案。這種設計的問題就是，資料並沒有被持久化保存起來。

在第二個設計中，記憶體快取被換成支援完整交易的資料庫。為了支援多個節點，我們提出了好幾種可支援完整交易的協定，如 2PC、TC/C 和 Saga。完整交易型的解決方案主要的問題在於，要進行資料審核並不容易。

接著，事件溯源就來上場救援了。我們先利用外部的資料庫和佇列來實作出事件溯源架構，不過它的效能並不高。後來我們把指令、事件和狀態保存在本地節點，藉此方式來提高效能。

到此為止，由於採用單一節點的做法，因此有可能會遭遇單點故障的問題。為了提高系統的可靠性，我們進一步採用了 Raft 共識演算法，把事件列表複製到多個節點中。

最後我們又採用事件溯源的 CQRS 功能，製作出一個強化的版本。我們新增了一個反向代理，把非同步的事件溯源框架改成同步框架，以供外部使用者使用。如此一來，在多個節點群組之間，就可以用 TC/C 或 Saga 協定來協調指令的執行了。

恭喜你跟我們走到了這裡！現在你可以給自己一點鼓勵。你真是太棒了！

章節摘要

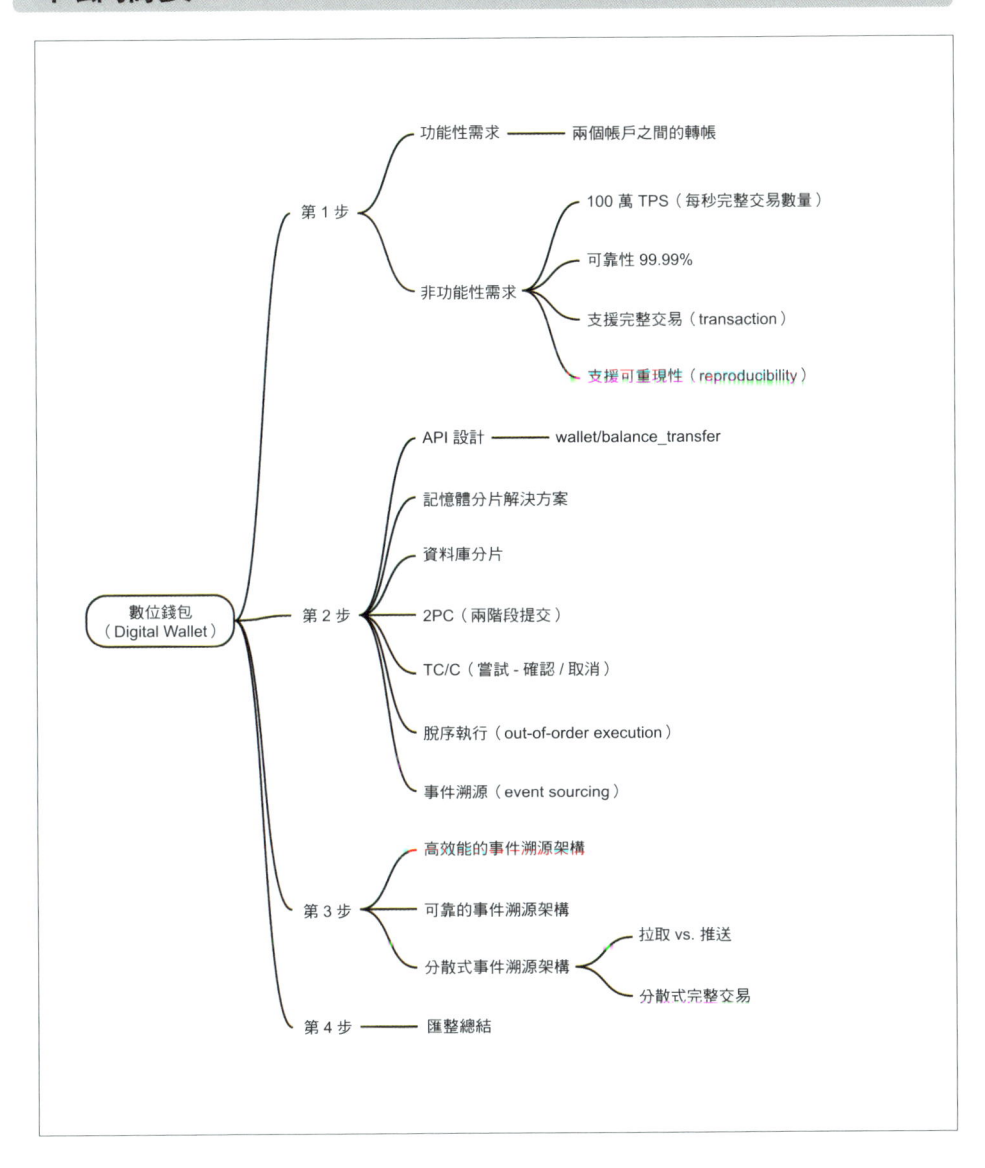

- 數位錢包（Digital Wallet）
  - 第 1 步
    - 功能性需求 —— 兩個帳戶之間的轉帳
    - 非功能性需求
      - 100 萬 TPS（每秒完整交易數量）
      - 可靠性 99.99%
      - 支援完整交易（transaction）
      - 支援可重現性（reproducibility）
  - 第 2 步
    - API 設計 —— wallet/balance_transfer
    - 記憶體分片解決方案
    - 資料庫分片
    - 2PC（兩階段提交）
    - TC/C（嘗試 - 確認 / 取消）
    - 脫序執行（out-of-order execution）
    - 事件溯源（event sourcing）
  - 第 3 步
    - 高效能的事件溯源架構
    - 可靠的事件溯源架構
    - 分散式事件溯源架構
      - 拉取 vs. 推送
      - 分散式完整交易
  - 第 4 步 —— 匯整總結

第 12 章　數位錢包

參考資料

[1] 完整交易保證：https://docs.oracle.com/cd/E17275_01/html/programmer_reference/rep_trans.html

[2] TPC-E 最高性價比結果：http://tpc.org/tpce/results/tpce_price_perf_results5.asp?resulttype=all

[3] ISO 4217 貨幣代碼：https://en.wikipedia.org/wiki/ISO_4217

[4] Apache Zookeeper：https://zookeeper.apache.org/

[5] Martin Kleppmann（2017），《資料密集型應用系統設計》，O'Reilly Media。

[6] X/Open XA：https://en.wikipedia.org/wiki/X/Open_XA

[7] 補償型完整交易：https://en.wikipedia.org/wiki/Compensating_transaction

[8] SAGAS，HectorGarcia-Molina：https://www.cs.cornell.edu/andru/cs711/2002fa/reading/sagas.pdf

[9] Evans, E.（2003），《領域驅動設計：解決軟體核心的複雜性》，Addison-Wesley Professional

[10] Apache Kafka：https://kafka.apache.org/

[11] CQRS：https://martinfowler.com/bliki/CQRS.html

[12] 磁碟與記憶體的隨機存取和循序存取的比較：https://deliveryimages.acm.org/10.1145/1570000/1563874/jacobs3.jpg

[13] mmap：https://man7.org/linux/man-pages/man2/mmap.2.html

[14] SQLite：https://www.sqlite.org/index.html

[15] RocksDB：https://rocksdb.org/

[16] Apache Hadoop：https://hadoop.apache.org/

[17] Raft：https://raft.github.io/

[18] 反向代理：https://en.wikipedia.org/wiki/Reverse_proxy

13

證券交易所

我們在本章設計了一個電子證券交易所。

交易所最基本的功能,就是以很有效率的方式,撮合買方與賣方的交易。這個基本功能並沒有隨時間而改變。在電腦興起之前,人們就會透過叫賣和以物易物的方式彼此撮合,以交換有形的商品。如今,買賣單都是由超級電腦在背後默默處理,而人們進行交易也不再只是為了交換商品,有時候根本是為了進行投機和套利。科技大幅改變了交易的格局,更促使電子市場交易量呈現出指數級的成長。

說到證券交易所,大多數人都會聯想到紐約證券交易所(NYSE)或那斯達克之類的主要市場參與者,這些交易所都已存在超過五十年了。事實上,另外還有很多其他不同類型的交易所。其中有一些特別關注金融業的垂直細分,尤其特別關注技術 [1],有一些則特別強調公平性 [2]。在深入設計之前,先與面試官確認一下考題中交易所的規模和重要特性,是非常重要的。

我們可以先來稍微感受一下,這裡所要處理的問題,大概具有多大的規模;紐約證交所(NYSE)每天都要撮合好幾十億筆交易 [3],而香港交易所(HKEX)每天也要交易大約 2,000 億股的股票 [4]。圖 13.1 顯示的就是美元市值達「兆元俱樂部」的一些大型交易所。

第 13 章　證券交易所

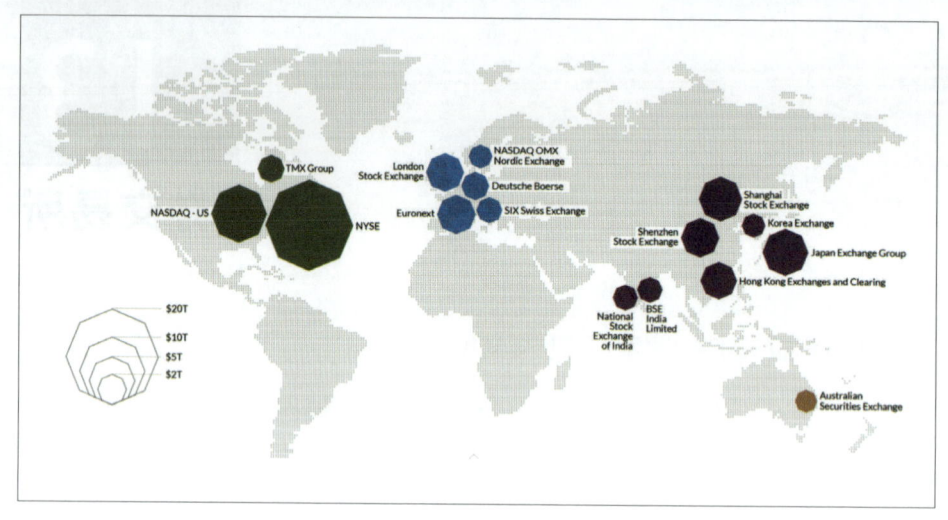

圖 13.1：世界上最大的一些證券交易所（資料來源：[5]）

第 1 步 —— 瞭解問題並確立設計範圍

現代的交易所是一個很複雜的系統，對於延遲、吞吐量和穩健性各方面都有很嚴格的要求。在開始之前，我們可以先詢問面試官幾個問題，以確立明確的需求。

> 應試者：我們要交易哪一些證券？股票、選擇權還是期貨？
> 面試官：為了簡單起見，只考慮股票即可。
>
> 應試者：要支援哪些類型的買賣單操作：下新單、取消買賣單、換單？我們是否需要支援限價單、市價單或是條件單（conditional order）？
> 面試官：我們需要支援以下的操作：下新單和取消買賣單。至於買賣單的類型，只需要考慮限價單即可。
>
> 應試者：系統是否需要支援盤後交易？
> 面試官：不需要，我們只需要支援正常的交易時間即可。

應試者：你能否介紹一下這個交易所的基本功能？還有交易所的規模，例如會有多少使用者、多少種股票代碼、多少買賣單？

面試官：客戶端可以下新的限價單或取消買賣單，並即時收到符合條件的交易。客戶端可以查看即時的掛單簿（order book；買賣單列表）。交易所至少要支援好幾萬個使用者同時進行交易，而且要支援至少 100 種股票代碼。以交易量來說，我們應該要支援每天好幾十億的買賣單。此外，交易所是一個受監管的機構，因此我們必須確保它會去執行風險檢查。

應試者：風險檢查的部分，你可以詳細說明一下嗎？

面試官：我們只會進行簡單的風險檢查。舉例來說，使用者一天最多只能交易 100 萬股 Apple 的股票。

應試者：我發現你並沒有提到使用者錢包管理。這也是我們需要考慮的嗎？

面試官：問得好！我們必須確定使用者在下單時擁有足夠的資金。只要是掛單簿裡等待撮合的買賣單，都一定會先把該買賣單所需的資金扣留起來，以防止出現超支的情況。

非功能性需求

在與面試官逐一檢視過各種功能性需求之後，我們應該也要判斷一下有哪些非功能性需求。事實上，「至少 100 種股票代碼」和「好幾萬個使用者」這樣的需求就等於告訴我們，面試官希望我們設計的是一個中小型的交易所。最重要的是，我們應該確保設計可以進一步延伸，以支援更多的股票代碼和使用者。許多面試官都會把可擴充性（extensibility）作為後續問題的一個方向。

以下就是非功能性需求的列表：

- **可用性**：至少 99.99%。可用性對於交易所來說至關重要。停機的時間就算只有幾秒鐘，也會損害交易所的聲譽。

- **容錯能力**：需要有容錯和快速還原的機制，以限制意外事件在正式環境下所造成的影響。

- **延遲**：往返延遲應該為毫秒級；我們會特別關注 99 百分位延遲。往返延遲指的是從市價單進入交易所的那一刻起，到市價單執行完畢的時間點，期間所測量到的延遲時間。如果 99 百分位延遲一直處在比較高的程度，就會讓一些使用者感受到非常糟糕的使用者體驗。

- **安全性**：交易所應該有個帳號管理系統。為了遵守法規，交易所會在開設新帳號之前執行 KYC（Know Your Client；認識你的客戶）檢查，以驗證使用者的身份。另外像是一些包含市場資料的網頁，這類的公共資源都應該盡可能阻擋掉分散式阻斷服務（DDoS）[6] 攻擊。

粗略的估算

我們來做一些簡單的粗略計算，瞭解一下系統的規模：

- 100 種股票代碼
- 每天 10 億張買賣單
- 紐約證券交易所的營業時間為美東時間週一至週五上午 9:30 至下午 4:00。總共 6.5 小時。
- QPS（每秒查詢次數）：$\frac{10 \text{ 億}}{6.5 \times 3,600} = \sim 43,000$
- QPS 的峰值：5×QPS = 215,000。早上開市和下午收盤前的交易量，都會很明顯比較高一點。

第 2 步 —— 提出高階設計並獲得認可

在深入研究高階設計之前，我們先來簡單討論一些交易所的基本概念和術語。

>> 第 2 步 — 提出高階設計並獲得認可

交易入門知識

券商（Broker）

大多數散戶都是透過券商與交易所進行交易。你可能比較熟悉的一些券商，包括 Charles Schwab、Robinhood、Etrade、Fidelity 等等。這些券商會為散戶提供友善的使用者介面，讓散戶們能進行交易、查看市場資料。

機構投資人

機構投資人都是採用專門的交易軟體來進行大量的交易。不同的機構投資人也各有不同的操作需求。舉例來說，退休基金的目標就是穩定的收入。他們的交易頻率並不高，但只要一進行交易，交易量都很龐大。他們就非常需要「買賣單拆分」之類的功能，因為這樣才能盡量減少大量的買賣單對於市場所造成的衝擊（market impact）[7]。有一些對沖基金則是專門從事造市的業務，並透過一些手續費來賺取收入。他們就很需要低延遲的交易能力，因此他們很顯然無法像散戶那樣單純只在網頁或行動 App 上查看市場資料。

限價單

限價單（limit order）指的就是採用固定價格買入或賣出的買賣單。這種買賣單很有可能無法立刻找到能夠完全滿足的對家，或者是只能找到部分滿足的對家。

市價單

市價單（market order）並不會去指定交易的價格。它會以當下條件最好的市場價格，立刻執行買賣。市價單其實就是犧牲掉一些成本，來保證買賣單一定會被執行。在某些快速變化的市場條件下，這種下單方式特別好用。

市場資料等級

美國股市的報價可分成三個等級：L1、L2 和 L3。L1 市場資料可以看到市場上條件最好的買方出價（bid price）、賣方要價（ask price）和交易數

第 13 章　證券交易所

量（圖 13.2）。買方出價指的就是買方為了購買股票所願意支付的最高買價。賣方要價則是指賣方為了賣出股票所願意接受的最低賣價。

```
APPLE 股票
                 價格      交易數量
   最低賣價     100.10     1800
   最高買價     100.08     2000
```

圖 13.2：L1 資料

L2 會比 L1 包含更多價格等級的相關資料（圖 13.3）。

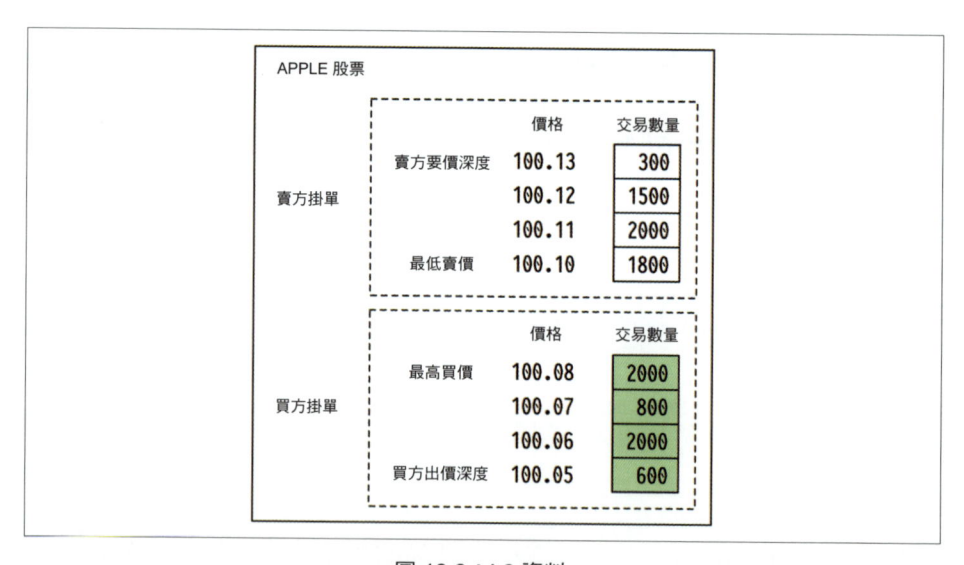

```
APPLE 股票
                          價格     交易數量
              賣方要價深度 100.13     300
   賣方掛單              100.12     1500
                         100.11     2000
              最低賣價    100.10     1800

                          價格     交易數量
              最高買價    100.08     2000
   買方掛單              100.07     800
                         100.06     2000
              買方出價深度 100.05     600
```

圖 13.3：L2 資料

L3 除了會顯示不同的價格等級，還會呈現出每個價格等級相應佇列裡每筆買賣單的交易數量（圖 13.4）。

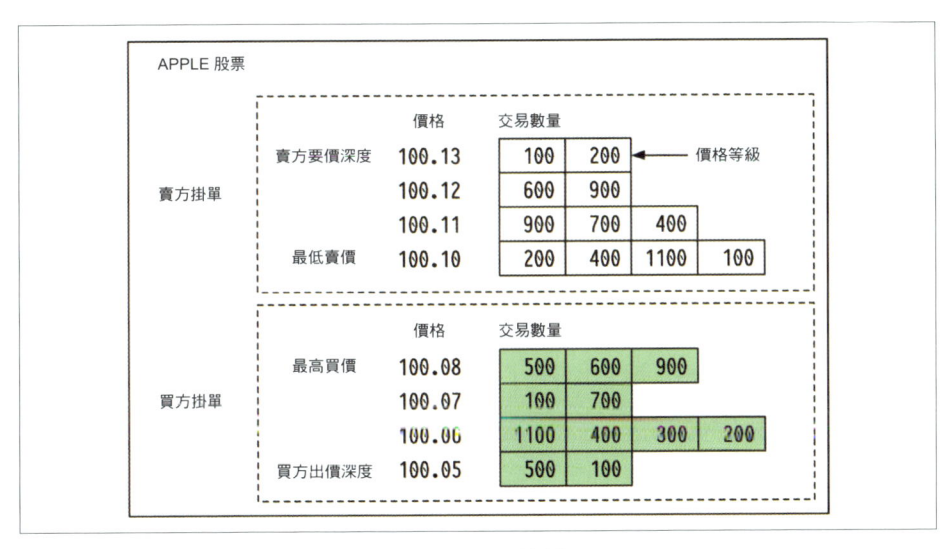

```
┌─────────────────────────────────────────────────────┐
│  APPLE 股票                                          │
│       ┌─────────────────────────────────────────┐   │
│       │           價格    交易數量               │   │
│  賣方  │ 賣方要價深度 100.13  │100│200│ ← 價格等級  │   │
│  掛單  │           100.12  │600│900│             │   │
│       │           100.11  │900│700│400│         │   │
│       │  最低賣價  100.10  │200│400│1100│100│    │   │
│       └─────────────────────────────────────────┘   │
│       ┌─────────────────────────────────────────┐   │
│       │           價格    交易數量               │   │
│       │  最高買價  100.08  │500│600│900│         │   │
│  買方  │           100.07  │100│700│             │   │
│  掛單  │           100.06  │1100│400│300│200│    │   │
│       │ 買方出價深度 100.05  │500│100│            │   │
│       └─────────────────────────────────────────┘   │
└─────────────────────────────────────────────────────┘
```

圖 13.4：L3 資料

K 線圖

K 線圖（candlestick chart；也叫蠟燭線）代表的是特定期間內的股票價格。典型的 K 線如下圖所示（圖 13.5）。K 線可以呈現出市場在某段固定間隔時間內的開盤價、收盤價、最高價和最低價。常見的間隔時間有一分鐘、五分鐘、一小時、一天、一週、一個月。

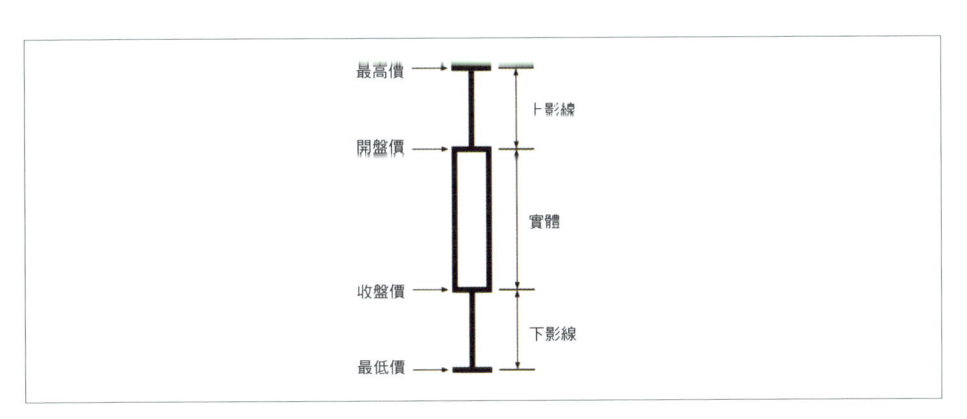

圖 13.5：單一 K 線圖

FIX 協定

FIX [8] 就是金融資訊交換（Financial Information eXchange）的縮寫，這個協定創建於 1991 年。它是一種供應商中立（vendor-neutral）的通訊協定，可用來交換證券完整交易資訊。請參見下面的範例，它就是用 FIX 編碼過的一個證券完整交易範例。

```
8= FIX .4.2 | 9=176 | 35=8 | 49= PHLX | 56= PERS |
52=20071123 -05:30:00.000 | 11= ATOMNOCCC9990900 | 20=3 | 150=E | 39=E
 | 55= MSFT | 167= CS | 54=1 | 38=15 | 40=2 | 44=15 | 58= PHLX EQUITY
TESTING | 59=0 | 47=C | 32=0 | 31=0 | 151=15 | 14=0 | 6=0 | 10=128 |
```

高階設計

現在我們已經對一些重要的概念有了基本的瞭解，接著就來看看高階設計，如圖 13.6 所示。

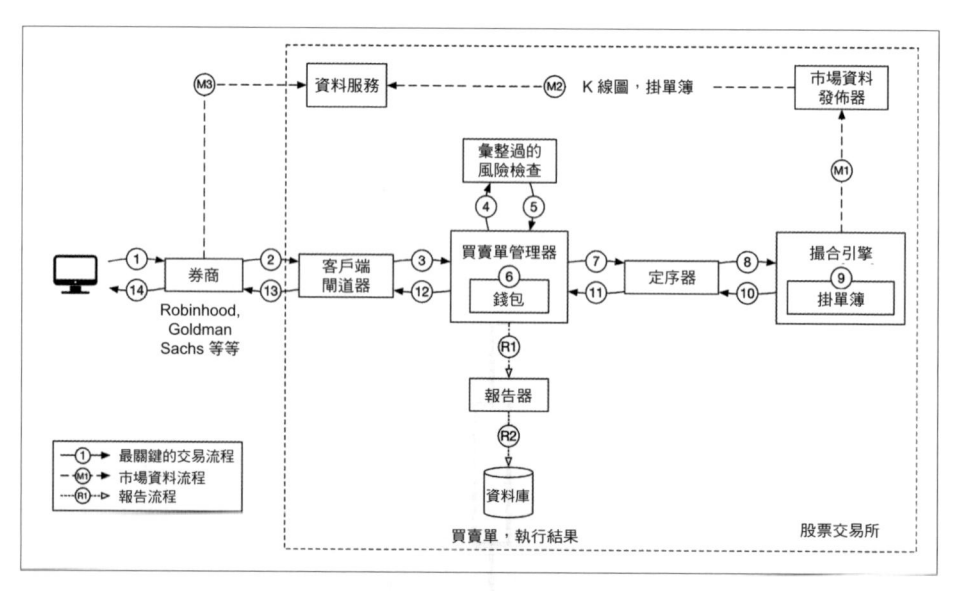

圖 13.6：高階設計

我們就來透過圖中的各個組件，追蹤一下買賣單的生命週期，看看各部分是如何組合在一起的。

>> 第 2 步 — 提出高階設計並獲得認可

我們先循著最關鍵的**交易流程**,檢視一下買賣單的流向。這是一個對於延遲要求非常嚴格的關鍵流程。整個流程中的所有動作,全都必須快速進行:

步驟 1:客戶會透過券商的 Web 網站或行動 App 下單。

步驟 2:券商會把買賣單發送到交易所。

步驟 3:買賣單會透過客戶端閘道器(client gateway)進入交易所。客戶端閘道器會執行一些基本的把關功能,例如輸入驗證、限速、身份驗證、正規化等等。然後,客戶端閘道器就會把買賣單轉發給買賣單管理器(order manager)。

步驟 4 ~ 5:買賣單管理器會根據風險管理器所設定的一整組規則,執行風險檢查。

步驟 6:通過風險檢查之後,買賣單管理器就會去驗證錢包裡有沒有足夠的資金可執行這個買賣單。

步驟 7 ~ 9:買賣單會被發送到撮合引擎(matching engine)。如果找到買賣條件相符的對家,撮合引擎就會發出兩個執行(execution;也稱為 fill 成交)結果,其中買方和賣方各有一個執行結果。為了確保隨後在進行重播(replay)時,撮合的結果依然是具有確定性的,因此買賣單和執行結果都會先在定序器(sequencer,稍後就會詳細介紹)裡進行排序。

步驟 10 ~ 14:執行結果會被送回給客戶端。

接著我們再循著**市場資料流程**,追蹤一下買賣單的執行結果如何從撮合引擎透過資料服務來到券商的過程。

步驟 M1:撮合引擎在進行撮合的過程中,會持續生成一連串的執行(成交)結果。這一連串的資料會被發送到市場資料發佈器。

步驟 M2:市場資料發佈器會根據這一連串的執行結果,建構出 K 線圖和掛單簿以作為市場資料。

步驟 M3：市場資料發佈器會把市場資料發送給資料服務。所發佈的市場資料全都會被保存到專門的儲存系統中，以進行即時分析。券商會連線到資料服務，以獲取最新的即時市場資料。然後券商再把市場資料轉發給客戶。

最後，我們再來看看**報告流程**。

步驟 R1 - R2：報告器會收集所有必要的報告欄位（例如 client_id（客戶 ID）、price（價格）、quantity（交易數量）、order_type（買賣單類型）、filled_quantity（成交量）、remaining_quantity（剩餘量）），這些資料全都來自買賣單和執行的結果，然後這些紀錄經過整併之後，就會被寫入資料庫中。

請注意，交易流程（步驟 1 至 14）屬於最重要的關鍵路徑，而市場資料流程和報告流程則不在這條關鍵路徑中。它們各自具有不同的延遲要求。

現在我們就來逐一詳細檢視這三個流程。

交易流程

交易流程可說是交易所最關鍵的一個流程。流程中的每個步驟，都必須快速完成。交易流程的核心，就是撮合引擎。我們就來看一下吧。

撮合引擎

撮合引擎（matching engine）也叫做交叉引擎（cross engine）。以下就是撮合引擎最主要的幾個職責：

1. 針對每一種股票代碼，維護一份相應的掛單簿。掛單簿就是各股票代碼相應的買賣單列表。稍後在談到資料模型的部分，我們就會解釋一下掛單簿的結構。

2. 撮合買賣單。每一次撮合的結果，都會產生兩個執行（成交）結果，其中買方和賣方各有一個執行結果。這個撮合的功能，一定要非常快速、準確。

3. 把一連串的執行結果變成市場資料分發出去。

如果要實作出一個具有高度可用性的撮合引擎，它一定要有能力按照確定的順序，撮合出具有一致性的結果。也就是說，如果給定一個已知的買賣單序列作為輸入，撮合引擎一定要在重播這個序列時，生成相同的執行（成交）結果序列作為輸出。這種固有的確定性，就是高可用性的基礎，我們會在「第 3 步 —— 深入設計」一節再進行詳細的討論。

定序器

定序器（sequencer）就是讓撮合引擎能夠具有確定性的一個關鍵組件。把買賣單交給撮合引擎處理之前，定序器就會先給每一張買賣單打上一個序列 ID（sequence ID）。它也會針對撮合引擎所完成的每一對執行（成交）結果，打上一個序列 ID。換句話說，實際上會有一個入向（inbound）定序器和一個出向（outbound）定序器，這兩個定序器都會各自維護自己的序列。每個定序器所生成的序列 ID，一定都是循序的數字，這樣如果有任何遺漏掉的數字，才能夠輕鬆偵測出來。具體的情況可參見圖 13.7。

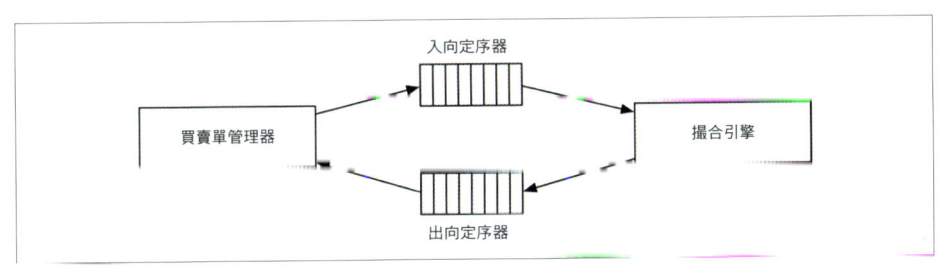

圖 13.7：入向定序器 & 出向定序器

無論是送進來的買賣單，還是送出去的執行結果，都會被打上一個序列 ID，這其中的理由如下：

1. 及時性（Timeliness）、公平性
2. 快速還原 / 重播的需求
3. 「恰好一次」的保證

定序器並不是只會生成序列 ID 而已。它同時也可以扮演訊息佇列的功能。入向定序器可以接受訊息（送進來的買賣單），然後把它發送給撮合

引擎；出向定序器也可以接受訊息（執行結果），然後把它送回給買賣單管理器。定序器本身就可以作為買賣單和執行結果的一個事件儲存系統。這就很像是把兩個 Kafka 串連到撮合引擎，一個是針對送進來的買賣單，另一個則是針對送出去的執行結果。事實上，如果 Kafka 的延遲比較低一點，而且更具有可預測性，這裡原本確實可以採用 Kafka。稍後在「第 3 步 —— 深入設計」一節中，我們就會討論如何在要求低延遲的交易所環境下，實作出這個定序器。

買賣單管理器

買賣單管理器一方面會接收買賣單，另一方面則會接收執行結果。它還要負責管理買賣單的狀態。我們就來仔細看看吧。

買賣單管理器會從客戶端閘道器接收送進來的買賣單，並執行以下操作：

- 它會把買賣單送去進行風險檢查。我們對於風險檢查的要求很簡單。舉例來說，我們會驗證使用者每天的交易量必須低於 100 萬美元。

- 它會根據買賣單的內容，去檢查使用者的錢包，驗證其中有沒有足夠的資金來完成交易。第 12 章「數位錢包」已經詳細討論過錢包了。請參見那一章的內容，瞭解一下可以在交易所運用的實作方式。

- 它會把買賣單傳送到定序器，給買賣單打上一個序列 ID。打上序列 ID 的買賣單，就會交由撮合引擎來進行處理。新的買賣單有很多的屬性，不過實際上並不需要把所有的屬性全都發送給撮合引擎。為了減少訊息的資料傳輸量，買賣單管理器只會發送其中一些必要的屬性。

另一方面，買賣單管理器也會透過定序器，從撮合引擎接收執行（成交）結果。然後買賣單管理器就會透過客戶端閘道器，把買賣單成交的執行結果送回去給券商。

買賣單管理器應該要很快速、很有效率、而且很正確。它會持續維護買賣單的最新狀態。事實上，管理各種狀態轉換的挑戰，就是買賣單管理器本身的複雜性主要的源頭。在真實世界的交易所系統中，可能會牽涉到數以萬計的各種不同情況。對於買賣單管理器的設計來說，事件溯源 [9] 的做

法可說是非常適合。我們會在「第 3 步 —— 深入設計」一節討論事件溯源的設計。

客戶端閘道器

客戶端閘道器（client gateway）就是交易所的把關者。它會接收客戶所下的買賣單，然後再把它發送給買賣單管理器。閘道器可提供以下的功能，如圖 13.8 所示。

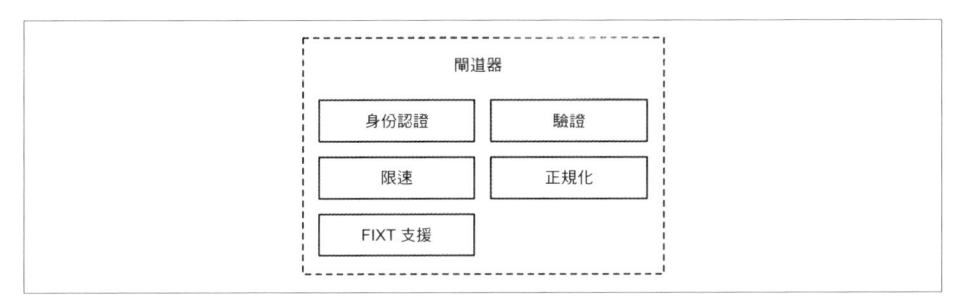

```
┌─────────────────────────────────┐
│            閘道器                │
│  ┌──────────┐    ┌──────────┐   │
│  │ 身份認證  │    │  驗證    │   │
│  └──────────┘    └──────────┘   │
│  ┌──────────┐    ┌──────────┐   │
│  │  限速    │    │  正規化  │   │
│  └──────────┘    └──────────┘   │
│  ┌──────────┐                   │
│  │ FIXT 支援 │                   │
│  └──────────┘                   │
└─────────────────────────────────┘
```

圖 13.8：客戶端閘道器組件

客戶端閘道器就位於最關鍵的路徑上，因此對於延遲非常敏感。它應該要盡可能保持很輕量的架構。它一定要能夠盡快把買賣單傳遞到正確的目的地。前面所提到的那些功能雖然很重要，但所有的工作一定都要盡快完成才行。這就是在設計上需要權衡取捨之處，我們必須決定要在客戶端閘道器裡放入哪些功能，應該刪除掉哪些功能。以一般的指導原則來說，我們應該把一些比較複雜的功能，留給撮合引擎和風險檢查的部分來完成。

散戶和機構投資人，各有不同類型的客戶端閘道器。主要的考慮因素就是延遲、完整交易的交易量，以及安全上的要求。舉例來說，交易所的流動性，有很大一部分是由造市商之類的機構來提供。因此，造市商往往需要非常低的延遲。圖 13.9 顯示的就是連接到交易所的各種不同客戶端閘道器。其中一個比較極端的例子，就是共置（colocation；簡稱 colo）引擎。它指的就是券商直接在交易所的資料中心租用一些伺服器，然後在上面執行交易引擎軟體的做法。這樣的延遲，實際上就是「光」從「共置伺服器」到「交易所伺服器」所需的傳輸時間 [10]。

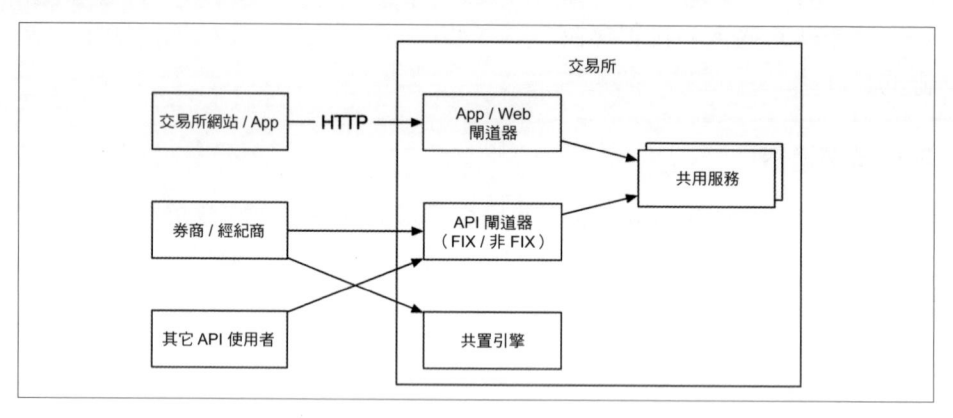

圖 13.9：客戶端閘道器

市場資料流程

市場資料發佈器（MDP；market data publisher）會從撮合引擎接收執行（成交）結果，並根據串流過來的執行結果，建構出最新的掛單簿和 K 線圖。我們稍後就會在資料模型一節討論掛單簿和 K 線圖，這些東西統稱為市場資料。這些市場資料會被發送到資料服務，然後訂閱者就可以使用這些資料了。圖 13.10 顯示的就是市場資料發佈器的實作方式，以及它與市場資料流程裡其他的組件互相配合的方式。

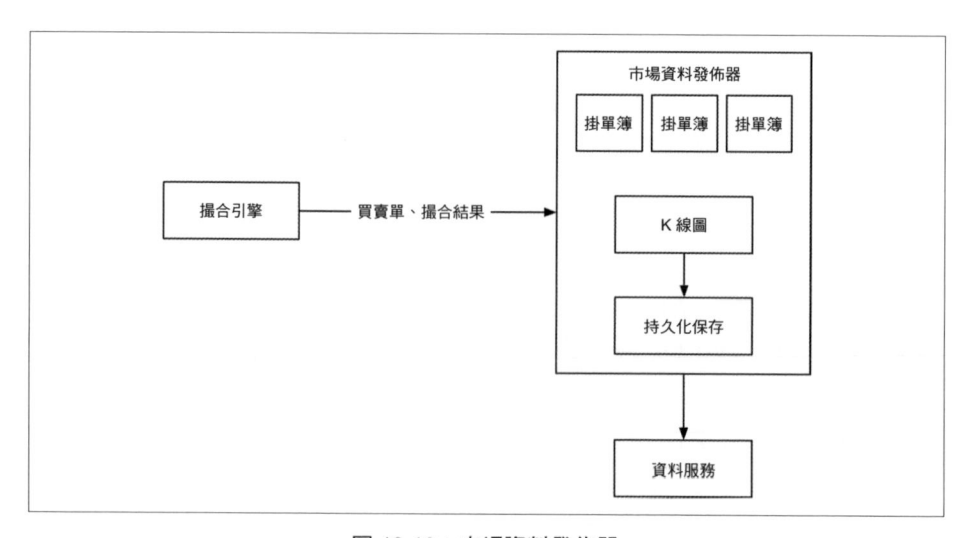

圖 13.10：市場資料發佈器

報告流程

報告也是交易所其中一個很重要的部分。報告器（reporter）雖然並不屬於交易流程的一部分，不過它在系統中還是扮演著很關鍵的角色。它可以提供交易歷史、稅務報告、合規報告、結算結果等等。對於交易流程來說，效率和延遲非常重要，不過對於報告器來說，延遲的問題就沒有那麼重要了。正確性和合規性才是報告器最重要的關鍵考量因素。

實務上比較常見的報告做法，就是根據送進來的買賣單和送出去的執行結果，把一些相關的屬性拼湊起來。送進來的新買賣單只會包含買賣單的相關資訊，而送出去的執行結果則只會包含買賣單 ID、價格、交易數量和執行狀態。報告器會把這兩個來源的屬性合併起來以作為報告。圖 13.11 顯示的就是報告流程裡的各個組件互相配合的方式。

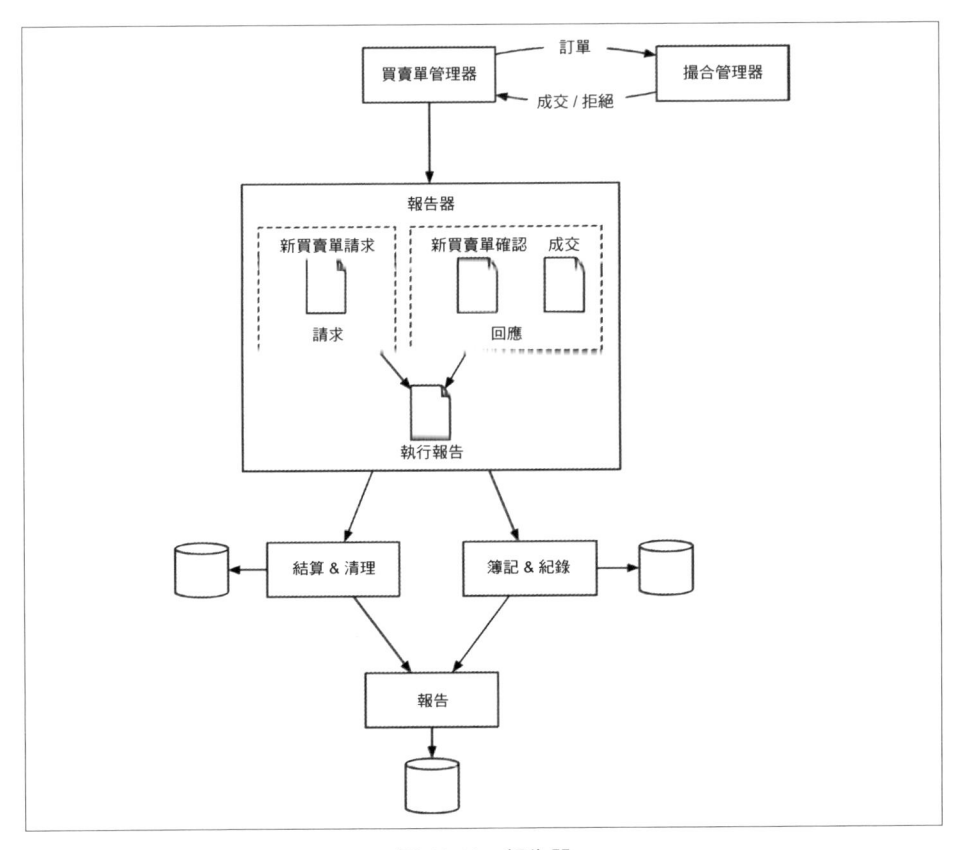

圖 13.11：報告器

第 13 章　證券交易所

比較敏銳的讀者可能有注意到「第 2 步 —— 提出高階設計並獲得認可」的章節順序，看起來好像與其他章節略有不同。本章選擇先說明高階設計，然後再說明 API 設計和資料模型相關的內容。之所以會這樣排列，是因為 API 設計和資料模型都會用到高階設計所引入的一些概念。

API 設計

現在我們對高階設計已經有所瞭解，接著就來看看 API 設計吧。

客戶端會透過券商，與證券交易所進行各種互動，例如像是下單、查看執行結果、查看市場資料、下載歷史資料進行分析等等。我們下面的 API 會採用 RESTful 設計約定，來設定券商和客戶端閘道器之間的介面。下面所提到的一些資源，可參見「資料模型」一節的說明。

請注意，REST API 可能無法滿足對沖基金等機構投資人的延遲要求。針對這些機構所建立的專用軟體，可能會使用不同的協定，但不管是什麼協定，都需要支援下面所提到的這些基本功能。

下單

POST /v1/order

這個端點可用來下單。它會要求進行身份驗證。

參數

> symbol：股票代碼。字串
>
> side：買進或賣出。字串
>
> price：買賣單的價格。長整數
>
> orderType：限價或市價（請注意，我們的設計只支援限價單）。字串
>
> quantity：買賣單的交易數量。長整數

回應主體內容：

 id：買賣單的 ID。長整數

 creationTime：買賣單的系統建立時間。長整數

 filledQuantity：已成功執行的交易數量。長整數

 remainingQuantity: 還需要被執行的交易數量。長整數

 status: 新單 / 已取消 / 已成交。字串

 其他屬性皆與輸入參數相同

回應碼：

 200：成功

 40x：參數錯誤 / 拒絕存取 / 未授權

 500：伺服器錯誤

取得執行結果

GET /v1/execution?symbol={:symbol}&orderId={:orderId}&startTime={:startTime}&endTime={:endTime}

這個端點可用來查詢執行結果的相關資訊。它會要求進行身份驗證。

參數

 symbol：股票代碼。字串

 orderId：買賣單的 ID。可有可無。字串

 startTime：查詢開始時間（時間起算點參見 [11]）。長整數

 endTime：查詢結束時間（時間起算點同上）。長整數

回應

主體內容：

executions：某段時間範圍內每一個執行結果（屬性如下所示）所組成的陣列。陣列

  id：執行結果的 ID。長整數

  orderId：買賣單的 ID。長整數

  symbol：股票代碼。字串

  side：買進或賣出。字串

  price：執行的價格。長整數

  orderType：限價或市價。字串

  quantity：交易數量。長整數

回應碼：

  200：成功

  40x：參數錯誤 / 未找到 / 拒絕存取 / 未授權

  500：伺服器錯誤

取得掛單簿相關資訊

GET /marketdata/orderBook/L2?symbol={:symbol}&depth={:depth}

這個端點可用來查詢某種股票代碼在指定深度下的 L2 掛單簿資訊。

參數

  symbol：股票代碼。字串

  depth：掛單簿買賣兩方的深度。整數

  startTime：查詢開始時間（時間起算點同前）。長整數

  endTime：查詢結束時間（時間起算點同前）。長整數

>> 第 2 步 — 提出高階設計並獲得認可

回應

主體內容：

 bids：買方出價；由價格和交易數量所組成的陣列。陣列

 asks：賣方要價；由價格和交易數量所組成的陣列。陣列

回應碼：

 200：成功

 40x：參數錯誤 / 未找到 / 拒絕存取 / 未授權

 500：伺服器錯誤

取得歷史價格（K 線圖）資料

GET /marketdata/candles?symbol={:symbol}&resolution={:resolution}&startTime={:startTime}&endTime={:endTime}

這個端點可用來查詢 K 線圖資料（請參見「資料模型」一節中關於 K 線圖的說明），可指定股票代碼、時間範圍和解析度。

參數

 symbol：股票代碼。字串

 resolution：K 線圖的視窗長度（以秒為單位）。長整數

 startTime：視窗的開始時間（時間起算點同前）。長整數

 endTime：視窗的結束時間（時間起算點同前）。長整數

回應

主體內容：

 candles：由許多 K 線資料（屬性列出如下）所組成的陣列。陣列

 open：每個 K 線的開盤價。雙精度浮點數

 close：每個 K 線的收盤價。雙精度浮點數

475

high：每個 K 線的最高價。雙精度浮點數

low：每個 K 線的最低價。雙精度浮點數

回應碼：

200：成功

40x：參數錯誤 / 未找到 / 拒絕存取 / 未授權

500：伺服器錯誤

資料模型

證券交易所的資料主要分為三種類型。我們就來逐一探討一下吧。

- 產品、買賣單、執行結果
- 掛單簿
- K 線圖

產品、買賣單、執行結果

「產品」描述的就是所要交易的股票代碼相應的屬性，例如產品的類型、交易的股票代碼、使用者介面所顯示的股票代碼、結算的貨幣、交易單位（lot size）、價格變動的最小幅度（tick size）等等。這些資料全都是靜態的，很少會有變化，主要都是用來顯示於使用者介面之中。產品資料可以保存在任何資料庫，而且非常適合搭配快取的做法。

「買賣單」代表的就是買單或賣單所要送進去的指令。「執行結果」代表的則是送出來的撮合結果。執行其實就是所謂的成交（fill）。實際上並不是每一筆買賣單都會被執行。撮合引擎的輸出會有兩個執行結果，分別對應買賣單裡被撮合的買方與賣方。

請參見圖 13.12，以瞭解這三個實體之間的關係，所呈現出來的邏輯模型圖。請注意，這裡所顯示的並不是資料庫的資料架構。

>> 第 2 步 — 提出高階設計並獲得認可

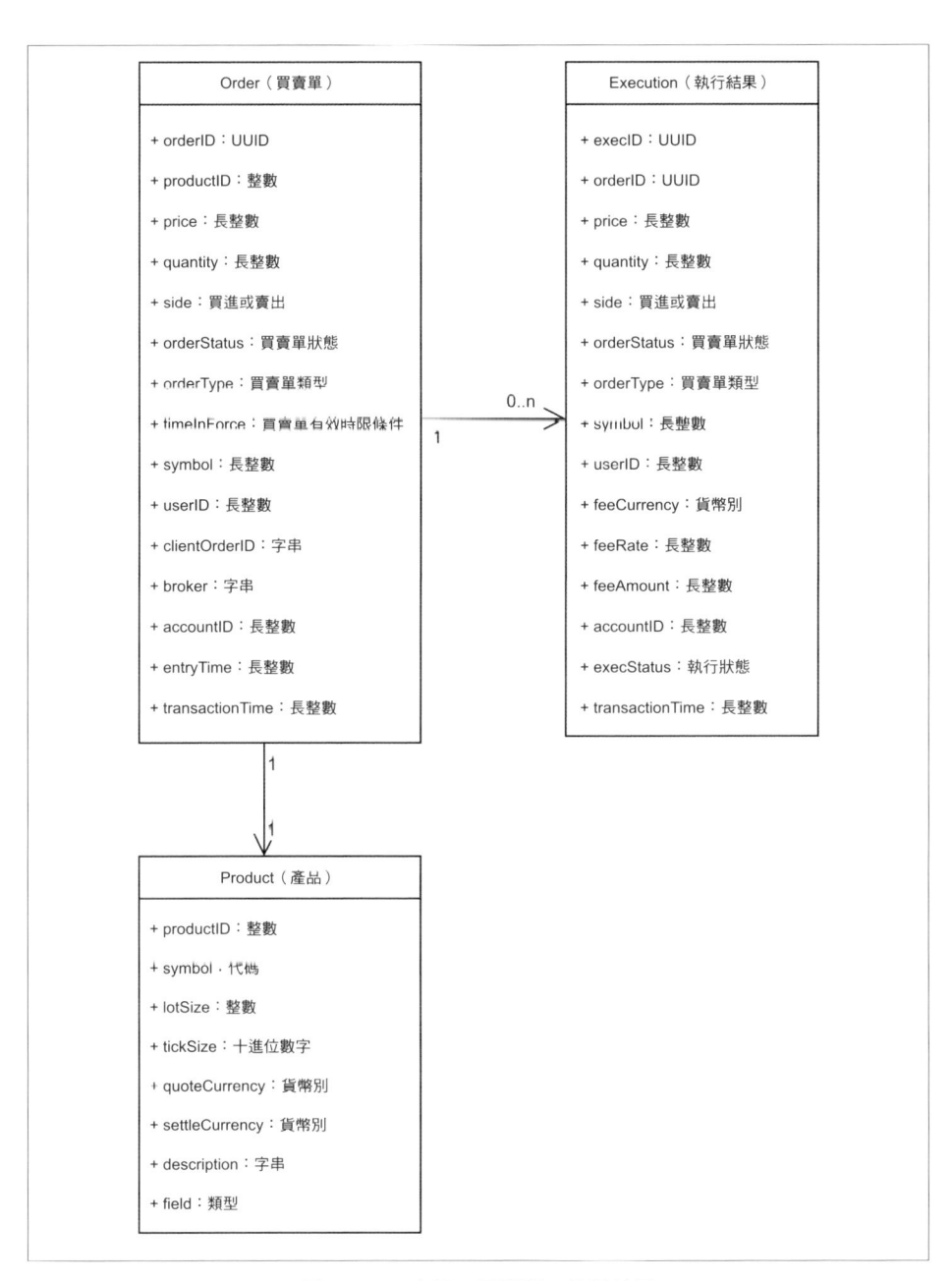

```
┌─────────────────────────────────┐                    ┌─────────────────────────────────┐
│       Order（買賣單）            │                    │    Execution（執行結果）         │
├─────────────────────────────────┤                    ├─────────────────────────────────┤
│ + orderID：UUID                 │                    │ + execID：UUID                  │
│ + productID：整數               │                    │ + orderID：UUID                 │
│ + price：長整數                 │                    │ + price：長整數                 │
│ + quantity：長整數              │                    │ + quantity：長整數              │
│ + side：買進或賣出              │                    │ + side：買進或賣出              │
│ + orderStatus：買賣單狀態       │                    │ + orderStatus：買賣單狀態       │
│ + orderType：買賣單類型         │         0..n       │ + orderType：買賣單類型         │
│ + timeInForce：買賣單有效時限條件│──────────────────▶ │ + symbol：長整數                │
│ + symbol：長整數                │          1         │ + userID：長整數                │
│ + userID：長整數                │                    │ + feeCurrency：貨幣別           │
│ + clientOrderID：字串           │                    │ + feeRate：長整數               │
│ + broker：字串                  │                    │ + feeAmount：長整數             │
│ + accountID：長整數             │                    │ + accountID：長整數             │
│ + entryTime：長整數             │                    │ + execStatus：執行狀態          │
│ + transactionTime：長整數       │                    │ + transactionTime：長整數       │
└─────────────────────────────────┘                    └─────────────────────────────────┘
                │ 1
                ▼ 1
┌─────────────────────────────────┐
│       Product（產品）           │
├─────────────────────────────────┤
│ + productID：整數               │
│ + symbol：代碼                  │
│ + lotSize：整數                 │
│ + tickSize：十進位數字          │
│ + quoteCurrency：貨幣別         │
│ + settleCurrency：貨幣別        │
│ + description：字串             │
│ + field：類型                   │
└─────────────────────────────────┘
```

圖 13.12：產品、買賣單、執行結果

買賣單（Order）和執行結果（Execution）就是交易所最重要的兩種資料。在高階設計所提到的三種流程，全都會用到這些資料，不過形式略有不同。

- 在最關鍵的交易流程中，買賣單和執行結果並不是保存在資料庫。為了實現更高的效能，這個流程會在記憶體內執行交易，然後利用硬碟或共享記憶體來進行持久化保存，以共用這些買賣單和執行結果。具體來說，買賣單和執行結果會被儲存在定序器中，以便能夠進行快速還原，然後在收盤之後，這些資料就會被封存起來。我們會在「第 3 步 —— 深入設計」一節討論如何有效實作出這個定序器。

- 報告器（Reporter）會把買賣單和執行結果寫入資料庫，以因應一些像是對帳報告、稅務報告之類的使用情境。

- 執行結果也會被轉發給市場資料處理器（market data processor），以重新構建出掛單簿和 K 線圖的資料。緊接著我們就來分別討論一下這兩種資料。

掛單簿

掛單簿指的就是特定證券或金融財務工具的買賣單列表；這個列表會整理出不同價格等級相應的資料 [12][13]。它就是撮合引擎用來快速撮合買賣單的一個關鍵資料結構。一個很有效率的掛單簿資料結構，必須符合以下的要求：

- 常數級的查找時間。相關的操作包括：取得某價格等級或某兩個價格等級之間的相應交易量。

- 能夠快速新增 / 取消 / 執行操作，時間複雜度最好是 $O(1)$。相關的操作包括：下新單、取消買賣單、撮合買賣單。

- 快速的更新。相關的操作：換單。

- 查詢條件最好的買方出價 / 賣方要價。

- 針對每個價格等級進行迭代操作。

>> 第 2 步 — 提出高階設計並獲得認可

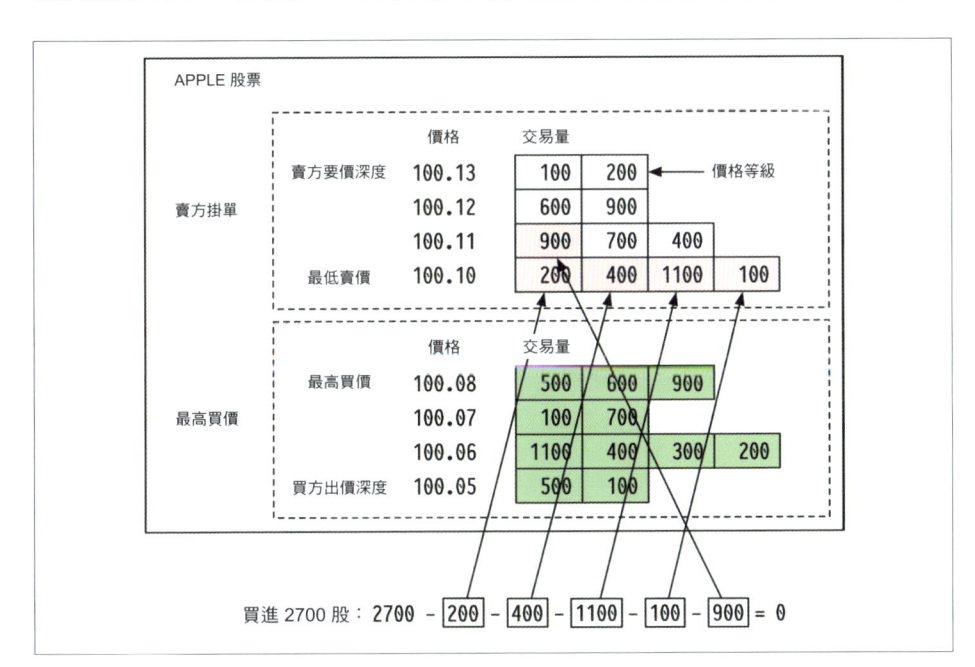

我們就來看看，根據掛單簿的資訊執行買賣單的範例，如圖 13.13 所示。

圖 13.13：根據掛單簿的資訊，執行市價單的示意圖

上面的範例中，有一張交易數量龐大（2,700 股）的 APPLE 股票市價買單。賣方要價佇列裡價格最好（100.10）的所有賣單，以及 100.11 這個價格佇列裡的第一張賣單（用顏色顯示），就可以滿足這張買單的條件。這張大單成交之後，買價/賣價的價差就會隨之擴大，因為賣方的價格往上跳了一級（現在最好的賣方要價變成 100.11 了）。

下面這段程式碼顯示的就是掛單簿的實作方式。

```
class PriceLevel{
  private Price limitPrice;
  private long totalVolume;
  private List<Order> orders;
}
class Book<Side> {
  private Side side;
  private Map<Price, PriceLevel> limitMap;
}
class OrderBook {
```

第 13 章　證券交易所

```
    private Book<Buy> buyBook;
    private Book<Sell> sellBook;
    private PriceLevel bestBid;
    private PriceLevel bestOffer;
    private Map<OrderID, Order> orderMap;
}
```

這段程式碼能否滿足前述所有的設計要求呢？舉例來說，在新增 / 取消限價單時，時間複雜度是 $O(1)$ 嗎？答案是否定的，因為我們在這裡使用了一個很普通的列表（`private List<Order> orders`）。為了讓掛單簿更有效率，我們把「買賣單」的資料結構改成雙向鏈結列表（doubly-linked list），這樣就可以讓刪除類操作（取消和撮合）變成 $O(1)$。這裡就來檢視一下，這些相關操作的時間複雜度怎麼達到 $O(1)$ 的效果：

1. 下新單的意思就是要把新的買賣單添加到 PriceLevel 的最後面。以雙向聯結列表來說，時間複雜度就是 $O(1)$。

2. 撮合買賣單的意思就是要從 PriceLevel 的最前面刪除掉一張買賣單。以雙向聯結列表來說，時間複雜度就是 $O(1)$。

3. 取消買賣單的意思就是要從 OrderBook 裡刪除掉一張買賣單。我們會利用 OrderBook 裡的輔助資料結構 `Map<OrderID, Order> orderMap` 來找出所要取消的買賣單，並把它從 PriceLevel 裡刪除掉。對於雙向聯結列表來說，這個刪除操作的時間複雜度就是 $O(1)$。

圖 13.14 解釋了這三個操作的工作原理。

更多相關的詳細資訊，請參見參考資料 [14]。

值得注意的是，市場資料處理器也會大量使用到掛單簿的資料結構，然後根據撮合引擎持續生成的一連串執行結果，重新構建出 L1、L2 和 L3 資料。

>> 第 2 步 — 提出高階設計並獲得認可

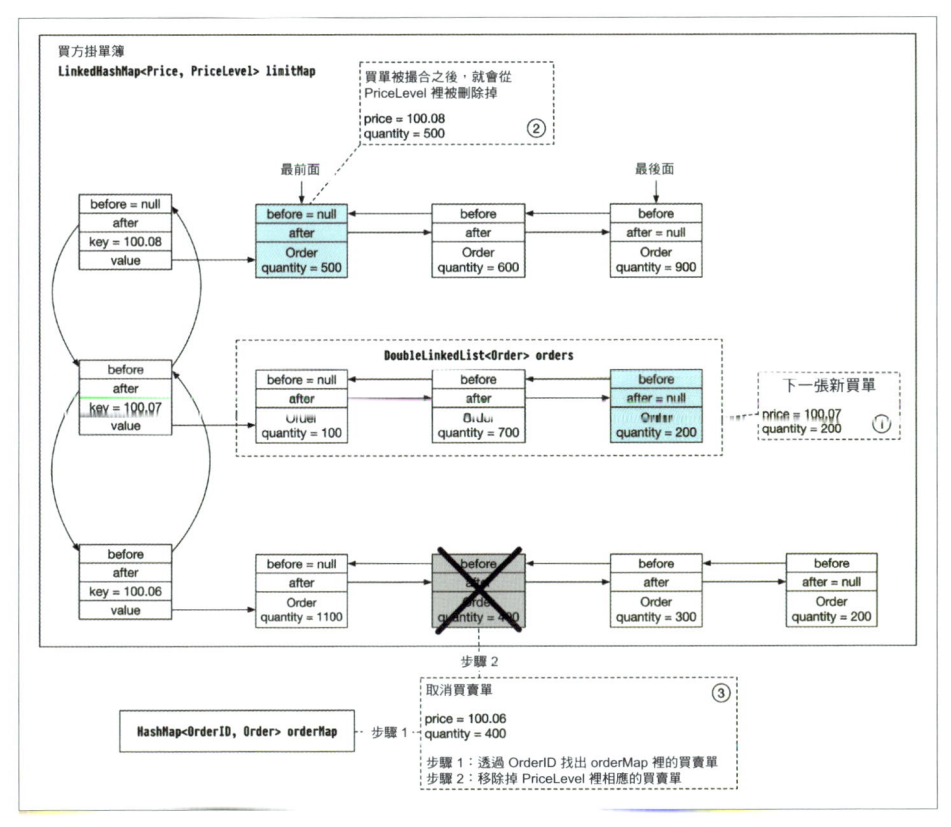

圖 13.14：以 $O(1)$ 的時間複雜度，完成下單、撮合買賣單、取消買賣單等操作

K 線圖

K 線圖就是市場資料處理器在生成市場資料時，其中一個非常重要的資料結構（另一個就是掛單簿）。

我們會用 Candlestick 和 CandlestickChart 這兩個物件類別來建立相應的模型。每當 K 線相應的間隔時間過去之後，我們就會針對下一個間隔時間，建立一個新的 Candlestick 物件實例，並把它新增到 CandlestickChart 這個物件實例裡的鏈結列表中。

```
class Candlestick {
  private long openPrice;
  private long closePrice;
  private long highPrice;
  private long lowPrice;
```

481

```
  private long volume;
  private long timestamp;
  private int interval;
}

class CandlestickChart {
  private LinkedList<Candlestick> sticks;
}
```

如果想要追蹤許多股票在不同間隔時間下的價格歷史 K 線圖，一定會消耗掉大量的記憶體。我們該如何進行優化呢？這裡有兩種做法：

1. 使用預先配置好的環形暫存區（ring buffer）來保存 K 線資訊，以降低新物件的配置數量。
2. 限制記憶體中的 K 線數量，把其餘的部分保存到磁碟中。

我們會在「市場資料發佈器」一節深入研究這些優化的做法。

市場資料通常會被持久化保存在記憶體縱列型資料庫（例如 KDB [15]）中，以進行即時分析。市場收盤之後，資料才會被持久化保存到歷史資料庫中。

第 3 步 —— 深入設計

現在我們已經從比較高的層面，瞭解了交易所的運作原理，接著就來探索一下現代的交易所是如何發展成為今天這個樣子的。現代的交易所，究竟是什麼樣子呢？答案可能會讓很多讀者感到十分驚訝。有一些大型的交易所，幾乎是光靠一台超大型的伺服器，就能運行所有的東西。雖然這聽起來好像有點極端，不過我們還是可以從中學習到許多很好的教訓。

接著就來深入瞭解一下吧。

效能表現

正如「非功能性需求」一節所討論的，延遲對於交易所來說非常重要。不但平均延遲要低，整體的延遲也必須很穩定。衡量穩定性等級其中一個很好的衡量標準，就是 99 百分位延遲。

>> 第 3 步 — 深入設計

延遲可以拆解成好幾個部分，如下式所示：

$$延遲 = \sum 沿著最關鍵的流程，各個任務所需的執行時間$$

有兩種做法可以減少延遲：

1. 設法減少這個關鍵流程其中的任務數量。
2. 設法縮短每個任務所花費的時間：

    a. 設法減少或消除掉網路和磁碟的使用

    b. 設法減少每個任務的執行時間

我們先來回頭看第一個做法。如高階設計所示，這裡最關鍵的交易流程包含了下面這幾個東西：

$$閘道器 \rightarrow 買賣單管理器 \rightarrow 定序器 \rightarrow 撮合引擎$$

這個最關鍵的流程只包含了一些必要的組件，甚至連日誌紀錄都被移出關鍵流程之外，為的就是要實現低延遲的目標。

現在我們再來看第二個做法。在高階設計中，最關鍵的交易流程裡每個組件都是透過網路連線的方式，把各個伺服器相連起來。網路往返的延遲大約是 500 微秒。如果最關鍵的交易流程裡有許多組件都需要透過網路進行通訊，總網路延遲加起來就會來到好幾毫秒的程度。此外，定序器是一個會把事件保存到磁碟中的事件儲存系統。就算是採用具有循序寫入效能優勢的高效能設計，磁碟存取還是會有好幾十毫秒的延遲。如果你想瞭解更多關於網路和磁碟存取延遲的資訊，請參見「每個程式設計師都應該知道的幾個延遲數字」[16]。

考慮到網路和磁碟存取的延遲，端對端的總延遲加起來就會是好幾十毫秒。雖然這個數字在交易所的早期階段還算是可接受的範圍，但隨著交易量呈現指數級成長，這個數字就越來越不夠用了。

為了跟上爆炸性成長的步伐，交易所不斷改進其設計，主要是研究如何減少或消除掉網路和磁碟存取延遲，才能把最關鍵的交易流程裡端對端的延

483

遲縮減到幾十微秒的程度。以結果來說，只要把所有東西放在同一部伺服器，就可以消除掉網路延遲的問題，而這也成為了一種歷經時間考驗的設計。如果把所有的組件全都放在同一部伺服器，這些組件就可以像事件儲存系統一樣，透過 mmap [17] 來進行通訊（稍後就會詳細介紹）。

圖 13.15 顯示的就是把所有組件全都放在單一伺服器中的低延遲設計：

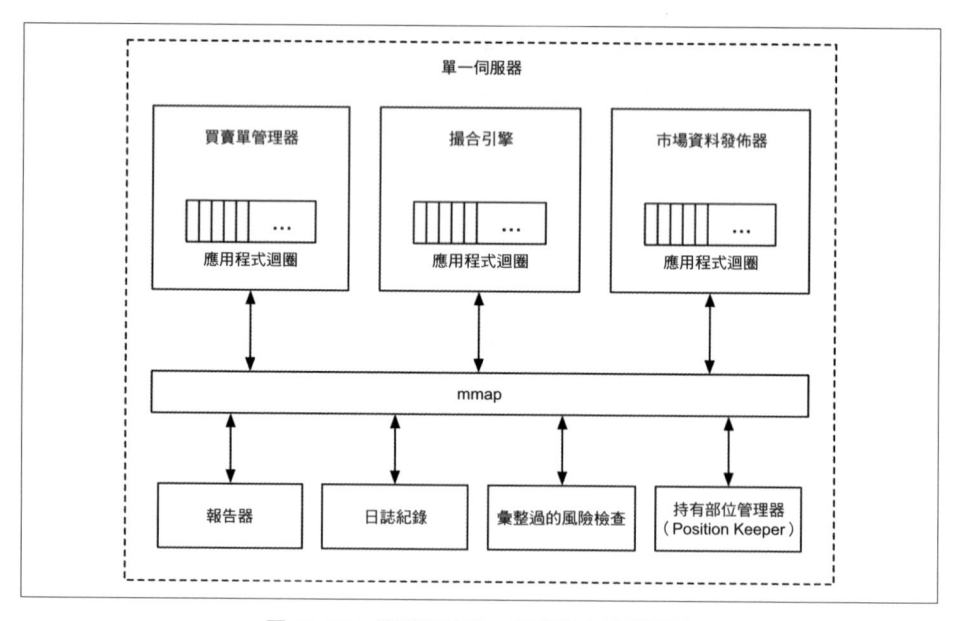

圖 13.15：低延遲的單一伺服器交易所設計

這裡有一些蠻有趣的設計決策，很值得仔細探究一番。

我們先來關注上圖中的應用程式迴圈（application loop）。應用程式迴圈是個蠻有趣的概念。它會在 while 迴圈中持續不斷輪詢所要執行的任務，這就是主要的任務執行機制。為了滿足嚴格的延遲要求，應用程式迴圈只應該去處理最關鍵的任務。其目標就是減少每個組件的執行時間，並保證能夠維持高度可預測的執行時間（也就是比較低的 99 百分位延遲）。圖中的每一個框框，就代表一個組件。每個組件都是伺服器裡的一個進程（process）。為了最大程度提高 CPU 的效率，每一個應用程式迴圈（可視之為主要處理迴圈）都是採用單一執行緒，而且每個執行緒都會被設定到

某個固定的 CPU 核心。以買賣單管理器為例，它的作業方式如下圖所示（圖 13.16）。

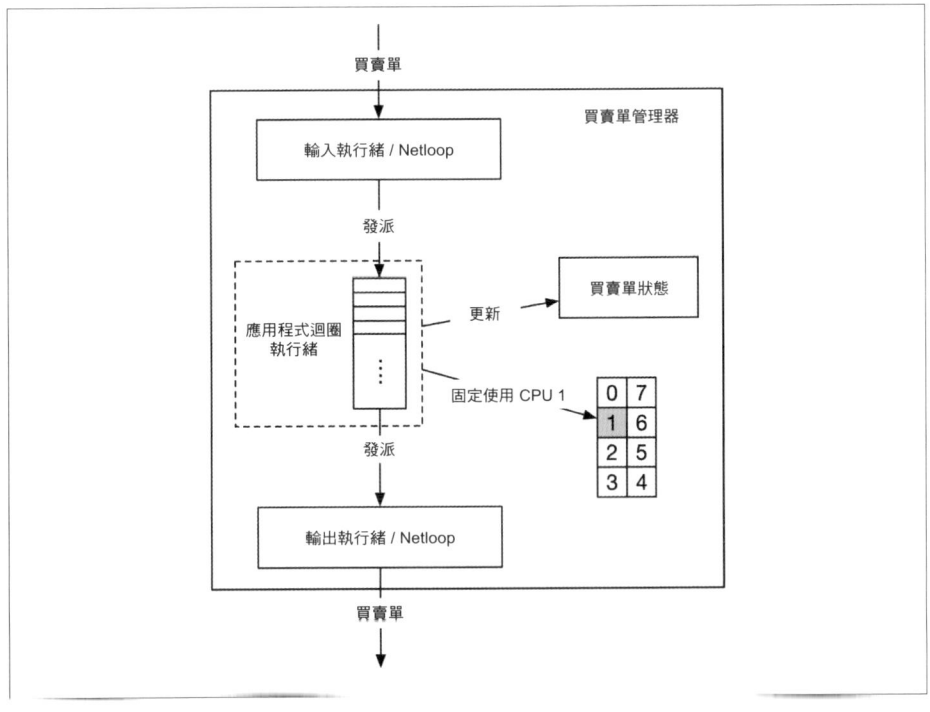

```
                    買賣單
                      │
                      ▼
         ┌────────────────────────────┐
         │                  買賣單管理器 │
         │  ┌──────────────────┐      │
         │  │ 輸入執行緒 / Netloop│     │
         │  └──────────────────┘      │
         │         │                  │
         │        發派                 │
         │         ▼                  │
         │  ┌ ─ ─ ─ ─ ─ ─ ┐           │
         │   ┌─┐          更新  ┌────────┐
         │  │ │ │          ───▶│買賣單狀態│
         │   ├─┤              └────────┘
         │  │應用程式迴圈│                │
         │   執行緒              固定使用 CPU 1
         │  │ ├─┤ │          ┌─┬─┐
         │   │ │                │0│7│
         │  │ └─┘ │              ├─┼─┤
         │  └ ─ ─ ─ ─ ─ ─ ┘      │1│6│
         │         │              ├─┼─┤
         │        發派            │2│5│
         │         ▼              ├─┼─┤
         │  ┌──────────────────┐  │3│4│
         │  │ 輸出執行緒 / Netloop│  └─┴─┘
         │  └──────────────────┘
         └────────────┬───────────────┘
                      ▼
                    買賣單
```

圖 13.16：買賣單管理器裡的應用程式迴圈執行緒

在這張圖中，買賣單管理器的應用程式迴圈會固定使用 CPU 1。把應用程式迴圈設定到某個固定的 CPU，有非常大的好處：

1. 不會因為 CPU 切換而產生額外的負載 [18]。買賣單管理器的應用程式迴圈，完全由 CPU 1 來負責處理。

2. 不需要進行鎖定，因此也不會有爭用鎖定的問題，因為只有一個執行緒會去更新狀態。

這兩方面的好處，都有助於降低 99 百分位延遲。

第 13 章　證券交易所

固定到某個 CPU 的做法，缺點就是會讓程式設計變得比較複雜。工程師需要仔細分析每個任務所花費的時間，以防止應用程式迴圈執行緒的佔用時間太長，因為這樣就有可能會阻塞到後續的任務。

接下來，我們再把注意力放到圖 13.15 中間標記為「mmap」的那個長方形區塊。「mmap」指的就是一種名為 mmap(2) 的 POSIX 相容 UNIX 系統調用方式，它可以把某個檔案對應到某個進程可用到的記憶體。

mmap(2) 提供了一種可以在不同進程之間高效能共用記憶體的機制。如果把檔案放在 /dev/shm，效能上的優勢就會更加明顯。/dev/shm 是一種記憶體型檔案系統。如果 mmap(2) 採用的是 /dev/shm 裡的檔案，這種共享記憶體的存取方式，根本就不會產生任何磁碟存取的行為。

現代交易所就是利用這種方式，盡可能消除掉關鍵交易流程裡的磁碟存取。伺服器會用 mmap(2) 來實作出一個訊息匯流排（message bus），而在最關鍵的交易流程裡，各個組件都能透過這個訊息匯流排來進行通訊。這整個通訊路徑完全不會用到網路或磁碟存取，而且在這個 mmap 訊息匯流排傳送訊息，只需要不到一微秒的時間。現代的交易所就是利用 mmap 來建立事件儲存系統，再加上我們接下來會討論到的事件溯源設計方式，這樣就可以在單一台伺服器內打造出低延遲的微服務了。

事件溯源

我們之前曾在「數位錢包」的章節中，討論過事件溯源的做法。如果想深入瞭解事件溯源，可參見該章的內容。

事件溯源的概念並不難理解。在傳統的應用程式中，狀態都是持久化保存在資料庫中。如果出了問題，就很難追蹤問題的根源。資料庫只會保留住當前的狀態，而不會保留住導致當前狀態的事件紀錄。

事件溯源的做法，並不是保存當前的狀態，而是用一個不可變的日誌來保留住所有的狀態變更事件。這些事件就是真相最好的來源。請參見圖 13.17 的比較。

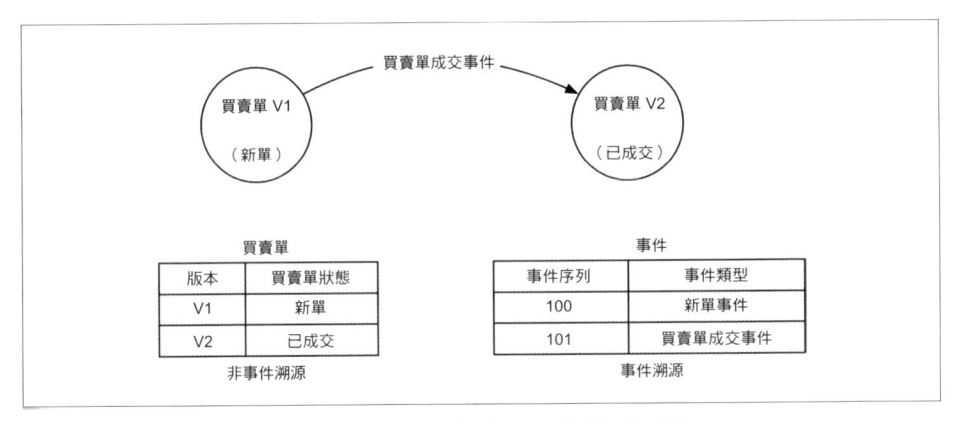

```
                    買賣單成交事件
     買賣單 V1  ─────────────▶  買賣單 V2
     （新單）                    （已成交）
```

買賣單			事件	
版本	買賣單狀態		事件序列	事件類型
V1	新單		100	新單事件
V2	已成交		101	買賣單成交事件
非事件溯源			事件溯源	

圖 13.17：非事件溯源 vs. 事件溯源的做法

左邊的做法，就是一個經典的資料庫資料架構。它會追蹤買賣單的狀態，但不會記錄任何關於買賣單如何來到當前狀態的資訊。右邊則是事件溯源的相應做法。它會追蹤所有能改變買賣單狀態的事件，而且只要按順序重播所有的事件，就可以還原買賣單的狀態。

圖 13.18 顯示的就是一個事件溯源設計，它是用 mmap 事件儲存系統來作為訊息匯流排。這個設計看起來非常像 Kafka 裡的「發佈 / 訂閱」（Pub-Sub）模型。事實上，要是沒有那麼嚴格的延遲要求，原本也是可以直接使用 Kafka 的。

在圖中，外部領域是用 FIX（我們在「交易入門知識」一節曾介紹過）來與交易領域進行溝通。

- 閘道器會把 FIX 轉換成「簡單二元編碼 FIX」（FIX over Simple Binary Encoding），以達到快速、緊湊的編碼效果，然後再透過事件儲存系統客戶端，把買賣單轉換成預先定義好的格式（參見圖中的事件儲存項目），作為一個新單事件（`NewOrderEvent`）傳送出去。

- 買賣單管理器（內嵌在撮合引擎中）接收到來自事件儲存系統的新單事件之後，就會對它進行驗證，然後再把它新增到內部的買賣單狀態中。接著這個買賣單就會被發送到撮合核心。

- 如果買賣單被順利撮合成功，就會生成一個買賣單成交事件（OrderFilledEvent）並發送到事件儲存系統。
- 其他組件（例如市場資料處理器和報告器）則會訂閱事件儲存系統，並對這些事件做出相應的處理。

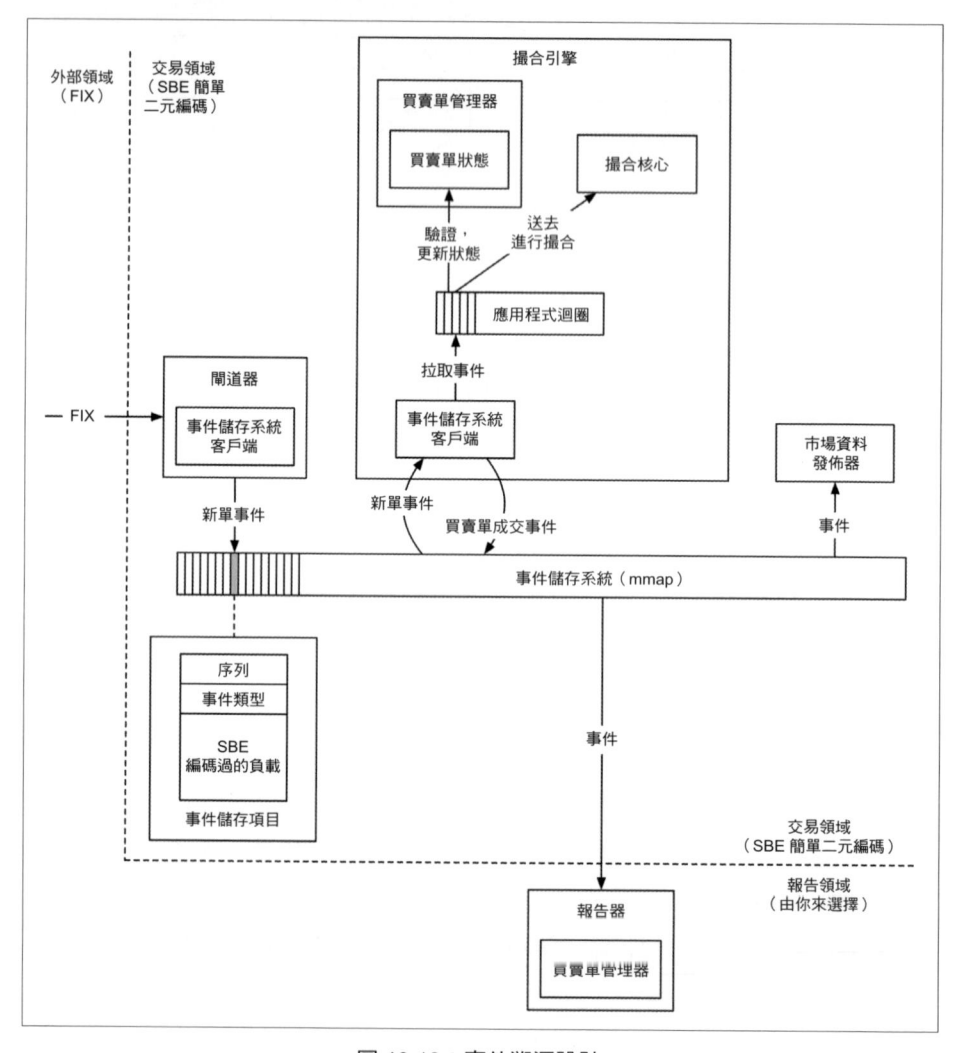

圖 13.18：事件溯源設計

>> 第 3 步 — 深入設計

這個設計基本上非常符合之前的高階設計，不過為了讓事件溯源的標準做法運作得更有效率，還是做了一些調整。

第一個差異之處就是買賣單管理器。買賣單管理器變成了一個可重複使用的函式庫，可內嵌在不同的組件中。這樣的設計是很合理的，因為買賣單的狀態對於很多組件來說都很重要。用一個中心化的買賣單管理器來為其他組件進行更新或查詢買賣單狀態，這樣對於延遲來說是有害的，尤其是如果其中有些組件並不在最關鍵的交易流程（例如圖中的報告器），情況更是如此。其實每個組件都可以自行維護買賣單狀態，不過在事件溯源的做法下，狀態一定要保證全都是相同的，而且是可重播的。

另一個很重要的差異之處，就是這裡的設計完全看不到定序器。這是怎麼回事呢？

在事件溯源的設計下，我們有一個可以讓所有訊息共用的事件儲存系統。請注意，這個事件儲存系統裡的每個項目，都有一個「sequence」（序列）欄位。這個欄位的值，就是由定序器注入的。

每一個事件儲存系統，應該都只有一個定序器。有好幾個定序器其實是很不好的做法，因為這樣就會互相爭奪寫入事件儲存系統的權利。在交易所這種繁忙的系統中，把大量時間花在爭用鎖定這件事，實在太浪費了。因此，定序器應該是單獨的一個寫入者，它在把事件送入事件儲存系統之前，就會先對事件進行排序。在之前的高階設計裡，定序器同時也要負責儲存訊息，而這裡的定序器則只需要做一件很簡單的事，而且速度超級快。圖 13.19 顯示的就是記憶體映射（MMap；memory-map）環境下，定序器的設計方式。

定序器會從各組件專屬的環形暫存區裡拉取事件。它會給每個事件打上一個序列 ID，然後再把它送入事件儲存系統。我們當然也可以另外弄一個備用的定序器，來實現高可用性的目標，以防範主要定序器出問題的情況。

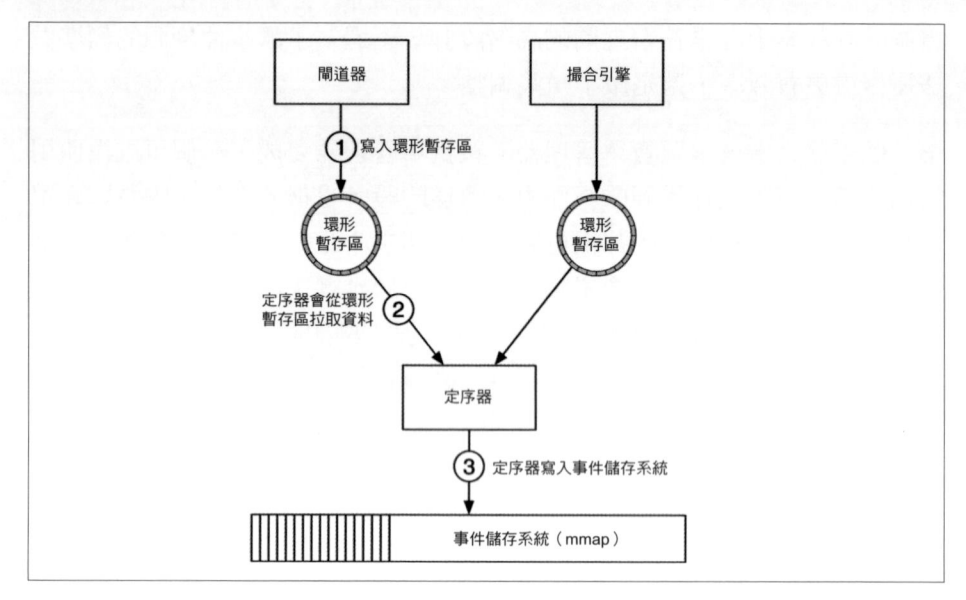

圖 13.19：定序器的範例設計

高可用性

為了實現高可用性，我們會把 4 個 9（99.99%）當成設計的目標。這也就表示，交易所每天都只能有 8.64 秒的停機時間。如果服務出現故障，幾乎都要馬上恢復才行。

如果想實現高可用性，就要考慮下面這幾件事：

- 首先就是要識別出交易所架構中，有哪些地方可能會出現單點故障。舉例來說，撮合引擎的故障對於交易所來說，很可能就是一場災難。因此，我們會在主要實例（primary instance）的旁邊，另外再多設定一些備用的實例（redundant instance）。
- 其次，故障偵測以及故障轉移至備用實例的決策速度，也應該要非常快才行。

對於客戶端閘道器之類的無狀態服務來說，只要增加更多的伺服器，就可以輕鬆進行水平擴展。對於有狀態的組件（例如買賣單管理器和撮合引

擎）來說，我們就必須在不同的副本之間複製狀態資料，持續保持狀態資料的同步。

圖 13.20 顯示的就是如何複製資料的一個例子。所謂的「熱」（hot）撮合引擎會被用來作為主要實例，而「溫」（warm）撮合引擎雖然也會接收並處理完全相同的事件，不過它並不會把任何事件發送到事件儲存系統。如果主要實例掛掉了，溫（warm）實例就可以立刻接手，變成主要實例並開始發送事件。如果掛掉的是次級的溫（warn）實例，在重新啟動時，它還是可以根據事件儲存系統還原所有的狀態。事件溯源的做法非常適合交易所的架構。它本身固有的確定性，可以讓狀態還原這件事變得既簡單又不會出錯。

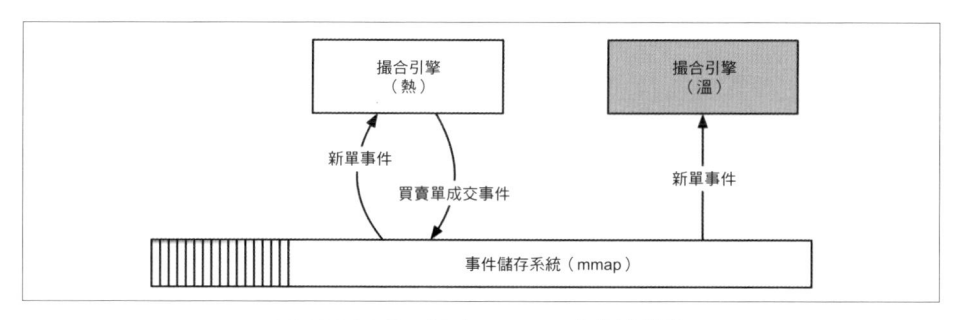

圖 13.20：熱 - 溫（Hot-Warm）撮合引擎

我們需要設計出一種機制，可以偵測出主要實例的潛在問題。除了一般正常的硬體與程序監控之外，我們也可以讓撮合引擎這邊持續發送出心跳訊號。如果沒有及時收到心跳訊號，就表示撮合引擎可能出問題了。

這種「熱 / 溫」的設計，問題在於它只能在單一伺服器的範圍內順利運作。為了實現高可用性，我們必須把這個概念延伸到能夠跨越多台機器甚至跨資料中心。在這樣的設定下，伺服器要不是熱伺服器就是溫伺服器，而且我們必須把熱伺服器裡的整個事件儲存系統，複製到所有的溫伺服器。跨機器複製整個事件儲存系統是需要時間的。我們可以使用可靠的 UDP [19]，以很有效率的方式把事件訊息廣播給所有的溫伺服器。相應的設計可參考 Aeron [20] 的設計範例。

第 13 章　證券交易所

我們到下一節還會討論「熱／溫」設計的另一種改進方式，以實現更高的可用性。

容錯能力

前面所說的「熱／溫」設計，相對來說比較簡單。它可以運作得很好，但如果熱實例和溫實例都掛掉了，該怎麼辦呢？這是一個機率很低但只要一發生就是災難級的事件，所以我們還是應該做好準備。

這是大型科技公司所要面對的一個問題。他們通常會把核心資料複製到多個城市的資料中心，藉此方式來解決這個問題。這樣的做法就可以緩解掉地震或大規模停電之類的自然災害所造成的風險。為了讓系統更具有容錯能力，我們有很多問題必須要回答：

1. 如果主要實例掛掉了，我們如何決定、何時該決定進行故障轉移，把系統轉移至備用實例？
2. 我們如何在多個備用實例中挑選出一個領導者？
3. 所需要的還原時間是多少（RTO；Recovery Time Objective；還原時間目標）？
4. 需要還原哪些功能（RPO；Recovery Point Objective；還原點目標）？我們的系統可以在降級的條件下順利運作嗎？

接著就來一一回答這幾個問題吧。

首先，我們必須瞭解「掛掉」真正的意義。這其實並不是你以為的那麼簡單。請考慮下面這幾種情況。

1. 系統可能會發出錯誤的警報，從而導致非必要的故障轉移。
2. 主要實例之所以會掛掉，有可能是因為程式碼中的錯誤所導致的結果。在故障轉移之後，同樣的錯誤還是有可能繼續導致備用實例也跟著掛掉。如果所有的備用實例全都被同樣的錯誤搞到掛掉，整個系統很快就會失去可用性了。

>> 第 3 步 — 深入設計

這些全都是很難解決的問題。以下就是一些建議。當我們第一次發佈新系統時，可能需要用人工的方式執行故障轉移。唯有當我們收集到足夠的資訊，擁有足夠的操作經驗，而且對系統已經很有信心時，才能考慮把故障偵測程序自動化。混沌工程（Chaos engineering）[21] 就是一種很好的實務做法，可以用來揭示出一些特殊的情況，並且更快獲得一些操作上的經驗。

一旦正確做出故障轉移的決定，接著要如何決定該由哪一台伺服器接手？幸運的是，這是一個已經被充分研究過的課題。目前已經有許多歷經實戰考驗的領導者選舉（leader-election）演算法。我們就以 Raft [22] 為例好了。

圖 13.21 顯示的就是一個 Raft 集群，其中有五個伺服器，每個伺服器都有自己的事件儲存系統。當前的領導者會把資料發送給所有其他的實例（追隨者）。如果想在 Raft 集群中執行一項操作，所需要的最低票數是（$\frac{n}{2}$ + 1），其中 N 是集群的成員數量。以這裡的例子來說，這個最小值就是 3。

下面的圖 13.21 顯示的就是，追隨者透過 RPC 遠端程序調用的方式，從領導者接收新事件。這些事件全都會被保存到追隨者自己的 mmap 事件儲存系統中。

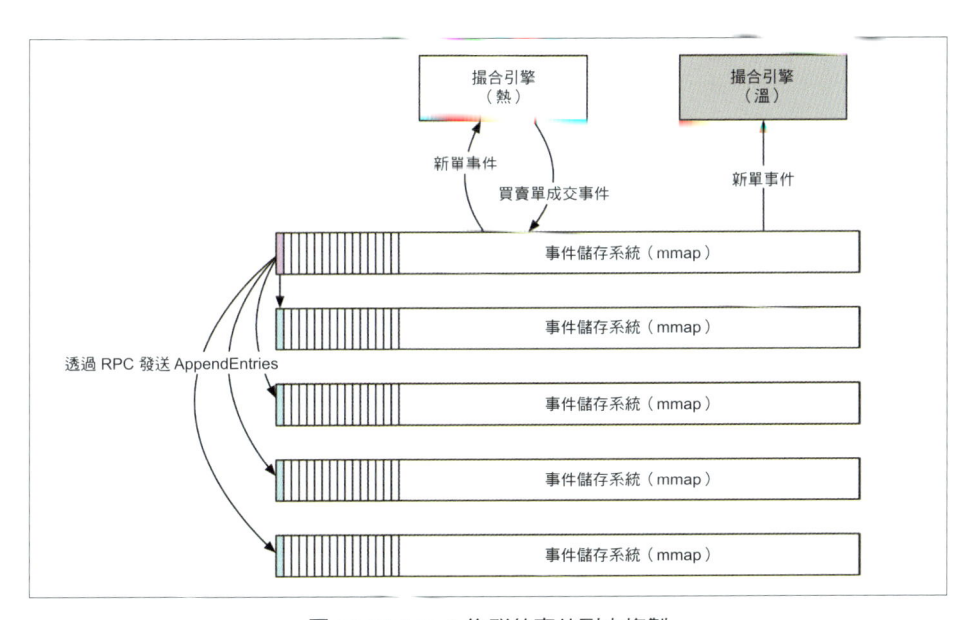

圖 13.21：Raft 集群的事件副本複製

我們來簡單檢視一下領導者選舉的過程吧。領導者會持續向它的追隨者發送心跳訊號（無內容的 `AppendEntries`，如圖 13.21 所示）。如果追蹤者在一段時間內都沒有收到心跳訊號，就會觸發選舉超時（election timeout），發起新一輪的選舉。第一個觸發選舉超時的追隨者會直接成為候選者，並要求其餘追隨者進行投票（`RequestVote`）。如果這個候選者獲得了超過半數的選票，它就會成為新的領導者。但如果有其他節點的任期值（term value）高於這個候選者的任期值，這個候選者就無法成為領導者（譯註：因為如果有其他更高的任期值，就表示已經存在其他領導者，只是這個候選者沒收到它的心跳訊號而已）。萬一有多個追隨者同時成為候選者，則會出現所謂「分裂投票」（split vote）的情況。在這樣的情況下，選舉就會超時（譯註：因為選不出領導者），然後就會再發起新一輪的選舉。「任期」（term）的解釋請參見圖 13.22。圖中的時間被分成好幾段，這些互相隔開的時段就代表不同領導者的任期，其中不同的顏色分別代表正在進行選舉的時段，以及有領導者在正常運作的時段。

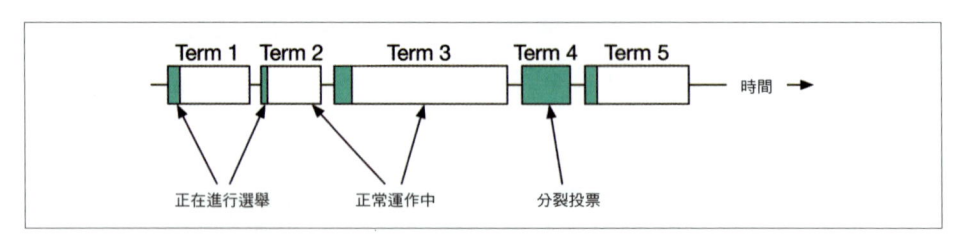

圖 13.22：Raft 的任期（資料來源：[23]）

接著我們來看還原時間。還原時間目標（RTO；Recovery Time Objective）指的就是應用程式就算掛掉，也不會對業務造成重大損害的時間長度。對於證券交易所來說，我們還需要實現第二級的還原時間目標，意思就是一定要在這段時間內，自動進行服務故障轉移。為了達到這個目標，我們會先根據優先順序對服務進行分類，然後再制定出一個降級策略，定義出最低程度下還是一定要維持住的服務等級。

最後，我們再來看資料遺失的容忍度。還原點目標（RPO；Recovery Point Objective）指的是在對業務造成重大損害之前允許遺失的資料量，也就是遺失的容忍度。實際上這也就表示，我們應該要經常備份資料。對於證券

交易所來說，資料遺失是不可接受的，因此 RPO 接近於零。在 Raft 的做法下，我們會擁有許多資料副本。因此可以保證集群節點之間可以達成狀態共識（state consensus）。如果當前的領導者出了問題，新的領導者應該就可以立即發揮作用。

撮合演算法

我們來稍微繞一點彎路，深入研究一下撮合（matching）演算法。下面的虛擬程式碼，就是從比較高的角度來解釋撮合的工作原理。

```
Context handleOrder (OrderBook orderBook , OrderEvent orderEvent) {
  if (orderEvent. getSequenceId () != nextSequence ) {
    return Error(OUT_OF_ORDER , nextSequence );
  }
  if (! validateOrder (symbol , price , quantity)) {
    return ERROR(INVALID_ORDER , orderEvent);
  }

  Order order = createOrderFromEvent (orderEvent);
  switch (msgType):
    case NEW:
      return handleNew(orderBook , order);
    case CANCEL:
      return handleCancel (orderBook , order);
    default:
      return ERROR(INVALID_MSG_TYPE , msgType);
}

Context handleNew(OrderBook orderBook , Order order) {
  if (BUY.equals(order.side)) {
    return match(orderBook.sellBook , order);
  } else {
    return match(orderBook.buyBook , order);
  }
}

Context handleCancel (OrderBook orderBook , Order order) {
  if (! orderBook.orderMap.contains(order.orderId)) {
    return ERROR( CANNOT_CANCEL_ALREADY_MATCHED , order);
  }
  removeOrder (order);
  setOrderStatus (order , CANCELED);
  return SUCCESS(CANCEL_SUCCESS , order);
}
```

```
Context match(OrderBook book , Order order) {
  Quantity leavesQuantity = order.quantity - order. matchedQuantity ;
  Iterator <Order > limitIter = book.limitMap.get(order.price).orders;
  while (limitIter.hasNext () && leavesQuantity > 0) {
    Quantity matched = min(limitIter.next.quantity , order.quantity);
    order. matchedQuantity += matched;
    leavesQuantity = order.quantity - order. matchedQuantity ;
    remove(limitIter.next);
    generateMatchedFill ();
  }
  return SUCCESS(MATCH_SUCCESS , order);
}
```

這段虛擬程式碼使用的是先進先出（FIFO）的撮合演算法。在某個價格等級下，排在前面的買賣單會先被撮合，排在最後面的則是到最後才會被撮合。

撮合演算法其實有很多種。例如在期貨交易領域，就常用到一些不同的演算法。舉例來說，有一些 FIFO 演算法會優先考慮領導造市商（Lead Market Maker；LMM），也就是在使用 FIFO 佇列之前，會先根據預先定義好的比率，讓領導造市商優先成交特定數量的交易。像這類的領導造市商，都是與交易所事先有過協商，才能獲得這樣的特權。在 CME 網站上，可以查看到其他更多的撮合演算法 [24]。撮合演算法也可以用在許多其他的情境。其中一個比較典型的情境，就是所謂的暗池（dark pool）[25]。

確定性（Determinism）

當我們談到確定性（determinism）這個概念時，除了可以在功能上具有確定性之外，在延遲方面也是可以具有確定性的。我們在前面的章節就談過功能上具有確定性的例子。我們所做的設計選擇，例如定序器和事件溯源，就可以保證事件只要以相同的順序重播，一定可以得到相同的結果。

只要在功能上具有確定性，事件實際發生的時間在大多數情況下並不重要。重要的其實是事件的順序。在圖 13.23 中，各個事件在時間維度上的

時間戳，原本是離散而不均勻的點，但這些點其實可以被轉換成連續的點，而這樣就可以大大減少重播 / 還原所花費的時間了。

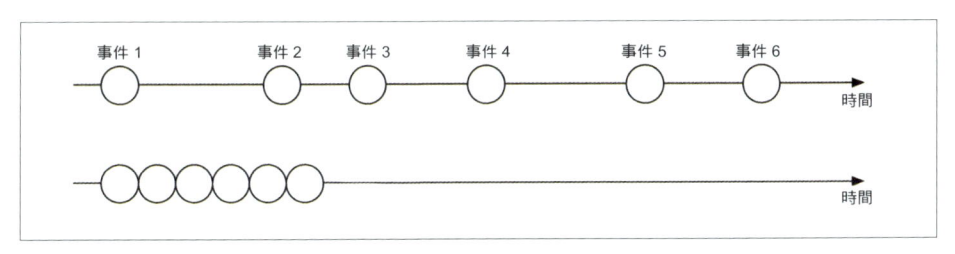

圖 13.23：事件溯源的時間點

至於延遲方面具有確定性，意思則是整個系統的每一筆交易幾乎都具有相同的延遲。對於交易這件事來說，這是非常關鍵的。有一種數學方法可以用來衡量這個東西：99 百分位延遲，或甚至更嚴格一點，99.99 百分位延遲。我們可以利用 HdrHistogram [26] 來計算延遲。如果 99 百分位延遲比較低，就表示這個交易所裡幾乎所有的交易都能提供穩定的表現。

針對比較大的延遲波動進行調查，也是一件很重要的工作。舉例來說，Java 裡的安全點（safe point）經常都是問題的來源。例如 HotSpot JVM [27] 會在安全點 Stop-the-World（全世界都停下來）執行垃圾回收，這就是一個眾所周知的例子。在安全點期間，所有的執行緒全都會暫停下來，直到所要執行的任務完成為止。這類的任務比較常見的有：

- 垃圾回收
- 程式碼去優化（deoptimization）
- 各式各樣的除錯操作（例如傾倒堆疊追蹤資訊；dumping stack trace）

針對交易所最關鍵的交易流程，我們的深入研究到此為止。本章剩餘的部分，我們打算仔細研究交易所其他一些更有趣的東西。

市場資料發佈器的優化

從撮合演算法我們就可以看出，L3 掛單簿資料可以讓我們把市場的情況看得更清楚。我們可以從 Google Finance 取得免費的一日 K 線資料，但

第 13 章　證券交易所

如果想取得更詳細的 L2 / L3 掛單簿資料，成本是很高的。許多對沖基金都會利用交易所的即時 API 自行記錄資料，建立自己的 K 線圖和其他圖表，以進行技術分析。

市場資料發佈器（MDP；market data publisher）可以從撮合引擎接收撮合的結果，並根據這些結果重新構建出掛單簿和 K 線圖。然後，就可以把資料發佈給訂閱者了。

重新構建掛單簿，與之前「撮合演算法」一節所提到的虛擬程式碼很類似。市場資料發佈器會把服務分成很多的等級。舉例來說，預設情況下散戶只能查看到 5 級的 L2 資料，需要額外付費才能查看到 10 級。市場資料發佈器的記憶體並不能無限制擴展，所以我們必須針對 K 線設一個上限。請參見「資料模型」一節，重新檢視一下 K 線圖的相關內容。市場資料發佈器的設計，如圖 13.24 所示。

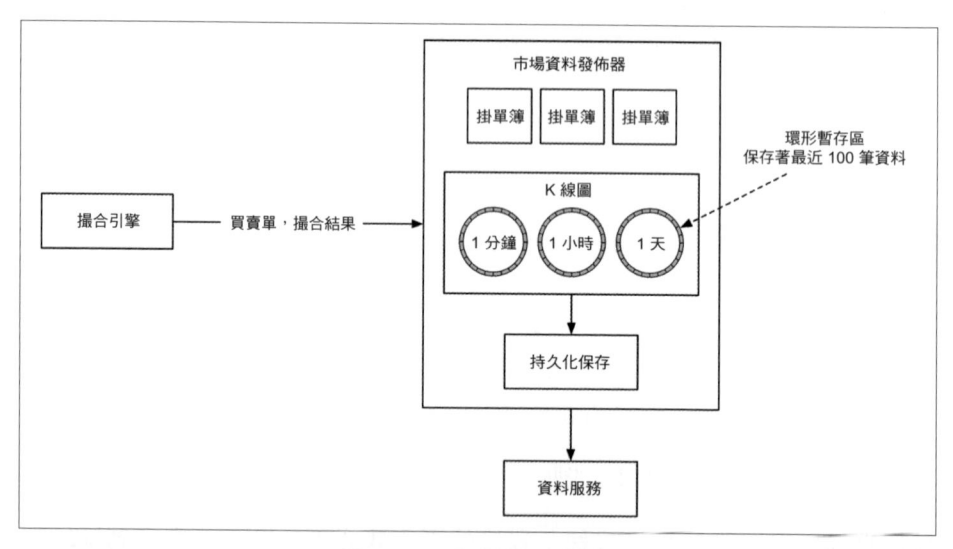

圖 13.24：市場資料發佈器

這個設計會使用到環形暫存區（ring buffer）。環形暫存區也稱為圓形暫存區（circular buffer），它是一個頭尾相連、大小固定的佇列。生產者會持續生產出新的資料，然後再由一個或多個消費者從中拉取資料。環形暫存區裡的空間大小是預先配置好的。並不需要特別去建立或釋放物件。這個

資料結構也不會進行鎖定（lock-free）。另外還有一些其他的技術，可以讓這個資料結構更有效率。舉例來說，我們可以用填充（padding）的做法讓環形暫存區的序列號獨佔單一快取行（cache line；譯註：CPU 快取單一次讀寫的最小單位），這樣一來就可以避免序列號與其他任何資料混在同一快取行所造成的問題了。更多相關的資訊，請參見 [28]。

市場資料發送的公平性

在股票交易中，如果能比其他人擁有更低的延遲，這簡直就像是擁有了一個可以預見未來的神奇力量。對於一個受監管的交易所來說，保證所有市場資料接收者都可以同時取得資料，是一件非常重要的事。為什麼這很重要呢？舉例來說，市場資料發佈器保存著一個資料訂閱者列表，假設訂閱者的順序是由大家連接到這個發佈器的順序所決定，因此第一個訂閱者一定會最先接收到資料。你猜這樣會發生什麼事？聰明的客戶一定會想盡辦法，在開盤時極力爭取成為列表裡的第一名。

有一些方法可以緩解這樣的問題。我們可以使用可靠的 UDP 來進行多播（Multicast），這就是一次向許多參與者廣播更新的一個好方法。市場資料發佈器也可以在訂閱者連線時，直接指定一個隨機的順序。我們來更進一步詳細瞭解一下多播吧。

多播（multicast）

資料可以透過三種不同類型的協定，在網際網路上進行傳輸。我們就來快速瀏覽一下吧。

1. 單播（Unicast）：從一個來源到一個目的地。
2. 廣播（Broadcast）：從一個來源到整個子網路。
3. 多播（Multicast）：從一個來源到一組主機，這些主機可位於不同的子網路。

多播就是交易所設計中常用的一種協定。如果在同一個多播群組內配置多個接收者，理論上它們都會同時接收到資料。不過，UDP 是一種不太可

第 13 章　證券交易所

靠的協定，資料（datagram）有可能無法送達所有的接收者。還好有一些解法，可以用來進行重新傳輸（retransmission）[29]。

共置（colocation）

雖然我們討論的是公平性，但其實有許多交易所都會提供共置（colocation）服務，也就是把對沖基金或券商的伺服器，放在交易所的同一個資料中心。這樣一來，下單給撮合引擎進行撮合的延遲，基本上就只與電纜線的長度成正比。共置的做法並沒有打破公平性原則。這可以視為是付費的 VIP 服務。

網路安全

交易所通常會提供一些公開的介面，因此 DDoS 攻擊就成了一個真正的挑戰。以下就是可用來對抗 DDoS 的一些技術：

1. 把公開的服務和資料，與私人的服務隔離開來，這樣一來 DDoS 攻擊就不會影響到最重要的客戶了。就算服務所提供的是相同的資料，我們也可以運用多個唯讀副本，把問題隔離開來。

2. 使用快取層來儲存一些並不經常更新的資料。如果有良好的快取，大多數的查詢都不會去存取資料庫。

3. 強化 URL 以抵禦 DDoS 攻擊。舉例來說，如果使用的是像「https://my.website.com/data?from=123&to=456」這樣的 URL，攻擊者就可以輕鬆改變查詢字串，生成許多不同的請求。相反的，像後面這樣的 URL 就比較好一點：「https://my.website.com/data/recent」。而且，這樣就可以在 CDN 層進行快取了。

4. 有必要建立一個有效安全清單 / 封鎖清單的機制。許多網路閘道器產品都可以提供此類功能。

5. 限速功能經常被用來防禦 DDoS 攻擊。

第 4 步 —— 匯整總結

讀完本章之後，你可能會得出這樣的結論：大型交易所的理想部署模型，就是把所有東西全都放在一台巨型伺服器，甚至是單獨一個程序中。事實上，這正是某些交易所的設計方式！

隨著加密貨幣產業最新的發展，許多加密貨幣交易所都是使用雲端基礎設施來部署其服務 [30]。有一些去中心化的金融專案，就是以 AMM（Automatic Market Making；自動造市）的概念為基礎，甚至不需要用到掛單簿的概念。

雲端生態系統所提供的便利性，確實改變了一些設計，降低了進入產業的門檻。這必然會給金融財務界注入創新的活力。

恭喜你跟我們走到了這裡！現在你可以給自己一點鼓勵。你真是太棒了！

第 13 章　證券交易所

章節摘要

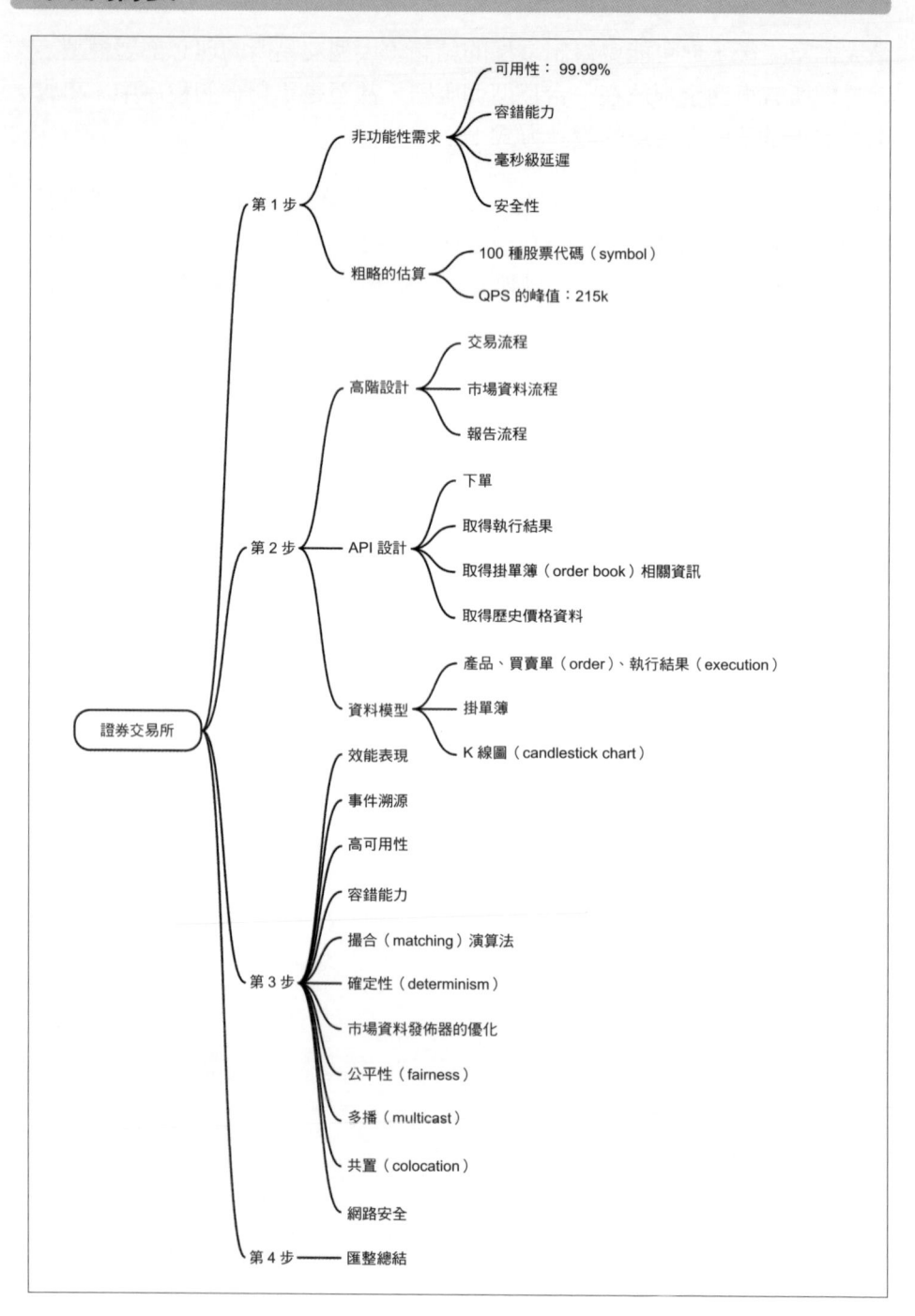

- 證券交易所
  - 第 1 步
    - 非功能性需求
      - 可用性：99.99%
      - 容錯能力
      - 毫秒級延遲
      - 安全性
    - 粗略的估算
      - 100 種股票代碼（symbol）
      - QPS 的峰值：215k
  - 第 2 步
    - 高階設計
      - 交易流程
      - 市場資料流程
      - 報告流程
    - API 設計
      - 下單
      - 取得執行結果
      - 取得掛單簿（order book）相關資訊
      - 取得歷史價格資料
    - 資料模型
      - 產品、買賣單（order）、執行結果（execution）
      - 掛單簿
      - K 線圖（candlestick chart）
  - 第 3 步
    - 效能表現
    - 事件溯源
    - 高可用性
    - 容錯能力
    - 撮合（matching）演算法
    - 確定性（determinism）
    - 市場資料發佈器的優化
    - 公平性（fairness）
    - 多播（multicast）
    - 共置（colocation）
    - 網路安全
  - 第 4 步
    - 匯整總結

參考資料

[1] LMAX 交易所因其開源 Disruptor 而聞名：https://www.lmax.com/exchange

[2] IEX 透過「公平競爭」吸引投資者，也被稱為是「快閃男孩（Flash Boys）交易所」：https://en.wikipedia.org/wiki/IEX

[3] 紐約證券交易所撮合量：https://www.nyse.com/markets/us-equity-volumes

[4] 香港交易所每日成交量：https://www.hkex.com.hk/Market-Data/Statistics/Consolidated-Reports/Securities-Statistics-Archive/Trading_Value_Volume_And_Number_Of_Deals?sc_lang=en#select1=0

[5] 世界上所有證券交易所的規模：http://money.visualcapitalist.com/all-of-the-worlds-stock-exchanges-by-size/

[6] 拒絕服務攻擊：https://en.wikipedia.org/wiki/Denial-of-service_attack

[7] 市場衝擊：https://en.wikipedia.org/wiki/Market_impact

[8] FIX 交易：https://www.fixtrading.org/

[9] 事件溯源：https://martinfowler.com/eaaDev/EventSourcing.html

[10] CME 共置與資料中心服務：https://www.cmegroup.com/trading/colocation/co-location-services.html

[11] 時間起算點：https://www.epoch101.com/

[12] 掛單簿：https://www.investopedia.com/terms/o/order-book.asp

[13] 掛單簿：https://en.wikipedia.org/wiki/Order_book

[14] 如何建立一個快速的限價掛單簿：https://bit.ly/3ngMtEO

[15] 用 kdb+ 和 q 語言來進行開發：https://code.kx.com/q/

[16] 每個程式設計師都應該知道的幾個延遲數字：https://gist.github.com/jboner/2841832

[17] mmap：https://en.wikipedia.org/wiki/Memory_map

[18] CPU 執行背景切換：https://bit.ly/3pva7A6

503

第 13 章　證券交易所

[19] 可靠的 UDP：https://en.wikipedia.org/wiki/Reliable_User_Datagram_Protocol

[20] Aeron：https://github.com/real-logic/aeron/wiki/Design-Overview

[21] 混沌工程：https://en.wikipedia.org/wiki/Chaos_engineering

[22] Raft：https://raft.github.io/

[23] 為可理解性而設計：Raft 共識演算法：https://raft.github.io/slides/uiuc2016.pdf

[24] 支援的撮合演算法：https://bit.ly/3aYoCEo

[25] 暗池：https://www.investopedia.com/terms/d/dark-pool.asp

[26] HdrHistogram：高動態範圍直方圖：http://hdrhistogram.org/

[27] HotSpot（虛擬機器）：https://en.wikipedia.org/wiki/HotSpot_(virtual_machine)

[28] 快取行填充：https://bit.ly/3lZTFWz

[29] NACK 導向的可靠多播：https://en.wikipedia.org/wiki/NACK-Oriented_Reliable_Multicast

[30] AWS Coinbase 案例研究：https://aws.amazon.com/solutions/case-studies/coinbase/

後記

恭喜！你已經讀完這本面試指南了。現在你對許多複雜系統的設計，已經累積許多的技能和知識。並不是每個人都有這樣的紀律，去做到你所做的事情，學到你所學會的東西。給你自己拍拍肩膀吧。你的努力一定會得到回報的。

找到一個理想的工作，是一段漫長的旅程，需要耗費大量的時間和精力。熟能生巧。祝你好運！

感謝你購買並閱讀本書。沒有像你這樣的讀者，我們的工作就沒什麼意義了。我們很希望你喜歡這本書！

如果你對本書有任何意見或疑問，隨時都可以發 Email 給我們：hi@bytebytego.com。如果你發現任何錯誤，請告訴我們，讓我們可以在下一版進行修正。

如果你不介意，請到 Amazon 評論一下這本書：https://bit.ly/sdi-vol2。這樣可以協助我吸引到更多像你這樣的優秀讀者。謝謝你！

索引

※ 提醒你：由於翻譯書排版的關係，部分索引名詞的對應頁碼會和實際頁碼有一頁之差。

符號

2PC（兩階段提交）, 264, 419, 420, 423-425

A

A* pathfinding algorithms（A* 尋路演算法）, 78, 103
ACID（原子性、一致性、隔離性、持續性）, 238, 251, 262, 264, 388
ActiveMQ, 114
adjacency lists（鄰接列表）, 94
Advanced Message Queuing Protocol（高階訊息佇列協定）, 155
Aeron, 490
aggregation window（彙整視窗）, 199, 212
Airbnb, 233, 240, 409
Amazon（亞馬遜）, 167, 240, 383
Amazon API Gateway（Amazon API 閘道器）, 367
Amazon Web Services（AWS；亞馬遜 Web 網路服務）, 303, 365
AML/CFT（反洗錢 / 反恐）, 384
AMM（自動造市）, 500
AMQP（高階訊息佇列協定）, 155
Apache James, 279
append-only（只能從後面附加）, 439, 443
Apple, 478
Apple Pay, 381
application loop（應用程式迴圈）, 484
ask price（賣方要價）, 460
asynchronous（非同步）, 397
At-least once（至少一次）, 151
at-least once（至少一次）, 115, 151
at-least-once（至少一次）, 401
at-most once（最多一次）, 115, 151
at-most-once（最多一次）, 401
atomic commit（原子化提交）, 203
atomic operation（原子化操作）, 263

audit（審核）, 437
Automatic Market Making（自動造市）, 500
Availability Zone（可用區）, 305
Availability Zones（可用區）, 324
availability zones（可用區）, 32
AVRO, 200
AWS（亞馬遜 Web 網路服務）, 303, 365, 367
AWS Lambda, 367
AZ（可用區）, 324

B

B+ tree（B+ 樹狀結構）, 323
Backblaze, 329
base32, 13
BEAM, 67
bid price（買方出價）, 460
Bigtable, 167, 285, 295
Blue/green deployment（藍 / 綠部署）, 21
brokers（分區代理；券商；經紀商）, 119, 120, 121, 127, 131-133, 141, 147, 149, 151
buy order（買單）, 478

C

California Consumer Privacy Act（加州消費者隱私保護法）, 2
candlestick chart（K 線圖）, 462
candlestick charts（K 線圖）, 465, 471, 482, 497
CAP theorem（CAP 定理）, 97
Card schemes（信用卡方案；信用卡組織）, 384
card verification value（CVV；信用卡驗證值）, 408
cartesian tiers（笛卡爾層）, 10
Cassandra, 54, 86, 94, 97, 167, 185, 223, 279, 285, 295, 373
CCPA（加州消費者隱私保護法）, 2, 42
CDC（變動資料擷取）, 261
CDN（內容傳遞網路）, 88-91, 93, 240, 499
Ceph, 311
change data capture（變動資料擷取）, 261
Channel（通道）, 49
channel（通道）, 49-51, 55-66
channels（通道）, 49
Chaos engineering（混沌工程）, 492
Charles Schwab, 460

507

索引

checksum（校驗和）, 330, 331, 340, 341
checksums（校驗和）, 330
Choreography（分散式編排；編舞）, 429
circular buffer（圓形暫存區）, 497
click-through rate（點擊率）, 193
ClickHouse, 227
CloudWatch, 175
cluster（集群）, 46, 47, 62, 67
CME（芝加哥商品交易所）, 496
CockroachDB, 406
Colocation（共置）, 499
columnar database（縱列型資料庫）, 482
Command（指令）, 432
Command-query responsibility segregation（指令／查詢責任分離）, 437
commission rebate（佣金回扣之類的手續費）, 460
compensating transaction（補償型完整交易）, 420
compensation（補償）, 424
Consistent hashing（具有一致性的雜湊做法）, 319
consistent hashing（具有一致性的雜湊做法）, 60
Consumer group（消費者群組）, 120
consumer group（消費者群組）, 119, 120, 133
content delivery network（內容傳遞網路）, 240
conversion rate（轉換率）, 193
CQRS（指令／查詢責任分離）, 437, 438, 441, 446, 451, 454
CRC（循環冗餘校驗）, 127
crc（循環冗餘校驗）, 125
cross engine（交叉引擎）, 465
CTR（點擊率）, 193
CVR（轉換率）, 193
CVV（信用卡驗證值）, 408
Cyclic redundancy check（循環冗餘校驗）, 127

D

DAG（有向非循環圖譜）, 203, 206
daily active users（每日活躍使用者）, 350
dark pool（暗池）, 496
Database constraints（資料庫約束）, 252
Datadog, 162
DAU（每日活躍使用者）, 43, 73, 83, 195, 350, 351, 374, 377
DB-engines, 167

索引

DBA（資料庫管理員）, 387
DDD（領域驅動設計）, 430
DDoS（分散式阻斷服務）, 408, 459, 499, 500
Dead letter queue（死信佇列）, 400
Deadlocks（鎖死）, 253
Debezium, 261
determinism（確定性）, 490
Dijkstra, 78
directed acyclic graph（有向非循環圖譜）, 203
Discovery（探索）, 384
distributed denial-of-service（分散式阻斷服務）, 459
distributed transaction（分散式完整交易）, 217, 449
DKIM（網域金鑰識別郵件）, 291
DMARC（網域型郵件訊息身份驗證、回報與一致性）, 291
DNS（網域名稱服務）, 7, 32, 272, 274
Domain name service（網域名稱服務）, 272
Domain-Driven Design（領域驅動設計）, 430
DomainKeys Identified Mail（網域金鑰識別郵件）, 291
DoorDash, 108
double-entry（複式記帳）, 389
double-reservation（重複預訂）, 247
Downsampling（少抽樣）, 182
Druid, 227
DynamoDB, 373, 374

E

E*Trade, 460
ElasticSearch, 227
Elasticsearch, 24, 163, 294
Elixir, 67
ELK, 163
equator（赤道）, 12
erasure coding（糾刪編碼）, 325, 329, 331
Erlang, 67
ETA（預計抵達時間）, 73
etcd, 58, 121, 171
even grid（均勻小格子）, 10
Event sourcing（事件溯源）, 415, 433, 437, 442
event sourcing（事件溯源）, 430-433, 436-438, 441, 442, 445-447, 449-451, 454, 468, 486, 489
event store（事件儲存系統）, 483, 492

索引

event（事件），432
eventually consistent（終究會一致的），437
Exactly once（恰好一次），153
exactly once（恰好一次），115, 203, 217
exactly-once（恰好一次），393, 401
exchange（交易所），457-460, 463, 464, 467, 471, 482, 483, 490, 496-500
Exponential backoff（指數式退避），282, 403

F

Facebook（臉書），162, 193, 195
fault-tolerance（容錯），401
FC（光纖通道），304
Fibre Channel（光纖通道），304
Fidelity（富達），460
FIFO（先進先出），119, 432, 434, 496
fills（成交），465
financial instrument（金融財務工具），478
First In First Out（先進先出），496
FIX, 463, 487
FIX protocol（FIX 協定），463
fixed window（固定視窗），213
Flink, 177, 228

G

Garbage collection（垃圾回收），341
garbage collection（垃圾回收），496
GDPR（一般資料保護規範），2, 42, 297
General Data Protection Regulation（一般資料保護規範），2
Geocoding（地理編碼），76
geocoding（地理編碼），93, 101
geofence（地理圍欄），23
Geofencing（地理圍欄），23
geofencing（地理圍欄），23
geographic information systems（地理資訊系統），76
Geohash（地理雜湊），7, 12-14, 24
geohash（地理雜湊），10-14, 16, 24, 28-31, 33-35, 65, 66
Geohashing（地理雜湊），14, 76, 77
geohashing（地理雜湊），77, 88, 92
geospatial（地理空間），4, 10
geospatial databases（地理空間資料庫），7

510

geospatial indexing（地理空間索引）, 11
GIS（地理資訊系統）, 76
Global-Local Aggregation（全域 - 局域彙整）, 224
gm:map101, 74
Gmail, 272, 289
Google, 23, 162, 195
Google Cloud, 367
Google Cloud Functions, 367
Google Design, 98
Google Finance, 497
Google Maps（Google 地圖）, 1, 24, 73, 76, 83, 86, 98, 108, 110
Google Pay（Google 支付）, 381
Google Places API, 4
Google S2, 10, 11, 22
Gorilla, 179
gRPC, 241
Grafana, 186
Graphite, 175
gRPC, 316

H

Hadoop, 167
hard disk drives（硬碟）, 303
hash ring（雜湊環）, 60, 61, 63
hash slot（雜湊槽）, 369
hash table（雜湊表）, 410
HBase, 167
HDD（硬碟）, 303
HDFS, 157, 216, 217, 441
HdrHistogram, 496
heartbeats（心跳訊號）, 134
hedge fund（對沖基金）, 460
hedge funds（對沖基金）, 497, 499
Hierarchical time wheel（階層式計時輪）, 155
Hilbert curve（Hilbert 曲線）, 22
Hive, 227
HKEX（香港交易所）, 457
HMAC, 330
hopping window（跳動視窗）, 213
hot-warm（熱 / 溫）, 490

hotspot（熱點），223
HotSpot JVM（熱點 JVM），496

I

IAM（身分識別與存取管理），310
Idempotency（冪等性），404
idempotency（冪等性），236, 247, 249, 387, 401, 404, 408
IMAP（網際網路郵件存取協定），270-272, 275, 277
immutable（不可變），436, 438, 441, 443
In-sync Replicas（同步副本），140
In-sync replicas（同步副本），141
InfluxDB, 167, 180, 181
inode, 309, 320
Institutional client（機構投資人），460
Internet Mail Access Protocol（網際網路郵件存取協定），271
interpolation（插值），76
inverted index（反向索引），279
IOPS（每秒輸入 / 輸出操作），283, 306
iSCSI, 304
isolation（隔離），251
ISP（網路服務供應商），292
ISR（同步副本），141, 142, 144, 146

J

JMAP（JSON 元應用協定），279
JSON, 28, 199
JSON Meta Application Protocol（JSON 元應用協定），279
JWZ algorithm（JWZ 演算法），288

K

k-nearest（k 最近鄰），1, 25
Kafka, 86, 98, 104, 114, 138, 155, 177, 179, 185, 186, 202, 203, 205, 215, 216, 220, 224, 225, 228, 294, 355, 399-401, 434, 438, 442, 467, 486, 487
Kappa architecture（Kappa 架構），209, 210
KDB, 482
keep-alive, 87
Kibana, 163
Know Your Client（認識你的客戶），459
KYC（認識你的客戶），459

L

lambda, 209
Latitude（緯度），75
latitude（緯度），3, 9, 76, 92, 101, 102
LBS（位置相關服務），2, 6, 7, 18, 34, 35
Lead Market Maker（領導造市商），496
leader election（領導者選舉），493
Least Recently Used（最近最少使用），259
levels（等級），13
limit order（限價單），458, 460
linked list（鏈結列表），57
LinkedIn, 308
LMM（領導造市商），496
load balancer（負載平衡器），7
Location-based service（位置相關服務），7
location-based service（位置相關服務），2, 6
lock（鎖），252
lock contention（爭用鎖定），484, 489
lock-free（無鎖的；不會進行鎖定的），497
Log-Structured Merge-Tree（日誌結構合併樹），295
log-structured merge-tree（日誌結構合併樹），439
Logstash, 163
long polling（長輪詢），107, 279
longitude（經度），3, 9, 75, 76, 92, 101, 102
low latency（低延遲），460
LRU（最近最少使用），259
LSM（日誌結構合併樹），295, 439
Lyft, 24, 108

M

market data publisher（市場資料發佈器），471, 497
market making（造市），460
market order（市價單），459, 460
Marriott International（萬豪國際飯店），233
MasterCard（萬事達卡），384, 392
matching engine（撮合引擎），464, 465, 468, 471, 475, 478, 490, 497, 499
MAU（每月活躍使用者），350, 364
MD5, 330
md5, 340
MDP（市場資料發佈器），471, 497, 499

索引

Mercator projection（Mercator 投影）, 76
meridian（子午線）, 12
message store（訊息儲存系統）, 489
MetricsDB, 167
Microservice（微服務）, 263
microservice（微服務）, 240, 243, 262-264, 428-430
Microsoft（微軟）, 367
Microsoft Azure Functions, 367
Microsoft Exchange, 295
Microsoft Outlook, 272
MIME（多用途網際網路郵件擴充）, 272
mmap（記憶體映射）, 439, 483, 486, 489, 492
mmap(2), 486
MongoDB, 24, 373
monolithic（單體）, 262
monthly active users（每月活躍使用者）, 350
multicast（多播）, 499
Multipurpose Internet Mail Extension（多用途網際網路郵件擴充）, 272
MX record（MX 記錄）, 272
MySQL, 4, 122, 166, 252, 258, 285, 365, 369, 373, 378

N

Nasdaq（那斯達克）, 457
Netflix, 240
NewSQL, 388
NFS（網路檔案系統）, 304
NOP（無操作）, 422, 423, 426
NoSQL, 49, 97, 122, 167, 200, 279, 285, 287, 288, 356, 365, 373, 377, 388
NYSE（紐約證券交易所）, 457, 459

O

Office365, 289
offset（偏移量）, 120, 125, 131, 133, 137, 138, 141, 151
OLAP（線上分析處理）, 200, 227
OpenTSDB, 165, 167
Optimistic locking（樂觀鎖定）, 252, 255, 256
ORC, 200
Orchestration（中心式編排；編曲）, 429
order book（掛單簿）, 458, 459, 465, 471, 474, 478, 480, 497

OTP, 67
Out-of-order（脫序）, 428
out-of-order（脫序）, 424, 426, 428

P

PagerDuty, 162, 185
Pagination（分頁）, 3
Parquet, 200
Partition（分區）, 150
partition（分區）, 119-121, 124, 125, 128, 131, 133-136, 138-142, 144-150
Paxos, 318, 406
payload（負載）, 305
Payment Service Provider（支付服務供應商）, 384
PayPal, 381, 389, 404, 413
PCI DSS（支付卡產業資料安全標準）, 389, 408
peer-to-peer（點對點）, 44
pension fund（退休基金）, 460
percentile（百分位）, 459, 482, 484, 496
personally identifiable information（個人可識別資訊）, 297
Pessimistic locking（悲觀鎖定）, 252
pessimistic locking（悲觀鎖定）, 252
PII（個人可識別資訊）, 297
point of presence（存放點）, 90
POP（郵局協定）, 90, 270, 271, 274, 275
Post Office Protocol（郵局協定）, 271
PostGIS, 7
Postgres, 7
PostgreSQL, 285
precision（精度）, 24
price level（價格等級）, 478
Prometheus, 165, 180
PSP（支付服務供應商）, 384-396, 404, 408
Pull model（拉取模型）, 132
Pulsar, 114
Push model（推送模型）, 131
push model（推送模型）, 174

Q

quadrants（象限）, 18
quadtree（四叉樹）, 10, 11, 18-21, 24, 25, 28, 29, 35

R

RabbitMQ, 114, 115
rack（機架）, 324
Radius（半徑）, 14
radius（半徑）, 2, 3, 7, 9, 14, 16, 23, 34
Rados Gateway（Rados 閘道器）, 311
Raft, 318, 406, 443-446, 451, 454, 492, 495
RAID, 124
Rate limiting（限速）, 408
RDS（關聯式資料庫系統）, 356, 357
read-only（唯讀；只能讀取的）, 437
Real-Time Bidding（即時出價）, 193
reconciliation（對帳）, 396
Recovery Point Objective（還原點目標）, 492, 493
Recovery Time Objective（還原時間目標）, 492, 493
redirect URL（重定向 URL）, 393, 395
Redis, 7, 24, 31, 32, 34, 35, 47, 54, 57, 58, 68, 259, 261, 279, 356, 358, 361, 364-369, 372, 373, 377, 378, 416, 418, 430, 453
Redis Pub/Sub（Redis 發佈 / 訂閱）, 49-51, 55-63, 66-68
Region Cover algorithm（地區覆蓋演算法）, 24
reliable UDP（可靠的 UDP）, 490
Reproducibility（可重現性）, 436
RESTful, 3, 235, 277, 281, 283, 303-305, 310, 316, 367, 386, 415, 471
RESTful API, 46, 47, 54, 68
retail client（散戶）, 460
Retryable failures（可重試的失敗）, 401
return on investment（投資報酬率）, 213
reverse proxy（反向代理）, 447
ring buffer（環形暫存區）, 489
ring buffers（環形暫存區）, 497
risk manager（風險管理器）, 464
Robinhood, 460
RocketMQ, 114, 155
RocksDB, 295, 323, 439
ROI（投資報酬率）, 213
round trip latency（往返延遲）, 459
round-robin（輪流）, 133
Routing tiles（路線圖塊）, 79, 81
routing tiles（路線圖塊）, 78, 79, 94, 98, 103-106
RPC（遠端程序調用）, 241

索引

RPO（還原點目標），492, 493
RTB（即時出價），193-195, 225
RTO（還原時間目標），492, 493
RTree（R 樹），10

S

S2, 23, 24
S3, 94, 96, 200, 216, 217, 279, 282, 285, 298, 303-306, 334
SaaS（軟體即服務），162
Saga, 264, 428-430, 449-451, 454
SATA, 308
search radius（搜尋半徑），47, 49, 51, 52, 55
security（安全性），478
segments（段），124
sell order（賣單），460, 478
Sender Policy Framework（寄件者策略框架），291
sequencer（定序器），464-467, 477, 483, 489, 496
serializable（序列化），251
Server-Sent Events（伺服器發送事件），107
Service Discovery（服務探索），171
session window（session 視窗），213
SHA1, 330
shard（分片），54, 57
sharding（分片），27-29, 35, 54-58, 119, 246, 264, 332, 360, 374, 377, 416, 418
shortest-path（最短路徑），102
Simple Mail Transfer Protocol（簡單郵件傳輸協定），271
Simple Storage Service（簡單儲存服務），303
single-point-of-failure（單點故障），490
single-threaded（單執行緒），484
skip list（跳過列表），358, 360
SLA（服務等級協議），305
sliding window（滑動視窗），213
SMB/CIFS, 304
SMTP（簡單郵件傳輸協定），270, 271, 274-277, 281, 282
snapshot（快照），225, 441
solid-state drives（固態硬碟），303
sorted（已排序），358
Sorted sets（已排序集合），361
Spark, 177, 228
SPF（寄件者策略框架），291

517

索引

Split Distinct Aggregation（拆分排除重複彙整），224
split vote（分裂投票），493
Splunk, 162
SQLite, 323, 439
SSD（固態硬碟），301
SSE（伺服器發送事件），107
SSL, 408
SSTable, 323
star schema（星型資料架構），208
state（狀態），433
state machine（狀態機器），429, 433-437, 441, 448
Statista, 289
Stop-the-World（全世界都停下來），496
Storm, 177
Stripe, 381, 393, 404
symbol（股票代碼），465
synchronous（同步），397

T

TC/C（嘗試 - 確認 / 取消），420-430, 449, 454
term（任期），493
Tight coupling（緊密耦合），399
TikTok（抖音），193
Time to Live（存續時間），47
time-to-live（存續時間），259
Timestream, 167
Tinder, 23, 24
Tipalti, 391
top-k shortest paths（前 k 個最短路徑），102
Topic（主題），120
topic（主題），119-125, 141, 144, 147, 148, 150-153
Topics（主題），119
topics（主題），49, 119, 120, 121, 153, 154
trading hours（交易時間），458
Try-Confirm/Cancel（嘗試 - 確認 / 取消），420
TTL（存續時間），47, 49, 54 57, 259
tumbling window（滾動視窗），213
Twitter（推特），167, 240
Two-phase commit（兩階段提交），264
two-phase commit（兩階段提交），419

U

Uber, 108, 240, 409
UDP, 499
UNIX, 309, 486

V

virtual private network（虛擬私人網路）, 241
Visa, 384, 392
VPN（虛擬私人網路）, 241

W

WAL（預寫日誌）, 122, 124, 321
watermark（水痕）, 213
Web Mercator, 76
WebGL, 99
webhook, 393
WebSocket, 46-57, 60-68, 107, 279, 283
write sharding（寫入分片）, 374
Write-ahead log（預寫日誌）, 122
write-ahead log（預寫日誌）, 321

X

X/Open XA, 420

Y

Yahoo Mail, 289
YAML, 184
YARN, 222
Yelp, 1, 34, 215
Yelp business endpoints（Yelp 店家端點）, 4
Yext, 21
YouTube, 193
YugabyteDB, 406

Z

ZeroMQ, 114
ZooKeeper, 59, 122, 124, 139, 140, 172, 417, 418

內行人才知道的系統設計面試
指南 第二輯

作　　者：Alex Xu, Sahn Lam
譯　　者：藍子軒
企劃編輯：詹祐甯
文字編輯：江雅鈴
設計裝幀：張寶莉
發 行 人：廖文良

發 行 所：碁峰資訊股份有限公司
地　　址：台北市南港區三重路 66 號 7 樓之 6
電　　話：(02)2788-2408
傳　　真：(02)8192-4433
網　　站：www.gotop.com.tw
書　　號：ACL066900
版　　次：2025 年 03 月初版
建議售價：NT$820

國家圖書館出版品預行編目資料

內行人才知道的系統設計面試指南. 第二輯 / Alex Xu, Sahn
Lam 原著；藍子軒譯. -- 初版. -- 臺北市：碁峰資訊, 2025.03
面；　公分
ISBN 978-626-324-959-2(平裝)

1.CST：系統設計　2.CST：個案研究

312.121　　　　　　　　　　　　　　　　　113017525

商標聲明：本書所引用之國內外公司各商標、商品名稱、網站畫面，其權利分屬合法註冊公司所有，絕無侵權之意，特此聲明。

版權聲明：本著作物內容僅授權合法持有本書之讀者學習所用，非經本書作者或碁峰資訊股份有限公司正式授權，不得以任何形式複製、抄襲、轉載或透過網路散佈其內容。
版權所有．翻印必究

本書是根據寫作當時的資料撰寫而成，日後若因資料更新導致與書籍內容有所差異，敬請見諒。若是軟、硬體問題，請您直接與軟、硬體廠商聯絡。